职业教育创新融合系列教材

三维机械创新设计

郜海超 魏新华 常新中 主编

SANWEI
JIXIE
CHUANGXIN
SHEJI

化学工业出版社
·北京·

内容简介

本书遵循教育部发布的《高等职业学校专业教学标准》中对课程的要求，参照国家标准和三维建模 1+X 职业技能证书要求，尤其是全国职业院校技能大赛——数字化设计与制造赛项等编写而成。

本书内容包括初识中望 3D 2023 及创新设计、小车轮零部件建模装配及创新设计、定滑轮零部件建模装配及创新设计、玩具车创新实践、零部件工程图设计、零部件数控加工方案设计六个项目，共计 17 个任务，其中有针对性实践和训练任务 13 个，每个教学任务均体现知识目标、技能目标、素养目标，做到技能训练与思政培养有机融合。

为方便教学，本书配套有省级在线开放课程、PPT 教学课件（QQ 群 410301985 下载）、视频、文本等教学资源，其中部分资源以二维码形式在书中呈现。

本书既可作为高等职业院校工程技术类各专业的专业基础课程教材，又可作为教学实训用书，也可供有关工程技术人员参考。

图书在版编目（CIP）数据

三维机械创新设计 / 郜海超，魏新华，常新中主编 .—北京：化学工业出版社，2024.1

ISBN 978-7-122-44482-0

Ⅰ . ①三… Ⅱ . ①郜… ②魏… ③常… Ⅲ . ①机械设计 - 计算机辅助设计 - 应用软件 Ⅳ . ① TH122

中国国家版本馆 CIP 数据核字（2023）第 226153 号

责任编辑：韩庆利　　　　文字编辑：吴开亮
责任校对：宋　夏　　　　装帧设计：史利平

出版发行：化学工业出版社（北京市东城区青年湖南街 13 号　邮政编码 100011）
印　　装：三河市双峰印刷装订有限公司
787mm × 1092mm　1/16　印张 $18^1/_2$　字数 462 千字　　2024 年 3 月北京第 1 版第 1 次印刷

购书咨询：010-64518888　　　　售后服务：010-64518899
网　　址：http：//www.cip.com.cn
凡购买本书，如有缺损质量问题，本社销售中心负责调换。

定　　价：55.00 元

前言

本书贯彻落实党的二十大精神、《国家职业教育改革实施方案》，对接新版《职业教育专业目录》，适应专业转型升级要求，依据教育部发布的《高等职业学校专业教学标准》中关于对应课程的教学要求，参照相关国家职业技能标准和行业职业技能鉴定规范编写而成。

本书落实立德树人根本要求，力图构建“德技并修、工学结合”育人生态，集理论教学、实训教学、工匠精神于一体，注重体现以下特色。

① 落实立德树人根本任务，强化职业道德培养。

本书落实课程思政要求，设置绿色制造、儿童越野车创新设计、玩具特技车创新设计、后驱减振小车创新设计等优质资源，以此来培养学生工匠精神、劳动精神，树立其社会主义核心价值观，熏陶、培养学生的职业道德与职业素养，实现学生由自然人向职业人、社会人的转变，培养中国特色社会主义事业合格接班人。

② 采用结构化方式，理论、实践、文化三位一体，育人功能最大化。

本书设置初识中望 3D 2023 及创新设计、小车轮零部件建模装配及创新设计、定滑轮零部件建模装配及创新设计、玩具车创新实践、零部件工程图设计、零部件数控加工方案设计六部分内容。根据知识学习、技能形成和职业道德养成的教学规律，构建理论、实践、文化三位一体教材结构，实现知识、技能、态度与情感等育人功能最大化。

③ 注重设计与实践结合，突出职业性。

创新设计内容，体现以生产实际为依据，突出技术性与应用性，以技能培养为主线，实现理论与实践结合。按照职业技能标准要求，三维机械创新设计着重体现结构设计、尺寸设计、功能性设计、轻量化设计，突出职业性。创新设计任务开发既体现工程的技术性，又体现技能形成的过程性，让学生在做的过程中形成职业能力。

④ 服务产业发展，对接职业标准，增强职业教育的适应性。

本书服务于产业发展，对接职业标准，充分体现新技术、新工艺、新标准、新规范，教学内容、教学资源素材取材于生产岗位，充分反映岗位职业能力要求；为实现产教融合、工学结合，本书由校企“双元”合作开发，行业企业人员深度参与编写；可结合“1+X”证书试点工作，实现课证融通、书证融通。

⑤ 教学资源配套合理，支持各种教学模式，可实现做中学、做中教。

本书应用移动互联网技术等现代教育信息技术方法，一体化开展新形态教材建设，提供电子教案、教学课件、教学素材等图文并茂、直观易懂、种类丰富的配套教学资源，延伸了课堂教学空间。针对职业教育生源和教学特点，本书以真实生产项目、典型工作任务等为载体，支持项目化、案例式、模块化等教学方法，支持分类、分层教学，可实现做中学、做中教。

本书分六个项目，共 17 个任务，按照专业教学标准的要求和各校实际，建议安排 64 ~ 72 学时进行教学。

项目	任务	建议学时数
初识中望 3D 2023 及创新设计	初识机械创新设计	1 ☆〇 *
	初识中望 3D 2023 基本界面	1 ☆〇 *
	中望 3D 2023 草图入门操作	6 ☆〇 *
	中望 3D 2023 建模入门操作	6 ☆〇 *
小车轮零部件建模装配及创新设计	小车轮零部件建模装配	8 ☆〇 *
	板车零部件建模装配	6 ☆〇 *
定滑轮零部件建模装配及创新设计	定滑轮装配体零部件建模装配	8 ☆〇 *
	定滑轮牵引车零部件建模装配	6 ☆〇 *
玩具车创新实践	儿童越野车的创新设计	8 〇 *
	玩具特技车的创新设计	16*
	后驱减振小车的创新设计	16*
零部件工程图设计	工程图模板设计	2 ☆〇 *
	中心轴零件工程图设计	4 ☆〇 *
	定滑轮装配工程图设计	4 ☆〇 *
零部件数控加工方案设计	外轮廓与螺纹的数控车削	4 ☆〇 *
	内、外轮廓与内螺纹的数控车削	4 ☆〇 *
	小车轮铣削加工	4 ☆〇 *

注："☆" 64 学时选用；"〇" 72 学时选用；"*" 104 学时（竞赛选手）选用。

本书由郜海超、魏新华、常新中主编。各章的编写分工：魏新华编写项目一；常新中编写项目二；韩海敏编写项目三；郜海超编写项目四；东伟编写项目五；吕弯弯编写项目六。郜海超对全书的编写思路及内容的安排进行了总体策划，指导全书编写，并负责统稿和定稿。

全书由广州中望龙腾软件股份有限公司主审，为全书提出了许多宝贵的意见，郑州旅游职业学院李敏老师和郑州叁迪科技有限公司为本书的编写给予了大力支持和帮助，在此表示感谢！

由于编者水平有限和时间仓促，书中难免有不足之处，恳请读者批评指正。

编　者

目录

项目一

初识中望 3D 2023 及创新设计

【项目教学导航】

<table>
<tr><td>学习目标</td><td colspan="4">让学生了解机械创新设计、参数化三维建模的特点、中望 3D 工作界面和特点，能够对中望 3D 进行一些基本设置</td></tr>
<tr><td>项目要点</td><td colspan="4">※ 机械创新的概念、原则、分类
※ 程序的启动、退出，操作界面组成
※ 界面的个性化设置
※ 鼠标与键盘的应用
※ 常用工具栏
※ 草图的基本操作
※ 拉伸特征的基本操作</td></tr>
<tr><td>重点难点</td><td colspan="4">中望 3D 的基本界面操作、创新实践</td></tr>
<tr><td>学习指导</td><td colspan="4">学习本项目时要注意：根据中望 3D 2023 的特点，熟悉它的界面，能够根据使用习惯对作图环境进行设置，使绘图标注更加适应我国的国家标准，提高作图效率。在学习中需要结合工程制图相关知识，通过不断练习，才能够达到要求</td></tr>
<tr><td rowspan="5">教学安排</td><td>任务</td><td>教学内容</td><td>学时</td><td>考核内容</td></tr>
<tr><td>任务一</td><td>初识机械创新设计</td><td>1</td><td>随堂考核</td></tr>
<tr><td>任务二</td><td>初识中望 3D 2023 基本界面</td><td>1</td><td>随堂考核</td></tr>
<tr><td>任务三</td><td>中望 3D 2023 草图入门操作</td><td>6</td><td>随堂考核</td></tr>
<tr><td>任务四</td><td>中望 3D 2023 建模入门操作</td><td>6</td><td>随堂考核</td></tr>
</table>

【项目简介】

中望 3D 由广州中望龙腾软件股份有限公司潜心研发而成，是一款 CAD/CAM 一体化软件。

2010 年，中望软件全资收购了 VX 公司并获得其全部的知识产权和源代码，同期中望广州 3D 研发中心正式成立，并于同年推出国产三维 CAD 软件中望 3D。中望 3D 具有更高的显示与操作效率、更强大的建模与加工能力，为产品设计、机械设计、模具设计、数控编程等领域的制造企业提供更丰富的行业设计工具，在产品开发全流程提高用户的工作效率。

以关键核心技术突破牵引自主工业软件深度适配，逐步完成对国外软件的国产替代，进而加快工业软件驱动工业数字化转型，是中国实现“工业强国”的必由之路。尽管工业软件的自主研发道路坎坷，但中望 3D 多年的演进过程无疑是国产软件企业攻坚克难、自强不息的真实写照。

通过本项目的学习，学生可以了解创新设计的基本原理，熟悉软件界面的基本操作，包括新建文件、保存、退出，界面的个性化设置，鼠标与键盘的应用，常用工具栏等；能进行简单草图的绘制；能进行一般零件的建模。

初识机械创新设计

任务一　初识机械创新设计

【知识目标】

◎ 了解机械创新设计的含义。
◎ 熟悉机械创新设计的原则。
◎ 掌握机械创新设计的方法。

【技能目标】

◎ 熟练掌握机械创新设计的技巧。
◎ 能根据不同设计对象，提出多种创新设计思路。

【素养目标】

◎ 新认识机械创新设计，让学生关注工业产品、关注生活，发现工业美。
◎ 通过改变产品的功能、参数、结构形状等形成其他产品，举一反三，建立创新思维。
◎ 本任务以学生实践为主，锻炼学生的搜索能力、语言表达能力等综合素质。

【任务描述】

通过完成本任务，使学生掌握机械创新设计的方法、技巧，灵活运用所学知识，对遇到的问题，提出创新设计思路。

【任务实施】

一、任务实施规划

任务实施规划设计见表 1-1。

表 1-1　任务实施规划设计

步骤	1. 机械创新设计概念	2. 机械创新设计的源泉	3. 机械创新设计的原则
具体内容	机械创新设计是设计者利用机械基础知识进行创造性机械设计的全过程	机械如何去创新？取材于哪里？发明和发现是创新创造的源泉，机械创新设计是对自然形状的效仿和升华	①生产的机械本身要绿色、环保 ②减少机械制造加工的工艺流程，使其成型过程尽量简捷 ③加强机械装备功能的综合性 ④应用新材料

续表

步骤	4. 机械创新设计案例分析	5. 绿色设计简介	6. 机械创新设计思路和设计过程
具体内容	①功能创新设计 ②机构创新设计 ③结构创新设计	①认识绿色制造 ②认识绿色设计 ③选择绿色材料 ④认识清洁生产 ⑤认识绿色包装 ⑥绿色处理技术	①创新产品规划阶段 ②原理方案设计阶段 ③技术方案设计阶段 ④改进设计阶段

二、参考操作步骤

（一）机械创新设计概念

机械创新设计是设计者利用机械基础知识进行创造性机械设计的全过程，充分发挥设计者的创造性思维，将科学、技术、文化、艺术、社会、经济集中体现，通过设计方案表现时代的新颖性、创造性和实用性。

机械创新设计以大量生活实例和部分机械结构为“开胃菜”，以大量“生活困惑”为突破目标，重点培养学生的知识能力及创新能力。

（二）机械创新设计的源泉

机械如何去创新？取材于哪里？发明和发现是创新创造的源泉，机械创新设计是对自然形状的效仿和升华。人类聪明、勤劳、善于学习，有数不胜数的发明和创造。从最早河滩耕耘发明了锄头，狩猎时发现动物蹄子发明了鞋子，雷电引发山火创造了“烧火做饭”“以火照明”，按照山的轮廓造出了房子，参考大树的形状造出了雨伞，借鉴山上的滚石压碎坚果发明了石磨。总之，人类对工具的设计是以“成功为范”，以“失败为戒”，去创造与制造生活、生产资料的过程，以满足人类的生存和发展需求。

因此，我们学习机械制造，参与机械创新设计，必须以尊重知识、尊重劳动、尊重创造为原则。

（三）机械创新设计的原则

第一，生产的机械本身要绿色、环保，以减少能源的使用和污染的产生，使人与自然和谐共生，保持良好的环境。

第二，减少机械制造加工的工艺流程，使其成型过程尽量简捷。

第三，加强机械装备功能的综合性，发展柔性制造技术和工艺，用多功能机械取代各种单一功能的机械。

第四，应用新材料减轻装备的重量，进一步实现减少污染、节约能源、提高机动性的目的。

（四）机械创新设计案例分析

机械创新设计案例分析见表 1-2。

表 1-2　机械创新设计案例分析

类型	知识要点	案例分析
功能创新设计	能量守恒是力学中的基本原理之一。内容是物体系统的机械能增量等于外力非保守力对系统所做的总功和系统内耗散力所做的功的代数和。其本质是能量的转化，得到能量，就会消耗能量，但总量不变	案例：洗衣机的创新设计  (a) 脚踏式洗衣机  (b) 脚蹬式洗衣机  (c) 便携式洗衣机  (d) 马桶洗衣机  (e) 壁挂式洗衣机
机构创新设计	机构是指由两个或两个以上构件通过活动连接形成的构件系统 在运动链中，如果将其中某一构件加以固定而成为机架，则该运动链便成为机构。它是具有确定相对运动的构件组合，是用来传递运动和力的系统 从机械创新的角度来看，就是机器构成的要素可以通过改善包容来创建	案例 1：机构的变异创新　通过变异方法改变现有机构的结构而获得新的机构，使机构具有某些特定的性能来适应特定工艺的要求  (a) 防盗门锁  (b) 柜门锁  (c) 一般门锁 案例 2：机构的组合创新　改善原有机构的运动特征，使组合机构具有各基本机构的特征  (a) 玉米收割机  (b) 大豆收割机  (c) 小麦收割机 案例 3：机构的原理移植创新　将某一领域的原理、结构、方法、材料等移植到新的领域中，从而创造出新的（机构）产品  (a) 普通大型除草机  (b) 烈焰除草机(1)  (c) 烈焰除草机(2)

续表

类型	知识要点	案例分析
结构创新设计	结构创新是在现有结构的基础上提出“不同”，并经过实践证明技术方案是可行的 根据已确定的原理方案来决定满足功能要求的机械结构。包括零部件的整体形状、尺寸、位置、数量、材料、热处理的方式和表面状况所确定的目标等，还包括需满足强度、刚度、精度、稳定性、工艺性、寿命和可靠性等方面的要求	案例 1：防抢设计  (a) 灯光报警器 　(b) 车载防劫装置 案例 2：防松设计 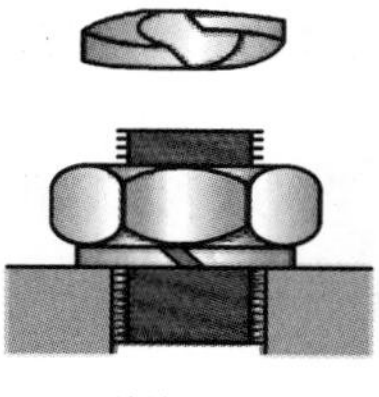 (1) 弹簧垫圈防松 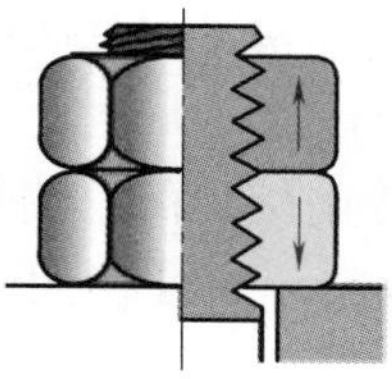　(2) 对顶螺母防松 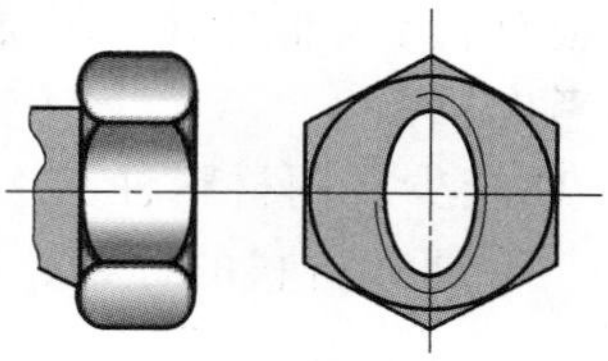　(3) 锥圆口自锁螺母防松 (a) 摩擦防松 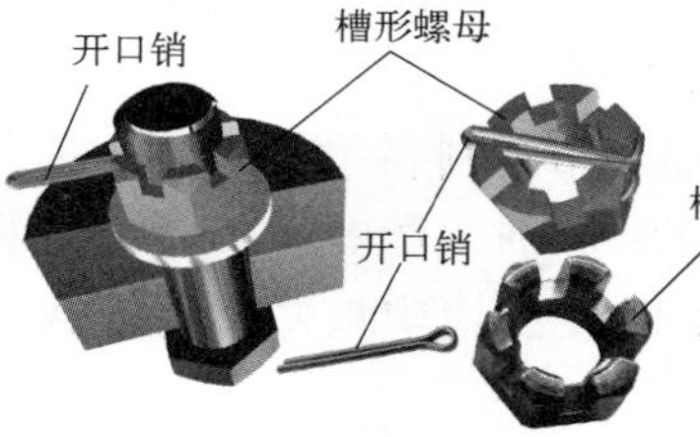 (1) 开口销与槽形螺母 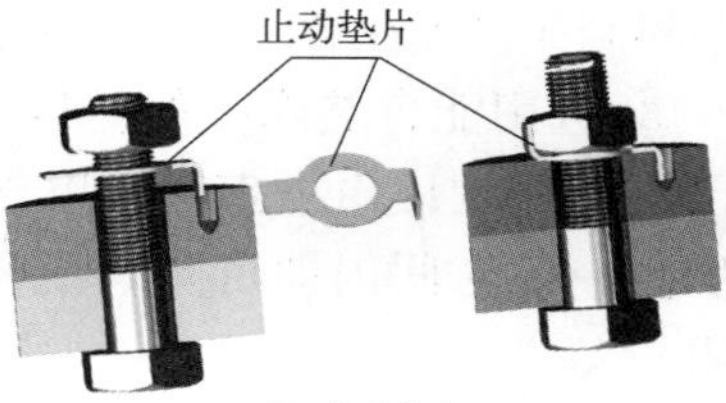　(2) 止动垫片 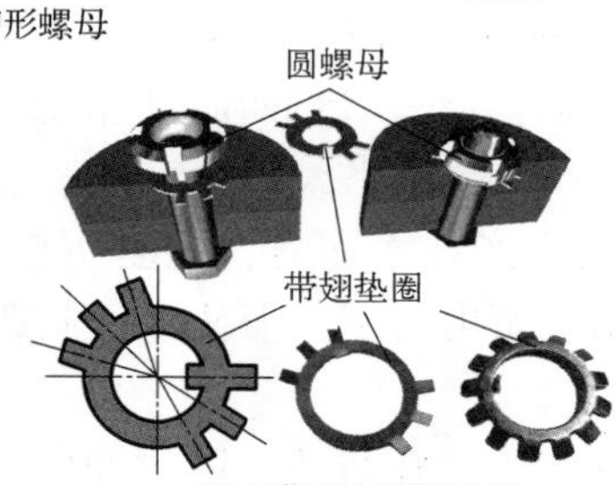 (3) 圆螺母与带翅垫圈 (b) 机械防松

（五）绿色设计简介

1. 认识绿色制造

绿色制造是一种综合考虑环境影响和资源利用效率的现代制造模式，其目标是使产品在从设计、制造、包装、运输、使用到报废处理的整个产品生命周期中，对环境的负面影响最小，资源利用效率最高，并使企业经济效益和社会效益协调优化。而真正促使绿色制造走向市场，却是多种因素共同作用的结果。从当前社会积极实行可持续发展战略的氛围来看，绿色制造实质上是人类社会可持续发展战略在现代制造业中的体现。

2. 认识绿色设计

传统的产品设计，通常主要考虑产品的基本属性，如功能、质量、寿命、成本等，很少考虑环境属性。按这种方式生产出来的产品，在其使用寿命结束后，回收利用率低，资源浪费严重，毒性物质严重污染生态环境。绿色设计的基本思想是在设计阶段就将环境因素和预防污染的措施纳入产品设计之中，将环境性能作为产品的设计目标和出发点，力求使产品对环境的影响达到最小。从这一点来说，绿色设计是从可持续发展的高度审视产品的整个生命周期，强调在产品开发阶段按照全生命周期的观点进行系统性的分析与评价，消除潜在的对环境的负面影响。绿色设计主要通过生命周期设计、并行设计、模块化设计等方法来实现。

3. 选择绿色材料

绿色产品首先要求构成产品的材料具有绿色特性，即在产品的整个生命周期内，这类材料应有利于降低能耗，环境负荷最小。具体地说，在绿色设计时，材料选择应从以下几方面来考虑。

① 减少所用材料种类。使用较少的材料种类，不仅可以简化产品结构，便于零件的生产、管理和材料的标识、分类，而且在相同的产品数量下，可以得到更多的某种回收材料。

② 选用可回收或可再生材料。使用可回收材料不仅可以减少资源的消耗，还可以减少原材料在提炼加工过程中对环境的污染。宝马（BMW）公司生产的Z1型汽车，其车身全部由塑料制成，可在20min内从金属底盘上拆除。

③ 选用能自然降解的材料。例如福州市塑料科学技术研究所与福建省测试技术研究所已成功研制出由可控光降解塑料复合添加剂生产的一种新型塑料薄膜，这种薄膜在使用后的一定时间内即可降解成碎片，溶解在土壤中被微生物吃掉，从而起到净化环境的作用。

④ 选用无毒材料。在汽车和电子工业中，最常用的是含铅和锡的焊料。但是铅的毒性极大，所以，近年来已经在油漆、汽油和其他诸多产品中限制或禁止使用它。

4. 认识清洁生产

相对于真正的清洁生产技术而言，这里所提到的清洁生产仅指生产加工过程。在这一环节，要想为绿色制造做出贡献，需从绿色制造工艺技术、绿色制造工艺设备与装备等入手。

在实质性的机械加工中，在铸造、锻造冲压、焊接、热处理、表面保护等过程中都可以施行绿色制造工艺。具体可以从以下几方面入手：改进工艺，提高产品合格率；采用合理工艺，简化产品加工流程，减少加工工序，谋求生产过程的废料最少化，避免不安全因素；减少产品生产过程中的污染物排放，如减少切削液的使用等，目前多通过干式切削技术来实现这一目标。

5. 认识绿色包装

绿色包装是指采用对环境无污染和人体无害，可回收重用或可再生的材料及其制品的包装。首先必须尽可能简化产品包装，避免过度包装；使包装可以多次重复使用或便于回收，且不会产生二次污染。例如在摩托罗拉的标准包装盒项目方面，其做法是缩小包装盒尺寸，提高包装盒利用率，并采用再生纸浆内包装取代原木浆，进而提高经济效益。

6. 绿色处理技术

在传统的观念中，产品寿命结束后，就再也没有使用价值了。事实上，如果将废弃的产品中有用的部分再合理地利用起来，既能节约资源，又可有效地保护环境，这也正是有些文献中提到的绿色产品的可回收性及可拆卸性设计问题。如此一来，整个制造过程也会形成一个闭环的系统，能有效减轻对环境的危害，这也正是与传统制造过程开环特性最不同的一点。

（六）机械创新设计思路和设计过程

机械创新设计过程是指从明确机械创新设计任务到编制技术文件所经历的整个工作流程。机械创新设计过程一般分为创新产品规划、原理方案设计、技术方案设计、改进设计四个阶段。

① 创新产品规划阶段——明确设计任务和要求，提出设计任务书。

这一阶段的中心任务是在市场调查的基础上，进行创新产品需求分析、市场预测、可行性分析，确定创新设计目标、主要参数和约束条件，最后提出创新设计任务书，作为创新设计、评价、决策的依据。

② 原理方案设计阶段——确定工作原理，分解子系统，绘制方案简图。

实现产品功能的工作原理可以是多种多样的，方案设计就是在功能分析的基础上，通过多方案比较，优化筛选出比较理想的工作原理方案，并对产品的原动系统、传动系统、执行系统、测控系统等子系统进行分解，将总功能分解为子功能和功能单元，并做方案性设计，绘制有关机械机构、气液电控方案简图。

③ 技术方案设计阶段——进行总体设计和结构设计，完成产品全部生产图纸，编制设计说明书、工艺卡等技术文件。

总体设计要树立全局观念。首先要考虑各子系统的分解，按照执行系统、传动系统、操纵系统、支承形式的顺序找出实现各功能的工作原理，再考虑实现系统总功能的要求，将各分功能的工作原理进行合理的组合。在组合过程中应考虑各局部的相容性和技术实现的可能性，在众多的原理方案中选择几个，然后进行综合评价，如对可靠性、成本、寿命、适用性及人机工程学等比较选优，根据总体功能要求，从多方案选优。

以发散性思维探求多种方案，再通过收敛性思维获得最佳方案，这是总体方案创新设计的特点。结构设计时要求零（部）件满足机械的功能要求，零（部）件的结构形状要满足强度、刚度、尺寸、定位、固定、装拆等各方面的要求，常用零（部）件应尽量标准化、系列化。结构设计一般先将总装草图分拆成部件、零件草图，然后选择各零（部）件材料，决定零（部）件的构型和尺寸，进行各种必要的性能计算，再由零件图、部件图绘制出总装图，最后还要编制技术文件，如设计说明书、零（部）件明细表、零（部）件图纸、工艺卡等。

在技术方案设计阶段，要利用现代设计理论和方法提高产品的价值（改善性能、降低成本），通过计算机辅助设计和绘图提高设计效率，提高产品的宜人性和美观性。

④ 改进设计阶段。

上述设计完成后，制造出样机（产品），根据样机检测数据、用户使用情况以及在鉴定中所出现的问题进一步改进，做出相应的技术完善工作，提高产品的设计质量。

【填写“课程任务报告”】

课程任务报告

<table>
<tr><td>班级</td><td></td><td>姓名</td><td colspan="2"></td><td>学号</td><td></td><td>成绩</td><td></td></tr>
<tr><td>组别</td><td></td><td>任务名称</td><td colspan="4">初识机械创新设计</td><td>参考学时</td><td>1 学时</td></tr>
<tr><td>任务要求</td><td colspan="8">①熟练掌握机械创新设计的方法、技巧等，做到灵活运用
②能根据不同设计对象，提出多种创新设计思路</td></tr>
<tr><td>任务完成过程记录</td><td colspan="8">按照任务的要求进行总结，如果空间不足，可加附页（可根据实际情况，适当安排拓展任务，以供学生分组讨论学习，记录拓展任务的完成过程）</td></tr>
</table>

【任务拓展】

一、知识考核

1. 简述机械创新设计的原则。

2. 简述机械创新设计思路和设计过程。

3. 简述绿色设计概念。

二、技能考核

1. 试从产品的用途、收纳、体积、重量、结构等方面提出产品的创新思路，制作 PPT，以小组为单位进行路演，见表 1-3。

表 1-3　创新提示

产品	创新提示	产品	创新提示	产品	创新提示
雨伞	便于收纳、不同使用者等	汽车车库	汽车堆叠、专用小车协助停车等	智能马桶	复合功能
自行车	折叠、太阳能、防雨、防酒驾等	拖把	电动，外部吸尘、中间洗涤、心部烘干，适用于不同使用者等	淋浴节水装置	节水、储水、干净冷热水不浪费等
储鞋装置	存储在天花板、墙壁中等	空调	微型空调、太阳能空调等	一米菜园	充分利用阳台
手机	防摔、鼠标触摸两用、异形、针对不同用户等	助老机械	智能喂饭、智能筷子、智能轮椅等	水杯	冷热水混装，便于清洗、携带

2. 观察生活学习中的物品或设备等，探讨目前存在的问题，从绿色设计、轻量化设计等方面提出改进意见，制作 PPT，以小组为单位进行路演。

任务二　初识中望 3D 2023 基本界面

初识中望 3D 2023 基本界面

【知识目标】

◎ 了解中望 3D 2023 界面的组成。
◎ 掌握鼠标的操作知识。
◎ 熟悉图形的显示控制方法。

【技能目标】

◎ 熟练掌握中望 3D 2023 界面的操作。
◎ 能根据工作需要显示或隐藏部件，改变部件显示颜色。
◎ 熟练掌握中望 3D 2023 的启动、界面组成、使用及退出操作界面。

【素养目标】

◎ 认识国产软件，支持国产软件，认识智造强国，锻炼探索新事物的意识。
◎ 按照步骤操作软件，养成良好的软件操作习惯。
◎ 由二维制图转变为三维制图，养成循序渐进的习惯，培养工匠精神。

【任务描述】

通过完成本任务，使学生掌握中望 3D 2023 软件的特点、启动、界面的组成；能在界面里进行基本操作，如正确使用鼠标、更换角色、更改对象的显示状态；能熟练进行文件操作，会执行工具按钮的显示和隐藏操作。

【任务实施】

一、任务实施规划

任务实施方案设计见表 1-4。

表 1-4　任务实施方案设计

步骤	1. 中望 3D 2023 的启动	2. 中望 3D 2023 的退出	3. 认识中望 3D 2023 的用户界面
图示		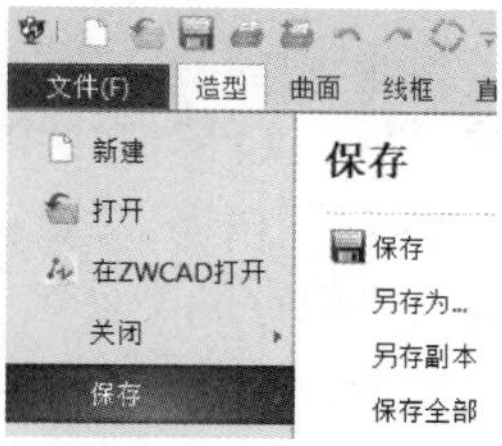	

续表

步骤	4. 新建、保存和关闭文件	5. 界面的个性化设置	6. 中望 3D 2023 用户界面操作
图示	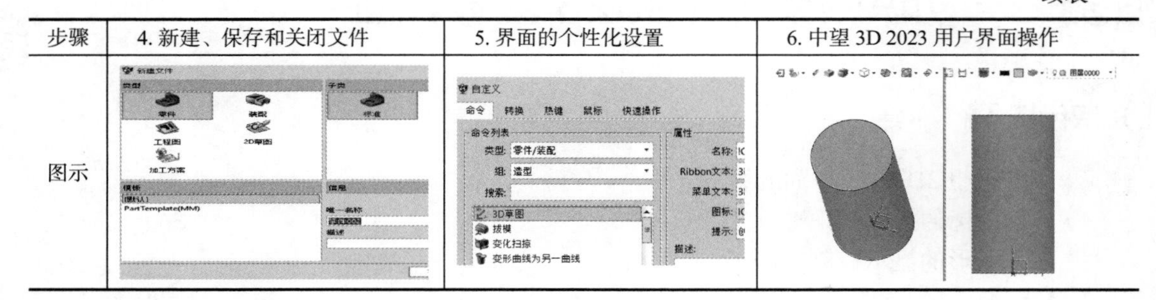		

二、参考操作步骤

（一）中望 3D 2023 的启动

① 方法一：安装中望 3D 2023 软件，在 Windows 的桌面上生成快捷方式图标，双击快捷方式图标，启动中望 3D 2023，如图 1-1 所示。

② 方法二：单击 → 所有应用 → 中望3D 2023 按钮，启动软件。

图 1-1　中望 3D 2023 启动

（二）中望 3D 2023 的退出

① 方法一：单击标题栏右上角的 × 按钮，退出中望 3D 2023。

② 方法二：单击菜单栏“文件”→“退出”命令，退出中望 3D 2023。

（三）认识中望 3D 2023 的用户界面

图 1-2 显示了中望 3D 2023 用户界面的主要组成部分，界面右下侧包括“管理器”“文件浏览器”“输出”按钮。用户可以单击按钮显示或隐藏相应面板。

（四）新建、保存和关闭文件

1. 方法一

① 新建文件。单击窗口左上角菜单栏中的“新建”按钮，或选择菜单栏中的“文件”→“新建”命令，弹出如图 1-3 所示的“新建文件”对话框，新建“零件 003.Z3PRT”文件。

② 保存文件。单击菜单栏中的“保存”按钮，或选择菜单栏中的“文件”→“保存”命令，在弹出的“保存为”对话框中输入要保存的文件名，以及设置文件保存的路径，便可以将当前文件保存。或选择“另存为”命令，弹出如图 1-4 所示的“保存为”对话框，在“另存为”选项中更改将要保存的文件路径，单击“保存”按钮，即可将创建好的文件保存在指定的文件夹中。

图 1-2　中望 3D 2023 用户界面

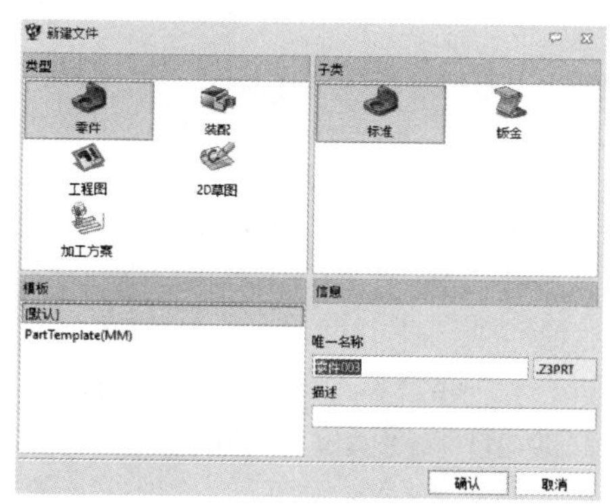

图 1-3　新建文件

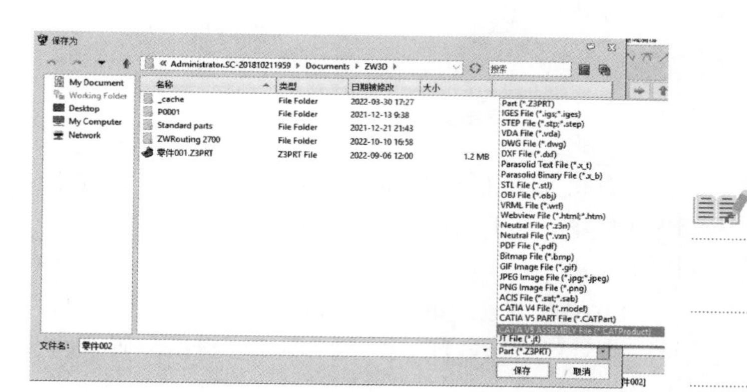

图 1-4　保存文件

③ 关闭文件。依次单击菜单栏“文件”→“退出”→“是”命令即可关闭文件，如图 1-5 所示。

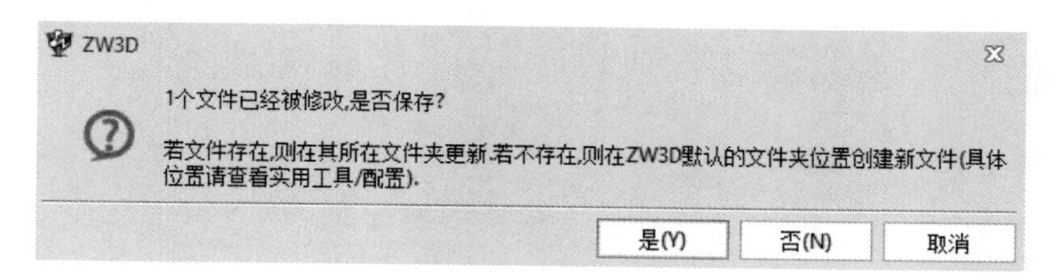

图 1-5　保存文件提示框

2. 方法二

① 使用快捷键“Ctrl+N”新建“零件 003.Z3PRT”文件。

② 使用快捷键“Ctrl+S”保存文件。

③ 单击菜单栏“文件”→“退出”→“是”命令关闭文件。

④ 单击菜单栏“文件”→“打开”命令打开 F 盘下的“零件 003.Z3PRT”文件。

⑤ 使用快捷键“Ctrl+O”打开 F 盘下的“零件 003.Z3PRT”文件。

（五）界面的个性化设置

用户可以根据自己的需要自定义工作界面。建立新零件或装配体后，通过“工具”→“自定义”命令打开对话框，用户可以对中望 3D 2023 的命令、转换、热键、鼠标和快速操作进行相关的自定义。自定义工具栏如图 1-6 所示。

① 用鼠标选择任一命令，单击“添加或删除命令”按钮可以添加或删除相应命令。

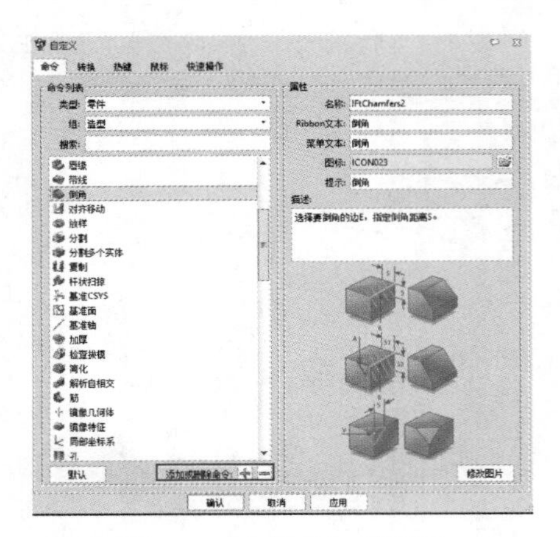

图 1-6 “自定义”对话框

图 1-7 命令图标右键菜单显示效果

② 改变命令按钮显示效果。使用鼠标右键单击任一命令按钮，弹出如图 1-7 所示快捷菜单，可以隐藏按钮或调整按钮的大小。若复位，单击如图 1-6 所示的“默认”按钮。

③ 更改背景。单击 ⚙ 按钮，弹出“配置”对话框，选择“背景色”，可以修改实体背景、渐变背景色、背景图片；选择“颜色”命令，可以修改 2D 草图、文字等的颜色。如图 1-8 所示。

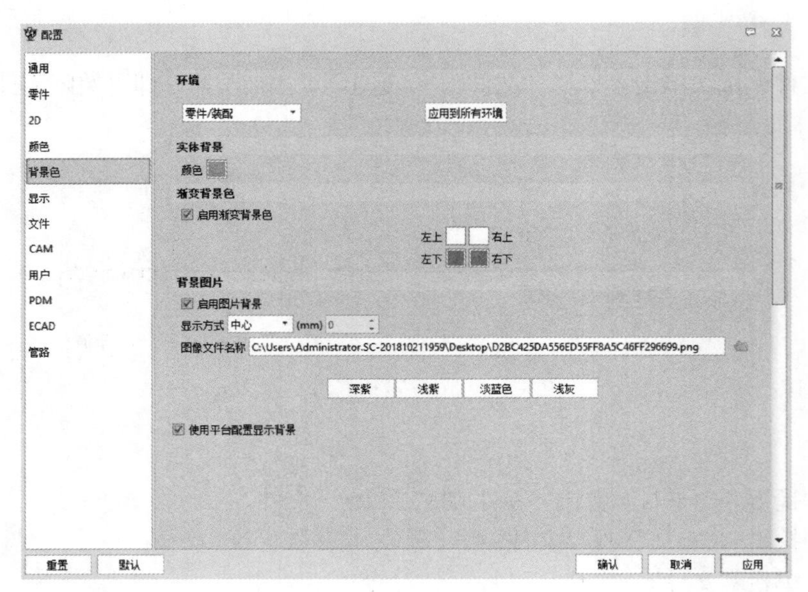

图 1-8 “配置”对话框

（六）中望 3D 2023 用户界面操作

1. 用户角色设置

第一次启动中望 3D 时，系统会提示选择用户角色。如果选择“专家”角色，意味着中望 3D 所有的命令和模块将会被加载并在界面中显示。如果想从最基本的功能开始学习，则选择“初级”角色即可，这样能够确保在学习的过程中接触到的命令都是中望 3D 最主要的功能和命令。

使用软件时，可以任何时候在管理器中切换角色，如图 1-9 所示。

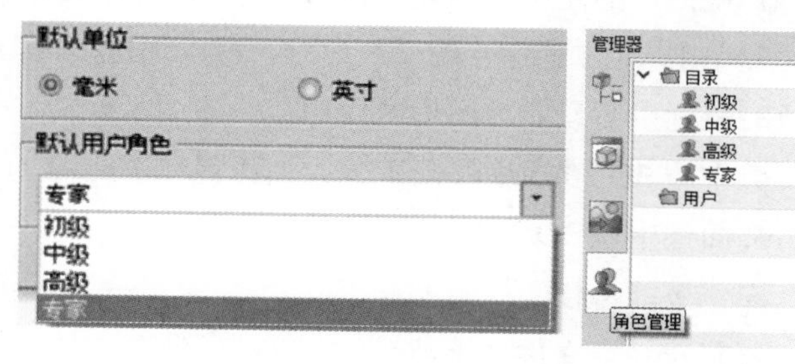

图 1-9　用户角色设置

2. 鼠标与键盘的设置

◆ 左键：可以选择功能选项或操作对象。

◆ 右键：单击显示快捷键，按住鼠标右键不放，移动鼠标，可以实现旋转。

◆ 中键：只能在图形区使用，一般用于旋转、平移和缩放。在零件图和装配体的环境中，按住鼠标中键不放，移动鼠标就可以实现移动；在零件图和装配体的环境中，先按住 Ctrl 键，然后按住鼠标中键不放移动鼠标，或前后滚动鼠标滚轮，均可以实现缩放，向前滚模型放大，向后滚模型缩小；在工程图的环境中，按住鼠标中键，可以实现平移。

键盘快捷键为组合键，这些键可自定义。常用的快捷键如表 1-5 所示。

表 1-5　常用的快捷键

操作功能	快　捷　键	操作功能	快　捷　键
放大	Ctrl+W	自动对齐	F9
缩小	Ctrl+T	重复上一命令	鼠标中键
整图缩放	Ctrl+A	撤销	Ctrl+Z

完成中望 3D 2023 界面的基本操作，保存文件，退出中望 3D 2023。

【填写“课程任务报告”】

课程任务报告

<table>
<tr><td>班级</td><td></td><td>姓名</td><td></td><td>学号</td><td></td><td>成绩</td><td></td></tr>
<tr><td>组别</td><td></td><td>任务名称</td><td colspan="3">初识中望 3D 2023 基本界面</td><td>参考学时</td><td>2 学时</td></tr>
<tr><td>任务要求</td><td colspan="7">①掌握中望 3D 2023 的文件操作
②掌握中望 3D 2023 菜单栏的有关操作
③熟练进行视窗的放大、平移和旋转操作
④掌握对象隐藏和显示的方法</td></tr>
<tr><td>任务完成过程记录</td><td colspan="7">按照任务的要求进行总结，如果空间不足，可加附页（可根据实际情况，适当安排拓展任务，以供学生分组讨论学习，记录拓展任务的完成过程）</td></tr>
</table>

【任务拓展】

一、知识考核

1. 快捷键的使用：新建文件________；打开文件________；保存文件________。

2. 单击“窗口”→“视口”命令，可以通过多视口切换来查看模型或工程图。(　　)

3. 鼠标中键只能在图形区使用，一般用于旋转、平移和缩放。(　　)

4. 中望 3D 2023 中快捷键分为加速键和快捷键。(　　)

5. 简述中望 3D 2023 界面操作。

二、技能考核

1. 新建一空文件“练习一 .Z3PRT”，保存文件，打开“练习一 .Z3PRT”文件。

2. 个性化设置中望 3D 2023 用户界面，并分享展示。

中望 3D 2023 草图入门操作

任务三　中望 3D 2023 草图入门操作

【知识目标】

◎ 掌握圆、直线、圆弧、倒圆角、镜像曲线等基本图素的正确绘制。

◎ 掌握尺寸标注和约束、草图几何状态约束。

【技能目标】

◎ 熟练使用圆、圆弧、倒圆角、镜像等命令绘制二维零件草图。

◎ 能进行尺寸标注和约束。

◎ 掌握草图的几何状态约束。

【素养目标】

◎ 通过吊钩草图的绘制，能对草图创建的基本命令有较为深刻的认识，可以对比二维 CAD 绘制方法，理解机械二维（2D) 与三维（3D) 绘图的区别，为学生将来从事相关工作奠定素质和品质基础。

◎ 通过独立完成工作培养学生面对问题、解决问题的能力，建立自主解决问题的意识和习惯。

◎ 由吊钩联想到我国的起重机行业所处的强国地位及大国工匠精神，增强学生民族自豪感。

【任务描述】

本任务要完成的图形如图 1-10 所示。通过本任务的学习，使学生能熟练掌握创建草图、创建草图对象、对草图对象添加尺寸约束和几何约束、镜像曲线等草图操作。通过学习了解草图的构建方法，掌握二维草图的构图技巧。

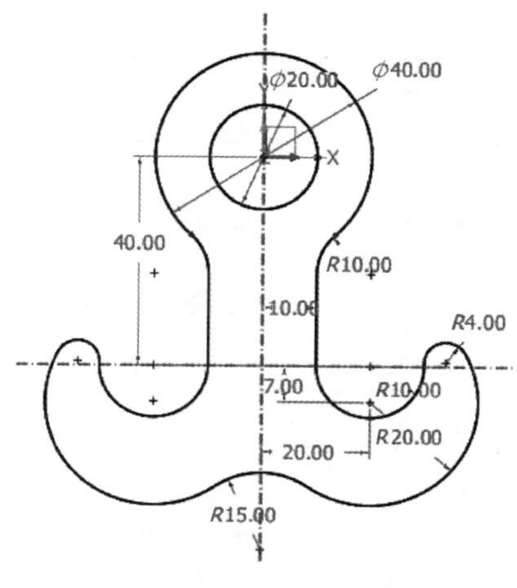

图 1-10　吊钩草图

【任务实施】

一、图形绘制方案设计

先绘出图形的上部，然后绘出图形的右半部分，再通过镜像方法完成左侧图形的绘制，倒圆角、修剪多余的图线，完成草图绘制。吊钩绘制方案设计见表 1-6。

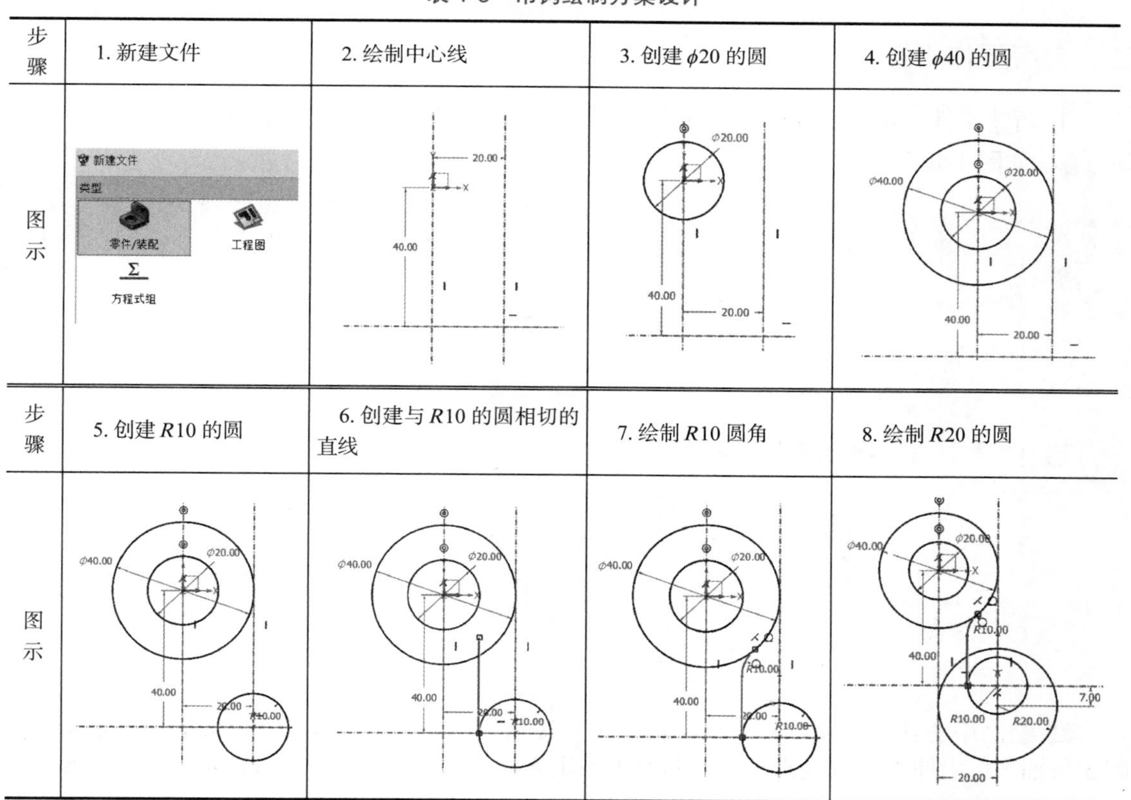

表 1-6　吊钩绘制方案设计

步骤	1. 新建文件	2. 绘制中心线	3. 创建 ϕ20 的圆	4. 创建 ϕ40 的圆
图示				
步骤	5. 创建 R10 的圆	6. 创建与 R10 的圆相切的直线	7. 绘制 R10 圆角	8. 绘制 R20 的圆
图示				

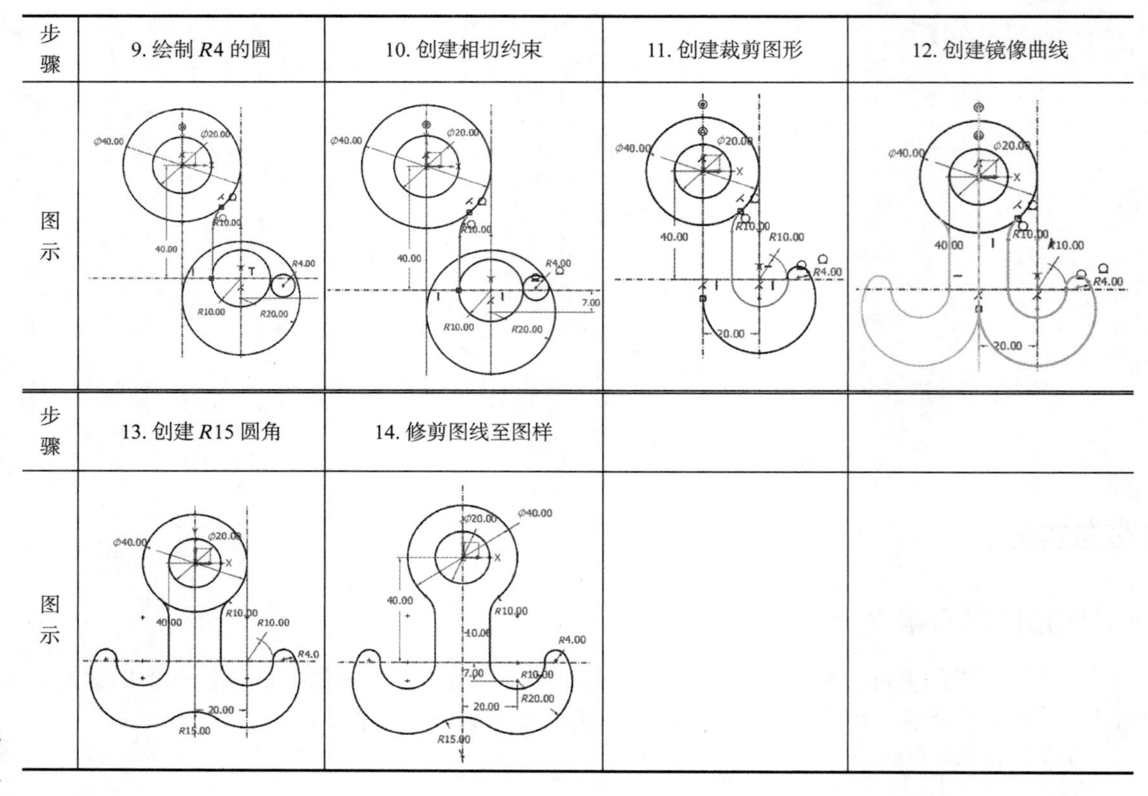

步骤	9. 绘制 *R*4 的圆	10. 创建相切约束	11. 创建裁剪图形	12. 创建镜像曲线
图示				
步骤	13. 创建 *R*15 圆角	14. 修剪图线至图样		
图示				

二、参考操作步骤

① 新建文件。单击“新建”按钮，新建一个“吊钩草图”文件，并单击“保存”按钮，如图 1-11 所示。

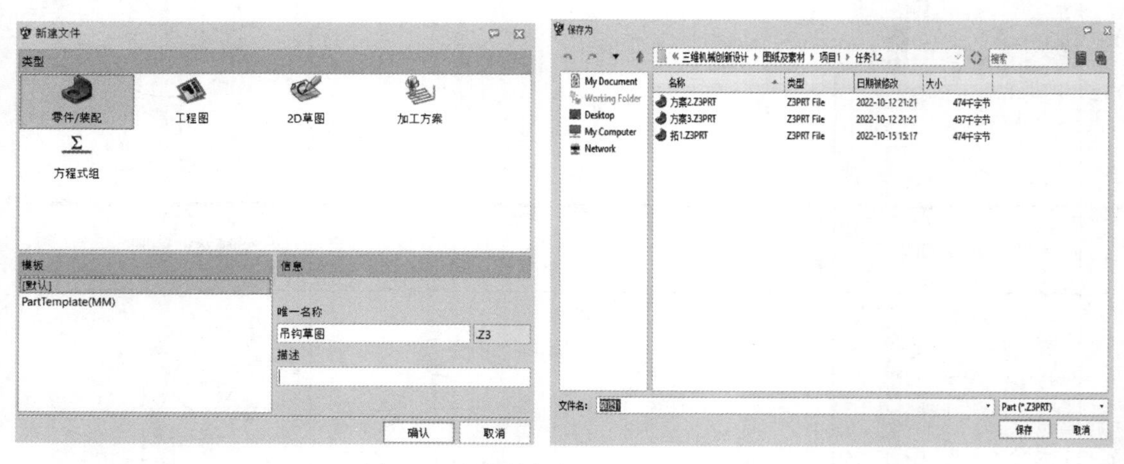

图 1-11　新建并保存“吊钩草图”文件

② 绘制中心线。单击 XY 平面，再单击草图按钮，此时打开草绘窗口。单击轴按钮绘制 3 条轴线：沿原点绘制竖直轴，绘制水平轴距离原点 40mm，绘制竖直轴距离原点 20mm，

如图 1-12 所示。

注意：绘制圆时，应先绘制能确定圆中心的轴线，然后根据已知的圆，绘制未知的图线。绘制对称件时均需先画轴线。

③ 创建 ϕ20 的圆。单击○圆按钮，弹出“圆”对话框，如图 1-13 所示。单击“圆心半径”按钮，绘制 ϕ20mm 的圆。在绘制 ϕ20mm 的圆时，单击“原点”位置，确定圆心，在“直径”输入框输入 20mm 后确定，如图 1-14 所示。

提示：在绘制草图时，最好借助“原点”按钮增加有效约束条件。

注意：根据需要，灵活切换半径、直径；绘图时根据实际情况选择“边界”“通过点”“两点半径”“三切圆”等命令，操作方法参考中望帮助文件。

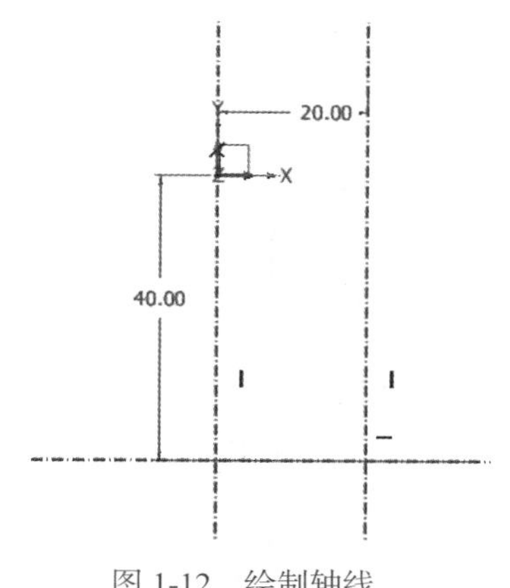

图 1-12　绘制轴线

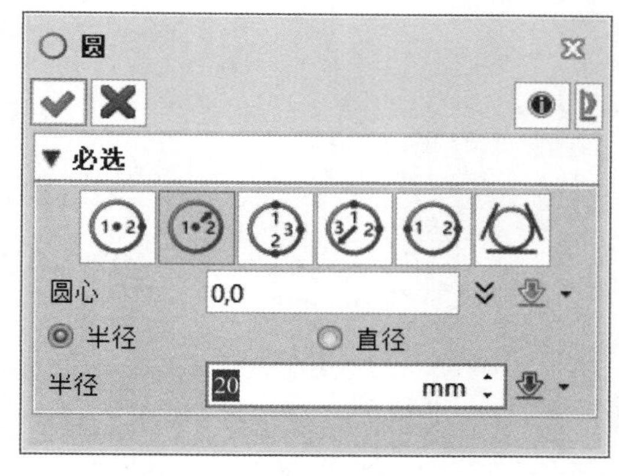

图 1-13　“圆”对话框

④ 创建 ϕ40 的圆，如图 1-15 所示。

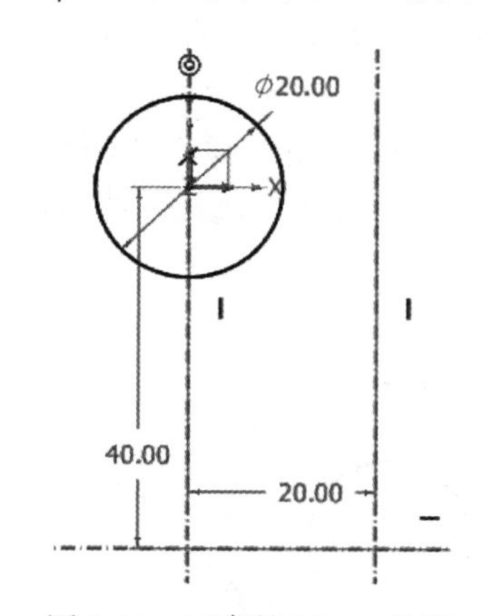

图 1-14　画直径 20mm 的圆

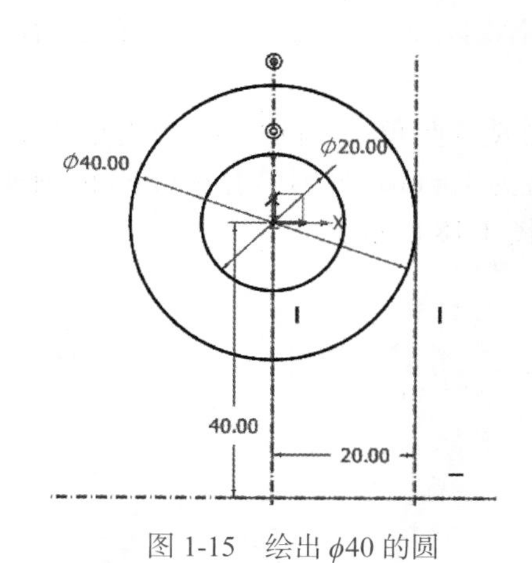

图 1-15　绘出 ϕ40 的圆

提示：绘图时，可滚动鼠标中键，适当缩放图形。如欲做平移图的动作，则按住鼠标中键不放，再拖动鼠标来完成。

⑤ 创建 R10 的圆。单击○圆图标，弹出“圆”命令对话框，用默认的“圆心直径”选项绘制 R10mm 的图，如图 1-16 所示。

⑥ 创建与 R10 的圆相切的直线。单击1/2直线按钮，弹出“1/2 直线”对话框，沿着 R10mm 圆的左端点画一条与 R10mm 相切的直线，如图 1-17 所示。

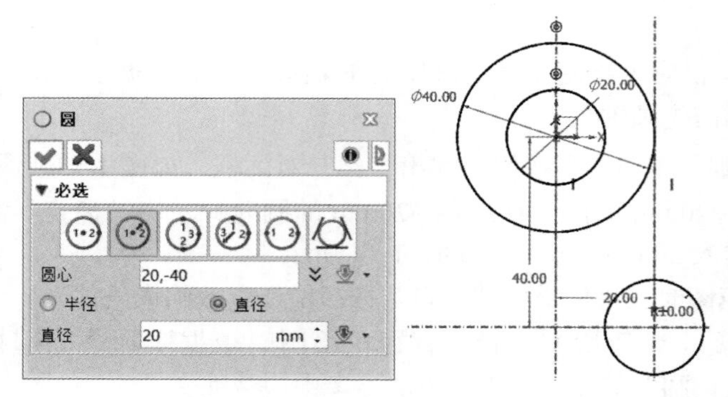

图 1-16　绘制半径 10mm 的圆

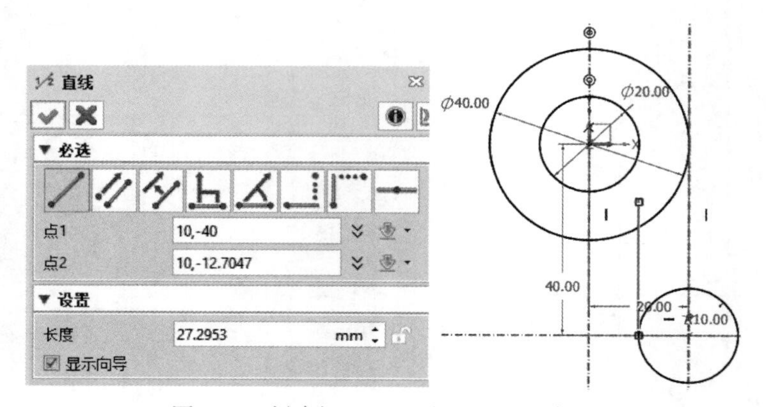

图 1-17　创建与 R10mm 的圆相切的直线

注意：绘制一条直线时，选择“直线”命令。绘制多条相连接的直线时，选择“多段线”命令。

⑦ 绘制 R10 圆角（倒圆角）。单击草图工具栏中的圆角按钮，弹出“圆角”对话框，“半径”设置为 10mm，分别单击 ϕ40mm 的圆和步骤⑥绘制的直线，选择“修剪第二条”选项，结果如图 1-18 所示。

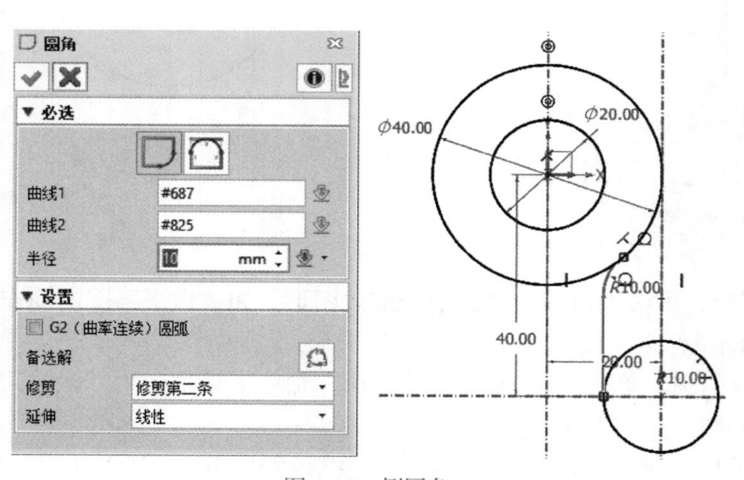

图 1-18　倒圆角

⑧ 绘制 $R20$ 的圆。单击○圆按钮，弹出“圆”对话框，绘制半径为 20mm 的圆圆心距离原点所在轴 20mm，距离水平轴线 7mm，如图 1-19 所示。

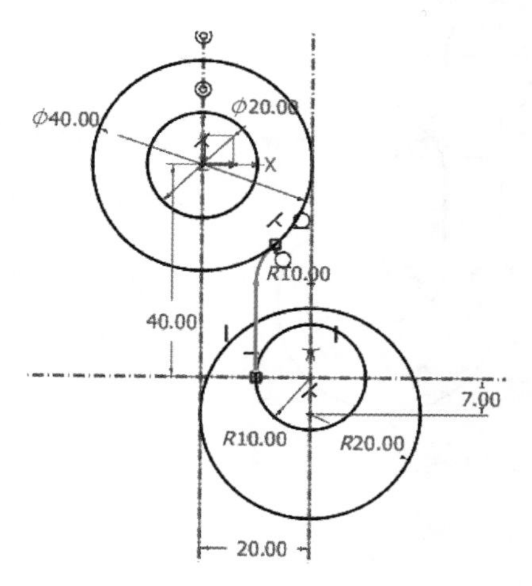

图 1-19　绘制 $R20$ 的圆

⑨ 绘制 $R4$ 的圆。在 $R10$mm 与 $R20$mm 的圆之间绘制 $R4$mm 的圆，如图 1-20 所示。

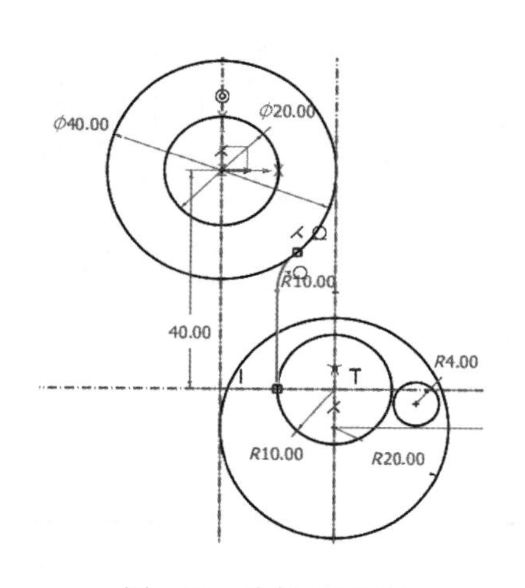

图 1-20　绘制 $R4$ 的圆

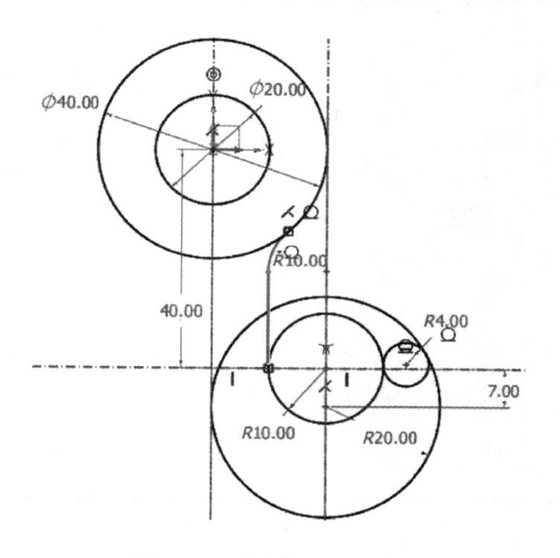

图 1-21　创建相切约束

⑩ 创建相切约束。单击添加约束按钮，使步骤⑨绘制的圆分别与步骤⑤绘制的圆、步骤⑧绘制的圆相切，如图 1-21 所示。

⑪ 创建裁剪图形。单击划线修剪按钮，按下鼠标左键不松开，移动鼠标指针修剪图线，如图 1-22 所示。

⑫ 创建镜像曲线。在草图工具栏里单击镜像按钮，打开“镜像几何体”对话框，“镜像线”选择过原点竖直轴线，依次选择要镜像的曲线，完成镜像曲线操作，如图 1-23 所示。

⑬ 创建 $R15$ 圆角。单击圆角按钮，弹出“圆角”对话框，“半径”设置为 15mm，选择“修剪第二条”，如图 1-24 所示。

⑭ 修剪图线至图样，如图 1-10 所示，保存文件，退出中望 3D 2023。

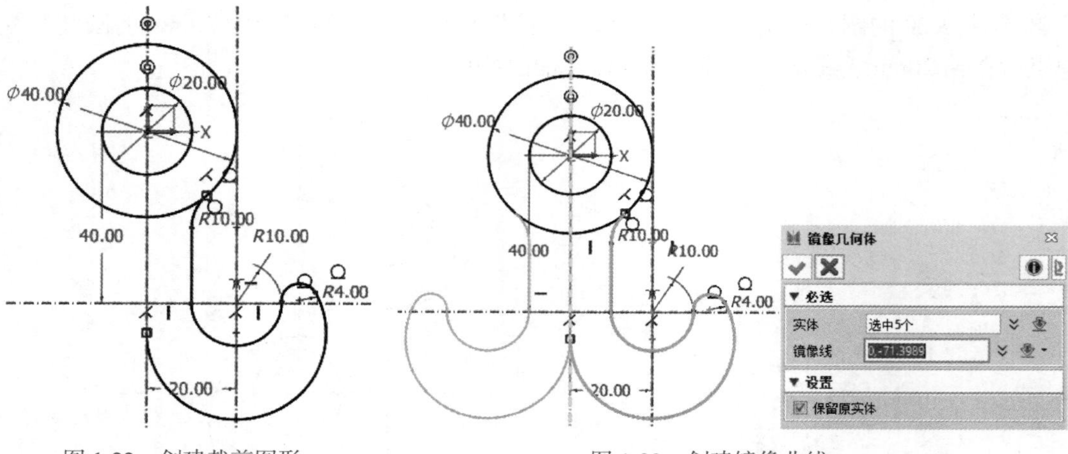

图 1-22　创建裁剪图形　　　　图 1-23　创建镜像曲线

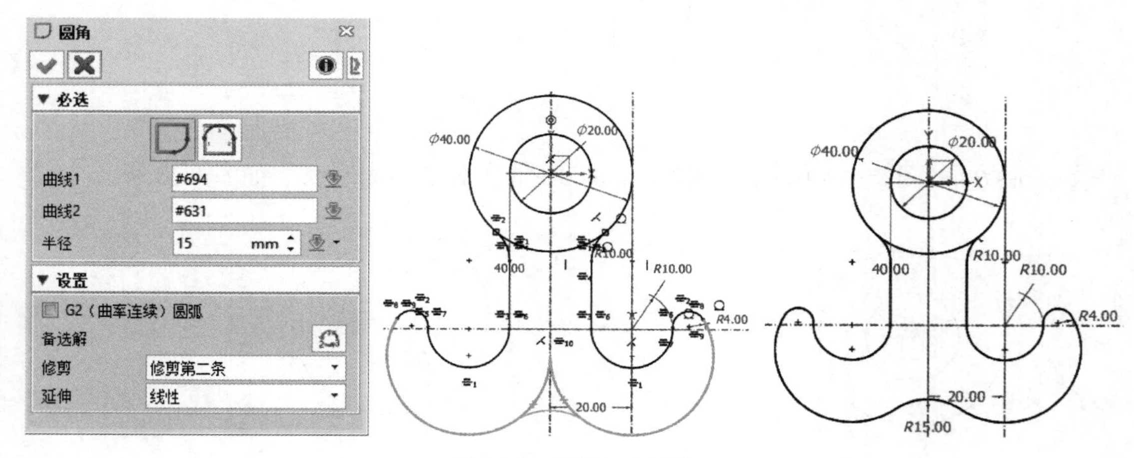

图 1-24　创建 *R*15 圆角

【填写“课程任务报告”】

课程任务报告

班级		姓名		学号		成绩	
组别		任务名称	中望 3D 2023 草图入门操作			参考课时	2 学时
任务图样	ϕ40.00, ϕ20.00, X, 40.00, R10.00, 10.00, R4.00, 7.00, R10.00, R20.00, 20.00, R15.00						

续表

任务要求	①对照任务参考过程，完成基本草图示例的二维草图设计 ②掌握使用圆、直线、圆弧、倒圆角、镜像曲线等命令绘制二维零件草图 ③能进行尺寸标注和约束 ④掌握草图的几何状态约束
任务完成过程记录	按照任务的要求进行总结，如果空间不足，可加附页（可根据实际情况，适当安排拓展任务，以供学生分组讨论学习，记录拓展任务的完成过程）

【创新实践】

一、任务引入

起重机是指在一定范围内垂直提升和水平搬运重物的多动作起重机械，又称天车、航吊、吊车。起重设备的工作特点是做间歇性运动，即在一个工作循环中取料、运移、卸载等动作是交替工作的，起重机的使用越来越广泛。

吊钩是起重机械中最常见的吊具。吊钩常借助于滑轮组等部件悬挂在起升机构的钢丝绳上。为满足不同的用户群，拟对吊钩进行创新设计。

二、任务要求

① 观摩三维模型图，分别写出吊钩的创新思路。

② 尝试按照草图绘图步骤绘制吊钩二维草图。

③ 按照三维模型创建思路，自定义尺寸，分别绘制对应二维草图，并标注尺寸。

三、任务实施

① 观察三维模型图，分别写出吊钩的创新思路，见表 1-7。

表 1-7　创新思路

思路	吊钩原模型	创新思路 1：	创新思路 2：
图示			

续表

思路	创新思路 3：	创新思路 4：	创新思路 5：
图示	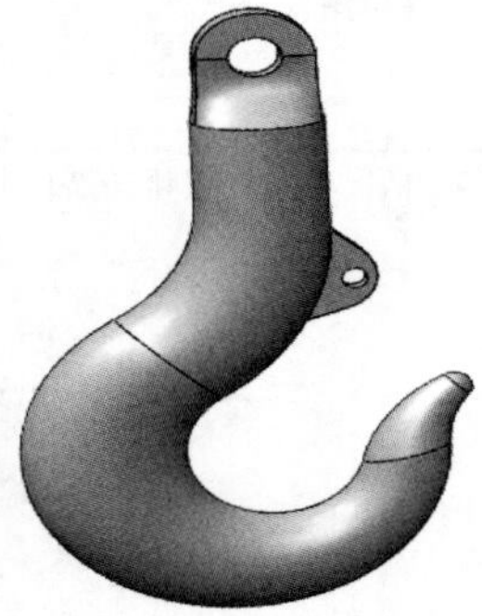	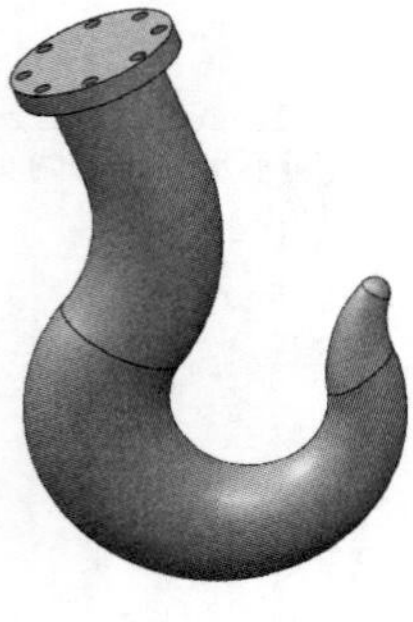	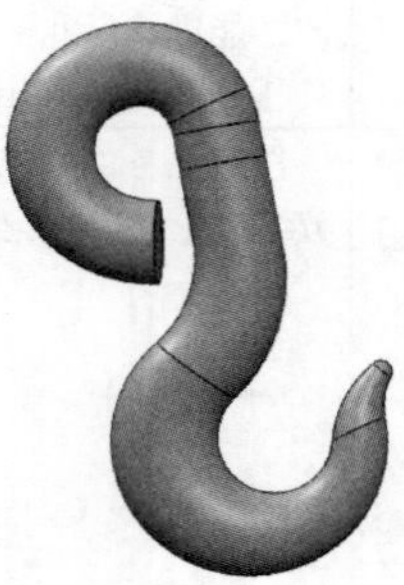

② 尝试按照草图绘图步骤绘制吊钩二维草图，见表 1-8。

表 1-8　绘制吊钩二维草图

步骤	1. 画长 30mm 直线，并画相互垂直的竖直中心线 1 和水平中心线 2，约束两条中心线固定	2. 沿中心线 2 左端点画竖直直线，长度任意，画直径为 40mm 的圆	3. 画半径为 60mm 的圆弧，分别与竖直直线和圆相切
图示	30 15 100	30 15 100 ϕ40	30 15 100 R60 ϕ40
步骤	4. 在距离竖直中心线 19mm 处，画直径为 96mm 的圆，做半径 40mm 圆弧，分别与竖直直线和圆相切，往下画水平中心线 3 并与中心线 2 距离为 15mm	5. 在中心线 2 上画直径为 46mm 的圆且与直径为 96mm 的圆外切。在中心线 3 上画直径为 80mm 的圆且与直径为 40mm 的圆外切	6. 画直径为 8mm 的圆，分别与直径 46mm 的圆外切、直径 80mm 的圆内切
图示	30 15 R40 100 R60 ϕ40 9 15 ϕ96	30 15 R40 100 R60 ϕ40 ϕ46 9 15 ϕ96 ϕ80	30 15 R40 100 R60 ϕ8 ϕ40 ϕ46 9 15 ϕ96 ϕ80

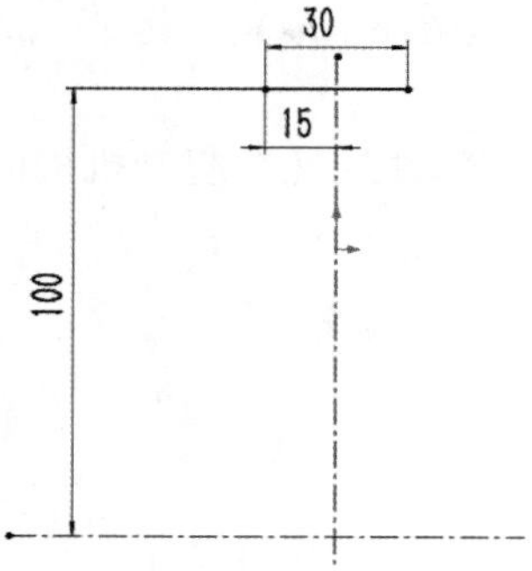

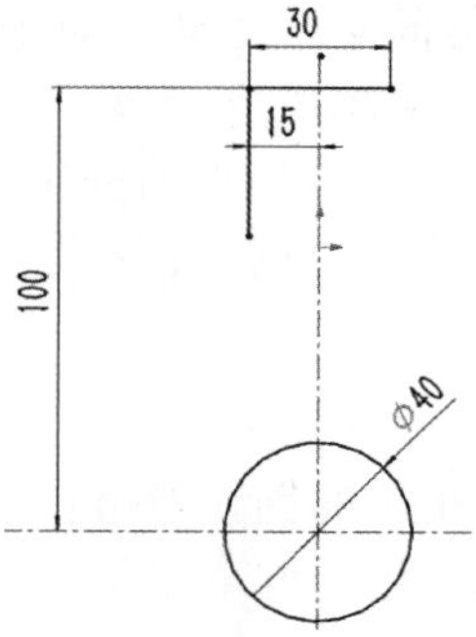

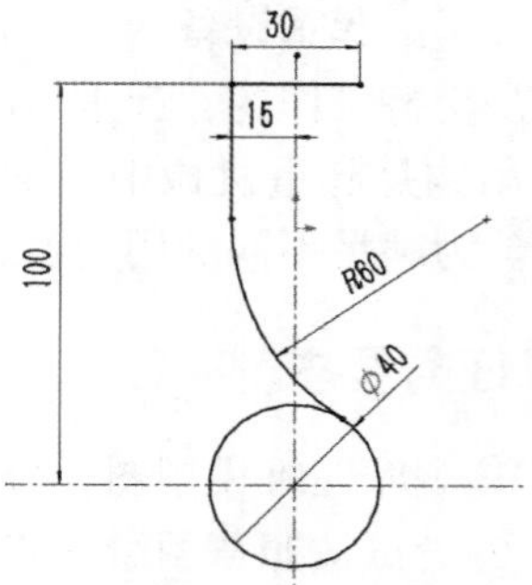

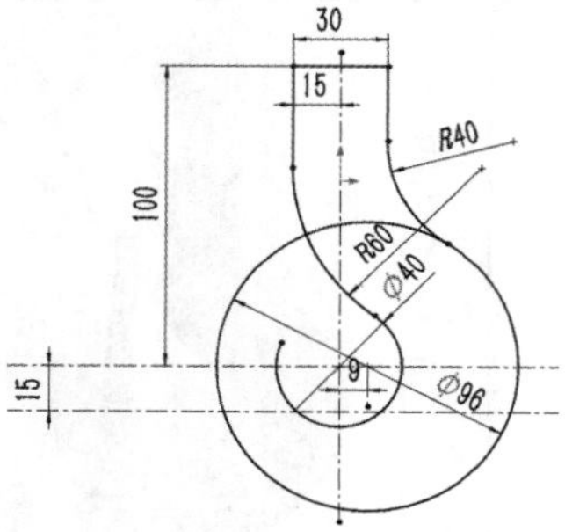

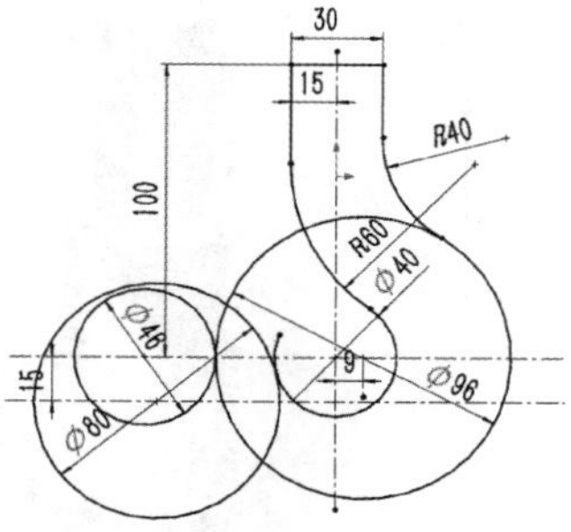

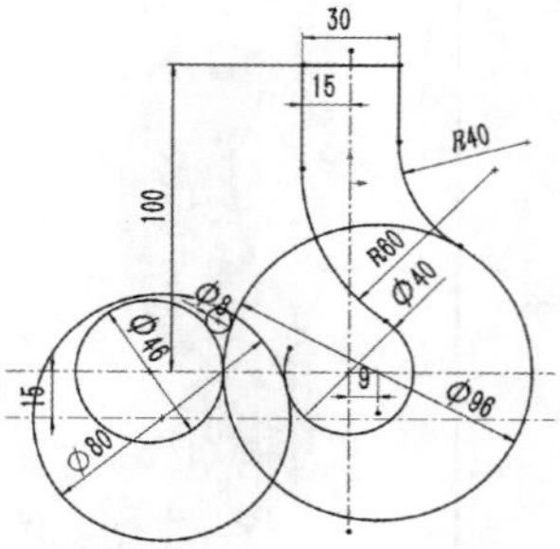

续表

步骤	7. 修剪多余线条，并对圆弧进行重新标注		
图示	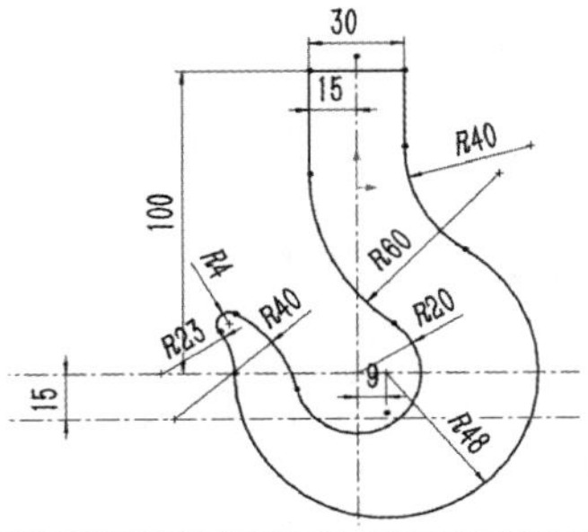		

③ 按照三维模型创建思路，自定义尺寸，分别绘制对应二维草图，并标注尺寸，打印并粘贴在表 1-9 中。

表 1-9 吊钩的二维草图

创新	三维图	二维草图
		自定义尺寸，按三维思路补画二维图
创新思路 1	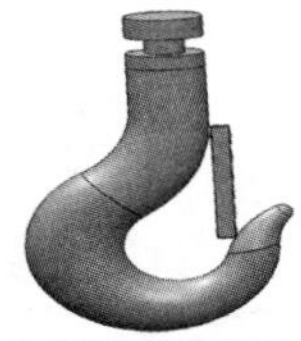	二维图粘贴处
创新思路 2	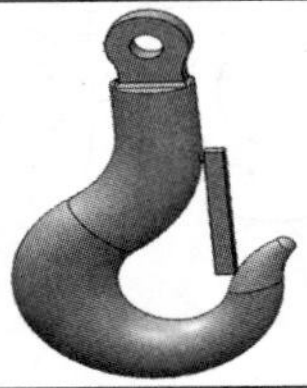	二维图粘贴处
创新思路 3	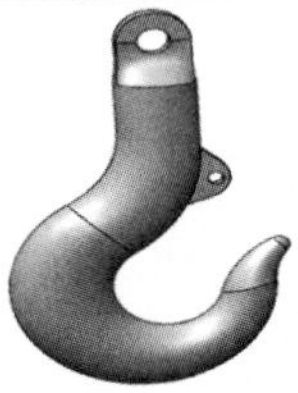	二维图粘贴处
创新思路 4		二维图粘贴处
创新思路 5		二维图粘贴处

【任务拓展】

一、知识考核

1. 进入草图的方式有三种，下面哪种不是进入草图的方式？（　　）

A. 空白区单击右键　　B. 菜单栏中，单击插入草图

C. 选择基准面，单击右键，选择草图　　D. 单击实体面，选择曲线，勾选曲线，进入草图

2. 默认状态下，草图满约束状态，图线颜色是(　　)。

A. 黑色　　B. 蓝色　　C. 红色　　D. 绿色

3. 默认状态下，圆弧可以通过多种方法绘制，不正确的是（　　）。

A. 通过三点　　B. 通过圆心、半径

C. 通过两点、半径　　D. 通过圆心、两点

4. 想画一个 100mm × 100mm 的正方形，需要什么约束？（　　）

A. 尺寸约束　　B. 垂直约束　　C. 对称约束　　D. 水平约束

5. 下列哪种文件格式是中望 3D 无法打开？(　　)

A. dwg　　B. stp　　C. mnts　　D. prt

二、技能考核

1. 完成图 1-25 所示图形绘制，并标注尺寸。

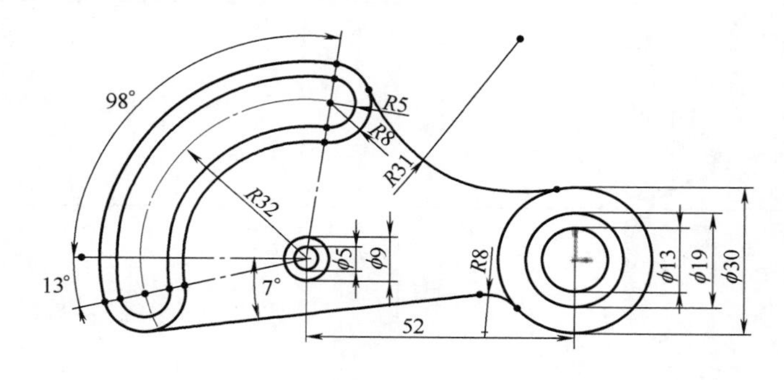

图 1-25　槽口图纸

2. 完成图 1-26 所示图形绘制，并标注尺寸。

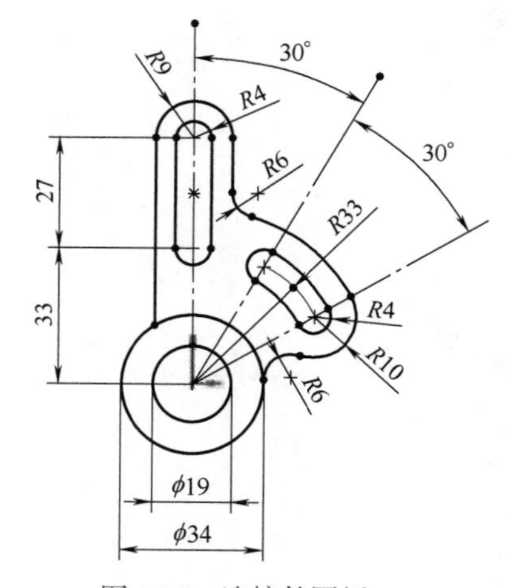

图 1-26　连接件图纸

任务四　中望 3D 2023 建模入门操作

中望 3D
2023 建模
入门操作

【知识目标】

◎ 了解标准工具栏。

◎ 掌握草图绘制工具栏、造型工具栏等。

◎ 掌握镜像命令、阵列命令。

【技能目标】

◎ 熟练掌握草绘命令、拉伸命令、镜像命令、阵列命令。

◎ 能根据工作需要灵活选用不同的命令。

【素养目标】

◎ 利用草图命令、拉伸命令完成 37 个模型的创建，孜孜不倦，戒骄戒躁，养成工匠精神。

◎ 借助镜像命令、拉伸命令简化绘制步骤，创新思路，不拘一格，提高效率。

【任务描述】

通过完成本任务，使读者掌握中望 3D 2023 标准工具栏、草图绘制工具栏、尺寸 / 几何关系工具栏、特征工具栏，能根据草绘命令、拉伸命令、镜像命令、阵列命令完成入门模型的操作。本任务绘制 100mm × 100mm 立方体 1 个，50mm × 50mm 立方体 6 个，25mm × 25mm 立方体 30 个，如图 1-27 所示。

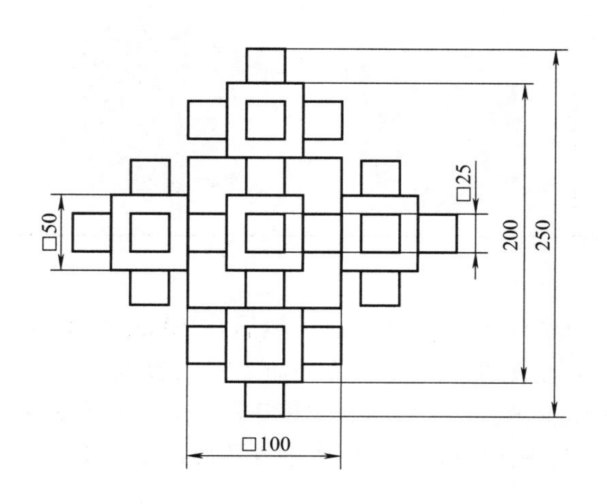

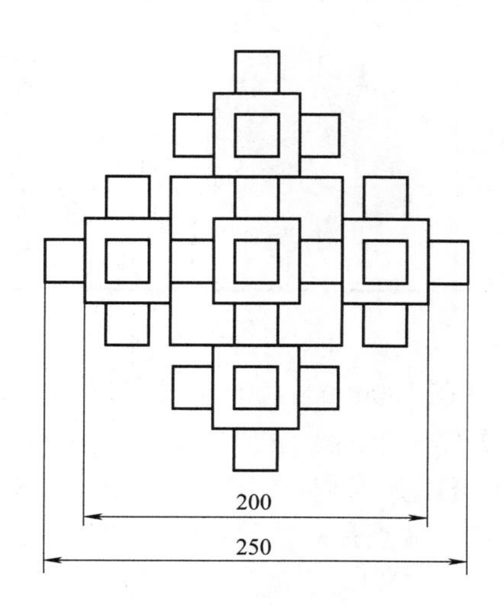

图 1-27

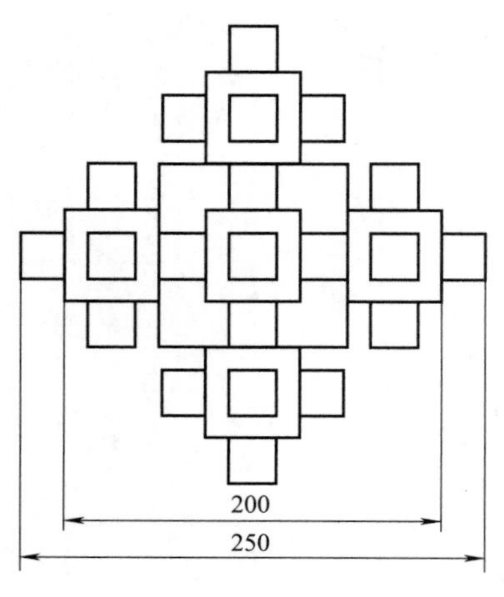

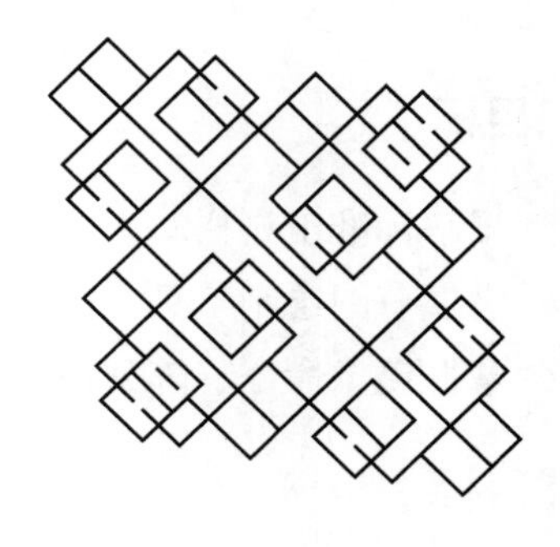

图 1-27　多立方体模型

【任务实施】

一、造型方案设计

1. 多次拉伸命令造型方案设计

在 100mm × 100mm 立方体六个面上分别绘制 50mm × 50mm 立方体，然后分别在 50mm × 50mm 立方体的 5 个面上绘制 25mm × 25mm 立方体。

注意：这种方案的优点是思路清晰，锻炼初学者的立体感和操作鼠标的熟练程度，能快速入门；缺点是步骤过多。多次拉伸命令造型方案设计见表 1-10。

表 1-10　多次拉伸命令造型方案设计

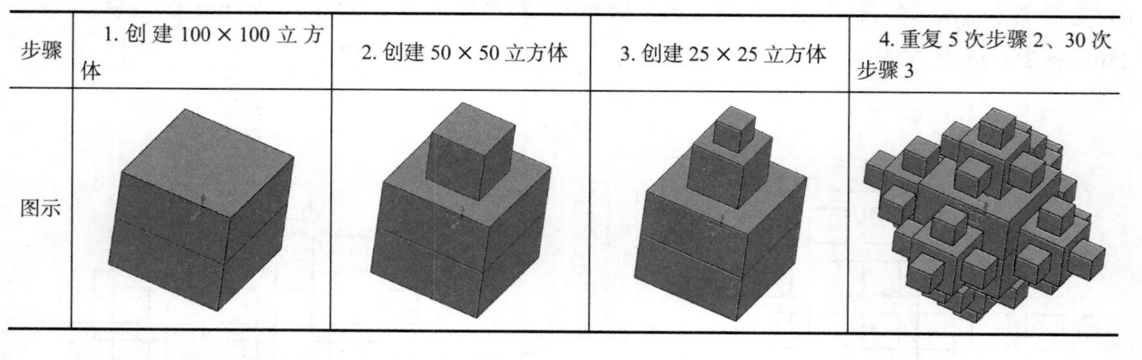

步骤	1. 创建 100 × 100 立方体	2. 创建 50 × 50 立方体	3. 创建 25 × 25 立方体	4. 重复 5 次步骤 2、30 次步骤 3
图示				

2. 镜像和阵列命令组合造型方案设计

在 100mm × 100mm 立方体 1 个面上绘制 50mm × 50mm 立方体，然后在 50mm × 50mm 立方体 1 个面上绘制 25mm × 25mm 立方体，最后借助镜像命令、阵列命令完成造型。

注意：这种方案的优点是步骤少，造型快，使用命令多，可以使初学者短期学会多种命令；缺点是立体感不强的初学者容易出错。镜像和阵列命令组合造型方案设计见表 1-11。

3. 阵列命令造型方案设计

在 100mm × 100mm 立方体 1 个面上绘制 50mm × 50mm 立方体，然后在 50mm × 50mm 立方体的 1 个面上绘制 25mm × 25mm 立方体，最后借助阵列命令完成造型。

表 1-11　镜像和阵列命令组合造型方案设计

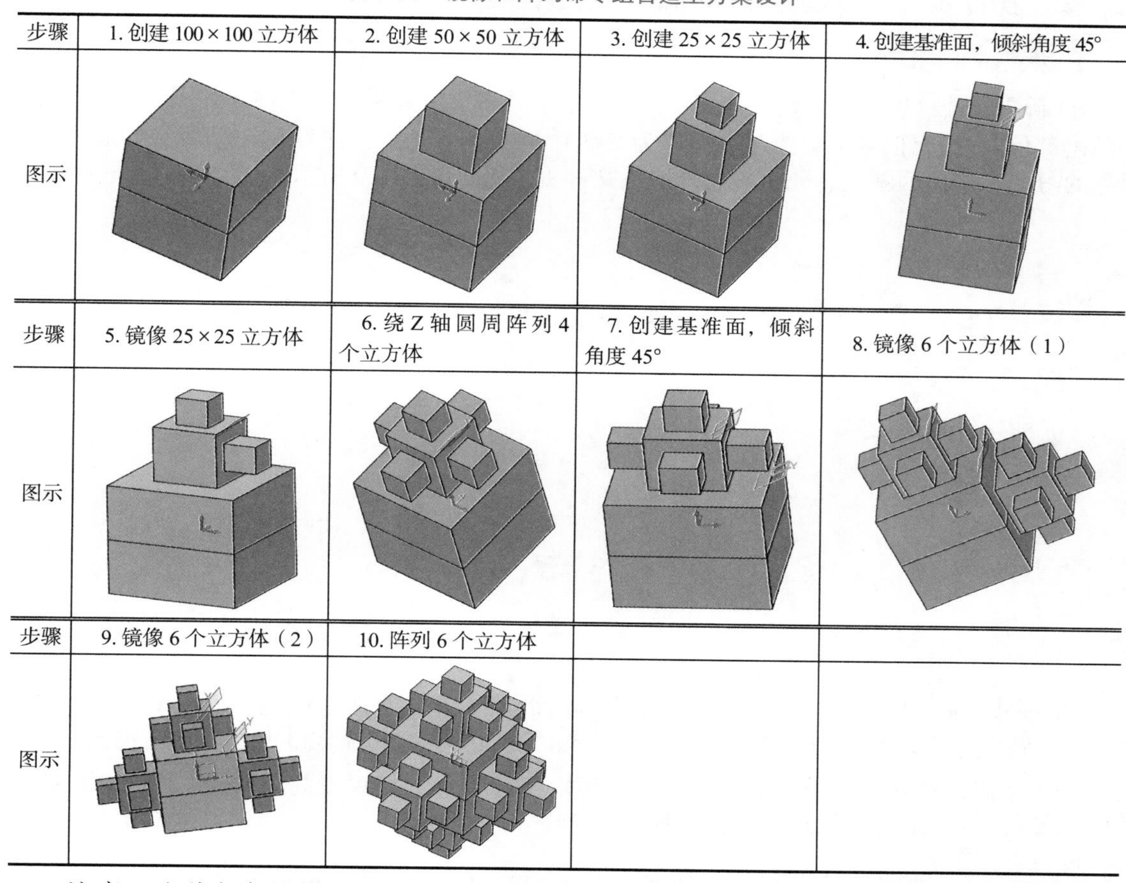

步骤	1. 创建 100×100 立方体	2. 创建 50×50 立方体	3. 创建 25×25 立方体	4. 创建基准面，倾斜角度 45°
图示				
步骤	5. 镜像 25×25 立方体	6. 绕 Z 轴圆周阵列 4 个立方体	7. 创建基准面，倾斜角度 45°	8. 镜像 6 个立方体（1）
图示				
步骤	9. 镜像 6 个立方体（2）	10. 阵列 6 个立方体		
图示				

注意：这种方案的优点是步骤少，造型快，使用命令少。阵列命令造型方案设计见表 1-12。

表 1-12　阵列命令造型方案设计

步骤	1. 创建 100×100 立方体	2. 创建 50×50 立方体	3. 创建 25×25 立方体	4. 创建坐标系，原点（0，0，75）
图示				
步骤	5. 阵列 25×25 立方体	6. 阵列 25×25 立方体	7. 阵列 6 个立方体（1）	8. 阵列 6 个立方体（2）
图示				

二、参考操作步骤（以镜像和阵列命令组合造型方案设计为例）

1. 建立拉伸特征

① 新建文件。单击“新建”按钮，新建一个“多立方体模型”文件，如图 1-28 所示，并单击“保存”按钮，文件存储位置为 E 盘中的“任务 1.2”（注意：初学者宜养成及时保存的习惯，避免因断电、死机等意外造成文件丢失），如图 1-29 所示。

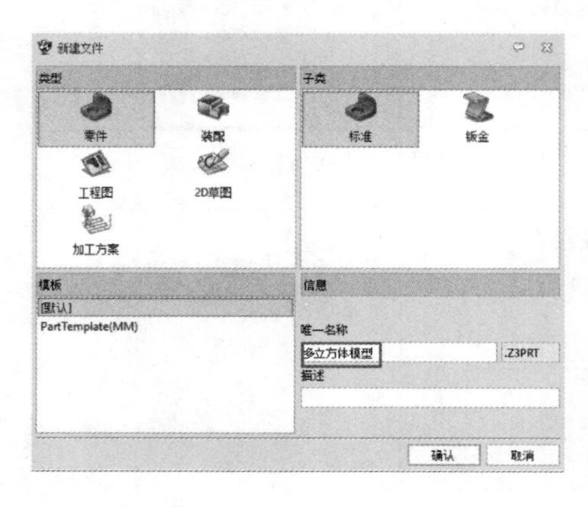

图 1-28　新建文件

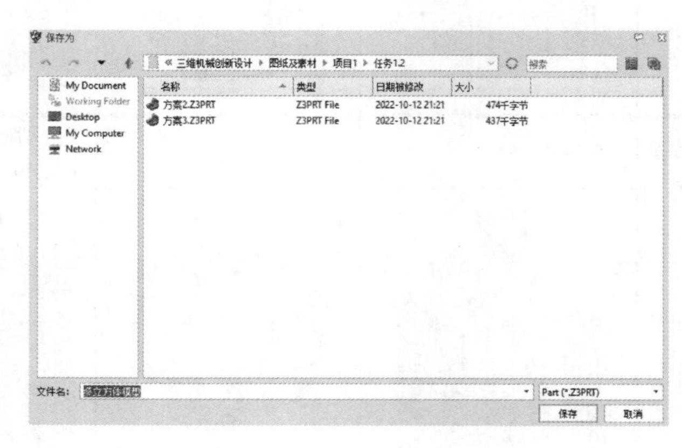

图 1-29　保存文件

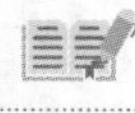

② 创建 100×100 立方体。以“XY 面”为基准面，单击按钮创建“草图 1”，在“草图 1”上做出一个以原点为中心、边长为 100mm 的正方形，如图 1-30 所示，单击退出。然后单击按钮，打开“拉伸”对话框，修改起始点为 0mm，结束点为 100mm，“拉伸类型”为“总长对称”，完成造型，如图 1-31 所示。

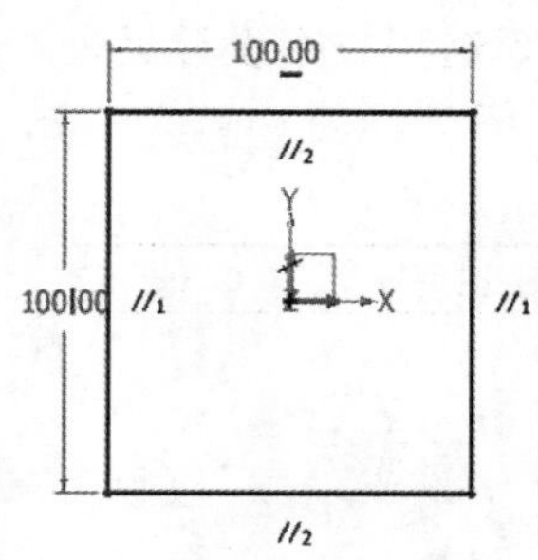

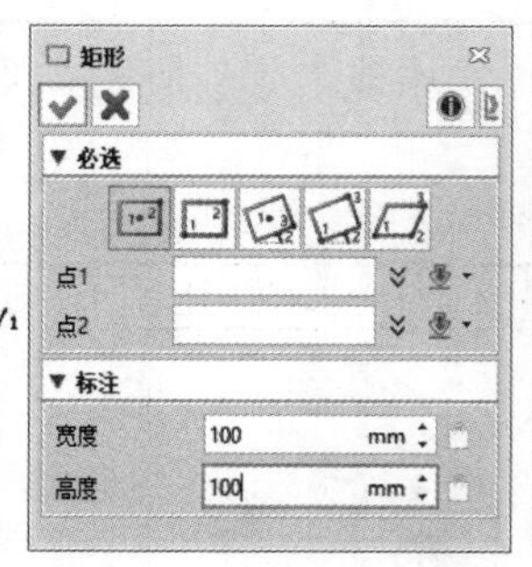

图 1-30　绘制 100×100 立方体

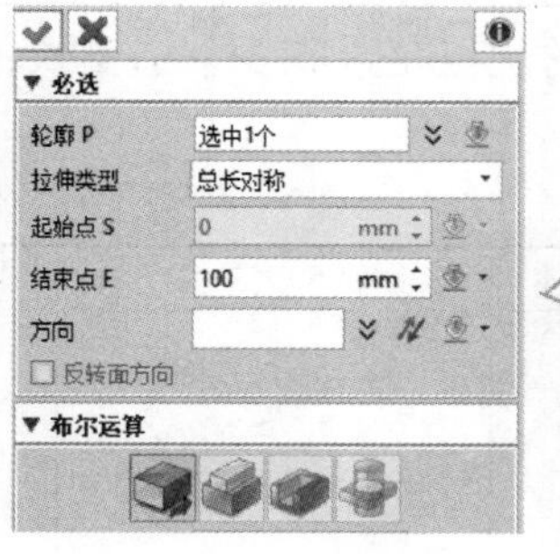

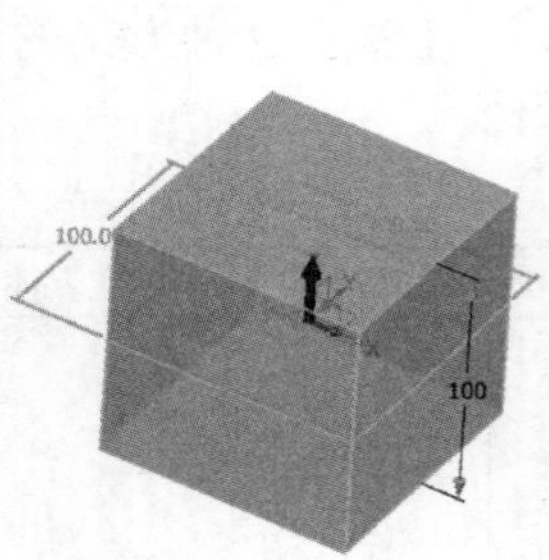

图 1-31　创建拉伸特征

③ 创建 50×50 立方体。首先用鼠标左键单击步骤②创建的拉伸体上端面，然后单击按钮，创建一个新的草图，即“草图 2”，接着在“草图 2”上做出一个以原点为中心、边长为 50mm 的正方形，如图 1-32（a）所示。最后将其拉伸高度设置为 50mm，完成造型，如图 1-32（c）所示。

④ 创建 25×25 立方体。用鼠标左键单击步骤③创建的拉伸体上端面，然后单击按钮，创建一个新的草图，即“草图 3”，接着在“草图 3”上做出一个以原点为中心、边长为 25mm 的正方形，如图 1-33（a）所示。最后将其拉伸高度设置为 25mm，完成造型，如图 1-33（c）所示。

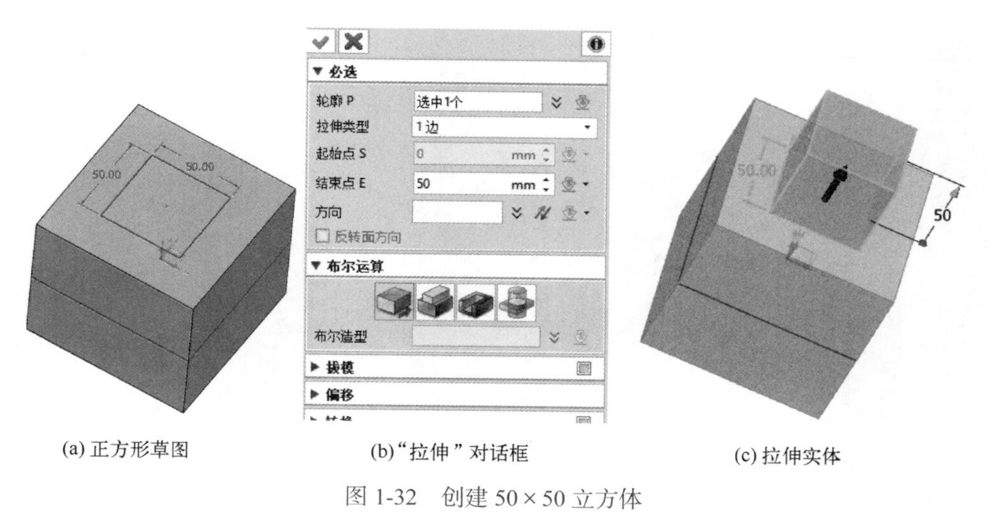

(a) 正方形草图　　(b)“拉伸”对话框　　(c) 拉伸实体

图 1-32　创建 50×50 立方体

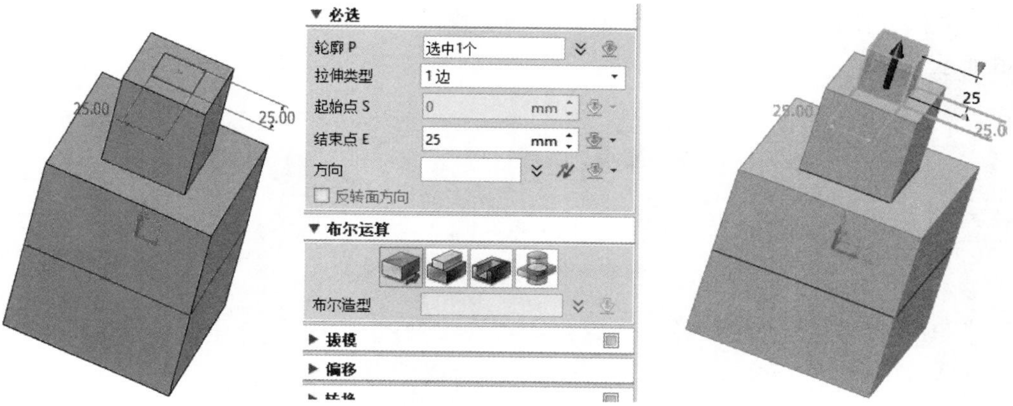

(a) 正方形草图　　(b)“拉伸”对话框　　(c) 拉伸实体

图 1-33　创建 25×25 立方体

2. 镜像和阵列特征

① 新建平面 1，与 50×50 立方体上表面和棱边倾斜 45°。单击基准面按钮，打开“基准面”对话框，单击按钮，选择 50×50 立方体上表面和棱边，旋转角度 135°，新建平面 1，如图 1-34 所示。

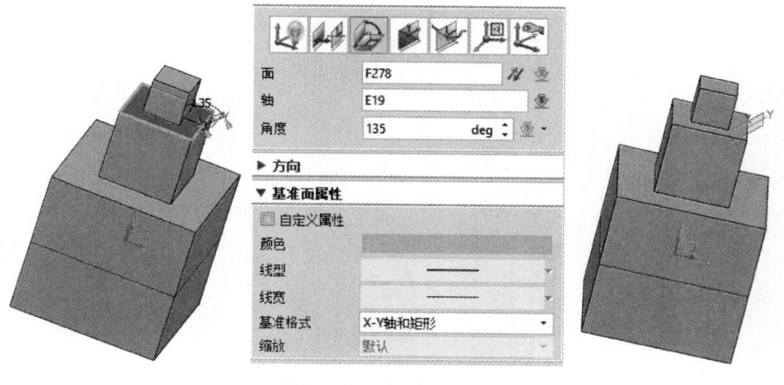

图 1-34　新建平面 1

② 镜像 25×25 立方体。单击镜像特征按钮，打开“镜像特征”对话框，选择 25×25 立方体，以“平面 1”为镜像面镜像 25×25 立方体，如图 1-35 所示。

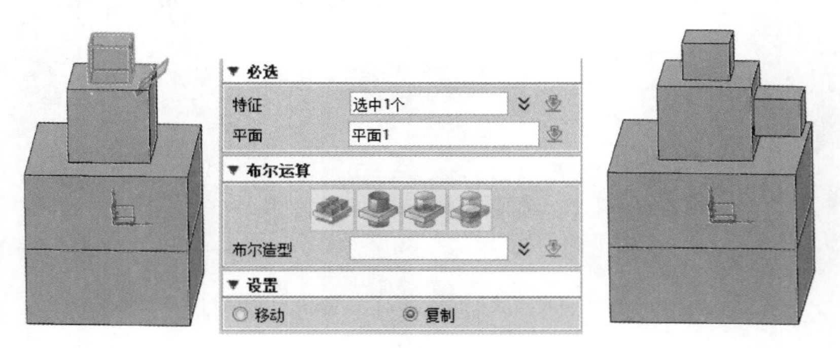

图 1-35　镜像 25×25 立方体

③ 阵列 25×25 立方体。单击阵列特征按钮，打开“阵列特征”对话框，选择镜像的 25×25 立方体，设定圆形阵列、旋转轴为 Z 轴、数目 4、角度 90°阵列 25×25 立方体，如图 1-36 所示。

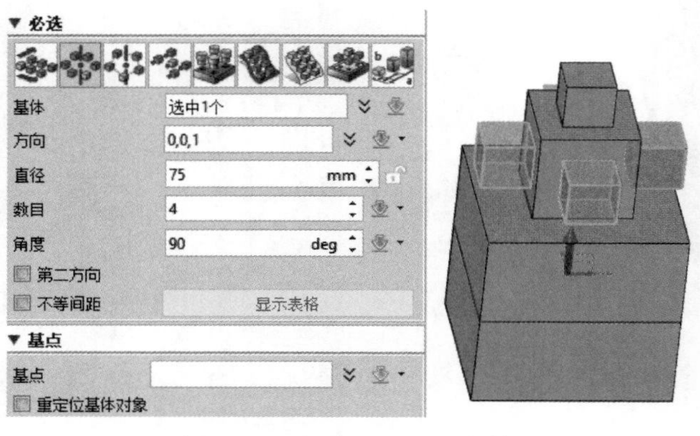

图 1-36　阵列 25×25 立方体

④ 新建平面 2，与 100×100 立方体上表面和棱边倾斜 45°。单击基准面按钮，打开“基准面”对话框，单击按钮，选择 100×100 立方体上表面和棱边，旋转角度 135°，新建平面 2，如图 1-37 所示。

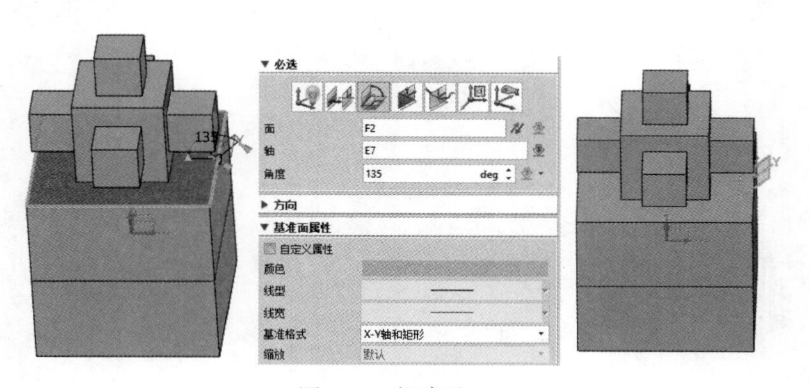

图 1-37　新建平面 2

⑤ 镜像 6 个立方体（1）。单击 镜像特征 按钮，打开“镜像特征”对话框，选择 6 个立方体，以“平面 2”为镜像面镜像 6 个立方体，如图 1-38 所示。

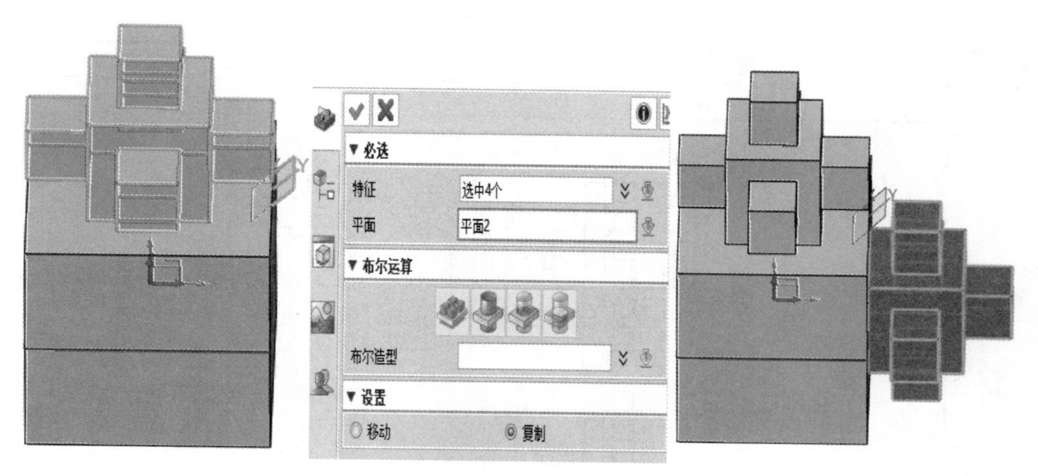

图 1-38　镜像 6 个立方体（1）

⑥ 镜像 6 个立方体（2）。单击 镜像特征 按钮，打开“镜像特征”对话框，选择 6 个立方体，以 YZ 面为镜像面镜像 6 个立方体，如图 1-39 所示。

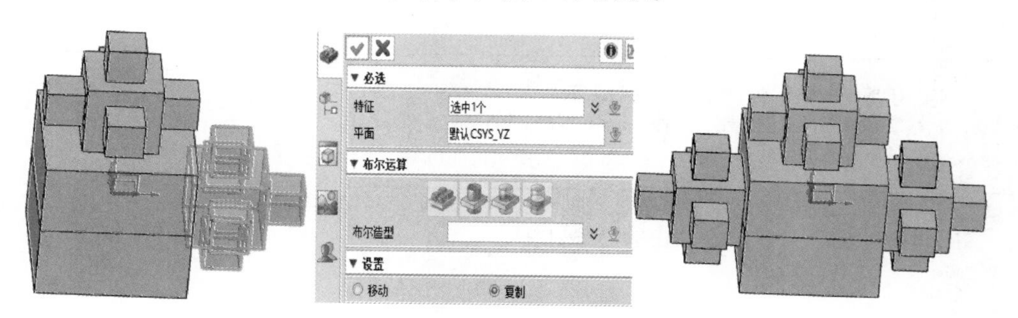

图 1-39　镜像 6 个立方体（2）

⑦ 阵列 6 个立方体。单击 阵列特征 按钮，打开“阵列特征”对话框，选择 6 个立方体，设定圆形阵列、旋转轴为 X 轴、数目 4、角度 90° 阵列 6 个立方体，完成模型造型，如图 1-40 所示。

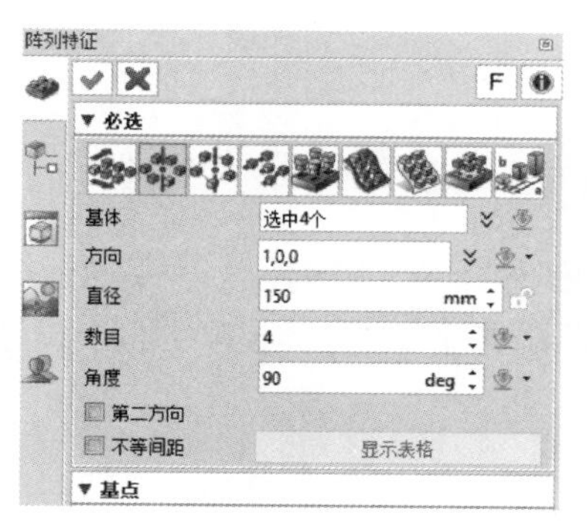

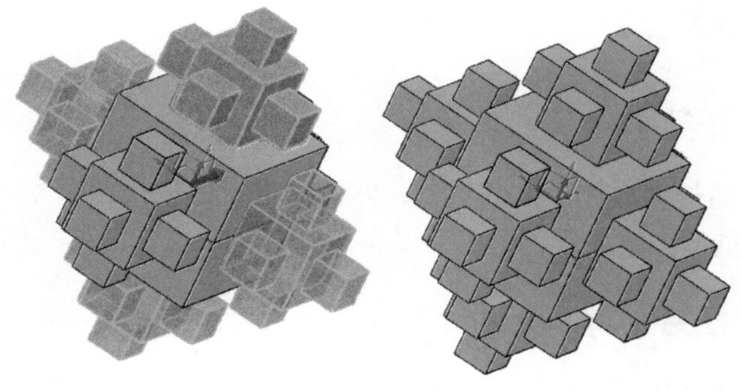

图 1-40　阵列 6 个立方体

【填写“课程任务报告”】

课程任务报告

班级		姓名		学号		成绩	
组别		任务名称	中望 3D 2023 建模入门操作			参考课时	2 学时
任务图样	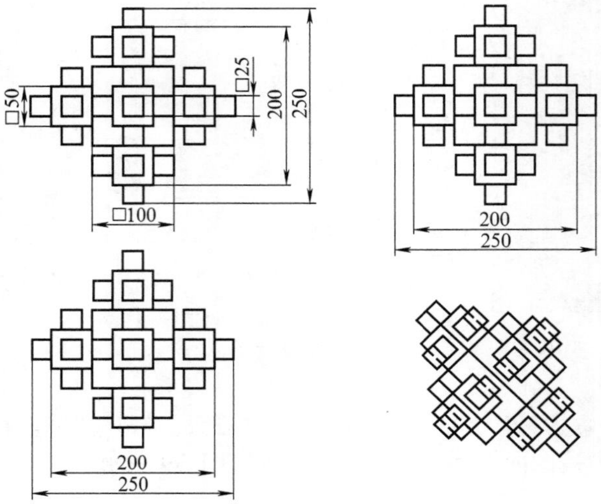						
任务要求	①参照任务参考过程、相关视频，完成多方体模型的造型 ②掌握零件草图绘制、拉伸、镜像、阵列的方法 ③掌握基准面的创建方法						
任务完成过程记录	按照任务的要求进行总结，如果空间不足，可加附页（可根据实际情况，适当安排拓展任务，以供学生分组讨论学习，记录拓展任务的完成过程）						

【创新实践】

一、任务引入

通过多方体模型的设计，熟练掌握了使用拉伸命令、镜像命令、阵列命令、平面命令等进行造型方案设计，解决了多立方体设计的基本步骤。下面拟进行多立方体模型的创新设计。

二、任务要求

① 利用 25 × 25 立方体拉伸减运算 50 × 50 立方体。

② 自定义圆球相关命令的尺寸，设计立方球体结构。

三、任务实施

观察多立方体三维模型图，创新设计模型并写出创新思路，见表 1-13。

表 1-13　创新思路

思路	多立方体原模型	创新思路 1：	创新思路 2：
图示			
思路	创新思路 3：	创新思路 4：	创新思路 5：
图示	自拟创新模型粘贴处	自拟创新模型粘贴处	自拟创新模型粘贴处

【任务拓展】

一、知识考核

1. 拉伸草图可以是封闭的，也可以是开放的。(　　)

2. 镜像命令可分为几何镜像和特征镜像。(　　)

3. 阵列命令只能进行圆周阵列。(　　)

4. 简述特征阵列的步骤。

5. 简述拉伸特征的步骤。

二、技能考核

1. 按照样例步骤设计半径 100mm 球体 1 个，半径 50mm 球体 6 个，半径 25mm 球体 30 个，保存并展示分享。

2. 按照样例步骤设计六方体结构，尺寸自拟，保存并展示分享。

项目小结

本项目主要介绍中望 3D 2023 的基本操作，只有熟练掌握这些基础知识，才能正确、快速地应用中望 3D 2023 进行工作。

本项目完成后，学生应该重点掌握以下知识内容：创新设计的基本原理；软件界面的基本操作，包括新建文件、保存、退出；界面的个性化设置；鼠标与键盘的应用；常用工具栏，简单草图的绘制，一般零件的建模。

项目二

小车轮零部件建模装配及创新设计

【项目教学导航】

<table>
<tr><td>学习目标</td><td colspan="4">让学生掌握建模的思路及中望 3D 2023 建模的基本步骤，能够熟练对零部件进行编辑，能够根据已知的三维模型设计简单的未知尺寸的三维模型</td></tr>
<tr><td>项目要点</td><td colspan="4">※ 简单工程图识图
※ 拉伸、孔、倒角等命令的使用
※ 简单零部件三维建模
※ 三维模型的编辑
※ 标准件库调用
※ 根据已知的三维模型设计简单的未知尺寸的三维模型</td></tr>
<tr><td>重点难点</td><td colspan="4">工程图识图、创新实践</td></tr>
<tr><td>学习指导</td><td colspan="4">学习本项目时需要注意：根据已学制图知识识别要创建的工程图，建模时严格按照图纸要求建模，作图时应居中建模，以便于镜像、阵列等后续操作。训练时多找些大赛图纸，注重实效</td></tr>
<tr><td rowspan="3">教学安排</td><td>任务</td><td>教学内容</td><td>学时</td><td>作业</td></tr>
<tr><td>任务一</td><td>小车轮零部件建模装配</td><td>8</td><td>知识考核、技能考核</td></tr>
<tr><td>任务二</td><td>板车零部件建模装配</td><td>6</td><td>知识考核、技能考核</td></tr>
</table>

【项目简介】

某型板车为无驱动式人力板车，主要由小车轮装配件、连接件、平板、螺栓、螺母等零部件组成，实现万向运动，用于货物搬运，要求零部件安装定位准确。

板车基本情况：板车具有 4 个小车轮，每个小车轮包括制动杆、挡板、套筒、轮轴、车轮 5 个零部件，外形尺寸约 600mm × 400mm × 150mm，外形规则，如图 2-1 所示。可以参考现有板车设计。

通过本项目的学习，学生可以了解实体建模的思路，能够根据所学知识对零件模型进行修改与编辑，高效、熟练地掌握实体建模。

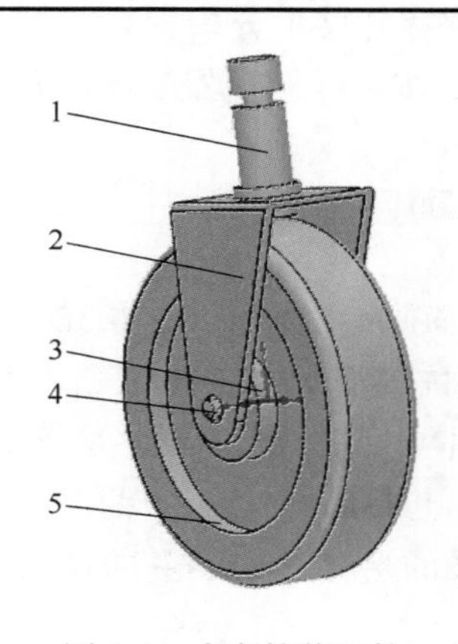

图 2-1　小车轮装配件

1—制动杆；2—挡板；3—套筒；4—轮轴；5—车轮

任务一　小车轮零部件建模装配

【知识目标】

◎ 掌握小车轮零部件建模的方法及技巧。
◎ 掌握由草图创建拉伸体的方法。
◎ 掌握孔、倒角等特征的创建方法。

【技能目标】

◎ 熟练识图，了解简单装配图包含的零部件信息，能独立规划设计方案。
◎ 能根据图纸使用拉伸、孔等命令完成简单零部件的三维建模。
◎ 能正确使用模型编辑方法，如修剪、倒角、镜像等命令。

【素养目标】

◎ 初步理解由工程图到三维模型的创建过程，培养学生识图时遵守国家规范，提升其识图与制图能力。

◎ 通过学生自主学习和团队协作，培养学生独立思考能力与团队协作精神。

◎ 通过引导学生解决装配出现的问题，培养学生分析与解决问题的能力，提升专业素质。

◎ 通过零部件与装配的关系，引导学生处理好装配整体与零部件局部特征的关系，了解零部件相互配合、相互影响的关系，培养学生专业、严谨的工匠精神。

【任务描述】

拟建模一万向小车轮，通过草图绘制、拉伸凸台、拉伸切除、倒圆角、倒角、零部件装配等完成本任务，小车轮零部件工程图及装配体如表 2-1 所示。

表 2-1　小车轮零部件工程图及装配体

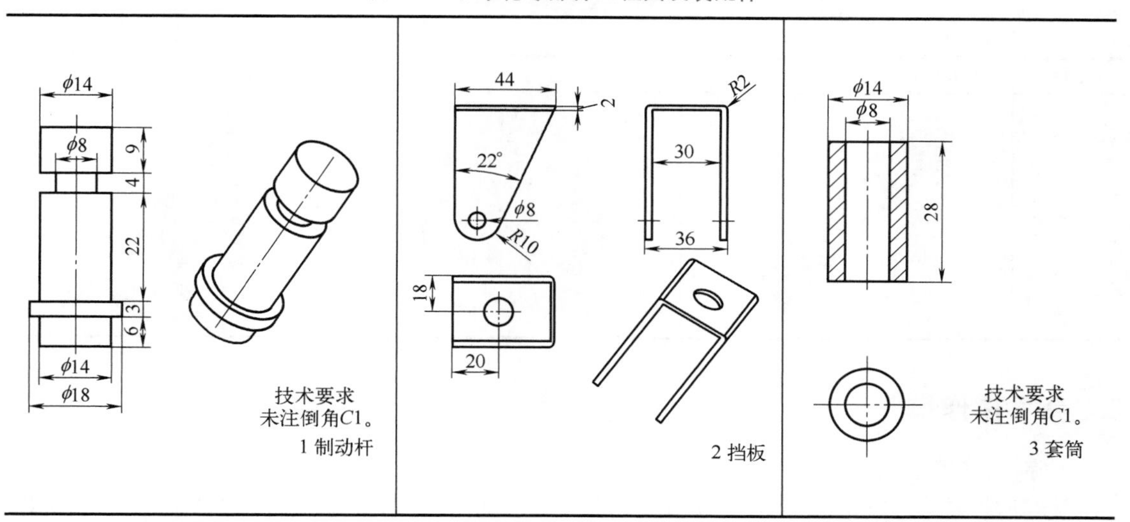

续表

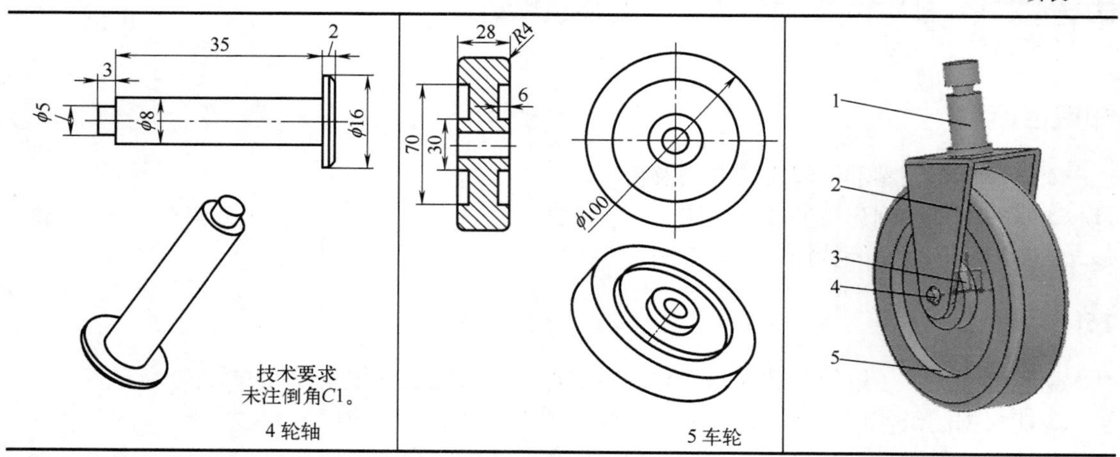

制动杆、轮轴、车轮造型设计

【任务实施】

一、任务方案设计

从表 2-1 可以看出，小车轮装配件包括制动杆、挡板、套筒、轮轴、车轮 5 个零件，5 个零件结构比较简单，均可以通过拉伸命令完成三维模型创建，具体任务实施方案设计如表 2-2 所示。

表 2-2　任务实施方案设计

步骤	1. 制动杆造型	2. 挡板造型	3. 套筒造型
图示	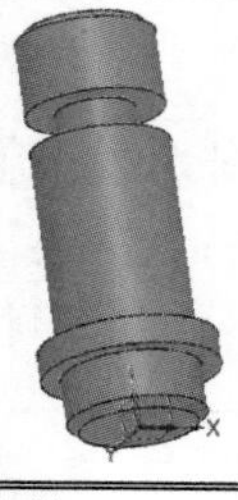	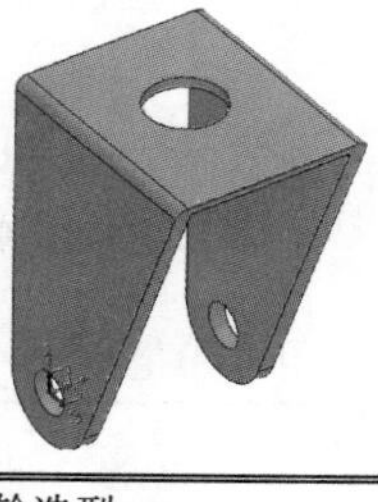	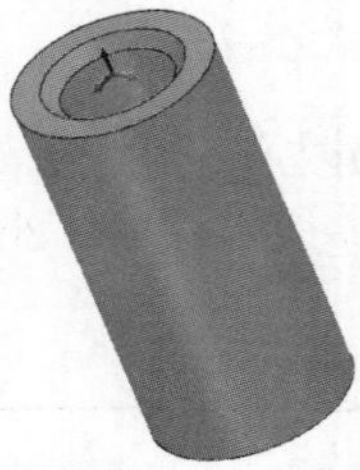
步骤	4. 轮轴造型	5. 车轮造型	6. 创建装配造型
图示	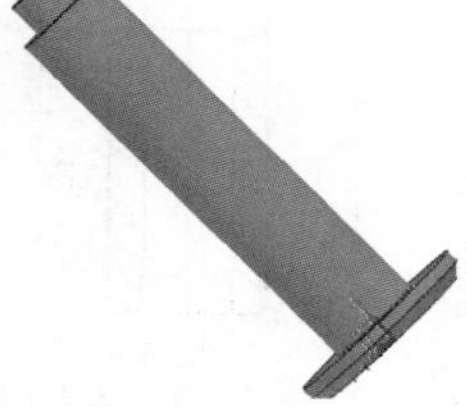	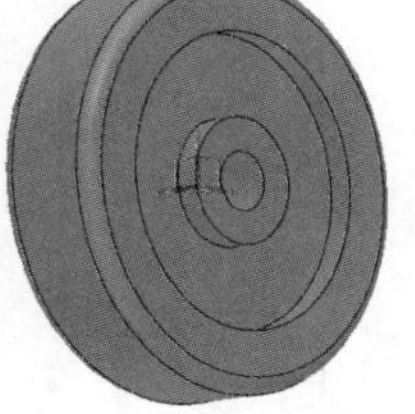	

二、参考操作步骤

1. 制动杆造型设计

① 新建文件。单击“新建”按钮，新建一个“制动杆”文件，如图 2-2 所示，并单击

“保存”按钮，文件存储位置为桌面中的目录，如图 2-3 所示。

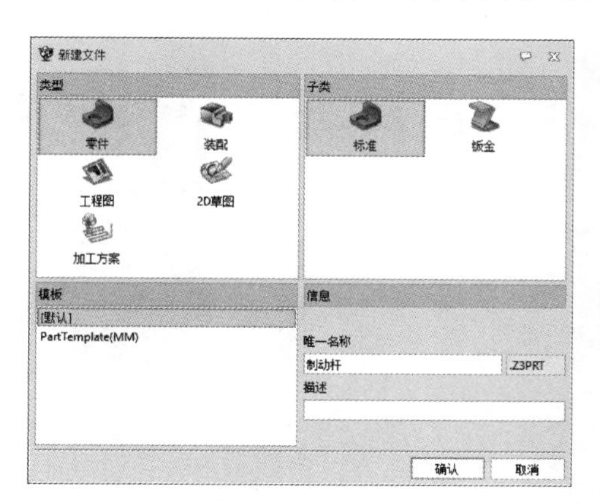

图 2-2　新建文件

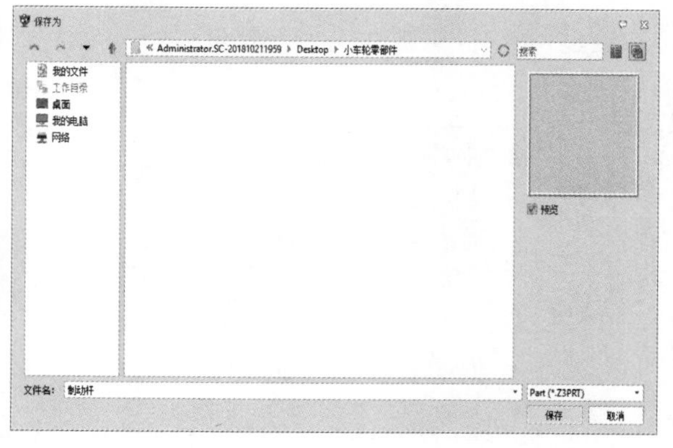

图 2-3　保存文件

② 选择“造型”选项卡中的“圆柱体”命令，选择平面为“XY”，中心为（0，0，0），半径为 7mm，长度为 6mm，参数设置及结果如图 2-4 所示。

③ 选择“造型”选项卡中的“圆柱体”命令，选择平面为步骤②所示圆柱体上表面，中心为（-0，-0，6），半径为 9mm，长度为 3mm，参数设置及结果如图 2-5 所示。

④ 采用相同的步骤绘制 ϕ14mm × 22mm 圆柱体、ϕ8mm × 4mm 圆柱体、ϕ14mm × 9mm 圆柱体，如图 2-6 ～图 2-8 所示。

注意：参考步骤创建的圆柱体均为基体，后续需要进行布尔求和运算。也可以双击修改管理器中对应的特征，修改为“加运算”。

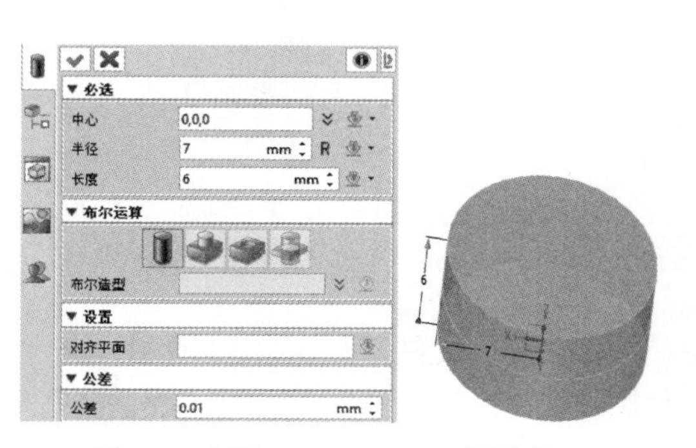

图 2-4　创建 ϕ14mm × 6mm 圆柱体

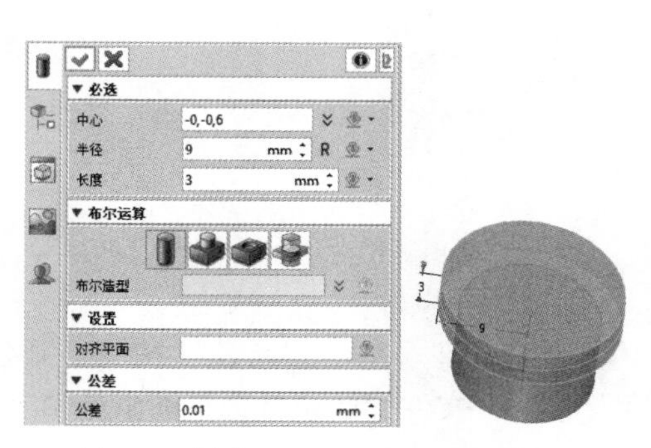

图 2-5　创建 ϕ18mm × 3mm 圆柱体

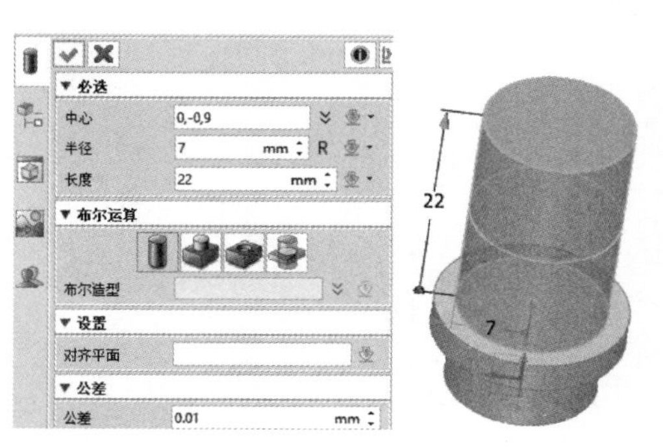

图 2-6　创建 ϕ14mm × 22mm 圆柱体

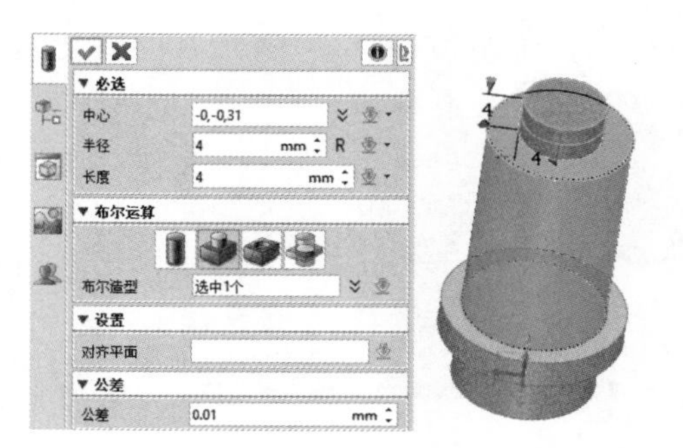

图 2-7　创建 ϕ8mm × 4mm 圆柱体

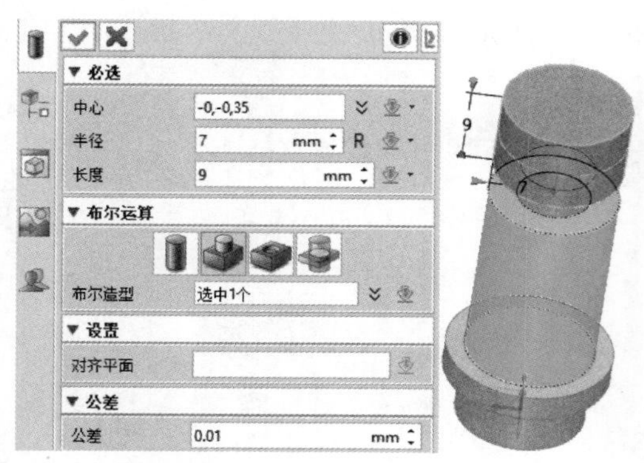

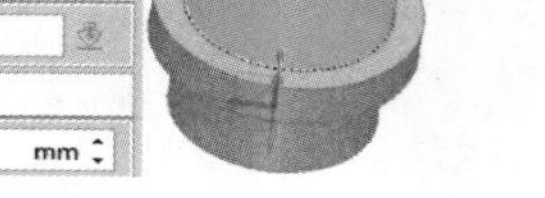

图 2-8　创建 ϕ14mm×9mm 圆柱体

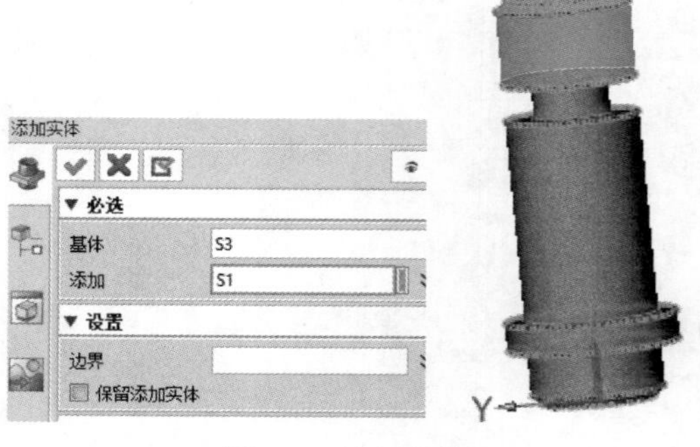

图 2-9　添加实体

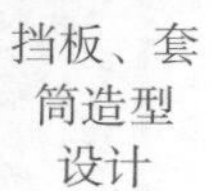

挡板、套筒造型设计

⑤ 选择"造型"选项卡中的"添加实体"命令，弹出"添加实体"对话框，添加各圆柱体并进行求和处理，参数设置及结果如图 2-9 所示。

⑥ 选择"造型"选项卡中的"倒角"命令，倒角 C1mm，参数设置及结果如图 2-10 所示。完成的制动杆造型，如图 2-11 所示。

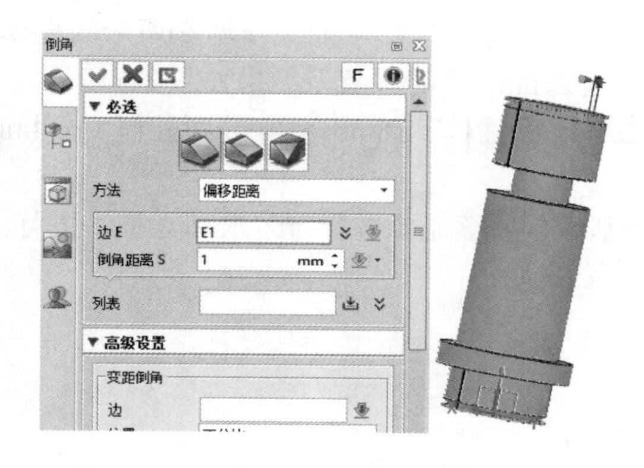

图 2-10　创建 C1mm 倒角

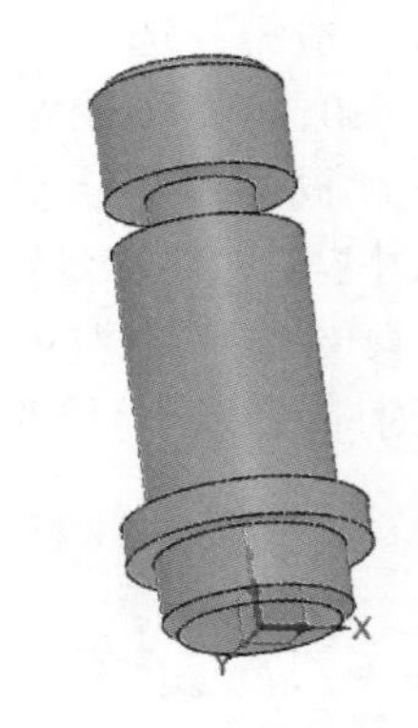

图 2-11　完成的制动杆造型

2. 挡板造型设计

① 新建文件。单击"新建"按钮，新建一个"挡板"文件，如图 2-12 所示，并单击"保存"按钮，文件存储位置为桌面中的目录，如图 2-13 所示。

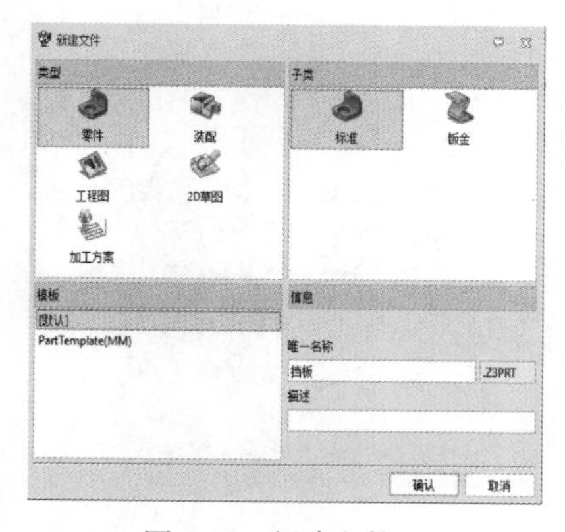

图 2-12　新建文件

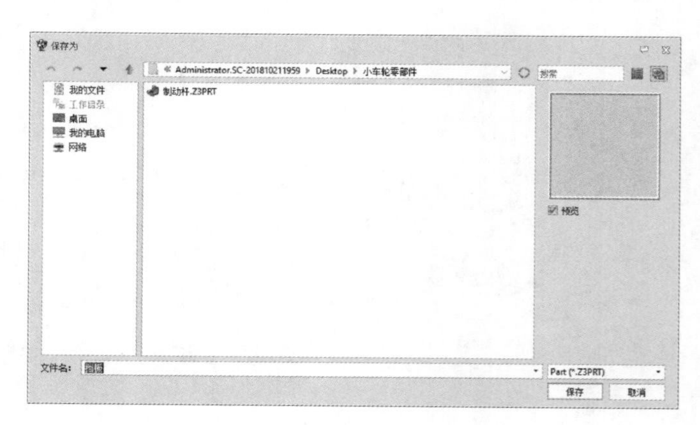

图 2-13　保存文件

② 选择“造型”选项卡中的“草图”命令，选择平面为“XZ”，绘制草图1，拉伸基体距离为36mm，结果如图2-14所示。

③ 选择“造型”选项卡中的“草图”命令，选择平面为“YZ”，绘制草图2，拉伸减运算距离为44mm，结果如图2-15所示。

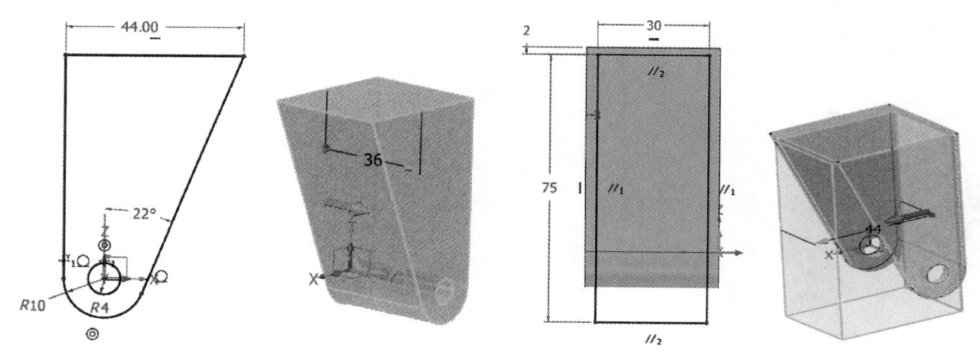

图2-14　拉伸基体

图2-15　拉伸减运算

④ 选择“造型”选项卡中的“圆角”命令，选择圆角半径为2mm，参数设置及结果如图2-16所示。

⑤ 选择“造型”选项卡中的“草图”命令，选择实体上表面，绘制草图3，绘制ϕ14mm的圆，拉伸减运算距离为2mm，结果如图2-17所示。

注意：挡板造型方案很多，读者可以以多种方法创建挡板。

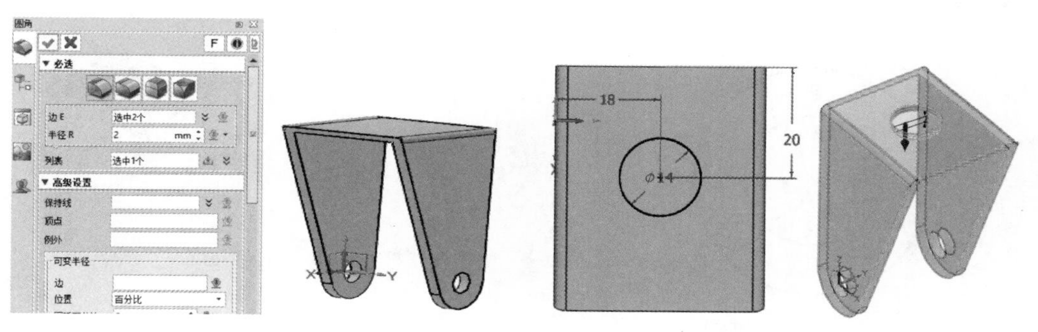

图2-16　创建圆角

图2-17　拉伸减运算

完成的挡板造型如图2-18所示。

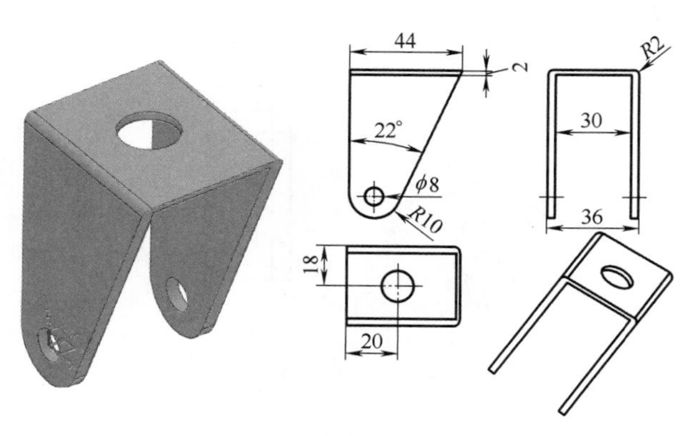

图2-18　完成的挡板造型

3. 套筒造型设计

① 新建文件。单击“新建”按钮，新建一个“套筒”文件，如图 2-19 所示，并单击“保存”按钮，文件存储位置为桌面中的目录，如图 2-20 所示。

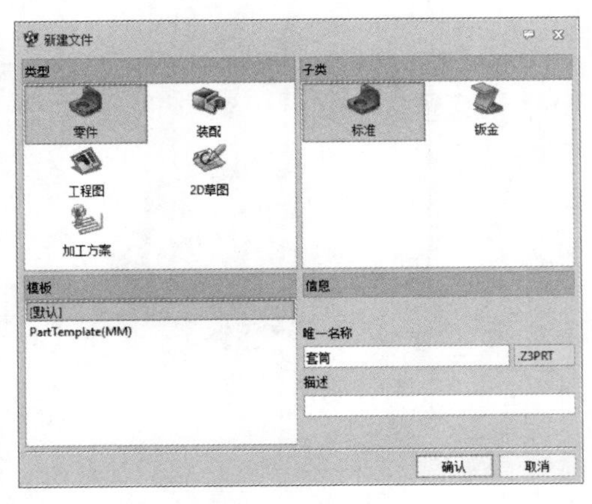

图 2-19　新建文件

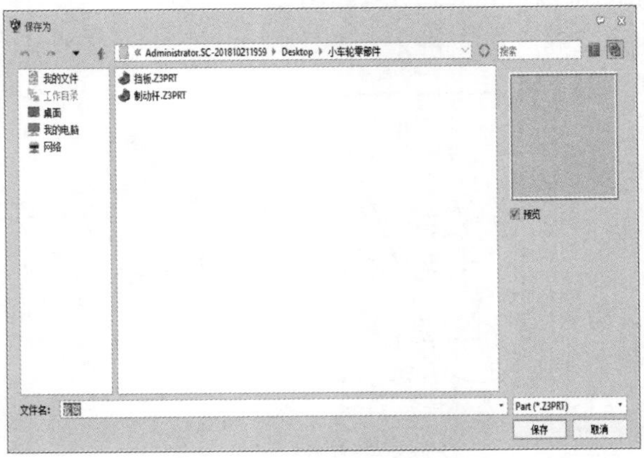

图 2-20　保存文件

② 选择“造型”选项卡中的“草图”命令，选择平面为“XY”，绘制草图 1，拉伸基体距离为 28mm，结果如图 2-21 所示。

③ 选择“造型”选项卡中的“倒角”命令，选择内轮廓边缘，倒角距离为 1mm，参数设置及结果如图 2-22 所示。

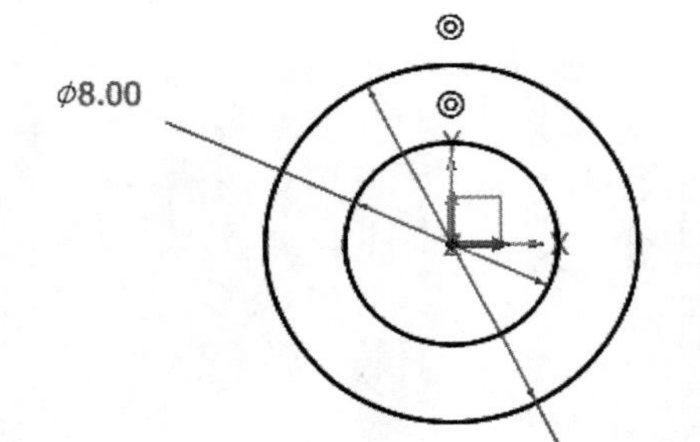

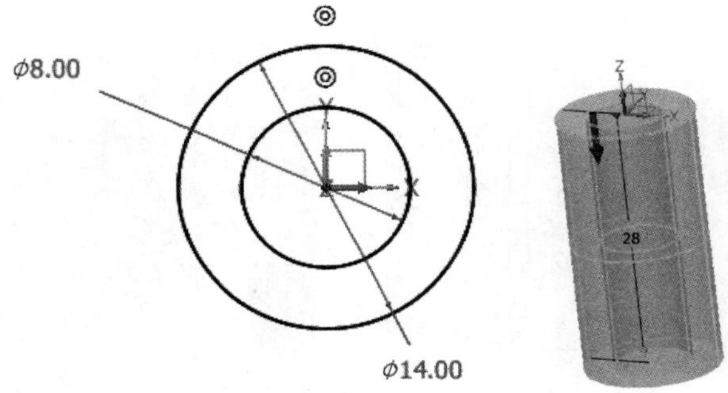

图 2-21　拉伸基体

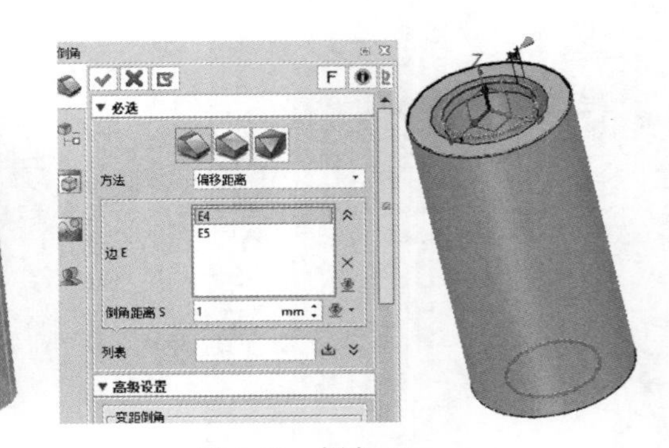

图 2-22　倒角 $C1$mm

完成的套筒造型如图 2-23 所示。

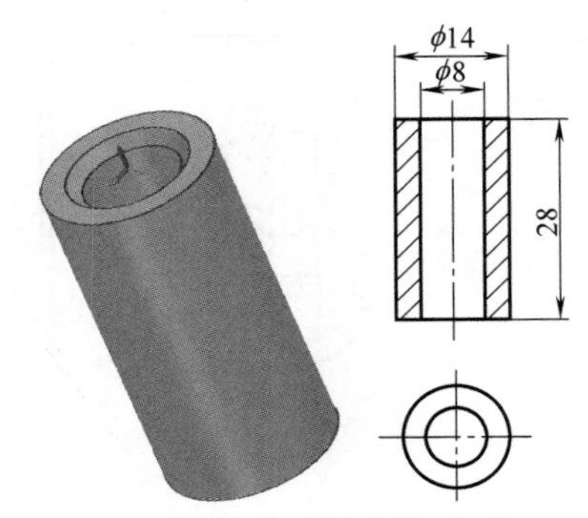

图 2-23　完成的套筒造型

4. 轮轴造型设计

① 新建文件。单击“新建”按钮，新建一个“轮轴”文件，如图 2-24 所示，并单击“保存”按钮，文件存储位置为桌面中的目录，如图 2-25 所示。

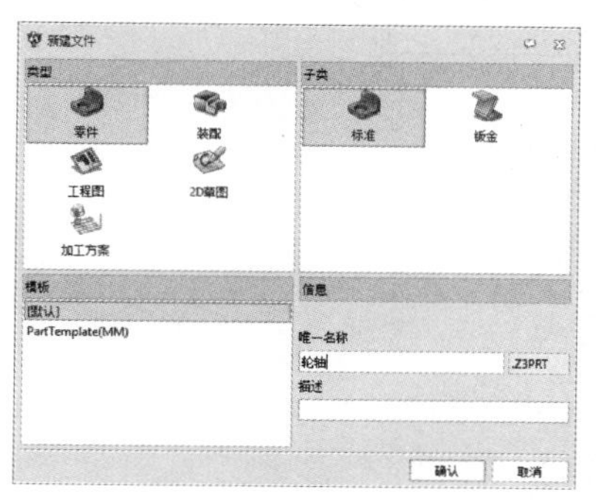

图 2-24　新建文件

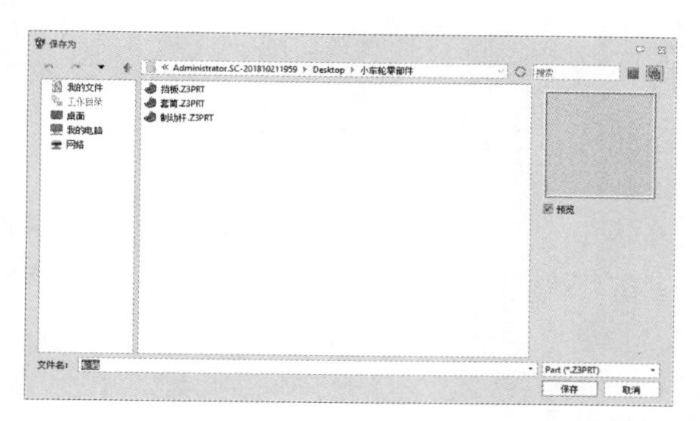

图 2-25　保存文件

② 选择“造型”选项卡中的“草图”命令，选择平面为“XY”，绘制草图 1，拉伸基体距离为 2mm，参数设置及结果如图 2-26 所示。

③ 选择“造型”选项卡中的“草图”命令，选择步骤②草图 1 的上表面，绘制草图 2，拉伸加运算距离为 35mm，结果如图 2-27 所示。

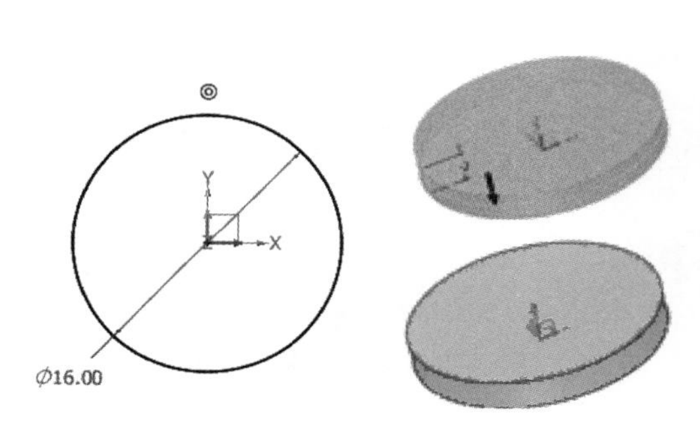

图 2-26　拉伸基体

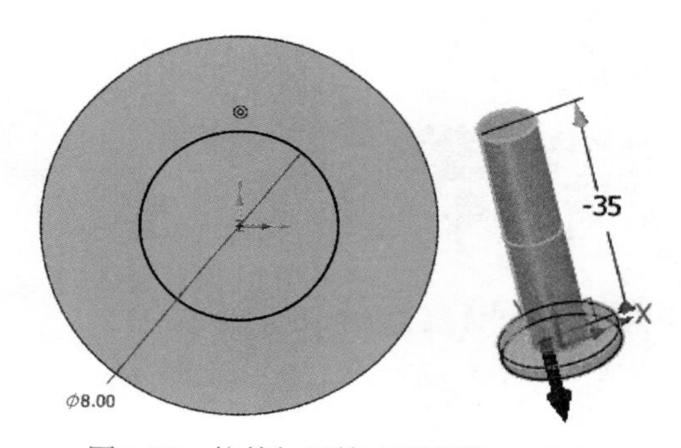

图 2-27　拉伸加运算（距离为 35mm）

④ 选择“造型”选项卡中的“草图”命令，选择平面为步骤③草图 2 的上表面，绘制草图 3，拉伸加运算距离为 3mm，结果如图 2-28 所示。

⑤ 选择“造型”选项卡中的“倒角”命令，倒角距离 1mm，参数设置及结果如图 2-29 所示。

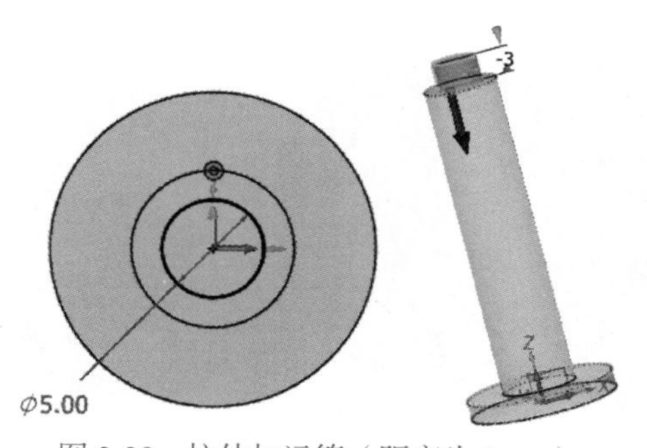

图 2-28　拉伸加运算（距离为 3mm）

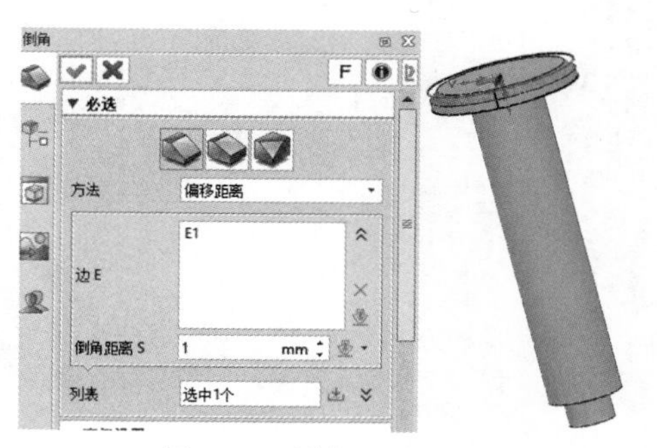

图 2-29　倒角 C1mm

完成的轮轴造型如图 2-30 所示。

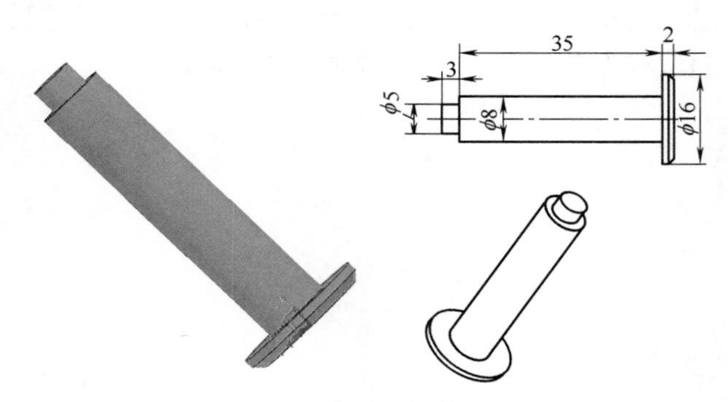

图 2-30　完成的轮轴造型

5. 车轮造型设计

① 新建文件。单击“新建”按钮，新建一个“车轮”文件，如图 2-31 所示，并单击“保存”按钮，文件存储位置为桌面中的目录，如图 2-32 所示。

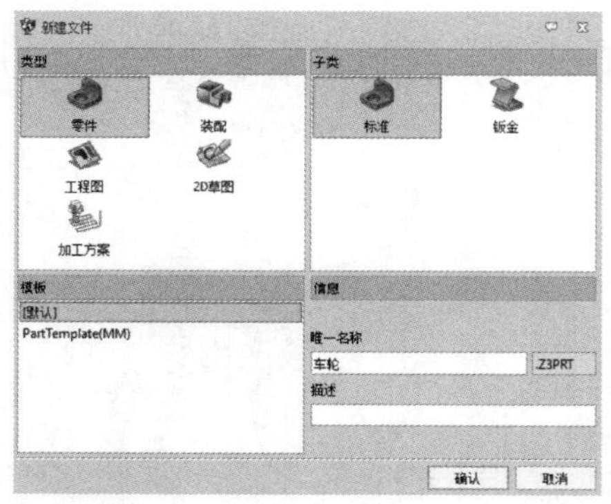

图 2-31　新建文件

图 2-32　保存文件

② 选择“造型”选项卡中的“草图”命令，选择平面为“XY”，绘制圆柱体，半径为 50mm，长度为 28mm，参数设置及结果如图 2-33 所示。

③ 选择“造型”选项卡中的“草图”命令，在圆柱体上表面绘制草图 1，创建拉伸 1，拉伸减运算距离为 6mm，结果如图 2-34 所示。

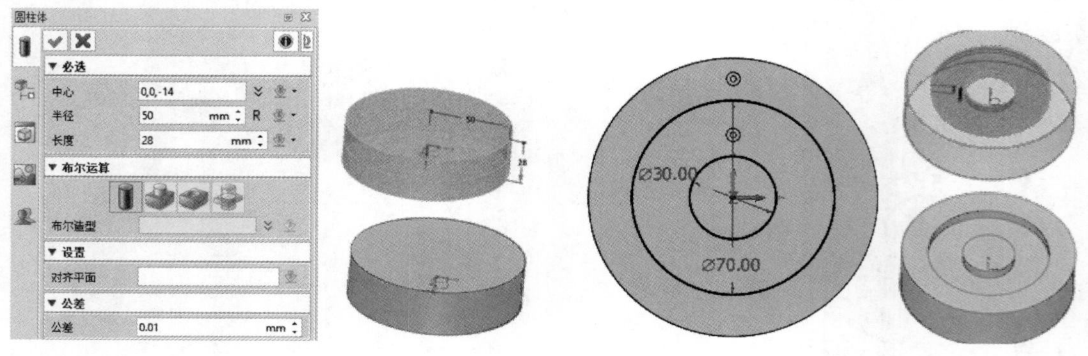

图 2-33　创建圆柱体

图 2-34　创建拉伸切除特征

④ 选择“造型”选项卡中的“镜像”命令，镜像拉伸 1，镜像平面为“XZ”，参数设置及结果如图 2-35 所示。

⑤ 选择“造型”选项卡中的“孔”命令，参数设置及结果如图 2-36、图 2-37 所示。

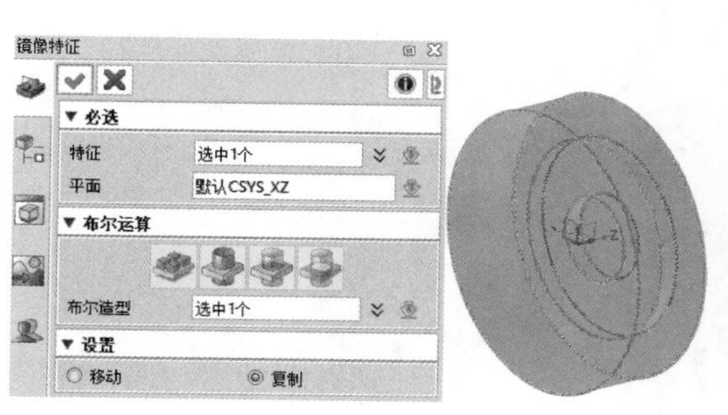

图 2-35　创建镜像特征

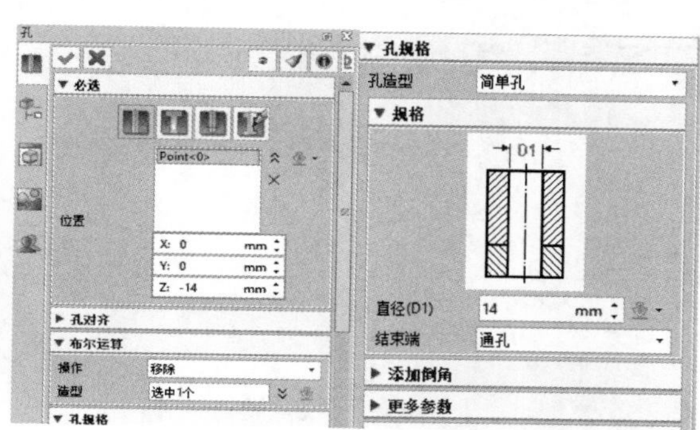

图 2-36　设置孔参数

⑥ 选择“造型”选项卡中的“圆角”命令，圆角半径为 4mm，参数设置及结果如图 2-38 所示。

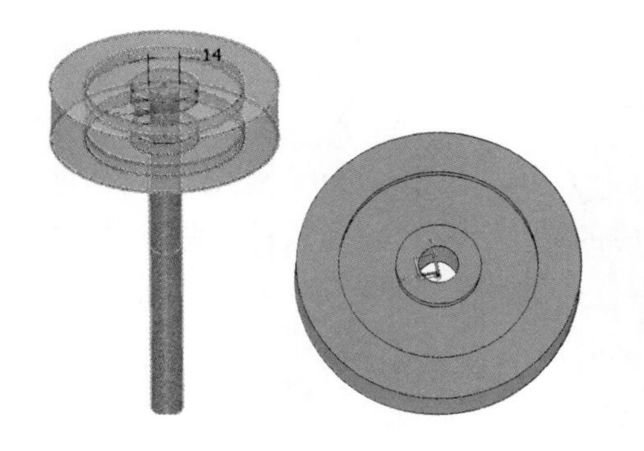

图 2-37　创建孔特征

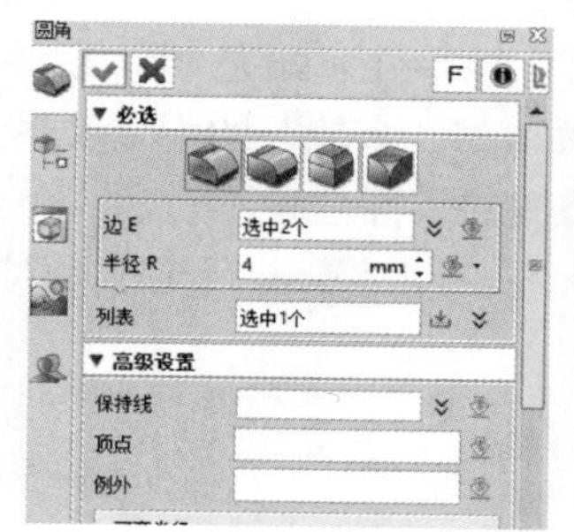

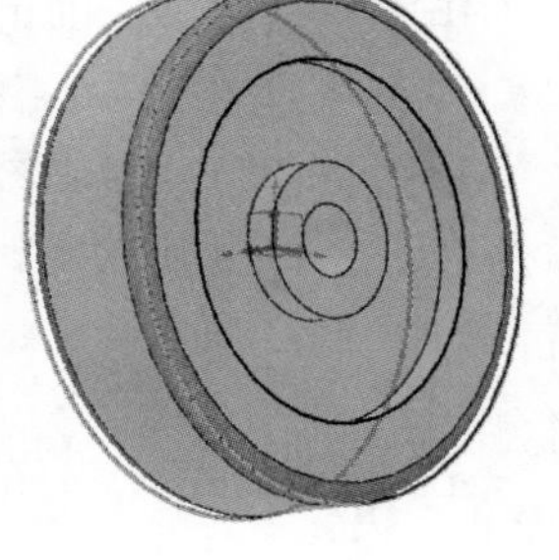

图 2-38　创建圆角特征

完成的车轮造型如图 2-39 所示。

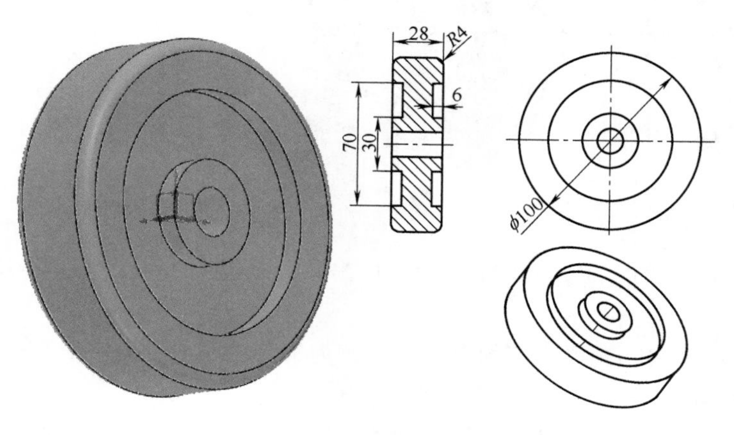

图 2-39　完成的车轮造型

小车轮装配造型设计

6. 创建装配造型

① 新建文件。单击“新建”按钮，新建一个“小车轮装配”文件，如图 2-40 所示，并单击“保存”按钮，如图 2-41 所示。

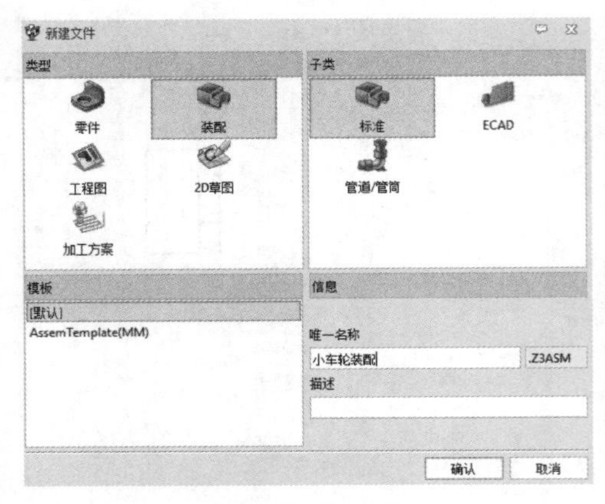

图 2-40　新建“小车轮装配”文件

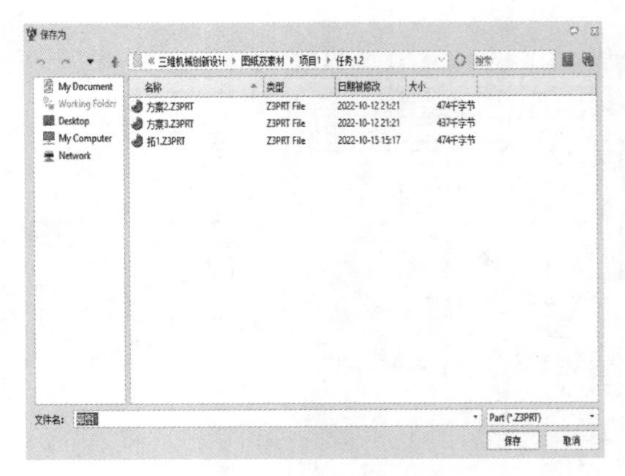

图 2-41　保存文件

② 插入车轮。单击工具栏中的“插入”命令，弹出“插入”对话框，浏览并找到欲插入的车轮零件，单击“确定”按钮，如图 2-42 所示。

注意：默认坐标即可实现零件装配完全定义。

③ 插入“套筒”并添加与“车轮”的配合关系。

a. 移动套筒。如果添加的零件位置不合适，单击“移动”命令，弹出“移动”对话框，单击套筒，弹出新的坐标系，左键单击新坐标系对应的箭头，移动鼠标指针，调整它的位置，如图 2-43 所示。

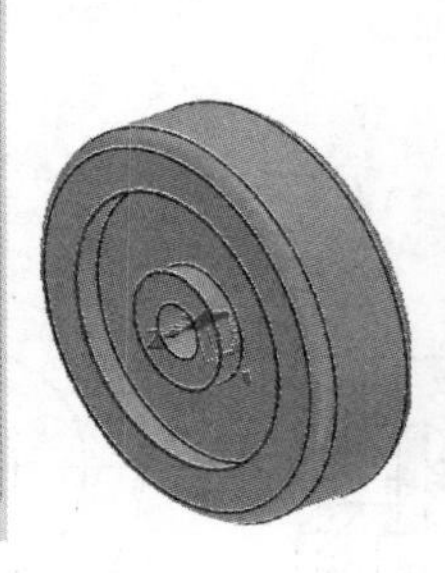

图 2-42　插入车轮零件

图 2-43　移动套筒

注意：已经完全约束的零件不能移动；单击“移动”命令可以沿路径移动、沿旋转方向旋转。

b. 同心约束。单击工具栏中“约束”命令，为“车轮”与“套筒”零件间添加“同心”约束关系，如图 2-44 所示。

c. 重合约束。单击工具栏中“约束”命令，为“车轮”端面与“套筒”端面添加重合关系，如图 2-45 所示。

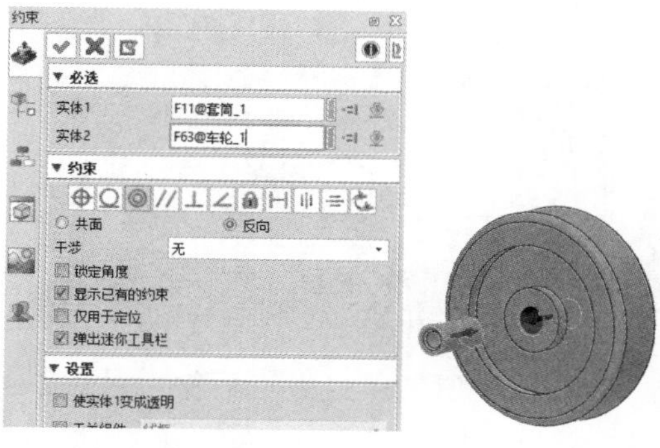
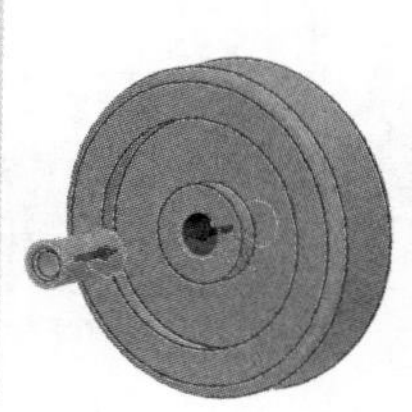

图 2-44　添加“同心”约束

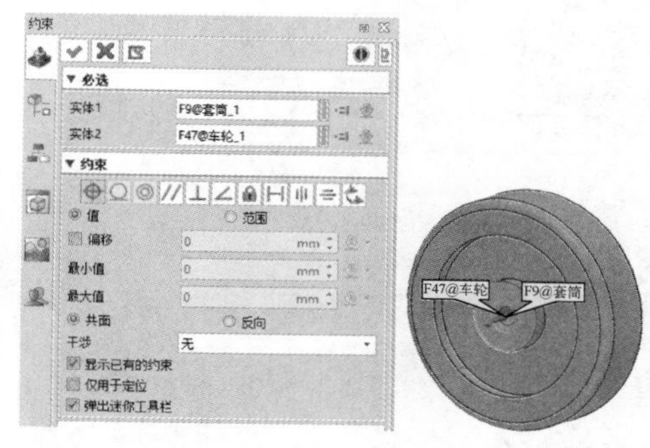

图 2-45　添加“重合”约束关系

④ 插入“挡板”并添加与“车轮”的配合关系。

a. 隐藏零部件。在装配过程中，若受遮挡等原因影响，可在管理界面中，在零部件上单击右键，在弹出的快捷菜单中单击“隐藏”选项，隐藏选中的零部件。若欲固定零部件，方法相同。如图 2-46 所示。

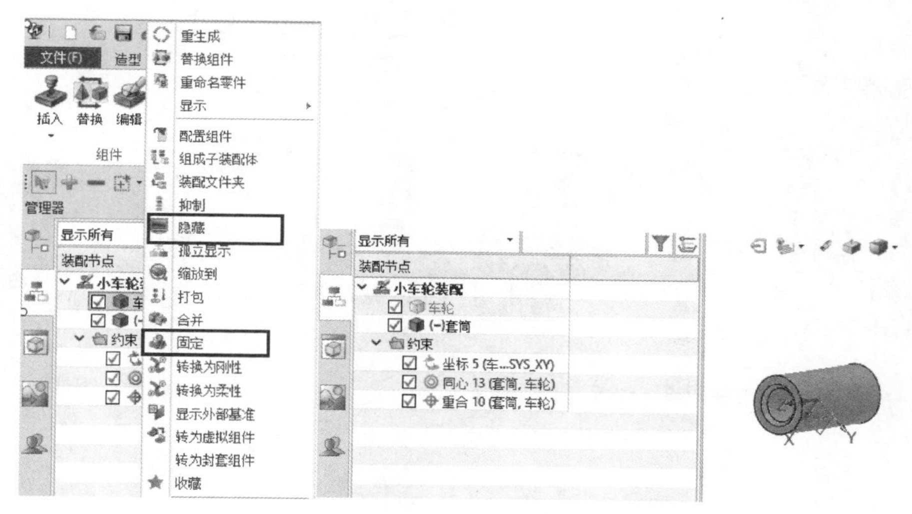

图 2-46　隐藏“车轮”零件

b. 插入挡板。插入挡板零件，配合类型选择“多点”，单击“确定”，完成插入挡板，如图 2-47 所示。

c. 同心约束。单击工具栏中“约束”命令，为“挡板”圆孔与“车轮”内孔添加同心关系，如图 2-48 所示。

d. 距离约束。单击工具栏中“约束”命令，为“挡板”内侧面与“车轮”外端面添加距离关系，距离为 1mm，如图 2-49 所示。

⑤ 插入“轮轴”并添加与“挡板”的配合关系。

a. 插入轮轴零件。配合类型选择“多点”，单击“确定”，完成插入轮轴，如图 2-50 所示。

b. 同心约束。单击工具栏中“约束”命令，为“轮轴”外圆面与“挡板”内孔添加同心关系，如图 2-51 所示。

c. 重合约束。单击工具栏中“约束”命令，为“轮轴”内端面与“挡板”外端面添加重合关系，如图 2-52 所示。

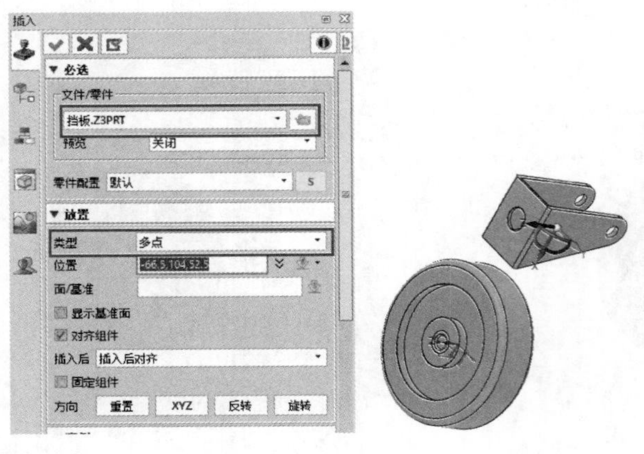

图 2-47　插入“挡板”零件

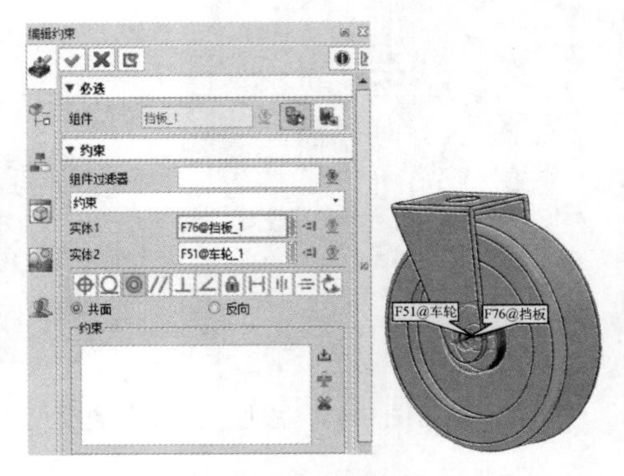

图 2-48　添加挡板和车轮的“同心”约束

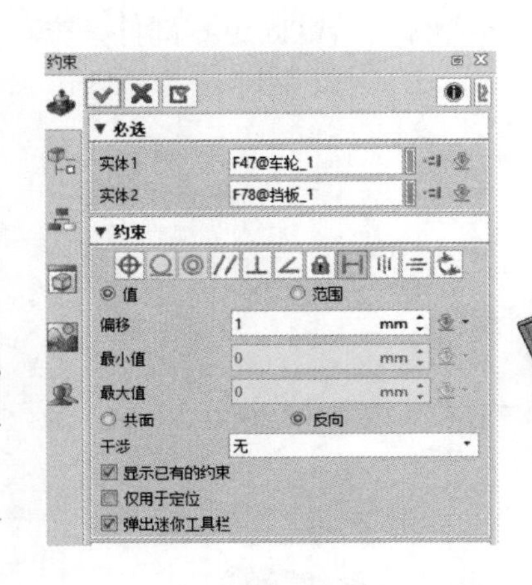

图 2-49　添加“距离”约束

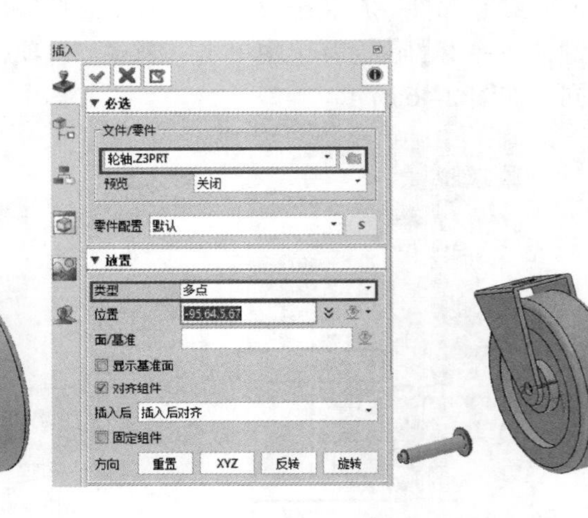

图 2-50　插入“轮轴”零件

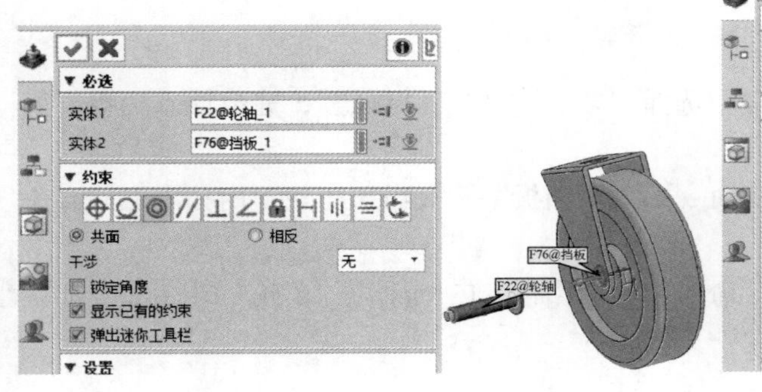

图 2-51　添加“同心”约束

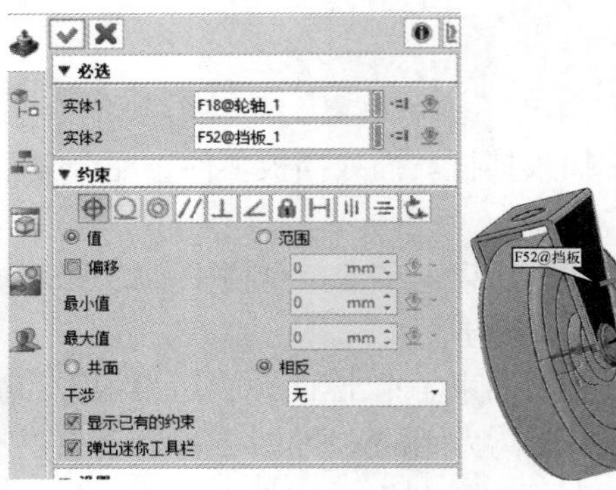

图 2-52　添加“重合”约束

⑥ 插入“制动杆”并添加与“挡板”的配合关系。

a. 插入制动杆零件。配合类型选择“多点”，单击“确定”，完成插入制动杆，如图 2-53 所示。

b. 同心约束。单击工具栏中“约束”命令，为“制动杆”外圆面与“挡板”内孔添加同心关系，如图 2-54 所示。

c. 重合约束。单击工具栏中“约束”命令，为“制动杆”阶梯下端面与“挡板”上端面添加重合关系，如图 2-55 所示。

完成的小车轮装配件装配如图 2-56 所示。

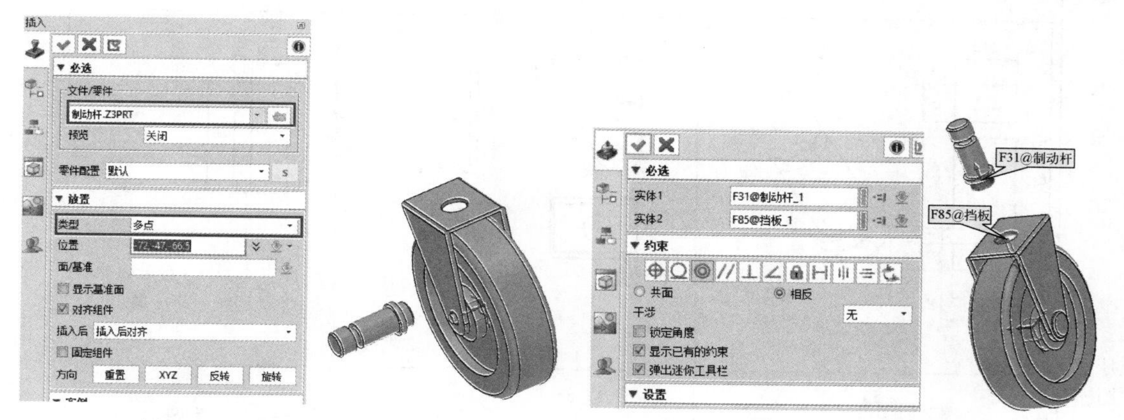

图 2-53 插入“制动杆”零件

图 2-54 添加制动杆和挡板的“同心”约束

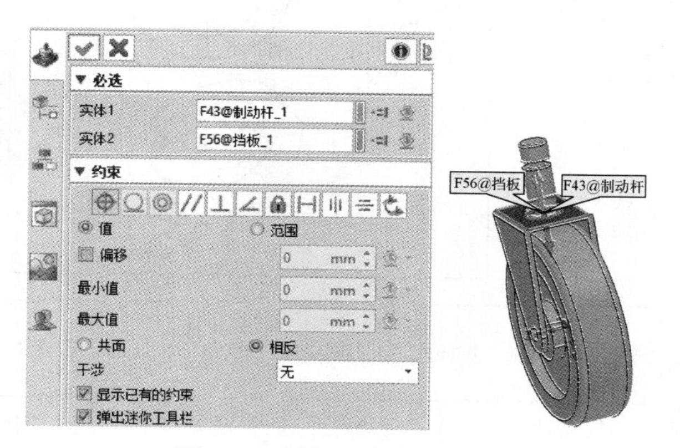

图 2-55 添加“重合”约束

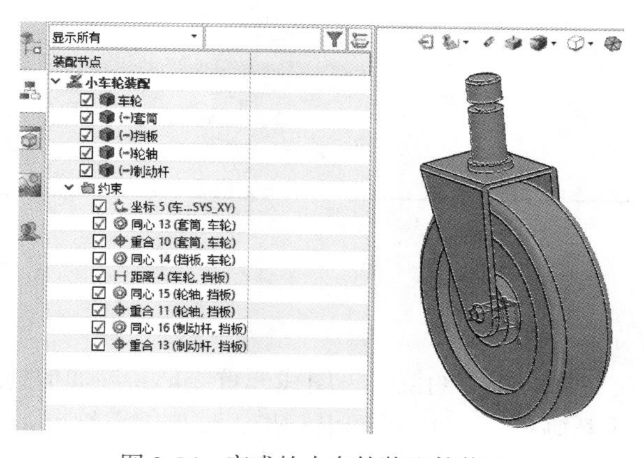

图 2-56 完成的小车轮装配件装配

【填写“课程任务报告”】

课程任务报告

<table>
<tr><td>班级</td><td></td><td>姓名</td><td></td><td>学号</td><td></td><td>成绩</td><td></td></tr>
<tr><td>组别</td><td></td><td>任务名称</td><td colspan="3">小车轮零部件建模及装配</td><td>参考课时</td><td>2 学时</td></tr>
<tr><td>任务图样</td><td colspan="7">技术要求
未注倒角C1。
1 制动杆
2 挡板
技术要求
未注倒角C1。
3 套筒
技术要求
未注倒角C1。
4 轮轴
5 车轮</td></tr>
<tr><td>任务要求</td><td colspan="7">拟建一万向小车轮，通过草图绘制、拉伸凸台、拉伸切除、倒圆角、倒角、零部件装配等完成本任务</td></tr>
<tr><td>任务完成过程记录</td><td colspan="7">按照任务的要求进行总结，如果空间不足，可加附页（可根据实际情况，适当安排拓展任务，以供学生分组讨论学习，记录拓展任务的完成过程）</td></tr>
</table>

【任务拓展】

一、知识考核

1. 草图绘制中，发现在进行相切约束时，图线严重变形，该如何处理更加合理？（　　）

A. 删除所有图线，重新画　　B. 返回上一步，添加固定约束，然后添加相切约束

C. 换一种绘制方式　　D. 找老师协助处理，让老师示范操作一下

2. 根据二维图纸绘制三维模型时，若图纸较为复杂，哪种处理方式更加合理。(　　)

A. 放弃，不做了

B. 直接问老师，让老师示范操作一下

C. 尝试根据三视图原理，先找轮廓尺寸，其次找基准，逐渐绘制

D. 网上找相关视频，重新学习一遍，再尝试

3. 下列哪个不是草图绘制时槽绘制的要素？(　　)

A. 中心点　　B. 半径　　C. 深度　　D. 边界

4. 下列哪种查询已知零件尺寸方式最快捷？(　　)

A. 打开零件模型，查看草图尺寸

B. 打开零件模型，通过查询方式查询

C. 打开零件模型，用三角尺在计算机屏幕上量取

D. 3D 打印模型，用三坐标测量仪检测

二、技能考核

完成图 2-57 所示图形绘制。

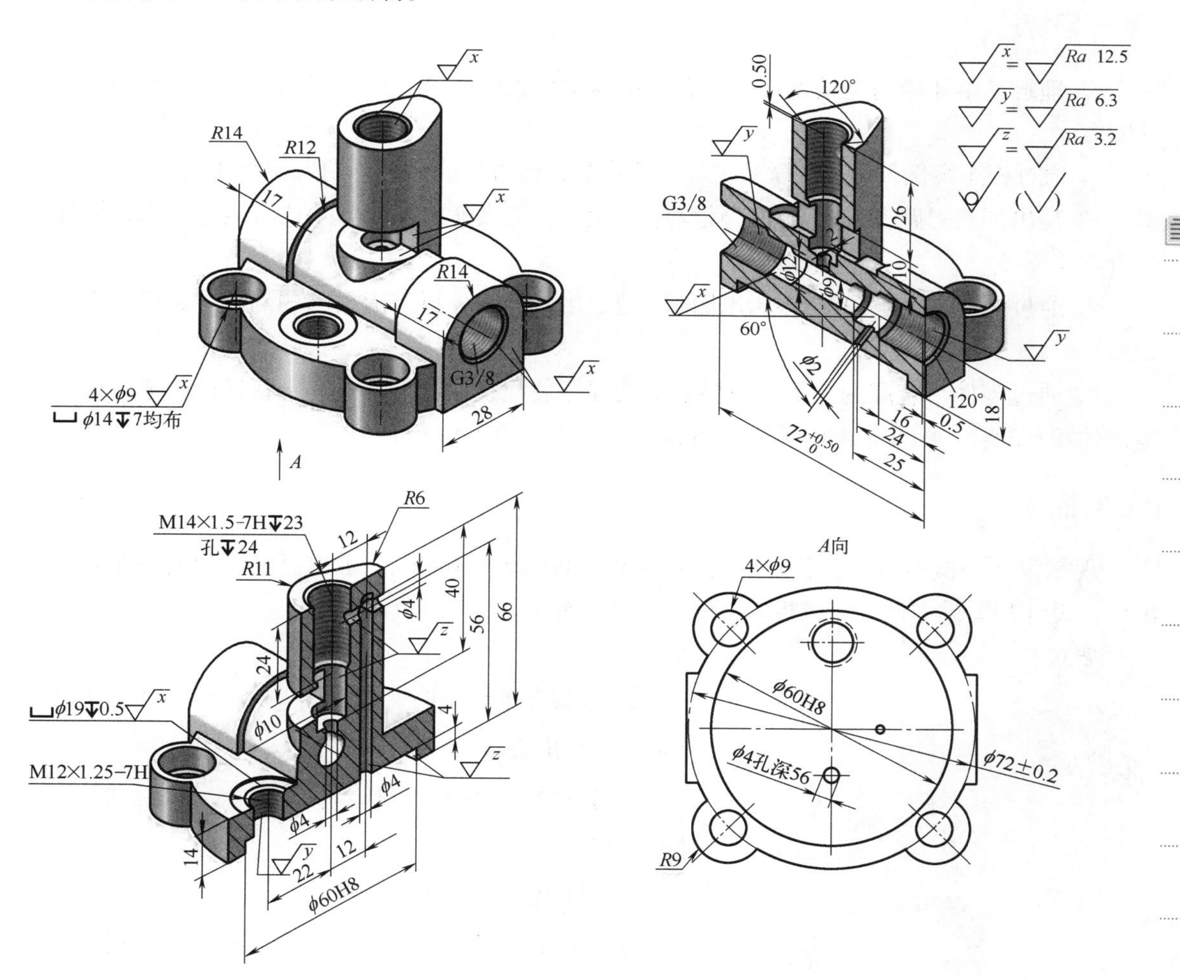

图 2-57　接口件

任务二　板车零部件建模装配

【知识目标】

◎ 掌握板车零部件建模装配的方法及技巧。

◎ 掌握由已知零部件创建新零部件的方法。

◎ 掌握标准件特征创建的方法。

【技能目标】

◎ 熟练根据已知零部件独立规划设计方案。

◎ 能熟练运用重用库选择标准件。

◎ 能根据创新设计的零部件完成装配，验证设计的准确性。

【素养目标】

◎ 理解三维建模与机械设计的融合，培养学生识图时遵守国家规范，提高机械创新设计能力。

◎ 通过板车案例教学，使学生关注工业产品，改进工业产品，助力创新强国。

◎ 写出创新思路，展示分享，使学生会设计、能表达，培养学生语言表达能力，锻炼综合素质。

◎ 通过引导学生解决装配中出现的问题，培养学生分析与解决问题的能力，提升专业素质。

◎ 通过零件与装配的关系，引导学生处理好装配整体与零部件局部特征的关系，以及零部件相互配合、相互影响的关系，培养学生专业、严谨的工匠精神。

【任务描述】

现欲设计一微型板车，长宽高为 400mm × 600mm × 100mm，根据已经创建的小车轮装配件，设计相关键零件，完成板车装配，如图 2-58 所示。

要求：

图 2-58　板车模型

① 观察三维模型图，从设计、加工、使用、美观等角度，写出板车设计的创新思路。

② 尝试按照参考步骤绘制连接件、平板、螺栓、螺母等零件。

③ 装配模型并分享展示。

注意：平板设计不限结构，可根据不同应用场合进行多样化设计。

【任务实施】

任务分析及连接板造型设计

一、任务实施方案设计

从图 2-58 可以看出，微型板车装配件包括连接件、平板、螺栓、螺母、挡圈 5 种零件，其中连接件尺寸根据小车轮装配件尺寸确定，平板尺寸根据轮廓尺寸确定，螺栓、螺母、挡圈的尺寸按照应用要求从中望 3D 2023 重用库中选择，任务实施方案设计如表 2-3 所示。

表 2-3　任务实施方案设计

步骤	1. 连接件造型	2. 平板造型	3. 螺栓造型
图示			
步骤	4. 螺母造型	5. 挡圈造型	6. 完成装配
图示			

二、参考操作步骤

1. 连接件造型设计

① 打开文件。单击“打开”按钮，打开“小车轮装配”文件，如图 2-59 所示。

② 创建拉伸 1。选择“造型”选项卡中的“草图”命令，在自动杆轴肩处创建草图 1，分别绘制 ϕ14mm、ϕ18mm 两个同心圆，退出草图。选择“造型”选项卡中的“草图”命令，创建拉伸 1，拉伸距离 20mm，如图 2-60、图 2-61 所示。

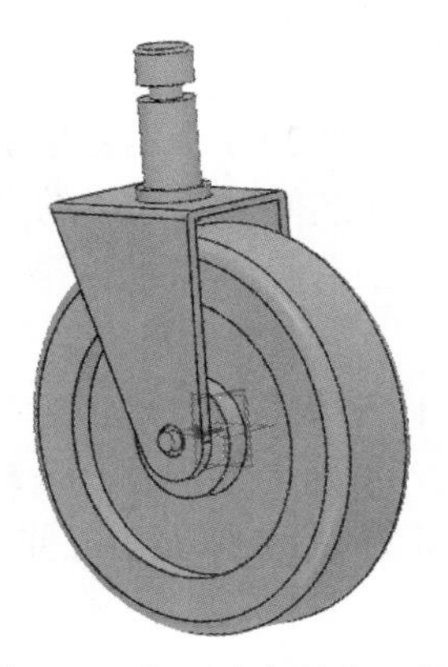
图 2-59　打开小车轮装配体

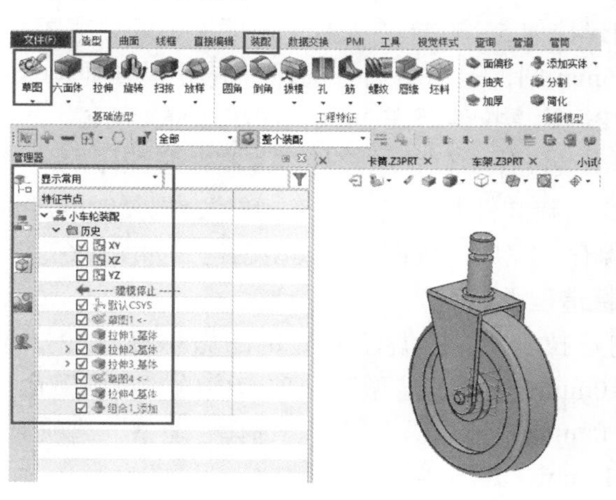

图 2-60　在装配体里创建草图 1

③ 创建拉伸 2。选择“造型”选项卡中的“草图”命令，在拉伸 1 上端面创建草图 2，绘制 ϕ14mm、ϕ40mm 两个同心圆，退出草图。选择“造型”选项卡中的“草图”命令，创建拉伸 2，布尔运算选择加运算，拉伸距离 2mm，如图 2-62 所示。

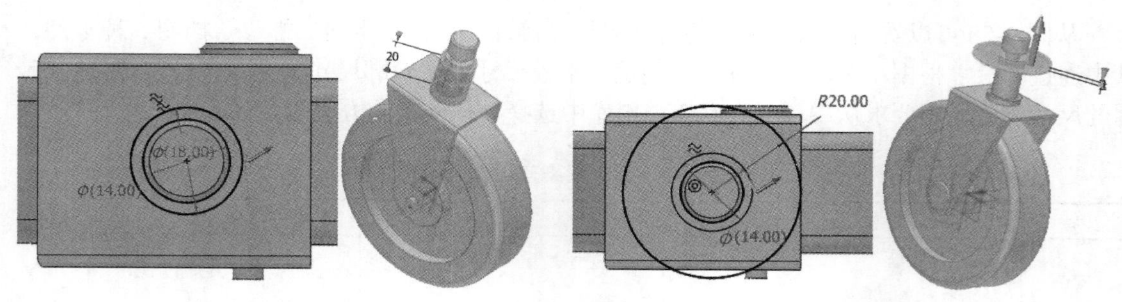

图 2-61　创建拉伸 1　　图 2-62　创建拉伸 2

④ 创建拉伸 3。选择“造型”选项卡中的“草图”命令，在拉伸 2 上端面创建草图 3，绘制 ϕ36mm、ϕ40mm 两个同心圆，退出草图。选择“造型”选项卡中的“草图”命令，创建拉伸 3，布尔运算选择加运算，拉伸距离 15mm，如图 2-63 所示。

⑤ 创建拉伸 4。选择“造型”选项卡中的“草图”命令，在拉伸 3 上端面创建草图 4，绘制 ϕ36mm 圆和 53mm × 50mm 矩形，退出草图。选择“造型”选项卡中的“草图”命令，创建拉伸 4，布尔运算选择加运算，拉伸距离 2mm，如图 2-64 所示。

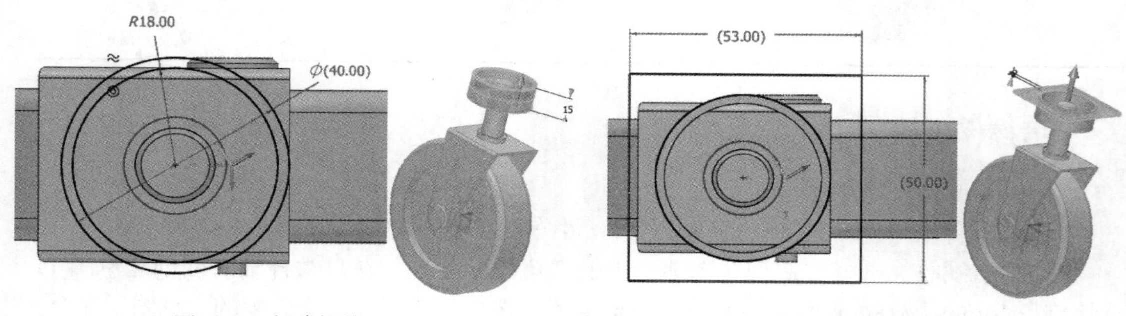

图 2-63　创建拉伸 3　　图 2-64　创建拉伸 4

⑥ 创建拉伸 5。选择“造型”选项卡中的“草图”命令，在拉伸 4 上端面创建草图 5，绘制 4 × ϕ6mm 圆，退出草图。选择“造型”选项卡中的“草图”命令，创建拉伸 5，布尔运算选择减运算，拉伸距离 2mm，如图 2-65 所示。

⑦ 导出装配体中创建的零件。复制在装配体中创建的零件，如图 2-66 所示，单击“新建”按钮，新建文件并命名为“连接件”，把复制的零件粘贴到“连接件”管理器的默认坐标系处，保存，完成连接件三维模型创建，如图 2-67 所示。

2. 平板造型设计

① 创建拉伸 1。根据任务规定的微型板车轮廓尺寸，设计平板的尺寸为 400mm × 600mm × 10mm。选择“造型”选项卡中的“草图”命令，在 XY 平面上创建草图 1，创建 400mm × 600mm 矩形，退出草图。选择“造型”选项卡中的“草图”命令，创建拉伸 1，拉伸距离为 10mm，如图 2-68 所示。

注意：为满足轻量化要求，拉伸 1 的草图可以做镂空处理。

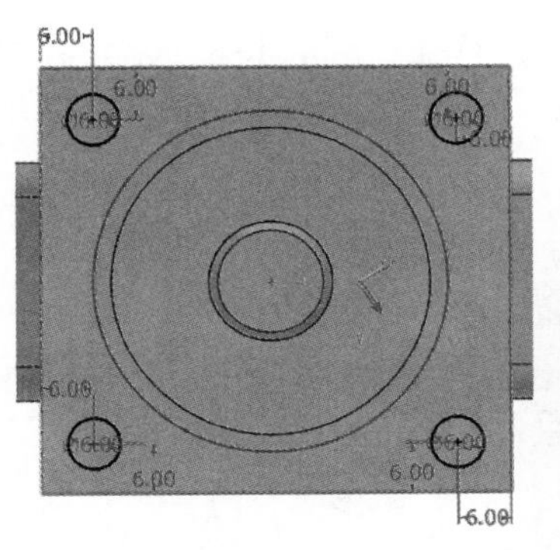

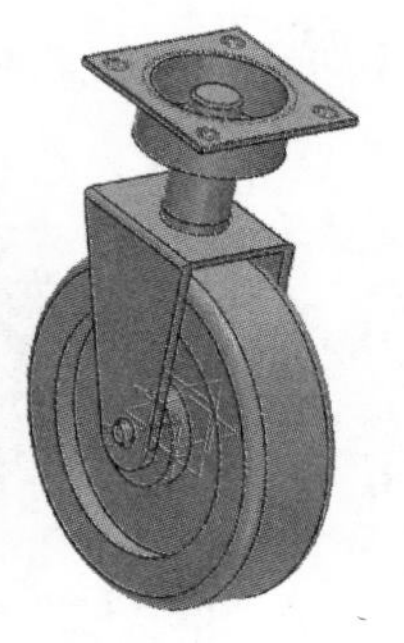

图 2-65　创建拉伸 5

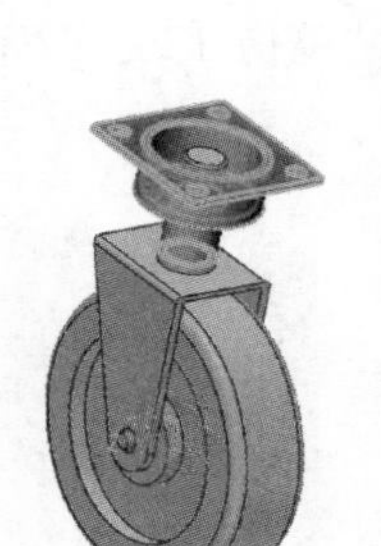

图 2-66　复制特征

平板、螺栓、螺母、开口挡圈造型设计

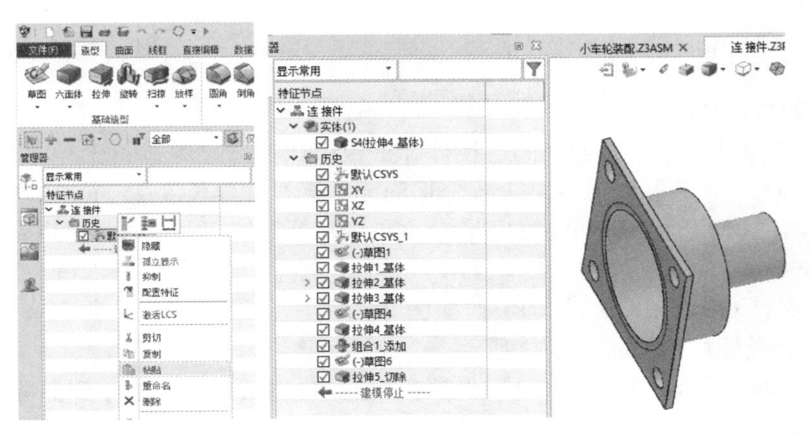

图 2-67　完成连接件造型

② 创建拉伸 2。选择“造型”选项卡中的“草图”命令，在拉伸 1 上表面创建草图 2，创建 4×ϕ6mm 圆，退出草图。选择“造型”选项卡中的“草图”命令，创建拉伸 2，布尔运算选择减运算，拉伸距离为 10mm，如图 2-69 所示。

注意：设计螺栓孔位置时，需要考虑螺栓安装与装配时的装配工艺，如便于装卸等要求。

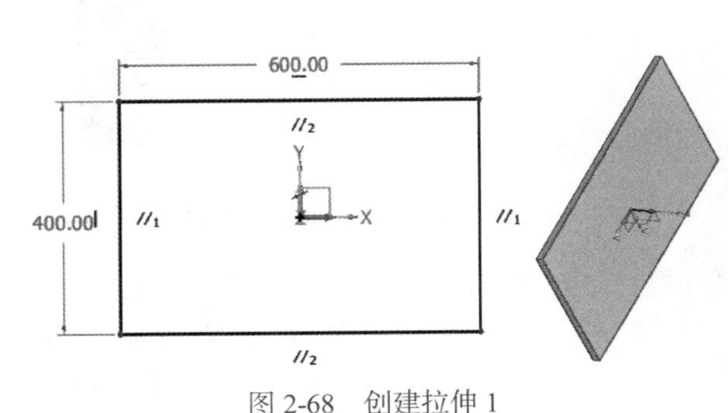

图 2-68　创建拉伸 1

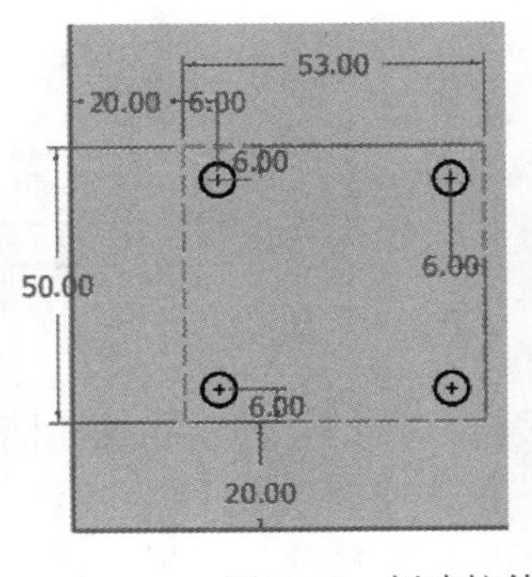

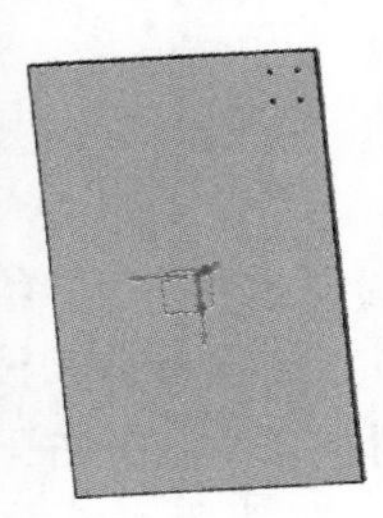

图 2-69　创建拉伸 2

③ 创建镜像①。选择“造型”选项卡中的“镜像”命令，创建镜像 1，特征选择“拉伸 2”，平面选择“ZY”面，如图 2-70 所示。

④ 创建镜像 2。选择“造型”选项卡中的“镜像”命令，创建镜像 2，特征选择“拉伸 2”“镜像 1”，平面选择“XZ”面，如图 2-71 所示。

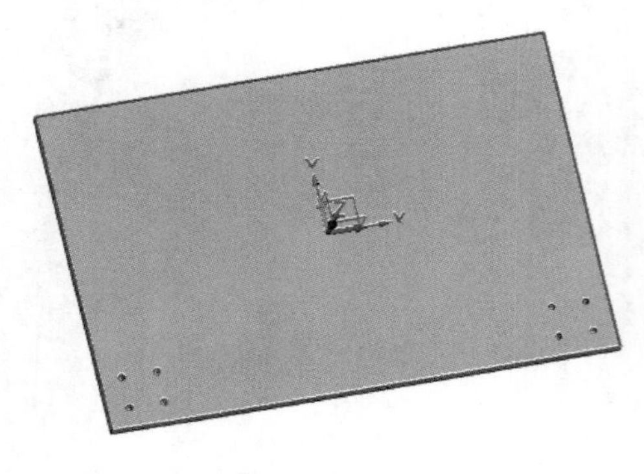

图 2-70　创建镜像 1

图 2-71　创建镜像 2

3. 螺栓、螺母、挡圈等标准件造型设计

① 螺栓造型设计。根据已创建的连接件和平板中孔的尺寸为 ϕ6mm，可以选择 M5 螺栓。平板厚 10mm，连接件厚 2mm。螺母长度 8mm，选择螺栓长度 25mm。螺栓为标准件，可以使用中望 3D 2023 重用库。单击右下角“文件浏览器”按钮，单击“重用库”按钮，选择“ZW3D Standard Parts”选项，单击“GB”选项，选择“螺栓”→“六角头螺栓”选项，选择“六角头螺栓 GB_T5782.Z3”选项，如图 2-72 所示。设置螺栓公称直径 5mm，长度 25mm，参数设置及建模结果如图 2-73 所示。

注意：重用库的标准件的参数为典型零件参数，若在重用库中找不到标准件，则需要单独绘制。

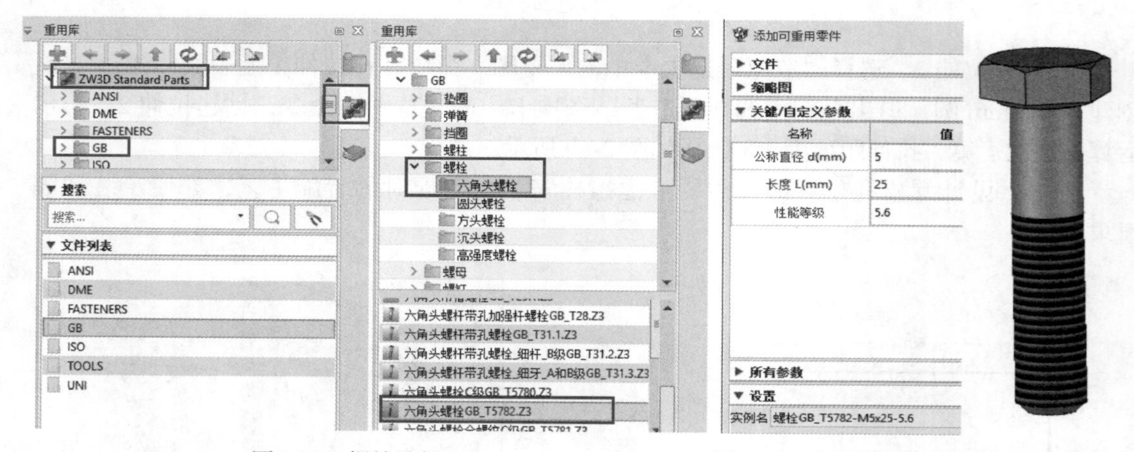

图 2-72　螺栓选择　　图 2-73　参数设置及建模结果（螺栓）

② 螺母造型设计。根据已创建的螺栓模型设计螺母。螺母为标准件，使用中望 3D 2023 重用库。单击右下角“文件浏览器”按钮，单击“重用库”按钮，选择“ZW3D Standard Parts”选项，单击“GB”选项，选择“螺母”→“六角螺母”选项，选择“六角薄螺母 GB_T 6172.1.Z3”选项，如图 2-74 所示。设置螺母公称直径 5mm，性能等级 D4，参数设置及建模结果如图 2-75 所示。

注意：螺母与螺栓为旋合螺纹，螺纹旋向需一致。

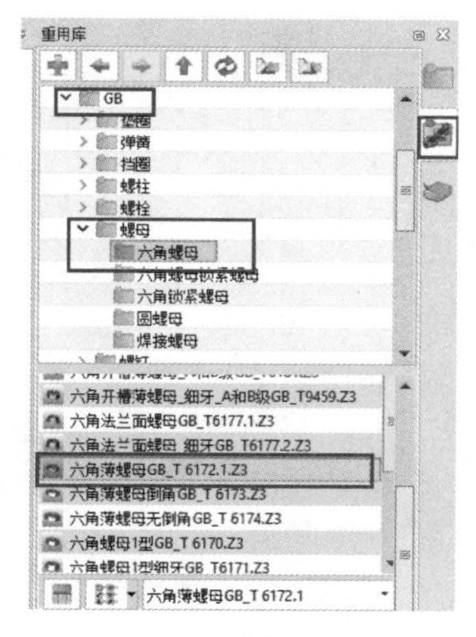

图 2-74　螺母选择

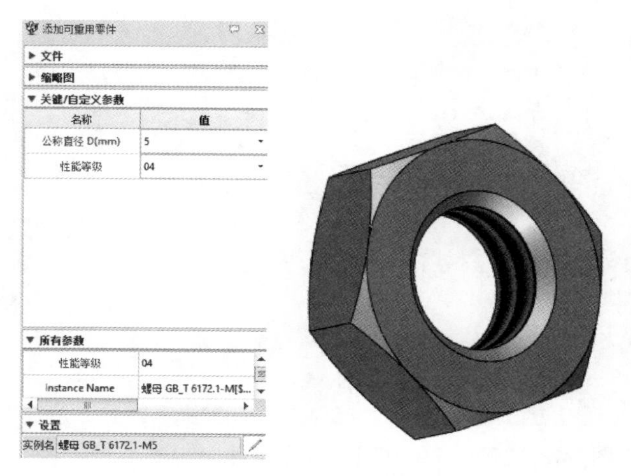

图 2-75　参数设置及建模结果（螺母）

③ 开口挡圈造型设计。根据开口挡圈所在位置确定尺寸。开口挡圈为标准件，使用中望 3D 2023 重用库。单击右下角“文件浏览器”按钮，单击“重用库”按钮，选择“ZW3D Standard Parts”选项，单击“GB”选项，选择“锁紧挡圈”选项，选择“开口挡圈 GB_T896.Z3”选项，如图 2-76 所示。设置公称直径 8mm，其他值默认，参数设置及建模结果如图 2-77 所示。

注意：开口挡圈用来固定连接件，需要与轴颈配合，需要借助工具完成安装。

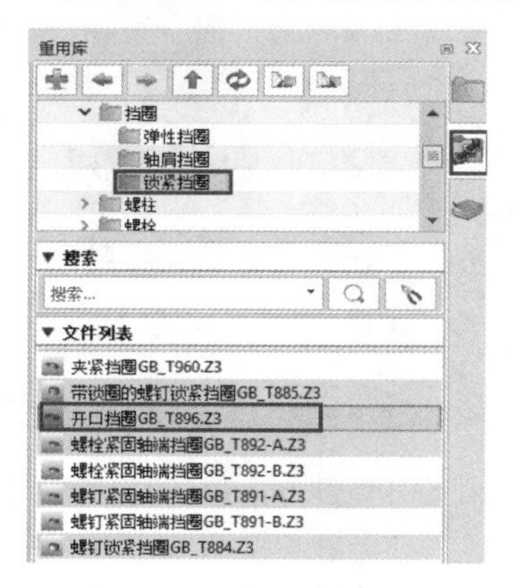

图 2-76　开口挡圈选择

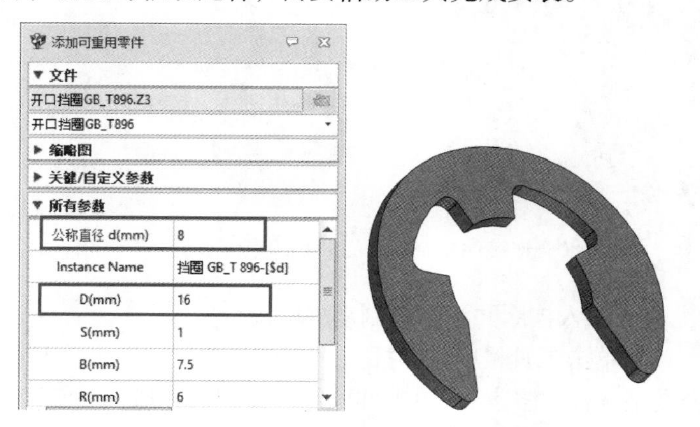

图 2-77　参数设置及建模结果（挡圈）

4. 装配体造型设计

① 新建文件。单击“新建”按钮，新建一个“微型板车装配”文件，如图 2-78 所示，并单击“保存”按钮，如图 2-79 所示。

② 插入小车轮装配体。单击工具栏中的“插入”命令，弹出“插入”对话框，浏览并找到欲插入的小车轮装配体，单击“确定”按钮后完成。

注意：微型板车装配体的装配方法有很多，可以先插入平板，然后装配其他零部件；也可以先插入小车轮装配体，然后装配其他零部件。

③ 插入连接件并添加与制动杆的配合关系。

a. 单击工具栏中的“插入”命令，弹出“插入”对话框，浏览并找到欲插入的连接件，配合类型选择“多点”，单击“确定”按钮后完成。

微型板车装配体造型设计

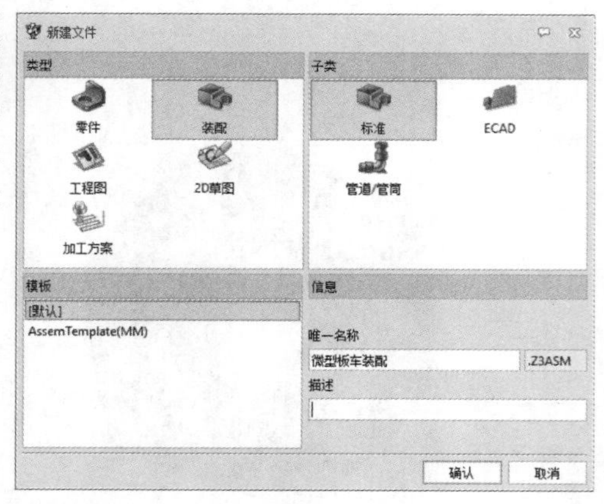

图 2-78　新建“微型板车装配”文件

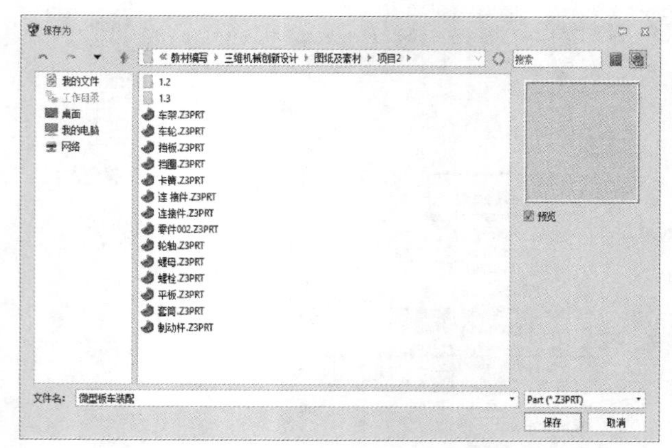

图 2-79　保存文件

b. 同心约束。单击工具栏中“约束”命令，为“连接件”与“制动杆”零件间添加“同心”约束关系，如图 2-80 所示。

c. 重合约束。单击工具栏中“约束”命令，为“连接件”端面与“制动杆”轴肩添加“重合”约束关系，如图 2-81 所示。

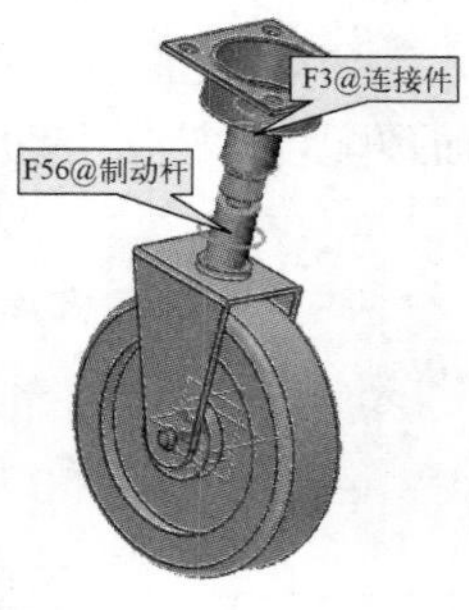

图 2-80　连接件与制动杆的同心约束

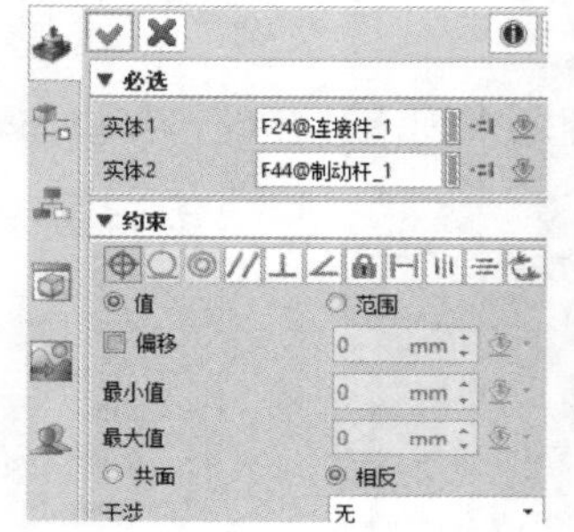

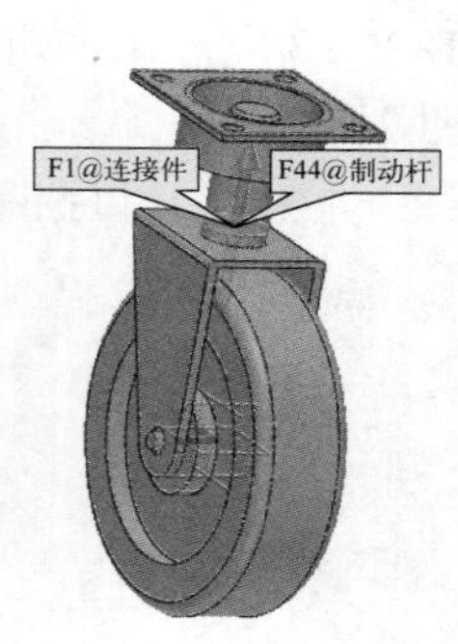

图 2-81　连接件与制动杆的重合约束

④ 插入挡圈并添加与制动杆的配合关系。

a. 单击工具栏中的“插入”命令，弹出“插入”对话框，浏览并找到欲插入的挡圈，配合类型选择“多点”，单击“确定”按钮后完成。

b. 同心约束。单击工具栏中“约束”命令，为“挡圈”与“制动杆”零件间添加“同心”约束关系，如图 2-82 所示。

c. 重合约束。单击工具栏中“约束”命令，为“挡圈”端面与“制动杆”轴肩添加“重合”约束关系，如图 2-83 所示。

注意：装配挡圈时，为便于装配，先隐藏制动杆，槽宽为 4mm，挡圈厚度为 1mm，因此需要装 4 片。

⑤ 插入平板并添加与连接件的配合关系。

a. 单击工具栏中的“插入”命令，弹出“插入”对话框，浏览并找到欲插入的平板，配合类型选择“多点”，单击“确定”按钮后完成。

b. 同心约束。单击工具栏中“约束”命令，为“平板”与“连接件”零件间添加“同心”约束关系，如图 2-84 所示。

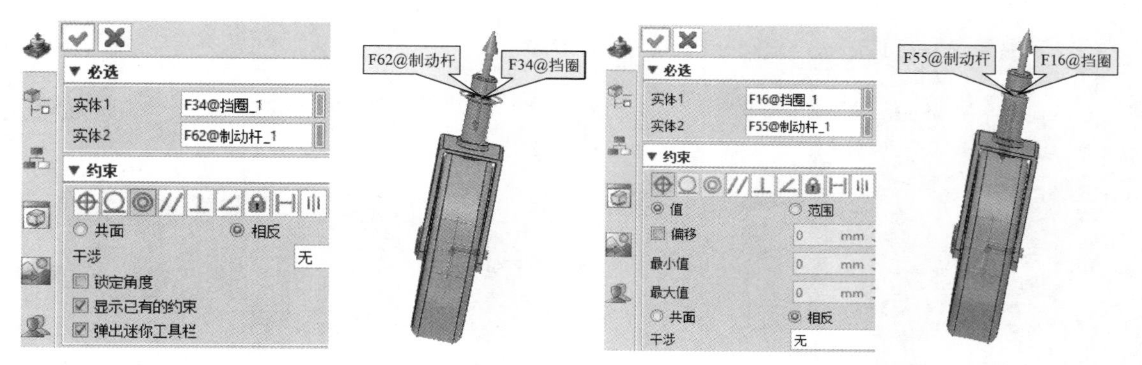

图 2-82　挡圈与制动杆的同心约束　　　图 2-83　挡圈与制动杆的重合约束

c. 重合约束。单击工具栏中“约束”命令，为“连接件”端面与“平板”底面添加“重合”约束关系，如图 2-85 所示。

注意：装配平板时，“平板”与“连接件”为 4 个螺钉孔配合，为保证装配正确，装配时需要两次同心约束。

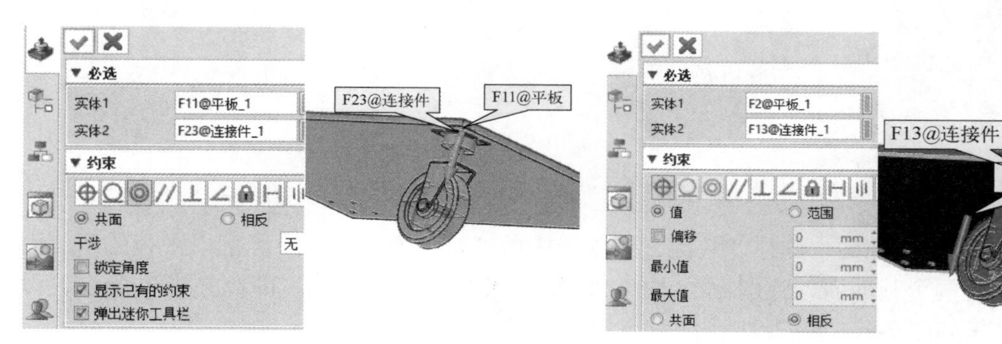

图 2-84　连接件与平板的同心约束　　　图 2-85　连接件与平板的重合约束

⑥ 插入螺栓并添加与平板的配合关系。

a. 单击工具栏中的“插入”命令，弹出“插入”对话框，浏览并找到欲插入的螺栓，配合类型选择“多点”，单击“确定”按钮后完成。

b. 同心约束。单击工具栏中“约束”命令，为“螺栓”与“平板”零件间添加“同心”约束关系，如图 2-86 所示。

c. 重合约束。单击工具栏中“约束”命令，为“螺栓”端面与“平板”底面添加“重合”约束关系，如图 2-87 所示。

注意：4 个螺栓装配方式相同，根据美观和使用的要求，螺栓的装配应从上向下装配，必要时可以在平板上设置沉孔。

⑦ 插入螺母并添加与螺栓、连接件的配合关系。

a. 单击工具栏中的“插入”命令，弹出“插入”对话框，浏览并找到欲插入的螺母，配合类型选择“多点”，单击“确定”按钮后完成。

b. 同心约束。单击工具栏中“约束”命令，为“螺母”与“螺栓”零件间添加“同心”约束关系，如图 2-88 所示。

c. 重合约束。单击工具栏中“约束”命令，为“螺母”端面与“连接件”底面添加“重合”约束关系，如图 2-89 所示。

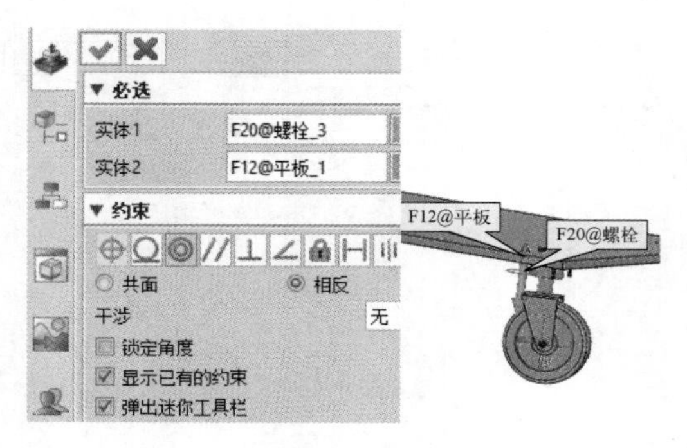

图 2-86　螺栓与平板的同心约束

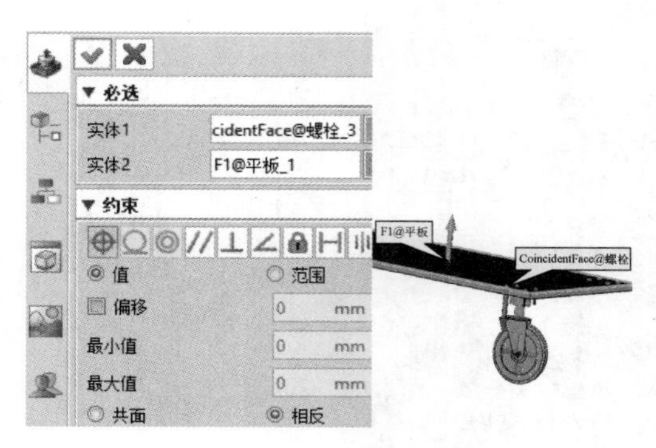

图 2-87　螺栓与平板的重合约束

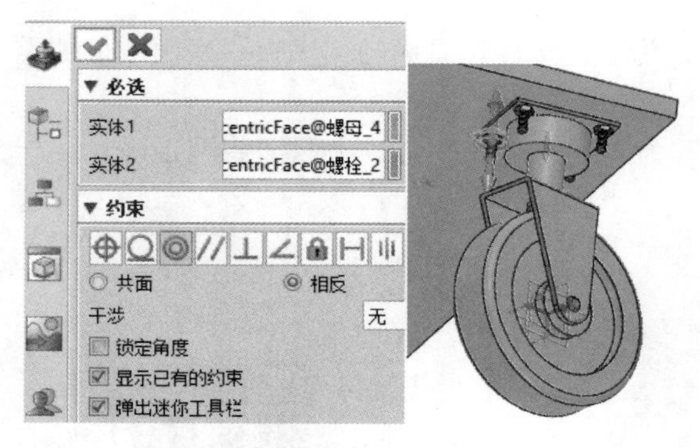

图 2-88　螺母与螺栓的同心约束

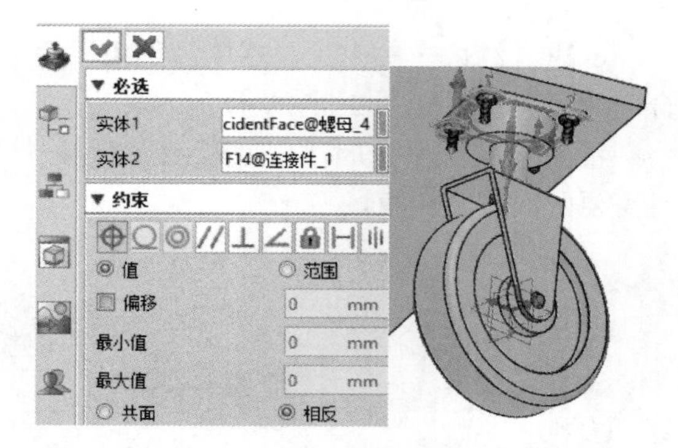

图 2-89　螺母与连接件的重合约束

⑧ 新建两个基准面。选择“装配”选项卡中的“基准面”命令，分别以平板的两侧面为基准，创建两个基准面，分别为平面 1、平面 2，偏移距离分别为 -300mm、-200mm，设置参数及结果如图 2-90、图 2-91 所示。

注意：创建两个基准面主要为便于小车轮装配体、连接件、挡圈等零部件镜像。

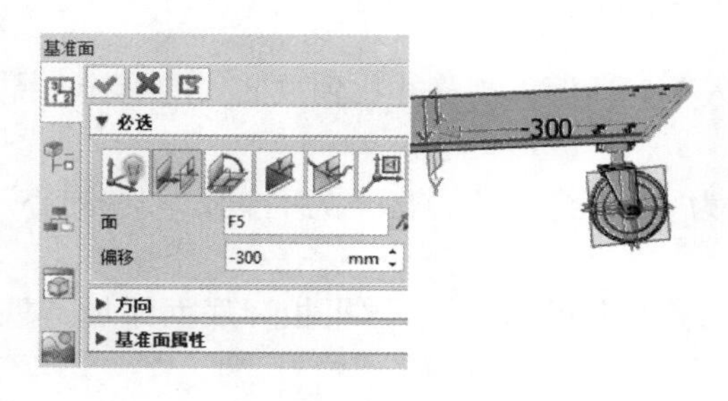

图 2-90　创建平面 1

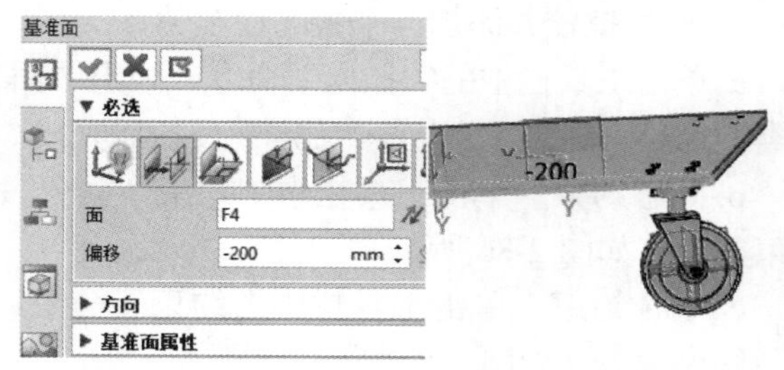

图 2-91　创建平面 2

⑨ 镜像零部件。选择“装配”选项卡中的“镜像”命令，以平面 1 为镜像平面，以小车轮装配体、连接件、挡圈为特征，创建镜像 1，设置参数及结果如图 2-92 所示。以平面 2 为镜像平面，以镜像 1、小车轮装配体、连接件、挡圈为特征，创建镜像 2，设置参数及结果如图 2-93 所示。

注意：需要镜像 2 次。如采用复制方法镜像，则无法进行零部件的关联，此时需要重新建立零部件约束关系。本任务采用“复制”镜像。

完成的微型板车造型设计如图 2-94 所示。

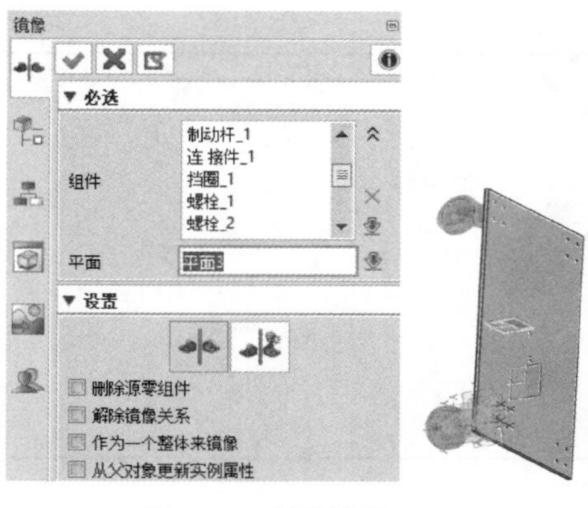

图 2-92　创建镜像 1

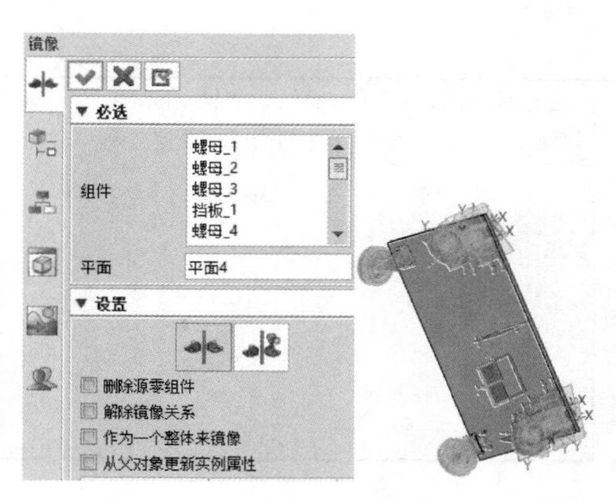

图 2-93　创建镜像 2

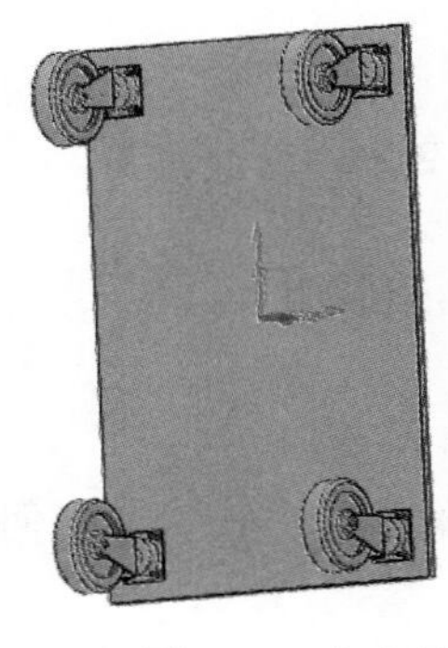

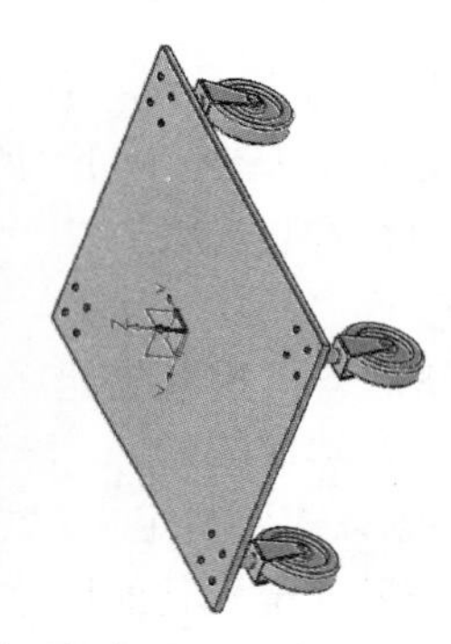

图 2-94　完成的微型板车造型设计

【填写“课程任务报告”】

课程任务报告

班级		姓名		学号		成绩	
组别		任务名称	微型板车创新设计			参考课时	2 学时
任务图样							
任务要求	欲设计一微型板车，长宽高为 400mm × 600mm × 100mm，根据已经创建的小车轮装配件设计相关零件完成板车装配 要求： ①观察三维模型图，从设计、加工、使用、美观等角度，写出板车设计的创新思路 ②尝试按照参考步骤，绘制连接件、平板、螺栓、螺母等零件 ③装配模型并分享展示 注意：平板设计不限结构，可根据不同应用场合进行多样化设计						

续表

任务完成过程记录	按照任务的要求进行总结，如果空间不足，可加附页（可根据实际情况，适当安排拓展任务，以供学生分组讨论学习，记录拓展任务的完成过程）

【任务拓展】

一、知识考核

1. 装配时，发现草图尺寸绘制错误，下列哪种做法更加合理？（ ）

A. 打开零件，边修改边查看装配效果

B. 直接在装配体中修改

C. 打开零件，修改完毕后，再重新装配

D. 删除零件，新建零件，然后装配

2. 若只有零件 3D 效果图，需要自定义尺寸绘制零件模型，如何做更合理？（ ）

A. 先找基准，根据基准尺寸定义其他尺寸

B. 先找该零件与什么零件配合，然后查出配合尺寸，根据配合尺寸定义其他尺寸

C. 自定义绘制，后期修正完善

D. 查阅标准，根据标准绘制零件尺寸

3. 草图中，桥接命令包含哪些要素？（ ）

A. 曲线 1　　B. 曲线 2　　C. 修剪方式　　D. 桥接圆弧

4. 若需复制已经绘制的槽，复制的槽保留了原有槽的什么特征？（ ）

A. 位置特征　　B. 方向特征　　C. 外形特征　　D. 约束特征

5. 作为一名工程师，零件设计的最终目的是（ ）。

A. 装配应用　　B. 零件加工　　C. 出工程图　　D. 建模分析

二、技能考核

从轻量化、美观性、应用于新的场景等角度继续对微型板车进行创新设计。

项目小结

本项目主要介绍了小车轮零部件建模、装配和微型板车创新设计两个案例，通过小车轮零部件建模、装配，使学生能够借助中望 3D 2023 完成由绘制工程图向绘制三维模型转化，锻炼了识图能力、造型能力、装配能力；通过微型板车创新设计，使学生能够借助已知零部件信息，设计相关零部件，并根据零部件设计规范，满足设计要求，此任务的实用性强，显著提升了学生的三维创新设计能力。

项目三

定滑轮零部件建模装配及创新设计

【项目教学导航】

<table>
<tr><td>学习目标</td><td colspan="4">让学生掌握中等复杂程度的零部件建模的思路，能够熟练对零部件进行编辑，能够根据已知的三维模型设计简单的未知尺寸的三维模型，具备创新设计能力</td></tr>
<tr><td>项目要点</td><td colspan="4">※ 中等复杂零部件工程图识图
※ 旋转、扫描、螺纹等命令的使用
※ 中等复杂零部件三维建模
※ 三维模型的编辑
※ 标准件库调用
※ 根据已知的三维模型设计未知尺寸零部件的三维模型</td></tr>
<tr><td>重点难点</td><td colspan="4">三维建模、创新实践</td></tr>
<tr><td>学习指导</td><td colspan="4">学习本项目时要注意：需识读零部件的工程图，严格按照图纸要求建模，作图时应居中建模，以便于镜像、阵列等后续操作；多找些大赛图纸训练，注重实效，注意创新设计能力锻炼</td></tr>
<tr><td rowspan="3">教学安排</td><td>任务</td><td>教学内容</td><td>学时</td><td>考核内容</td></tr>
<tr><td>任务一</td><td>定滑轮装配体零部件建模装配</td><td>8</td><td>随堂技能考核</td></tr>
<tr><td>任务二</td><td>定滑轮牵引车零部件建模装配</td><td>6</td><td>随堂技能考核</td></tr>
</table>

【项目简介】

根据提供的工程图纸完成定滑轮装配体的建模及装配。根据定滑轮装配图，设计一车底板，如图 3-1 所示。整体尺寸 250mm × 106mm × 300mm，用来装载已经装配好的定滑轮装配体，如图 3-2 所示，轴承选用深沟球轴承 60000_2RZ 型（GB/T 276）。要求：绘制轴承座、键、轴、车板、车轮、套筒、挡板、螺钉等零件，装配模型并分享展示。

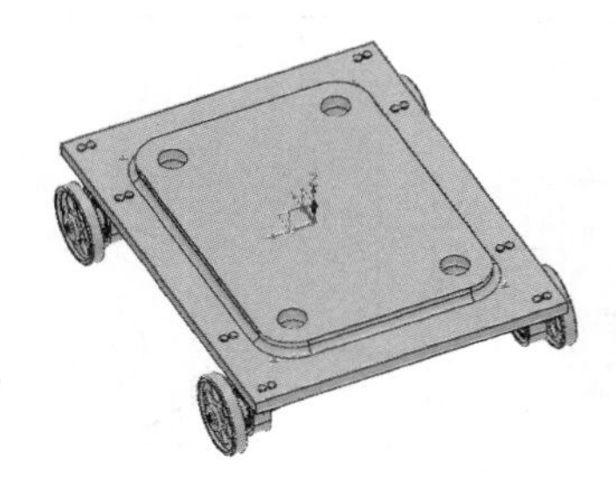

图 3-1　车底板

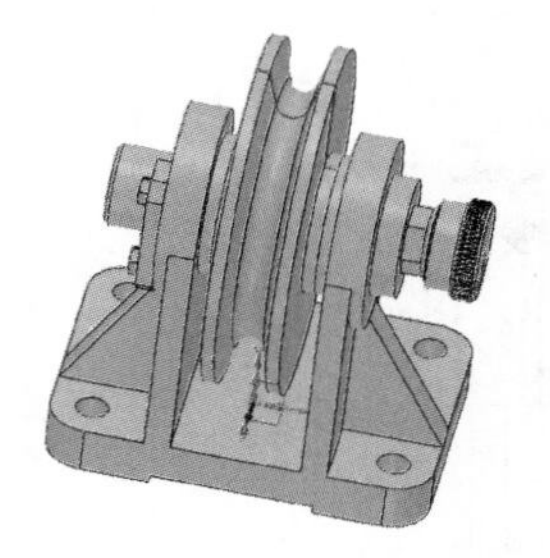

图 3-2　定滑轮装配体

通过本项目的学习，使学生了解实体建模的思路，能够根据所学知识对零部件模型进行修改与编辑，高效、熟练掌握实体建模，能独立进行创新设计。

任务一　定滑轮装配体零部件建模装配

【知识目标】

◎ 掌握组成定滑轮装配体的零部件的建模方法及技巧。
◎ 掌握零部件装配的方法。
◎ 掌握旋转、扫掠等特征的创建方法。

【技能目标】

◎ 熟练识图，理解中等复杂零部件的建模思路，能独立规划设计方案。
◎ 能根据图纸使用拉伸、旋转、扫掠等命令完成零部件的三维建模。
◎ 能正确使用编辑模型的方法，如修剪、倒角、镜像等命令。

【素养目标】

◎ 理解由工程图到三维模型创建的过程，培养学生识图时遵守国家规范，提升其识图与制图能力。

◎ 通过学生自主学习和团队协作，锻炼学生独立思考能力与团队协作精神。

◎ 通过引导学生解决装配中出现的问题，培养学生分析与解决问题的能力，提升专业素质。

◎ 通过零件与装配的关系，引导学生处理好装配整体与零部件局部特征的关系，以及零部件相互配合、相互影响的关系，培养学生专业、严谨的工匠精神。

【任务描述】

拟建一定滑轮装配体，如表 3-1 所示。通过完成本任务，使学生掌握中望 3D 2023 软件的草图绘制、拉伸凸台、旋转凸台、拉伸切除、扫掠、螺纹、孔、倒圆角、倒角、零件装配等命令。

表 3-1　定滑轮零部件及装配体工程图

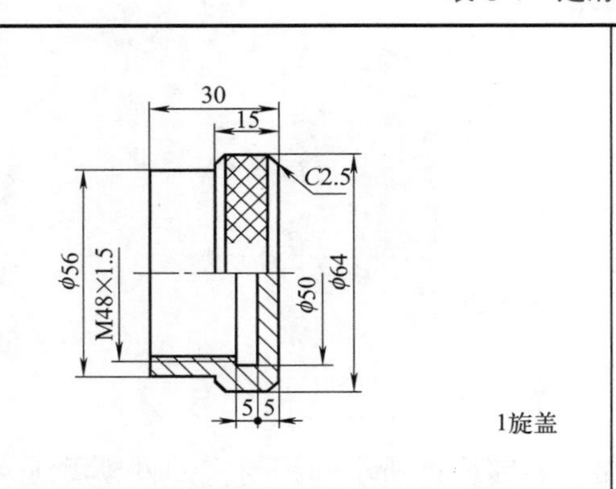

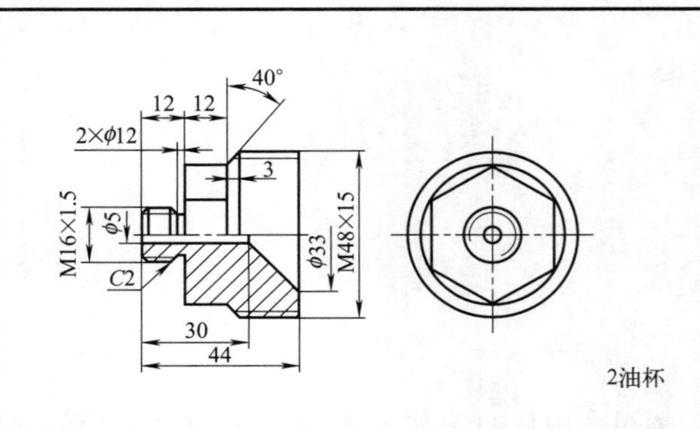

续表

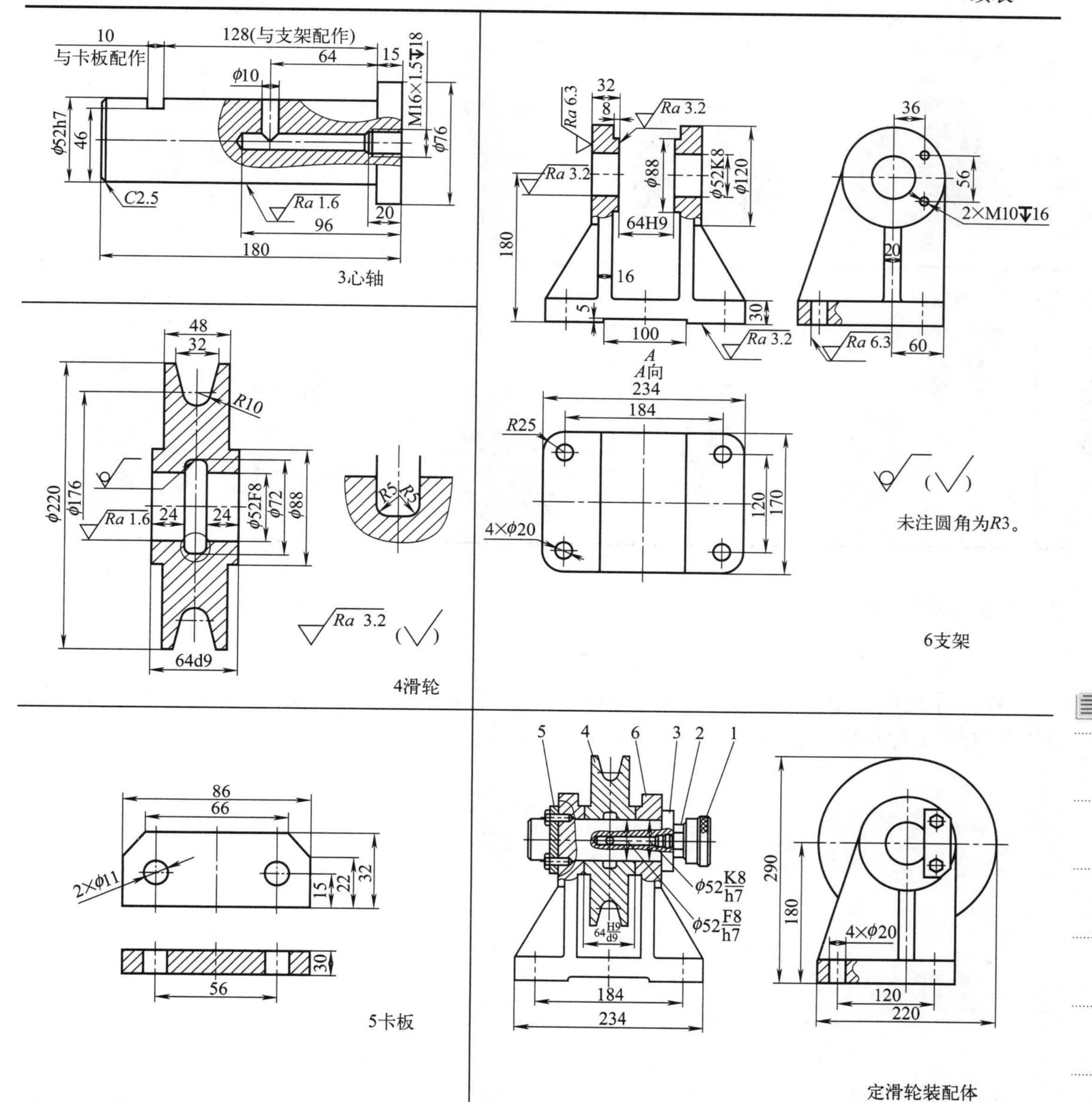

【任务实施】

一、任务实施规划

作图的步骤是先识图后建模。识图的步骤是看轮廓、看特殊位置、看已知尺寸、算未知尺寸。建模的步骤是：绘制特殊位置图形，如容易定位置的圆、中心线等，画位置确定的图线，然后绘制经计算求得的模型，最后逐渐完善图样。定滑轮装配体的零部件基本是关于中心对称的旋转零部件，因此需要旋转特征，绘制草图时，尽量采用批量标注尺寸的方法，以提高作图效率。具体造型方案见表 3-2。

表 3-2　任务实施方案设计

步骤	1. 旋盖造型	2. 油杯造型	3. 心轴造型	4. 滑轮造型
图示				
步骤	5. 卡板造型	6. 螺钉造型	7. 支架造型	8. 定滑轮装配体造型
图示				

旋盖造型设计

二、参考操作步骤

1. 旋盖造型设计

① 新建文件。单击“新建”按钮，新建一个“旋盖”文件，如图 3-3 所示，并单击“保存”按钮，文件存储位置为 1.2 目录，如图 3-4 所示。

图 3-3　新建文件　　　　图 3-4　保存文件

② 创建旋转体。

a. 绘制草图曲线。以“XY 面”为基准面，创建“草图 1”，在“草图 1”上，单击 多段线按钮，按照旋盖轮廓绘制草图曲线，标注每段曲线（不修改尺寸的值），如图 3-5 所示。将鼠标指针放在尺寸 9.35 上，单击右键，在弹出的快捷菜单中单击“标注编辑”按钮，如图 3-6 所示。

b. 批量选中草图尺寸。取消选中 更新 复选框，选中 增量 单选项，值设置为 0，然后将鼠标指针放在“标注列表”中，左键窗选所有图形，所有尺寸均被选中，如图 3-7 所示。

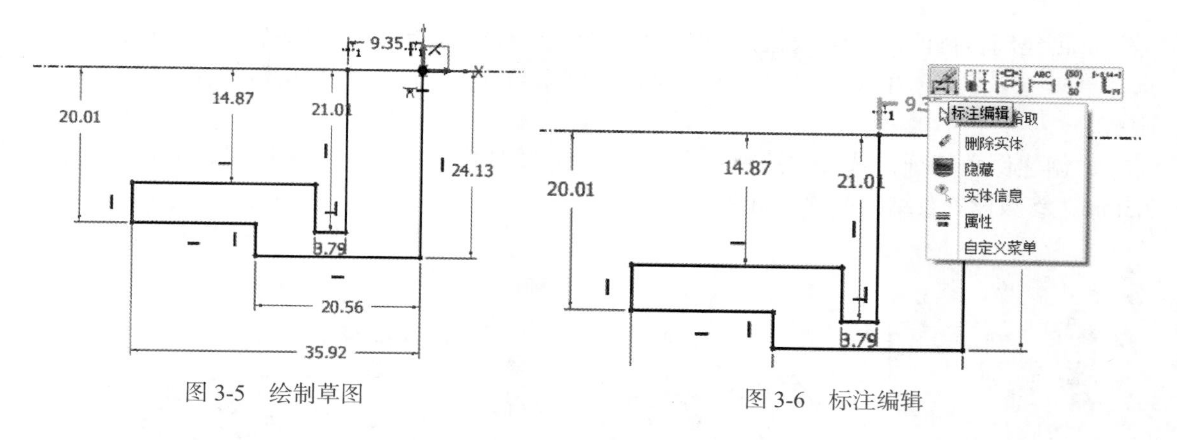

图 3-5　绘制草图　　　　图 3-6　标注编辑

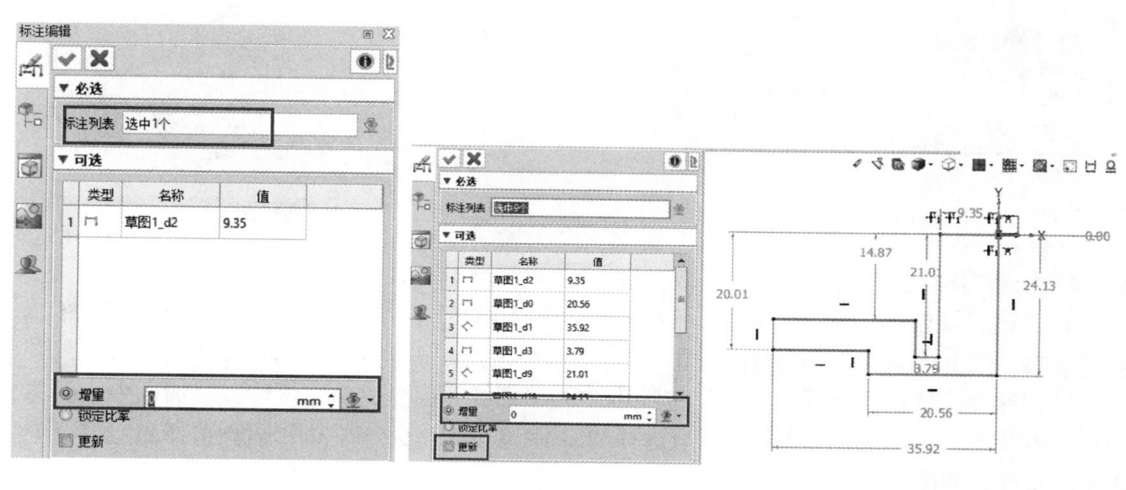

图 3-7　批量选中草图尺寸

c. 更新尺寸。按照旋盖图样修改草图尺寸，如图 3-8 所示。修改完毕后，选中☑更新复选框，草图图线更新至图样形状，如图 3-9 所示。

注意：对于复杂件、旋转件，均可采用批量修改尺寸以提高作图效率。批量修改尺寸时，切记不漏掉要标记的尺寸。

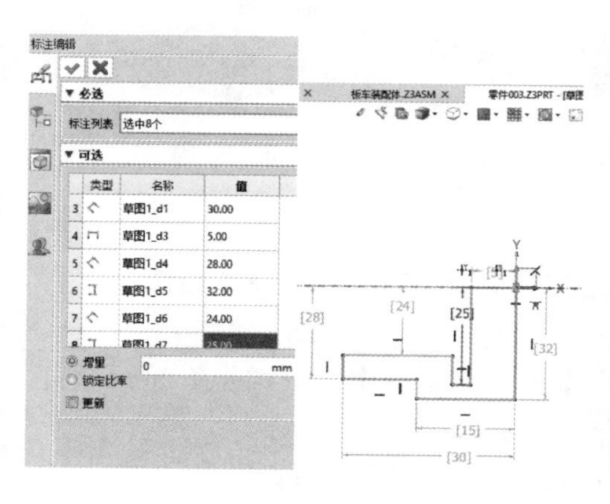

图 3-8　修改草图尺寸

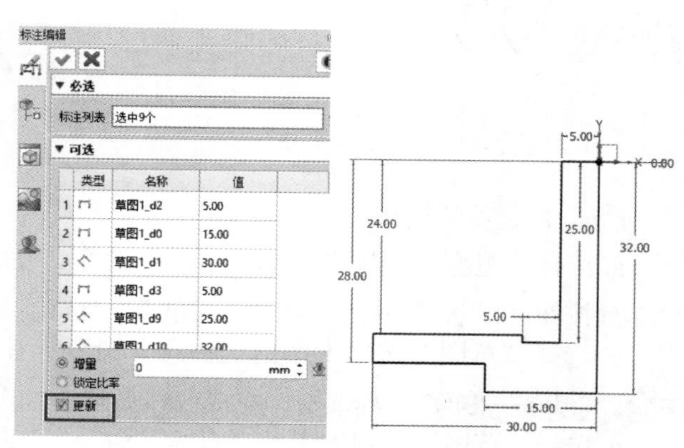

图 3-9　更新尺寸

d. 创建旋转特征。选择“造型”选项卡中的“旋转”命令，弹出“旋转”对话框，轮廓选择草图 1、轴 A 选择 X 轴、起始角度为 0°、结束角度为 360°，创建旋转特征，如图 3-10 所示。

e. 创建倒角特征。选择“造型”选项卡中的“倒角”命令，创建倒角 1，倒角距离为 2.5mm，参数设置及结果如图 3-11 所示。

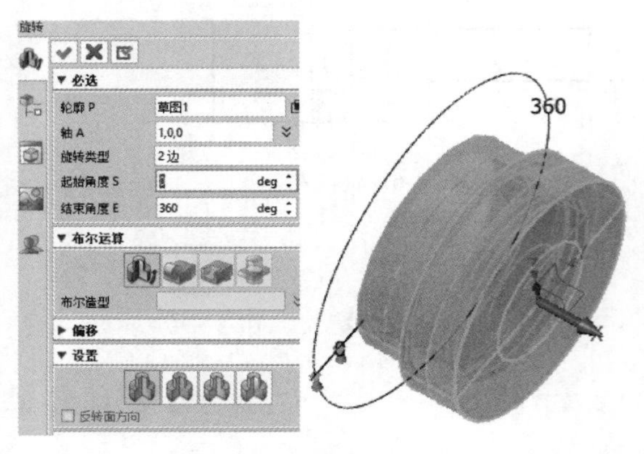

图 3-10　创建旋转特征

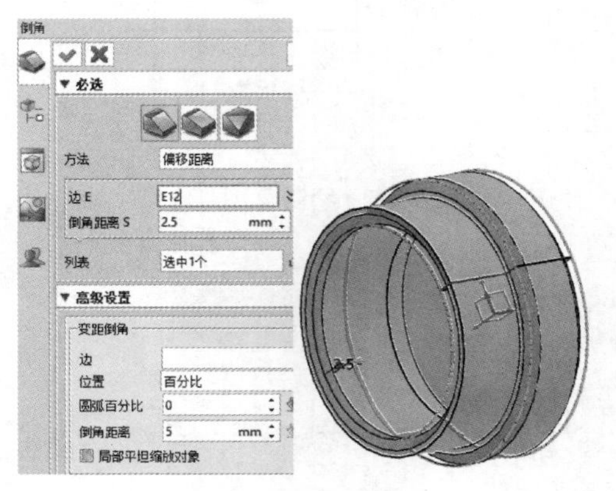

图 3-11　创建倒角特征

③ 创建内螺纹 M48 × 1.5。

a. 创建螺纹轮廓。选择“造型”选项卡中的“草图”命令，在 XY 平面内创建草图 2，进入草图，单击 按钮，在旋盖内圆中创建等边三角形，边长为 1.5mm，如图 3-12 所示。

b. 创建螺纹特征。选择“造型”选项卡中的“螺纹”命令，在“螺纹”对话框中，面选择旋盖内圆面、轮廓选择草图 2、匝数选择 20、距离选择 1.5mm、布尔运算选择减运算，创建螺纹特征，如图 3-13 所示。

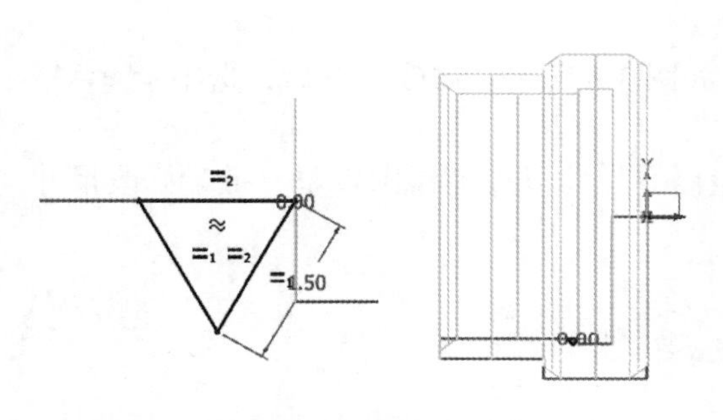
图 3-12　创建螺纹轮廓

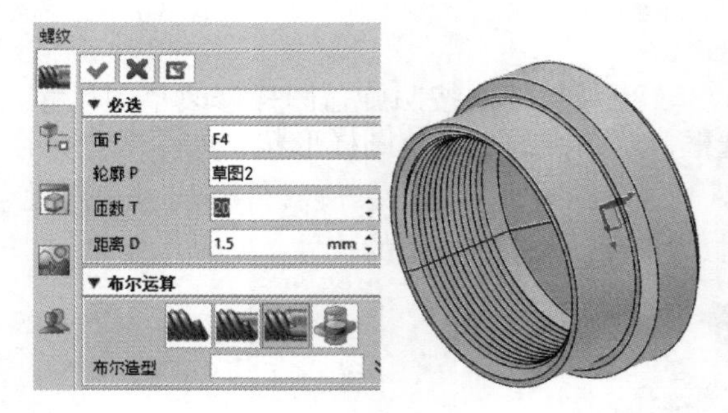

图 3-13　创建螺纹特征

④ 创建滚花特征。

a. 选择“造型”选项卡中的“草图”命令，在 XY 平面内创建草图 3，进入草图，单击直线按钮，沿 X 轴画竖直直线，长度为 15mm，完成直线绘制，如图 3-14 所示。

b. 选择“草图”选项卡中的“偏移”命令，在“偏移”对话框中，距离选择 2mm；选中 在两个方向偏移 复选框，完成曲线偏移，如图 3-15 所示。

c. 选择“草图”选项卡中的“直线”命令，连接两直线端点，完成直线绘制，如图 3-16 所示。

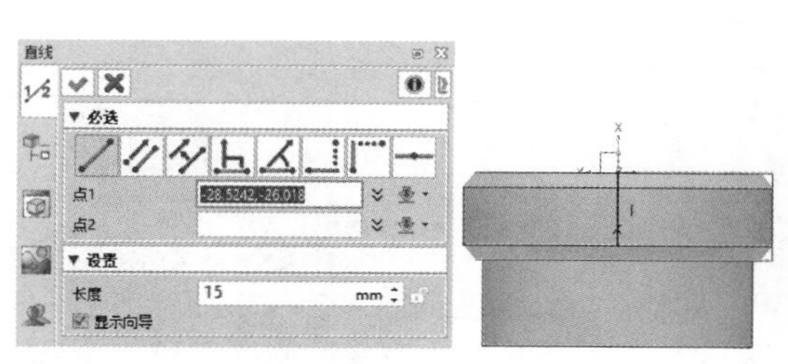

图 3-14　创建 15mm 竖直直线

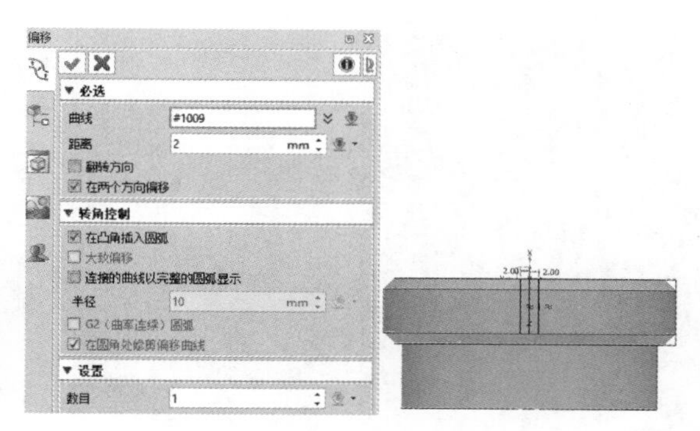

图 3-15　创建偏移曲线

d. 选择“草图”选项卡中的“划线修剪”命令，修剪步骤 c 绘制的直线之外的直线，完成划线修剪，如图 3-17 所示。

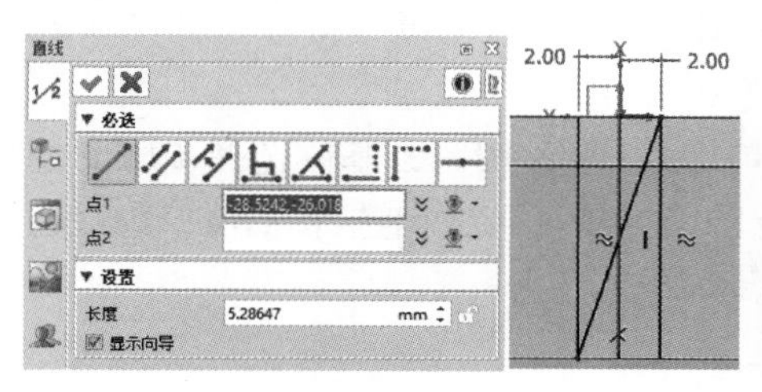

图 3-16　创建直线

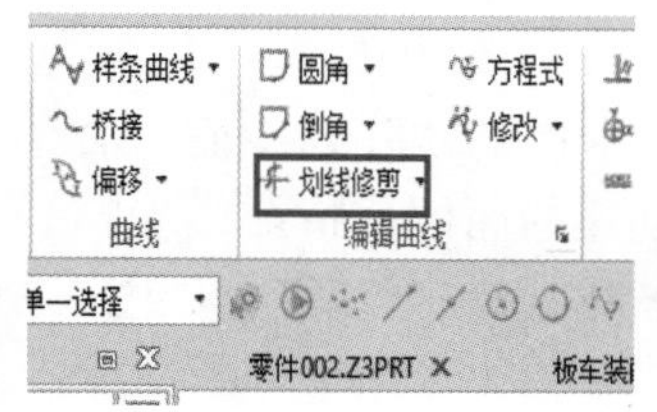

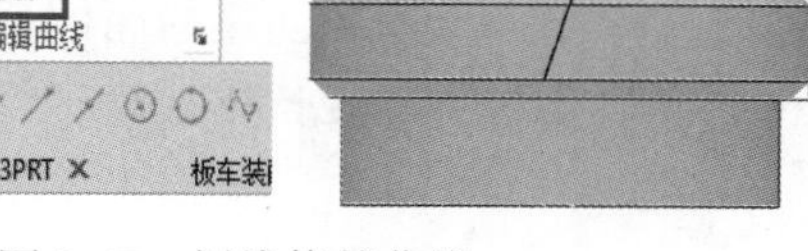

图 3-17　划线修剪曲线

e. 选择“线框”选项卡中的“划线修剪”命令，单击投影到面按钮，曲线选择步骤 d 绘制的直线，面选择旋盖外圆面，方向选择 Z 轴，创建投影曲线到面特征，如图 3-18 所示。

f. 选择“造型”选项卡中的“草图”命令，在旋盖上端面新建草图 4，单击等边三角形按钮，圆心选择直线的端点，边长 2mm，绘制等边三角形草图，如图 3-19 所示。

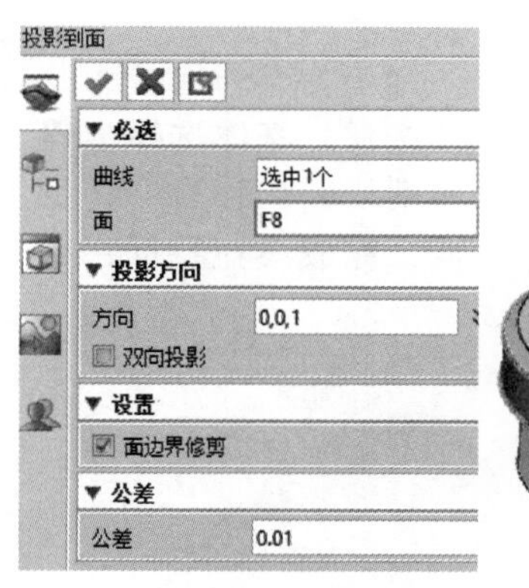

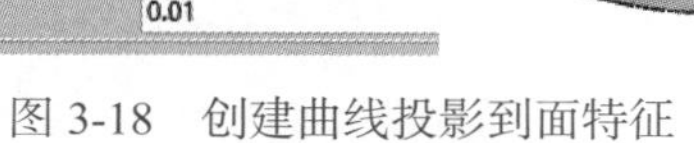

图 3-18　创建曲线投影到面特征

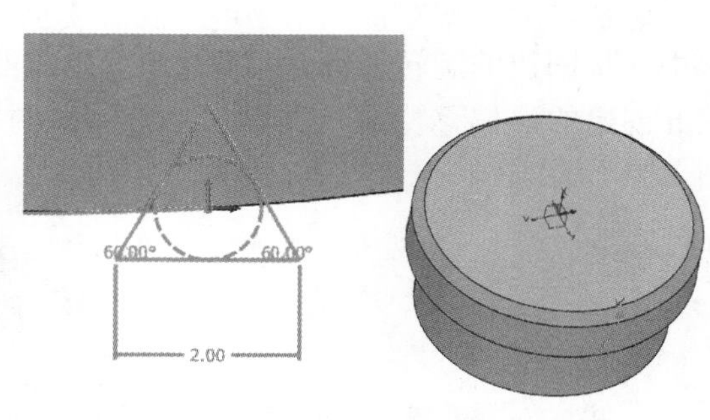

图 3-19　创建等边三角形

g. 选择“造型”选项卡中的“扫掠”命令，轮廓选择草图 4，路径选择步骤 e 创建的投影线，布尔运算选择基体，创建扫掠特征，如图 3-20 所示。

h. 选择“造型”选项卡中的“面偏移”命令，单击面偏移按钮，面选择步骤 g 创建的扫掠基体的终止面，偏移距离选择 7.8mm，创建面偏移特征，如图 3-21 所示。

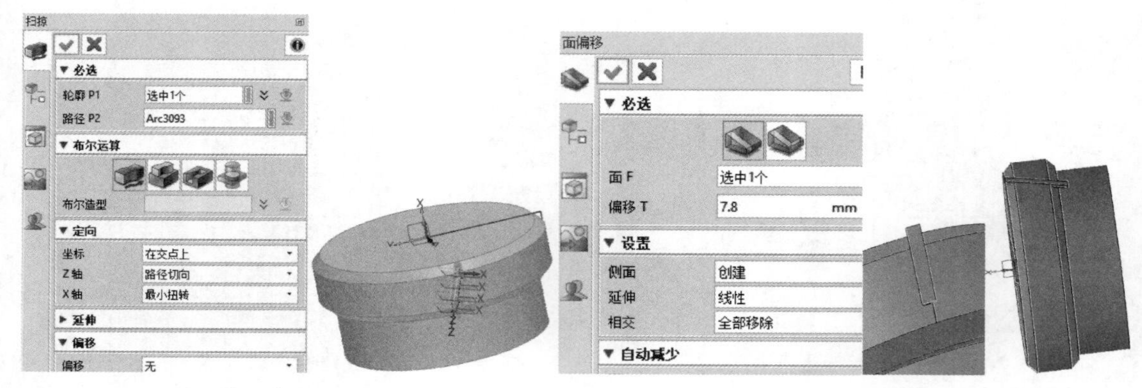

图 3-20　创建扫掠特征　　　　图 3-21　创建面偏移

i. 选择“造型”选项卡中的“镜像特征”命令，单击镜像特征按钮，特征选择步骤 g 创建的扫掠特征和步骤 h 创建的面偏移特征，平面选择 XZ 平面，创建镜像特征，如图 3-22 所示。

j. 选择“造型”选项卡中的“阵列特征”命令，单击阵列特征按钮，基体选择步骤 g 创建的扫掠特征、步骤 h 创建的面偏移特征、步骤 i 创建的镜像特征，方向选择 X 轴，数目选择 60，角度选择 6°，创建圆周阵列特征，如图 3-23 所示。

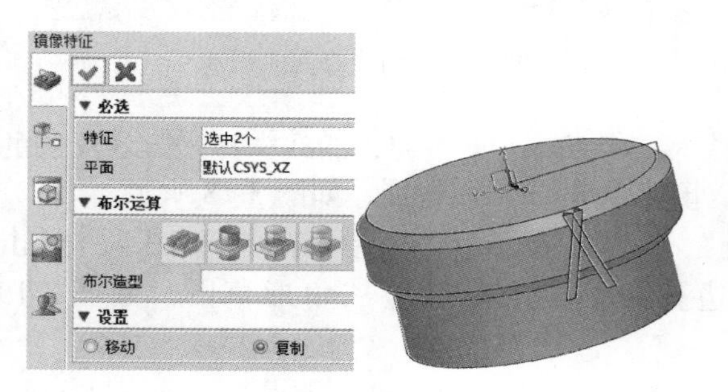

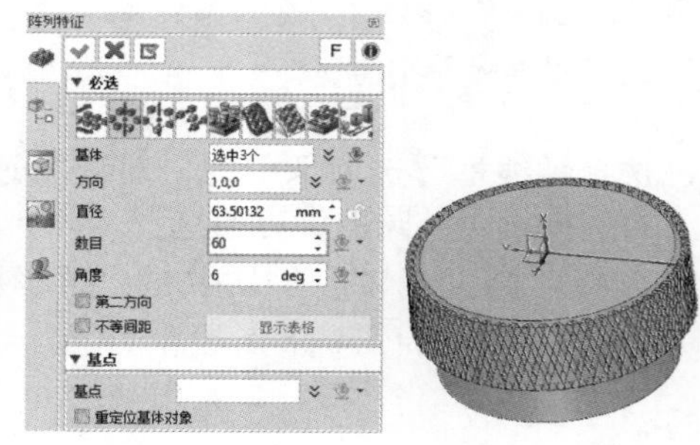

图 3-22　创建镜像特征　　　　图 3-23　创建圆周阵列特征

k. 选择“造型”选项卡中的“移除实体”命令，单击移除实体按钮，基体选择步骤②中 d 步创建的旋转特征，移除步骤 j 创建的圆周阵列特征、步骤 g 创建的扫掠特征、步骤 h 创建的面偏移特征、步骤 i 创建的镜像特征，创建移除实体特征，完成滚花特征，如图 3-24 所示。

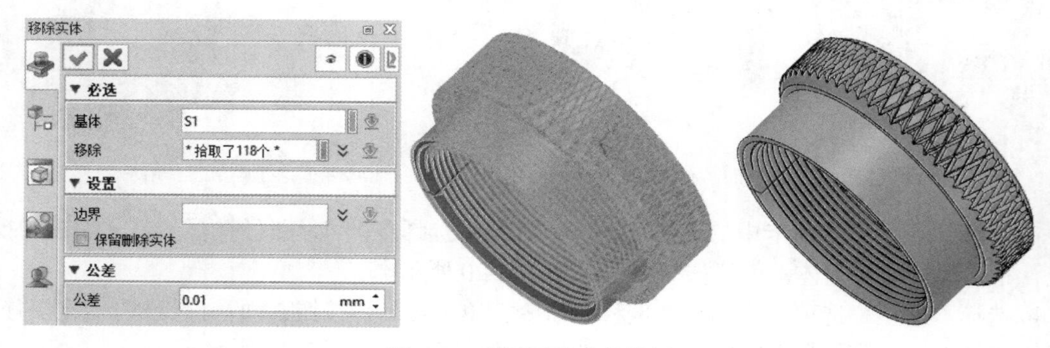

图 3-24　创建移除实体特征

2. 油杯造型设计

油杯造型设计

① 新建文件。单击“新建”按钮，新建一个“油杯”文件，如图 3-25 所示，并单击“保存”按钮，文件存储位置为定滑轮目录，如图 3-26 所示。

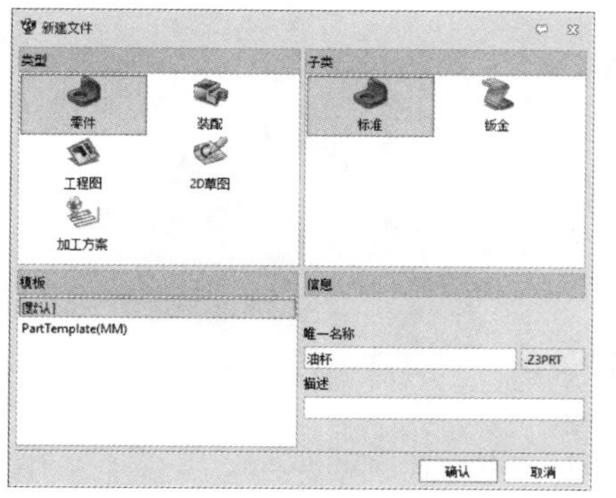

图 3-25 新建文件

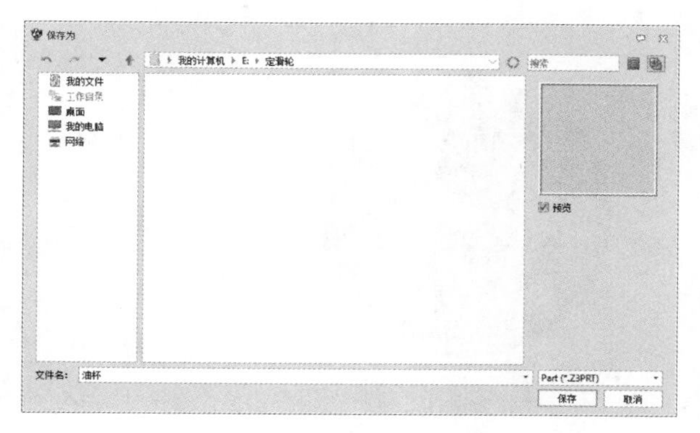

图 3-26 保存文件

② 创建草图 1。选择“造型”选项卡中的“草图”命令，选择平面为“XY”，绘制草图 1，如图 3-27 所示。选择“造型”选项卡中的“旋转”命令，绕 X 轴旋转草图 1 创建基体，参数设置及结果如图 3-28 所示。

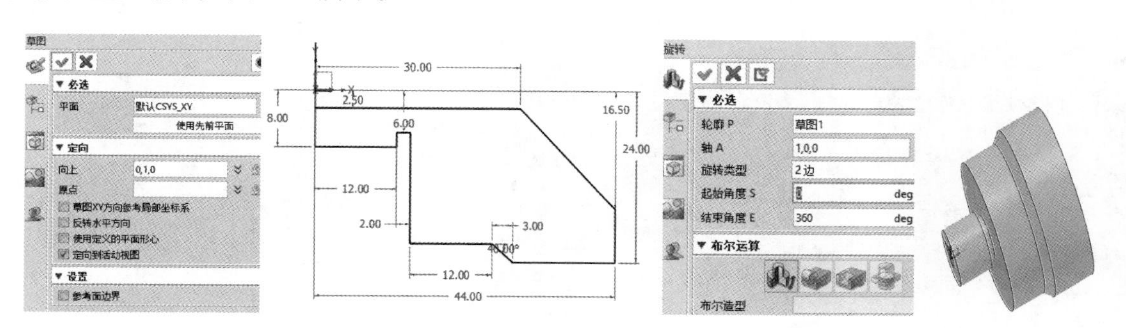

图 3-27 创建草图 1　　　　图 3-28 创建旋转特征

③ 创建六边形。选择“造型”选项卡中的“草图”命令，选择 YZ 平面，绘制草图 2(图 3-29)。选择“草图”选项卡中的“六边形”命令，绘制正六边形。正六边形中心与坐标系原点重合，双击正六边形，显示尺寸为 25mm，删除尺寸标注，单击六边形一顶点，拖拽六边形与大圆重合，如图 3-30 所示。选择“草图”选项卡中的“圆”命令，绘制圆与大圆重合，如图 3-31 所示。

图 3-29 新建草图 2

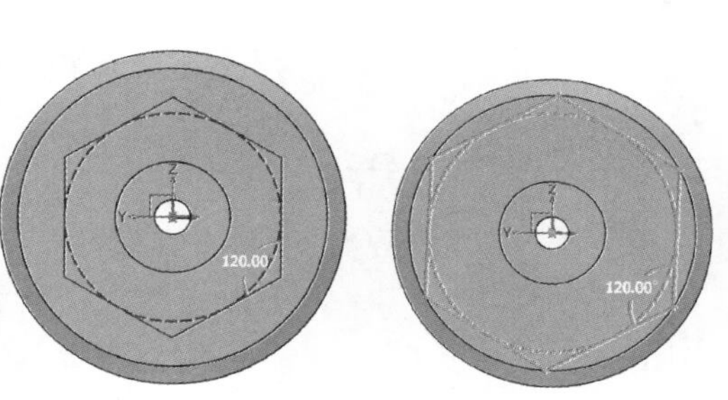

图 3-30 绘制及编辑正六边形　　　　图 3-31 绘制圆与大圆重合

④ 创建拉伸特征。选择“草图”选项卡中的“划线修剪”命令，修剪去除多余的曲线，如图 3-32 所示。选择“造型”选项卡中的“拉伸”命令，创建拉伸 1，轮廓选择草图 2，拉伸距离 12mm，如图 3-33 所示。

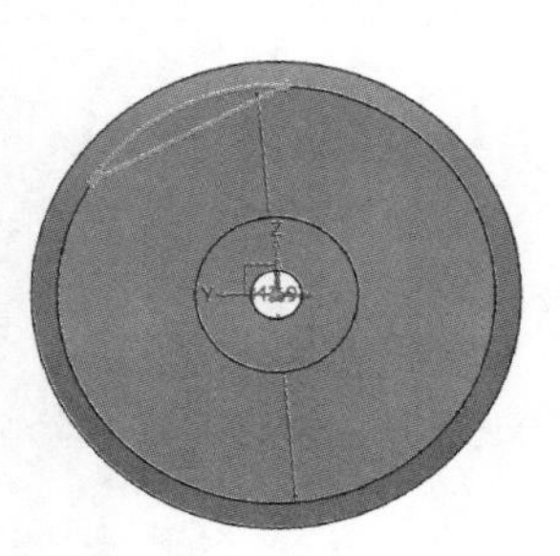

图 3-32　完成草图创建

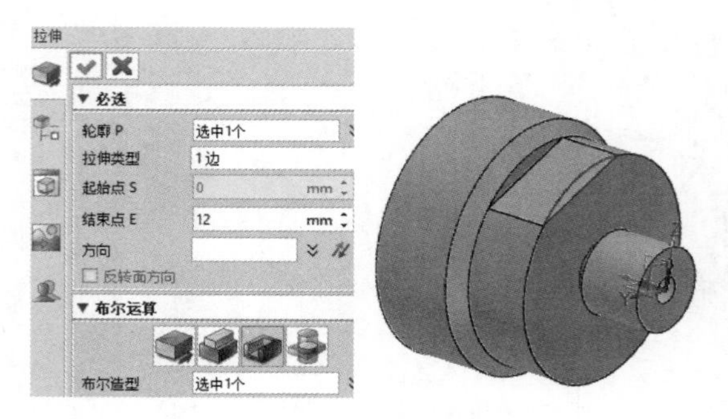

图 3-33　创建拉伸特征

⑤ 创建阵列特征。选择“造型”选项卡中的“阵列”命令，创建阵列 1，基体选择拉伸 1，方向选择负 X 轴，数目选择 6 个，角度选择 60°，参数设置及阵列结果如图 3-34 所示。

⑥ 创建倒角特征。选择“造型”选项卡中的“倒角”命令，创建倒角 1，倒角距离 2mm，参数设置及阵列结果如图 3-35 所示。

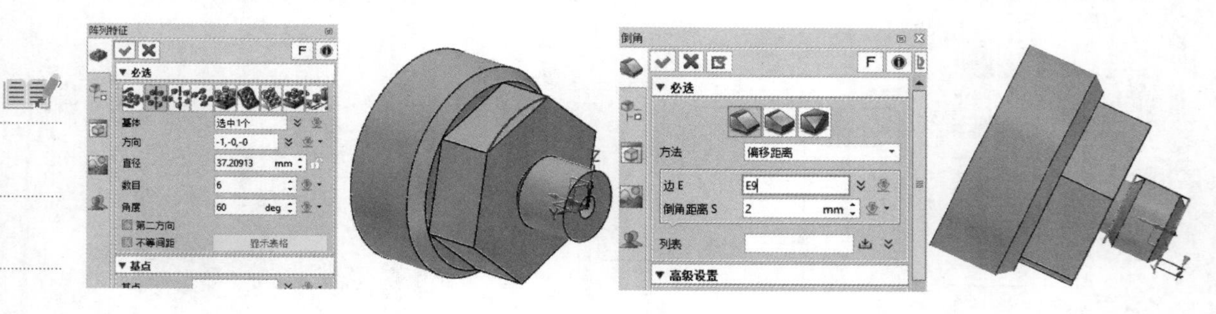

图 3-34　创建阵列特征

图 3-35　创建倒角特征

⑦ 创建螺纹 1 特征。选择“造型”选项卡中的“标记外螺纹”命令，创建 M16×1.5 螺纹，长度 12mm，参数设置及阵列结果如图 3-36 所示。

⑧ 创建螺纹 2 特征。选择“造型”选项卡中的“标记外螺纹”命令，创建 M48×1.5 螺纹，长度 16mm，参数设置及阵列结果如图 3-37 所示。

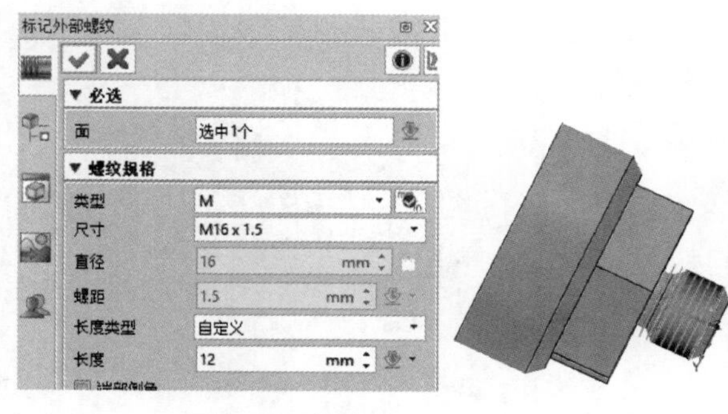

图 3-36　创建 M16×1.5 螺纹

图 3-37　创建 M48×1.5 螺纹

完成的油杯特征造型如图 3-38 所示。

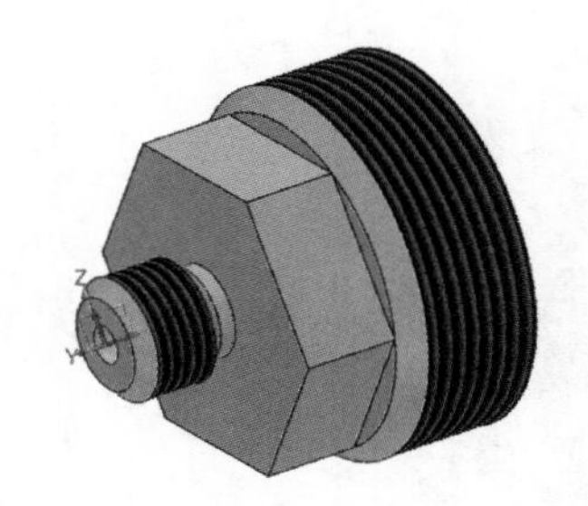
图 3-38　完成的油杯特征造型

3. 心轴造型设计

① 新建文件。单击“新建”按钮，新建一个“心轴”文件，如图 3-39 所示，并单击“保存”按钮，文件存储位置为定滑轮目录，如图 3-40 所示。

② 创建旋转 1 特征。选择“造型”选项卡中的“草图”命令，在 XY 平面上创建草图 1，如图 3-41 所示。选择“造型”选项卡中的“旋转”命令，创建旋转 1，轮廓选择草图 1，轴 A 选择 X 轴，起始角度 0°，结束角度 360°，参数设置及结果如图 3-42 所示。

心轴造型设计

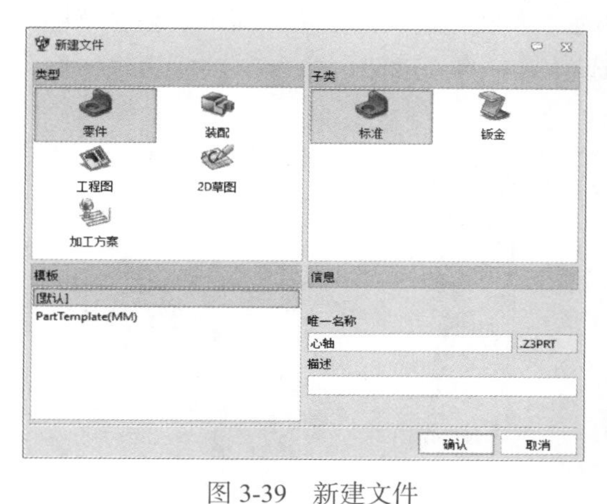

图 3-39　新建文件

图 3-40　保存文件

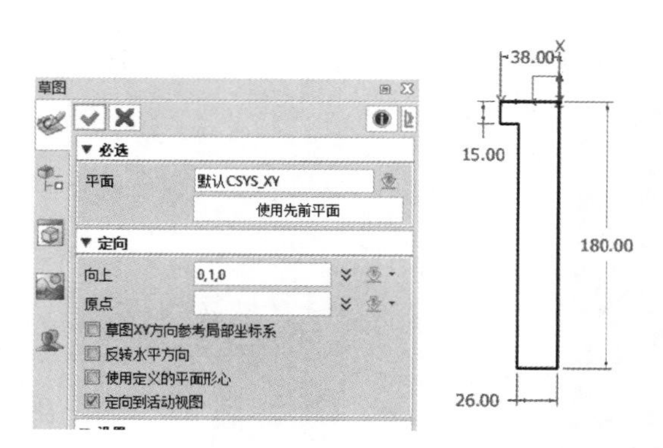

图 3-41　创建草图 1

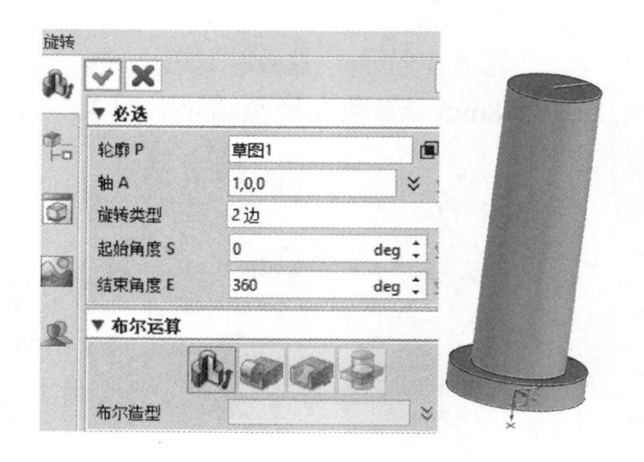

图 3-42　创建旋转 1 特征

③ 创建倒角 1 特征。选择“造型”选项卡中的“倒角”命令，创建倒角 1，倒角距离选择 2.5mm，参数设置及结果如图 3-43 所示。

④ 创建拉伸 1 特征。选择“造型”选项卡中的“草图”命令，在 XY 平面上创建草图 2，单击 矩形按钮绘制矩形，然后单击拉伸按钮切除，完成拉伸 1 切除造型，如图 3-44 所示。

⑤ 创建基准面 1。选择“造型”选项卡中的“基准面”命令，面选择 XZ 平面，偏移选择 -26mm，参数设置及结果如图 3-45 所示。

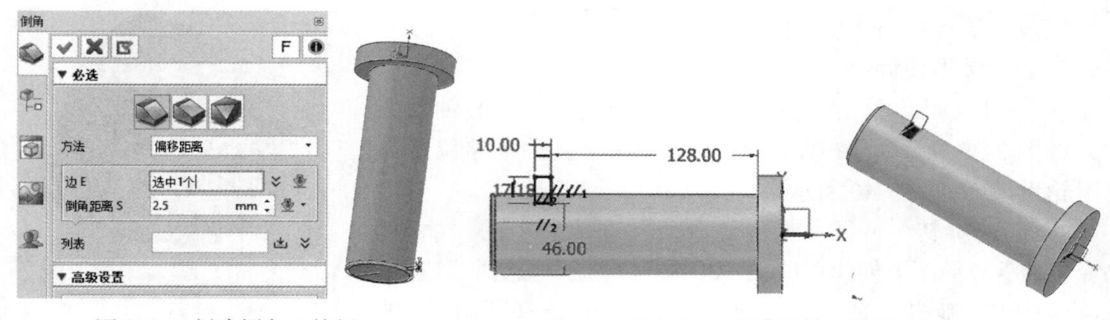

图 3-43　创建倒角 1 特征　　　　图 3-44　创建拉伸 1 特征

⑥ 创建拉伸 2 特征。选择“造型”选项卡中的“草图”命令，在基准面 1 上创建草图 3，创建 ϕ10mm 孔，完成草图 3。选择“造型”选项卡中的“拉伸”命令，拉伸切除深度 26mm，完成拉伸 2 特征造型设计，如图 3-46 所示。

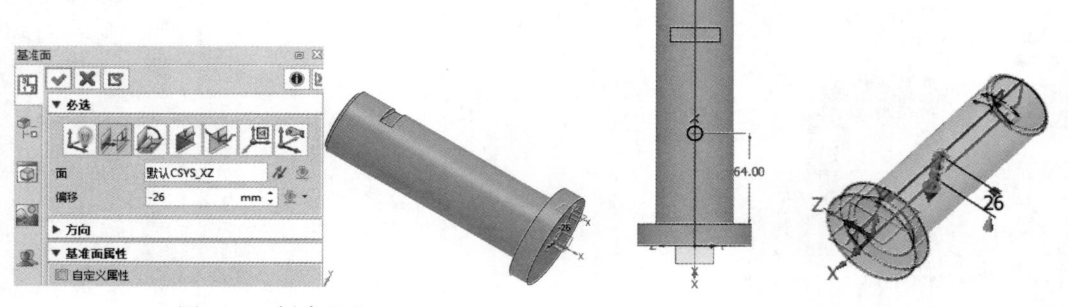

图 3-45　创建基准面 1　　　　图 3-46　创建孔特征

⑦ 创建孔 1 特征。选择“造型”选项卡中的“孔”命令，在心轴端面处创建 M16×1.5 孔，深度 18mm，参数设置及结果如图 3-47 所示。

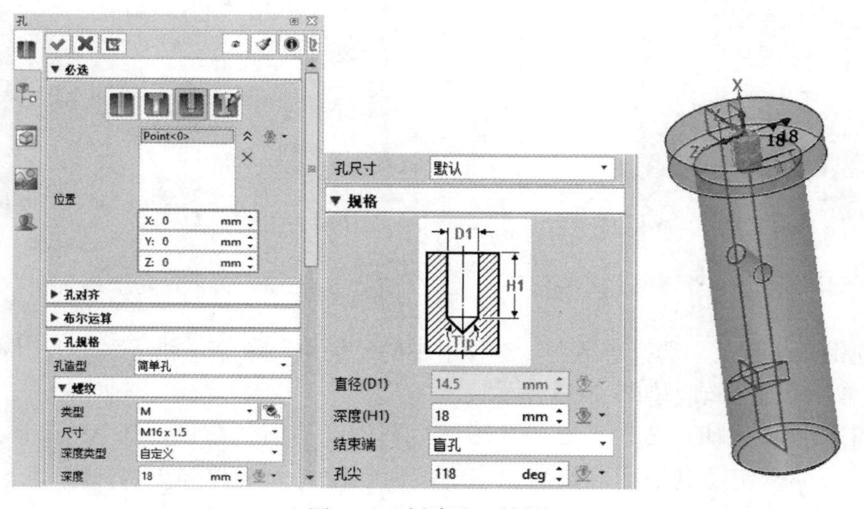

图 3-47　创建孔 1 特征

⑧ 创建孔 2 特征。选择“造型”选项卡中的“孔”命令，在心轴端面处创建 ϕ10mm 孔，深度 96mm，参数设置及结果如图 3-48 所示。

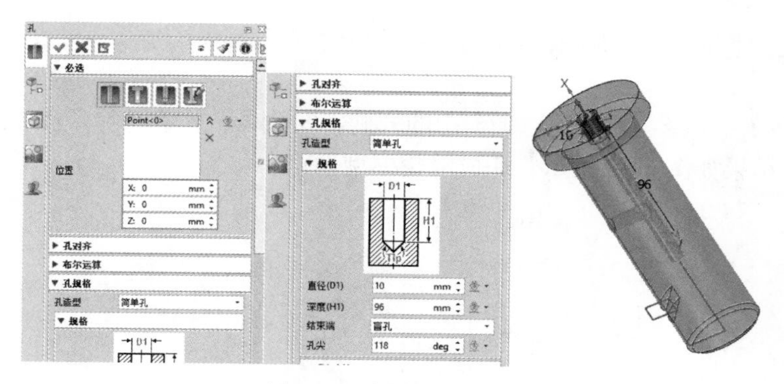

图 3-48　创建孔 2 特征

⑨ 创建剖面视图。选择“查询”选项卡中的“剖面视图”命令，对齐平面选择 XY 面，参数设置及结果如图 3-49 所示。

完成的心轴模型造型如图 3-50 所示。

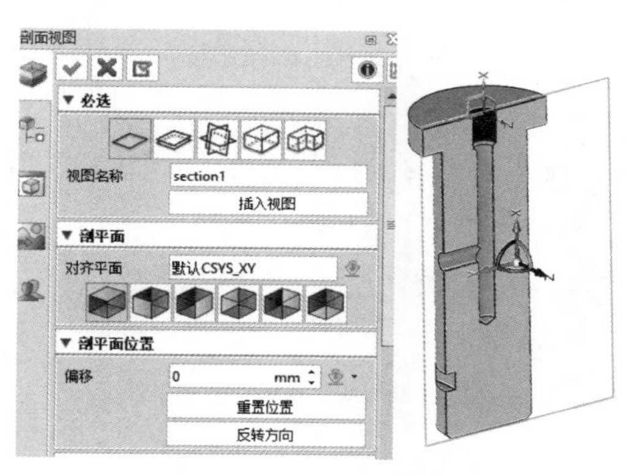

图 3-49　创建剖面视图

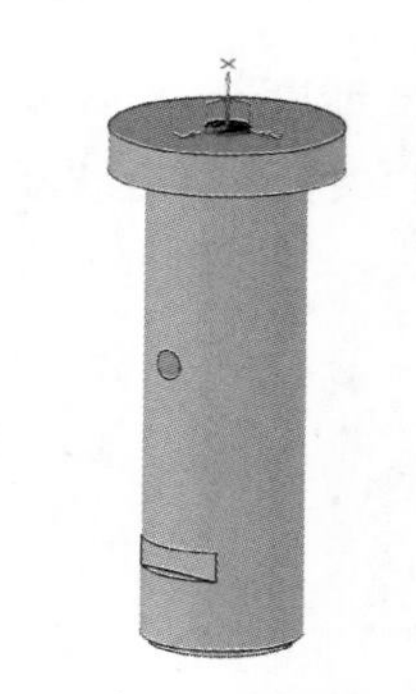

图 3-50　完成的心轴模型造型

4. 滑轮造型设计

① 新建文件。单击“新建”按钮，新建一个“滑轮”文件，如图 3-51 所示，并单击“保存”按钮，文件存储位置为定滑轮目录，如图 3-52 所示。

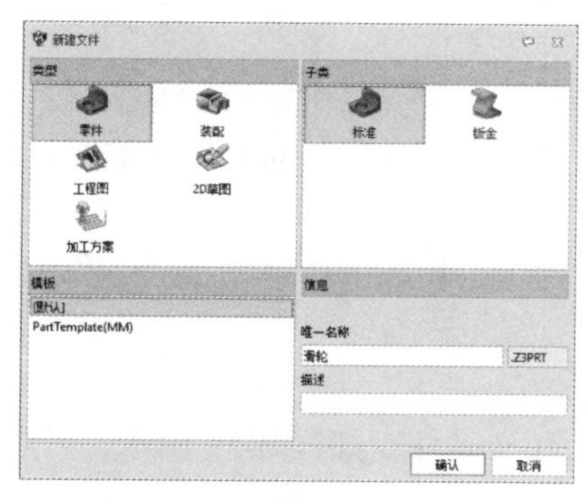

图 3-51　新建文件

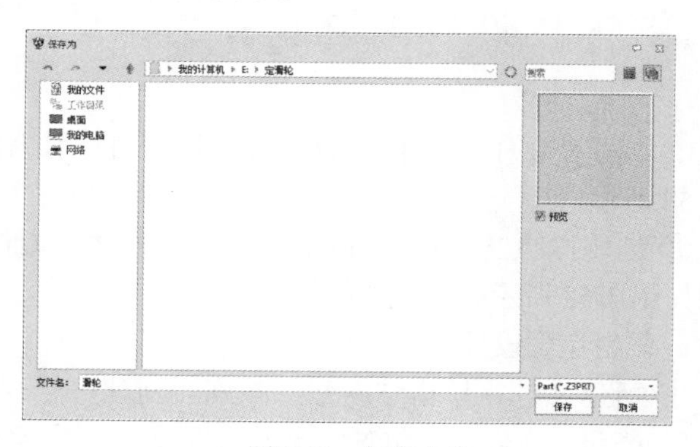

图 3-52　保存文件

② 创建草图 1。选择“造型”选项卡中的“草图”命令，在 XY 平面内创建草图 1，如图 3-53 所示。

注意：创建草图时，建议采用先画轮廓，然后标注尺寸，最后统一修改尺寸、更新尺寸的步骤。

③ 创建旋转 1。选择“造型”选项卡中的“旋转”命令，轮廓选择草图 1，轴 A 选择 X 轴，参数设置及结果如图 3-54 所示，完成滑轮模型创建。

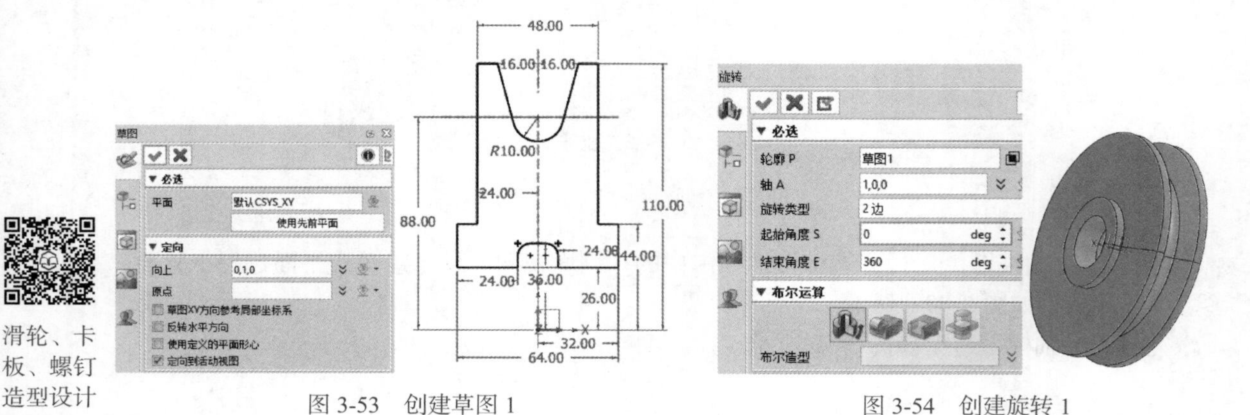

图 3-53　创建草图 1　　　　图 3-54　创建旋转 1

5. 卡板造型设计

① 新建文件。单击“新建”按钮，新建一个“卡板”文件，如图 3-55 所示，并单击“保存”按钮，文件存储位置为定滑轮目录，如图 3-56 所示。

图 3-55　新建文件　　　　图 3-56　保存文件

② 创建草图 1。选择“造型”选项卡中的“草图”命令，在 XY 平面内创建草图 1，如图 3-57 所示。

③ 创建拉伸 1。选择“造型”选项卡中的“拉伸”命令，轮廓选择草图 1，参数设置及结果如图 3-58 所示，完成卡板模型创建。

6. 螺钉造型设计

① 新建文件。单击“新建”按钮，新建一个“螺钉”文件，如图 3-59 所示，并单击“保存”按钮，文件存储位置为定滑轮目录，如图 3-60 所示。

② 螺钉选型。单击右下角“文件浏览器”按钮，单击“重用库”按钮，选择“ZW3D Standard Parts”选项，单击“GB”选项，选择“螺钉”选项，选择“六角头自攻锁紧螺钉 GB_T6563.Z3”选项，参数设置及建模结果如图 3-61 所示。

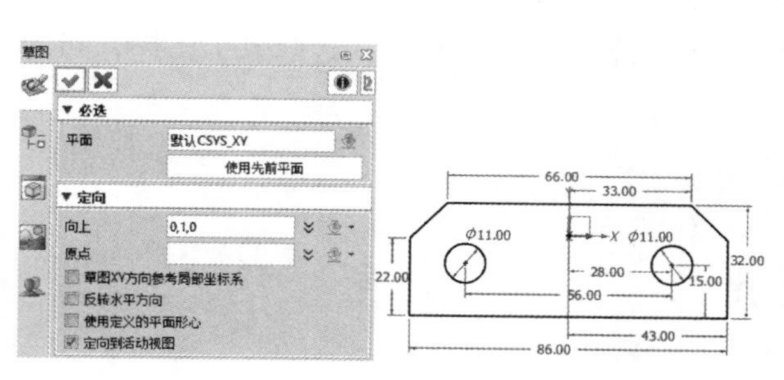

图 3-57 创建草图 1

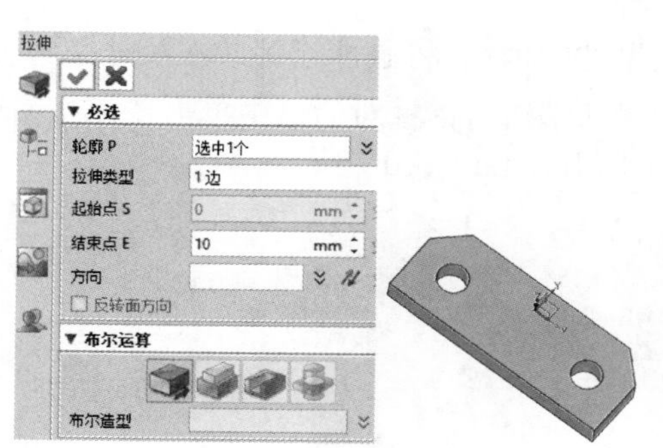

图 3-58 创建拉伸 1

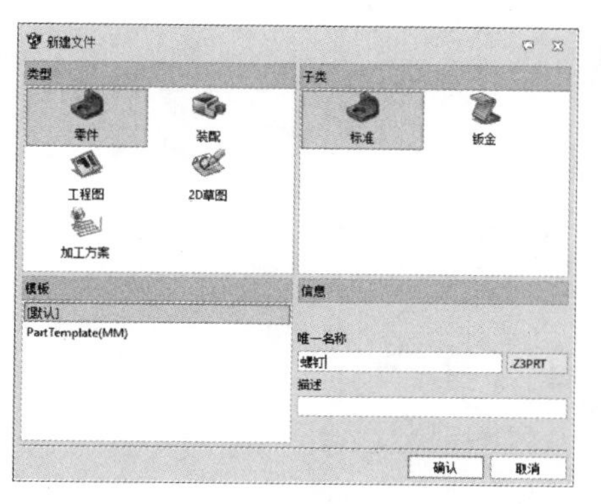

图 3-59 新建文件

图 3-60 保存文件

支架造型设计

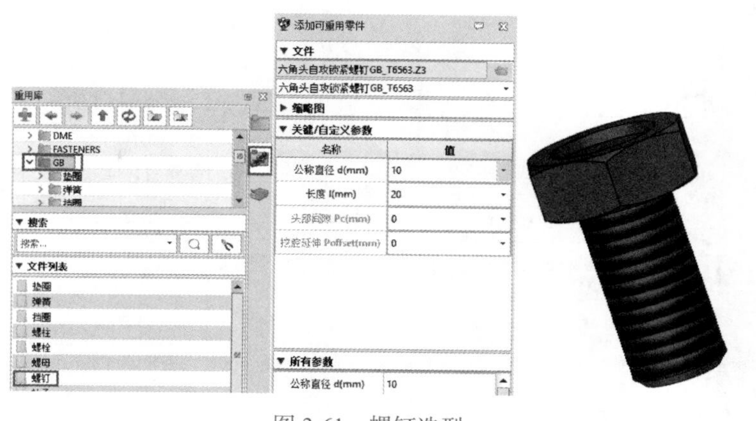

图 3-61 螺钉选型

注意：重用库的标准件参数为典型零件参数，若在重用库找不到标准件，则需要单独绘制。

7. 支架造型设计

① 新建文件。单击“新建”按钮，新建一个“支架”文件，如图 3-62 所示，并单击“保存”按钮，文件存储位置为定滑轮目录，如图 3-63 所示。

② 创建旋转体。

a. 选择“造型”选项卡中的“草图”命令，以 XY 面为基准面，单击草图按钮创建“草图 1”，在“草图 1”上，单击多段线按钮，按照旋盖轮廓绘制草图曲线，标注每段曲线（不修改尺寸的值），将鼠标指针放在尺寸 7.69 上，如图 3-64（a）所示，单击鼠标右键，在弹出的尺寸编辑对话框对话框中单击“标注编辑”按钮，框选所有尺寸，修改至图样，如图 3-64（b）、（c）、（d）所示。

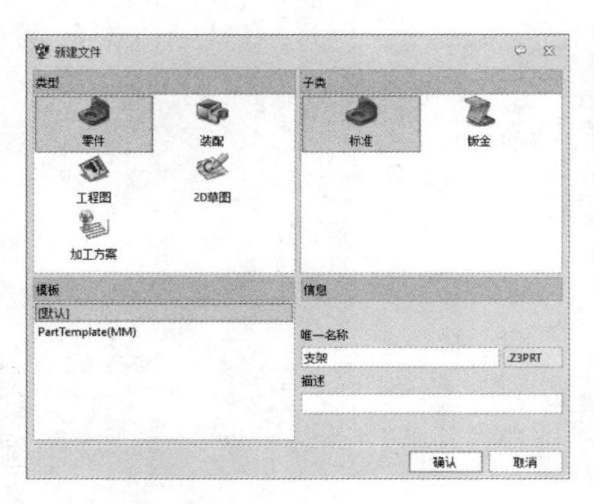

图 3-62　新建文件

图 3-63　保存文件

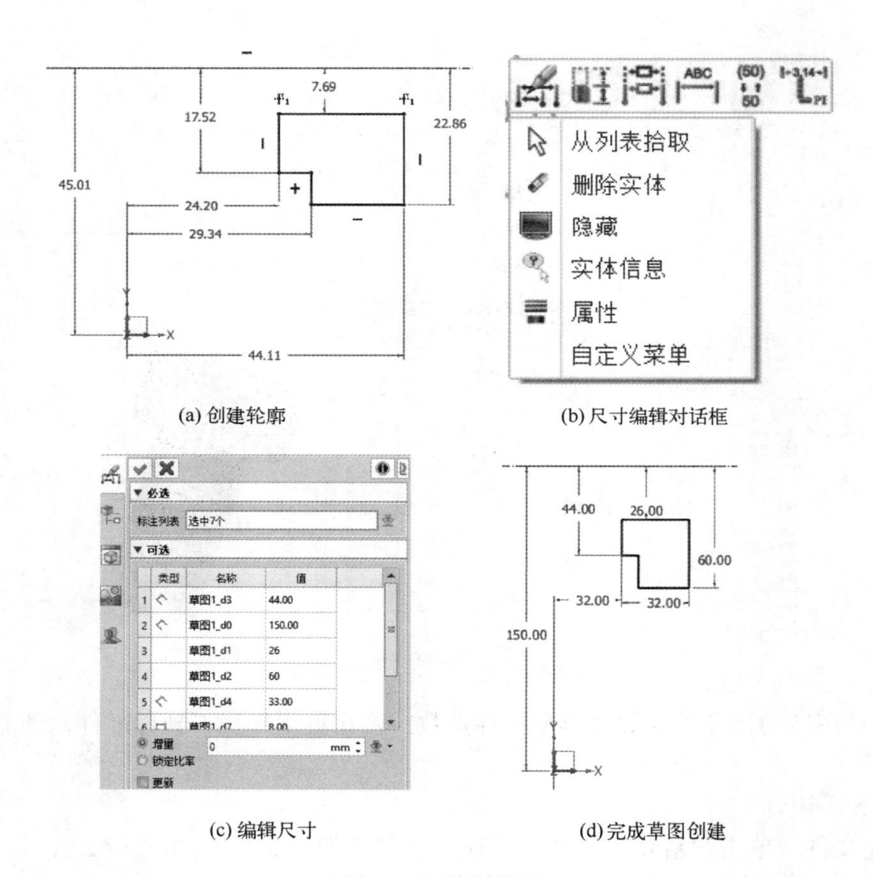

(a) 创建轮廓　(b) 尺寸编辑对话框

(c) 编辑尺寸　(d) 完成草图创建

图 3-64　绘制草图

b. 单击鼠标右键，单击按钮，切换外部轴为构造线，如图 3-65 所示。

注意：切换的外部轴主要用来作为草图的旋转轴。

c. 选择“造型”选项卡中的“旋转”命令，单击旋转按钮，轮廓选择草图 1，轴 A 选择 X 轴，起始角度 0°，结束角度 360°，创建旋转特征，如图 3-66 所示。

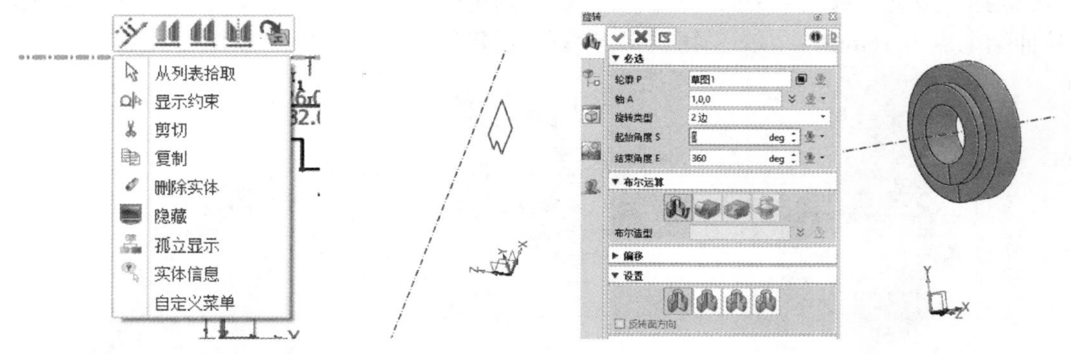

图 3-65　切换外部轴为构造线　　　　图 3-66　创建旋转特征

③ 创建拉伸体。

a. 选择“造型”选项卡中的“草图”命令，在步骤②创建的草图的下台阶面上建立草图 2，如图 3-67（a）所示；单击多段线按钮，绘制 3 条直线，如图 3-67（b）所示；单击偏移按钮，偏移距离为 0mm、直径为 120mm 的圆，如图 3-67（c）所示。

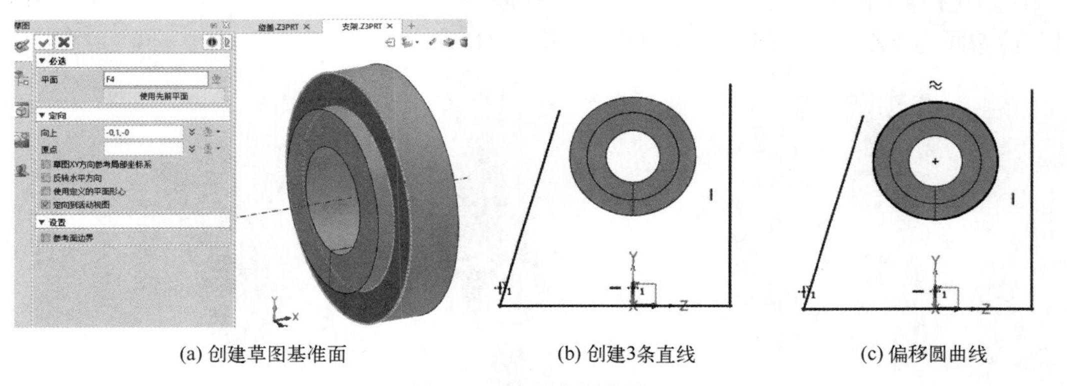

图 3-67　绘制草图曲线

b. 选择“草图”选项卡中的“添加约束”命令，分别选中直线和圆，约束选择相切，完成相切约束操作，如图 3-68 所示。

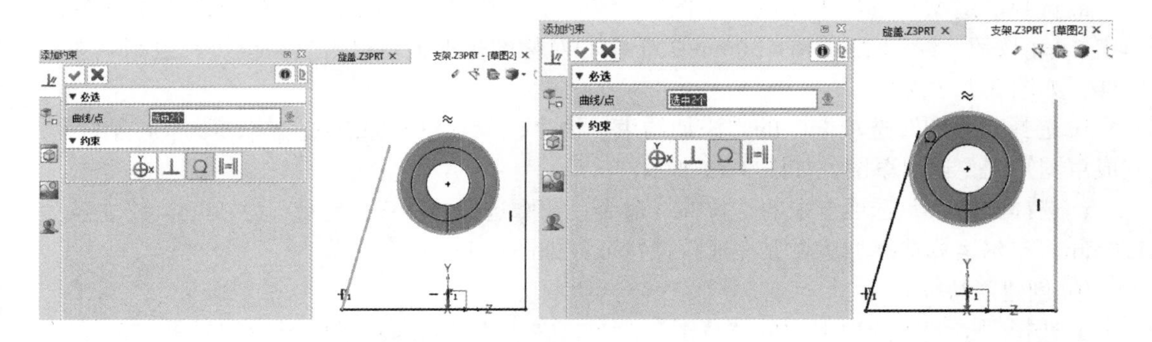

图 3-68　添加相切约束

c. 选择“草图”选项卡中的“划线修剪”命令，修剪多余的曲线，完成拉伸图样绘制，如图 3-69 所示。

d. 选择“造型”选项卡中的“拉伸”命令，创建拉伸 1，选中草图轮廓，拉伸起始点为 0，拉伸结束点为 16mm，布尔运算选择加运算，创建拉伸特征，如图 3-70 所示。

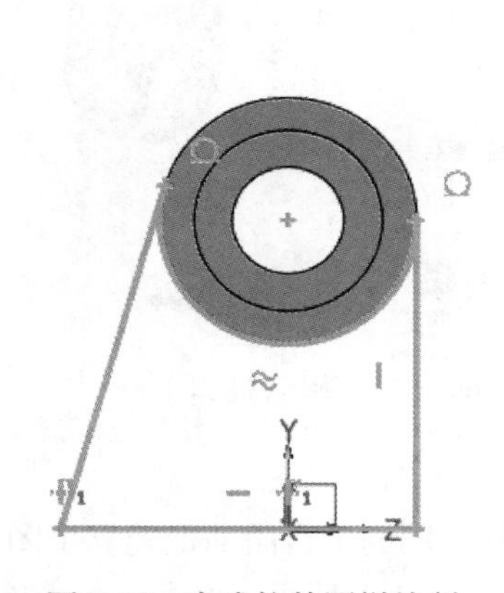

图 3-69 完成拉伸图样绘制

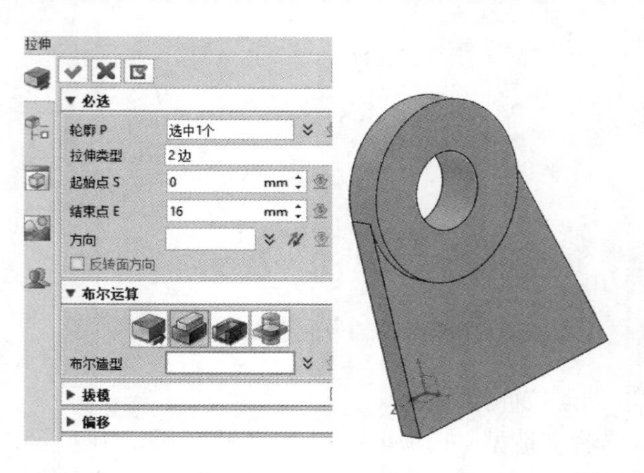

图 3-70 创建拉伸特征

④ 创建镜像特征。选择“造型”选项卡中的“镜像特征”命令，特征选择旋转 1 和拉伸 1，镜像面为 YZ 平面，创建镜像特征，如图 3-71 所示。

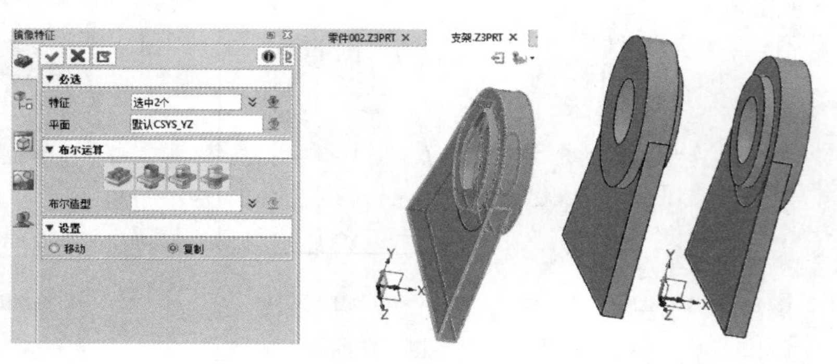

图 3-71 创建镜像特征

⑤ 创建支架底座拉伸特征。

a. 选择“造型”选项卡中的“草图”命令，在步骤③创建的草图 2 的侧面创建草图 3；单击 矩形按钮，绘制 234mm × 30mm 关于中心对称的矩形，再单击 多段线按钮绘制草图至图样，如图 3-72 所示。

b. 选择“草图”选项卡中的“添加约束”命令，分别单击原点和直线，添加重合约束，完成草图绘制，退出草图，如图 3-73 所示。

c. 选择“造型”选项卡中的“拉伸”命令，轮廓选择草图 3，起始点为 0mm，终止点为 170mm，布尔运算选择加运算，完成拉伸特征，如图 3-74 所示。

⑥ 创建筋特征。

a. 选择“造型”选项卡中的“草图”命令，在 XY 平面内新建草图 4，如图 3-75 所示。单击 直线按钮，沿两端点绘制一条直线，完成草图 4 的绘制。

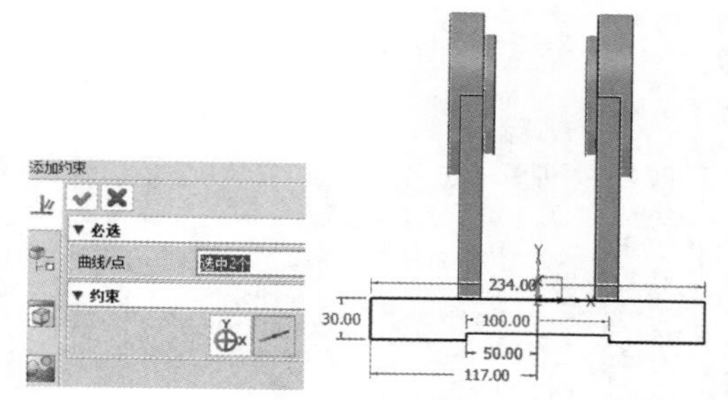

图 3-72　创建底座草图

图 3-73　添加重合约束

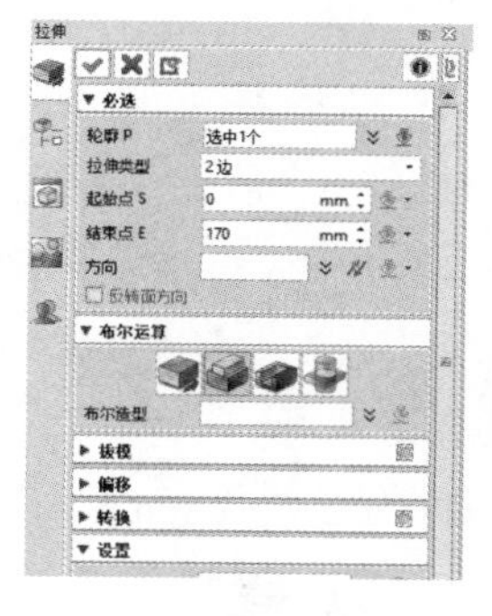

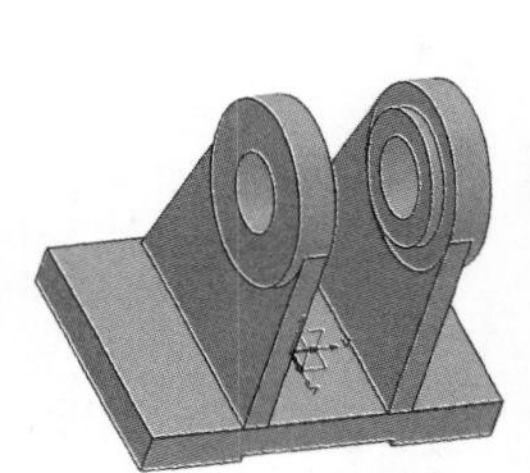

图 3-74　创建底座拉伸特征

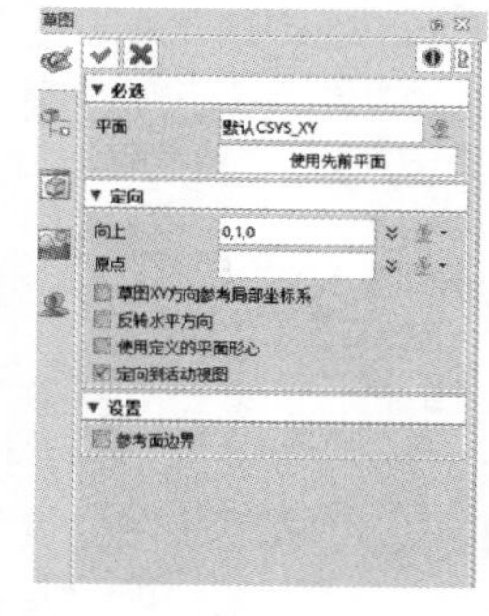

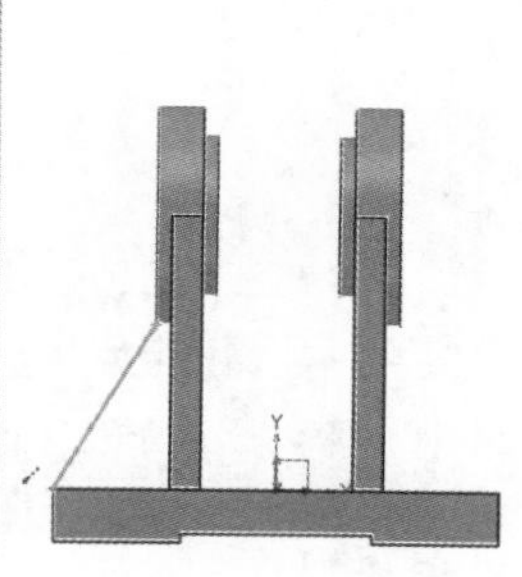

图 3-75　创建草图 4

b. 选择“造型”选项卡中的“筋”命令，轮廓选择草图 4，宽度选择 20mm，参数设置及结果如图 3-76 所示，完成加强筋特征的创建。

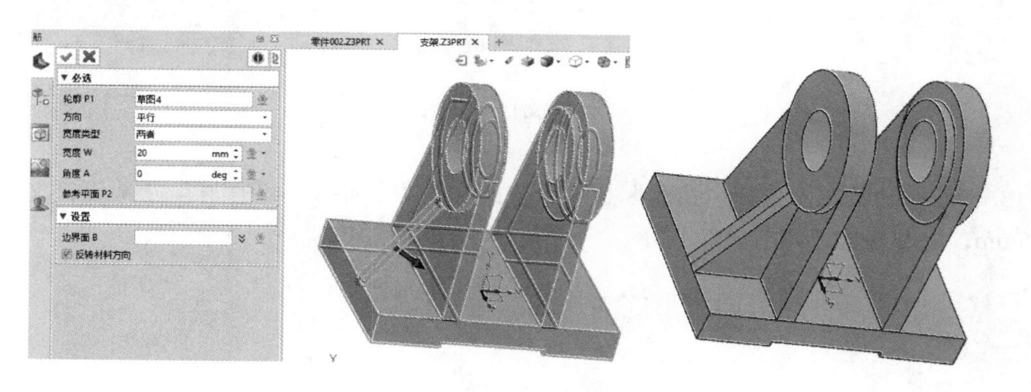

图 3-76　创建加强筋特征

采用同样的步骤绘制另一侧的加强筋。

注意：不能镜像加强筋。

⑦ 创建孔特征。

a. 选择“造型”选项卡中的“孔”命令，在支架底部创建 4 个 ϕ20mm 的通孔，如图 3-77 所示。

b. 选择“造型”选项卡中的“孔”命令，在圆端面创建 2 个 M10 × 1.5，深 16mm 的盲孔，如图 3-78 所示。

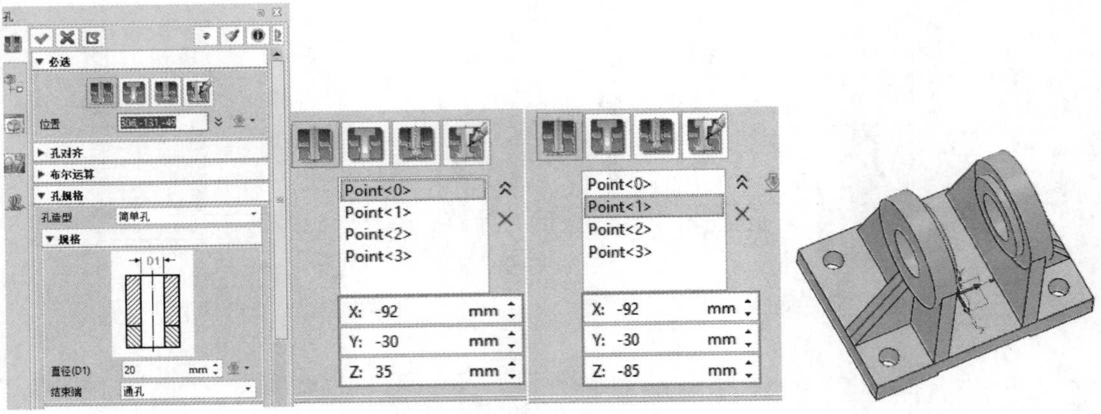

图 3-77　创建 $\phi20$ 的通孔

图 3-78　创建螺纹孔

⑧ 创建圆角特征。选择“造型”选项卡中的“圆角”命令，选择底座 4 条边，圆角半径 25mm，绘制圆角，如图 3-79 所示。

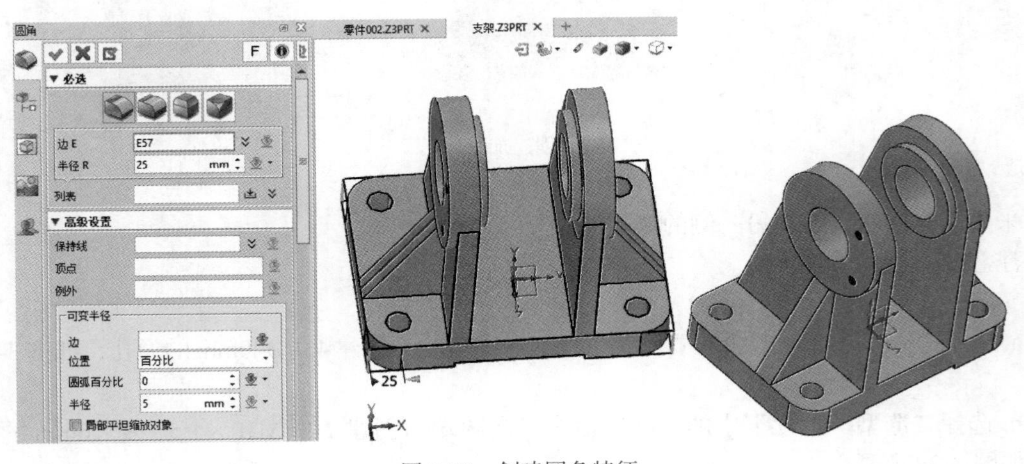

图 3-79　创建圆角特征

8. 定滑轮装配体造型设计

定滑轮装配体造型设计

① 新建文件。单击“新建”按钮，新建一个“定滑轮装配”文件，如图 3-80 所示，并单击“保存”按钮，如图 3-81 所示。

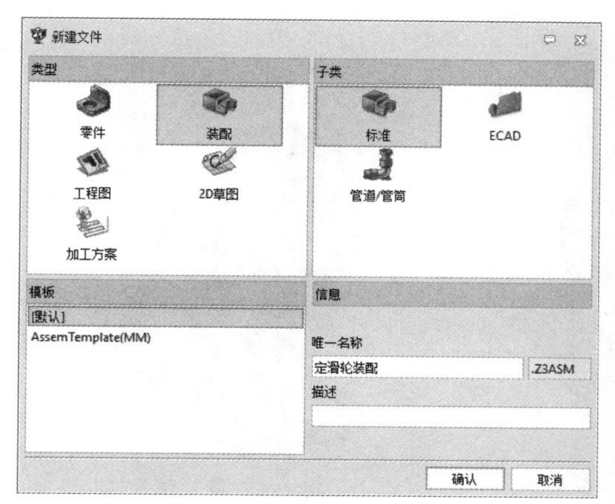

图 3-80　新建文件

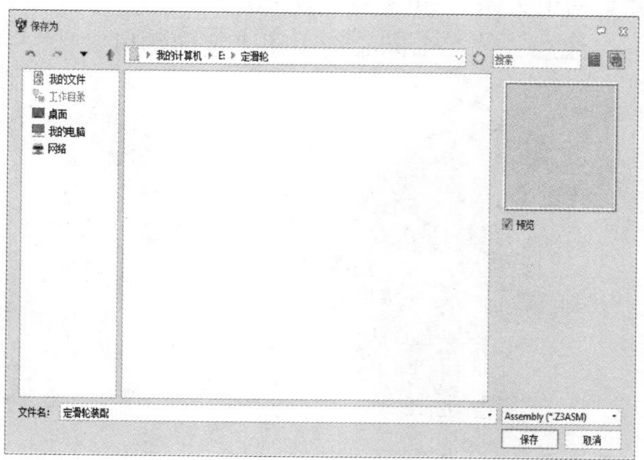

图 3-81　保存文件

② 插入支架。单击工具栏中的“插入”命令，弹出“插入”对话框，浏览并找到欲插入的支架，放置类型选择默认坐标，单击“确定”按钮后完成，如图 3-82 所示。

注意：装配时应优先选择支架、固定件、箱体底座等作为首个装配件。

③ 插入“滑轮”并添加与“支架”的配合关系。

a. 单击工具栏中的“插入”命令，弹出“插入”对话框，浏览并找到欲插入的“滑轮”，配合类型选择“多点”，单击“确定”完成插入“滑轮”。

b. 同心约束。单击工具栏中“约束”命令，为“滑轮”与“支架”零件间添加“同心”约束关系，如图 3-83 所示。

c. 重合约束。单击工具栏中“约束”命令，为“滑轮”端面与“支架”端面添加“重合”约束关系，如图 3-84 所示。

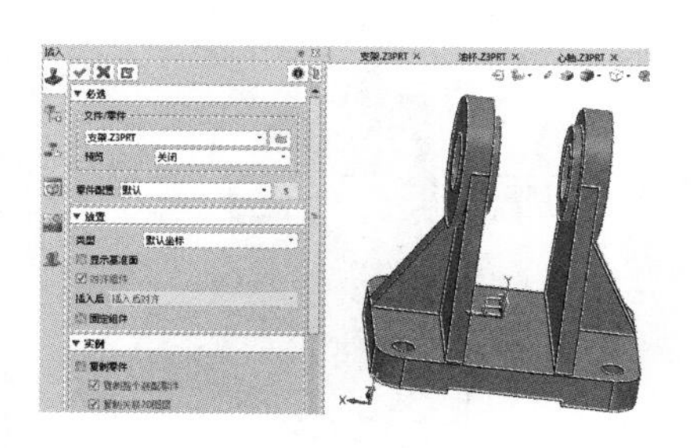

图 3-82　插入支架

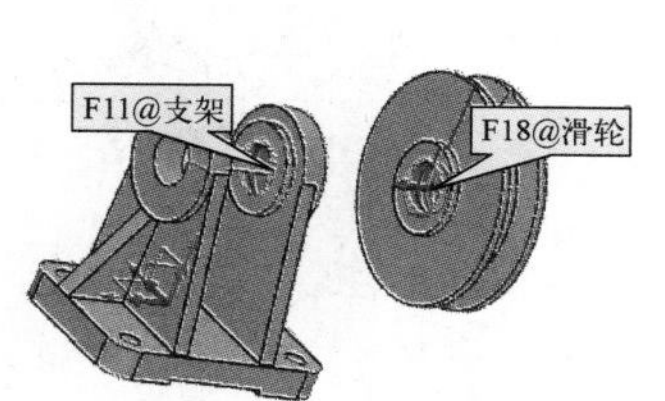

图 3-83　支架和滑轮的同心约束

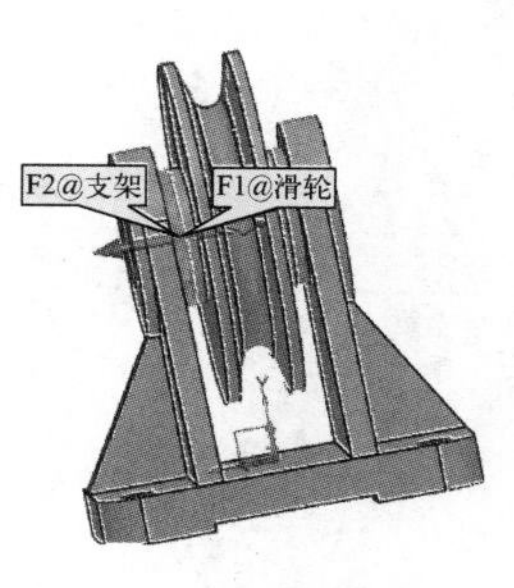

图 3-84　支架和滑轮的重合约束

④ 插入“卡板”并添加与“支架”的配合关系。

a. 单击工具栏中的“插入”命令，弹出“插入”对话框，浏览并找到欲插入的“卡板”，配合类型选择“多点”，单击“确定”完成插入“卡板”。

b. 同心约束。单击工具栏中“约束”命令，为“卡板”与“支架”零件间添加“同心”约束关系，如图 3-85 所示。

c. 同心约束。单击工具栏中“约束”命令，为“卡板”与“支架”零件间添加“同心”约束关系，如图 3-86 所示。

d. 重合约束。单击工具栏中“约束”命令，为“卡板”端面与“支架”端面添加“重合”约束关系，如图 3-87 所示。

注意：第二个同心约束用来定向约束。

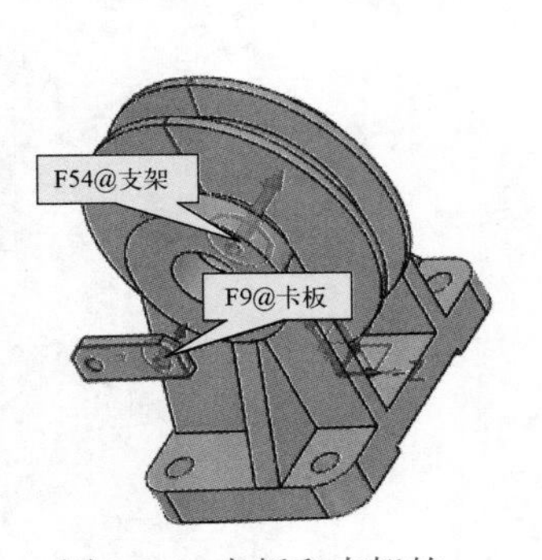

图 3-85 卡板和支架的同心约束（1）

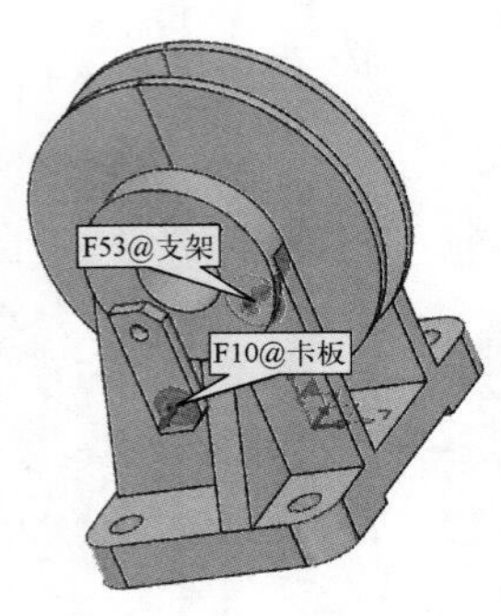

图 3-86 卡板和支架的同心约束（2）

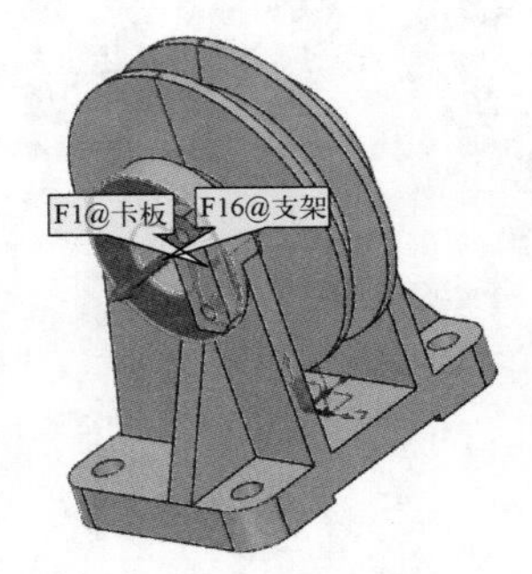

图 3-87 卡板和支架的重合约束

⑤ 插入“心轴”并添加与“支架”“卡板”的配合关系。

a. 单击工具栏中的“插入”命令，弹出“插入”对话框，浏览并找到欲插入的“心轴”，配合类型选择“多点”，单击“确定”完成插入“心轴”。

b. 同心约束。单击工具栏中“约束”命令，为“心轴”与“支架”零件间添加“同心”约束关系，如图 3-88 所示。

c. 重合约束。单击工具栏中“约束”命令，为“心轴”与“支架”零件间添加“重合”约束关系，如图 3-89 所示。

d. 角度约束。单击工具栏中“约束”命令，为“心轴”槽面与“卡板”端面添加“角度 180°”关系，如图 3-90 所示。

注意：重合约束用于卡板扣合，以防止心轴旋转。

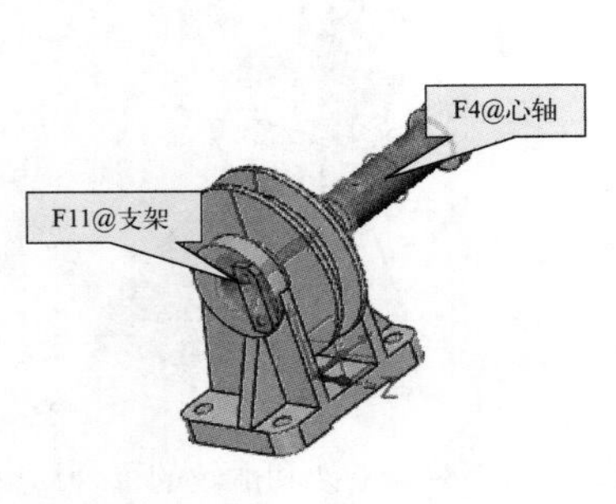

图 3-88 心轴和支架的同心约束

图 3-89 心轴和支架的重合约束

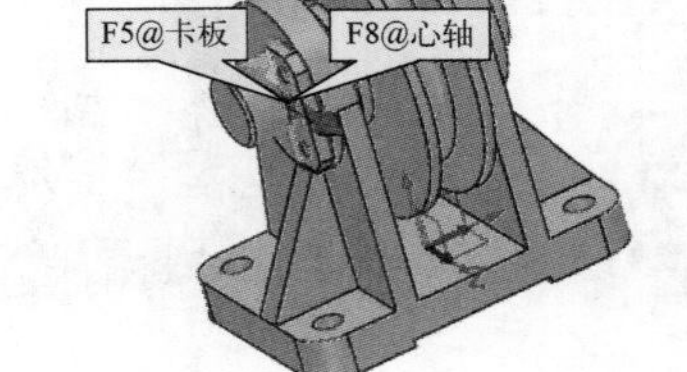

图 3-90 心轴和卡板的角度约束

⑥ 插入“螺钉”并添加与“卡板”的配合关系。

a. 单击工具栏中的“插入”命令，弹出“插入”对话框，浏览并找到欲插入的“螺钉”，配合类型选择“多点”，单击“确定”完成插入“螺钉”。

b. 同心约束。单击工具栏中“约束”命令，为“螺钉”与“支架”零件间添加“同心”

约束关系，如图 3-91 所示。

c. 重合约束。单击工具栏中“约束”命令，为“螺钉”与“卡板”零件间添加“重合”约束关系，如图 3-92 所示。

注意：第二颗螺钉装配步骤略，可以一次插入 2 颗螺钉，同时装配。

⑦ 插入“油杯”并添加与“心轴”的配合关系。

a. 单击工具栏中的“插入”命令，弹出“插入”对话框，浏览并找到欲插入的“油杯”，配合类型选择“多点”，单击“确定”完成插入“油杯”。

b. 同心约束。单击工具栏中“约束”命令，为“油杯”与“心轴”零件间添加“同心”约束关系，如图 3-93 所示。

c. 重合约束。单击工具栏中“约束”命令，为“油杯”与“心轴”零件间添加“重合”约束关系，如图 3-94 所示。

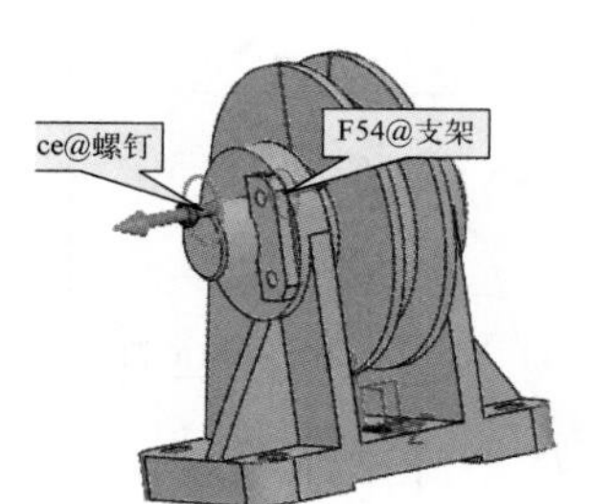

图 3-91 螺钉和支架的同心约束

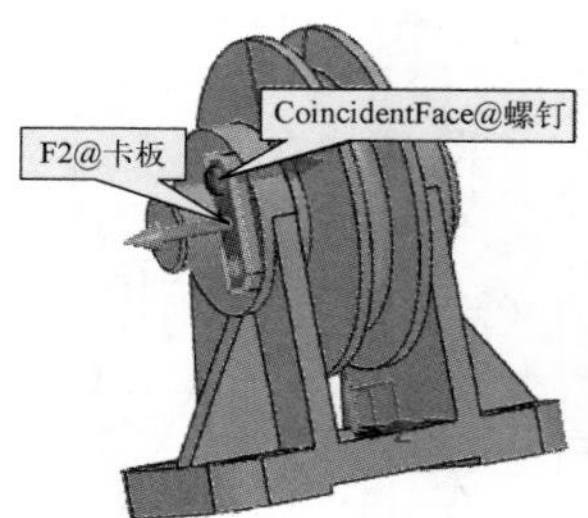

图 3-92 螺钉和卡板的重合约束

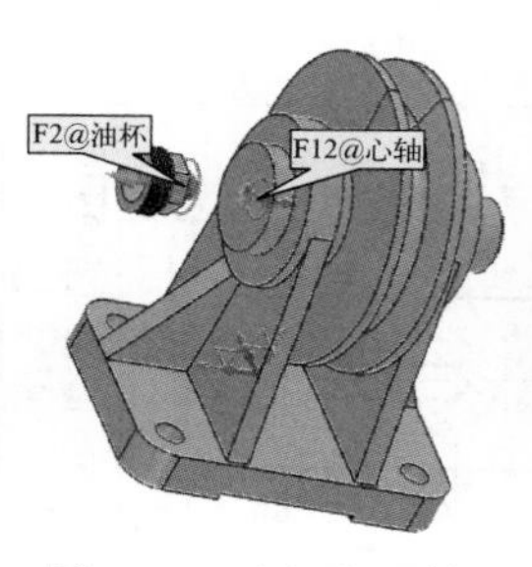

图 3-93 油杯和心轴的同心约束

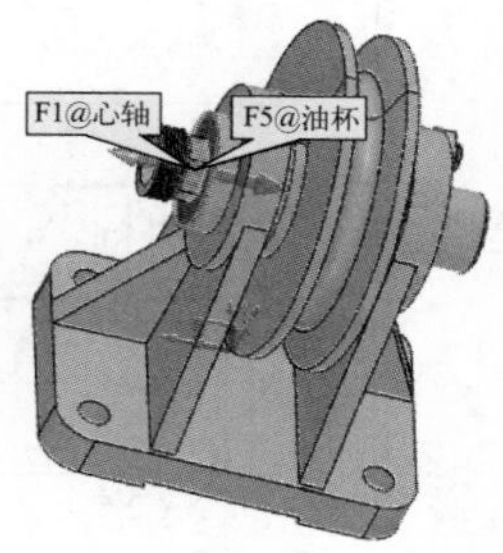

图 3-94 油杯和心轴的重合约束

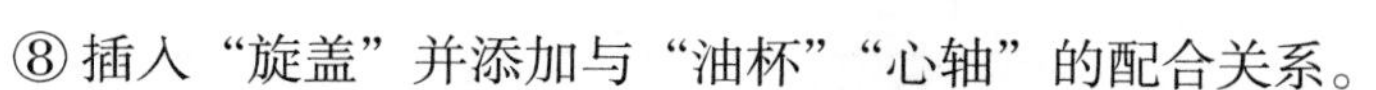

⑧ 插入“旋盖”并添加与“油杯”“心轴”的配合关系。

a. 单击工具栏中的“插入”命令，弹出“插入”对话框，浏览并找到欲插入的“旋盖”，配合类型选择“多点”，单击“确定”完成插入“旋盖”。

b. 同心约束。单击工具栏中“约束”命令，为“旋盖”与“油杯”零件间添加“同心”约束关系，如图 3-95 所示。

c. 距离约束。单击工具栏中“约束”命令，为“旋盖”与“心轴”零件间添加“距离”约束关系，距离为 17mm，如图 3-96 所示。

⑨ 选择“查询”选项卡中的“剖面视图”命令，对齐 XY 平面，参数设置及结果如图 3-97 所示。

图 3-95 旋盖和油杯的同心约束

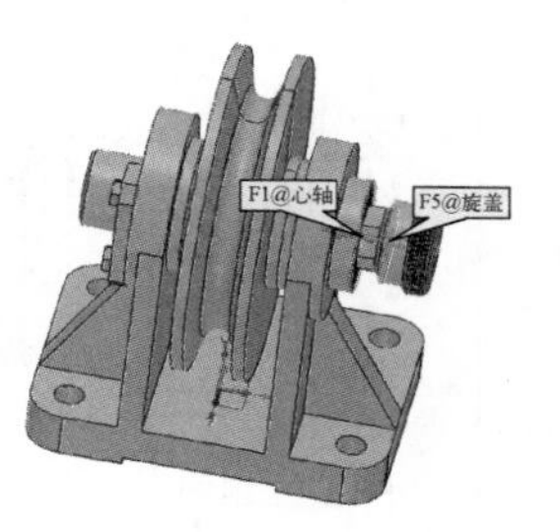

图 3-96 旋盖和心轴的距离约束

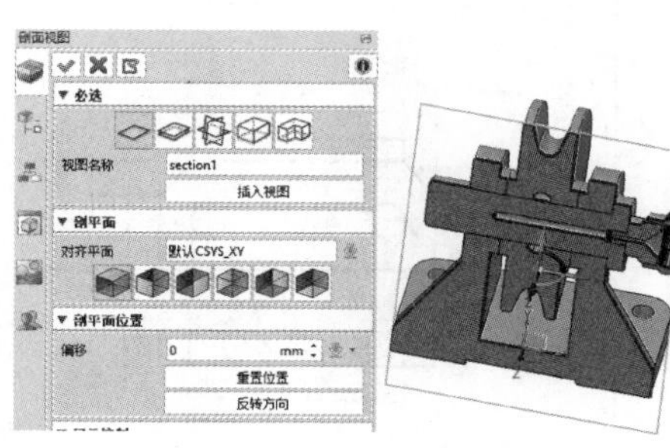

图 3-97 创建剖面视图

以上就完成了装配体造型。

【填写“课程任务报告”】

课程任务报告

班级		姓名		学号		成绩	
组别		任务名称	定滑轮装配体的零部件建模及装配			参考课时	2学时
任务图样	见下图						

续表

任务要求	①参照任务参考过程、相关视频，完成定滑轮装配体模型的建模 ②掌握零件草图绘制、拉伸、旋转、镜像、阵列、扫掠等命令 ③掌握批量修改尺寸的方法
任务完成过程记录	按照任务的要求进行总结，如果空间不足，可加附页（可根据实际情况，适当安排拓展任务，以供学生分组讨论学习，记录拓展任务的完成过程）

【任务拓展】

一、知识考核

1. 草图绘制完后，发现不能拉伸，或拉伸出片体，下列哪种不是可能的原因？（　　）

A. 草图不是封闭轮廓　　B. 草图有重复线条

C. 草图为开口，有多个空口特征　　D. 草图过于复杂，计算机无法计算

2. 创建复杂零件的孔特征时，发现孔的位置不好定时，应采取什么方式确定？（　　）

A. 绘制基准点（包括绘制草图圆等）　　B. 绘制基准面

C. 绘制 3D 草图　　D. 输入坐标

3. 创新设计零件时，在绘制圆角时，发现有时无法绘制，该如何处理？（　　）

A. 此处圆角不绘制　　B. 改变圆角尺寸

C. 修改零件结构，再次绘制圆角　　D. 采用变径圆角

4. 装配时，发现零件既可镜像又可阵列时，优先选择什么？为什么？（　　）

A. 镜像，因为镜像能镜像约束特征　　B. 镜像，因为镜像能镜像外形特征

C. 阵列，因为阵列能阵列约束特征　　D. 阵列，因为阵列能阵列外形特征

5. 布尔运算时，发现不能进行减运算，有可能的原因是（　　）。

A. 两实体不相交　　B. 两实体特征不匹配

C. 两实体结构不一致　　D. 两实体外形不一样

二、技能考核

1. 按照图 3-98 绘制支架三维模型，保存并展示分享。

2. 按照图 3-99 绘制箱体三维模型，保存并展示分享。

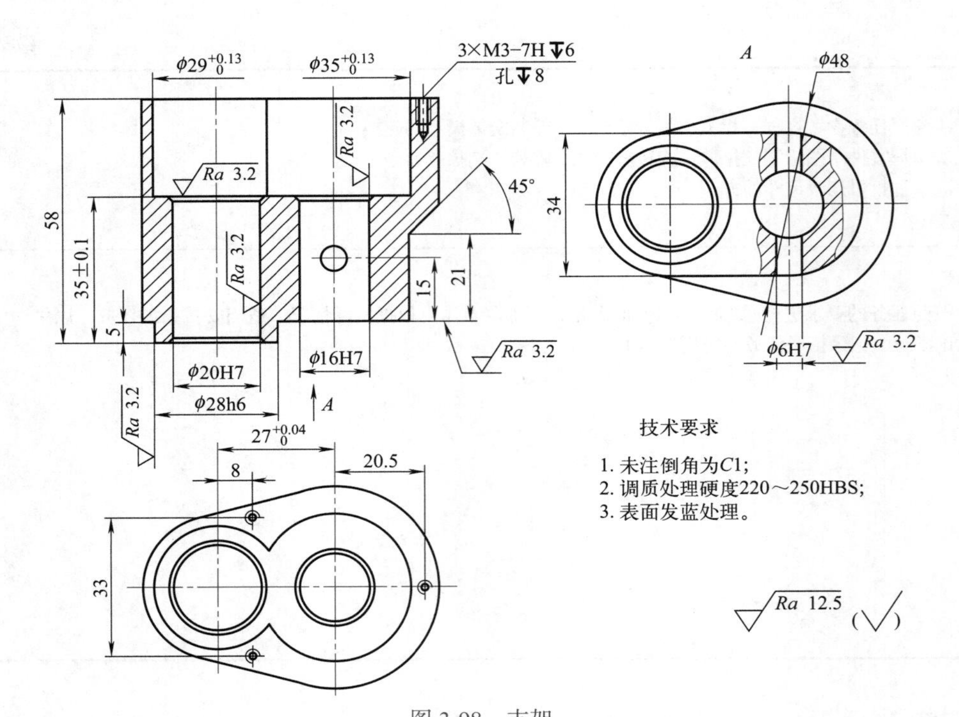

图 3-98　支架

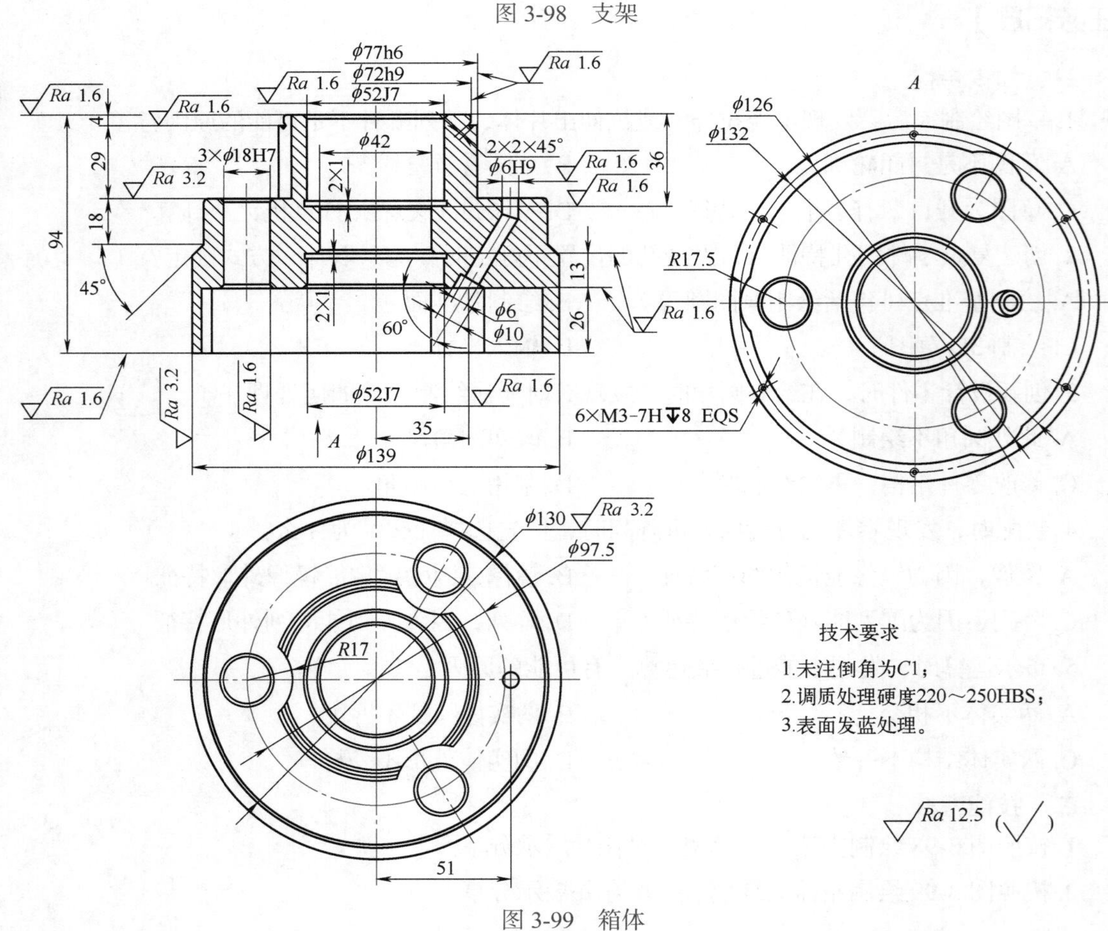

图 3-99　箱体

任务二　定滑轮牵引车零部件建模装配

【知识目标】

◎ 掌握定滑轮牵引车零部件建模装配的方法及技巧。

◎ 掌握由已知零部件创建新零部件的方法。

◎ 掌握标准件特征创建的方法。

【技能目标】

◎ 熟练根据定滑轮装配件独立规划定滑轮牵引车的设计方案。

◎ 熟练运用重用库选择标准件。

◎ 能正确根据创新设计的零部件完成装配，验证设计的准确性。

【素养目标】

◎ 理解三维建模与机械设计的融合，培养学生识图时遵守国家规范，提高机械创新设计能力。

◎ 通过定滑轮牵引车案例教学，使学生关注工业产品，改进工业产品，助力创新强国。

◎ 写出创新思路，展示分享，使学生会设计、能表达，培养学生语言表达能力，锻炼综合素质。

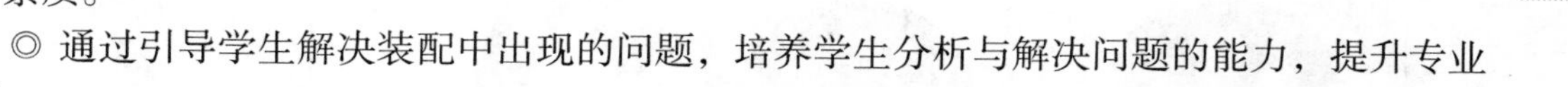

◎ 通过引导学生解决装配中出现的问题，培养学生分析与解决问题的能力，提升专业素质。

◎ 通过零件与装配的关系，引导学生处理好装配整体与零部件局部特征的关系，以及零部件相互配合、相互影响的关系，培养学生专业、严谨的工匠精神。

【任务描述】

现欲根据任务一创建的定滑轮装配体设计定滑轮牵引车，整体尺寸 250mm × 106mm × 300mm，如图 3-100 所示，轴承选用深沟球轴承 60000_2RZ 型 GB_T276。

要求：

① 观察三维模型图，从设计、加工、使用、美观等角度，写出定滑轮牵引车的创新思路。

② 尝试按照参考步骤，绘制轴承座、键、轴、车板、车轮、套筒、挡板、螺钉等零件。

③ 装配模型并分享展示。

注意：定滑轮牵引车不限结构，可根据不同应用场合进行多样化设计。

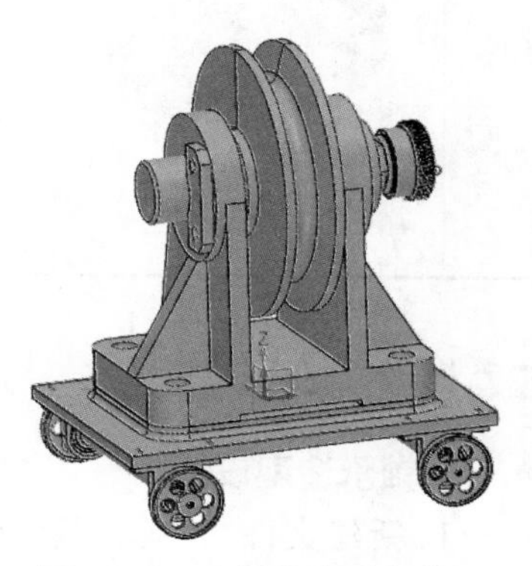

图 3-100　定滑轮牵引车模型

【任务实施】

一、任务方案设计

从图 3-100 可以看出，定滑轮牵引车装配件包括轴承座、键、轴、车板、车轮、套筒、挡板、螺钉 8 组零件，定滑轮装配体尺寸已定，其他尺寸自拟。深沟球轴承 60000_2RZ 型 GB_T276 的尺寸：内径 ϕ10mm，外径 ϕ30mm，宽度 9mm。依据轴承尺寸依次设计轴承座、键、轴、车轮、螺钉、套筒、车板，定滑轮牵引车装配件规划方案如表 3-3 所示。

表 3-3　定滑轮牵引车装配件规划方案

步骤	1. 轴承造型	2. 轴承座造型	3. 键造型	4. 轴造型
图示				
步骤	5. 车轮造型	6. 挡板造型	7. 螺钉造型	8. 螺栓造型
图示				
步骤	9. 螺母造型	10. 套筒造型	11. 车板造型	12. 定滑轮牵引车装配
图示				

二、参考操作步骤

1. 轴承造型设计

① 新建文件。单击“新建”按钮，新建一个“轴承”文件，如图 3-101 所示，并单击“保存”按钮，文件存储位置为定滑轮牵引车目录，如图 3-102 所示。

轴承、轴承座、车板造型设计

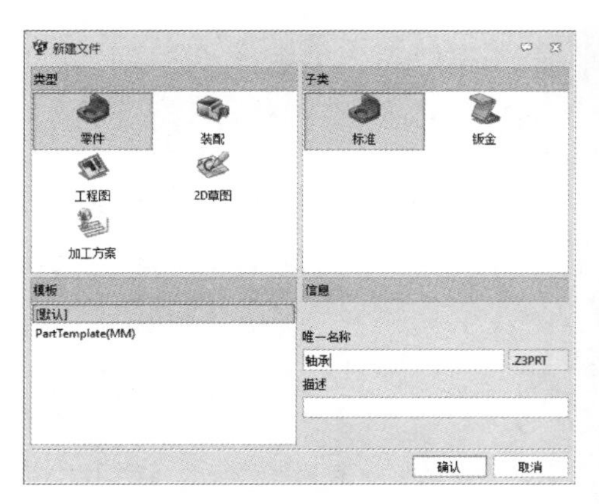

图 3-101　新建文件

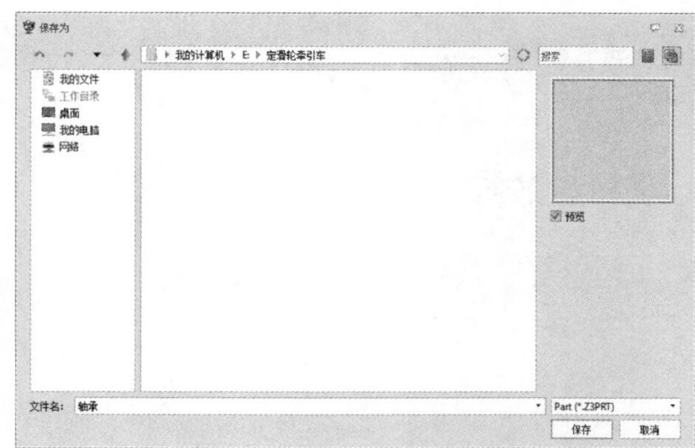

图 3-102　保存文件

② 轴承造型设计。由于深沟球轴承 60000_2RZ 型 GB_T276 为标准件，可以使用中望 3D 2023 重用库。单击右下角“文件浏览器”按钮，单击“重用库”按钮，选择“ZW3D Standard Parts”选项，单击“GB”选项，选择“轴承”→“深沟球轴承”选项，如图 3-103 所示。选择“深沟球轴承 60000_2RZ 型 GB_T276.Z3”，参数设置及建模结果如图 3-104 所示。

注意：重用库的标准件参数为典型零件参数，若在重用库找不到标准件，则需要单独绘制。

图 3-103　轴承选择

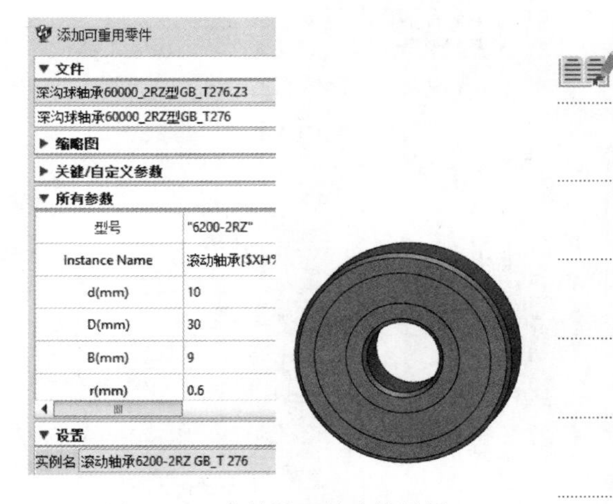

图 3-104　参数设置及建模结果

2. 轴承座造型设计

① 新建文件。单击“新建”按钮，新建一个“轴承座”文件，如图 3-105 所示，并单击“保存”按钮，文件存储位置为定滑轮牵引车目录，如图 3-106 所示。

② 创建拉伸 1。选择“造型”选项卡中的“草图”命令，创建草图 1，草图参数设置及结果如图 3-107 所示。选择“造型”选项卡中的“拉伸”命令，创建拉伸 1，选中草图 1，拉伸类型选择“1 边”，拉伸结束点为 13mm，布尔运算选择基体，创建拉伸特征如图 3-108 所示。

③ 创建倒角 1。选择“造型”选项卡中的“倒角”命令，创建倒角 1，倒角距离为 2mm，参数设置及结果如图 3-109 所示。

注意：倒角的目的是便于实物装卸轴承。

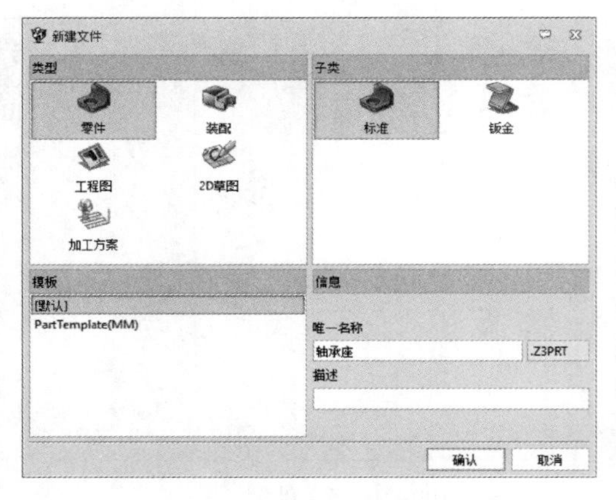

图 3-105　新建文件

图 3-106　保存文件

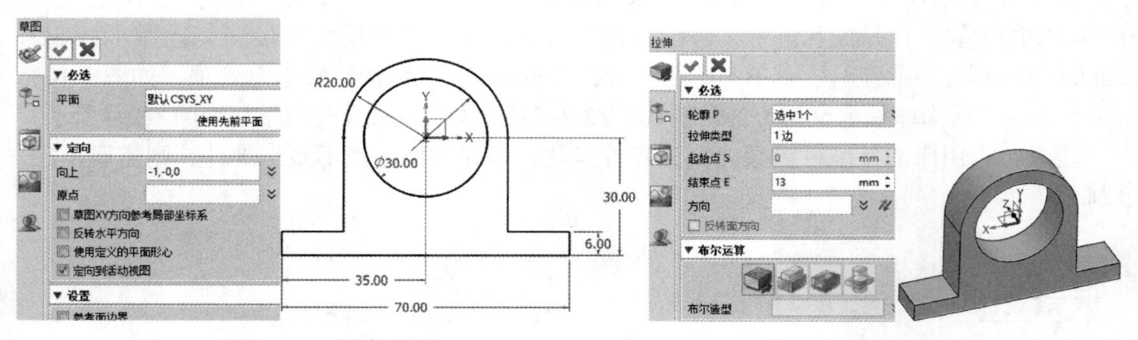

图 3-107　创建草图 1

图 3-108　创建拉伸 1

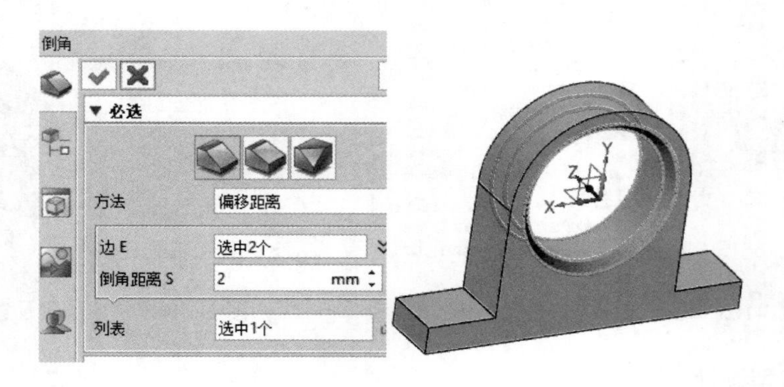

图 3-109　创建倒角 1

④ 创建拉伸 2 特征。选择“造型”选项卡中的“草图”命令，创建草图 2，在轴承座底面创建 4 个 ϕ3mm 的通孔，如图 3-110 所示。选择“造型”选项卡中的“拉伸”命令，创建拉伸 2，选中草图 2，拉伸类型选择“1 边”，拉伸结束点为 13mm，布尔运算选择减运算，创建拉伸特征如图 3-111 所示，完成轴承座创建。

注意：图例为位置示范，自行设计时，可根据实际情况设置孔位置和孔径，切记留足扳手操作空间。

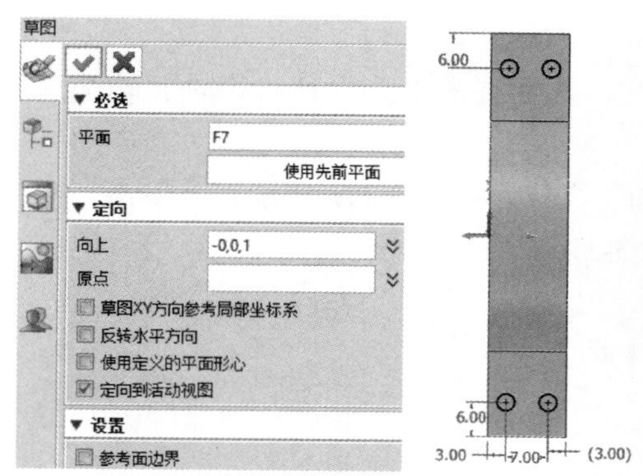

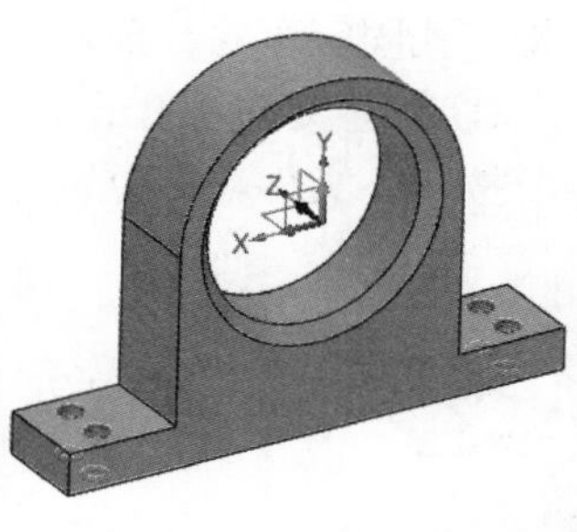

图 3-110　创建草图 2　　　　图 3-111　创建拉伸 2

键、轴、螺钉造型设计

3. 键造型设计

① 新建文件。单击“新建”按钮，新建一个“键”文件，如图 3-112 所示，并单击“保存”按钮，文件存储位置为定滑轮牵引车目录，如图 3-113 所示。

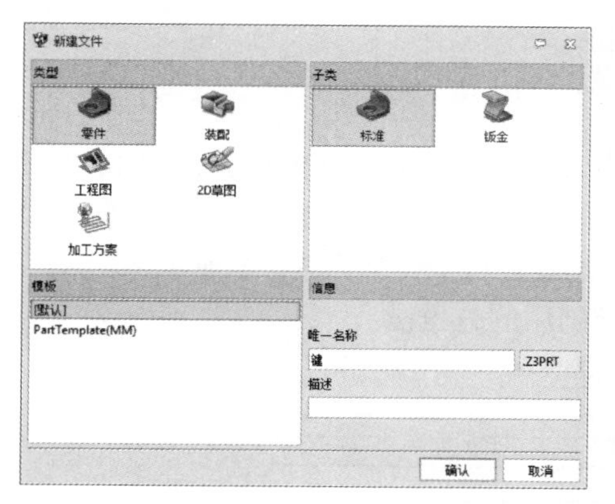

图 3-112　新建文件　　　　图 3-113　保存文件

② 选择键造型。单击右下角“文件浏览器”按钮，单击“重用库”按钮，选择“ZW3D Standard Parts”选项，单击“GB”选项，选择“平键”选项，选择“普通型平键 GB_T1096-A.Z3”选项，参数设置及建模结果如图 3-114 所示。

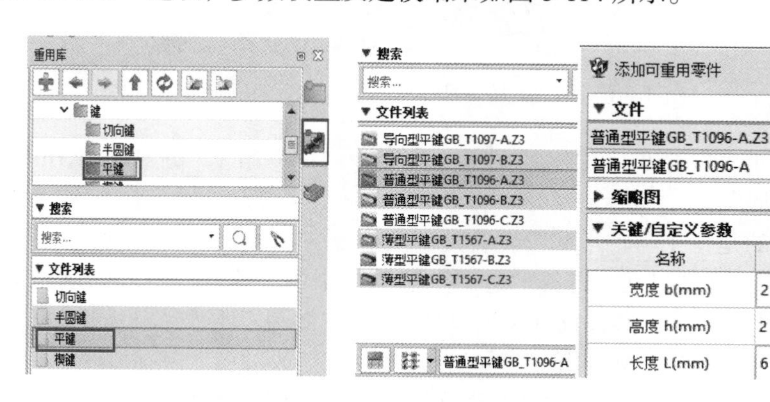

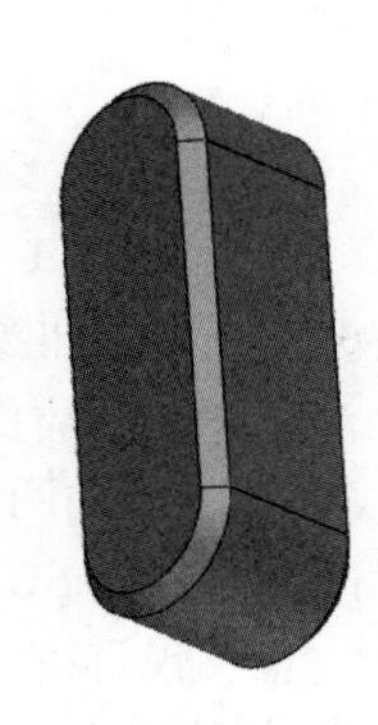

图 3-114　选择键造型

4. 轴造型设计

设计轴时需要满足轴与轴承装配、轴与车轮装配，根据装配工艺设计阶梯轴，轴端采用螺钉孔固定车轮，轴各段尺寸自行设计。

① 新建文件。单击“新建”按钮，新建一个“轴”文件，如图 3-115 所示，并单击“保存”按钮，文件存储位置为定滑轮牵引车目录，如图 3-116 所示。

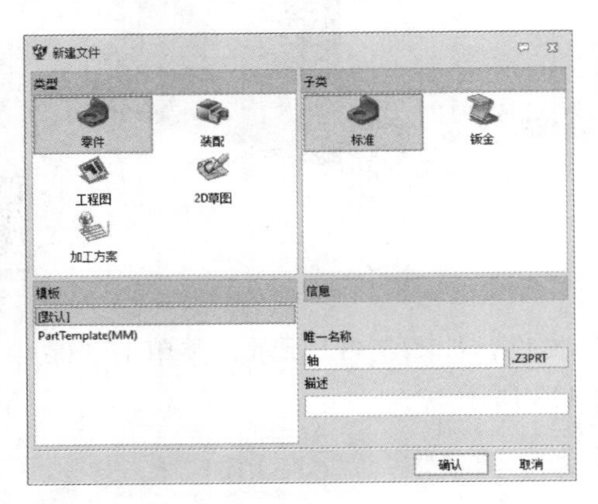

图 3-115　新建文件

图 3-116　保存文件

② 创建旋转 1。选择“造型”选项卡中的“草图”命令，在 XY 平面内创建草图 1，草图参数设置及结果如图 3-117 所示。选择“造型”选项卡中的“旋转”命令，创建旋转 1，选中草图 1，旋转轴选择 X 轴，布尔运算选择基体，创建旋转特征，如图 3-118 所示。

注意：范例为简图，实际设计中还应设计加工时磨削用的越程槽。

图 3-117　创建草图 1

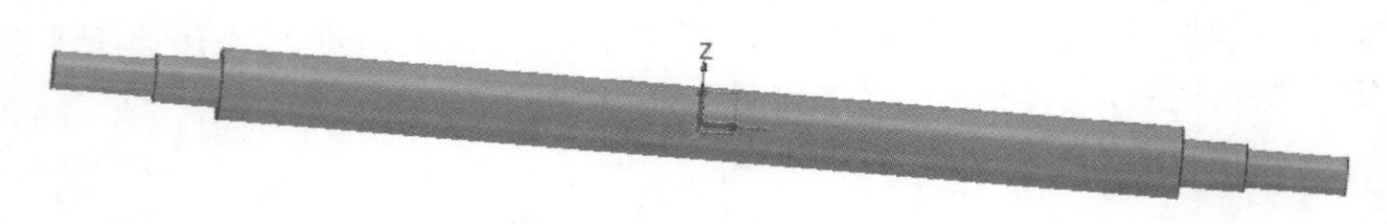

图 3-118　创建旋转特征 1

③ 创建倒角 1。选择“造型”选项卡中的“倒角”命令，创建倒角 1，倒角距离 1mm，参数设置及结果如图 3-119 所示。

注意：对轴肩倒角的目的是便于与轴承和车轮装配。

④ 在阶梯轴两端面设计 2 个螺钉孔。选择“造型”选项卡中的“孔”命令，创建孔 1，尺寸选择 M3 × 0.5，深度选择 7.5mm，参数设置及结果如图 3-120 所示。

注意：设计螺钉孔主要用来轴向固定车轮。

⑤ 新建平面 1。选择“造型”选项卡下的“基准面”命令，创建平面 1，相对 XZ 面偏移 4mm，参数设置及结果如图 3-121 所示。

图 3-119　创建倒角 1

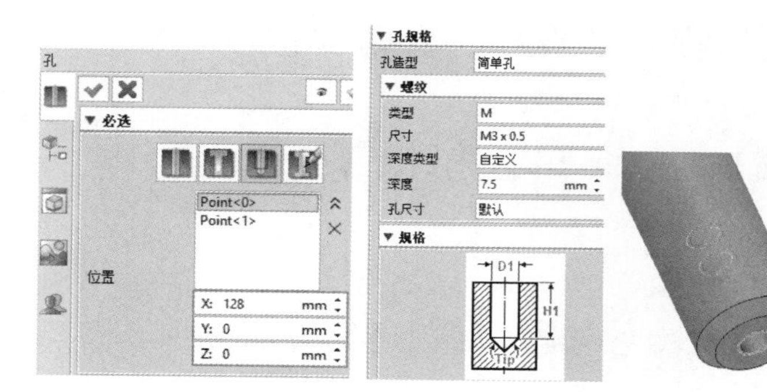

图 3-120　创建孔 1

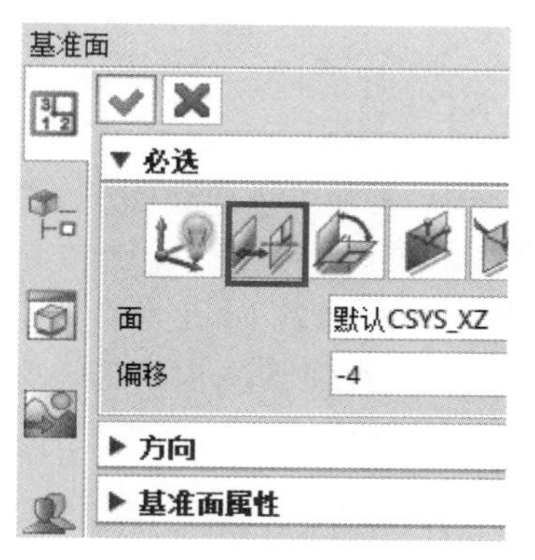

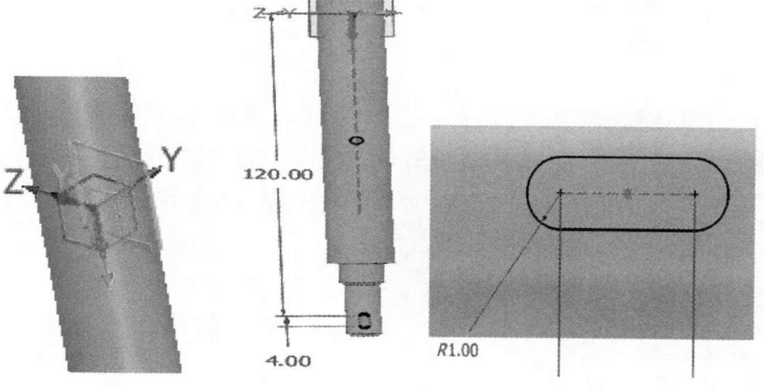

图 3-121　创建平面 1

图 3-122　创建草图 2

⑥ 创建键槽。选择“造型”选项卡中的“草图”命令，创建草图 2，参数设置及结果如图 3-122 所示。选择“造型”选项卡中的“草图”命令，选中草图 2，拉伸距离为 1mm，布尔运算选择减运算，参数设置及结果如图 3-123 所示。

注意：草图尺寸参考依据为已经创建的键。键与键槽配合主要用来实现车轮与轴周向固定。

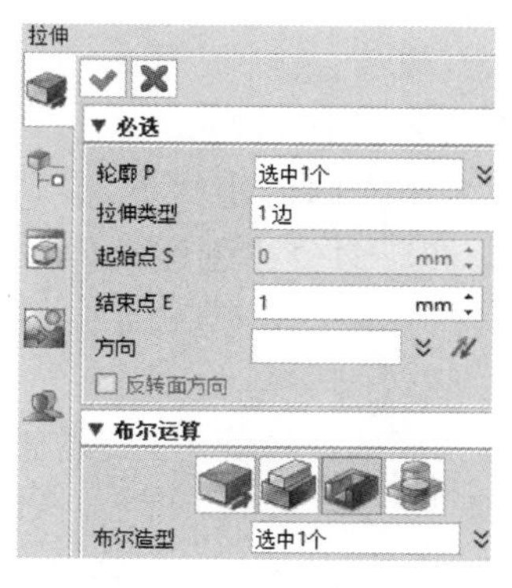

图 3-123　创建拉伸 2

5. 车轮造型设计

车轮为旋转件，尺寸参考依据选择键、轴，根据已经创建的键和轴设计车轮造型。

① 新建文件。单击“新建”按钮，新建一个“车轮”文件，如图 3-124 所示，并单击

"保存"按钮，文件存储位置为定滑轮牵引车目录，如图 3-125 所示。

车轮、套筒、挡板造型设计

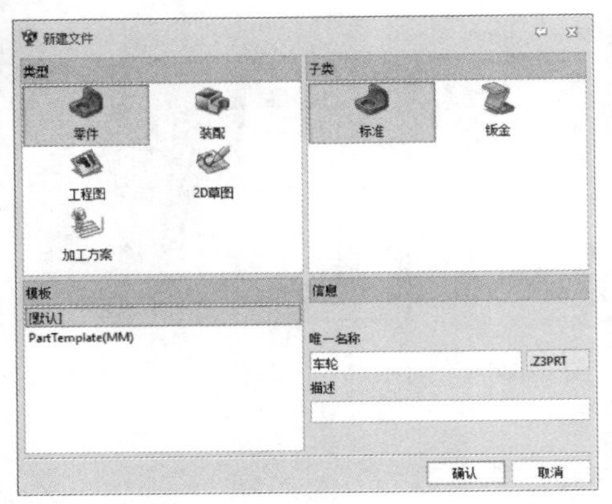

图 3-124　新建文件

图 3-125　保存文件

② 创建旋转 1。选择"造型"选项卡中的"草图"命令，在 XY 平面内创建草图 1，草图参数设置及结果如图 3-126 所示。选择"造型"选项卡中的"旋转"命令，创建旋转 1，选中草图 1，旋转轴选择 X 轴，布尔运算选择基体，创建旋转特征如图 3-127 所示。

注意：车轮设计尺寸不能过小，这样会造成轴与地面接触；也不能设计太大，这样容易造成整体尺寸过大。

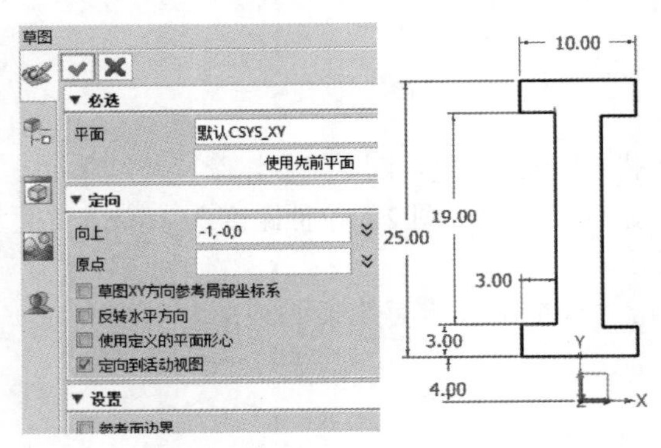

图 3-126　创建草图 1

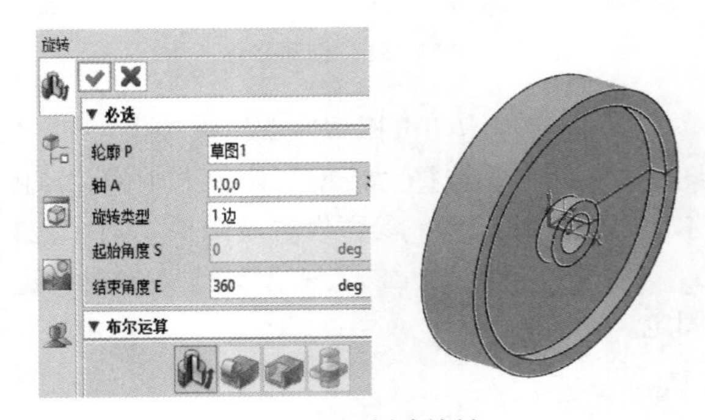

图 3-127　创建旋转 1

③ 创建拉伸 1。选择"造型"选项卡中的"草图"命令，在 ZY 平面内创建草图 2，草图参数设置及结果如图 3-128 所示。选择"造型"选项卡中的"拉伸"命令，创建拉伸 1，选中草图 2，布尔运算选择减运算，创建拉伸特征如图 3-129 所示。

注意：拉伸切除材料主要目的是美观和轻量化设计。

④ 创建阵列 1。选择"造型"选项卡中的"阵列"命令，基体选择选择拉伸 1，旋转轴选择 X 轴，数目为 6 个，角度为 60°，参数设置及结果如图 3-130 所示。

⑤ 创建倒角 1。选择"造型"选项卡中的"倒角"命令，倒角距离为 1mm，参数设置及结果如图 3-131 所示。

⑥ 创建拉伸 2。选择"造型"选项卡中的"草图"命令，在 YZ 平面内创建草图 3，参数设置及结果如图 3-132 所示。选择"造型"选项卡中的"拉伸"命令，轮廓选择草图 3，参数设置及结果如图 3-133 所示。

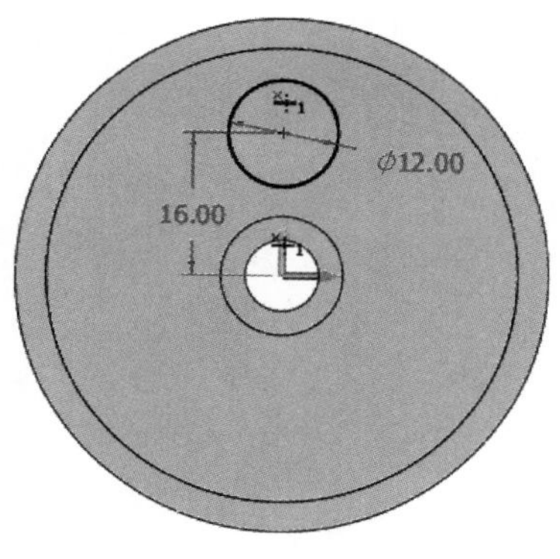

图 3-128　创建草图 2

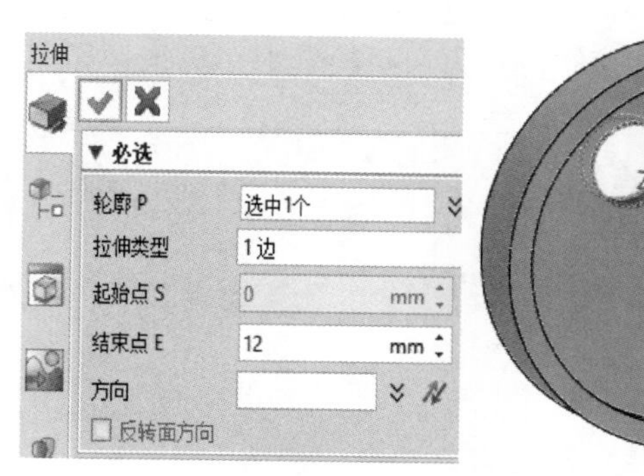

图 3-129　创建拉伸 1

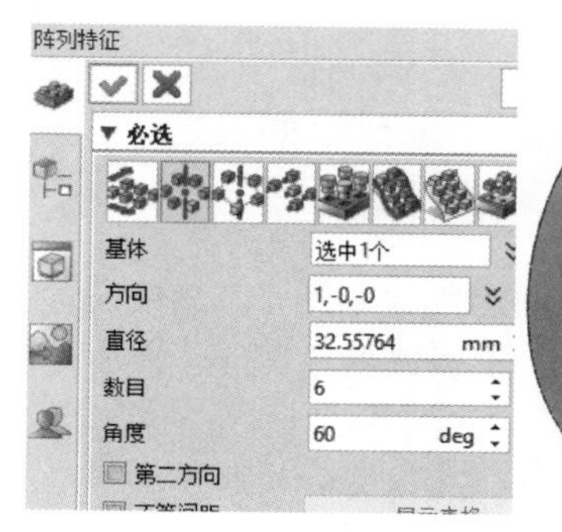

图 3-130　创建阵列 1

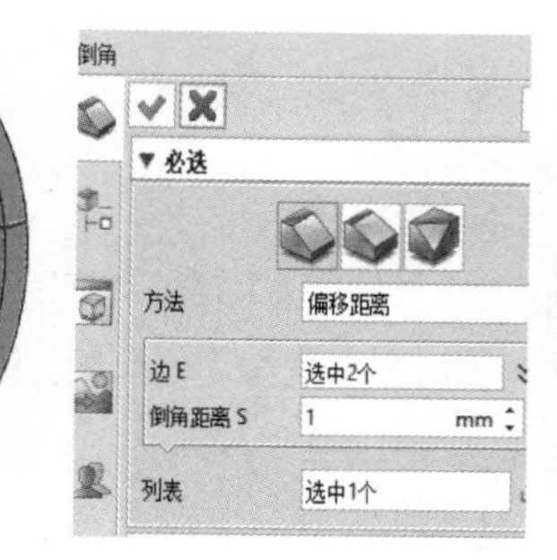

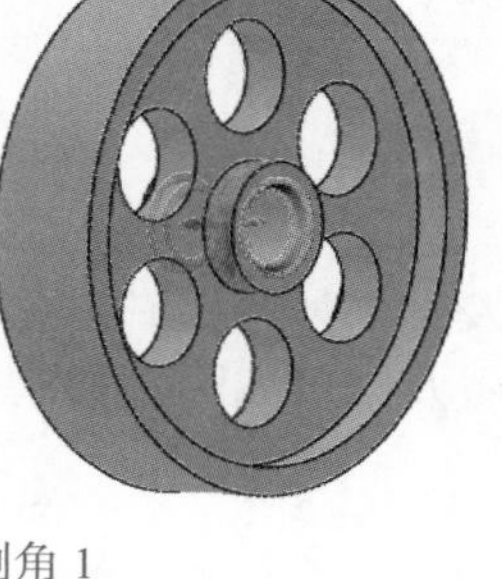

图 3-131　创建倒角 1

图 3-132　创建草图 3

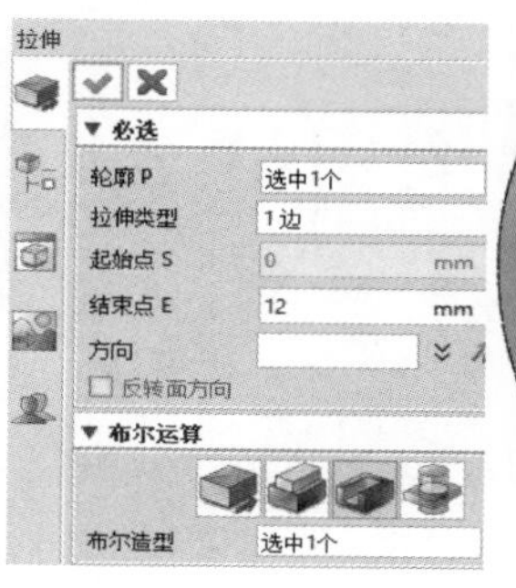

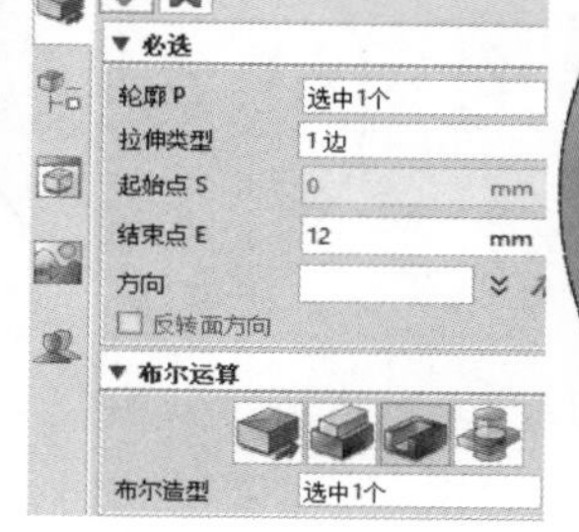

图 3-133　创建拉伸 2

注意：草图 3 尺寸依据已经创建的键确定。

⑦ 创建圆角 1。选择“造型”选项卡中的“圆角”命令，圆角半径为 1mm，参数设置及结果如图 3-134 所示，完成车轮特征创建。

6. 挡板造型设计

挡板为拉伸件，尺寸参考依据为轴端螺钉孔，根据已经创建的轴设计挡板造型。

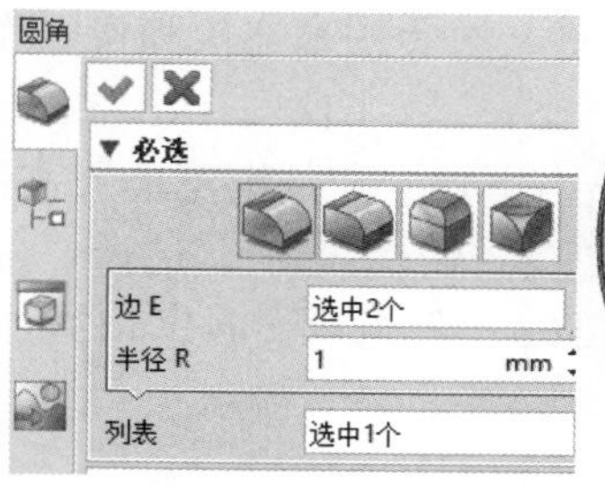

图 3-134　完成小车轮模型创建

① 新建文件。单击“新建”按钮，新建一个“挡板”文件，如图 3-135 所示，并单击“保存”按钮，文件存储位置为定滑轮牵引车目录，如图 3-136 所示。

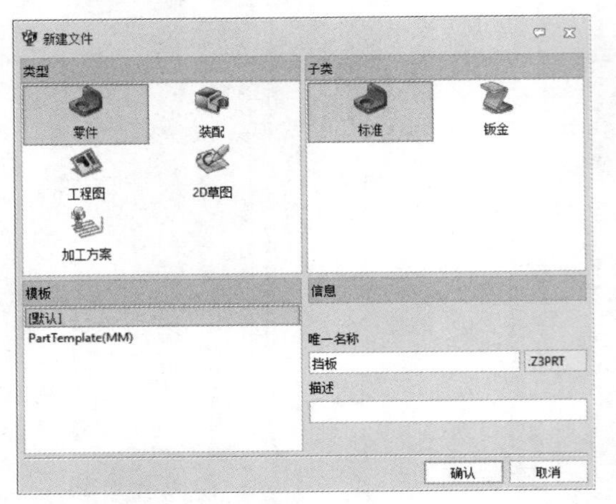

图 3-135　新建文件

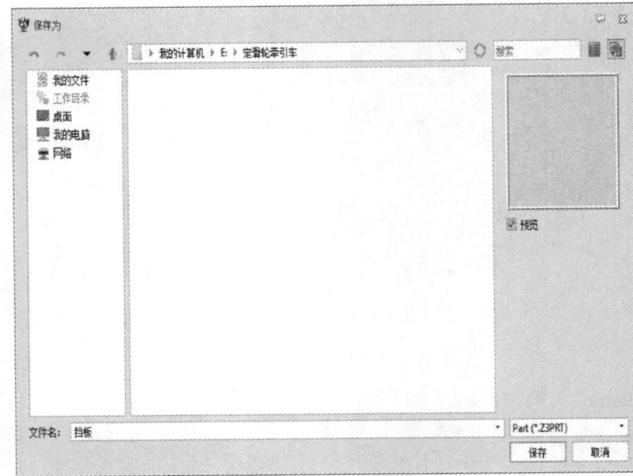

图 3-136　保存文件

② 造型。选择“造型”选项卡中的“草图”命令，在 XY 平面内创建草图 1，参数设置及结果如图 3-137 所示。选择“造型”选项卡中的“拉伸”命令，轮廓选择草图 1，参数设置及结果如图 3-138 所示。

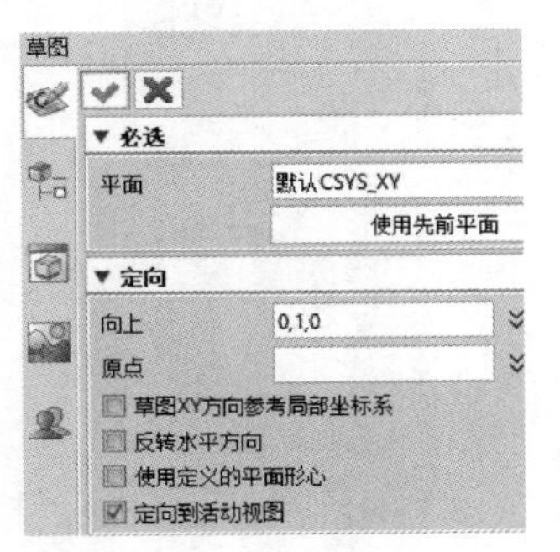

图 3-137　创建草图 1

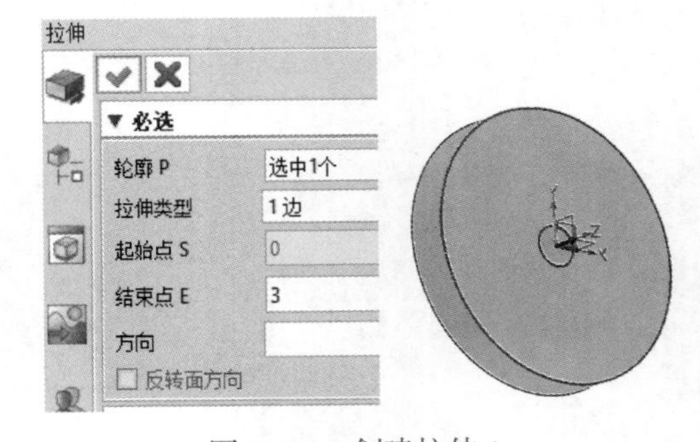

图 3-138　创建拉伸 1

7. 螺钉造型设计

根据轴端设计的螺纹孔，选择配套的螺钉为 M3 × 16。

① 新建文件。单击“新建”按钮，新建一个“螺钉”文件，如图 3-139 所示，并单击“保存”按钮，文件存储位置为定滑轮牵引车目录，如图 3-140 所示。

注意：螺钉为标准件，主要用来连接和紧固连接，应用在不经常拆卸环境中，与螺栓螺母不一样。

② 选择螺钉。单击右下角“文件浏览器”按钮，单击“重用库”按钮，选择“ZW3D Standard Parts”选项，单击“GB”选项，选择“自攻锁紧螺钉”选项，选择“十字槽半沉头自攻自锁螺钉 GB_T6562.Z3”选项，创建 M3 × 16 螺钉，参数设置及建模结果如图 3-141 所示。

8. 螺栓造型设计

根据轴承座圆孔为 ϕ3mm，选配螺栓为 M3 × 20。

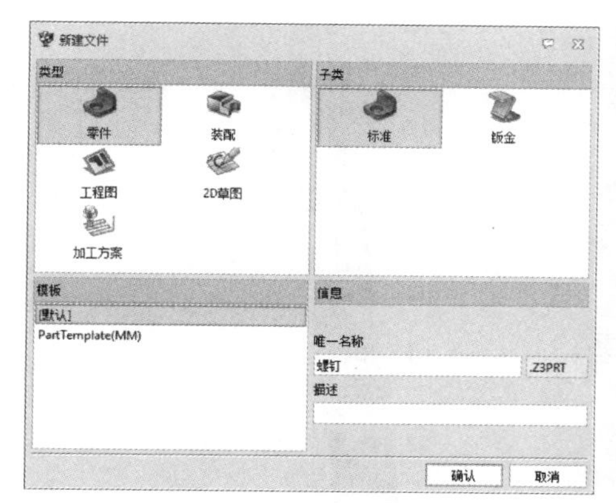

图 3-139　新建文件

图 3-140　保存文件

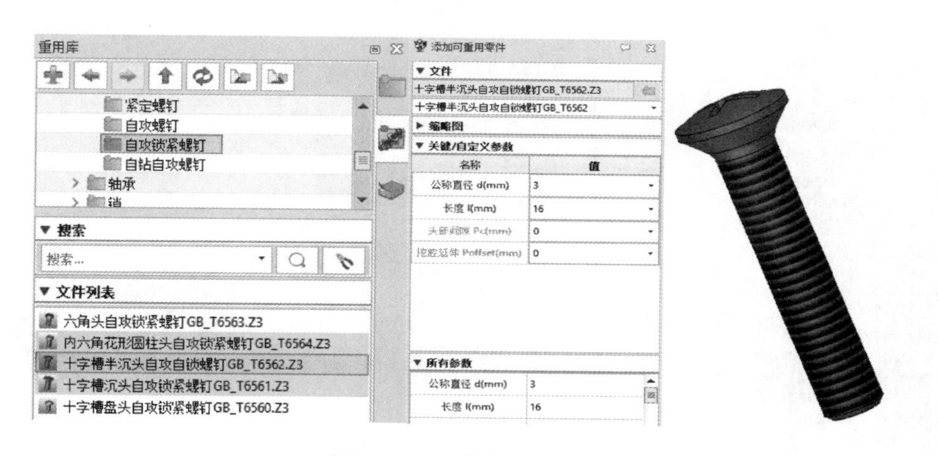

图 3-141　选择螺钉造型

① 新建文件。单击“新建”按钮，新建一个“螺栓”文件，并单击“保存”按钮，文件存储位置为定滑轮牵引车目录。

注意：螺栓为标准件，主要用来连接和紧固连接，应用在经常拆卸环境中，与螺母配对使用，螺栓与螺母配合的前提是螺纹旋向需一致。

② 选择螺栓。单击右下角“文件浏览器”按钮，单击“重用库”按钮，选择“ZW3D Standard Parts”选项，单击“GB”选项，选择“螺栓”→“六角头螺栓”选项，选择“六角头螺栓 GB_T5782.Z3”选项。设置螺栓公称直径 3mm，长度 20mm，参数设置及建模结果如图 3-142 所示。

9. 螺母造型设计

根据螺栓为 M3×20，选配螺母为 M3 螺母。

① 新建文件。单击“新建”按钮，新建一个“螺母”文件，并单击“保存”按钮，文件存储位置为定滑轮牵引车目录。

② 选择螺母。单击右下角“文件浏览器”按钮，单击“重用库”按钮，选择“ZW3D Standard Parts”选项，单击“GB”选项，选择“螺母”→“六角螺母”选项，选择“六角薄螺母 GB_T6172.1.Z3”选项。设置螺栓公称直径 3mm，长度 1.8mm，参数设置及建模结果如图 3-143 所示。

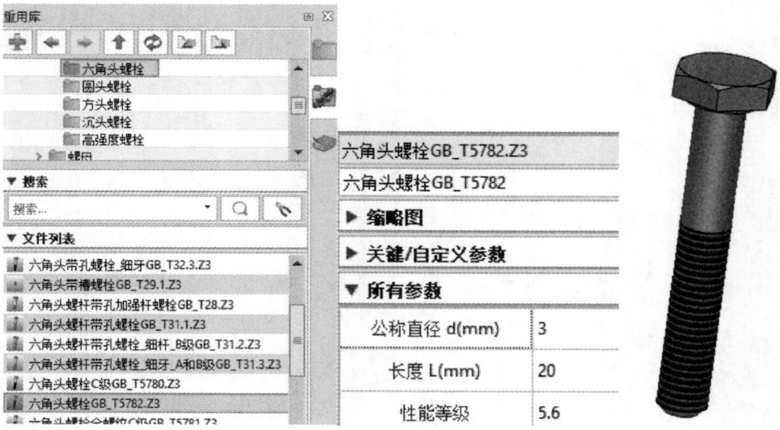

图 3-142　选择螺栓

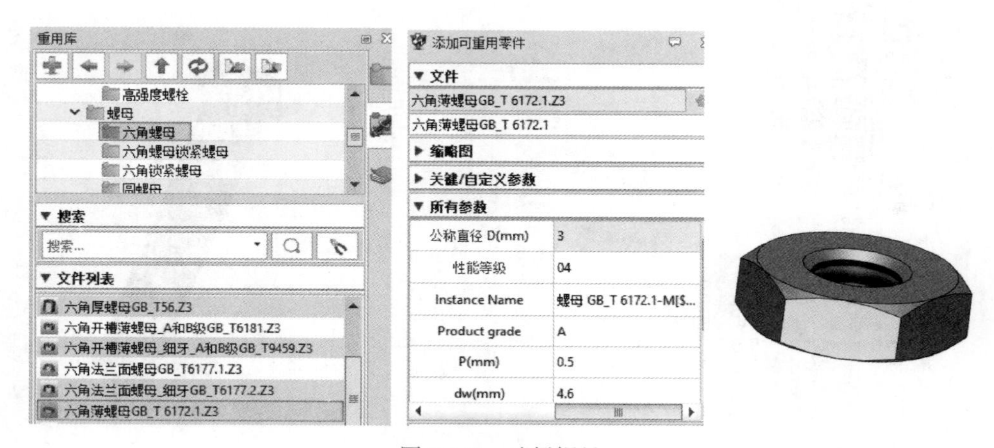

图 3-143　选择螺母

10. 套筒造型设计

套筒用来限位车轮与轴承，尺寸参数依据为轴承（厚度）、轴（轴向尺寸）、车轮（厚度）。

① 新建文件。单击“新建”按钮，新建一个“套筒”文件，如图 3-144 所示，并单击“保存”按钮，文件存储位置为定滑轮牵引车目录，如图 3-145 所示。

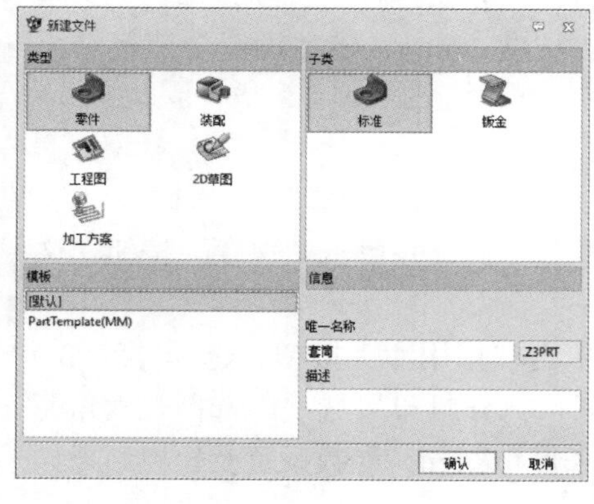

图 3-144　新建文件

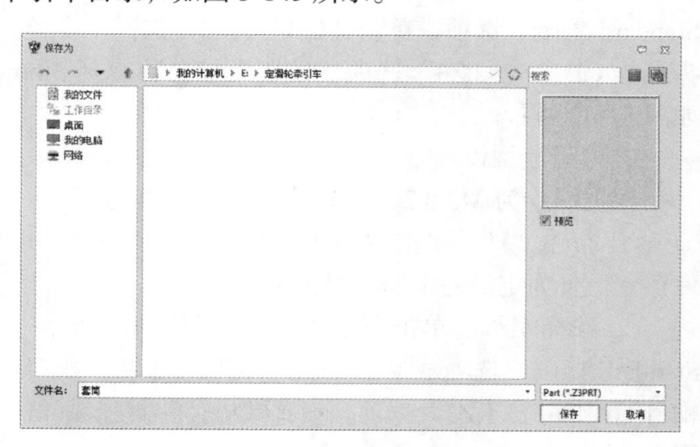

图 3-145　保存文件

② 拉伸造型。选择“造型”选项卡中的“草图”命令，在XY平面内创建草图1，参数设置及结果如图3-146所示。选择“造型”选项卡中的“拉伸”命令，轮廓选择草图1，参数设置及结果如图3-147所示。

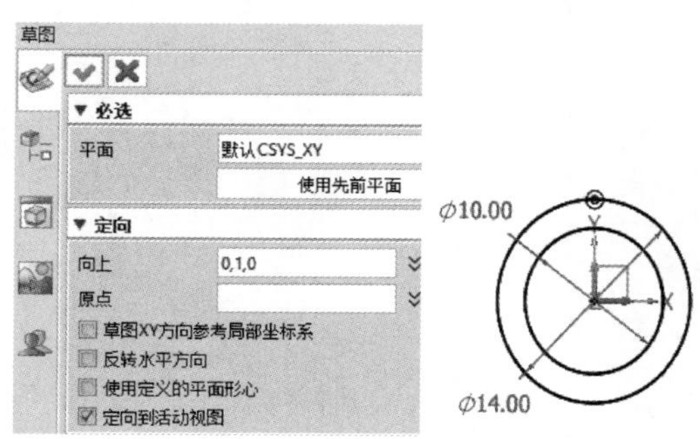

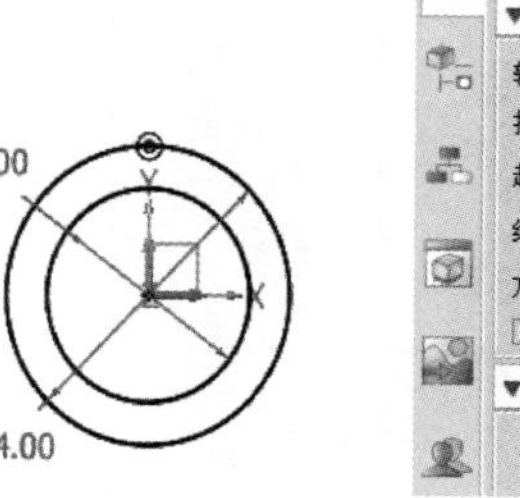

图3-146　创建草图1

图3-147　创建拉伸1

11. 车板造型设计

车板在其他部件已经创建的前提下创建，车板设计尺寸参考任务要求的装配体尺寸，轴承座尺寸、轴尺寸等零部件尺寸。

① 新建文件。单击“新建”按钮，新建一个“车板”文件，如图3-148所示，并单击“保存”按钮，文件存储位置为定滑轮牵引车目录，如图3-149所示。

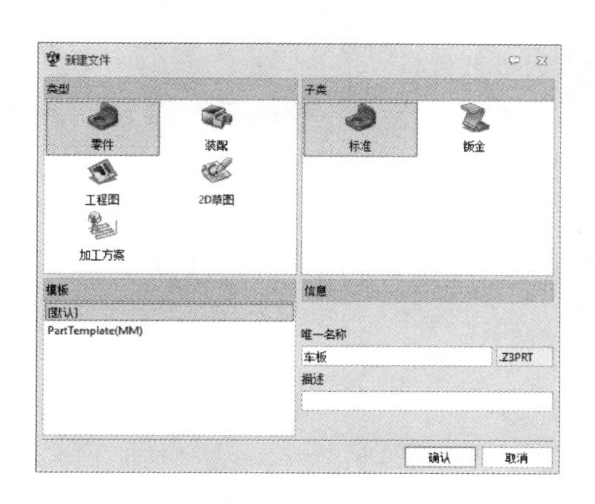

图3-148　新建文件

图3-149　保存文件

② 创建拉伸1。根据设计要求设计草图轮廓，根据轴承座尺寸设计孔距和孔径，选择“造型”选项卡中的“草图”命令，在XY平面内创建草图1，参数设置及结果如图3-150所示。选择“造型”选项卡中的“拉伸”命令，创建拉伸1，结果如图3-151所示。

③ 创建拉伸2。根据定滑轮装配体的尺寸设计草图2轮廓，选择“造型”选项卡中的“草图”命令，在拉伸1上表面创建草图2，参数设置及结果如图3-152所示。选择“造型”选项卡中的“拉伸”命令，创建拉伸2，结果如图3-153所示。

④ 创建拉伸3。选择“造型”选项卡中的“拉伸”命令，创建拉伸3，轮廓选择草图3创建的4个ϕ20mm的圆，拉伸结果如图3-154所示。

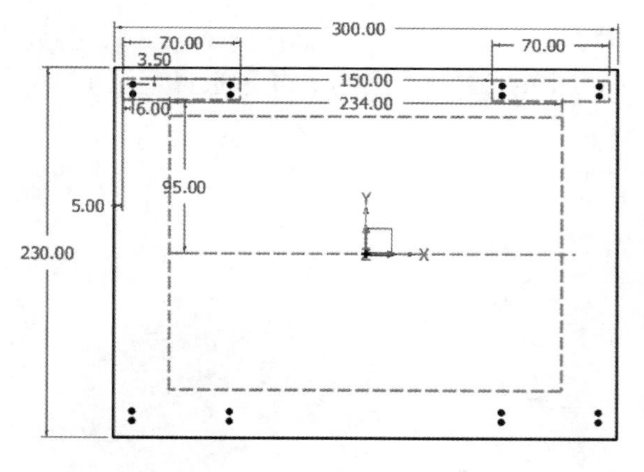

图 3-150　创建草图 1

图 3-151　创建拉伸 1

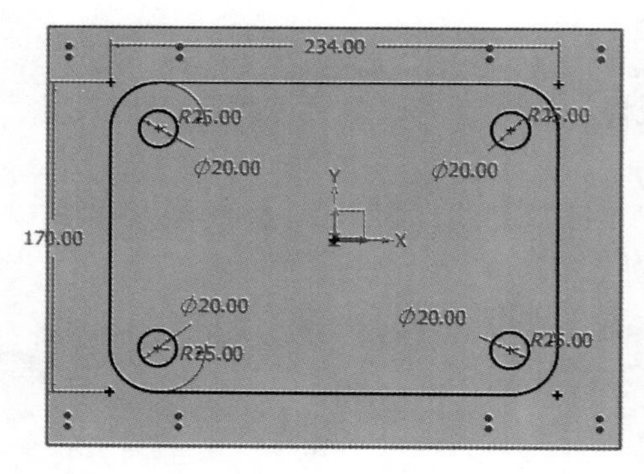

图 3-152　创建草图 2

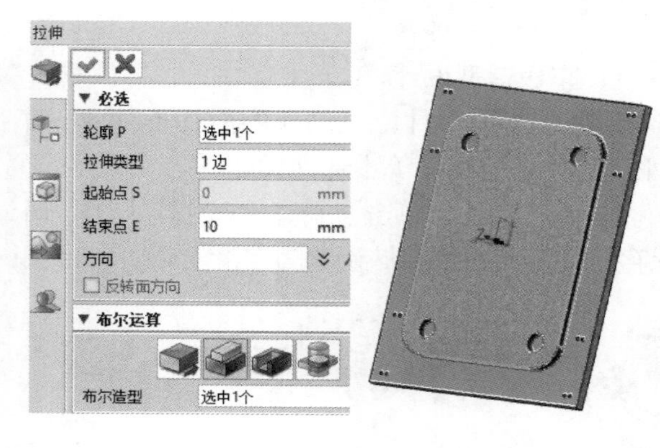

图 3-153　创建拉伸 2

⑤ 创建圆角 1。选择“造型”选项卡中的“圆角”命令，创建圆角 1，参数设置及结果如图 3-155 所示，完成车板造型设计。

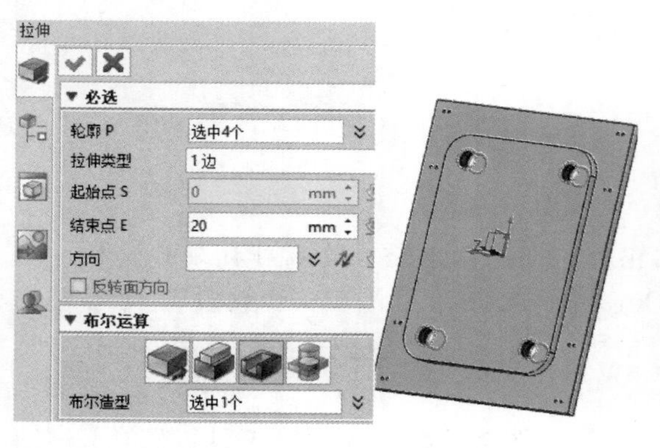

图 3-154　创建拉伸 3

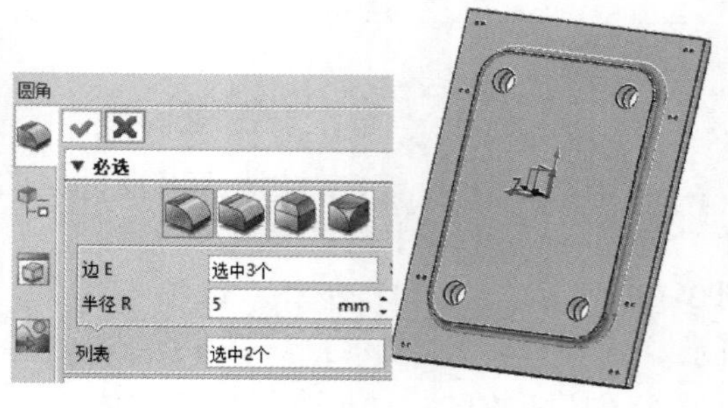

图 3-155　创建圆角 1

12. 定滑轮牵引车装配

① 新建文件。单击“新建”按钮，新建一个“牵引车装配”文件，如图 3-156 所示，并单击“保存”按钮，文件存储位置为定滑轮牵引车目录，如图 3-157 所示。

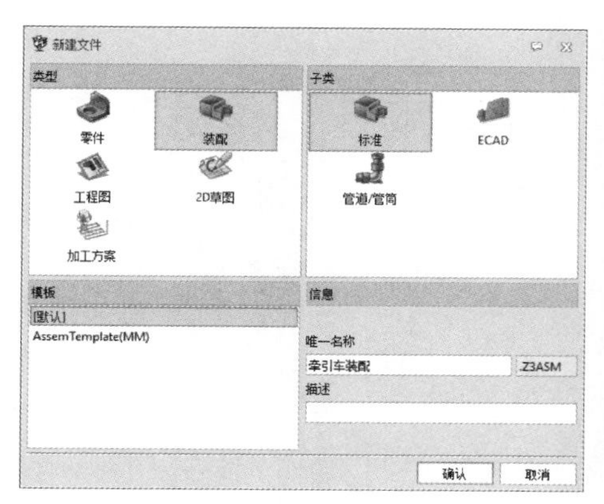

图 3-156 新建文件

图 3-157 保存文件

定滑轮牵引车装配体造型设计

② 插入车板。单击工具栏中的“插入”命令，弹出“插入”对话框，浏览并找到欲插入的车板零件，单击“确定”按钮后完成，如图 3-158 所示。

注意：默认坐标即可实现零件装配完全定义。

③ 插入“轴承座”并添加与“车板”的配合关系。

a. 插入轴承座。插入轴承座零件，配合类型选择“多点”，单击“确定”完成插入“轴承座”。

b. 同心约束。单击工具栏中“约束”命令，为“轴承座”与“车板”零件间添加“同心”约束关系，如图 3-159 所示。

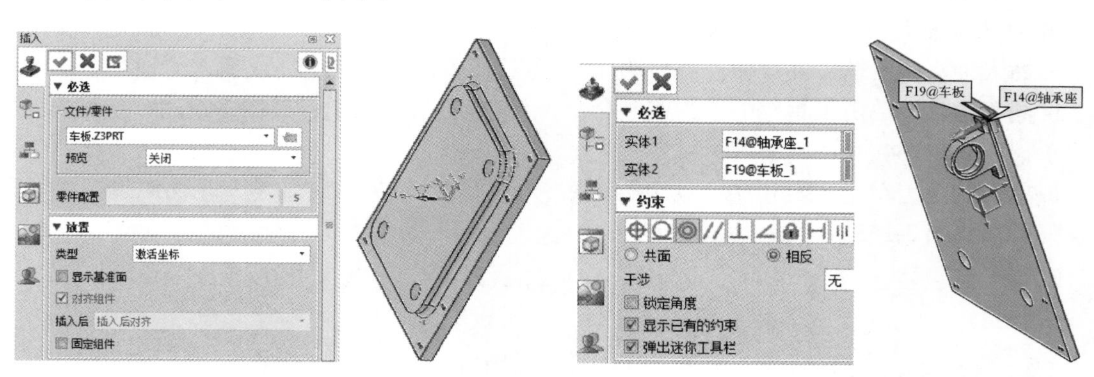

图 3-158 插入车板零件

图 3-159 轴承座和车板的“同心”约束（1）

c. 同心约束。单击工具栏中“约束”命令，为“轴承座”与“车板”零件间添加“同心”约束关系，如图 3-160 所示。

d. 重合约束。单击工具栏中“约束”命令，为“轴承座”端面与“车板”端面添加“重合”约束关系，如图 3-161 所示。

④ 插入“轴承”并添加与“轴承座”的配合关系。

a. 插入轴承。插入轴承零件，配合类型选择“多点”，单击“确定”完成插入“轴承”。

b. 同心约束。单击工具栏中“约束”命令，为“轴承”与“轴承座”零件间添加“同心”约束关系，如图 3-162 所示。

c. 距离约束。单击工具栏中“约束”命令，为“轴承”端面与“轴承座”端面添加“距离”约束关系，如图 3-163 所示。

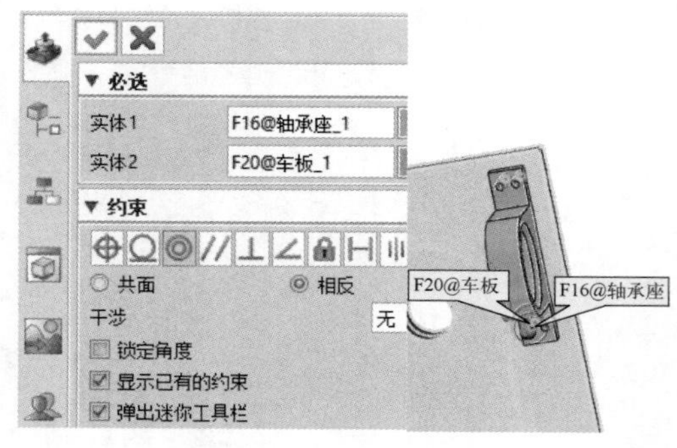

图 3-160　添加轴承座和车板的“同心”约束（2）

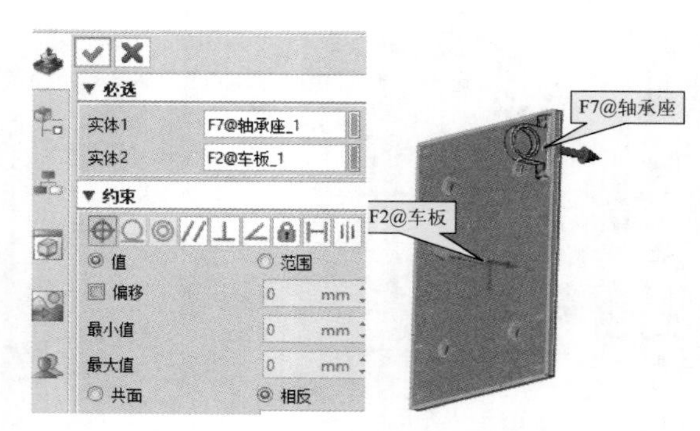

图 3-161　添加轴承座和车板的“重合”约束

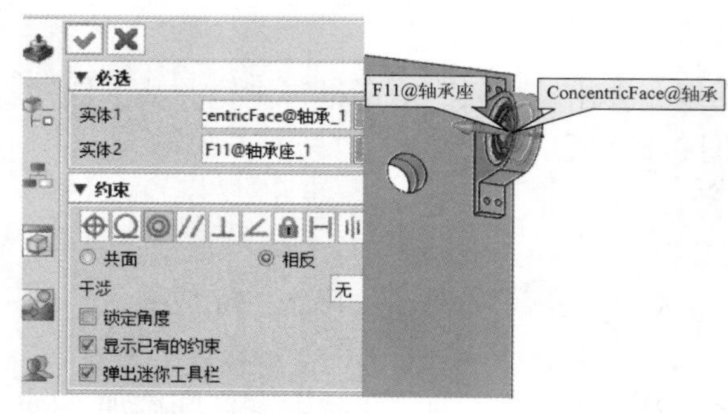

图 3-162　添加轴承和轴承座的“同心”约束

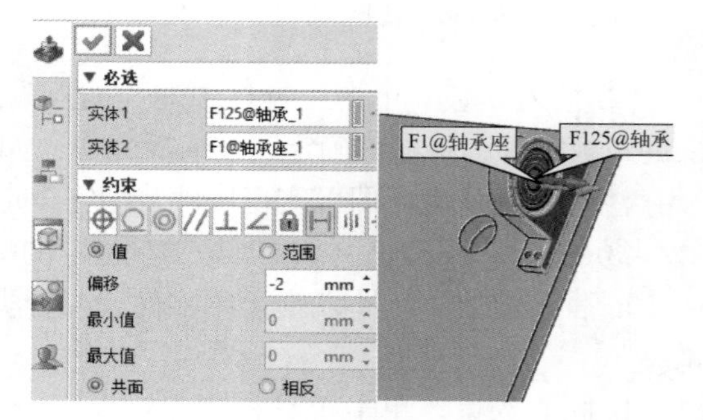

图 3-163　添加轴承和轴承座的“距离”约束

⑤插入“轴”并添加与“轴承”的配合关系。

a. 插入轴。插入轴零件，配合类型选择“多点”，单击“确定”完成插入“轴”。

b. 同心约束。单击工具栏中“约束”命令，为“轴”与“轴承”零件间添加“同心”约束关系，如图 3-164 所示。

c. 重合约束。单击工具栏中“约束”命令，为“轴”轴肩与“轴承”端面添加“重合”约束关系，如图 3-165 所示。

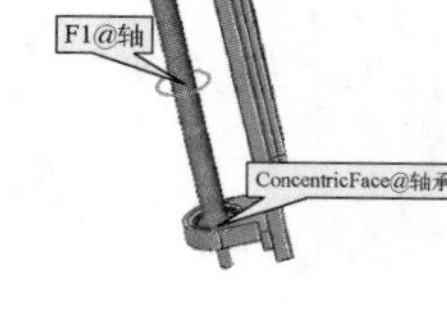

图 3-164　添加轴和轴承的“同心”约束

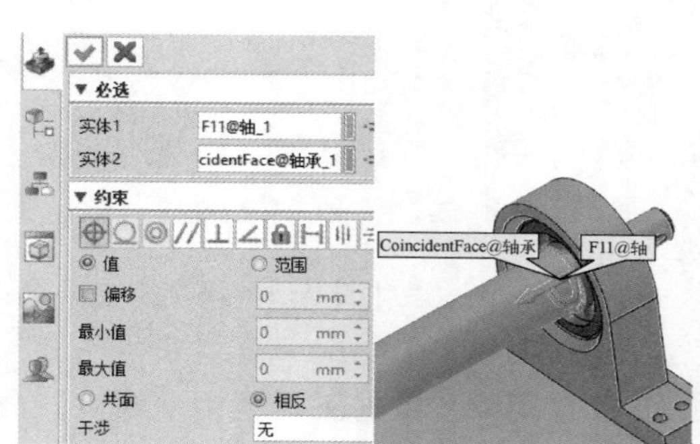

图 3-165　添加轴和轴承的“重合”约束

⑥插入“套筒”并添加与“轴”“轴承”的配合关系。

a. 插入“套筒”。插入“套筒”零件，配合类型选择“多点”，单击“确定”完成插入“套筒”。

b. 同心约束。单击工具栏中“约束”命令，为“套筒”与“轴”零件间添加“同心”约束关系，如图 3-166 所示。

c. 重合约束。单击工具栏中“约束”命令，为“套筒”端面与“轴承”端面添加“重合”约束关系，如图 3-167 所示。

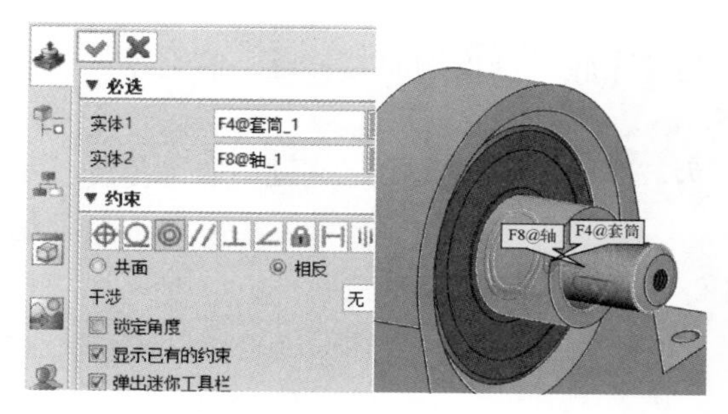

图 3-166　添加套筒和轴的“同心”约束

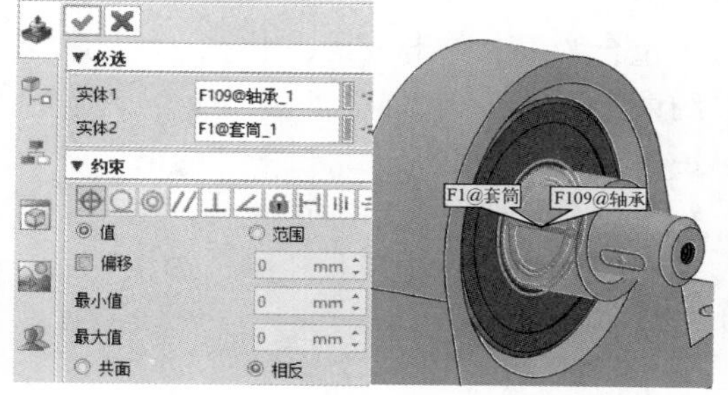

图 3-167　添加套筒和轴承的“重合”约束

⑦ 插入“键”并添加与“轴”的配合关系。

a. 插入“键”。插入“键”零件，配合类型选择“多点”，单击“确定”完成插入“键”。

b. 同心约束。单击工具栏中“约束”命令，为“键”与“轴”零件间添加“同心”约束关系，如图 3-168 所示。

c. 重合约束。单击工具栏中“约束”命令，为“键”端面与“轴 - 键槽”端面添加“重合”约束关系，如图 3-169 所示。

d. 重合约束。单击工具栏中“约束”命令，为“键”底面与“轴 - 键槽”底面添加“重合”约束关系，如图 3-170 所示。

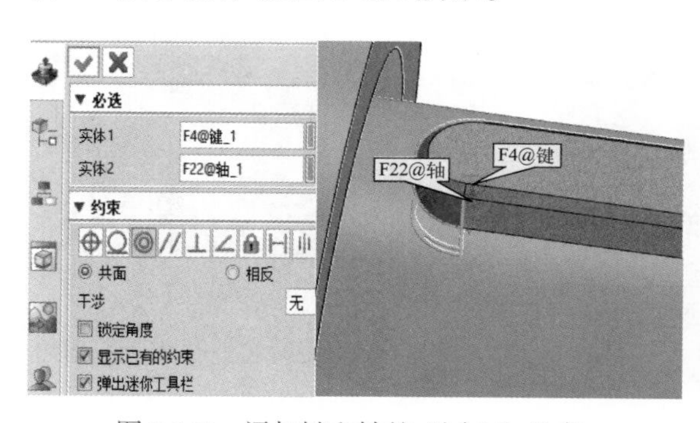

图 3-168　添加键和轴的“同心”约束

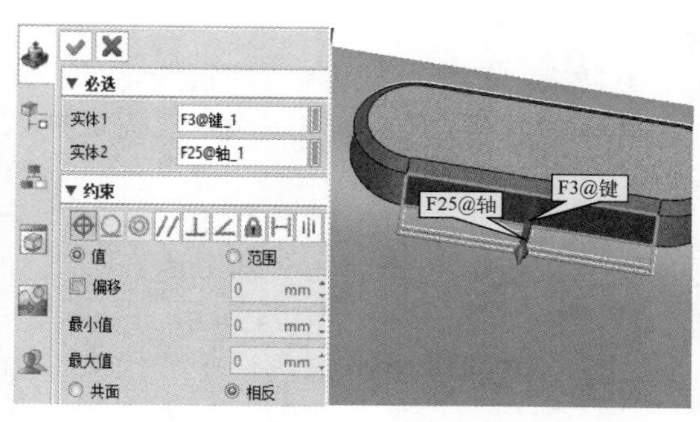

图 3-169　添加键和轴的“重合”约束（1）

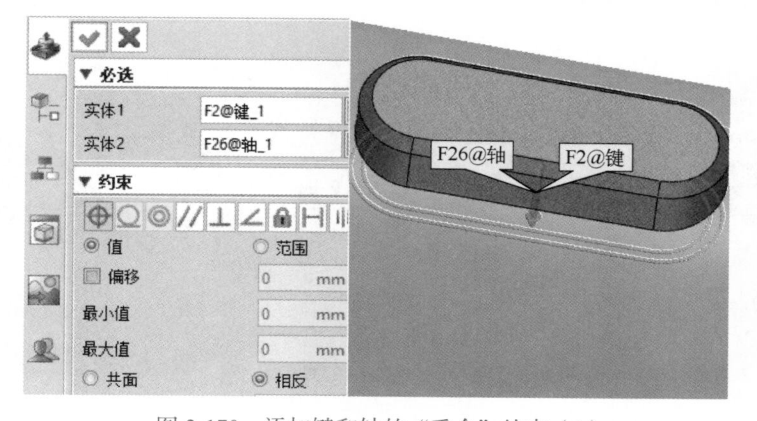

图 3-170　添加键和轴的“重合”约束（2）

⑧ 插入“车轮”并添加与“键”“轴”的配合关系。

a. 插入“车轮”。插入“车轮”零件，配合类型选择“多点”，单击“确定”完成插入“车轮”。

b. 重合约束。单击工具栏中“约束”命令，为“车轮”键槽侧面与“键”侧面添加“重合”约束关系，如图 3-171 所示。

c. 重合约束。单击工具栏中“约束”命令，为“车轮”键槽底面与“键”底面添加“重合”约束关系，如图 3-172 所示。

d. 重合约束。单击工具栏中“约束”命令，为“车轮”端面与“轴”端面添加“重合”约束关系，如图 3-173 所示。

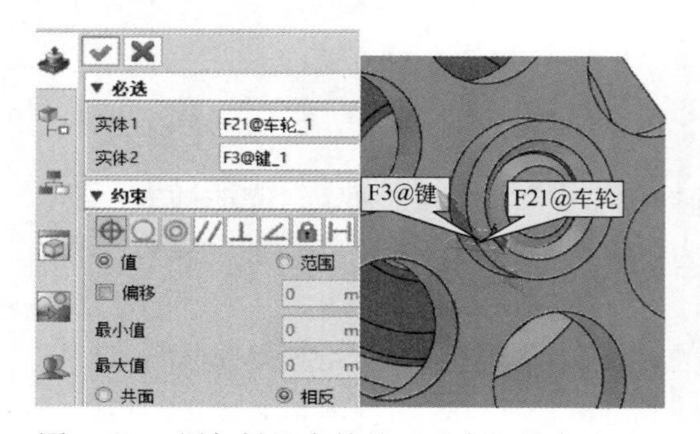

图 3-171　添加键和车轮的“重合”约束（1）

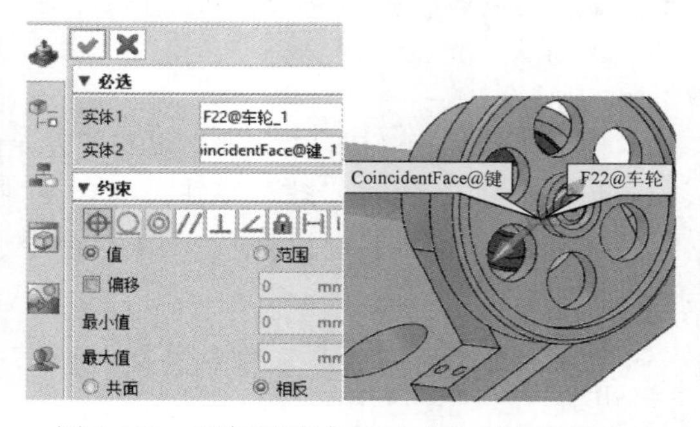

图 3-172　添加键和车轮的“重合”约束（2）

⑨ 插入“挡板”并添加与“轴”的配合关系。

a. 插入“挡板”。插入“挡板”零件，配合类型选择“多点”，单击“确定”完成插入“挡板”。

b. 同心约束。单击工具栏中“约束”命令，为“挡板”外圆面与“轴”内孔面添加“同心”约束关系，如图 3-174 所示。

c. 重合约束。单击工具栏中“约束”命令，为“挡板”端面与“轴”端面添加“重合”约束关系，如图 3-175 所示。

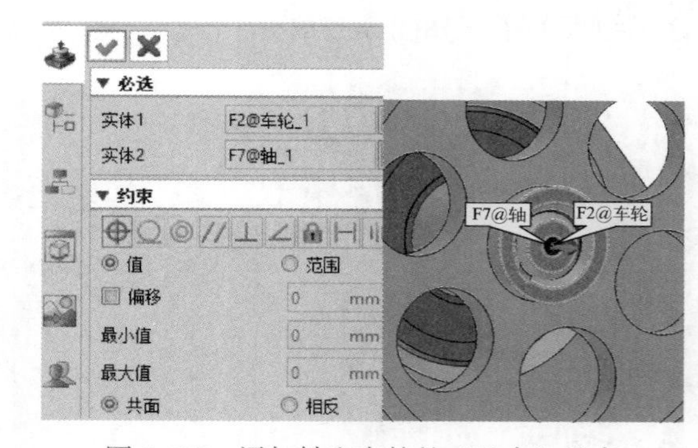

图 3-173　添加轴和车轮的“重合”约束

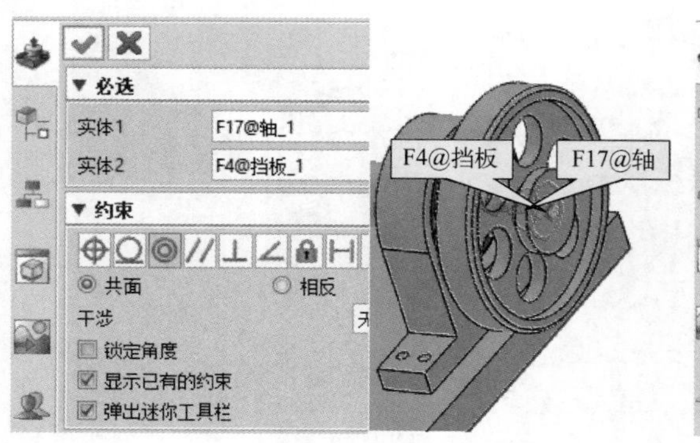

图 3-174　添加挡板和轴的“同心”约束

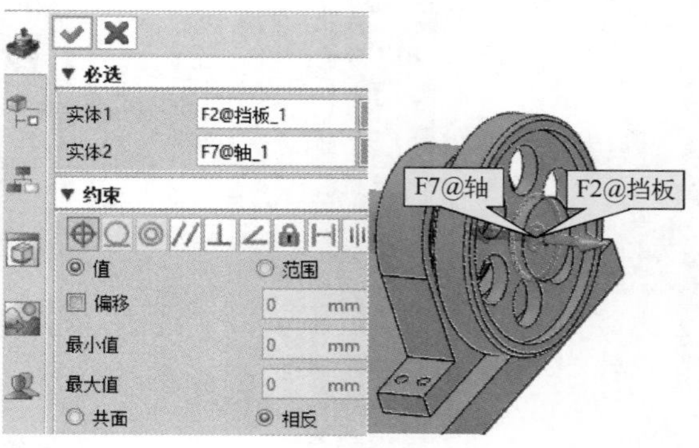

图 3-175　添加挡板和轴的“重合”约束

⑩ 插入“螺钉”并添加与“挡板”的配合关系。

螺钉与挡板的配合关系为同心约束（图 3-176）和距离约束（图 3-177），步骤略。

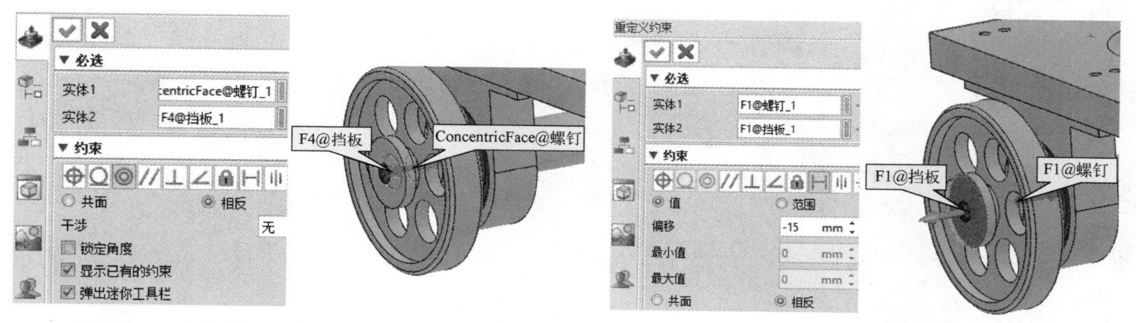

图 3-176　添加挡板和螺钉的“同心”约束　　图 3-177　添加挡板和螺钉的“距离”约束

⑪ 插入“螺栓、螺母”并添加与“底板”的配合关系。

螺栓、螺母与底板的约束也是同心约束和重合约束关系，装配结果如图 3-178 所示。

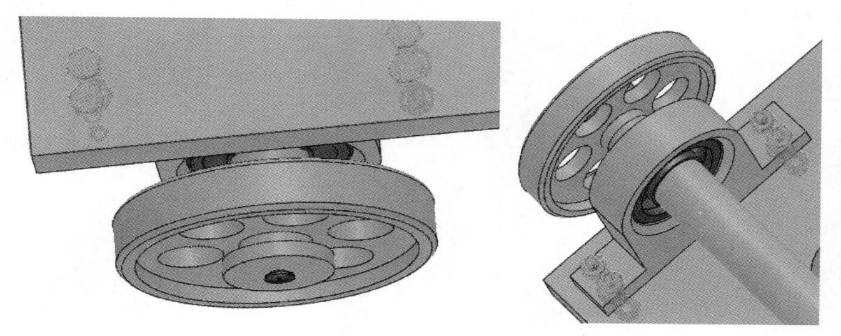

图 3-178　装配螺栓、螺母

⑫ 镜像已装配零部件，如图 3-179 所示。

注意：镜像两次，勾选“保留零件关联性”复选框，此种镜像方法实现 4 个车轮联动。若每台电动机分别用于驱动车轮的前驱、后驱，需要多次镜像操作和单独约束车轮。

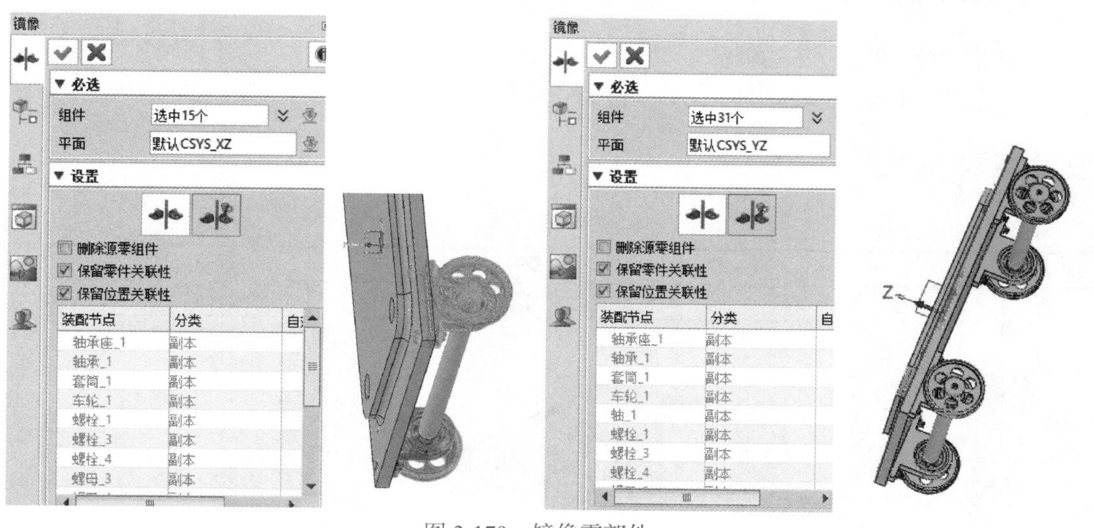

图 3-179　镜像零部件

⑬ 插入“定滑轮装配体”并添加与“底板”的配合关系。

a. 插入“定滑轮装配体”。插入“定滑轮装配体”零件，配合类型选择“多点”，单击“确定”完成插入“定滑轮装配体”。

b. 同心约束。单击工具栏中“约束”命令，为定滑轮装配体“支架”圆孔与“车板”内孔面添加“同心”约束关系，如图 3-180 所示。

c. 同心约束。单击工具栏中“约束”命令，为定滑轮装配体“支架”圆孔与“车板”内孔面添加“同心”约束关系，如图 3-181 所示。

d. 重合约束。单击工具栏中“约束”命令，为定滑轮装配体“支架”底板与“车板”上面添加“重合”约束关系，如图 3-182 所示。

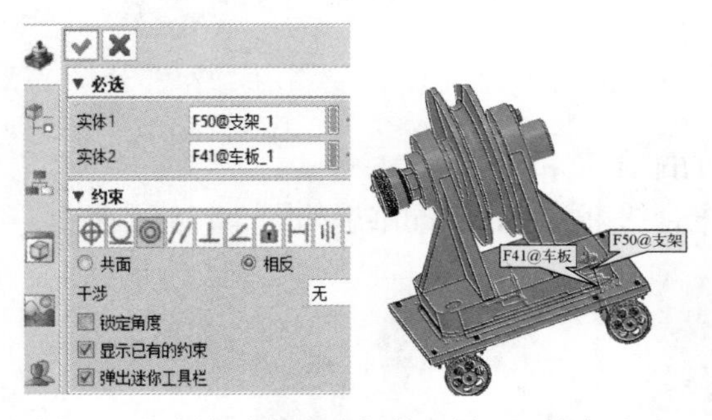

图 3-180　添加支架和车板的“同心”约束（1）

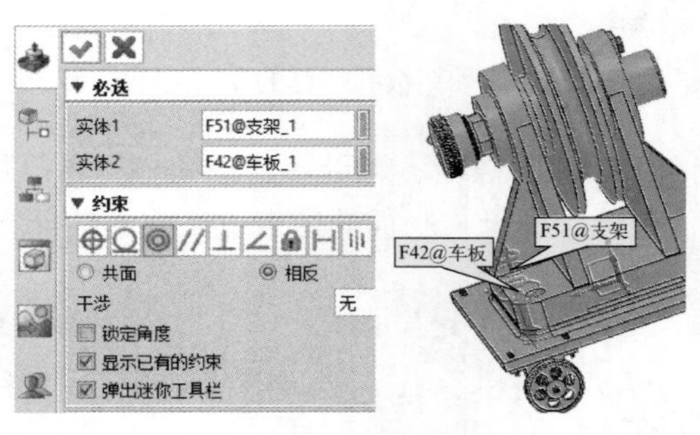

图 3-181　添加支架和车板的“同心”约束（2）

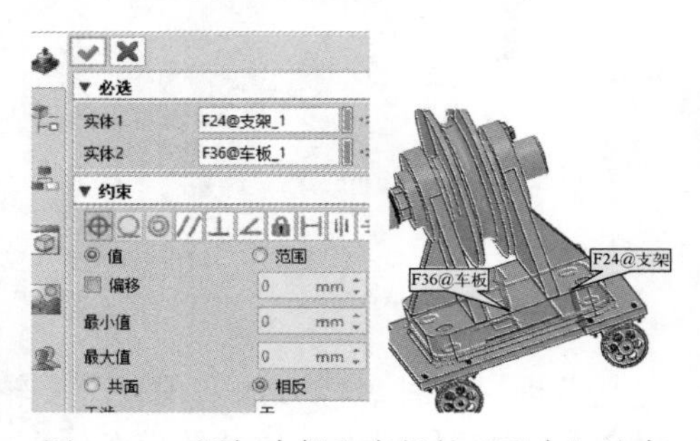

图 3-182　添加支架和车板的“重合”约束

图 3-183　完成装配结果

13. 完成定滑轮牵引车的创新设计

完成装配结果如图 3-183 所示。

【填写“课程任务报告”】

课程任务报告

班级		姓名		学号		成绩	
组别		任务名称	定滑轮牵引车的创新设计			参考课时	4 学时
任务图样							

续表

任务要求	欲根据任务一创建的定滑轮装配体，设计定滑轮牵引车，整体尺寸 250mm × 106mm × 300mm，如图 3-100 所示，轴承选用深沟球轴承 60000_2RZ 型 GB_T276 要求： ①观察三维模型图，从设计、加工、使用、美观等角度，写出定滑轮牵引车的创新思路 ②尝试按照参考步骤，绘制轴承座、键、轴、车板、车轮、套筒、挡板、螺钉等零件 ③装配模型并分享展示
任务完成过程记录	按照任务的要求进行总结，如果空间不足，可加附页（可根据实际情况，适当安排拓展任务，以供学生分组讨论学习，记录拓展任务的完成过程）

【任务拓展】

一、知识考核

1. 拉伸草图可以是封闭的，也可以是开放的。(　　)
2. 镜像命令可分为几何镜像和特征镜像。(　　)
3. 阵列命令只能进行圆周阵列。(　　)
4. 简述特征阵列的步骤。
5. 简述拉伸特征的步骤。

二、技能考核

根据给出的异形件轴测图和部分视图（图 3-184），创建异形件的三维模型，并保存。

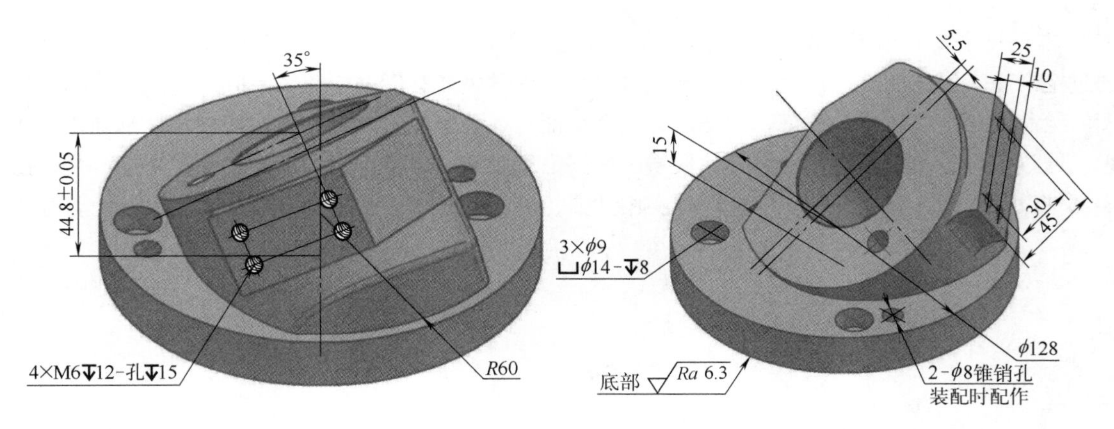

图 3-184

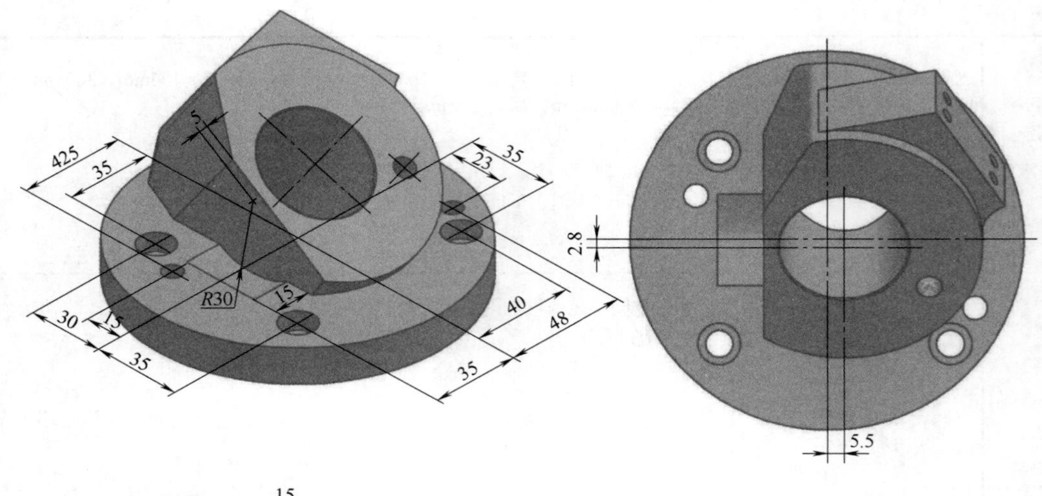

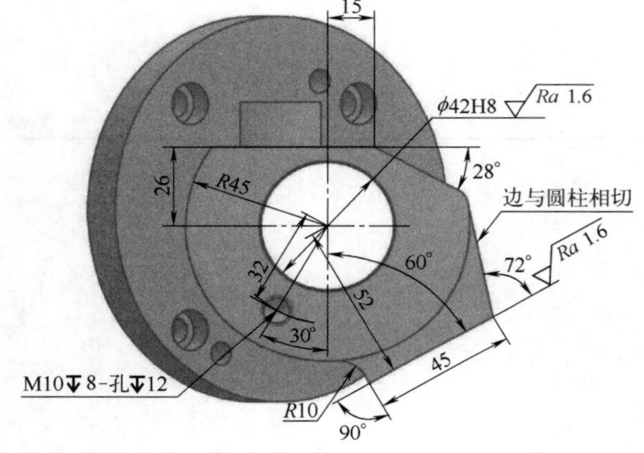

图 3-184　异形件

项目小结

本项目主要介绍了定滑轮装配体的零部件建模及装配和定滑轮牵引车的创新设计两个案例。通过定滑轮装配体的零部件建模及装配造型设计，使学生能够借助中望 3D 2023 完成由绘制工程图向绘制三维模型转化，锻炼了识图能力、造型能力、装配能力，充分糅合机械设计基础相关知识。通过定滑轮牵引车的创新设计，使学生能够借助已知零部件信息，设计相关零部件，并根据零部件设计规范，满足设计要求。任务实用性强，此任务显著提升了学生的三维创新设计能力。

项目四

玩具车创新实践

【项目教学导航】

<table>
<tr><td>学习目标</td><td colspan="4">让学生掌握由已知零件结构信息推算其他相关零件的结构信息，能熟练编辑创新零件结构特征，能够熟练操作生成爆炸图、机构动画等，具备独立创新能力</td></tr>
<tr><td>项目要点</td><td colspan="4">※ 零部件的结构布局
※ 直齿圆柱齿轮、锥齿轮等传动机构零部件设计
※ 装配体中零部件创新设计
※ 后驱、四驱等传动方式规划设计
※ 爆炸图、机构动画
※ 根据已知的三维模型设计未知零部件尺寸的三维模型</td></tr>
<tr><td>重点难点</td><td colspan="4">传动方式规划设计、零部件结构布置、装配体中零部件创新设计</td></tr>
<tr><td>学习指导</td><td colspan="4">学习本项目时的重点内容：本项目创新设计为玩具车，结构尺寸设计、传动机构设计是重点，电动玩具车基本零部件包括底板、电池、电池盒、底板、电动机、齿轮、连杆、轴、车轮等。设计时的创新思路主要有以下几点
①电池、电池盒分为两种形式：充电电池和干电池。充电电池需要预留合适位置的充电口；干电池需要方便电池装拆，电池盒一般布局在玩具车底面
②传动机构设计：动力为电动机，电动机转速可达 500r/min，借助联轴器、直齿圆柱齿轮、斜齿轮等实现转速和传动方向改变。设计时需要熟练掌握齿轮传动中的齿数、模数、齿顶圆、分度圆、中心距、传动比等的计算
③创新设计时，需要熟练掌握零件加工工艺，零件的定位、夹紧，创新思路要兼顾实用性、加工工艺性、轻量化、美观性等</td></tr>
<tr><td rowspan="4">教学安排</td><td>任务</td><td>教学内容</td><td>学时</td><td>考核内容</td></tr>
<tr><td>任务一</td><td>儿童越野车的创新设计</td><td>8</td><td>随堂技能考核</td></tr>
<tr><td>任务二</td><td>玩具特技车的创新设计</td><td>16</td><td>随堂技能考核</td></tr>
<tr><td>任务三</td><td>后驱减振小车的创新设计</td><td>16</td><td>随堂技能考核</td></tr>
</table>

【项目简介】

玩具车创新设计益智，增长知识，开阔视野等特点，为锻炼学生的创新设计能力，项目要求设计三款玩具车（图 4-1）。其中，儿童越野车要求 4 台电动机分别驱动 4 个车轮，独立悬挂，具备优良的减振性能；玩具特技车要求精确设计传动机构，2 台电动机借助齿轮传动实现 4 驱，玩具车在任何状态下（翻转）都能够正常运动；后驱减振小车由 1 台电动机实现后驱，要求电动机轴线与车轴垂直，兼顾减振要求。

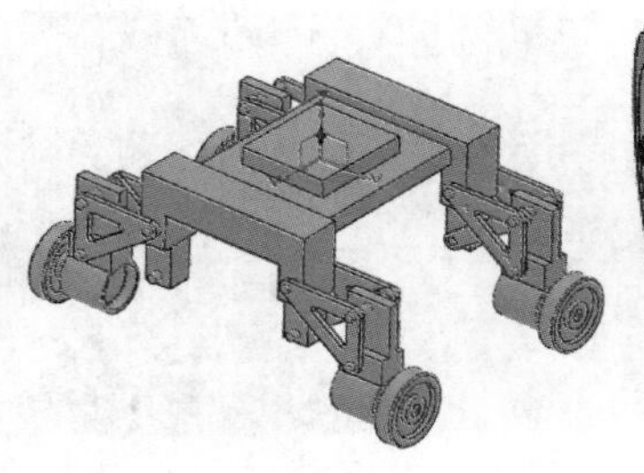
(a) 儿童越野车创新设计

(b) 玩具特技车创新设计

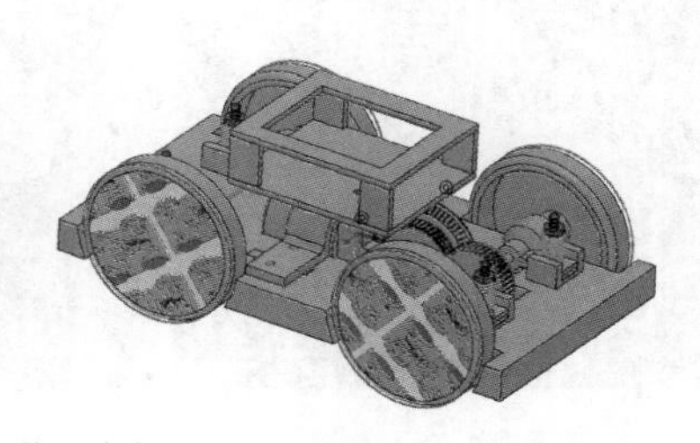
(c) 后驱减振小车创新设计

图 4-1　玩具车创新实践

通过本项目的学习，使学生掌握由已知零件结构信息推算其他相关零件的结构信息，能够熟练编辑创新零件结构特征，能够熟练操作生成爆炸图、机构动画等，具备独立创新能力。

任务一　儿童越野车的创新设计

【知识目标】

◎ 掌握儿童越野车零部件创新设计的方法及技巧。
◎ 掌握儿童越野车零部件装配的方法。
◎ 掌握儿童越野车再设计的方法。

【技能目标】

◎ 熟练根据已知零部件信息，独立规划设计方案。
◎ 能根据已知零部件信息使用拉伸、旋转、扫掠等命令完成零部件的三维建模。
◎ 能独立装配零部件，并在装配时对设计的零部件进行二次设计。

【素养目标】

◎ 通过创新设计儿童越野车，使学生关注工业设计、关注儿童健康成长，建立工程意识和爱国情怀。

◎ 通过部分零部件信息创新设计其他零部件，锻炼学生的创新精神，做到敢闯、敢创。

◎ 通过学生自主学习和团队协作，锻炼学生独立思考与团队协作精神。

◎ 通过引导学生解决装配中出现的问题，培养学生分析与解决问题的能力，提升专业素质。

◎ 通过零件与装配的关系，引导学生处理好装配整体与零部件局部特征的关系，以及零部件相互配合、相互影响的关系，培养学生专业、严谨的工匠精神。

【任务描述】

拟设计一款儿童越野车，如图 4-2 所示，设计包括车身、电池盒（3 节 5 号电池）、4 个减振器、4～8 根连杆、电动机、车轮、车桥、开关、电动机壳等，结合产品结构、机械制图、人体工程学等专业的相关知识，进行结构和功能方面的设计，设计的零部件需符合数控加工工艺。

要求：

① 儿童越野车车身设计。设计电池盒安装位置、车身与前后车桥的连接。

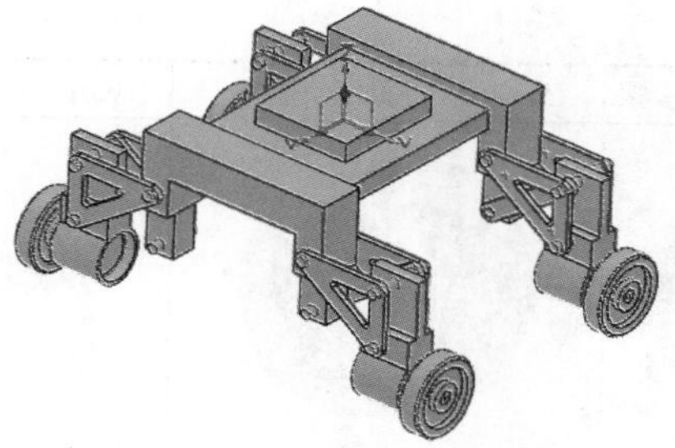

② 儿童越野车悬挂系统设计。设计前后车桥、4～8 根连杆，实现车轮与电动机连接、车桥与减振器连接、车桥与连杆连接、电动机壳与连杆连接、电动机壳与减振器连接。

图 4-2　儿童越野车

③ 外壳不设计。

已知：电动机参数如表 4-1 所示，该电动机为 310 直流电动机，噪声小，启动电流小；5 号电池的尺寸是直径 14mm、高度 50mm。

表 4-1　电动机参数

参数	尺寸 /mm	电动机外观
直径	24	
轴径	2	
固定孔径	2	
长度	18	
轴长	7	
固定孔距	15	

按要求完成儿童越野车的三维造型，并进行三维虚拟装配并生成爆炸图。

【任务实施】

一、造型方案设计

根据题意，设计一款四驱的电动儿童越野车，不需要传动机构，因此考虑设计四驱独立悬挂机构；设计时考虑结构的稳定性和减振效果；根据提供的连杆和减振器，确定每个支撑轮需要 2 根连杆和 1 个减振器。任务实施方案设计见表 4-2。

表 4-2　任务实施方案设计

步骤	1. 电池盒造型	2. 电池盒盖造型	3. 车身特征造型	4. 前后车桥特征造型
图示			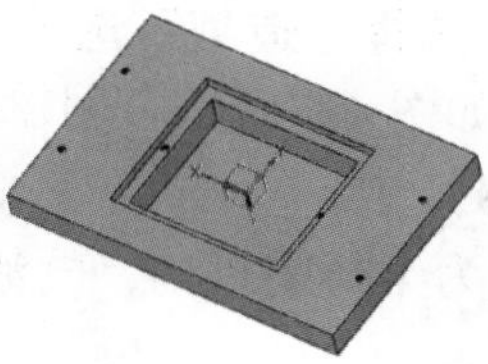	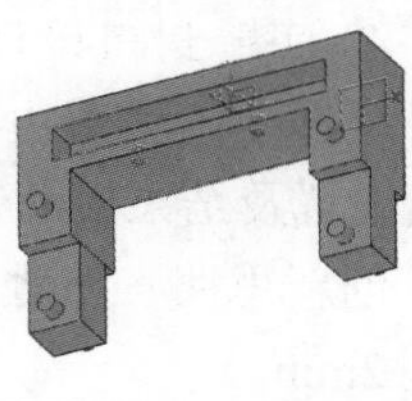

续表

步骤	5. 电动机特征造型	6. 电动机壳特征造型	7. 连杆特征造型	8. 减振器特征造型
图示				
步骤	9. 联轴器特征造型	10. 小车轮特征造型	11. 装配体造型	
图示				

任务分析及电池盒主体特征造型设计

二、参考操作步骤

1. 电池盒造型设计

① 新建文件。单击“新建”按钮，新建一个“电池盒”文件，如图 4-3 所示，并单击“保存”按钮，文件存储位置为儿童越野车设计目录，如图 4-4 所示。

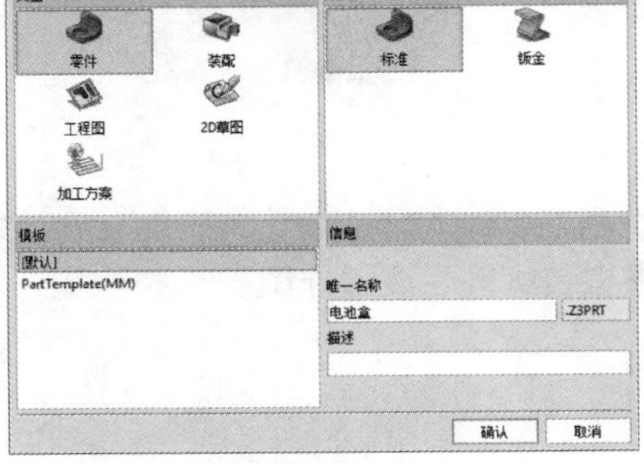

图 4-3　新建文件

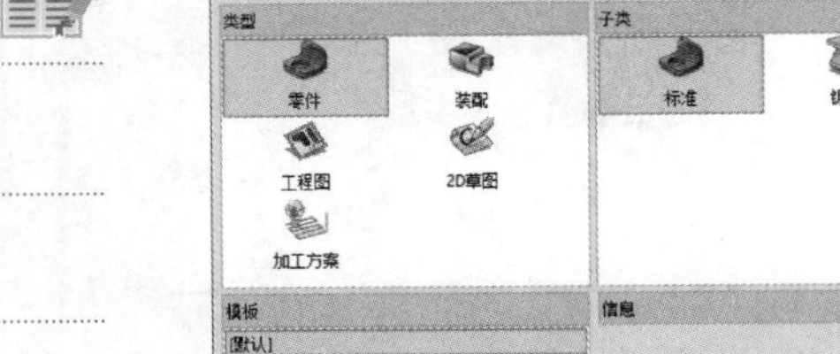

图 4-4　保存文件

② 确定电池盒轮廓尺寸。选择“造型”选项卡中的“草图”命令，选择平面为“XY”，绘制草图 1，如图 4-5 所示。选择“造型”选项卡中的“拉伸”命令，选择草图 1，拉伸距离 16mm，创建基体，参数设置及结果如图 4-6 所示。

创新思路：已知每节电池的尺寸，儿童越野车需要 3 节 5 号电池，因此可以确定电池盒的内轮廓尺寸应为 42mm × 50mm，电池盒壁厚为 2mm，外轮廓尺寸应为 46mm × 54mm，考虑底壁厚 2mm，电池直径 14mm，因此拉伸距离应为 16mm。

③ 底壁封口设计。选择“造型”选项卡中的“拉伸”命令，单击“选择曲线”选项，选择拉伸 1 内轮廓边，如图 4-7 所示。创建拉伸 2，拉伸距离 2mm，布尔运算选择加运算，参数设置及结果如图 4-8 所示。

创新思路：电池盒为半封闭机构，电池盒的 6 个面有一个面开放，保证封闭的面壁厚都是 2mm。

图 4-5　创建草图 1　　　　图 4-6　创建拉伸 1

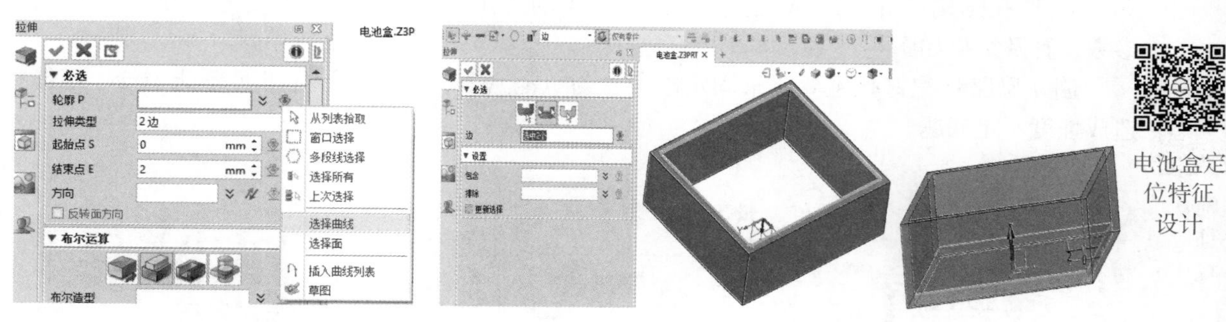

图 4-7　选择曲线　　　　图 4-8　创建拉伸 2

电池盒定位特征设计

④ 电池盒封口凸缘结构设计。选择“造型”选项卡中的“草图”命令，选择平面为拉伸 1 上平面，绘制草图 2，如图 4-9 所示。选择“造型”选项卡中的“拉伸”命令，创建拉伸 3，选择草图 2，拉伸类型选择“总长对称”，拉伸距离 4mm，布尔运算选择加运算，参数设置及结果如图 4-10 所示。

创新思路：电池盒开口需要配置电池盖，两者的连接需要用到螺钉，同时需要满足快速定位要求。

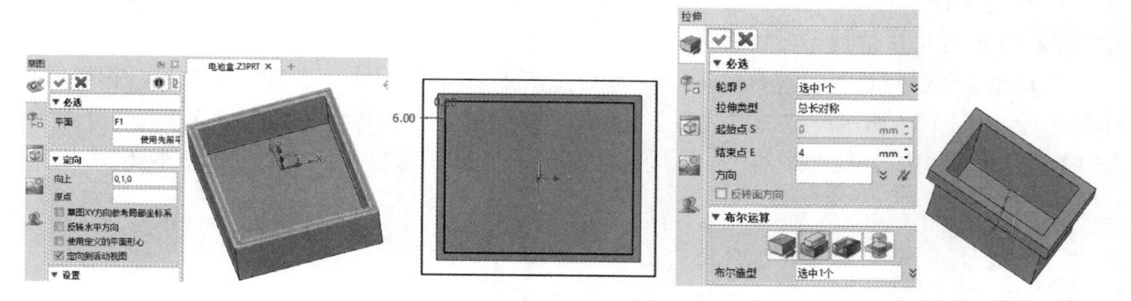

图 4-9　设置封口凸缘草图　　　　图 4-10　创建拉伸 3

⑤ 电池盒盖板定位结构设计。选择“造型”选项卡中的“草图”命令，选择平面为拉伸 3 上平面，绘制草图 3，如图 4-11 所示。选择“造型”选项卡中的“拉伸”命令，创建拉伸 4，选择草图 3，拉伸类型选择“2 边”，拉伸距离 2mm，布尔运算选择减运算，参数设置及结果如图 4-12 所示。

创新思路：为方便盖板快速定位，设置内凹形定位结构。为实现电池盒与电池盒盖板固定的要求，设置电池盒缺口，留足空间，以便于设计螺钉孔。

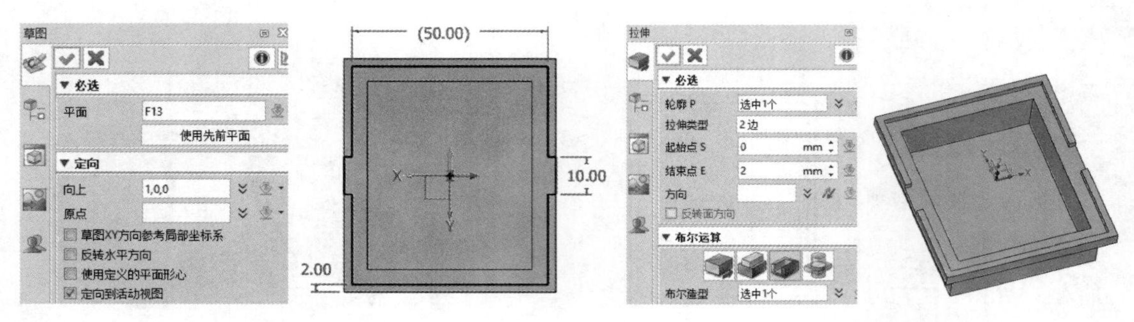
图 4-11　创建草图 3　　　　图 4-12　创建拉伸 4

⑥ 通孔结构设计。选择“造型”选项卡中的“孔”命令，选择平面为拉伸 4 上平面，参数设置及结果如图 4-13 所示。

创新思路：螺钉孔主要用来固定电池盒与电池盒盖，尺寸设计应满足不能干涉、不能造成强度不足问题。

电池盒盖特征造型设计

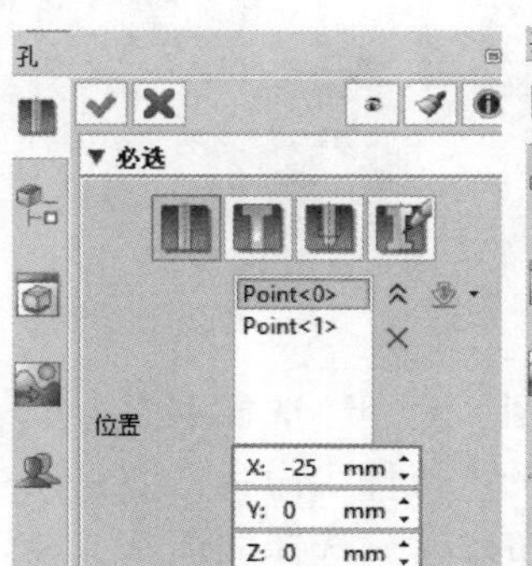
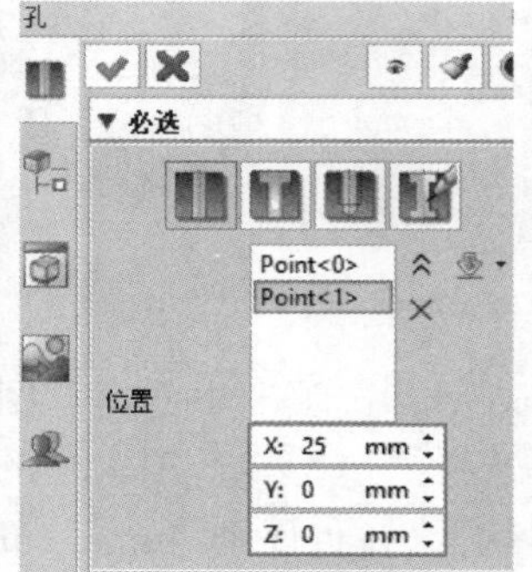
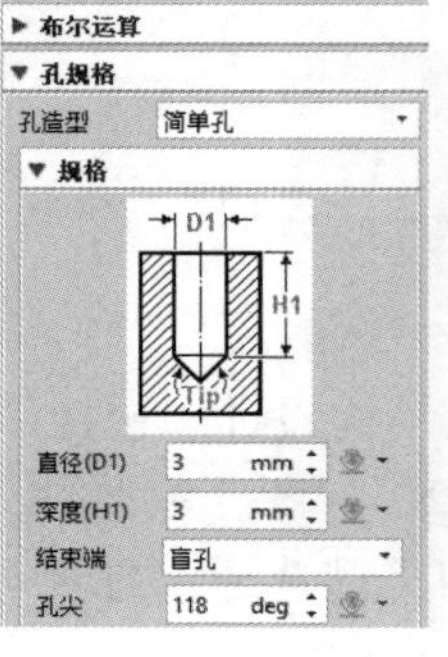
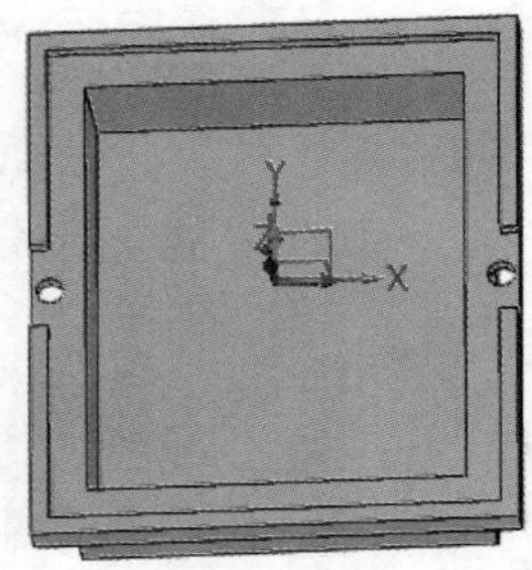
图 4-13　通孔结构设计

2. 电池盒盖造型设计

① 新建文件。单击“新建”按钮，新建一个“电池盒盖”文件，并单击“保存”按钮，文件存储位置为儿童越野车设计目录。

② 电池盒盖特征设计。选择“造型”选项卡中的“草图”命令，选择平面为 XY 平面，绘制草图 1，如图 4-14 所示。选择“造型”选项卡中的“拉伸”命令，创建拉伸 1，选择草图 1，拉伸类型选择“2 边”，拉伸距离 2mm，布尔运算选择基体，参数设置及结果如图 4-15 所示。

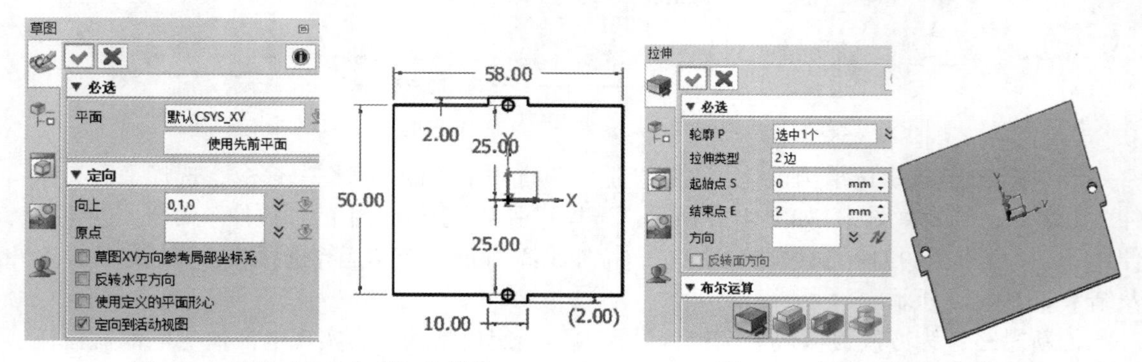
图 4-14　创建“电池盒盖”的草图 1　　　　图 4-15　创建“草图”的拉伸 1

创新思路：电池盒盖主要用来与电池盒装配，在不考虑尺寸公差的前提下，需要保证尺寸完全吻合。用螺钉固定电池盒盖时，电池盒盖上的孔应为简单孔 ϕ3mm，通孔，尺寸略大。

3. 车身特征造型设计

① 新建文件。单击“新建”按钮，新建一个“车身”文件，并单击“保存”按钮，文件存储位置为儿童越野车设计目录。

车身整体轮廓造型设计

车身电池凹槽造型设计

② 车身整体轮廓设计。选择“造型”选项卡中的“草图”命令，选择平面为 XY 平面，绘制草图 1，如图 4-16 所示。选择“造型”选项卡中的“拉伸”命令，创建拉伸 1，选择草图 1，拉伸类型选择“2 边”，拉伸距离 10mm，布尔运算选择基体，参数设置及结果如图 4-17 所示。

创新思路：设计时可首先以车身为基准设计其他零部件，在设计其他零部件出现问题时，再修改完善车身，最后完成整车的设计。小车整体轮廓限制在 270mm × 180mm × 160mm，根据设计的电池盒结构，设计车身的尺寸为 120mm × 80mm。

图 4-16　创建草图 1

图 4-17　创建拉伸 1

③ 车身电池凹槽设计。

a. 选择“造型”选项卡中的“草图”命令，选择平面为拉伸 1 上平面，绘制草图 2，如图 4-18 所示。选择“造型”选项卡中的“拉伸”命令，创建拉伸 2，选择草图 2，拉伸类型选择“2 边”，拉伸距离 10mm，布尔运算选择基体，参数设置及结果如图 4-19 所示。

创新思路：为保证电池盒完全嵌入车身中，需要设计尺寸大于电池盒外部轮廓的车身凸台。

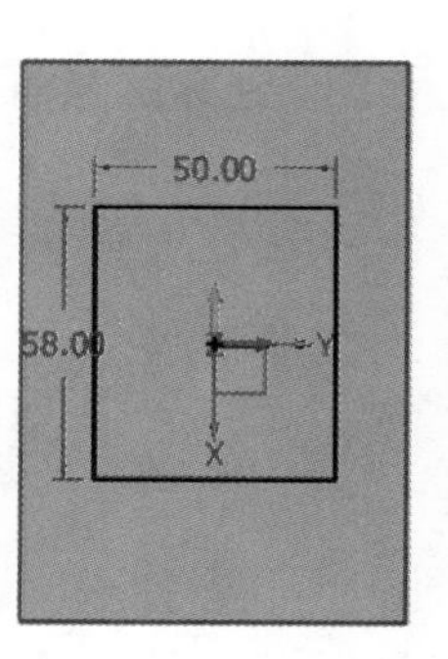

图 4-18　创建草图 2

图 4-19　创建拉伸 2

b. 创建抽壳 1。选择“造型”选项卡中的“抽壳”命令，选择平面为拉伸 2 下平面，创建抽壳 1，如图 4-20 所示。

c. 创建拉伸 3。选择“造型”选项卡中的“拉伸”命令，创建拉伸 3，选择抽壳后结构的内边缘，拉伸类型选择“2 边”，拉伸距离 20mm，布尔运算选择基体，参数设置及结果如图 4-21 所示。

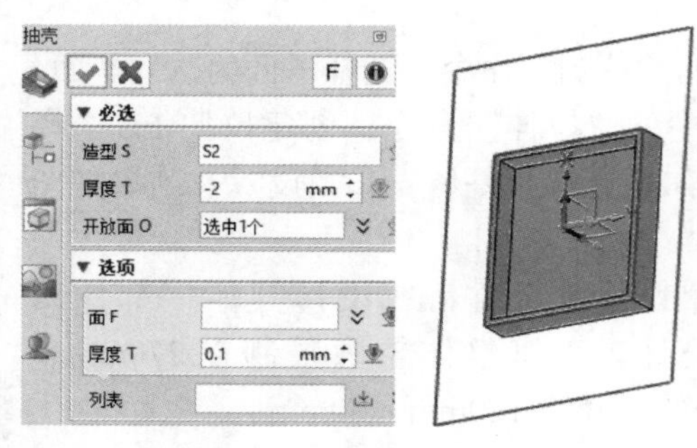

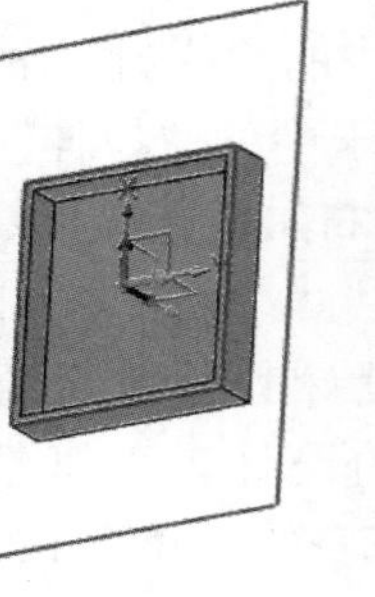

图 4-20　创建抽壳 1

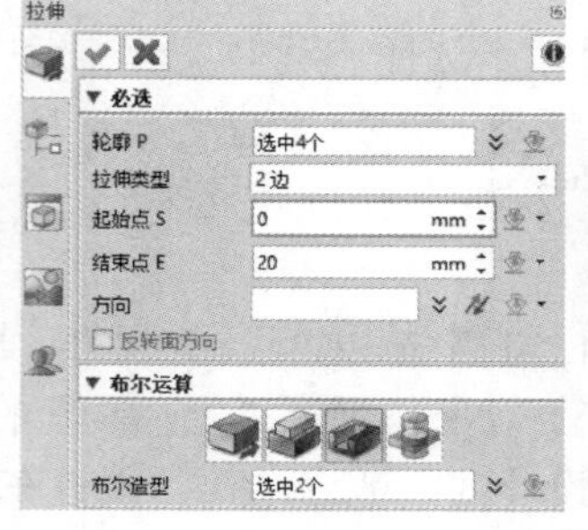

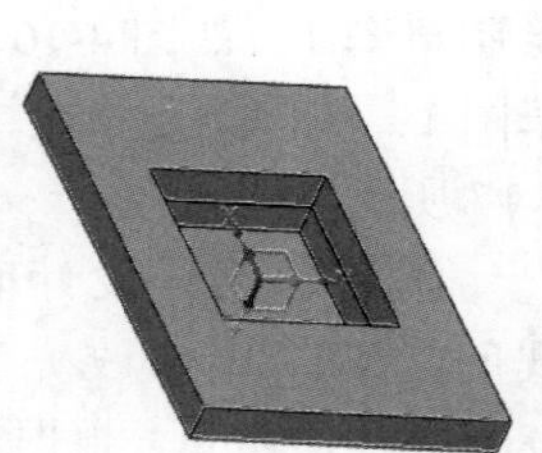

图 4-21　创建拉伸 3

d. 创建“组合 1- 添加”。选择“造型”选项卡中的“添加实体”命令，基体选择拉伸 1，添加选择拉伸 2，参数设置及结果如图 4-22 所示。

创新思路：让壳体与被拉伸 3 切除的拉伸 1 组合，以便于后续操作。

e. 创建拉伸 4。选择“造型”选项卡中的“草图”命令，选择平面为拉伸 1 上平面，绘制草图 3，如图 4-23 所示。选择“造型”选项卡中的“拉伸”命令，创建拉伸 4，选择草图 3，拉伸类型选择“2 边”，拉伸距离 4mm，布尔运算选择减运算，参数设置及结果如图 4-24 所示。

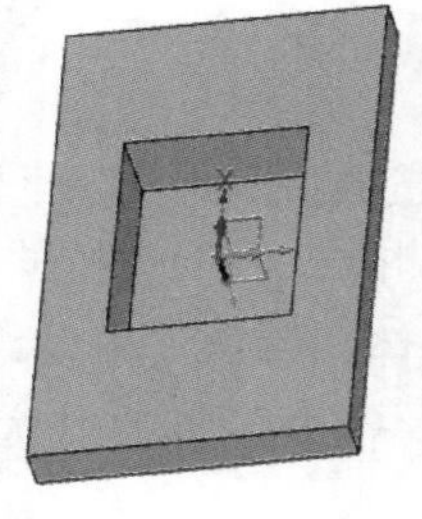

图 4-22　创建组合体

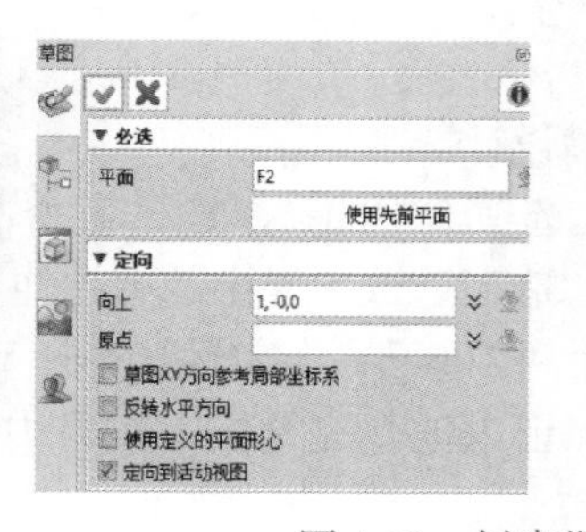

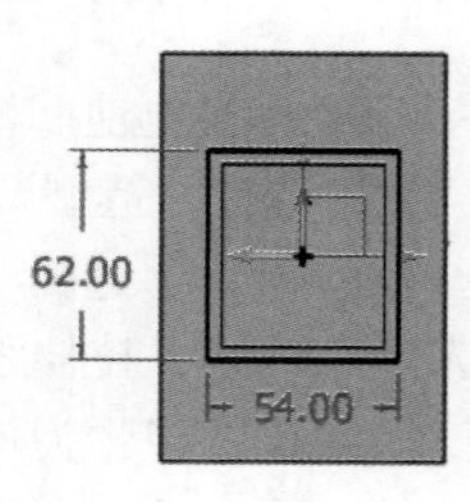

图 4-23　创建草图 3

创新思路：按照电池盒尺寸设计车身凹槽尺寸，电池盒凸缘需要完全嵌入车身里。

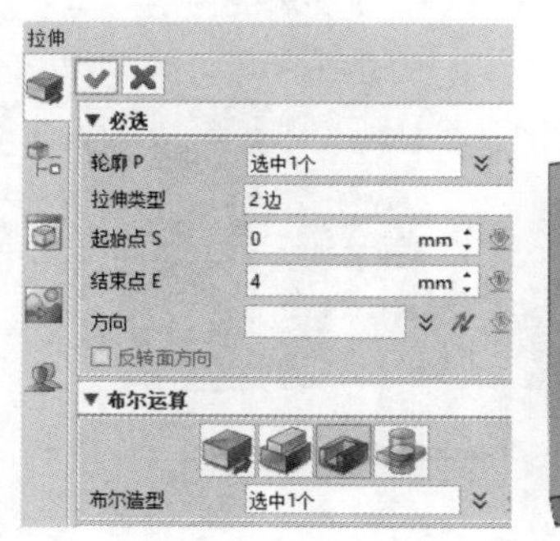

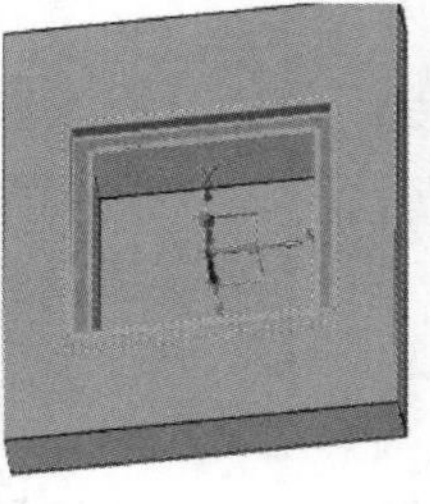

图 4-24　创建拉伸 4

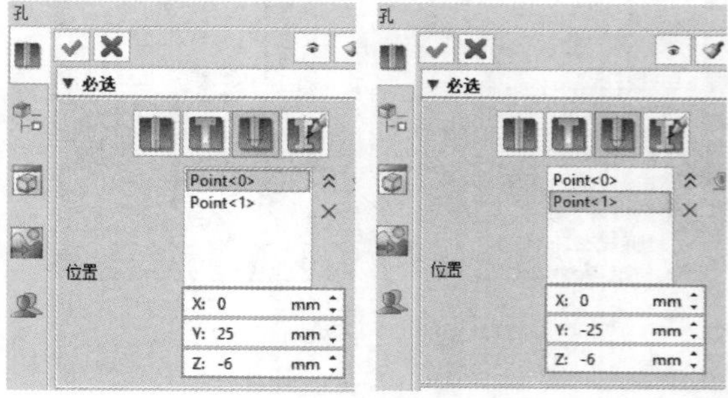

图 4-25　设置螺纹孔 1 位置

f. 创建螺纹孔 1。选择“造型”选项卡中的“孔”命令，选择平面为拉伸 4 上平面，绘制螺纹孔 1，参数设置及结果如图 4-25、图 4-26 所示。

创新思路：在车身上设置螺钉孔用于固定电池盒和电池盒盖。

g. 创建螺纹孔 2。选择“造型”选项卡中的“孔”命令，选择平面为拉伸 1 上平面，绘制螺纹孔 2，参数设置及结果如图 4-27、图 4-28 所示。

创新思路：螺纹孔设计用于固定前后车桥。

注意：加工时，应优先加工孔。

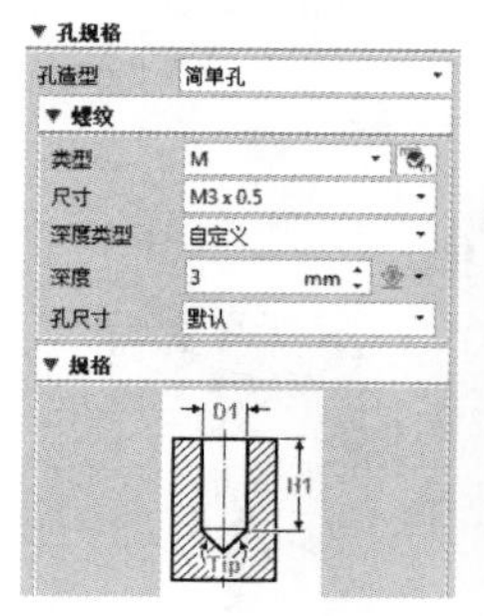

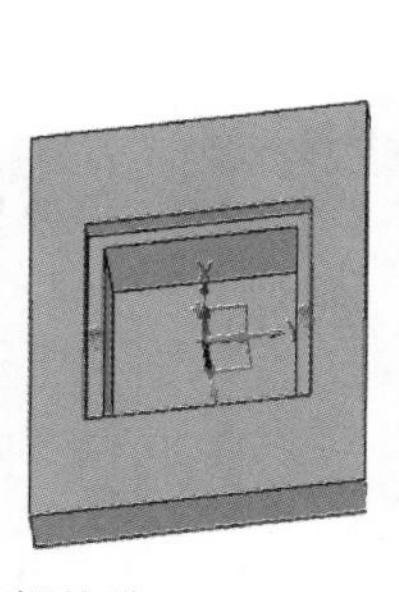

图 4-26　创建螺纹孔 1

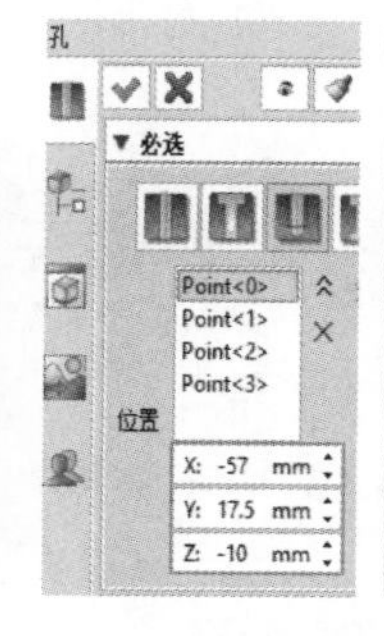

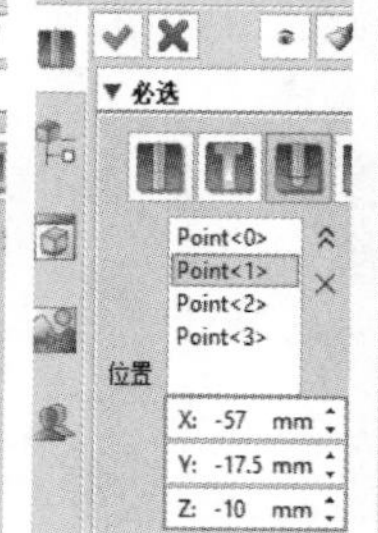

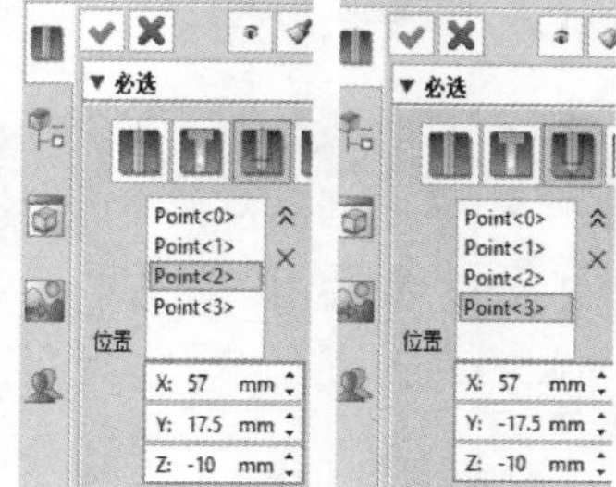

图 4-27　设置螺纹孔 2 位置

前后车桥定位凸台造型设计

4. 前后车桥特征造型设计

① 新建文件。单击“新建”按钮，新建一个“前后车桥”文件，并单击“保存”按钮，文件存储位置为儿童越野车设计目录。

② 车身整体轮廓设计。选择“造型”选项卡中的“草图”命令，选择平面为 XY 平面，绘制草图 1，如图 4-29 所示。选择“造型”选项卡中的“拉伸”命令，创建拉伸 1，选择草图 1，拉伸类型选择“2 边”，拉伸距离 20mm，布尔运算选择基体，参数设置及结果如图 4-30 所示。

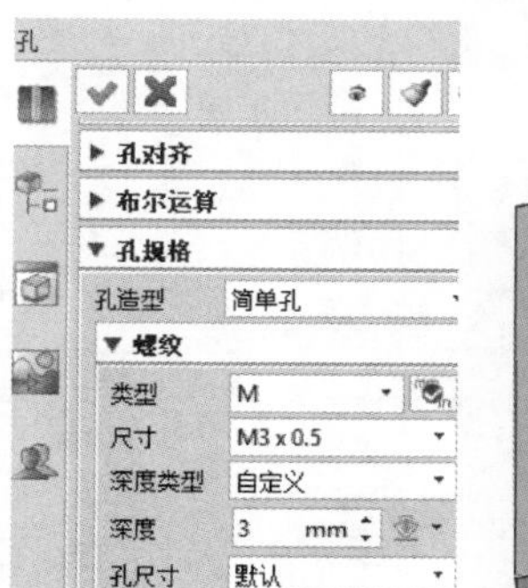

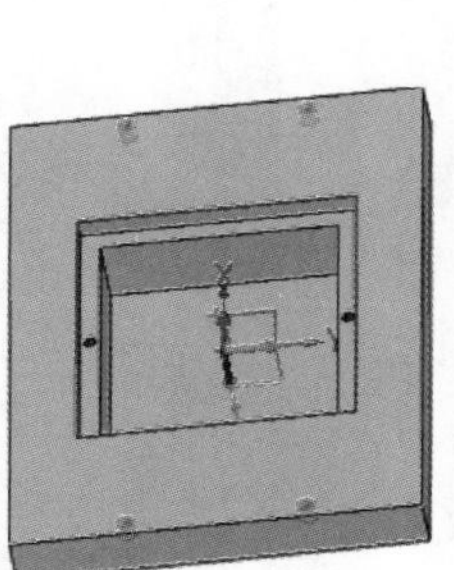

图 4-28　创建螺纹孔 2

创新思路：前后车桥主要起连接车身、连杆、减振器的作用，根据已经设计的车身，推算出前后车桥的轮廓尺寸。

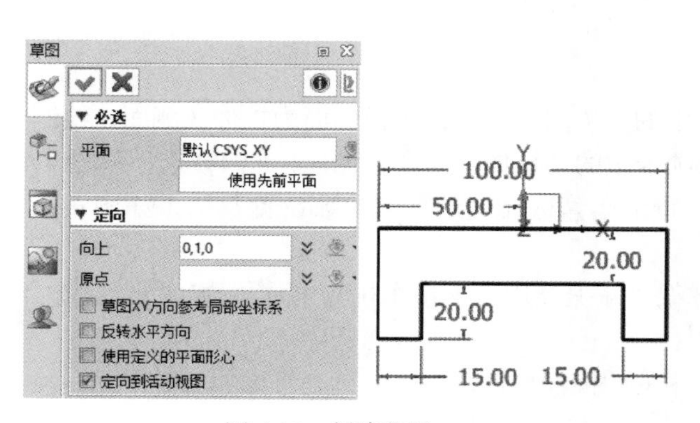

图 4-29　创建草图 1

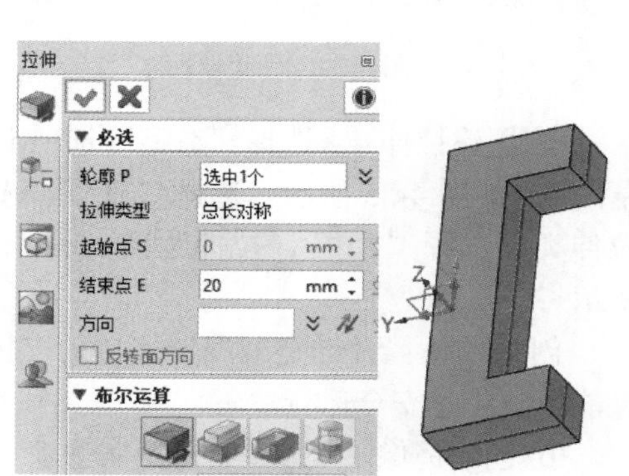

图 4-30　创建拉伸 1

③ 创建拉伸 2。选择“造型”选项卡中的“草图”命令，选择平面为拉伸 1 侧面，绘制草图 2，如图 4-31 所示。选择“造型”选项卡中的“拉伸”命令，创建拉伸 2，选择草图 2，拉伸类型选择“2 边”，拉伸距离 5mm，布尔运算选择加运算，参数设置及结果如图 4-32 所示。

创新思路：拉伸 2 用来设计连杆连接柱，对称圆柱应对称设计。

④ 创建拉伸 3。选择“造型”选项卡中的“草图”命令，选择平面为拉伸 1 底面，绘制草图 3，如图 4-33 所示。选择“造型”选项卡中的“拉伸”命令，创建拉伸 3，选择草图 3，拉伸类型选择“2 边”，拉伸距离 25mm，布尔运算选择加运算，参数设置及结果如图 4-34 所示。

前后车桥与车身配合的特征造型设计

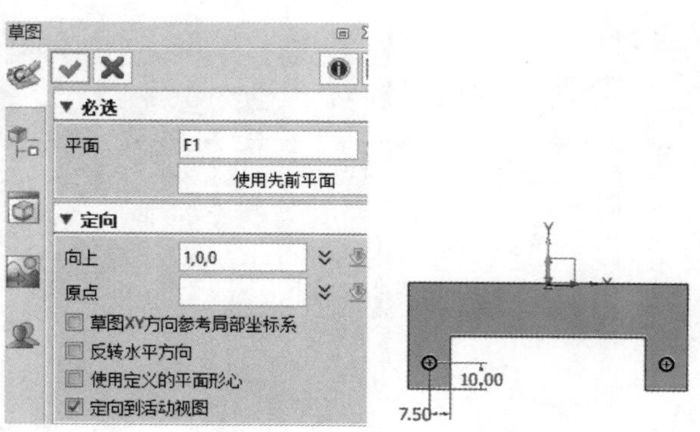

图 4-31　创建草图 2

图 4-32　创建拉伸 2

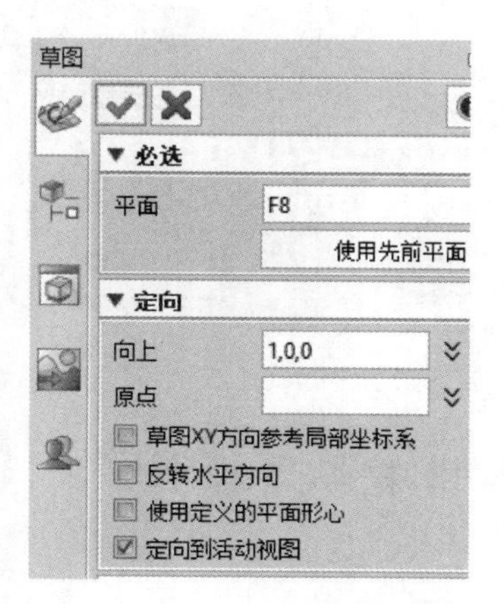

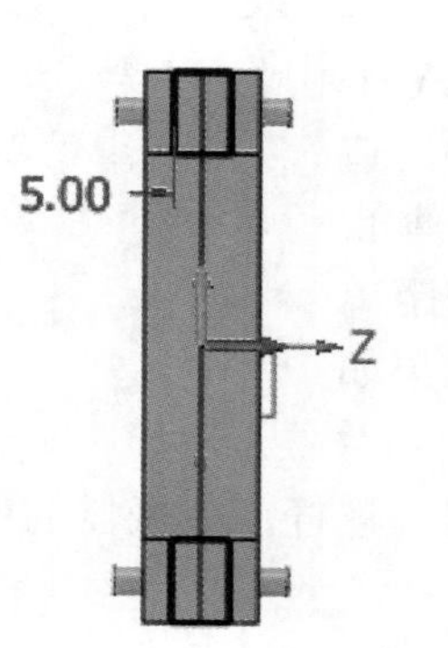

图 4-33　创建草图 3

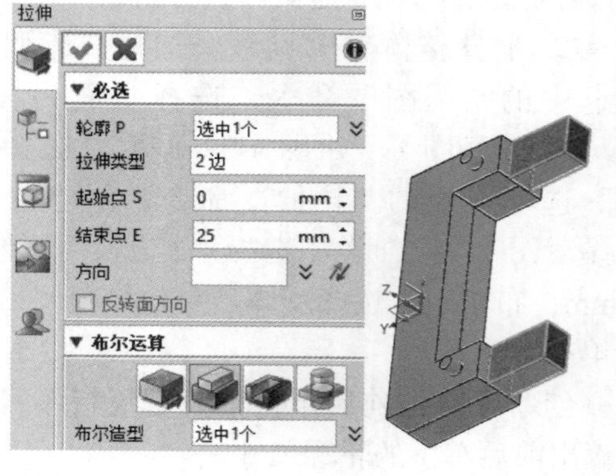

图 4-34　创建拉伸 3

⑤ 创建拉伸 4。选择“造型”选项卡中的“草图”命令，选择平面为拉伸 3 侧面，绘制草图 4，如图 4-35 所示。选择“造型”选项卡中的“拉伸”命令，创建拉伸 4，选择草图 4，拉伸类型选择“2 边”，拉伸距离 10mm，布尔运算选择加运算，参数设置及结果如图 4-36 所示。

创新思路：设计与减振器连接的支撑架，减振器用于连接车桥与电动机壳，既能减振，又能保证小车安全运行。

⑥ 创建镜像 1。选择“造型”选项卡中的“镜像特征”命令，选择平面为 XY 平面，特征选择拉伸 2 和拉伸 4，创建镜像 1，参数设置及结果如图 4-37 所示。

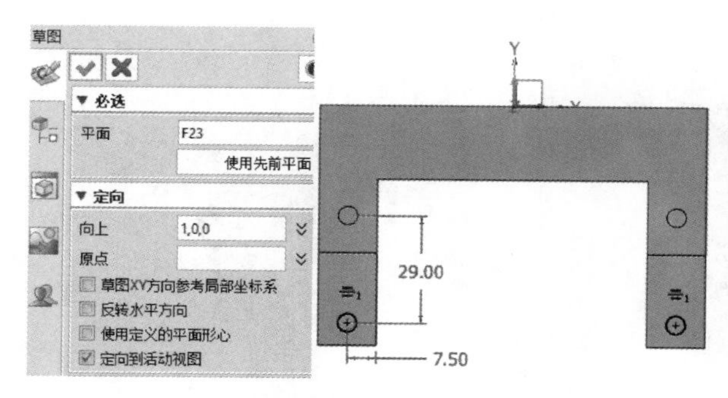

图 4-35　创建草图 4

图 4-36　创建拉伸 4

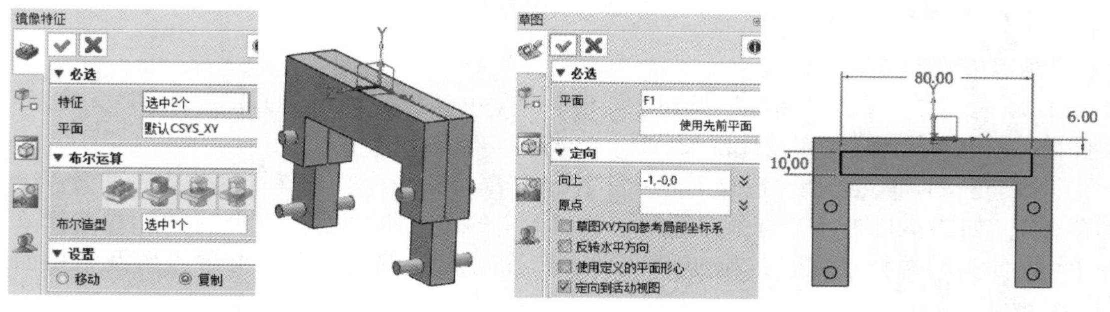

图 4-37　创建镜像 1

图 4-38　创建拉伸 5

⑦ 创建拉伸 5。选择“造型”选项卡中的“草图”命令，选择平面为拉伸 1 侧面，绘制草图 5，如图 4-38 所示。选择“造型”选项卡中的“拉伸”命令，创建拉伸 5，选择草图 5，拉伸类型选择“2 边”，拉伸距离 6mm，布尔运算选择减运算，参数设置及结果如图 4-39 所示。

创新思路：设计凹槽实现与车身连接。根据车身尺寸设计凹槽，设计车身插入车桥凹槽的长度为 6mm，满足螺钉孔加工工艺要求。

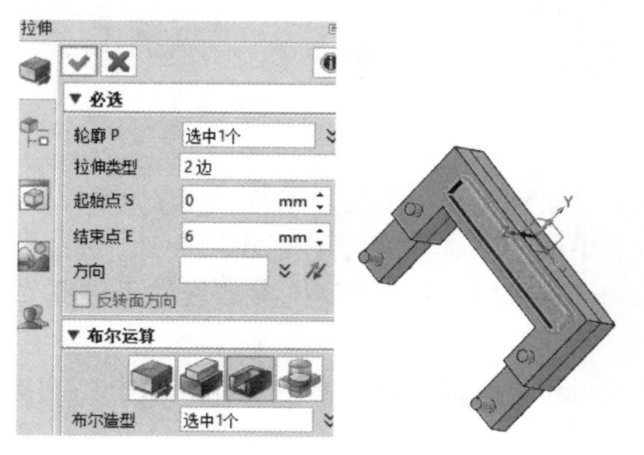

图 4-39　创建拉伸 5

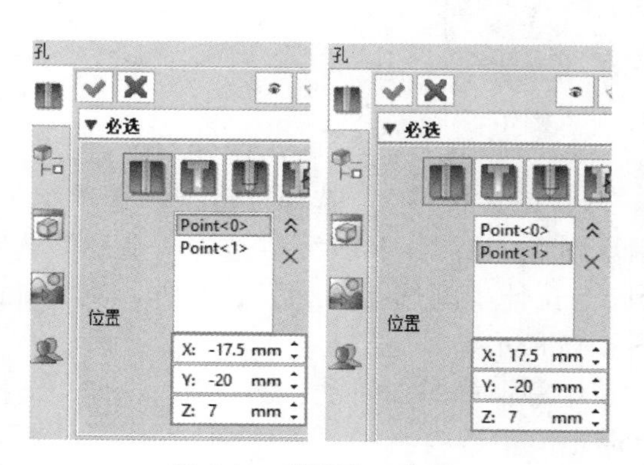

图 4-40　确定孔 1 位置

⑧ 创建孔 1。选择“造型”选项卡中的“孔”命令，选择平面为拉伸 1 底面，参数设置及结果如图 4-40、图 4-41 所示。

创新思路：设计两个孔用来固定车身与车桥，选择 M3 的钉，因此孔的尺寸为 3mm。

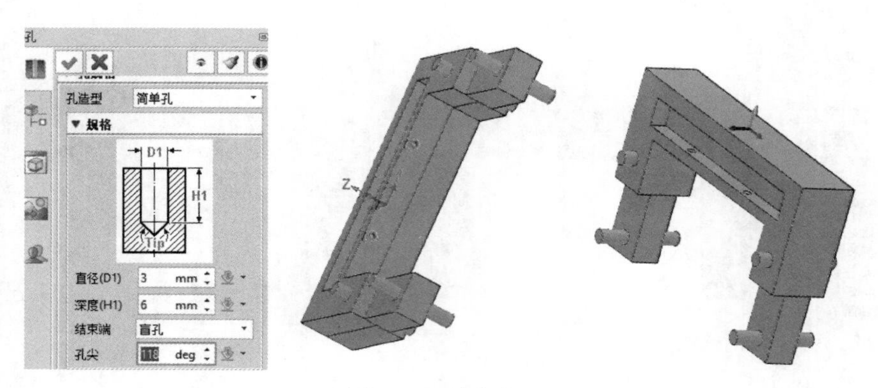

图 4-41　创建孔 1

5. 电动机特征造型设计

电机壳整体轮廓造型设计

① 新建文件。单击“新建”按钮，新建一个“电动机”文件，并单击“保存”按钮，文件存储位置为儿童越野车设计目录。

② 创建拉伸 1。选择“造型”选项卡中的“草图”命令，选择平面为 XY 平面，绘制草图 1，如图 4-42 所示。选择“造型”选项卡中的“拉伸”命令，创建拉伸 1，选择草图 1，拉伸类型选择“2 边”，拉伸距离 18mm，布尔运算选择基体，参数设置及结果如图 4-43 所示。

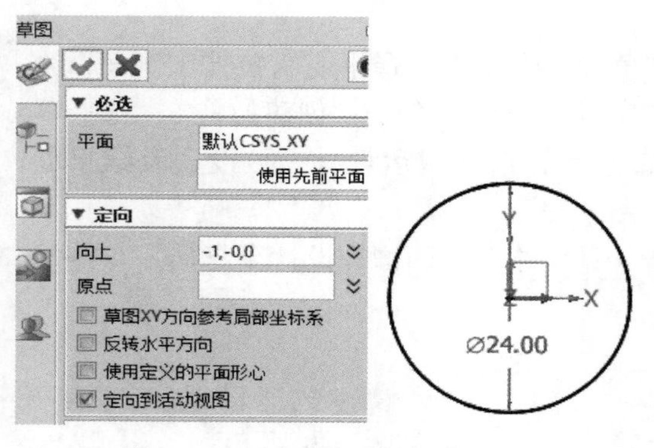

图 4-42　创建“电动机”草图 1

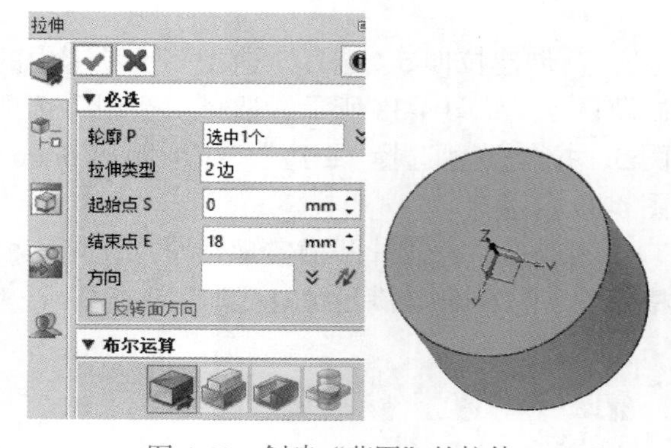

图 4-43　创建“草图”的拉伸 1

③ 创建拉伸 2。选择“造型”选项卡中的“草图”命令，选择平面为 XY 平面，绘制草图 2，如图 4-44 所示。选择“造型”选项卡中的“拉伸”命令，创建拉伸 2，选择草图 2，拉伸类型选择“2 边”，拉伸距离 7mm，布尔运算选择加运算，参数设置及结果如图 4-45 所示。

注意：草图 2 创建了 3 个圆，拉伸 2 选择 ϕ2mm 的曲线拉伸，两个 ϕ3mm 用于在创建孔时定位。

④ 创建螺纹孔 1。选择“造型”选项卡中的“孔”命令，选择平面为 XY 平面，绘制螺纹孔 1，参数设置及结果如图 4-46 所示。

6. 电动机壳特征造型设计

① 新建文件。单击“新建”按钮，新建一个“电动机壳”文件，并单击“保存”按钮，文件存储位置为儿童越野车设计目录。

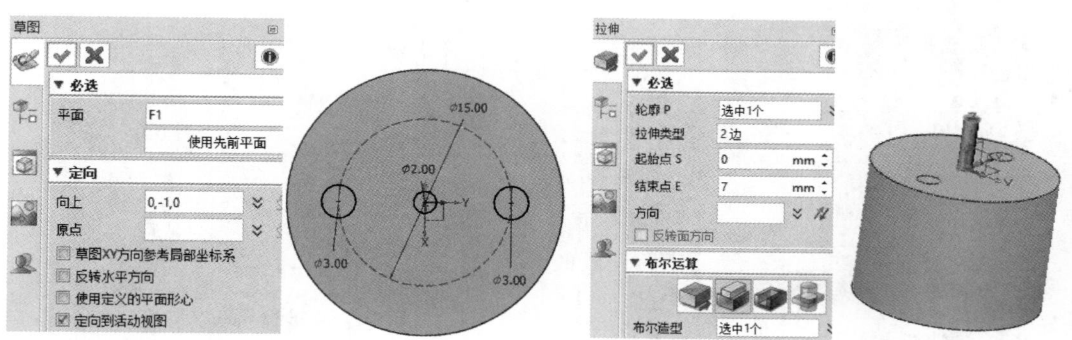

图 4-44　创建草图 2

图 4-45　创建拉伸 2

电机壳与其他零部件配合特征造型设计

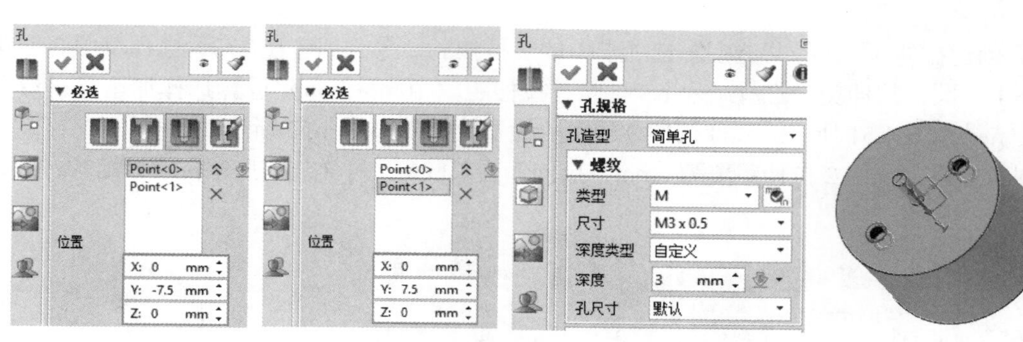

图 4-46　创建螺纹孔 1

② 创建拉伸 1。选择“造型”选项卡中的“草图”命令，选择平面为 XY 平面，绘制草图 1，如图 4-47 所示。选择“造型”选项卡中的“拉伸”命令，创建拉伸 1，选择草图 1，拉伸类型选择“总长对称”，拉伸距离 20mm，布尔运算选择基体，参数设置及结果如图 4-48 所示。

创新思路：电动机壳造型参考电动机和前后车桥的尺寸。

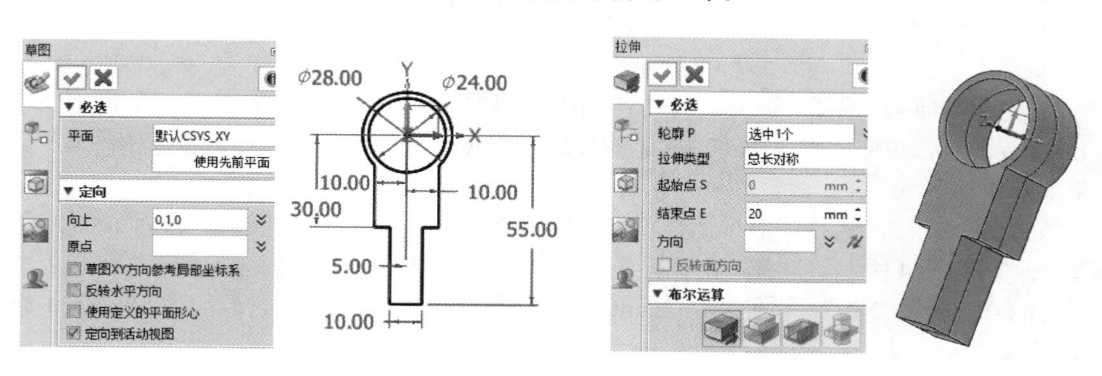

图 4-47　创建草图 1

图 4-48　创建拉伸 1

③ 创建拉伸 2。选择“造型”选项卡中的“草图”命令，选择平面为 XY 平面，绘制草图 2，如图 4-49 所示。选择“造型”选项卡下的“拉伸”命令，创建拉伸 2，选择草图 2，拉伸类型选择“2 边”，拉伸距离 5mm，布尔运算选择加运算，参数设置及结果如图 4-50 所示。

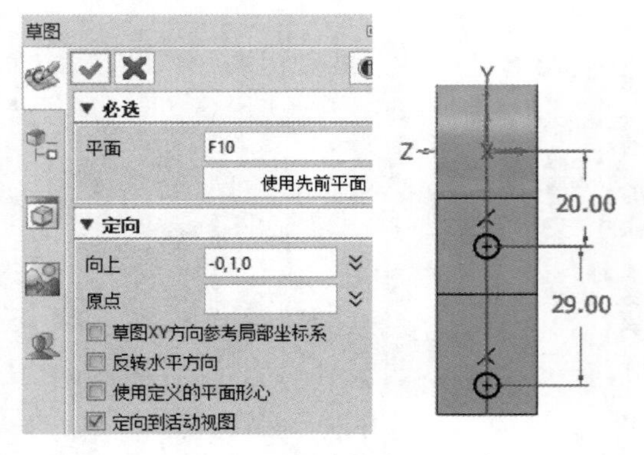

图 4-49　创建草图 2

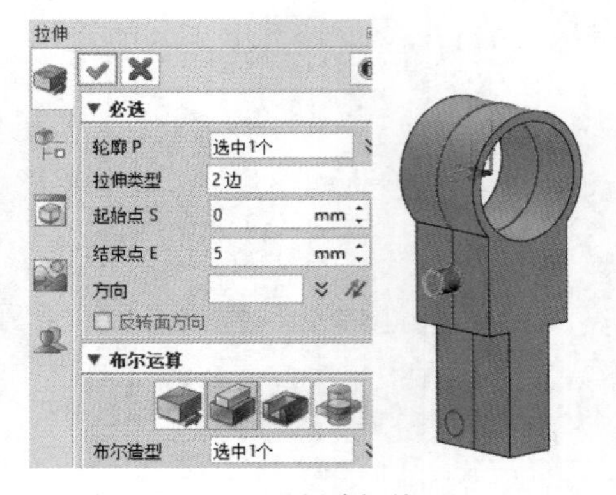

图 4-50　创建拉伸 2

④ 创建拉伸 3。选择“造型”选项卡中的“拉伸”命令，创建拉伸 3，选择草图 2 创建的另外 1 个圆，拉伸类型选择“总长对称”，拉伸距离 10mm，布尔运算选择加运算，参数设置及结果如图 4-51 所示。镜像拉伸 3 的参数设置及结果如图 4-52 所示。

创新思路：拉伸 2 拉伸距离为 5mm，拉伸 3 为 10mm，这样与前后车桥设计结构一致。

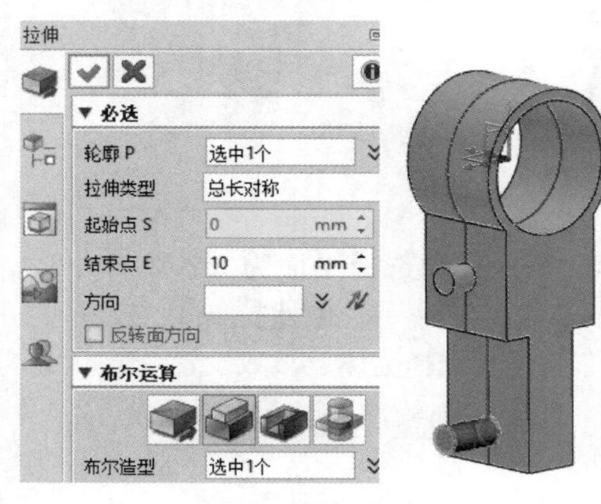

图 4-51　创建拉伸 3

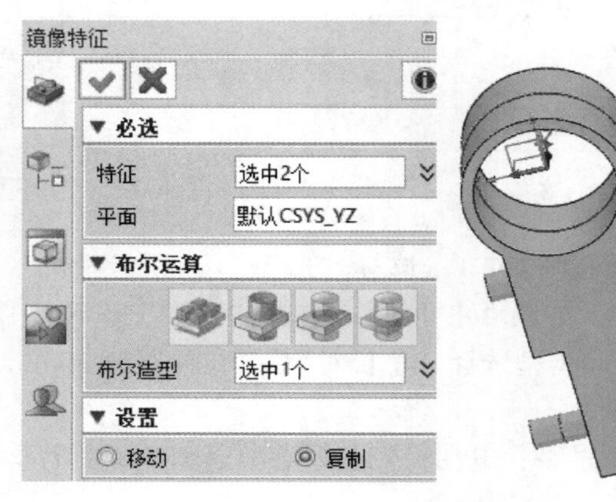

图 4-52　镜像拉伸 3（创建镜像 1）

⑤ 创建拉伸 4。选择“造型”选项卡中的“拉伸”命令，创建拉伸 4，选择草图 1 创建的 ϕ24mm 的圆，拉伸类型选择“2 边”，拉伸距离 2mm，布尔运算选择加运算，参数设置及结果如图 4-53 所示。

⑥ 创建拉伸 5。选择“造型”选项卡下的“草图”命令，选择平面为 XY 平面，绘制草图 4，如图 4-54 所示。选择“造型”选项卡中的“拉伸”命令，创建拉伸 5，选择草图 4，拉伸类型选择“2 边”，拉伸距离 2mm，布尔运算选择减运算，参数设置及结果如图 4-55 所示。

创新思路：创建 3 个圆孔，1 个圆孔用于电动机轴伸出传动，2 个圆孔用于固定电动机。

7. 连杆特征造型设计

① 新建文件。单击“新建”按钮，新建一个“连杆”文件，并单击“保存”按钮，文件存储位置为儿童越野车设计目录。

② 创建拉伸 1。选择“造型”选项卡中的“草图”命令，选择平面为 XY 平面，绘制草

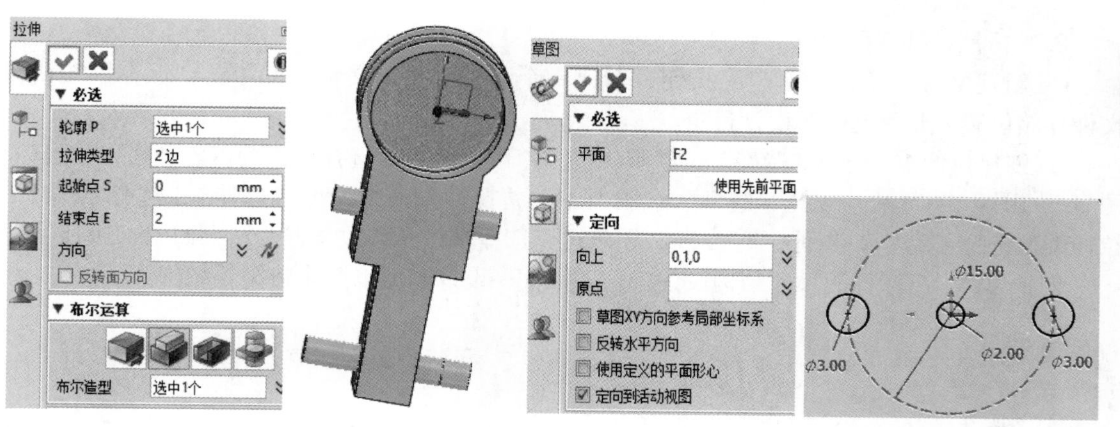

图 4-53　创建拉伸 4　　　　图 4-54　创建草图 4

电机、连杆造型设计

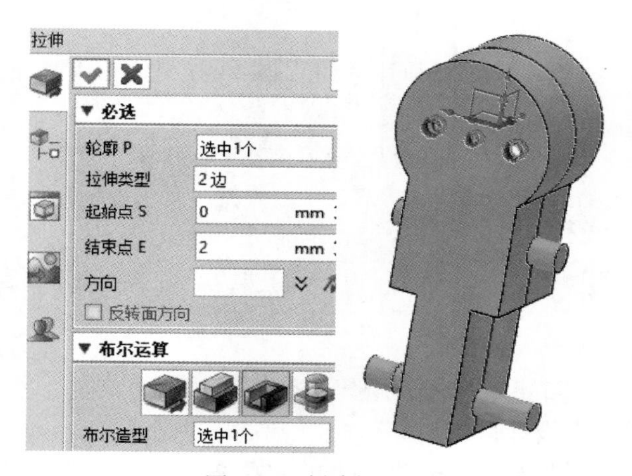

图 4-55　创建拉伸 5

图 1，如图 4-56 所示。选择“造型”选项卡中的“拉伸”命令，创建拉伸 1，选择草图 1，拉伸类型选择“2 边”，拉伸距离 2mm，布尔运算选择基体，参数设置及结果如图 4-57 所示。

创新思路：连杆结构主要由电动机壳的两个圆柱结构的尺寸决定，要设计合理的结构，兼顾节省材料。

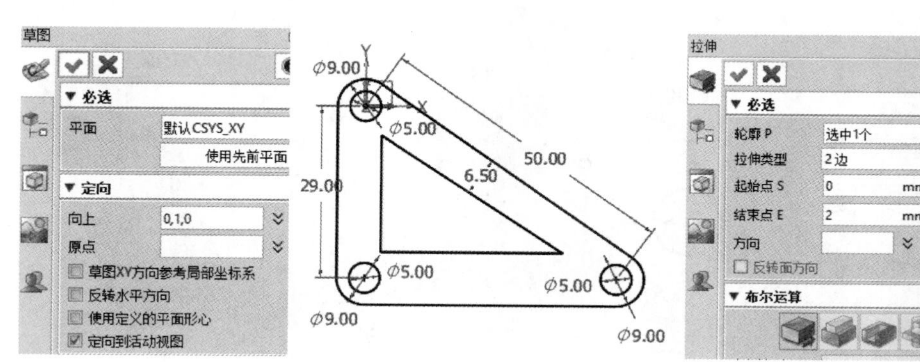

图 4-56　创建草图 1　　　　图 4-57　创建拉伸 1

减震器、联轴器、小车轮造型设计

8. 减振器特征造型设计

① 新建文件。单击“新建”按钮，新建一个“减振器”文件，并单击“保存”按钮，文件存储位置为儿童越野车设计目录。

② 创建拉伸 1。选择“造型”选项卡中的“草图”命令，选择平面为 XY 平面，绘制草图 1，如图 4-58 所示。选择“造型”选项卡中的“拉伸”命令，创建拉伸 1，选择草图 1，拉伸类型选择“2 边”，拉伸距离 2mm，布尔运算选择基体，参数设置及结果如图 4-59 所示。

创新思路：由连杆的尺寸结构设计减振器尺寸，设计时可以简化减振器结构。

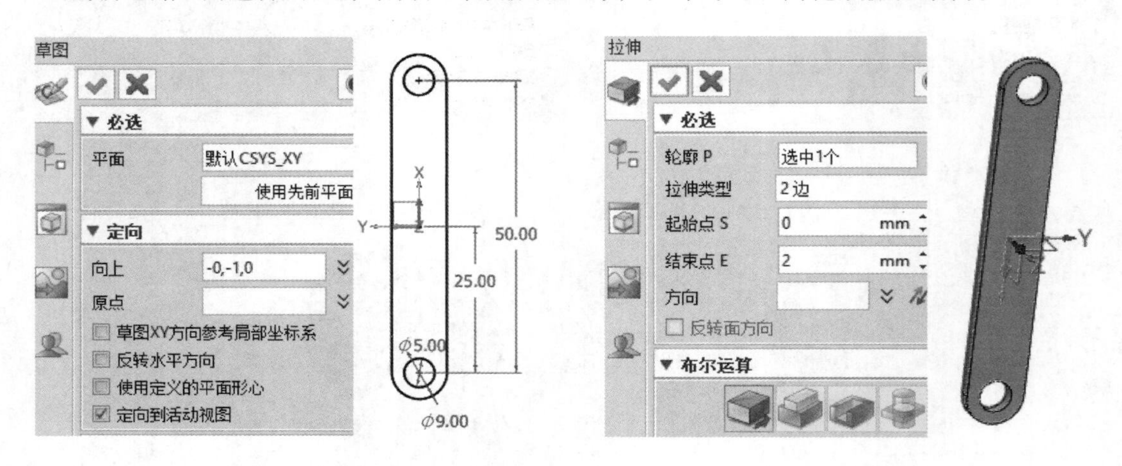

图 4-58　创建草图 1　　　　图 4-59　创建拉伸 1

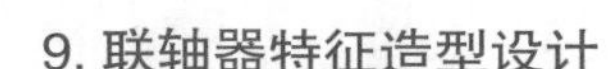

9. 联轴器特征造型设计

① 新建文件。单击“新建”按钮，新建一个“联轴器”文件，并单击“保存”按钮，文件存储位置为儿童越野车设计目录。

② 创建拉伸 1。选择“造型”选项卡中的“草图”命令，选择平面为 XY 平面，绘制草图 1，如图 4-60 所示。选择“造型”选项卡中的“拉伸”命令，创建拉伸 1，选择草图 1，拉伸类型选择“2 边”，拉伸距离 15mm，布尔运算选择基体，参数设置及结果如图 4-61 所示。

创新思路：联轴器要结合电动机伸出轴特征和车轮结构特征设计，与联轴器的连接多采用六方凸凹装配。

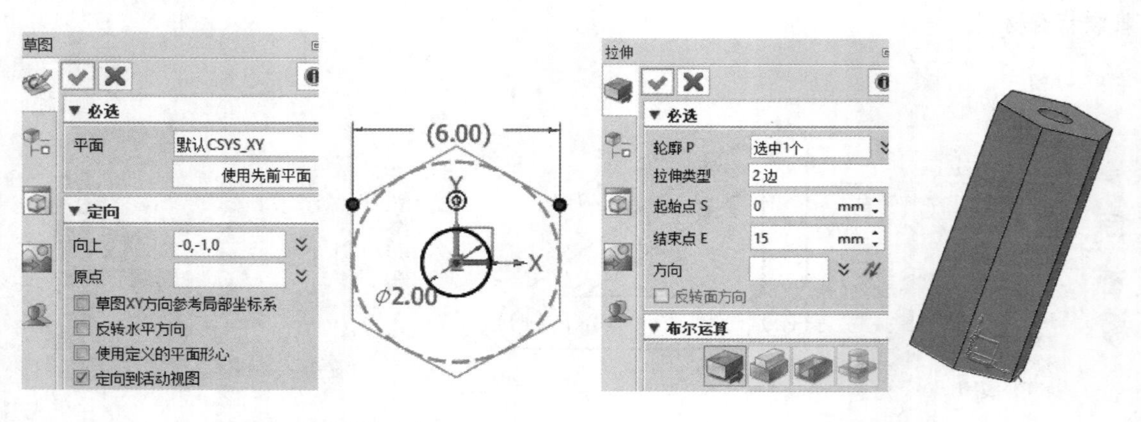

图 4-60　创建“联轴器”草图 1　　　　图 4-61　创建“联轴器”拉伸 1

10. 小车轮特征造型设计

① 新建文件。单击“新建”按钮，新建一个“小车轮”文件，并单击“保存”按钮，文件存储位置为儿童越野车设计目录。

② 创建旋转 1。选择“造型”选项卡中的“草图”命令，选择平面为 XY 平面，绘制草图 1，如图 4-62 所示。选择“造型”选项卡中的“旋转”命令，创建旋转 1，选择草图 1，旋转角度为 360°，布尔运算选择基体，参数设置及结果如图 4-63 所示。

创新说明：在前面任务中小车轮设计已经做过介绍，在本次的设计中简化小车轮结构。

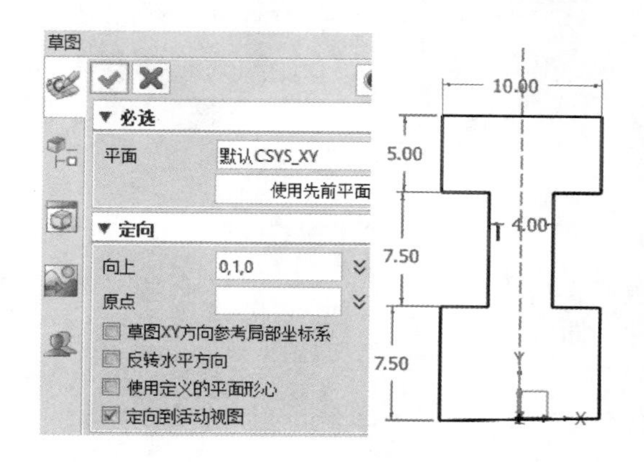

图 4-62　创建草图 1

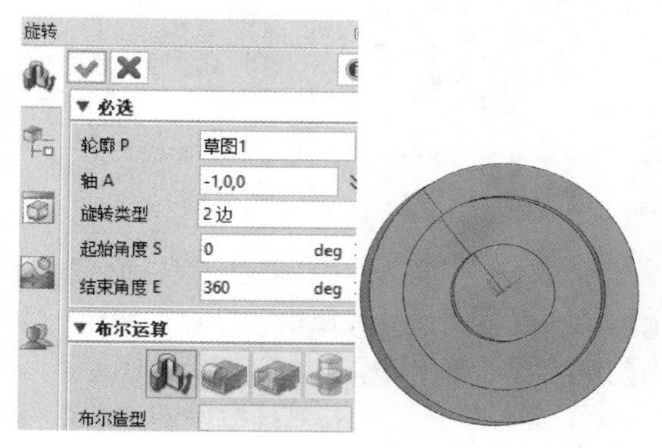

图 4-63　创建旋转 1

③ 创建拉伸 1。选择“造型”选项卡中的“草图”命令，选择平面为 XY 平面，绘制草图 2，正六边形内切圆直径 6mm，如图 4-64 所示。选择“造型”选项卡中的“拉伸”命令，创建拉伸 1，选择草图 2，拉伸类型选择“2 边”，拉伸距离 8mm，布尔运算选择减运算，参数设置及结果如图 4-65 所示。

创新说明：根据联轴器的形状设计小车轮六方槽，总厚为 10mm，六边形槽为 8mm。

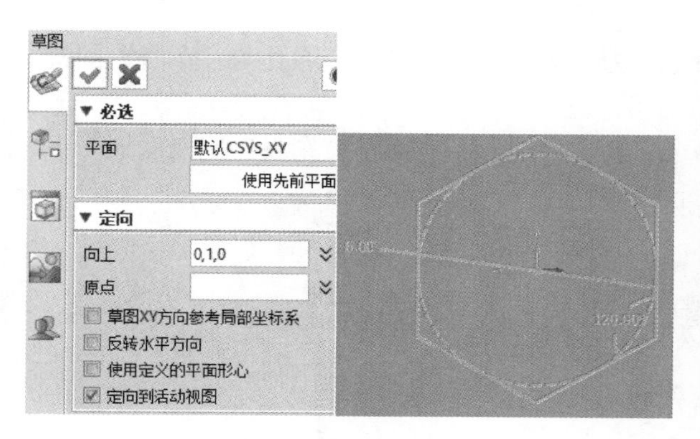

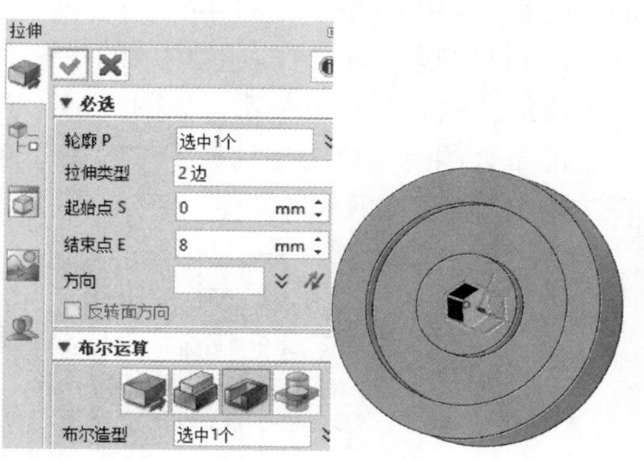

图 4-64　创建草图 2

图 4-65　创建拉伸 1

④ 创建孔 1。选择“造型”选项卡中的“孔”命令，参数设置及结果如图 4-66 所示。

创新思路：设计孔 1 用来固定联轴器。

⑤ 创建圆角 1。选择“造型”选项卡中的“圆角”命令，圆角半径 2mm，结果如图 4-67 所示。

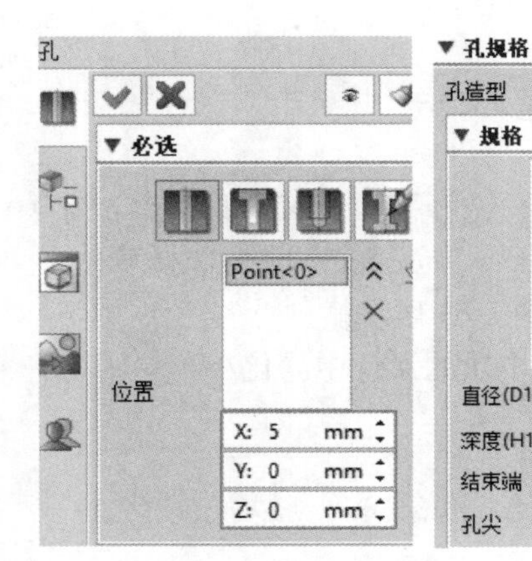

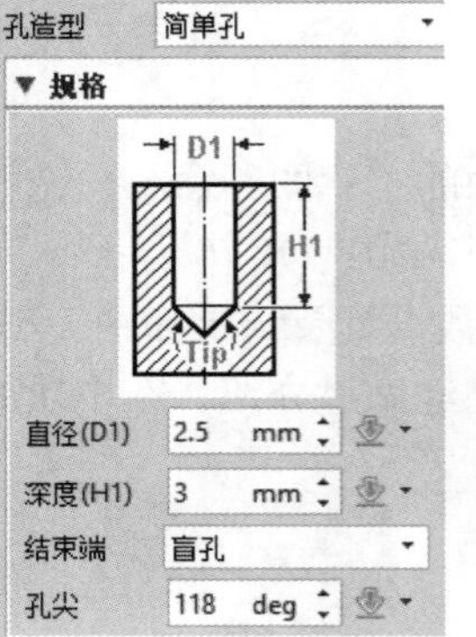

图 4-66　创建孔 1 特征

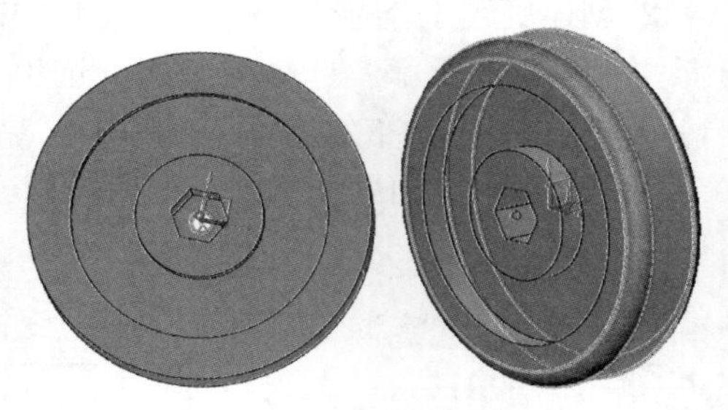

图 4-67　创建圆角 1

儿童越野车装配体造型设计 1

11. 儿童越野车装配

① 新建文件。单击“新建”按钮，新建一个“儿童越野车装配”文件，并单击“保存”按钮，文件存储位置为儿童越野车设计目录。

② 插入车身。单击工具栏中的“插入”命令，弹出“插入”对话框，浏览并找到欲插入的车身，放置类型选择默认坐标，单击“确定”按钮后完成，如图 4-68 所示。

图 4-68　插入车身

③ 插入“电池盒”并添加与“车身”的配合关系。

a. 单击工具栏中的“插入”命令，弹出“插入”对话框，浏览并找到欲插入的“电池盒”，配合类型选择“多点”，单击“确定”完成插入。

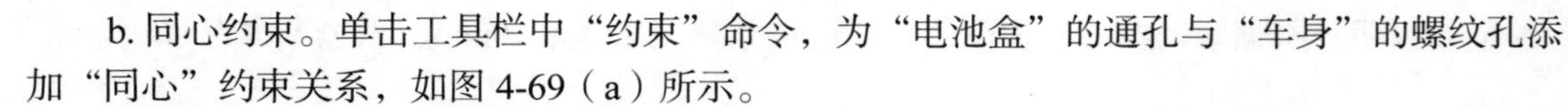

b. 同心约束。单击工具栏中“约束”命令，为“电池盒”的通孔与“车身”的螺纹孔添加“同心”约束关系，如图 4-69（a）所示。

c. 同心约束。单击工具栏中“约束”命令，为“电池盒”的另一个通孔与“车身”的螺纹孔添加“同心”约束关系，如图 4-69（b）所示。

d. 重合约束。单击工具栏中“约束”命令，为“电池盒”底面与“车身”底面添加“重合”约束关系，如图 4-69（c）所示。

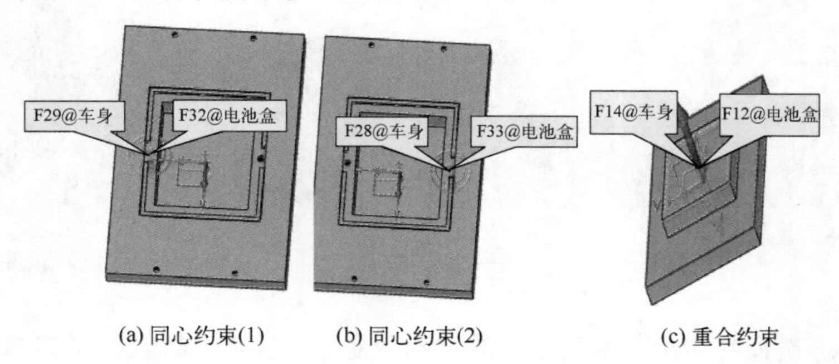

(a) 同心约束(1)　(b) 同心约束(2)　(c) 重合约束

图 4-69　装配电池盒

④ 插入“电池盒盖”并添加与“电池盒”的配合关系。

a. 单击工具栏中的“插入”命令，弹出“插入”对话框，浏览并找到欲插入的“电池盒盖”，配合类型选择“多点”，单击“确定”完成插入。

b. 同心约束。单击工具栏中“约束”命令，为“电池盒”的通孔与“电池盒盖”的螺纹孔添加“同心”约束关系，如图 4-70（a）所示。

c. 同心约束。单击工具栏中“约束”命令，为“电池盒”的另一个通孔与“电池盒盖”的螺纹孔添加“同心”约束关系，如图 4-70（b）所示。

d. 重合约束。单击工具栏中“约束”命令，为“电池盒”底面与“电池盒盖”底面添加“重合”约束关系，如图 4-70（c）所示。

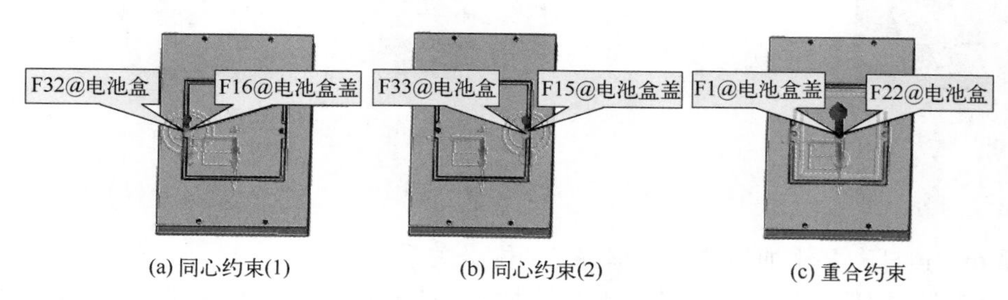

(a) 同心约束(1)　(b) 同心约束(2)　(c) 重合约束

图 4-70　装配电池盒盖

注意：装配时若发现设计的孔不够合理，需要修正时，双击零件，单击按钮即可编辑电池盒盖的孔尺寸，完成后，单击按钮，保存修改后的文件，然后，单击状态树中按钮，双击小车装配体，显示小车装配体（过时），需要单击按钮刷新，返回装配环境。修改零件时装配体管理器环境的变换如图 4-71 所示。

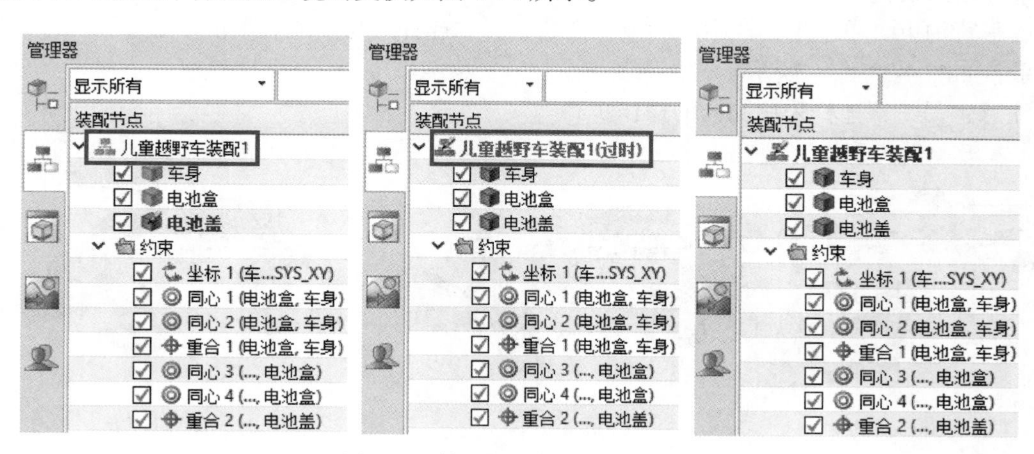

图 4-71　装配与零件设计环境变换

⑤ 插入“前后车桥”并添加与“车身”的配合关系。

a. 单击工具栏中的“插入”命令，弹出“插入”对话框，浏览并找到欲插入的“前后车桥”，配合类型选择“多点”，单击“确定”，完成插入。

b. 同心约束。单击工具栏中“约束”命令，为“前后车桥”的螺纹孔与“车身”的孔添加“同心”约束关系，如图 4-72（a）所示。

c. 同心约束。单击工具栏中“约束”命令，为“前后车桥”的另一个螺纹孔与“车身”的孔添加“同心”约束关系，如图 4-72（b）所示。

d. 重合约束。单击工具栏中“约束”命令，为“前后车桥”槽上表面与“车身”上表面添加“重合”约束关系，如图 4-72（c）所示。

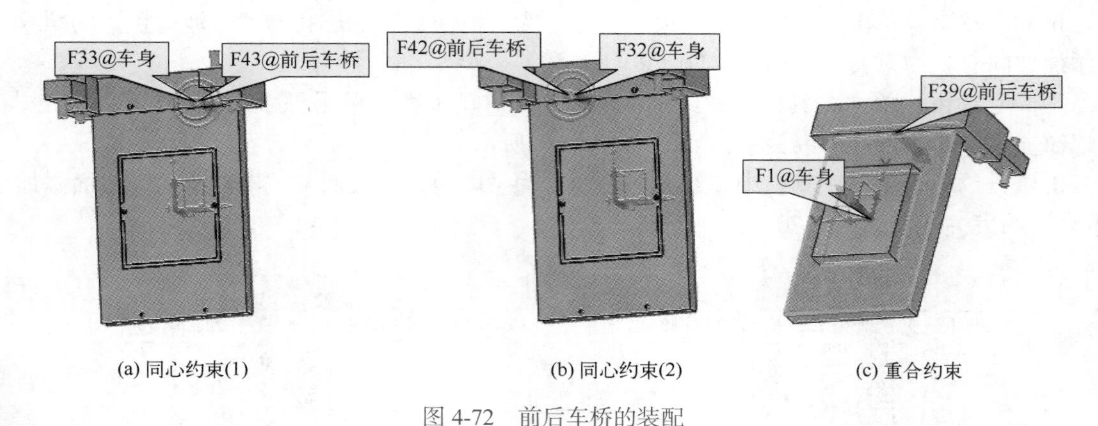

(a) 同心约束(1)　　(b) 同心约束(2)　　(c) 重合约束

图 4-72　前后车桥的装配

儿童越野车装配体造型设计 2

⑥ 插入“连杆”并添加与“前后车桥”的配合关系。

a. 单击工具栏中的“插入”命令，弹出“插入”对话框，浏览并找到欲插入的“连杆”，配合类型选择“多点”，单击“确定”完成插入。

b. 同心约束。单击工具栏中“约束”命令，为“连杆”的孔与“前后车桥”的圆柱添加“同心”约束关系，如图 4-73（a）所示。

c. 重合约束。单击工具栏中“约束”命令，为“连杆”的端面与“前后车桥”的端面添加“重合”约束关系，如图 4-73（b）所示。

d. 平行约束。单击工具栏中“约束”命令，为“连杆”与“前后车桥”添加“平行”约束关系，如图 4-73（c）所示。

注意：另一根连杆采用同样的操作步骤。

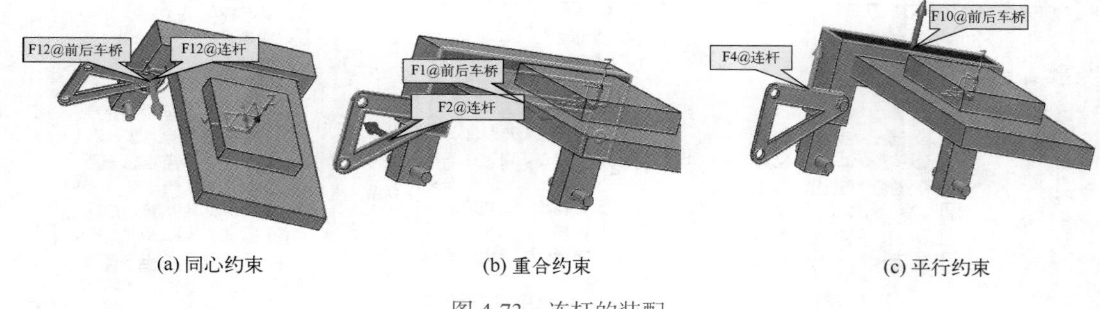

(a) 同心约束　　(b) 重合约束　　(c) 平行约束

图 4-73　连杆的装配

⑦ 插入“电动机壳”并添加与“连杆”的配合关系。

a. 单击工具栏中的“插入”命令，弹出“插入”对话框，浏览并找到欲插入的“电动机壳”，配合类型选择“多点”，单击“确定”完成插入。

b. 同心约束。单击工具栏中“约束”命令，为“电动机壳”的圆柱与“连杆”的圆孔添加“同心”约束关系，如图 4-74（a）所示。

c. 同心约束。单击工具栏中“约束”命令，为“电动机壳”的圆柱与“连杆”的圆孔添加“同心”约束关系，如图 4-74（b）所示。

d. 重合约束。单击工具栏中“约束”命令，为“电动机壳”与“连杆”添加“重合”约束关系，如图 4-74（c）所示。

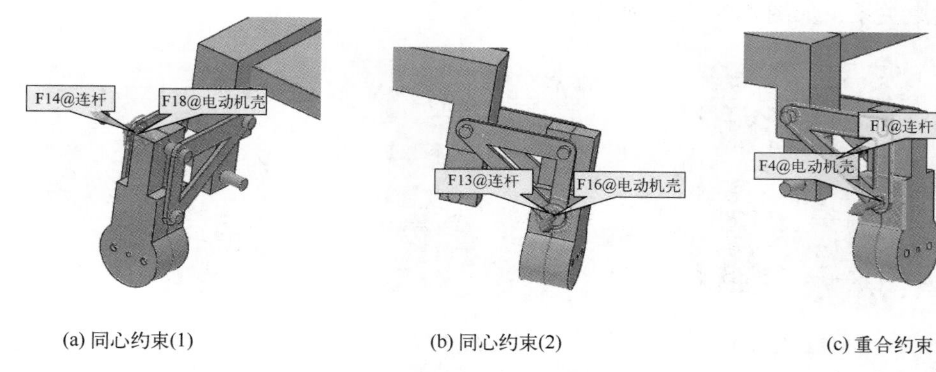

(a) 同心约束(1)　　(b) 同心约束(2)　　(c) 重合约束

图 4-74　电动机壳的装配

⑧ 插入“减振器”并添加与“前后车桥”和“电动机壳”的配合关系。

a. 单击工具栏中的“插入”命令，弹出“插入”对话框，浏览并找到欲插入的“减振器”，配合类型选择“多点”，单击“确定”，完成插入。

b. 同心约束。单击工具栏中“约束”命令，为“减振器”的圆孔与“电动机壳”的圆柱添加“同心”约束关系，如图 4-75（a）所示。

c. 同心约束。单击工具栏中“约束”命令，为“减振器”的圆孔与“前后车桥”的圆柱添加“同心”约束关系，如图 4-75（b）所示。

d. 重合约束。单击工具栏中“约束”命令，为“减振器”与“电动机壳”添加“重合”约束关系，如图 4-75（c）所示。

注意：另一个减振器装配方式一样。

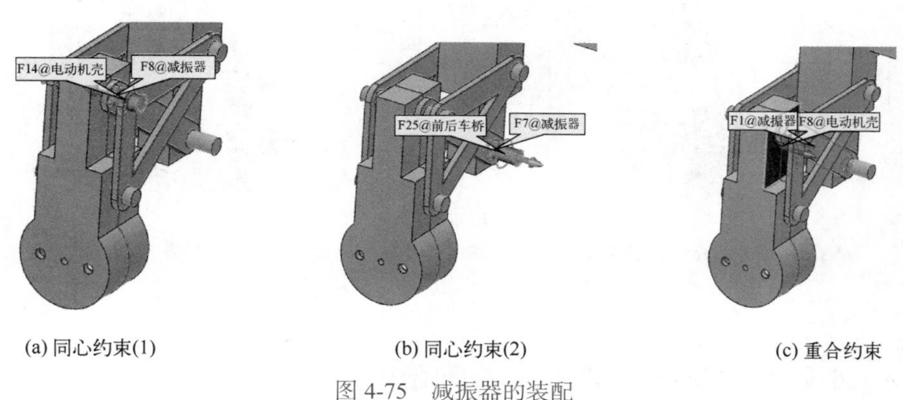

(a) 同心约束(1)　　(b) 同心约束(2)　　(c) 重合约束

图 4-75　减振器的装配

⑨ 插入“电动机”并添加与“电动机壳”的配合关系。

a. 单击工具栏中的“插入”命令，弹出“插入”对话框，浏览并找到欲插入的“电动机”，配合类型选择“多点”，单击“确定”，完成插入。

b. 同心约束。单击工具栏中“约束”命令，为“电动机”的圆柱与“电动机壳”的圆孔添加“同心”约束关系，如图 4-76（a）所示。

c. 同心约束。单击工具栏中“约束”命令，为“电动机”的螺钉孔与“电动机壳”的圆柱添加“同心”约束关系，如图 4-76（b）所示。

d. 重合约束。单击工具栏中“约束”命令，为“电动机”的端面与“电动机壳”添加“重合”约束关系，如图 4-76（c）所示。

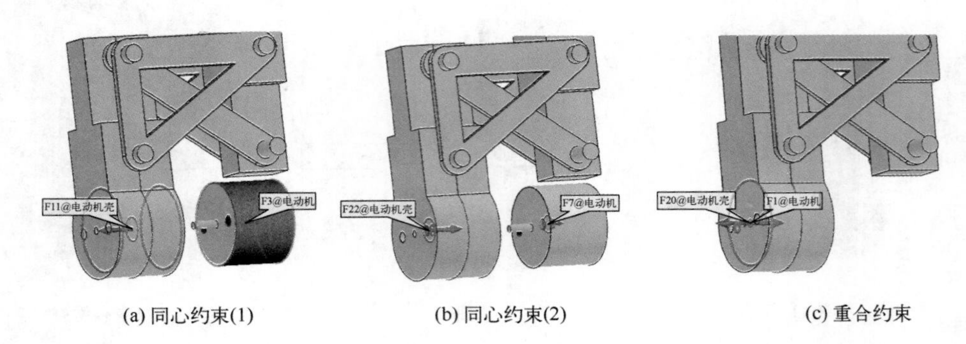

(a) 同心约束(1)　　(b) 同心约束(2)　　(c) 重合约束

图 4-76　电动机的装配

⑩ 插入“联轴器”并添加与“电动机”的配合关系。

a. 单击工具栏中的“插入”命令，弹出“插入”对话框，浏览并找到欲插入的“联轴器”，配合类型选择“多点”，单击“确定”完成插入。

b. 同心约束。单击工具栏中“约束”命令，为“联轴器”的圆孔与“电动机”的圆柱添加“同心”约束关系，如图 4-77（a）所示。

c. 重合约束。单击工具栏中“约束”命令，为“联轴器”的端面与“电动机”的端面添加“重合”约束关系，如图 4-77（b）所示。

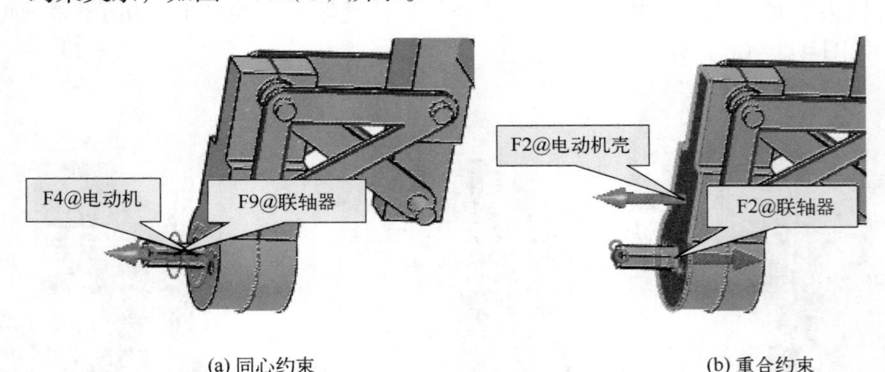

(a) 同心约束　　(b) 重合约束

图 4-77　联轴器的装配

⑪ 插入“小车轮”并添加与“联轴器”的配合关系。

a. 单击工具栏中的“插入”命令，弹出“插入”对话框，浏览并找到欲插入的“小车轮”，配合类型选择“多点”，单击“确定”，完成插入。

b. 同心约束。单击工具栏中“约束”命令，为“小车轮”的圆柱与“联轴器”的圆孔添加“同心”约束关系，如图 4-78（a）所示。

c. 重合约束。单击工具栏中“约束”命令，为“联轴器”的侧面与“小车轮”的内六方孔添加“重合”约束关系，如图 4-78（b）所示。

d. 重合约束。单击工具栏中“约束”命令，为“小车轮”与“联轴器”添加重合约束关系，如图 4-78（c）所示。

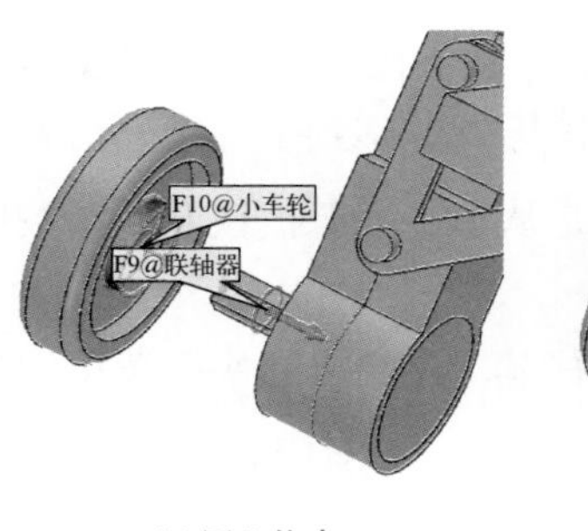

(a) 同心约束

F12@小车轮
F7@联轴器

(b) 重合约束(1)

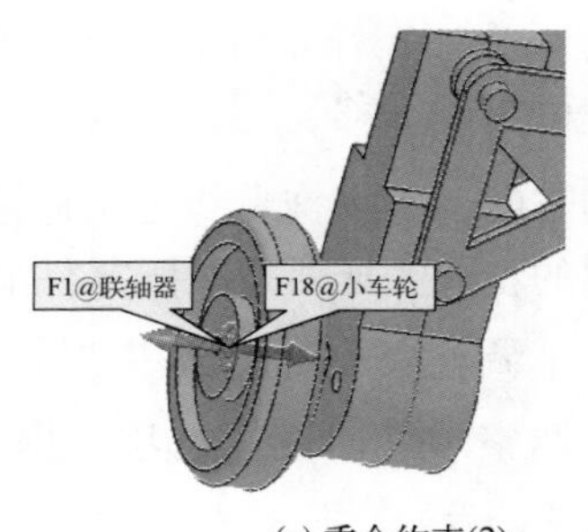

(c) 重合约束(2)

图 4-78　小车轮的装配

爆炸图生成

⑫ 镜像已装配零部件，如图 4-79 所示。

注意：镜像两次，勾选“保留零件关联性”复选框，此种镜像方法实现了 4 个车轮联动。若每台电动机分别驱动车轮的前驱、后驱，需要多次镜像操作和单独约束车轮。

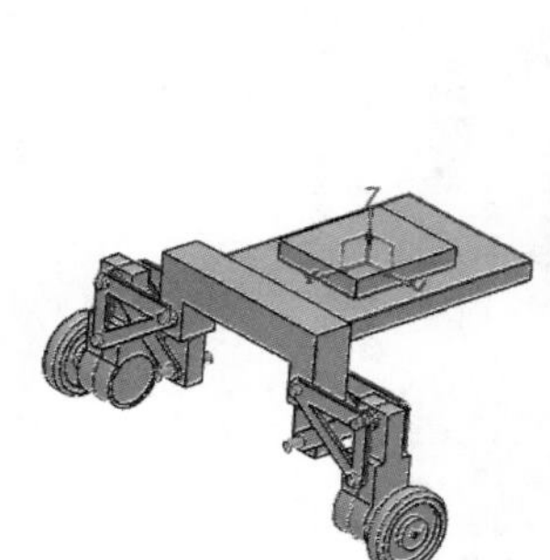

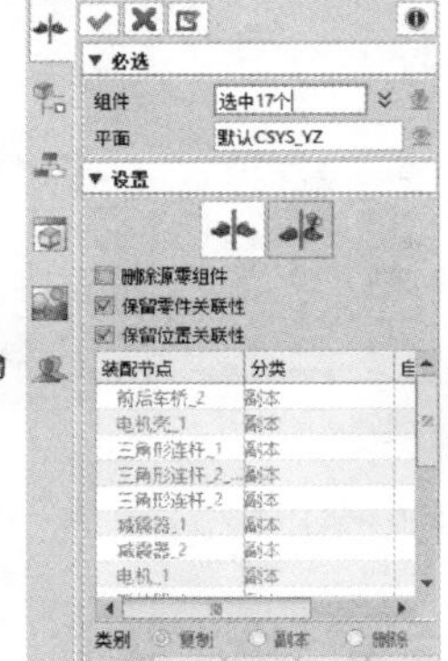

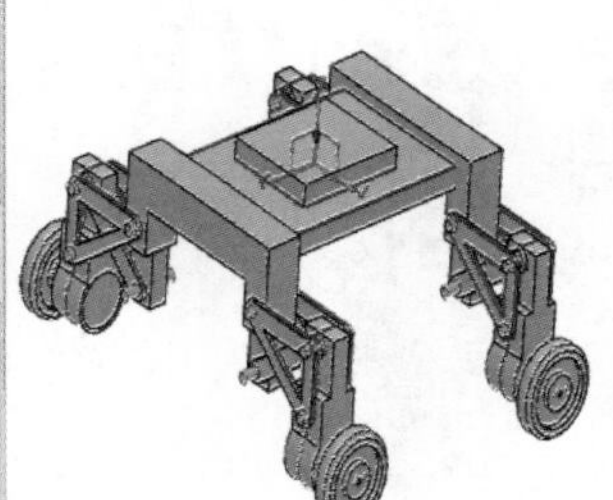

图 4-79　镜像零部件

通过以上 12 步的装配完成了儿童越野车，零部件的设计均满足要求，设计了 4 台电动机，独立悬挂机构，装配体兼顾了结构的稳定性和减振效果。

⑬ 爆炸图生成。

a. 新建爆炸视图。按照要求装配完成儿童越野车后，使用爆炸视图功能创建爆炸视图，如图 4-80 所示。

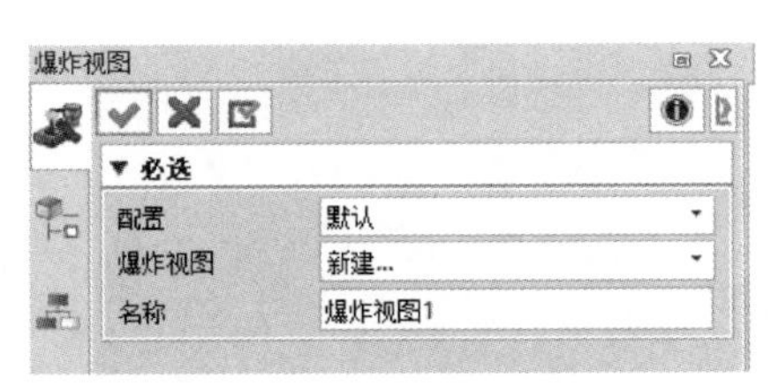

图 4-80　新建爆炸视图

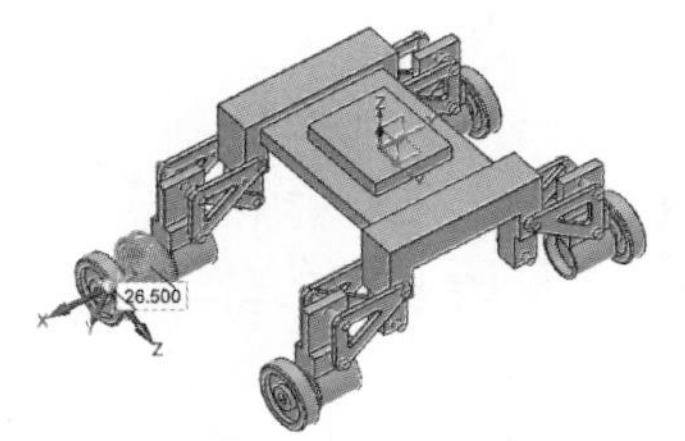

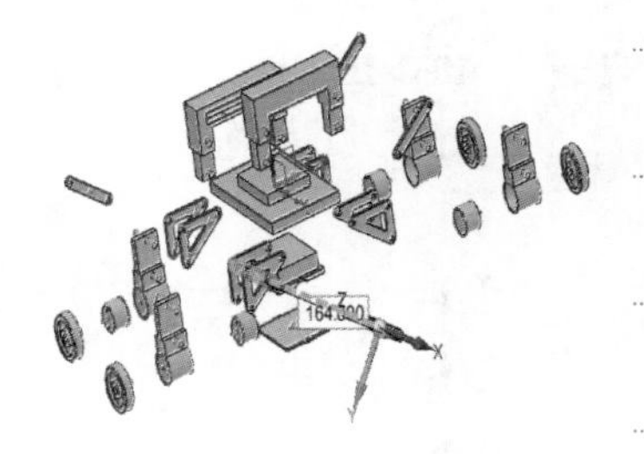

图 4-81　添加爆炸步骤

b. 添加爆炸步骤。单击添加爆炸步骤按钮，切换到“移动操作”对话框，操作方式与移动功能一样，可实现平移、旋转的效果。首先选择要移动的零部件，将鼠标指针移到坐标想要沿着移动的方向，然后拖着指定坐标轴进行移动。下一个零件移动也是从单击添加爆炸步骤按钮开始。按照相同的步骤完成所有装配零件的移动，如图 4-81 所示。

c. 调整爆炸时间。在“管理器”中“爆炸视图 2”上单击右键，在弹出的快捷菜单中选择“调整爆炸时间”选项，爆炸视图有 19 个步骤，每步设置 1 秒，一共 19 秒，如图 4-82 所示。

d. 展示爆炸视图。从“管理器”切换到装配节点管理器，在装配节点管理器中单击 配置 按钮，即可看见爆炸视图 1，在“爆炸视图 1”上单击右键，单击“解除爆炸”选项，装配体恢复原状；单击“动画解除爆炸”选项，即可按照倒序逐渐恢复装配状态。恢复装配体状态后，单击“炸开”选项，装配直接炸开；单击“动画爆炸”选项，即可按照设置的爆炸步骤逐渐爆炸到完全爆炸视图，如图 4-83 所示。

图 4-82　设置爆炸步骤时间　　　图 4-83　解除爆炸与炸开设置

e. 保存爆炸过程。单击爆炸视频按钮，弹出的“爆炸视频”对话框，选中“保存爆炸过程”和“保存折叠过程”复选框，单击“确定”，弹出保存为 AVI 格式的文件的对话框，给文件命名后，单击“保存”按钮，如图 4-84 所示。

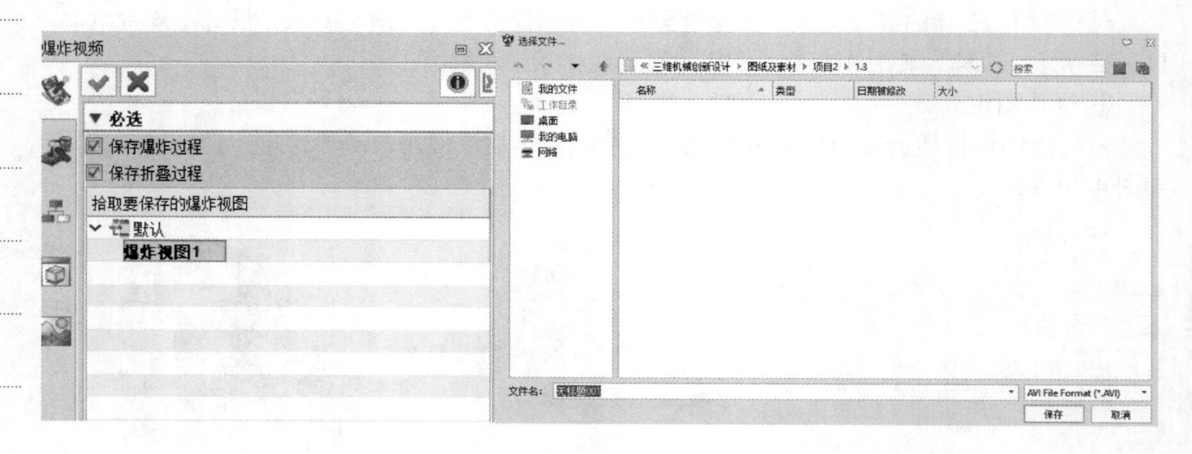

图 4-84　保存爆炸过程

【填写“课程任务报告”】

课程任务报告

班级		姓名		学号		成绩	
组别		任务名称	儿童越野车的创新设计			参考课时	2学时
任务图样							
任务要求	①儿童越野车车身设计：设计电池盒安装位置，车身与前后车桥的连接 ②儿童越野车悬挂系统设计：设计前后车桥、4～8根连杆，实现车轮与电动机连接、车桥与减振器连接、车桥与连杆连接、电动机壳与连杆连接、电动机壳与减振器连接 ③外壳不设计						
任务完成过程记录	按照任务的要求进行总结，如果空间不足，可加附页（可根据实际情况，适当安排拓展任务，以供学生分组讨论学习，记录拓展任务的完成过程						

【任务拓展】

一、知识考核

1. 机械零件的设计结构主要是什么结构？（　　）

A. 主要基础实体，曲面很少　　B. 曲面很多的结构件

C. 内部实体，外部曲面　　D. 内部曲面，外部实体

2. 创新设计手机时，应考虑哪些因素，不包括（　　）。

A. 外形　　B. 能耗　　C. 结构特征　　D. 使用对象

3. 创新设计储鞋装置时，应考虑哪些因素？不包括（　　）。

A. 使用对象　　B. 家庭房屋布局　　C. 使用便捷性　　D. 外形美观性

4. 创新设计自行车外形时，应考虑哪些因素，不建议的是（　　）。

A. 新的外观　　B. 新的结构功能　　C. 新的能耗　　D. 新的使用对象

5. 爆炸视图导出的爆炸视频格式是 MP4。(　　)

6. 爆炸视图是针对装配体来说的。(　　)

7. 爆炸视图一旦做好是不能再次进行编辑的。(　　)

8. 爆炸视图中，零件只能进行移动不能旋转。(　　)

二、技能考核

互联网上搜索助老机械设计的照片（如智能马桶、智能床、智能喂饭装置、智能穿衣装置、智能助老淋浴装置、智能轮椅），根据照片自行设计助老机械零部件，装配、制作动画、生成视频，并展示分享。

任务二　玩具特技车的创新设计

【知识目标】

◎ 掌握玩具特技车零部件创新设计的方法及技巧。

◎ 掌握玩具特技车零部件装配的方法。

◎ 掌握玩具特技车再设计的方法。

【技能目标】

◎ 熟练根据已知总传动比，划分每级传动比，并完成齿轮齿数、中心距等参数的计算。

◎ 能独立设计并绘制圆柱齿轮三维模型。

◎ 能独立装配零部件，对装配件进行运动分析，根据运动分析结果修改完善零件模型。

【素养目标】

◎ 通过创新设计玩具特技车，使学生关注儿童健康成长，建立工程意识和爱国情怀。

◎ 通过齿轮传动比、齿轮参数的设计以及齿轮建模引导学生关注国家齿轮工业的发展。

◎ 通过玩具特技车满足翻转等创新设计要求，培养学生因地制宜、具体问题具体分析的创新思维能力。

【任务描述】

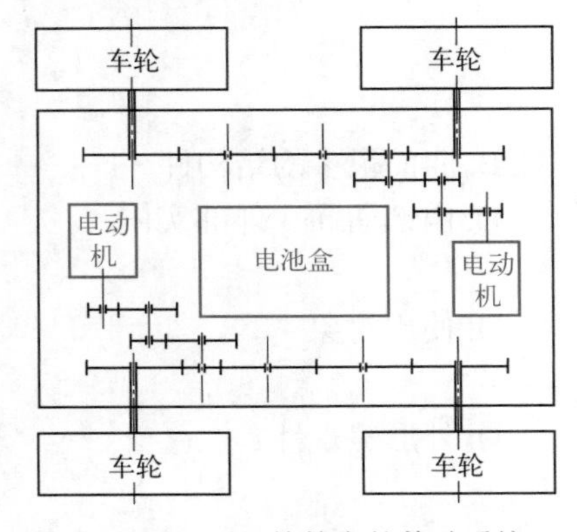

图 4-85　玩具特技车的传动系统

设计一玩具特技车，传动系统如图 4-85 所示，试根据已知尺寸，结合产品结构、机械制图、人体工程学等相关知识进行结构和功能方面的设计，设计的零部件需符合数控加工工艺，创新设计小车零部件并进行装配。

要求：

① 观察玩具特技车的传动系统图，从设计、加工、使用、美观等角度，写出玩具特技车的创新思路。

② 根据制定的总体布置方案及选定的配件，结合产品结构、机械制图、数控加工、人体工程学、3D 打印等

相关知识，使用任务一提供的电动机，进行结构和功能方面的设计，完成设计零件的三维造型，并进行三维虚拟装配。

③ 根据要求对玩具特技车车身、支撑架进行设计，具体设计要求如下。

a. 设计传动机构。包括齿轮、轴、支撑架等零件。

b. 根据图 4-85 所示玩具特技车的传动系统和电动机参数设计传动系统，采用三级直齿圆柱齿轮减速传动，总传动比 35 ～ 40，每级传动比为 2 ～ 4，四轮均为驱动轮，同一侧的车轮用一台电动机驱动，前后两轮转速和方向一致。

c. 将电动机安装到支撑架上，结构合理，轴与齿轮定位准确、传动可靠；电动机与支撑架连接可靠。

d. 电源采用 3 节 5 号电池，电池盒盖便于拆装，传动系统定位合理，连接可靠。

【任务实施】

一、造型方案设计

根据题意，设计一款四驱的玩具特技车，采用三级直齿圆柱齿轮减速传动，同一侧的车轮用一台电动机驱动，前后两轮转速和方向一致，任务实施方案设计见表 4-3。

表 4-3　任务实施方案设计

步骤	1. 齿轮（15 齿）造型	2. 齿轮（20 齿）造型	3. 齿轮（60 齿）造型	4. 双联齿轮（20 ～ 60 齿）造型
图示				
步骤	5. 电动机造型	6. 齿轮支撑架 1 造型	7. 齿轮支撑架 2 造型	8. 车身造型
图示				
步骤	9. 上底板造型	10. 小车轮特征造型	11. 长短轴造型	12. 装配体造型
图示				

任务分析及直齿轮造型设计1

二、参考操作步骤

（一）齿轮总体参数设计

① 设计传动比。总传动比 35 ～ 40，每级传动比为 2 ～ 4。设计的总传动比为 36，传动方案可采用表 4-4 所示的 4 种方案。玩具特技车根据传动件尺寸最小原则和传动比要求，选择第一种传动方案，采用的传动比分别为 4、3、3，其他级传动按照 1 ∶ 1 进行设计，总传动比为 36，满足题意要求。

表 4-4　各级传动设计方案

类型	第一级传动	第二级传动	第三级传动	备注
第一种方案	4	3	3	可互调
第二种方案	2	3	6	可互调
第三种方案	1	6	6	可互调
第四种方案	1	4	9	可互调

② 设计齿数和模数。根据经验，齿轮的模数设定为 0.5，暂定小齿轮的齿数为 20。

第一级传动，齿轮参数如表 4-5 所示。

表 4-5　第一级齿轮副参数

类型	齿数	齿顶圆	分度圆
小齿轮 1	15	da=m*（Z+2）=0.5*17=8.5（mm）	d=m*Z=0.5*15=7.5（mm）
大齿轮 1	60	da=m*（Z+2）=0.5*62=31（mm）	d=m*Z=0.5*60=30（mm）

第二级传动，齿轮参数如表 4-6 所示。

表 4-6　第二级齿轮副参数

类型	齿数	齿顶圆	分度圆
小齿轮 2	20	da=m*（Z+2）=0.5*22=11（mm）	d=m*Z=0.5*20=10（mm）
大齿轮 2	60	da=m*（Z+2）=0.5*62=31（mm）	d=m*Z=0.5*60=30（mm）

第三级传动，齿轮参数如表 4-7 所示。

表 4-7　第三级齿轮副参数

类型	齿数	齿顶圆	分度圆
小齿轮 3	20	da=m*（Z+2）=0.5*22=11（mm）	d=m*Z=0.5*20=10（mm）
大齿轮 3	60	da=m*（Z+2）=0.5*62=31（mm）	d=m*Z=0.5*60=30（mm）

其他级传动，齿轮副参数如表 4-8 所示。

表 4-8　其他级齿轮副参数

类型	齿数	齿顶圆	分度圆
齿轮 4	60	da=m*（Z+2）=0.5*62=31（mm）	d=m*Z=0.5*60=30（mm）
齿轮 5	60	da=m*（Z+2）=0.5*62=31（mm）	d=m*Z=0.5*60=30（mm）
齿轮 6	60	da=m*（Z+2）=0.5*62=31（mm）	d=m*Z=0.5*60=30（mm）

（二）绘制小齿轮 2 三维模型

① 新建文件。单击“新建”按钮，新建一个“小齿轮 2”文件，并单击“保存”按钮，文件存储位置为玩具特技车设计目录。

② 编辑方程式管理器。

选择“工具”选项卡中的“方程式管理器”命令，依次输入常量（m、Z）、角度（a）、长度（da、d、df、db、rb），参数设置及结果如图 4-86 所示。

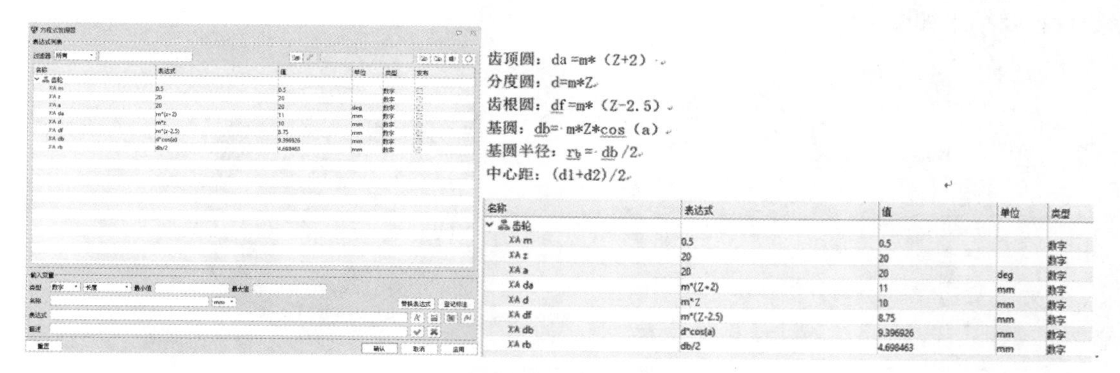

图 4-86　编辑方程式管理器

③ 创建齿轮毛坯。

选择“造型”选项卡中的“草图”命令，草图平面为“XY”，使用“草图”→“圆”命令绘制出如图 4-87 所示草图 1，标注尺寸为 da。

选择“造型”选项卡中的“拉伸”命令，选择草图 1 进行拉伸（位伸 1），参数设置及结果如图 4-88 所示。

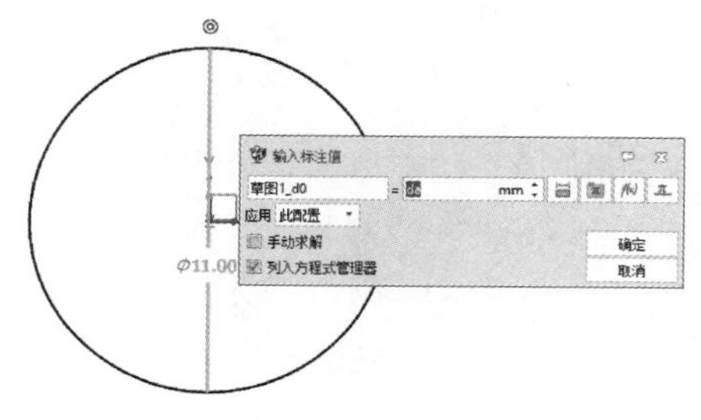

图 4-87　创建齿轮毛坯草图

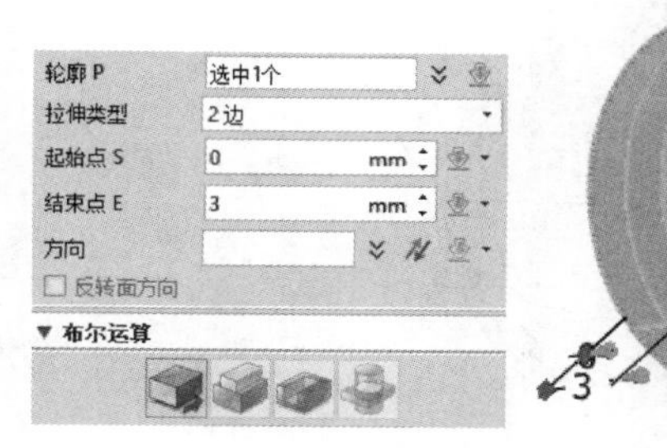

图 4-88　创建齿轮特征

④ 创建齿轮倒角特征。

选择“造型”选项卡中的“倒角”命令，选择齿轮毛坯边缘进行倒角，参数设置及结果如图 4-89 所示。

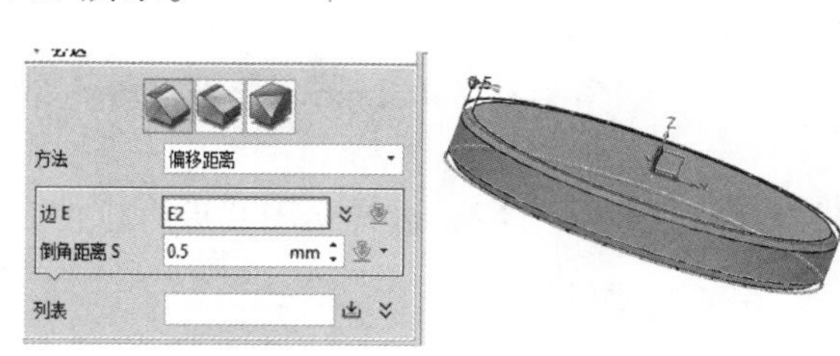

图 4-89　创建齿轮倒角特征

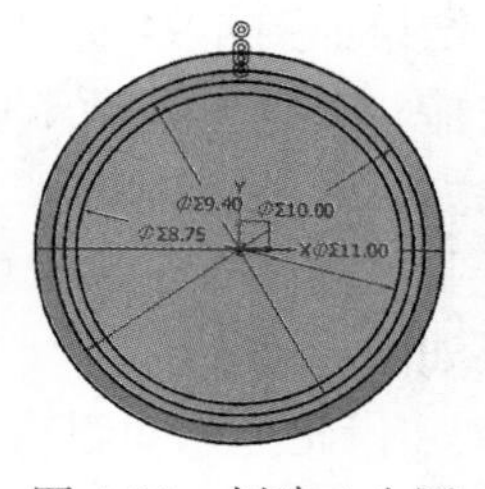

图 4-90　创建 4 个圆

直齿轮造型设计 2

⑤ 创建齿间隙轮廓。

a. 选择“造型”选项卡中的“草图”命令，创建草图 2，草图平面为“XY”，使用“草图”→“圆”命令绘制出 4 个圆，直径分别为 da、d、db、df，结果如图 4-90 所示。

b. 选择“草图”选项卡中的“方程式”命令，在弹出的“方程式曲线”对话框中，选择“方程式列表”中的“圆柱齿轮齿廓的渐开线”命令双击，在“输入方程式”中显示 X、Y 表达式，把表达式中数字“10”替换为“rb”，单击“确定”按钮，在基圆上生成渐开线，参数设置及结果如图 4-91 所示。

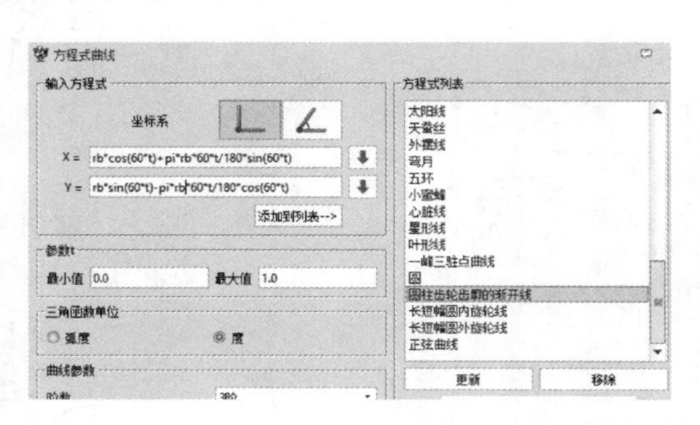

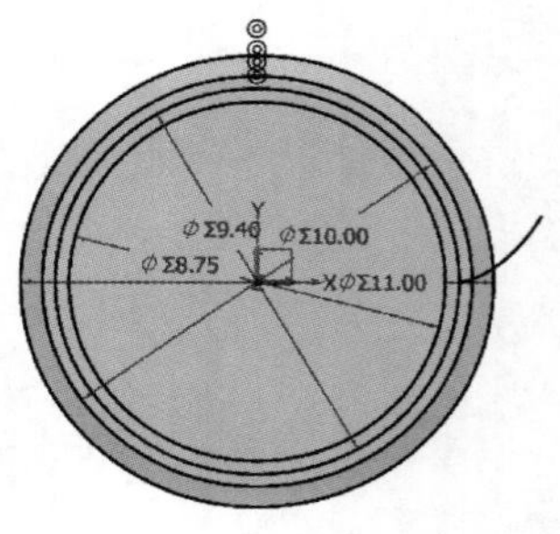

图 4-91　创建渐开线

c. 选择“草图”选项卡中的“直线”命令，绘制 3 条直线。第一条直线：直线起点为圆心，终点为渐开线与分度圆的交点（提示：放大图形便于捕捉到渐开线与分度圆的交点）。第二条直线：直线起点为圆心，终点为渐开线与基圆的交点。第三条直线：起点为圆心，终点在齿顶圆外，与第一条直线的夹角为 90/Z，结果如图 4-92 所示。

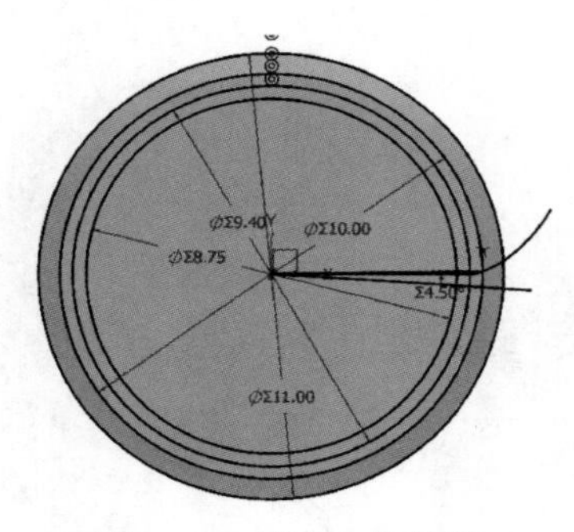

图 4-92　创建 3 条直线

图 4-93　创建镜像曲线

d. 选择“草图”选项卡中的“镜像”命令。实体选择步骤中的渐开线和第二条直线，镜像线选择步骤中的第三条直线，参数设置及结果如图 4-93 所示。

e. 选择“草图”选项卡中的“划线修剪”命令，单击鼠标左键不松开，移动鼠标指针，修剪图线结果如图 4-94 所示。

f. 选择“草图”选项卡中的“圆角”命令，圆角半径为 0.2mm，分别选择直线与齿根圆，结果如图 4-95 所示。

g. 选择“造型”选项卡中的“拉伸”命令，创建拉伸 2，选择草图 2 进行拉伸，参数设置及结果如图 4-96 所示。

⑥ 创建齿轮阵列间隙轮廓。

选择“造型”选项卡中的“阵列特征”命令，参数设置及结果如图 4-97 所示。

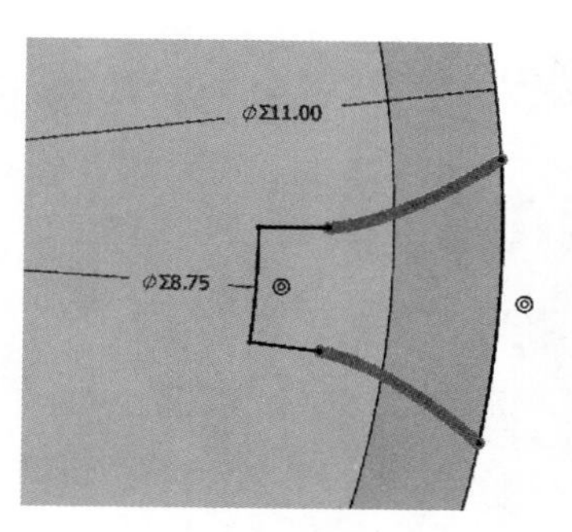

图 4-94　修剪草图

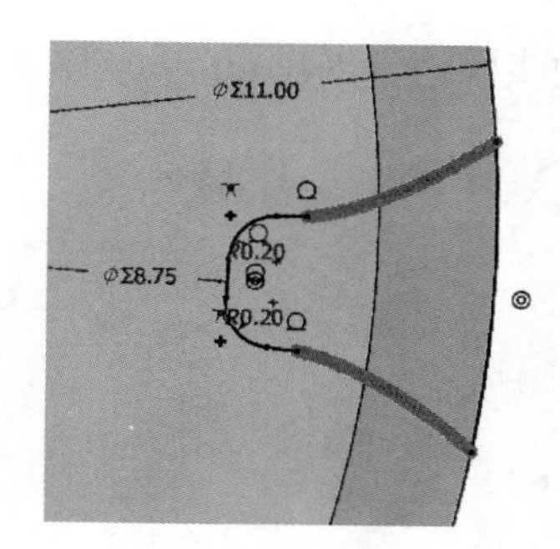

图 4-95　创建圆角

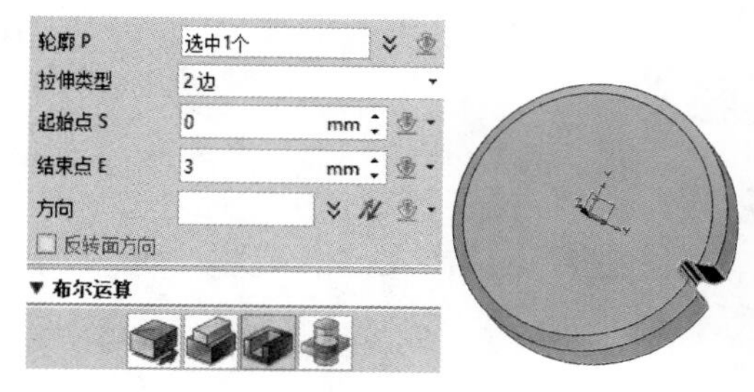

图 4-96　拉伸切除

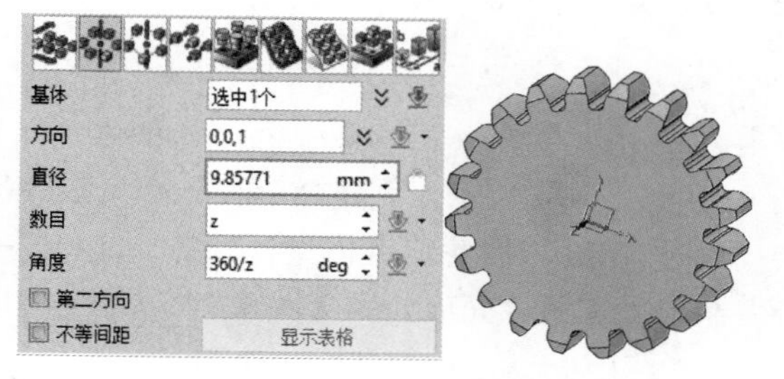

图 4-97　创建阵列特征

⑦ 创建齿轮中心孔特征。

选择“造型”选项卡中的“孔”命令，创建齿轮中心孔特征，参数设置及结果如图 4-98 所示。

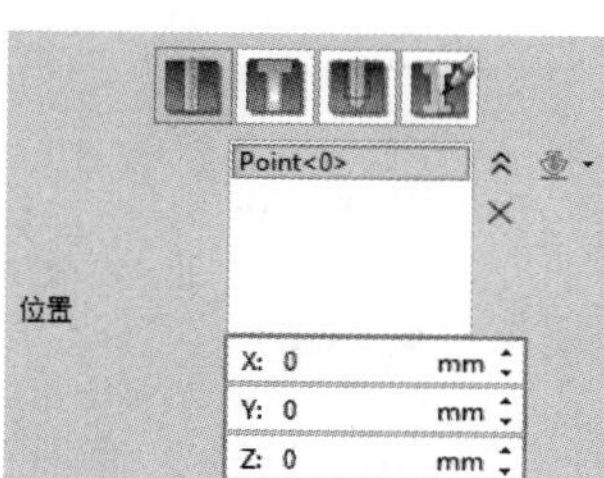

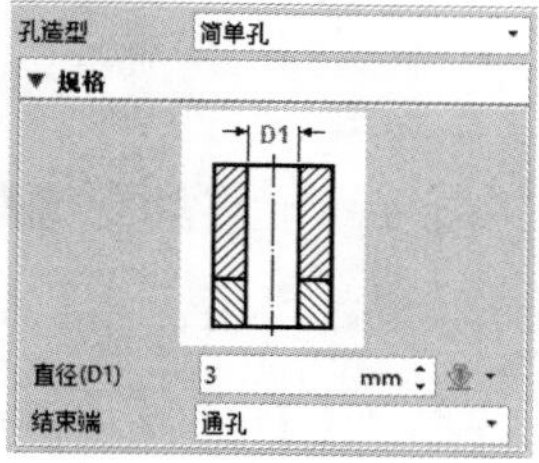

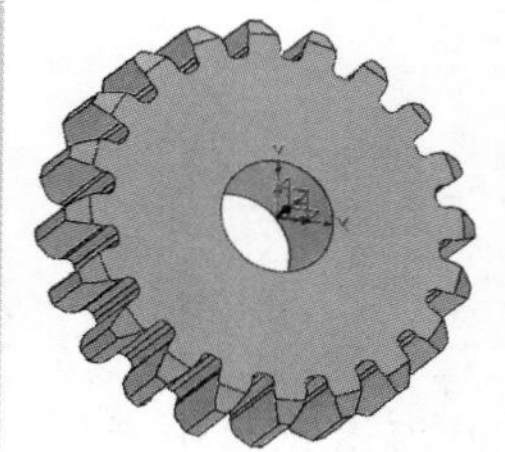

图 4-98　创建孔特征

（三）绘制其他齿轮和双联齿轮三维模型

① 其他齿轮的模数和压力角不变，只改变齿数，参数设置及结果如图 4-99 所示。

名称	表达式	值	单位	类型
60齿轮				
本地变量				
m	0.5	0.5		数字
Z	60	60		数字
a	20	20	deg	数字
da	m*(Z+2)	31	mm	数字
d	m*Z	30	mm	数字
df	m*(Z-2.5)	28.75	mm	数字
db	m*Z*cos(a)	28.19078	mm	数字
rb	db/2	14.09539	mm	数字
阵列1_d12	360/Z	6	deg	数字
阵列1_d3	Z	60		数字
草图1				
草图1_d0	da	31	mm	数字
草图2				
草图2_d0	31	31	mm	数字
草图2_d2	28.75	28.75	mm	数字

名称	表达式	值	单位	类型
齿轮15				
本地变量				
m	0.5	0.5		数字
z	15	15		数字
a	20	20	deg	数字
da	m*(Z+2)	8.5	mm	数字
d	m*Z	7.5	mm	数字
df	m*(Z-2.5)	6.25	mm	数字
db	m*Z*cos(a)	7.047695	mm	数字
rb	db/2	3.523847	mm	数字
阵列1_d12	360/Z	24	deg	数字
草图1				
草图1_d0	da	8.5	mm	数字
草图2				
草图2_d0	da	8.5	mm	数字
草图2_d2	df	6.25	mm	数字

图 4-99　其他齿轮方程式管理器

② 其他步骤略，创建 60 齿与 15 齿齿轮结果如图 4-100 所示。

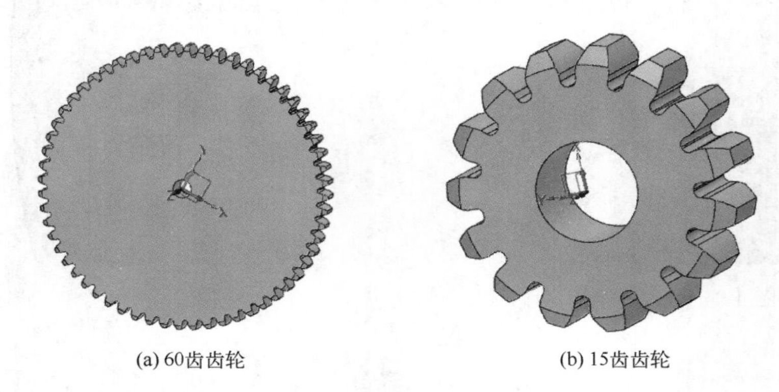

(a) 60齿齿轮　　(b) 15齿齿轮

图 4-100　创建其他齿数齿轮

双联齿轮造型设计

③ 创建双联齿轮。创建 20 齿与 60 齿双联齿轮。

a. 打开 20 齿齿轮三维模型，选择“文件”→“输出”选项，输出文件格式为“.stp”，单击“输出”按钮，完成 .stp 文件输出，如图 4-101 所示。

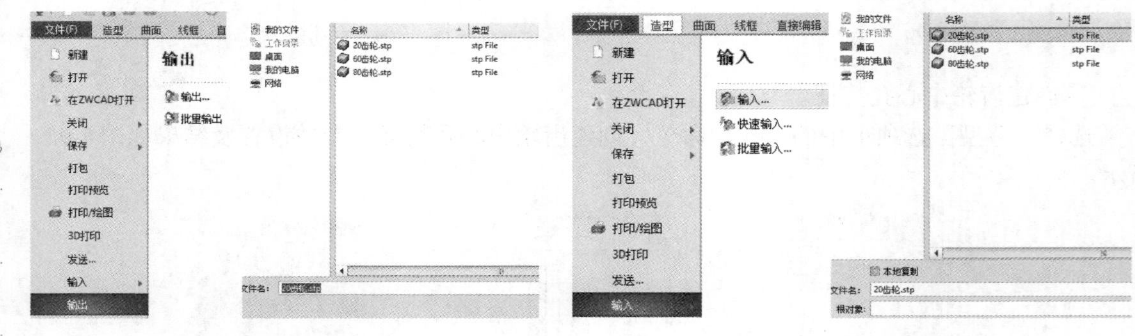

图 4-101　输出 .stp 文件　　图 4-102　选择 .stp 文件

b. 打开 60 齿齿轮三维模型，选择“文件”选项卡中的“输入”选项，弹出“Setp 文件输入”对话框，选择步骤 a. 创建的“20 齿轮 .stp”文件，如图 4-102 所示，. 输入 stp 文件，如图 4-103 所示。

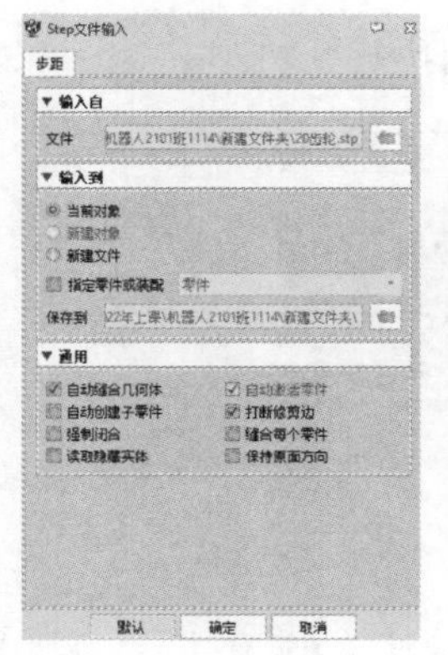

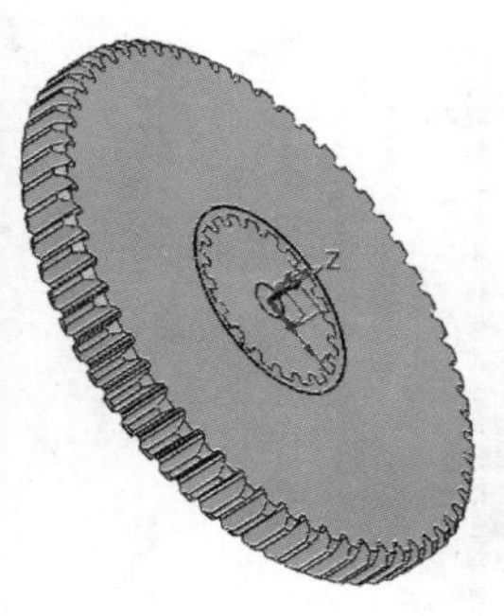

图 4-103　输入 .stp 文件

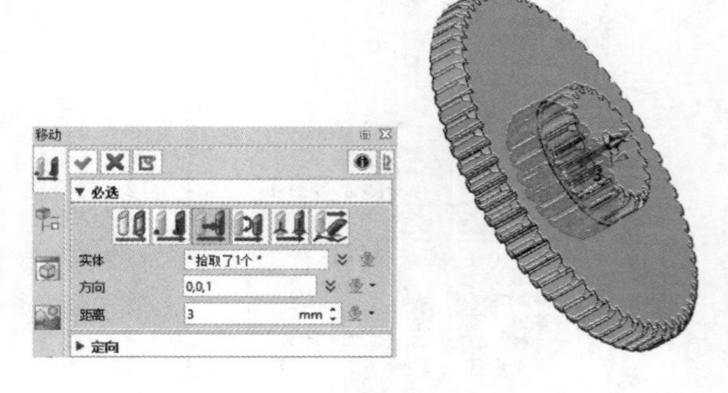

图 4-104　移动 20 齿轮

c. 选择“造型”选项卡中的“移动”命令，选择输入的“20 齿轮”，方向为 Z 轴正向，距离 3mm，移动结果如图 4-104 所示，完成 20 齿轮与 60 齿轮双联。

d. 选择“造型”选项卡中的“添加实体”命令，分别选择“20 齿轮”和“60 齿轮”，完成添加实体操作，如图 4-105 所示。

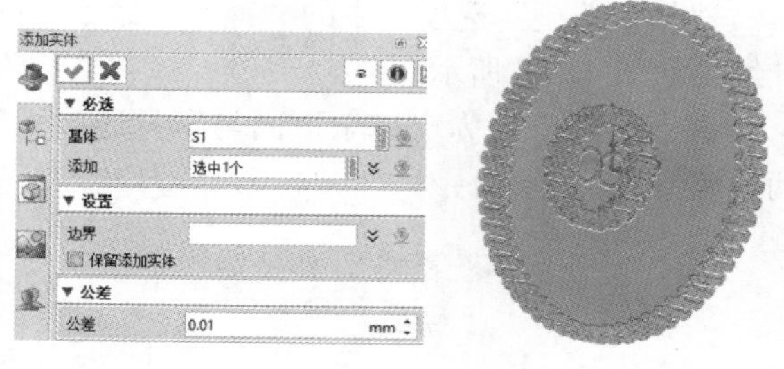

图 4-105　添加实体

（四）绘制电动机三维模型

复制任务一的电动机三维模型到任务二文件夹中，步骤略。

（五）绘制齿轮支撑架

1. 设计齿轮支撑架 1

① 选择“造型”选项卡中的“草图”命令，创建草图 1，草图平面为“XY”，使用“草图”→“圆”命令绘制 5 个圆，直径为 30mm 和 10mm。选择“造型”选项卡中的“拉伸”命令，选择草图 1，拉伸切除，拉伸距离 10mm。设计结果如图 4-106 所示。

齿轮支撑架 1 造型设计

创新思路：计算齿轮传动的中心距及齿轮所占的最大轮廓。

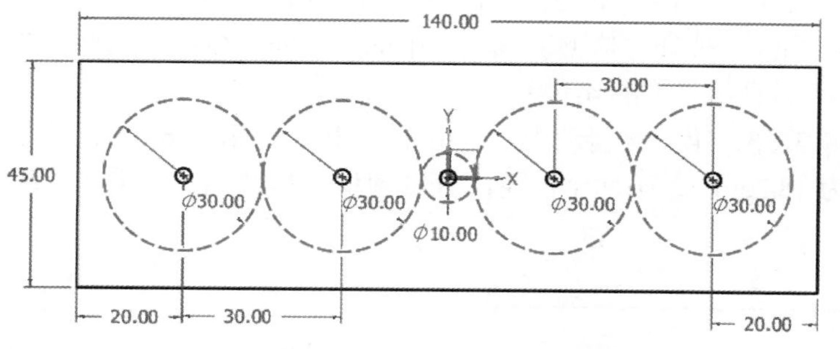

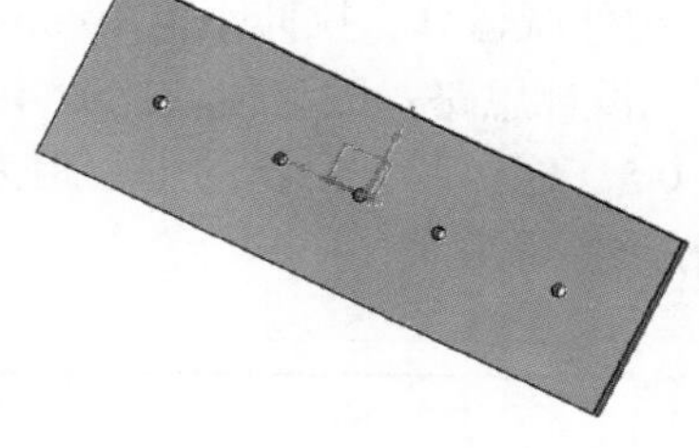
图 4-106　齿轮支撑架 1 设计

② 绘制支撑架固定用螺钉孔。选择“造型”选项卡中的“孔”命令，创建 2 个螺纹孔，参数设置及设计结果如图 4-107 所示。

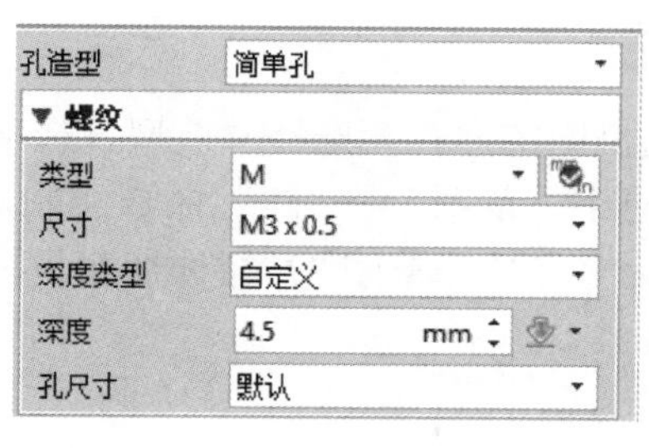

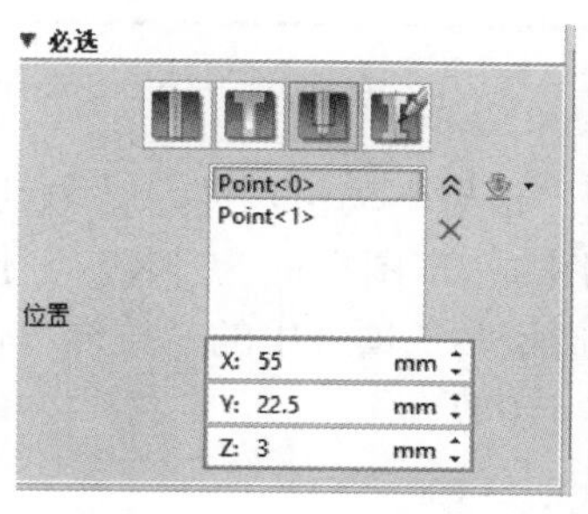

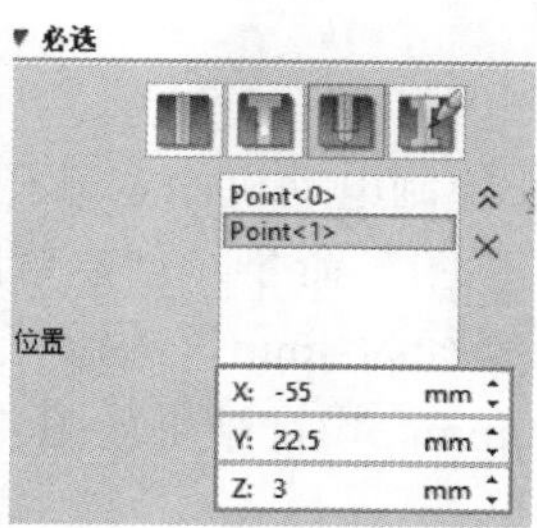

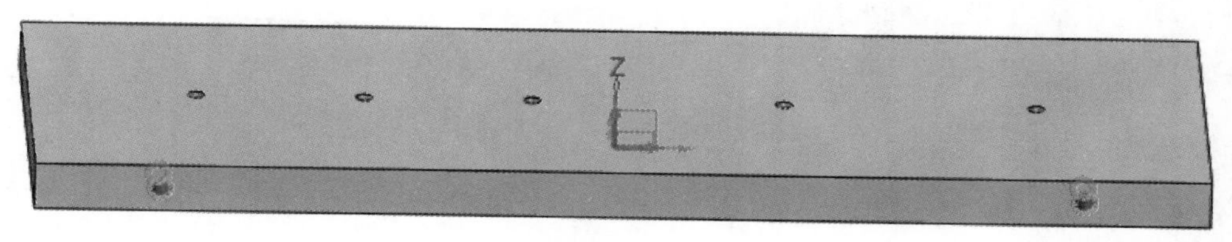
图 4-107　螺钉孔设计

选择“造型”选项卡中的“镜像”命令，镜像平面为“YZ”，特征为创建的螺钉孔，设计结果如图 4-108 所示。

创新思路：因为支撑架下面与车身连接固定，上面与上底板连接固定，因此设计上下两组螺钉孔。

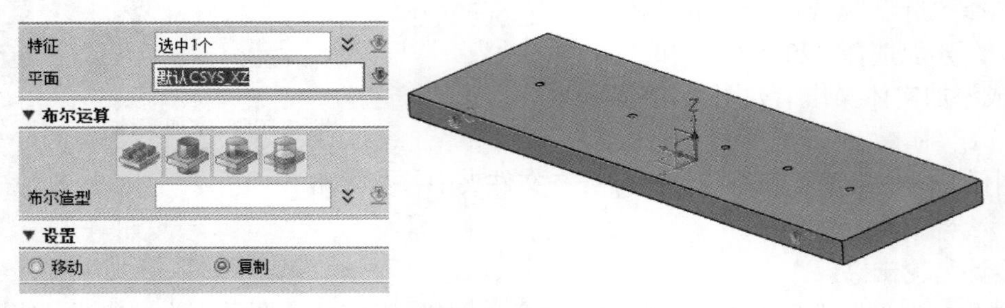

图 4-108　镜像螺钉孔

齿轮支撑架 2 造型设计

2. 设计齿轮支撑架 2

① 复制齿轮支撑架 1，重命名为齿轮支撑架 2，在齿轮支撑架 2 上设计电动机的轴孔。选择“造型”选项卡中的“草图”命令，创建草图 2，草图平面为“XY”，使用“草图”→“圆”命令绘制出 1 个圆，直径为 2mm。选择“造型”选项卡中的“拉伸”命令，选择草图 2，拉伸减运算，拉伸距离 10mm。设计结果如图 4-109 所示。

设计思路：因为传动比为 4、3、3，第一级传动中，小齿轮 15 齿，大齿轮 60 齿，模数为 0.5，这样两个齿轮的中心距为 18.75mm，画两个齿轮的分度圆作为参照线，确定电动机轴孔的位置。

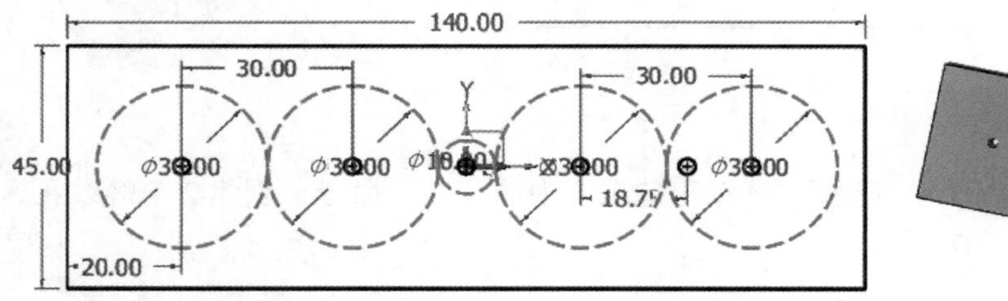

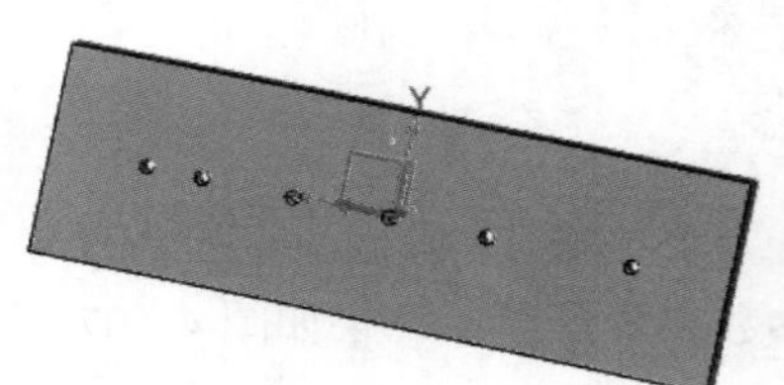

图 4-109　支撑架 2 上电动机轴孔设计

② 绘制电动机固定通孔。根据电动机尺寸设计电动机固定通孔。选择“造型”选项卡中的“草图”命令，创建草图 3，草图平面为“XY”，使用“草图”→“圆”命令绘制出 2 个圆，直径为 3mm。选择“造型”选项卡中的“拉伸”命令，选择草图 3，拉伸切除，拉伸距离 10mm。设计结果如图 4-110 所示。

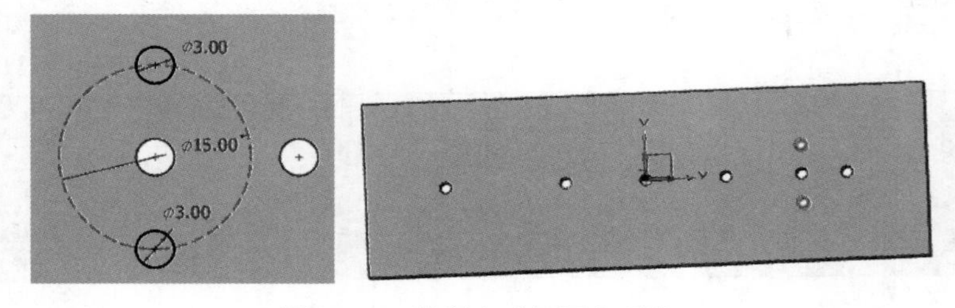

图 4-110　绘制电动机固定通孔

③ 绘制电动机槽。选择“造型”选项卡中的“草图”命令，创建草图 4，草图平面为“XY”，主要使用“草图”→“圆”命令绘制出 1 个圆，直径为 28mm。选择“造型”选项卡中的“拉伸”命令，选择草图 4，拉伸切除，拉伸距离 2mm。设计结果如图 4-111 所示。

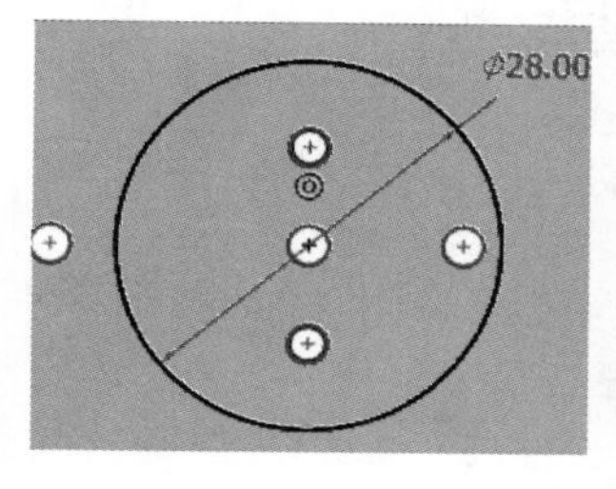

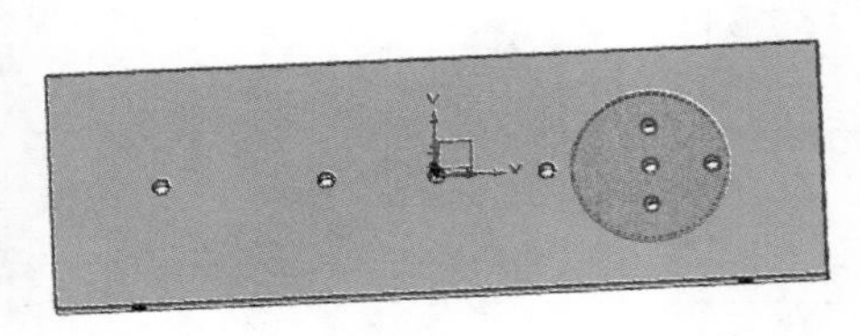

图 4-111　创建电动机槽

车身造型设计

（六）绘制电池盒

采用任务一创建的电池盒，设计过程略。

（七）绘制电池盒盖

采用任务一创建的电池盒盖，设计过程略。

（八）绘制车身

① 绘制底板外轮廓。选择“造型”选项卡中的“草图”命令，创建草图 1，草图平面为“XY”，使用“草图”→“矩形”命令绘制出 1 个矩形，边长为 100mm×150mm。选择“造型”选项卡中的“拉伸”命令，选择草图 1，拉伸基体，拉伸距离 8mm。设计结果如图 4-112 所示。

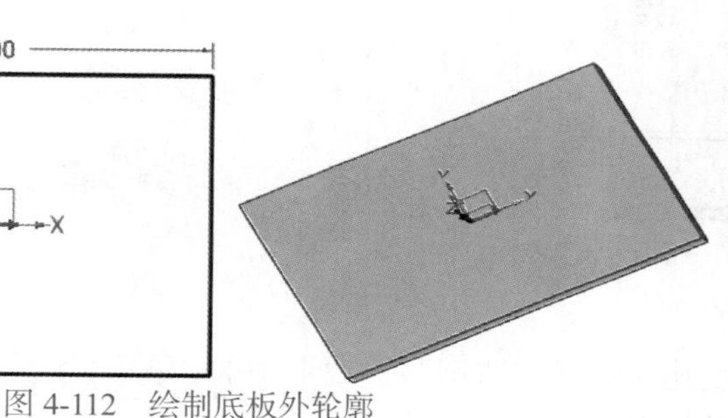

图 4-112　绘制底板外轮廓

② 绘制电池盒壳。

a. 挖槽。选择“造型”选项卡中的“草图”命令，创建草图 2，草图平面为“XY”，使用“草图”→“矩形”命令绘制出 1 个矩形，边长为 49mm×54mm。选择“造型”选项卡中的“拉伸”命令，选择草图 2，拉伸切除，拉伸距离 8mm。设计结果如图 4-113 所示。

b. 拉伸槽基体。选择“造型”选项卡中的“拉伸”命令，选择草图 2，拉伸基体，拉伸距离 18mm。设计结果如图 4-114 所示。

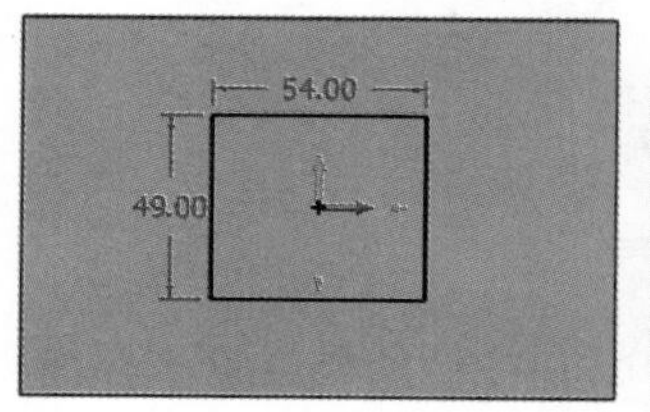

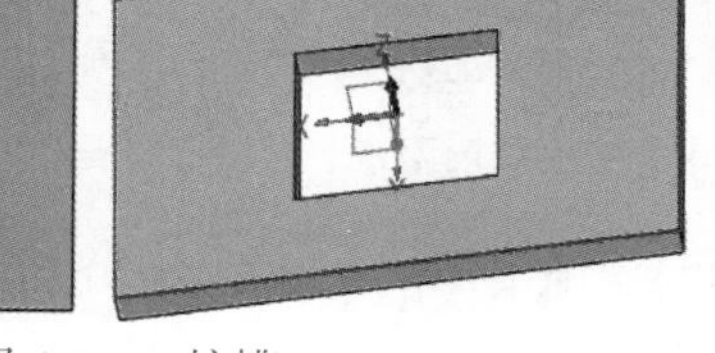

图 4-113　挖槽

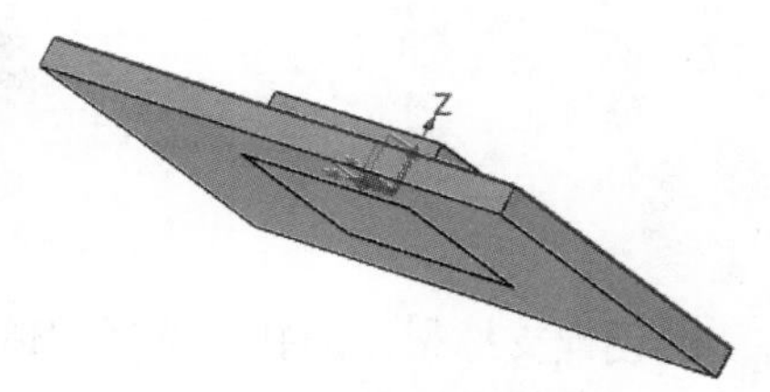

图 4-114　拉伸槽基体

c. 抽壳槽基体。选择“造型”选项卡中的“抽壳”命令，选择步骤 b. 创建的拉伸槽基体，抽壳厚度 2mm。设计结果如图 4-115 所示。

d. 添加实体。选择“造型”选项卡中的“添加实体”命令，基体选择底板基体，添加选择步骤 c. 抽壳后的拉伸槽基体，设计结果如图 4-116 所示。

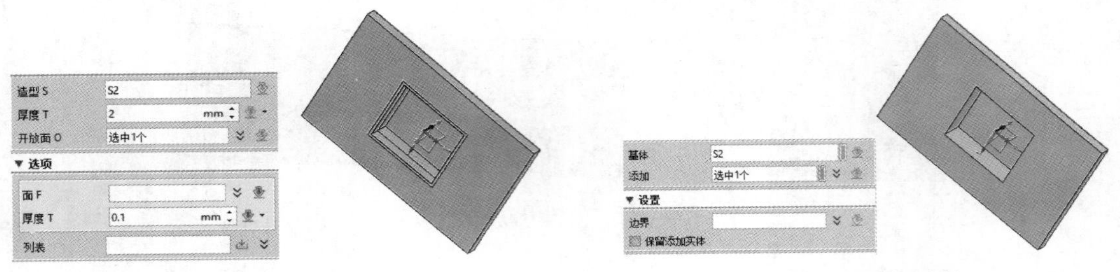

图 4-115　抽壳槽基体　　　图 4-116　添加实体

e. 拉伸槽凸缘。选择“造型”选项卡中的“草图”命令，创建草图 3，草图平面为“XY”，使用“草图”→“矩形”命令绘制出 1 个矩形，边长为 53mm×66mm。选择“造型”选项卡中的“拉伸”命令，选择草图 3，拉伸切除，拉伸距离 4mm。设计结果如图 4-117 所示。

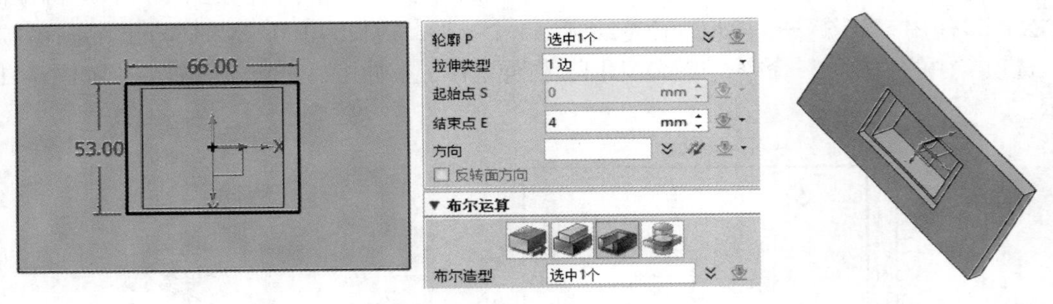

图 4-117　拉伸槽凸缘

f. 创建螺纹孔。选择“造型”选项卡中的“孔”命令，在拉伸槽凸缘面上创建两个螺纹孔，参数设计及结果如图 4-118 所示。

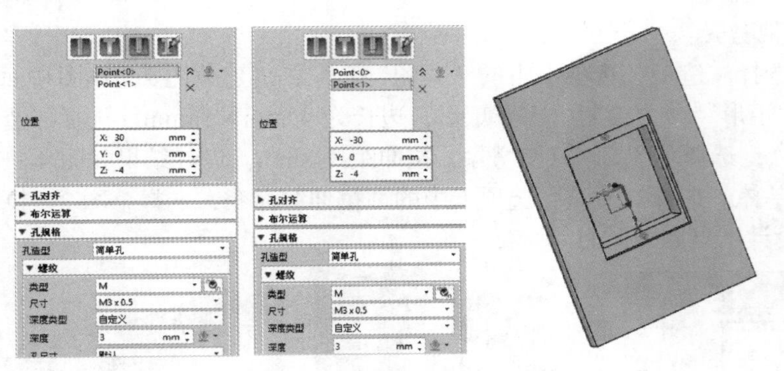

图 4-118　创建螺纹孔

g. 创建支撑架用通孔。选择“造型”选项卡中的“孔”命令，在拉伸槽凸缘面上创建两个通孔，参数设计及结果如图 4-119 所示。

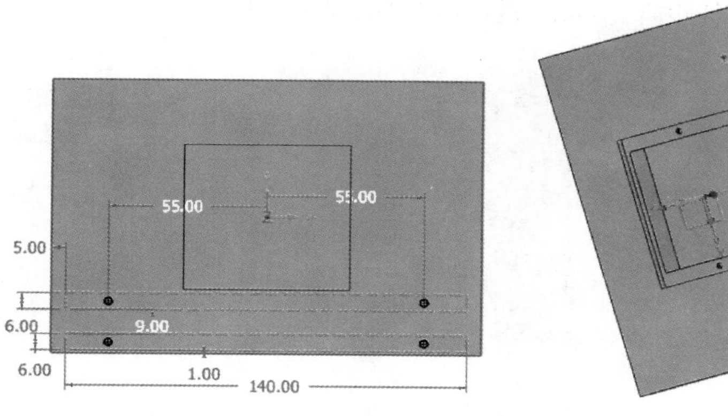

图 4-119　创建支撑架用通孔

h. 镜像通孔特征。选择“造型”选项卡中的“镜像特征”命令，特征选择步骤 g. 创建的通孔特征；镜像平面选择 XZ 平面，设计结果如图 4-120 所示。

i. 创建圆角特征。选择“造型”选项卡中的“圆角”命令，选择两条边倒圆角，圆角半径 5mm，设计结果如图 4-121 所示。

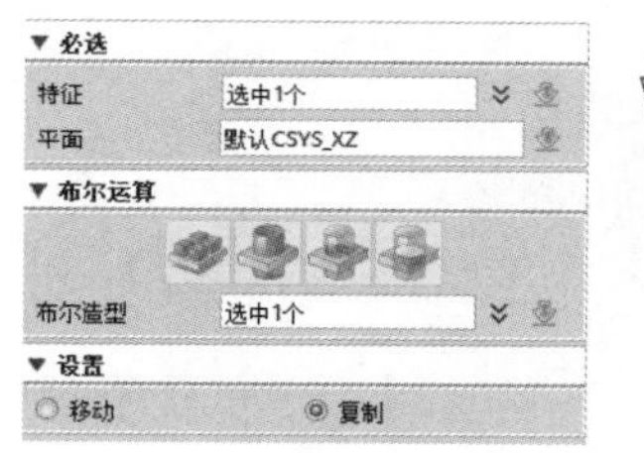

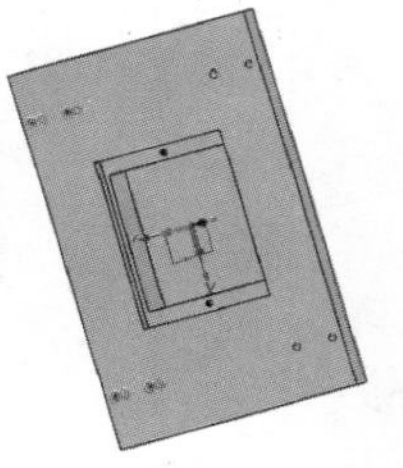

图 4-120　镜像通孔特征

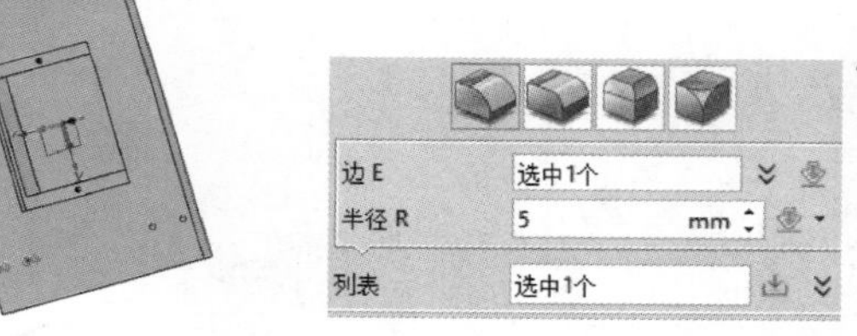

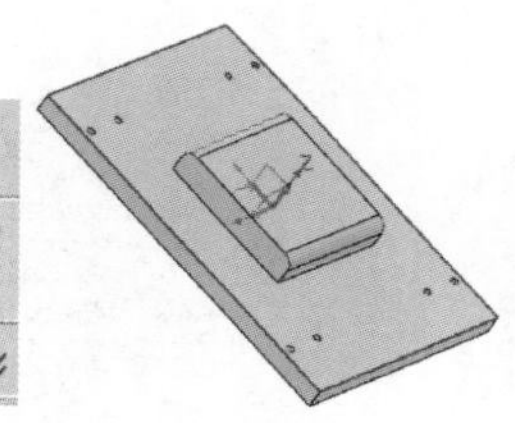

图 4-121　创建圆角特征

（九）绘制轴

① 根据设计方案，确定一共需要 8 根轴，4 根短轴、4 根长轴，因此应设计长轴为 ϕ2mm×33mm，短轴为 ϕ2mm×21mm。

② 选择“造型”选项卡中的“草图”命令，创建草图 1，草图平面为“XY”，使用“草图”→“圆”命令绘制出 1 个圆，直径为 2mm。选择“造型”选项卡中的“拉伸”命令，选择草图 1，拉伸基体，拉伸距离 33mm。设计结果如图 4-122 所示。

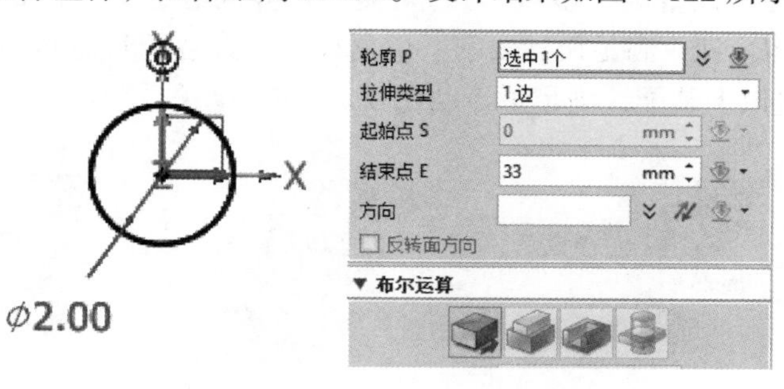

图 4-122　创建长轴

③ 选择“造型”选项卡中的“草图”命令，创建草图 2，草图平面为“XY”，使用“草图”→“圆”命令绘制出 1 个圆，直径为 2mm。选择“造型”选项卡中的“拉伸”命令，选

择草图 2，拉伸基体，拉伸距离 21mm。设计结果如图 4-123 所示。

小车轮造型设计

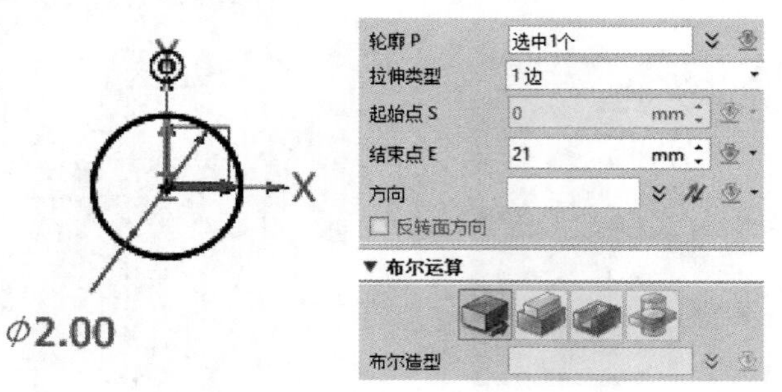

图 4-123　创建短轴

玩具特技车装配体造型设计

（十）绘制上底板设计过程略。

（十一）绘制小车轮设计过程略。

（十二）小车子装配

① 新建文件。单击“新建”按钮，新建一个“玩具特技车子装配体”文件，并单击“保存”按钮，文件存储位置为玩具特技车设计目录。

② 装配齿轮支撑架 1，放置类型选择默认坐标，如图 4-124 所示。

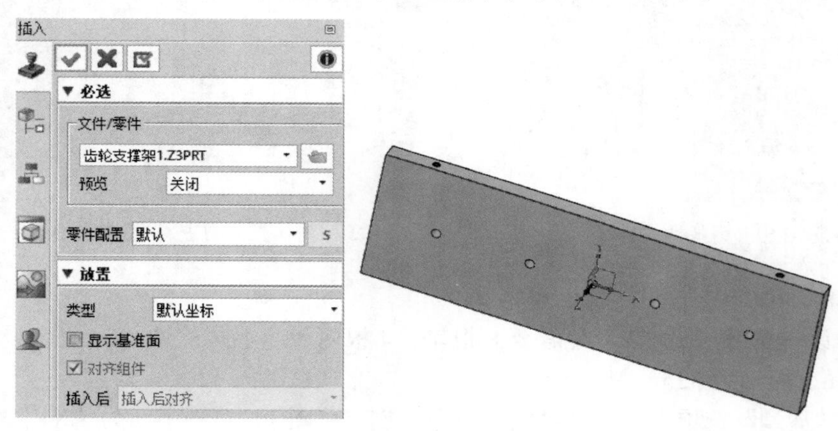

图 4-124　装配齿轮支撑架 1

③ 装配 60 齿轮，放置类型设置为“多点”，约束类型选择同心、重合，如图 4-125 所示，经过装配，发现设计结构合理，满足设计要求，以同样的方式装配其他 60 齿轮、20-60 齿轮，如图 4-126 所示，经过以上装配，满足了传动比 3、3 的传动关系。

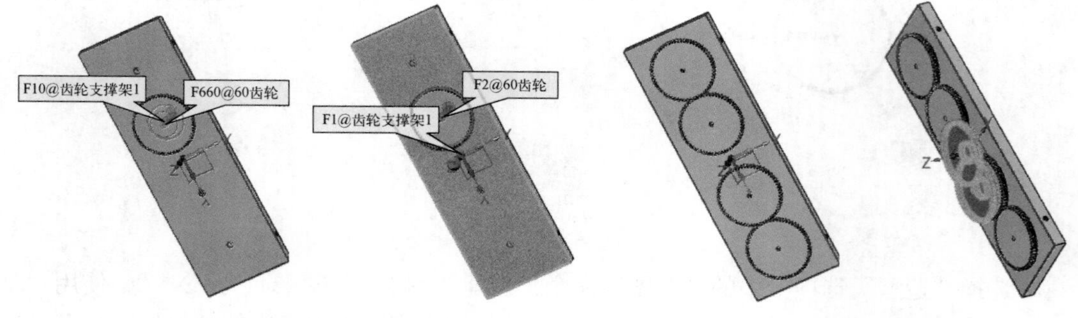

图 4-125　装配 60 齿轮

图 4-126　装配其他齿轮

④ 装配齿轮支撑架 2，放置类型选择“多点”，暂不约束，如图 4-127 所示。

注意：暂不约束是为了方便装配齿轮 15，因为装配 60 齿轮后，再装齿轮 15 需要隐藏相关零件。

⑤ 装配齿轮 15，放置类型选择“多点”，约束类型选择同心、重合，如图 4-128 所示。

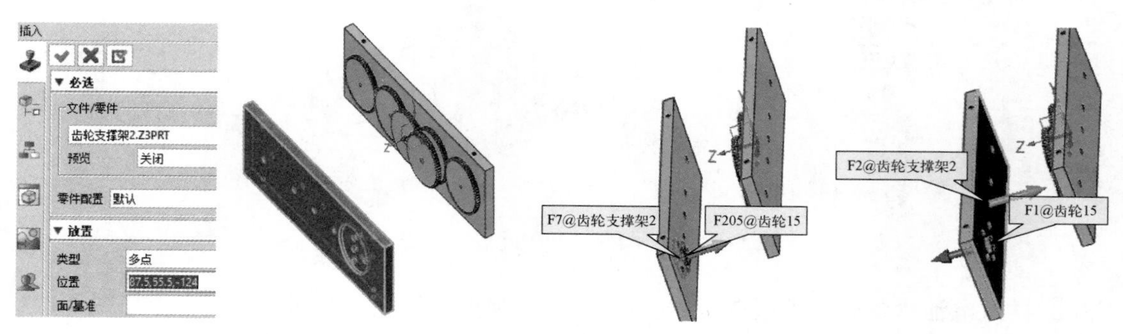

图 4-127 插入齿轮支撑架 2

图 4-128 装配齿轮 15

⑥ 约束齿轮支撑架 2，约束类型选择同心、同心、重合，如图 4-129 所示。

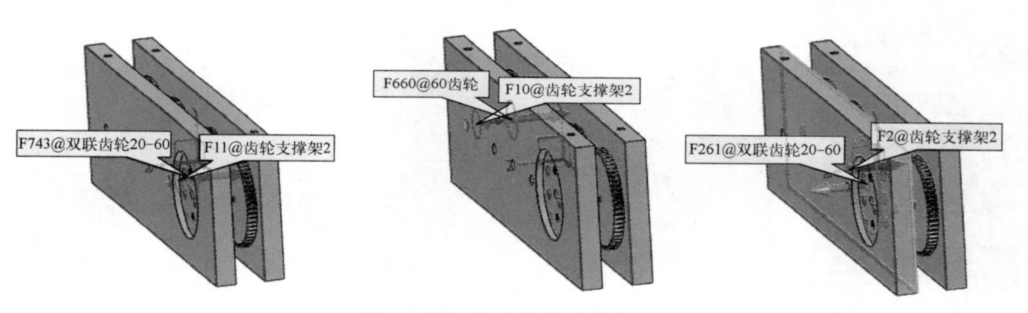

图 4-129 约束齿轮支撑架 2

⑦ 装配电动机。放置类型选择“多点”，约束类型选择同心、同心、重合，如图 4-130 所示。

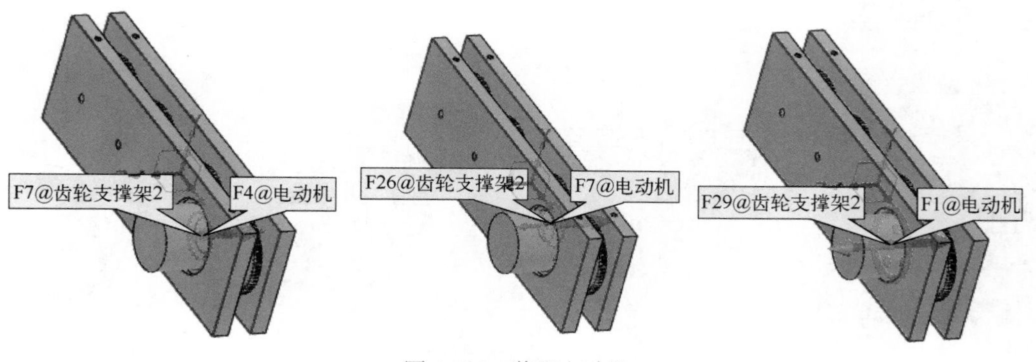

图 4-130 装配电动机

（十三）小车总装配

① 新建文件。单击“新建”按钮，新建一个“玩具特技车装配体”文件，并单击“保存”按钮，文件存储位置为玩具特技车设计目录。

② 插入底板，放置类型选择默认坐标，如图 4-131 所示。

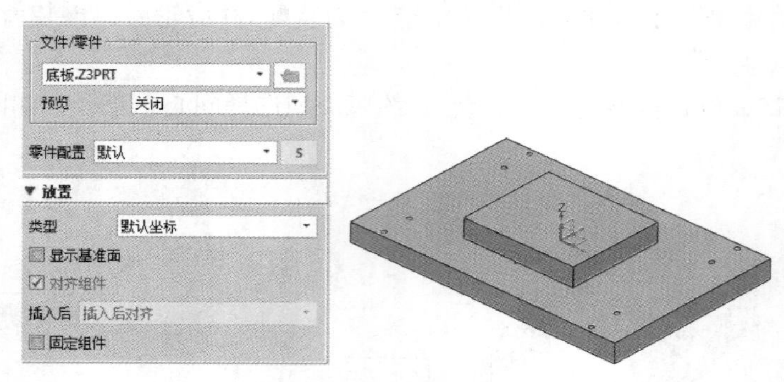

图 4-131　装配底板

③ 插入电池盒，放置类型选择“多点”，约束类型选择同心、同心、重合，如图 4-132 所示，经过装配，发现设计结构合理，满足设计要求。

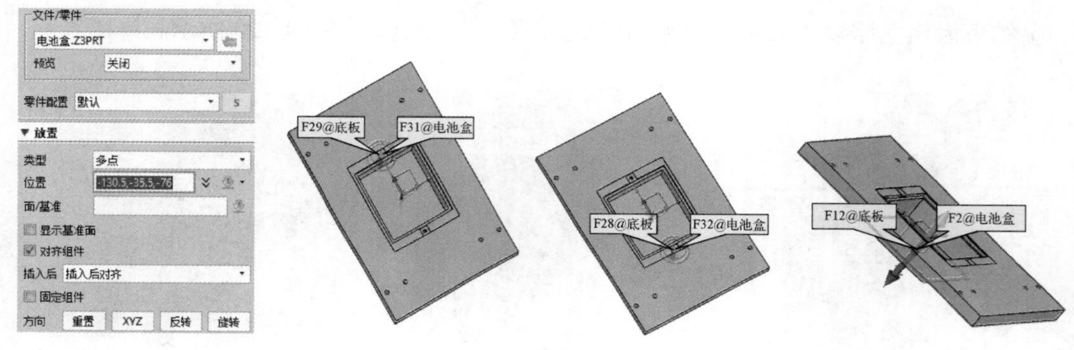

图 4-132　装配电池盒

④ 插入电池盒盖，放置类型选择“多点”，约束类型选择同心、同心、重合，如图 4-133 所示。

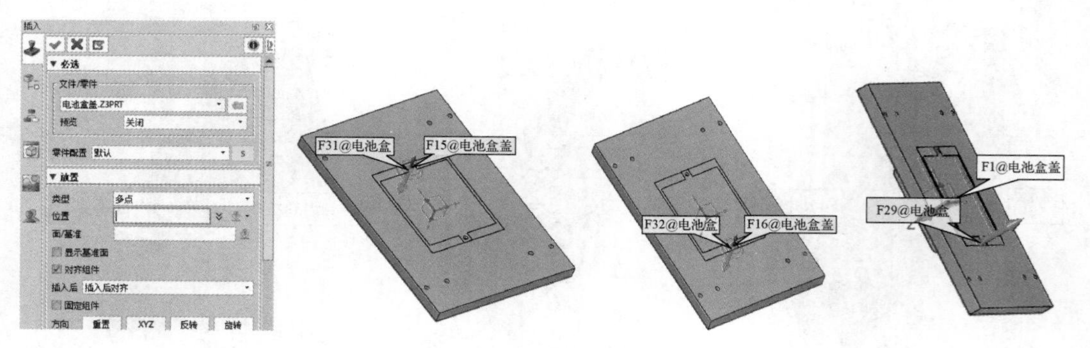

图 4-133　装配电池盒盖

⑤ 装配玩具特技车子装配体，放置类型选择“多点”，约束类型选择同心、同心、重合，如图 4-134 所示。采用同样的方法，装配另外一边的装配玩具特技车子装配体，如图 4-135 所示。

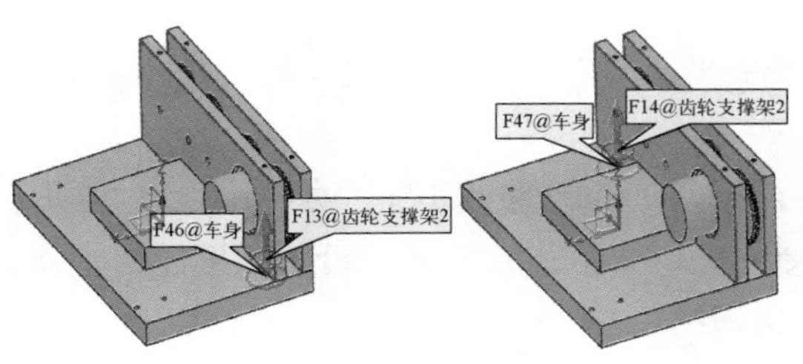

图 4-134　装配玩具特技车子装配体

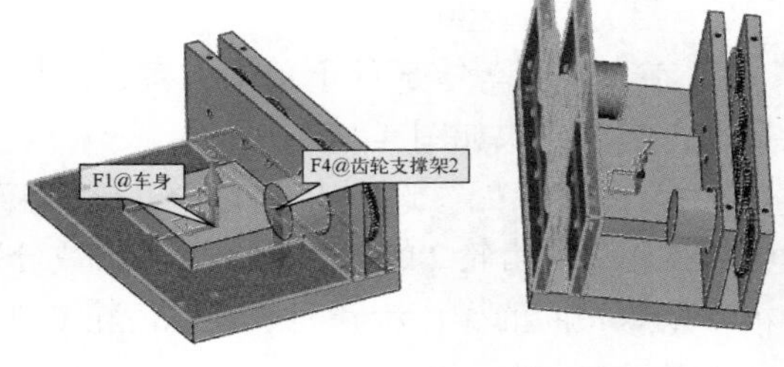

图 4-135　装配另一子装配体

玩具特技车装配体二次设计

⑥ 装配上底板。放置类型选择“多点”，约束类型选择同心、同心、重合，如图 4-136 所示。

玩具特技车装配体里零件建模

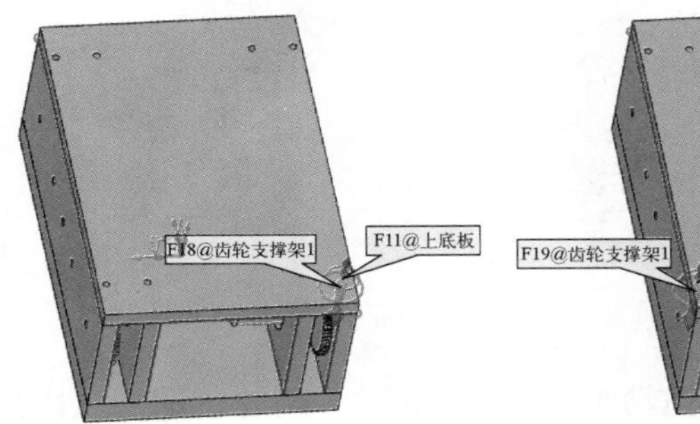

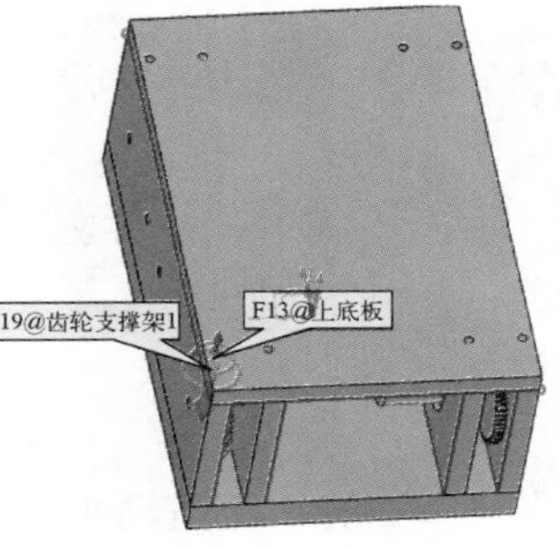

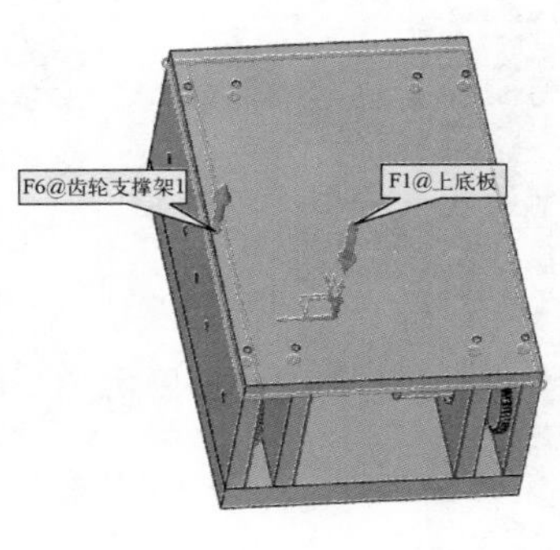

图 4-136　装配上底板

⑦ 装配两个车轮。放置类型选择“多点”，约束类型选择同心、重合，如图 4-137 所示。

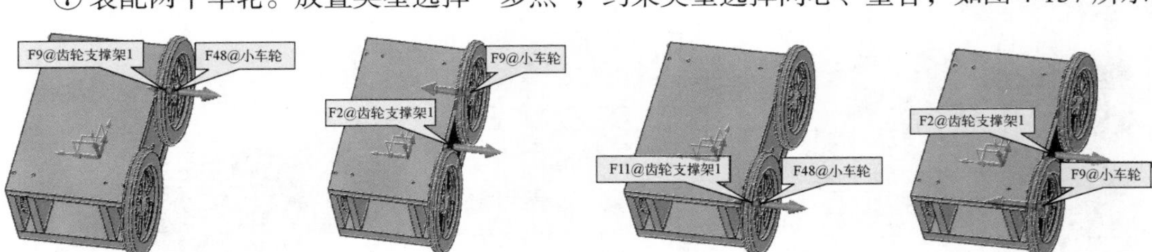

图 4-137　装配两个车轮

⑧ 镜像两外两个车轮，镜像平面 ZX 平面，镜像成副本，如图 4-138 所示。

注意：镜像成副本可以保留约束。

完成装配，验证装配性能，整体效果如图 4-139 所示。

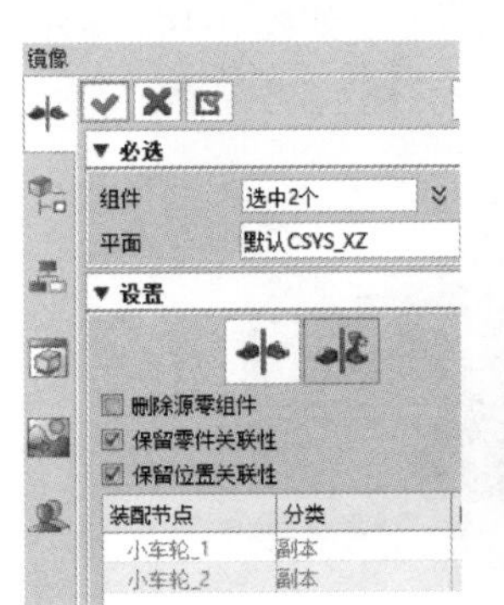

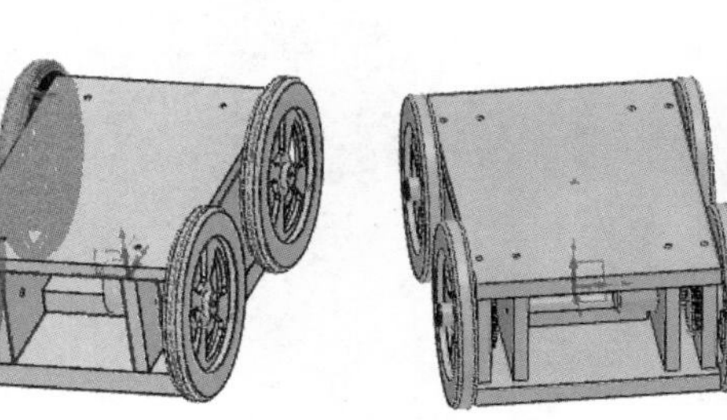

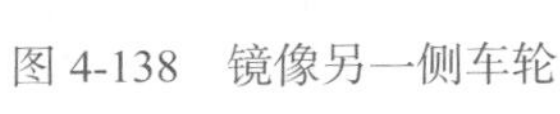

图 4-138　镜像另一侧车轮

图 4-139　完成装配

（十四）小车运动分析

玩具特技车装配体运动分析

① 在上底板等零部件上单击右键，选择“隐藏”选项，隐藏相应零部件，便于设置齿轮传动，隐藏结果如图 4-140 所示。

② 选择“装配”选项卡中的“机械约束”命令，创建机械约束 1，齿轮 1 选择 20 齿，齿轮 2 选择双联齿轮 2 的大齿轮，输入齿数分别为 15 齿和 60 齿，反转，设置结果如图 4-141 所示。按照相同的操作步骤完成其他齿轮零件的机械约束。

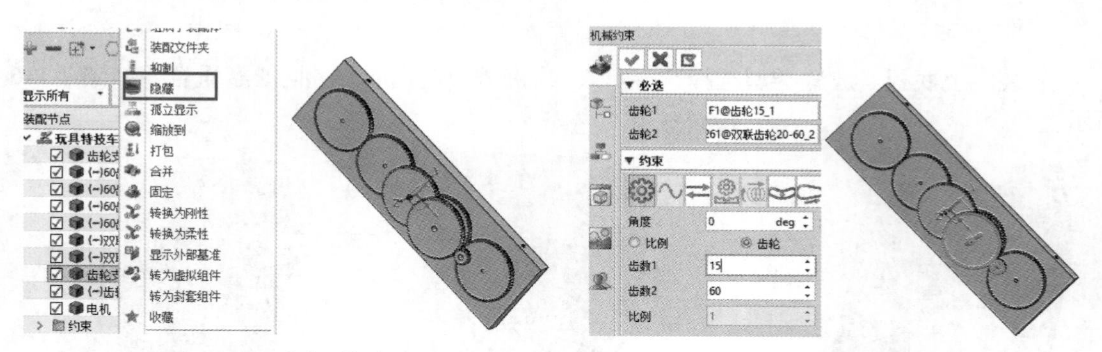

图 4-140　隐藏零部件　　　　图 4-141　创建机械约束 1

③ 选择“插入”→“装配”选项卡中的“新建动画”选项，创建“齿轮传动”，时间选择默认 1：00，单击“确定”。选择“动画”选项卡中的“添加马达”选项，设置参数及结果如图 4-142 所示。

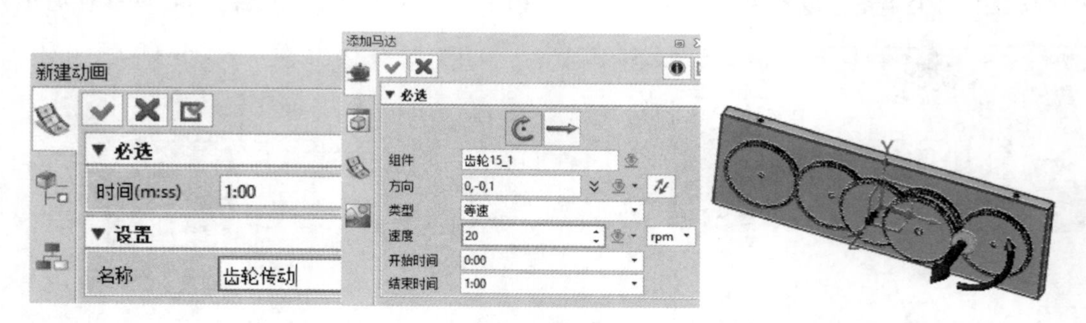

图 4-142　添加马达

④ 选择开始仿真，即可实现轮系传动，以同样的方法设置另一侧的机械约束，同时新建动画 2，分别添加两个马达即可实现小车四驱传动的运动仿真，运动结果如图 4-143 所示。

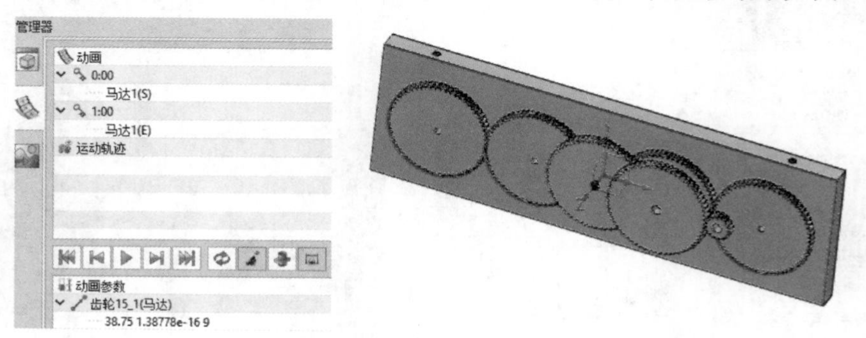

图 4-143　创建运动仿真

【填写“课程任务报告”】

课程任务报告

班级		姓名		学号		成绩	
组别		任务名称	玩具特技车的创新设计			参考课时	8 学时
任务图样							
任务要求	①观察玩具特技车的传动系统图，从设计、加工、使用、美观等角度，写出玩具特技车的创新思路 ②根据制定的总体布置方案及选定的配件，结合产品结构、机械制图、数控加工、人体工程学、3D 打印等相关知识，使用任务一提供的电动机，进行结构和功能方面的设计，完成设计零件的三维造型，并进行三维虚拟装配 ③根据要求对玩具特技车车身、支撑架进行设计，具体设计要求如下 a. 设计传动机构。包括齿轮、轴、支撑架等零件 b. 根据图 4-85 所示玩具特技车的传动系统和电动机参数设计传动系统，采用三级直齿圆柱齿轮减速传动，总传动比 35 ～ 40，每级传动比为 2 ～ 4，四轮均为驱动轮，同一侧的车轮用一台电动机驱动，前后两轮转速和方向一致 c. 将电动机安装到支撑架上，结构合理，轴与齿轮定位准确、传动可靠；设计电动机与支撑架连接可靠 d. 电源采用 3 节 5 号电池，电池盒盖便于拆装，传动系统定位合理，连接可靠						
任务完成过程记录	按照任务的要求进行总结，如果空间不足，可加附页（可根据实际情况，适当安排拓展任务，以供学生分组讨论学习，记录拓展任务的完成过程）						

【任务拓展】

一、知识考核

1. 设计玩具车时，需要用到很多轴承，我们应多设计不同型号的齿轮，效果更好。（　　）

2. 三维建模的难点在于设计，而不是熟悉命令。（　　）

3. 三维建模不仅会建模就行了，还需要根据设计要求，自行设计三维模型。（　　）

4. 根据现有齿轮怎么知道齿轮的模数？主要采用量取齿顶圆尺寸，数出齿数，然后再根据计算公式算出模数的方法。（　　）

5. 外啮合齿轮，两齿轮的传动方向相反。（　　）

二、技能考核

在互联网上搜索儿童滑板车照片，根据照片自行设计滑板车零部件，装配、制动画、生成视频，并展示分享。

任务三　后驱减振小车的创新设计

【知识目标】

◎ 掌握后驱减振小车零部件创新设计的方法及技巧。

◎ 掌握后驱减振小车零部件装配的方法。

◎ 掌握后驱减振小车再设计的方法。

【技能目标】

◎ 熟练根据已知三维模型图独立设计后驱减振小车的所有零部件并合理装配。

◎ 能独立设计并绘制圆锥齿轮三维模型，具备灵活应用直齿圆柱齿轮机构与圆锥齿轮机构的能力。

◎ 掌握子装配、总装配的关系，灵活应用子装配。

【素养目标】

◎ 通过创新设计后驱减振小车，使学生关注工业设计、关注儿童健康成长，建立工程意识和爱国情怀。

◎ 通过后驱减振小车设计减振装置，增加小车的舒适感，使学生关注产品实际应用工况。

◎ 通过车轮纹理贴图效果，使学生关注工业美。

◎ 通过在创新设计中应用螺栓、螺母、弹簧等标准件，引导学生在创新设计中遵守国家标准和国家规范，培养学生专业、严谨的工匠精神。

【任务描述】

拟建一后驱减振小车，根据图 4-144 所示后驱减振小车三维模型图，采用圆锥齿轮副传动和圆柱齿轮副传动，总传动比 4，第一级传动比为 4，第二级传动比为 1，两后轮为

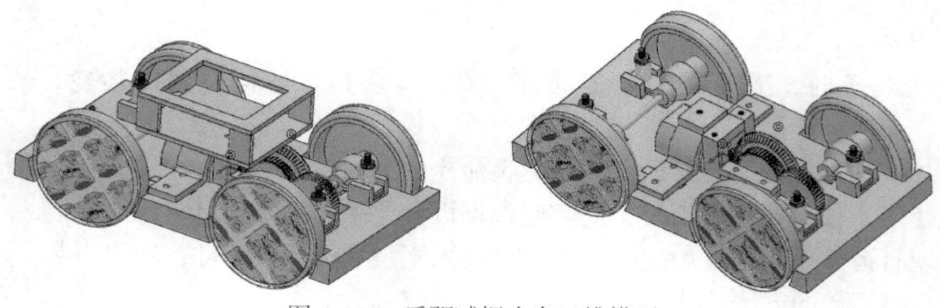

图 4-144　后驱减振小车三维模型

驱动轮，两后轮用同一个电动机驱动，电动机竖直放置。运用机械制图、人体工程学等相关知识，进行结构和功能方面的设计，设计的零部件需要符合数控加工工艺。

要求：

① 观察三维模型图，从设计、加工、使用、美观等角度，写出后驱减振车的创新思路。

② 根据制定的总体布置方案及选定的配件，结合产品结构、机械制图、数控加工、人体工程学、3D 打印等相关知识，使用提供的电动机，进行结构和功能方面的设计，完成设计零件的三维造型，并进行三维虚拟装配。

③ 设计电动机固定装置，设计齿轮固定装置、设计电池固定装置，结构合理，轴与齿轮定位准确、传动可靠。电动机安装壳体与传动支撑架连接要可靠。

④ 将传动系统、行走系统等合理定位安装在车身上连接成一个整体。

【任务实施】

一、造型方案设计

根据题意，设计一个后驱减振小车，传动比为 4，需要考虑结构的稳定性和减振效果以及结构齿轮，确定小圆锥齿轮 16 齿，大圆锥齿轮 64 齿，圆柱齿轮齿 42 齿。根据提供的图片，设计 15 类零部件。任务实施方案设计见表 4-9。

表 4-9　任务实施方案设计

步骤	1. 16 齿圆锥齿轮造型	2. 64 齿圆锥齿轮造型	3. 42 齿轮造型	4. 42 齿轮与 64 齿圆锥齿轮双联齿轮
图示				
步骤	5. 电动机特征造型	6. 车轮特征造型	7. 减振器特征造型	8. 弹簧特征造型
图示				
步骤	9. 螺栓特征造型	10. 螺母造型	11. 滑槽开关造型	12. 底板特征造型
图示				

续表

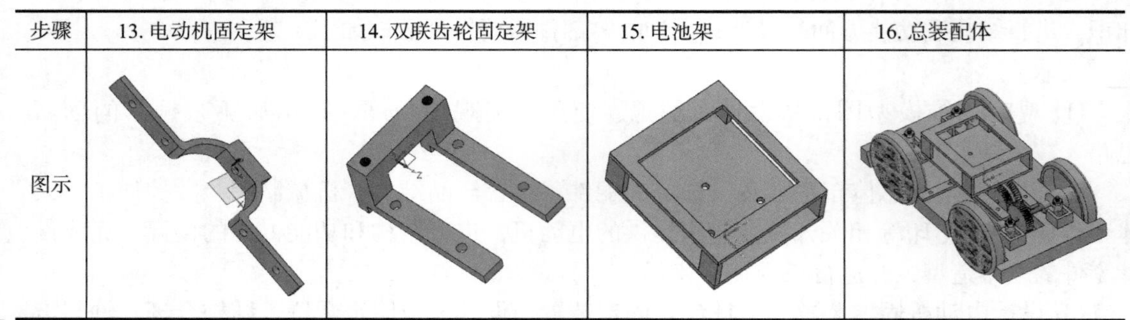

步骤	13. 电动机固定架	14. 双联齿轮固定架	15. 电池架	16. 总装配体
图示				

圆锥齿轮造型设计 1

二、参考操作步骤

1. 圆锥齿轮特征总体参数设计

① 分析传动系统。制定需要齿轮的个数和相关参数。由条件可知，采用两级柱齿轮减速传动，总传动比为 4，第一级传动比为 4，第二级传动比为 1。

② 制定齿数和模数。根据经验，设计分锥角为 45°，模数为 0.5，压力角为 20°。

第一级传动，齿轮副参数如表 4-10 所示。

表 4-10　第一级齿轮副参数

类型	齿数	分锥角	压力角	齿根圆直径	分度圆	齿顶圆直径	基圆直径
小齿轮	16	45°	20°	m*（Z−2.5*cos（de））	d=m*Z	da=m*（Z+2*cos（de））	db=d*cos（a）
大齿轮	64	45°	20°	m*（Z−2.5*cos（de））	d=m*Z	da=m*（Z+2*cos（de））	db=d*cos（a）

第二级传动，齿轮副参数如表 4-11 所示。

表 4-11　第二级齿轮副参数

类型	齿数	压力角	齿顶圆	齿根圆	分度圆	宽度
齿轮 1	42°	20°	da= m*（Z+2）	df=m*（Z−2.5）	d= m*Z	5
齿轮 2	42°	20°	da= m*（Z+2）	df= m*（Z−2.5）	d= m*Z	5

2. 创建齿轮三维模型

① 设置方程式管理器。选择“工具”选项卡中的“方程式管理器”命令，依次输入常量（de、z、m）、角度（a）、长度（da、d、df、db），参数设置及结果如图 4-145 所示。

名称	表达式	值	单位	类型	发布
小车小圆锥16齿					
本地变量					☐
de	45	45	deg	数字	☐
a	20	20	deg	数字	☐
m	0.5	0.5		数字	☐
Z	16	16		数字	☐
da	m*(Z+2*cos(de))	8.707107	mm	数字	☐
d	m*Z	8	mm	数字	☐
df	m*(Z-2.5*cos(de))	7.116117	mm	数字	☐
db	d*cos(a)	7.517541	mm	数字	☐

图 4-145　编辑方程式管理器

② 选择“造型”选项卡中的“草图”命令，草图平面为“XY”，使用“草图”→“直线”命令绘制出如图 4-146 所示草图 1，标注尺寸为 da/2、d/2、df/2、db/2。

③ 选择“造型”选项卡中的“基准面”命令，选择草图 1 中的直角边创建平面，参数设置及结果如图 4-147 所示。

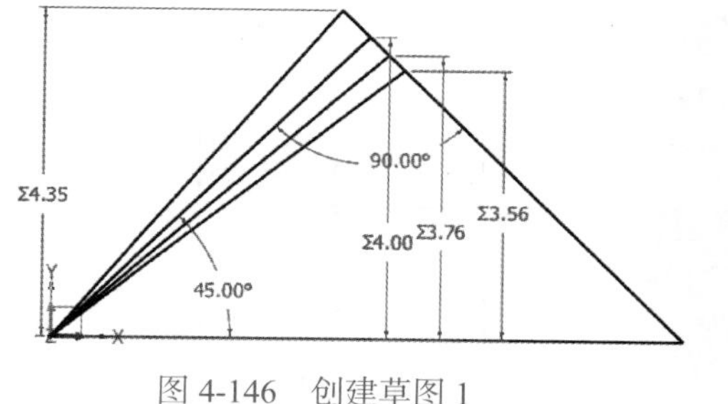

图 4-146　创建草图 1

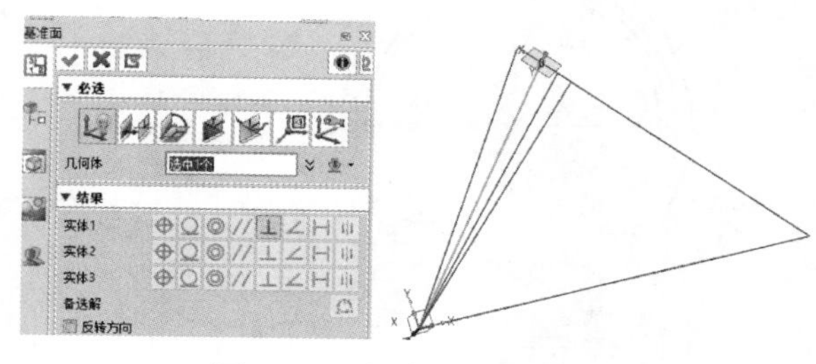

图 4-147　创建平面 1

④ 在平面 1 上，选择“造型”选项卡中的“草图”命令，创建草图 2，以直角三角形斜边端点为圆心，分别以草图 1 的 4 个交点为端点绘制 4 个圆，即可得出圆锥齿轮的齿顶圆（直径 12.31mm）、分度圆（直径 11.31mm）、基圆（直径 10.63mm）、齿根圆（直径 10.06mm），绘制结果如图 4-148 所示。

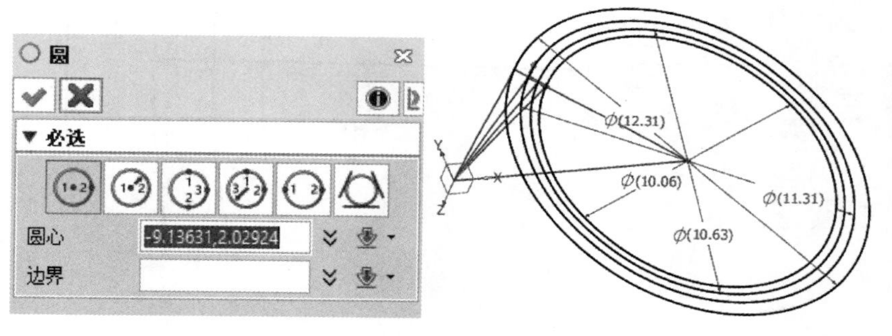

图 4-148　绘制 4 个圆

⑤ 选择“草图”选项卡中的“方程式”命令，双击“圆柱齿轮齿廓的渐开线”选项，在显示的 X、Y 坐标中，把“10”替换为基圆半径“10.63/2”，选中“选择另一个插入点现在是（0.00 0.00）”复选框，插入点选择 4 个圆的圆心，完成的方程式曲线如图 4-149 所示。

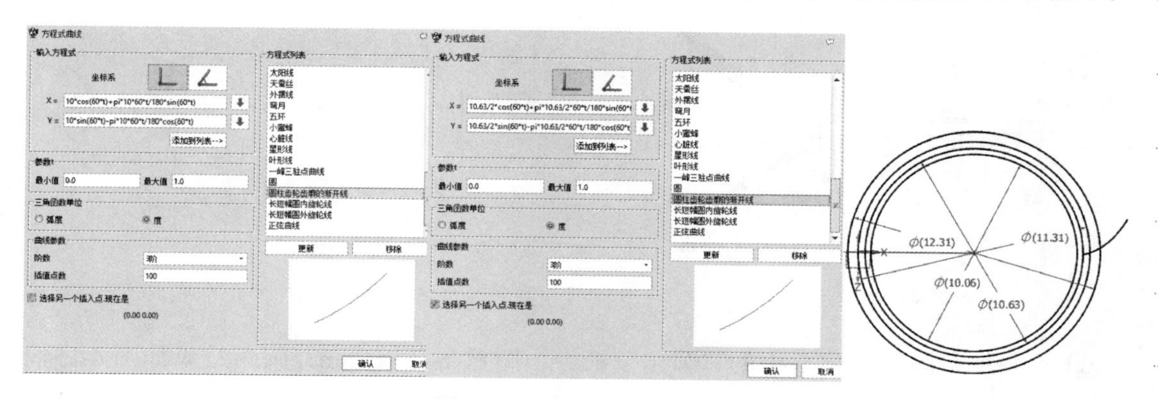

图 4-149　插入方程式曲线

⑥ 选择“草图”选项卡中的“直线”命令，直线1起点是圆心，终点是渐开线与分度圆的交点；直线2起点是圆心，终点是渐开线与基圆的交点；直线3起点是圆心，终点自定，直线与直线1的夹角为90*cos（de）/Z，绘制结果如图4-150所示。

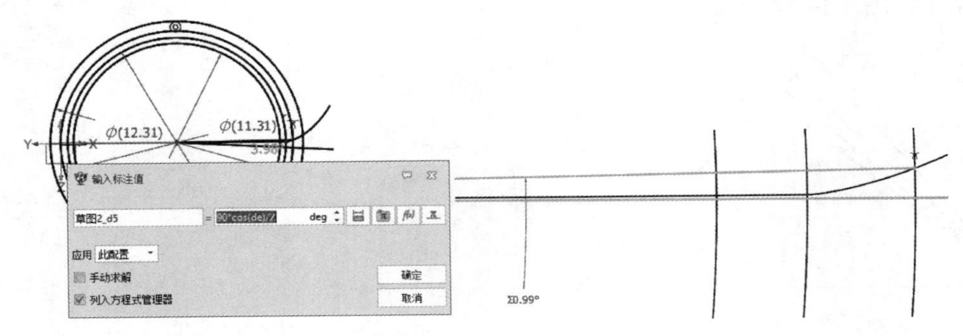

图4-150　绘制3条直线

⑦ 选择“草图”选项卡中的“镜像”命令，实体选择直线2和渐开线，镜像线选择直线3，参数设置及结果如图4-151所示。

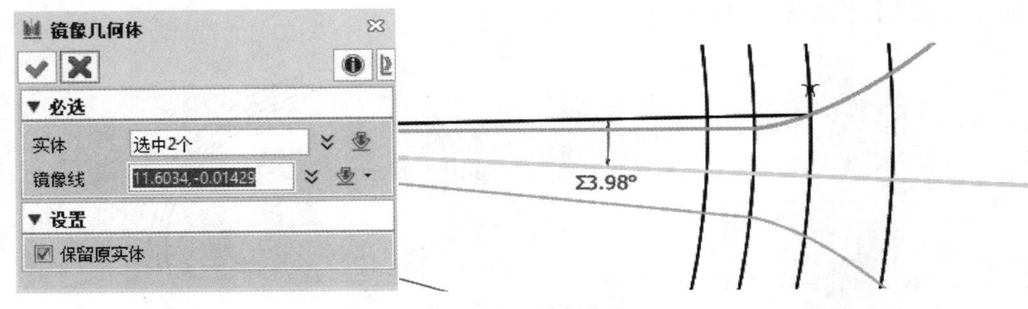

图4-151　镜像曲线

⑧ 选择“草图”选项卡中的“直线”命令，绘制直线4，直线起点与终点均在齿顶圆外，绘制结果如图4-152所示。

⑨ 选择“草图”选项卡中的“划线修剪”命令，修剪结果如图4-153所示。

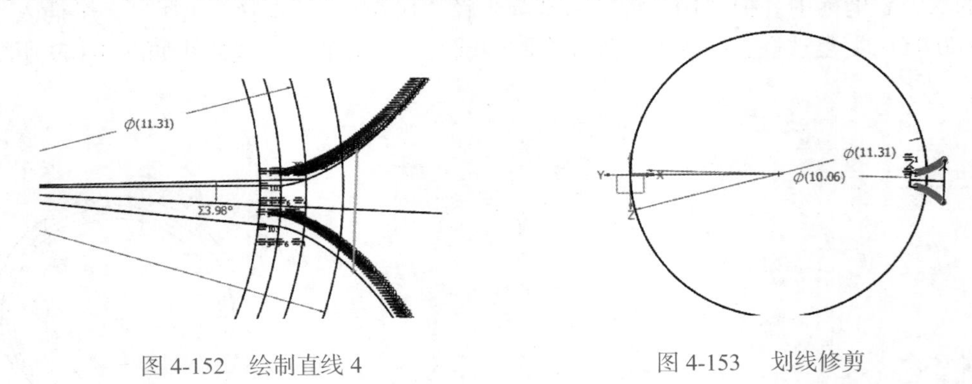

图4-152　绘制直线4　　图4-153　划线修剪

⑩ 选择“草图”选项卡中的“圆角”命令，圆角半径0.2mm，圆角结果如图4-154所示。

⑪ 选择“草图”选项卡中的“旋转”命令，实体选择图 4-154 示曲线，基点选择分度圆圆心，起点选择直线 3 与分度圆交点，终点选择绝对原点（0.00，0.00），绘制旋转特征如图 4-155 所示。

圆锥齿轮造型设计 2

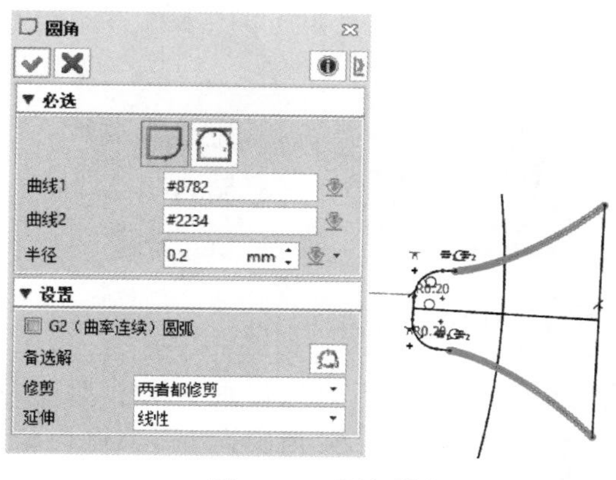

图 4-154　圆角操作

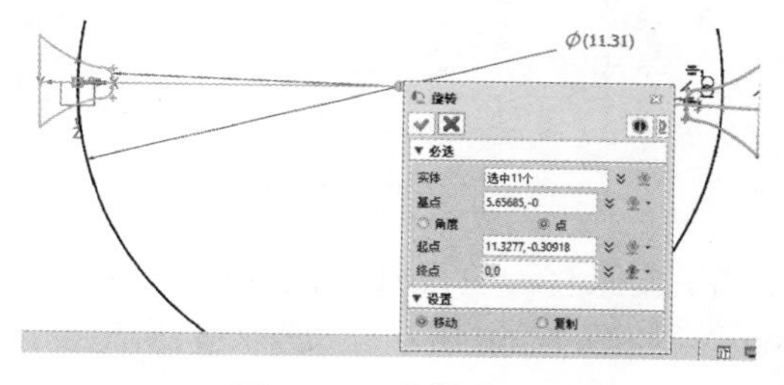

图 4-155　旋转草图

⑫ 在 XY 平面内，创建草图 3，选择“草图”选项卡中的“直线”命令，绘制如图 4-156（a）所示轮廓，设置旋转参数，如图 4-156（b）所示，然后选择 X 轴，绘制旋转特征，如图 4-156（c）所示。

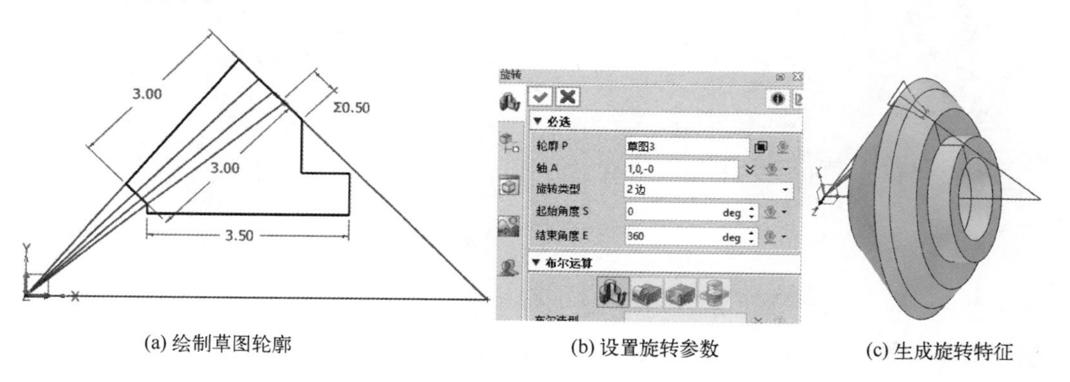

(a) 绘制草图轮廓　(b) 设置旋转参数　(c) 生成旋转特征

图 4-156　创建旋转特征

⑬ 选择“造型”选项卡中的“放样”命令，放样类型选择“起点和轮廓”，起点选择坐标原点，轮廓选择草图 3，布尔运算选择减运算，参数设置及结果如图 4-157 所示。

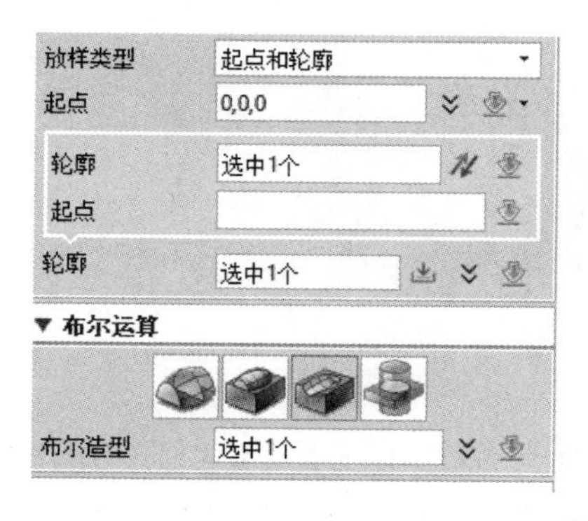

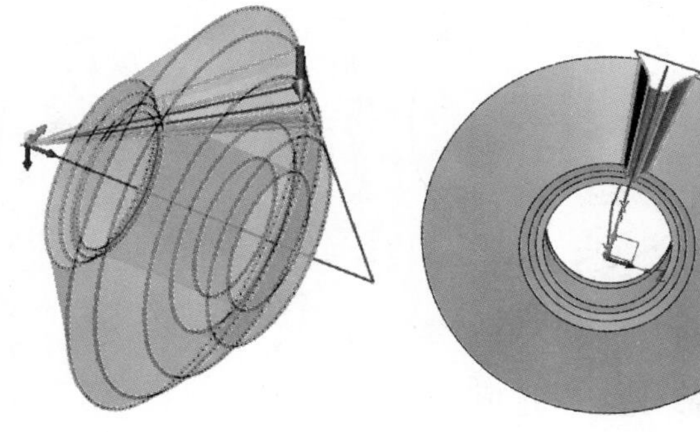

图 4-157　创建放样特征

⑭ 选择“造型”选项卡中的“阵列特征”命令，参数设置及结果如图 4-158 所示。

⑮ 以同样的方法设计 64 齿圆锥齿轮，设计结果如图 4-159 所示。

直齿轮 -64 齿圆锥齿轮双联齿轮造型设计

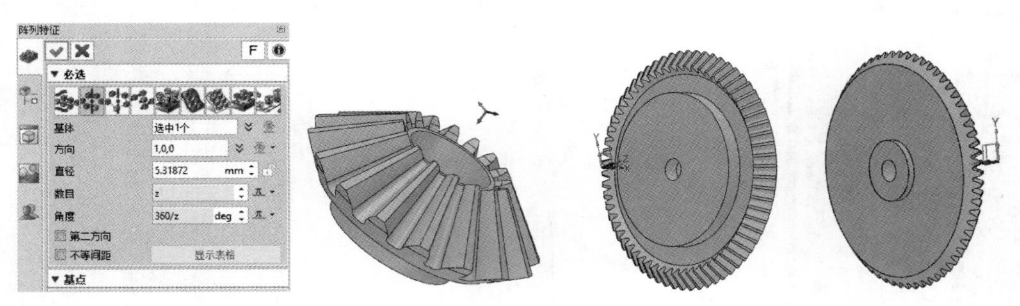

图 4-158 创建阵列特征

图 4-159 绘制 64 齿圆锥齿轮

电动机和车轮造型设计

⑯ 按照直齿轮设计方法绘制 42 齿轮（模数为 0.5，压力角为 20°，齿数为 42，厚度为 5mm），如图 4-160 所示。按照双联齿轮设计方法，设计 42 齿轮与 64 齿圆锥齿轮双联齿轮，设计结果如图 4-161 所示。

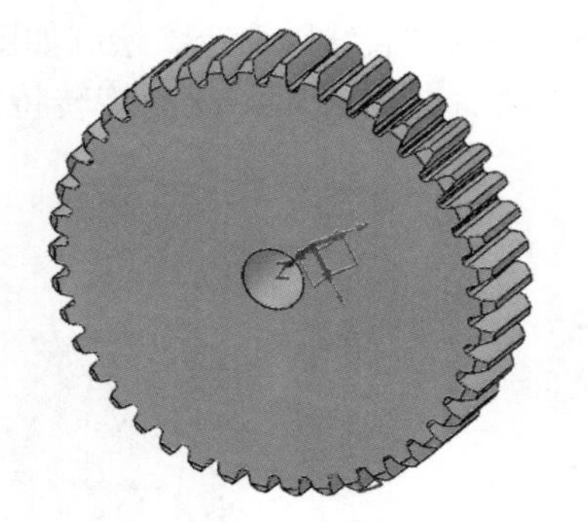

图 4-160 绘制 42 齿轮

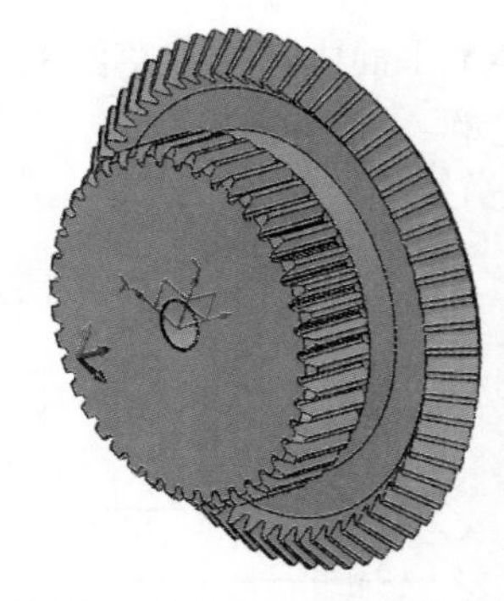

图 4-161 绘制 42 齿轮与 64 齿圆锥齿轮双联齿轮

3. 创建电动机三维模型

根据前述电动机尺寸拟定本任务电动机尺寸，设计步骤如下。

① 选择“造型”选项卡中的“草图”命令，创建草图 1，草图平面为“XY”，使用“草图”→“圆”命令绘制出 1 个圆，直径为 24mm。选择“造型”选项卡中的“拉伸”命令，选择草图 1，拉伸基体，拉伸距离 25mm，参数设置及结果如图 4-162 所示。

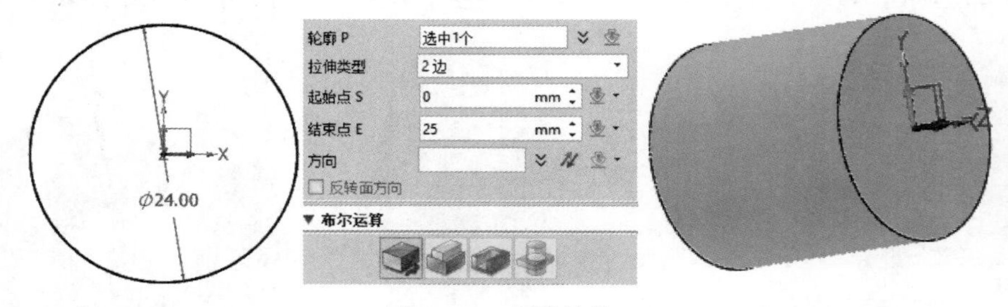

图 4-162 创建拉伸 1

② 选择“造型”选项卡中的“草图”命令，创建草图 2，草图平面为“XY”，使用“草图”→“圆”命令绘制出 2 个圆，直径为 3mm。选择“造型”选项卡中的“拉伸”命令，选

择草图 2，布尔运算选择加运算，拉伸距离 7mm，参数设置及结果如图 4-163 所示。

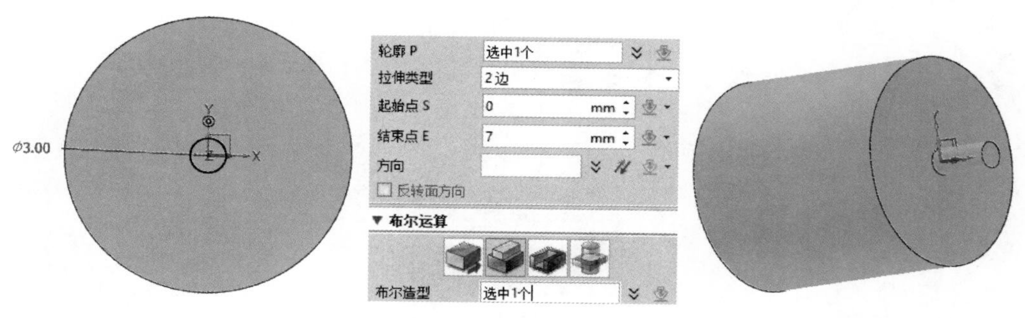

图 4-163 创建拉伸 2

③ 选择“造型”选项卡中的“草图”命令，创建草图 3，草图平面为“XY”，使用“草图”→“圆”命令绘制出 2 个矩形。选择“造型”选项卡中的“拉伸”命令，选择草图 3，拉伸切除，拉伸距离 25mm，参数设置及结果如图 4-164 所示。

④ 选择“造型”选项卡中的“圆角”命令，圆角半径 2mm。通过以上步骤，完成电动机三维模型的创建，如图 4-165 所示。

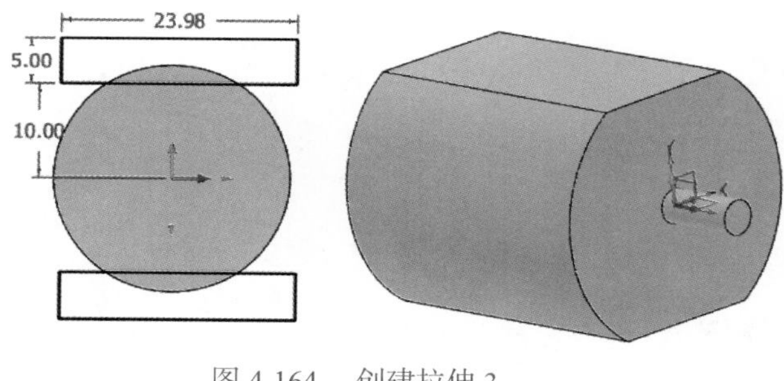

图 4-164 创建拉伸 3

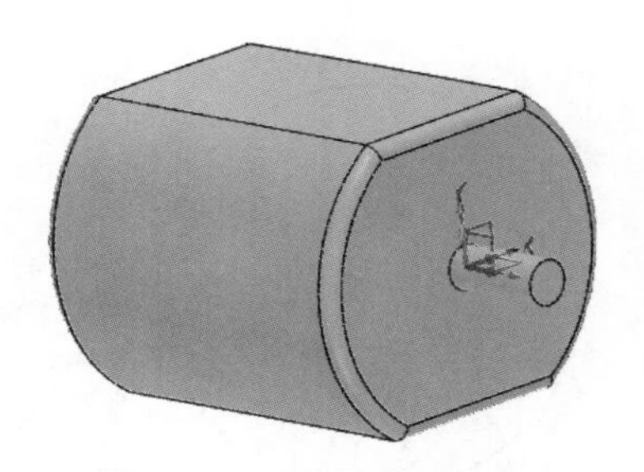

图 4-165 创建圆角特征

4. 创建车轮三维模型

根据前述车轮尺寸拟定本任务车轮尺寸，设计步骤如下。

① 选择“造型”选项卡中的“草图”命令，创建草图 1，草图平面为“XY”，使用“草图”→“圆”命令绘制出 1 个圆，直径为 50mm。选择“造型”选项卡中的“拉伸”命令，选择草图 1，拉伸基体，拉伸距离 10mm，参数设置及结果如图 4-166 所示。

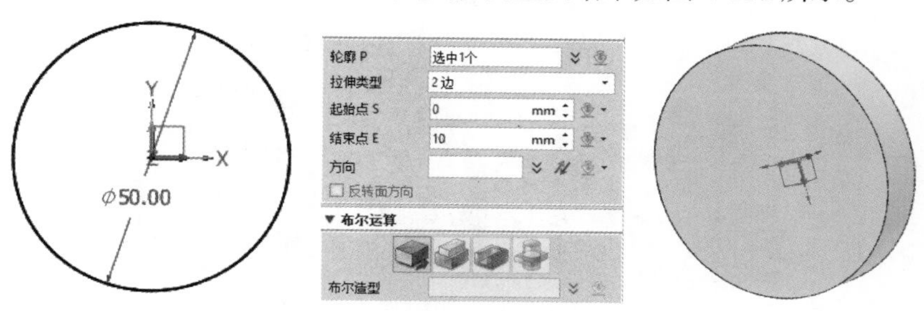

图 4-166 创建拉伸 1

② 选择“造型”选项卡中的“草图”命令，创建草图 2，草图平面为“XY”，使用“草图”→“圆”命令绘制出 3 个圆，直径分别为 3mm、10mm、42mm。选择“造型”选项卡中

的“拉伸”命令，选择草图2，拉伸切除，拉伸距离8mm，参数设置及结果如图4-167所示。

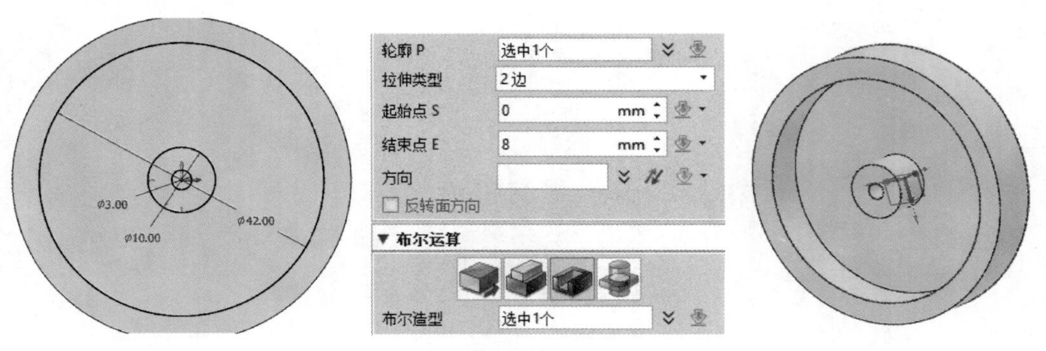

图 4-167　创建拉伸 2

③ 选择“造型”选项卡中的“草图”命令，创建草图3，草图平面为“XY”，使用“草图”→“圆”命令绘制出2个圆，直径分别为3mm、10mm。选择“造型”选项卡中的“拉伸”命令，选择草图3，布尔运算选择加运算，拉伸距离8mm，参数设计及结果如图4-168所示。

④ 选择“造型”选项卡下的“圆角”命令，圆角半径2mm，通过以上步骤，完成电动机三维模型的创建，如图4-169所示。

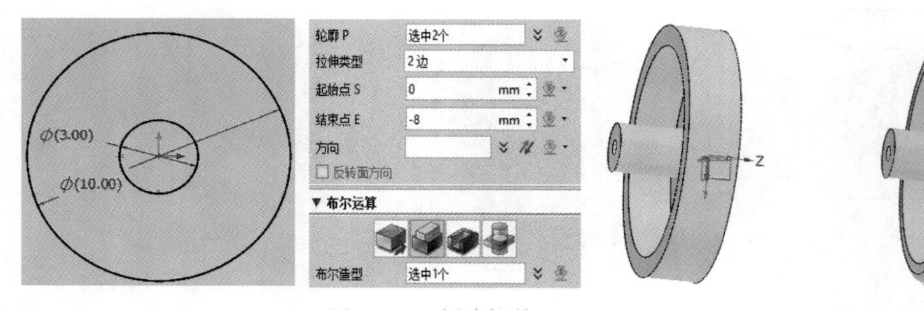

图 4-168　创建拉伸 3

图 4-169　创建圆角特征

⑤ 选择“视觉样式”选项卡中的“纹理贴图”命令，选择图片文件，选择小车轮外端面，完成小车轮纹理贴图操作，如图4-170所示。

创新思路：纹理贴图文件格式不限，可以选择任何纹理命令，然后选择要进行纹理贴图的面即可完成。

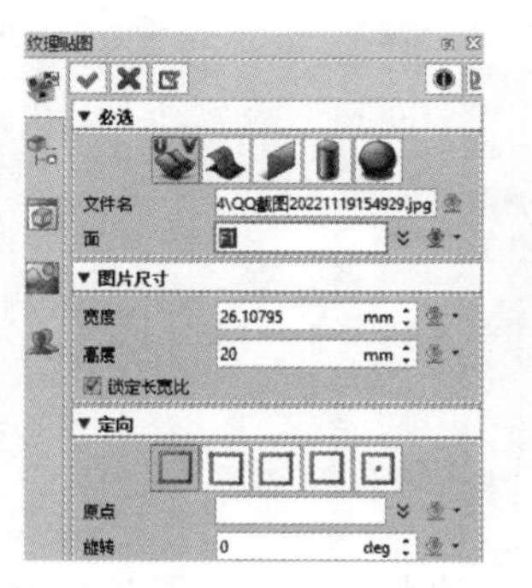

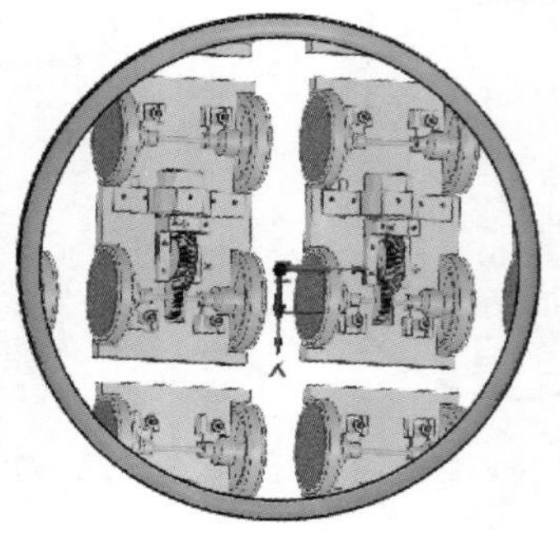

图 4-170　创建纹理贴图

5. 创建减振器三维模型

根据前述车轮尺寸拟定本任务减振器尺寸，设计步骤如下。

减振器造型设计

① 选择“造型”选项卡中的“草图”命令，创建草图 1，草图平面为“XY”，使用“草图”→“直线”命令绘制草图 1。选择“造型”选项卡中的“旋转”命令，选择草图 1，旋转基体，参数设置及结果如图 4-171 所示。

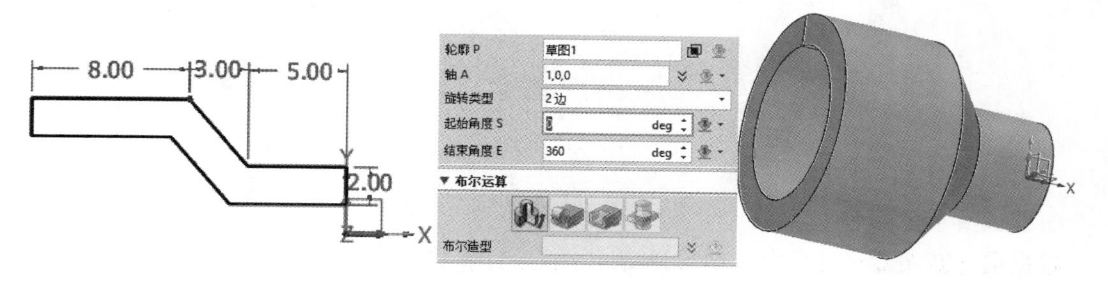

图 4-171　创建旋转特征

② 选择“造型”选项卡中的“基准面”命令，创建平面 1，参考平面为“XZ”，偏移距离为 18mm，参数设置及结果如图 4-172 所示。

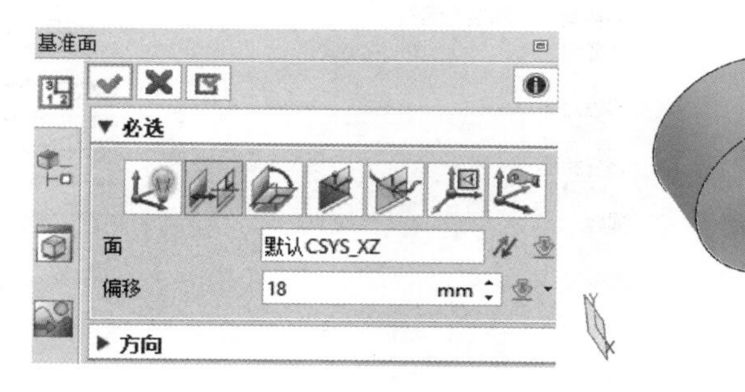

图 4-172　创建基准面

③ 选择“造型”选项卡中的“草图”命令，创建草图 2，草图平面为平面 1，使用“草图”→“矩形”命令绘制矩形，厚度为 3mm。选择“造型”选项卡中的“拉伸”命令，选择草图 2，拉伸为加运算，参数设计及结果如图 4-173 所示。

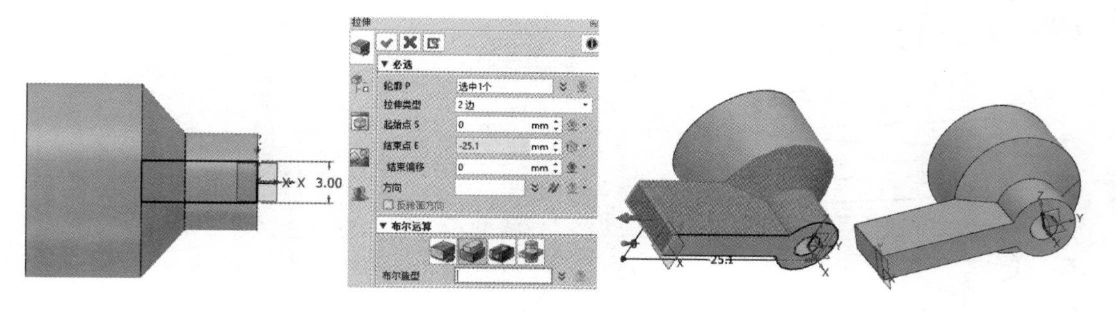

图 4-173　创建拉伸加运算特征

④ 选择“造型”选项卡中的“草图”命令，创建草图 3，草图平面为“XY”，使用“草图”→“圆”命令绘制圆，直径为 3mm。选择“造型”选项卡中的“拉伸”命令，选择草图

3，拉伸切除，参数设计及结果如图 4-174 所示。

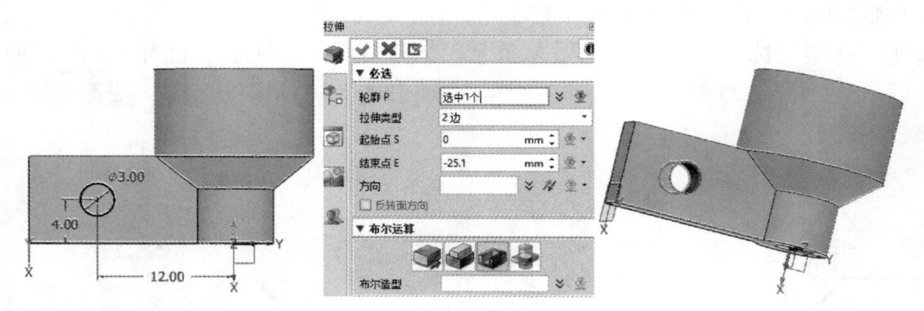

图 4-174 创建拉伸切除特征

弹簧、螺栓、螺母、滑槽开关零件造型设计

6. 创建弹簧三维模型

根据前述减振器尺寸拟定本项目弹簧尺寸，设计步骤如下。

① 选择“线框”选项卡中的“螺旋线”命令，创建螺旋线 1，直径为 6mm，起始距离 0mm，结束距离 10mm，圈数为 10 圈，参数设置及结果如图 4-175 所示。

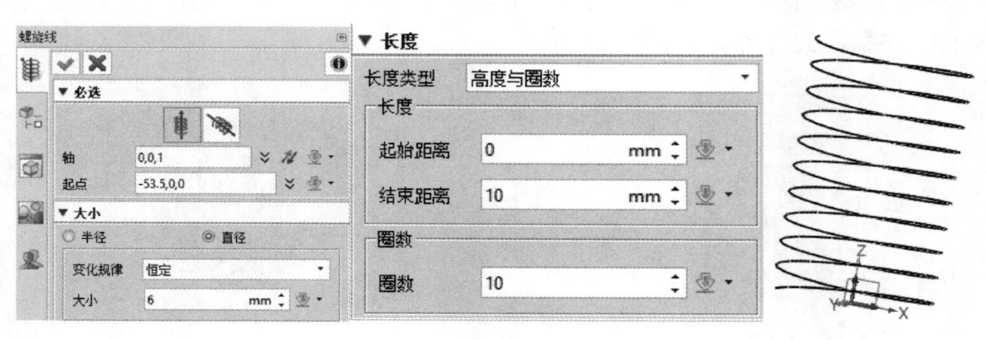

图 4-175 创建螺旋线特征

② 选择“造型”选项卡中的“草图”命令，创建草图 1，草图平面为“XZ”，使用“草图”→“圆”命令绘制圆，直径为 0.8mm，如图 4-176 所示。

③ 选择“造型”选项卡中的“扫掠”命令，轮廓选择草图 1 中的圆，路径选择螺旋线 1，参数设计及结果如图 4-177 所示。

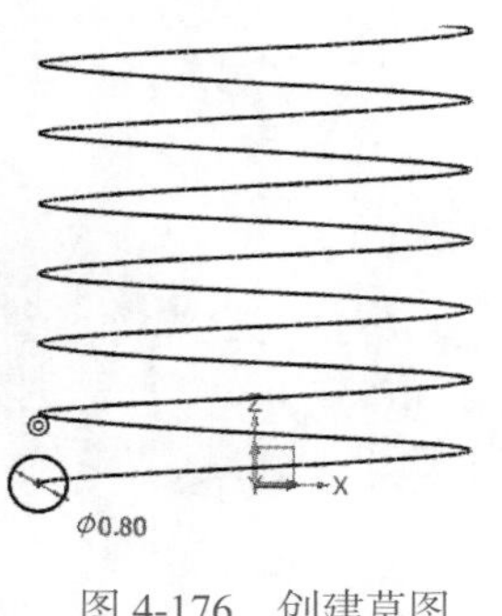

图 4-176 创建草图

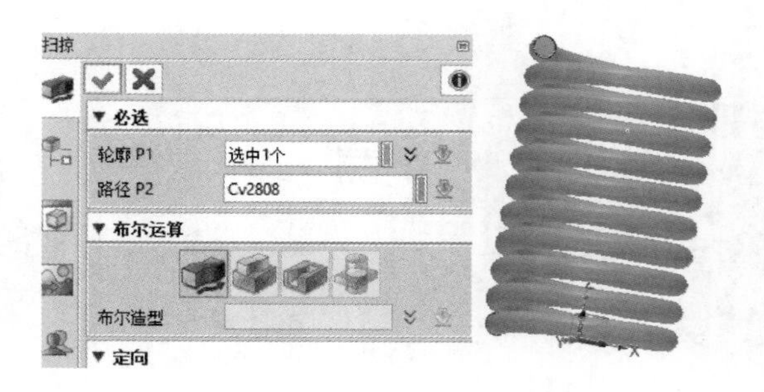

图 4-177 创建扫掠特征

④ 选择“造型”选项卡中的“草图”命令，创建草图 2，草图平面为“XY”，使用“草图”→“直线”命令绘制出 2 个矩形。选择“造型”选项卡中的“拉伸”命令，选择草图 2，

拉伸切除，拉伸距离 15mm，参数设置及结果如图 4-178 所示。

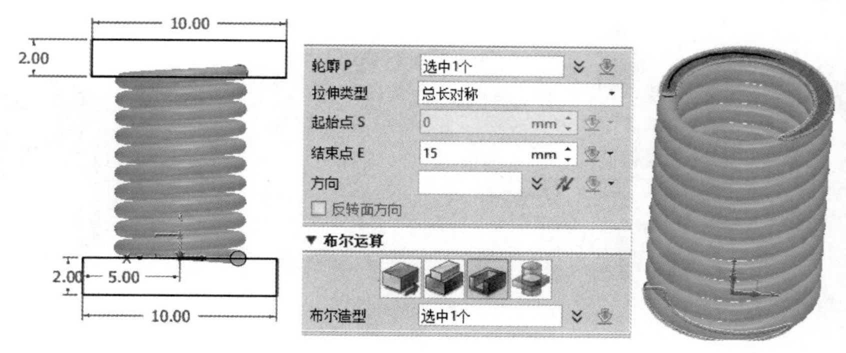

图 4-178　创建拉伸切除特征

⑤ 选择“造型”选项卡中的“草图”命令，创建草图 3，草图平面为“XY”，使用“草图”→“圆”命令绘制出 1 个圆，直径为 6.66mm，如图 4-179 所示。

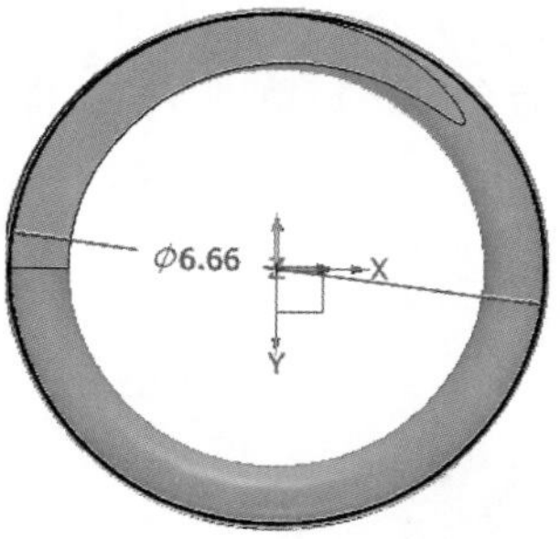

图 4-179　创建草图

创新思路：绘制草图 3 的目的是便于装配。

7. 创建螺栓三维模型

根据步骤 6 创建的弹簧的尺寸拟定螺钉尺寸，设计步骤如下。

单击“文件浏览器”按钮，单击“重用库”按钮，双击“螺栓”选项，选择“六角头螺栓 GB_T5782.Z3”选项，其中，公称直径 3mm、长度 30mm，参数设置及结果如图 4-180 所示。

提示：弹簧内孔直径尺寸为 3mm，因此选择螺栓直径为 3mm；因为弹簧长度为 10mm，底板尺寸大约 10mm，螺母尺寸大约 5mm，因此螺栓长度选择 30mm。

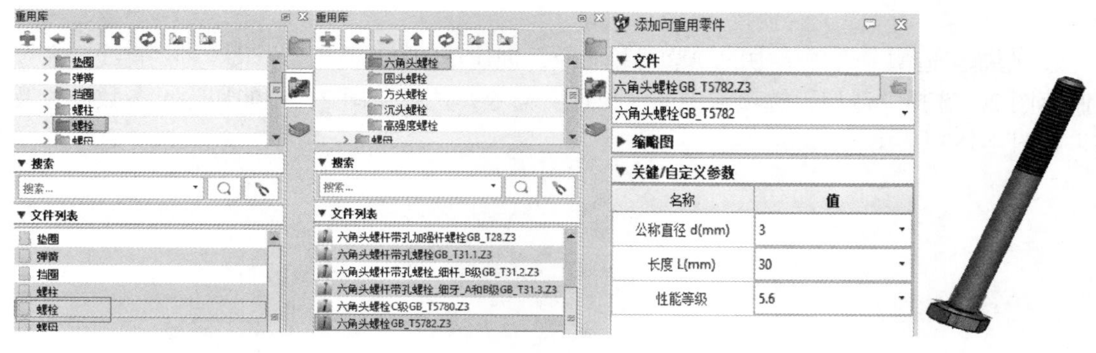

图 4-180　创建螺栓

8. 创建螺母三维模型

根据步骤 7 创建的螺栓的尺寸拟定螺母尺寸，设计步骤如下。

单击“文件浏览器”按钮，单击“重用库”按钮，双击“螺母”选项，选择“六角薄螺母无倒角 GB_T 6174.Z3”选项，其中，公称直径 3mm、长度 30mm，参数设置及结果如图 4-181 所示。

提示：选择的螺母应与螺栓匹配，公称直径一致的螺栓，螺母一致。

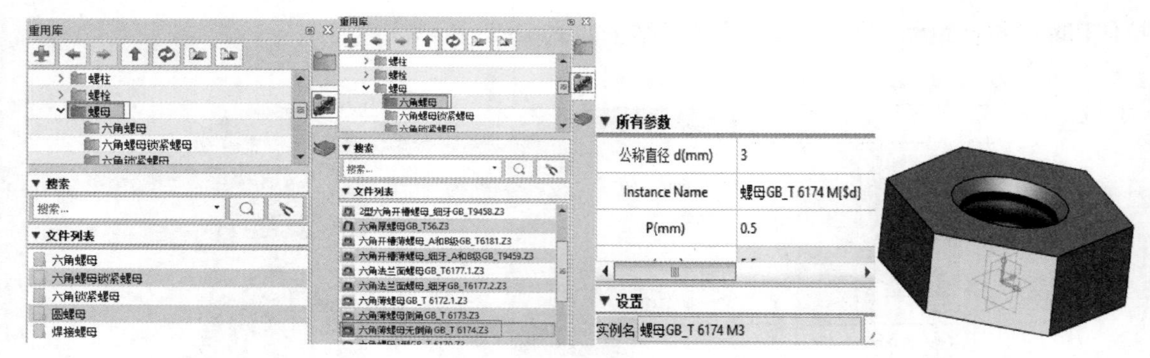

图 4-181 创建螺母特征

9. 创建滑槽开关三维模型

自拟滑槽开关尺寸，设计步骤如下。

① 选择“造型”选项卡中的“草图”命令，创建草图 1，草图平面为“XY”，使用“草图”→“直线”命令绘制草图 1。选择“造型”选项卡中的“拉伸”命令，选择草图 1，拉伸基体，参数设置及结果如图 4-182 所示。

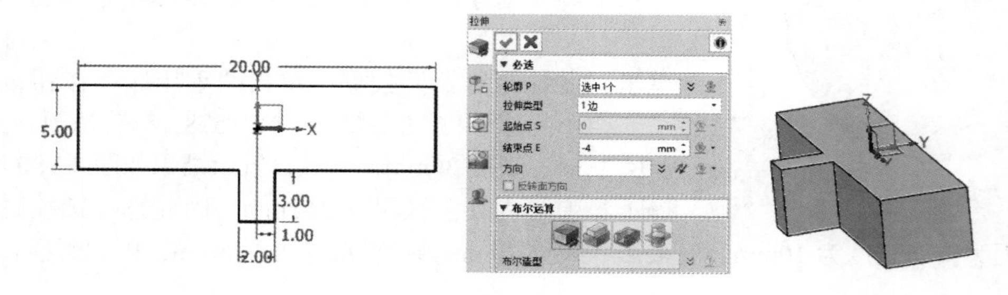

图 4-182 创建拉伸基体

② 选择“造型”选项卡中的“草图”命令，创建草图 2，使用“草图”→“直线”命令绘制草图 2。选择“造型”选项卡中的“拉伸”命令，选择草图 2，拉伸切除，参数设置及结果如图 4-183 所示。

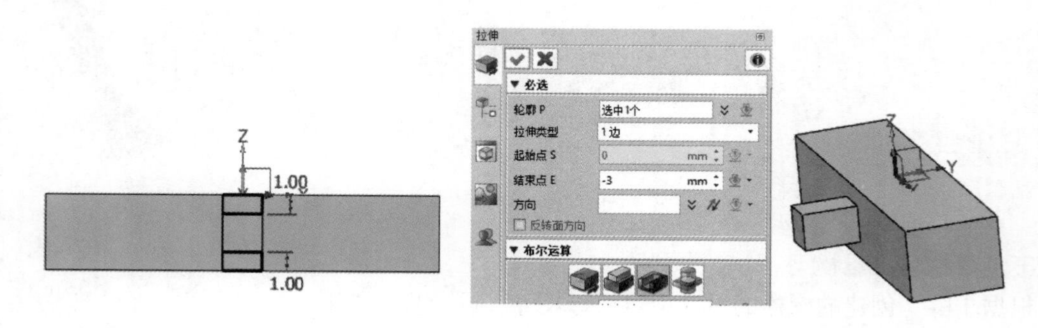

图 4-183 创建拉伸切除

10. 创建底板三维模型

① 创建子装配体 1。插入电动机，放置类型选择默认坐标，如图 4-184 所示。

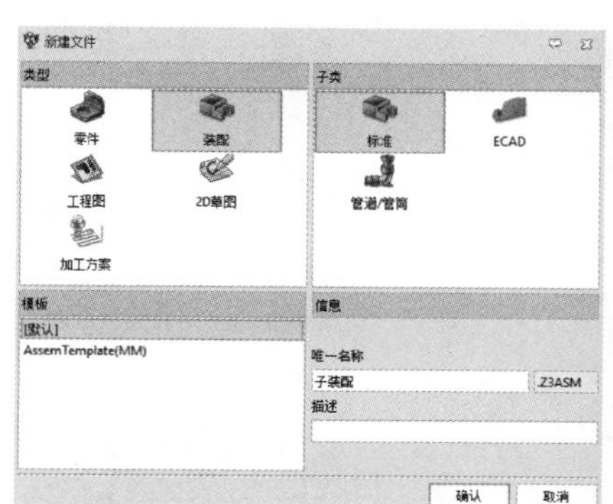

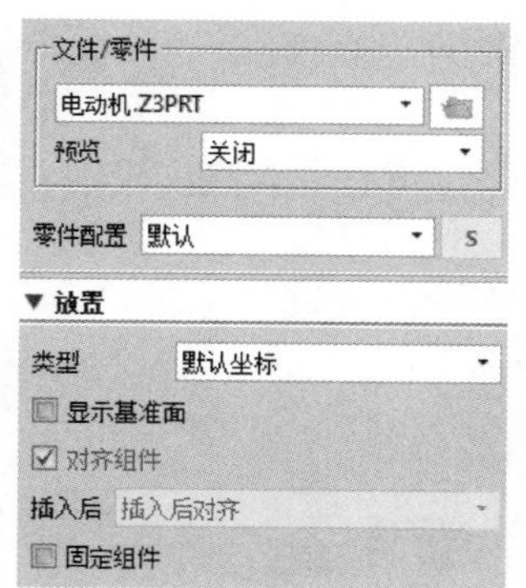

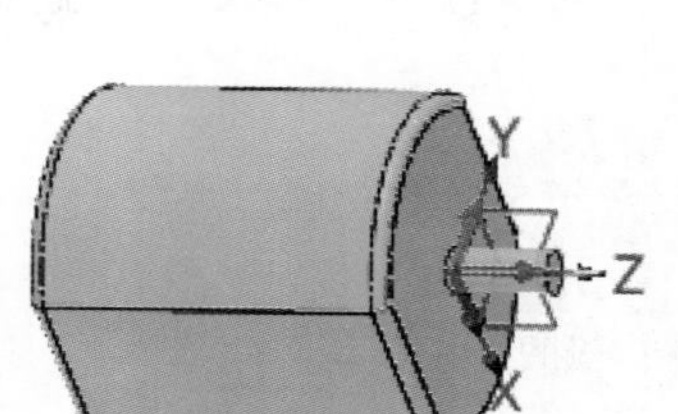

创建子装配

图 4-184　装配电动机

② 插入“小车小圆锥 16 齿”，放置类型选择“多点”，约束类型选择同心、重合，如图 4-185 所示，经过装配，发现设计结构合理，满足设计要求。

图 4-185　装配小车小圆锥 16 齿

③ 绘制草图，便于装配大圆锥齿轮。选择“造型”选项卡中的“草图”命令，创建草图 1，草图平面为“XZ”，使用“草图”→“直线”命令绘制出 3 条直线。选择“线框”选项中的“点”命令，在直线端点处设置点 1，如图 4-186 所示。

创新思路：尺寸 16mm 是分度圆直径 32mm 的一半，6.18mm 是分度圆直径（7.91mm）的一半 +2.22mm 的和，21mm 为两直齿圆柱齿轮中心距，如图 4-187 所示。

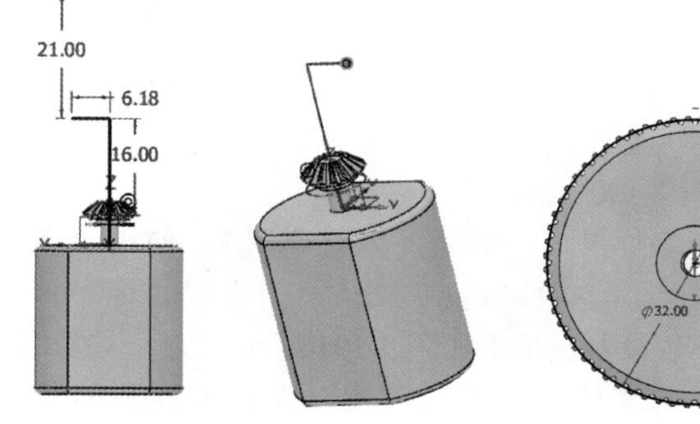

图 4-186　绘制 3 条直线和 1 个点

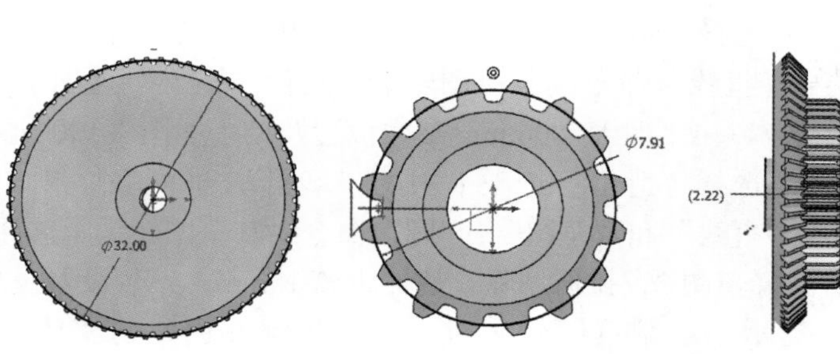

图 4-187　大小圆锥齿轮分度圆直径及到端面距离

④ 插入“双联 - 小车大圆锥 64 齿直齿 42”，放置类型选择“多点”，约束类型选择同心、重合，如图 4-188 所示。

创新思路：双联齿轮端面与点重合，双联齿轮轴心与直线同心。

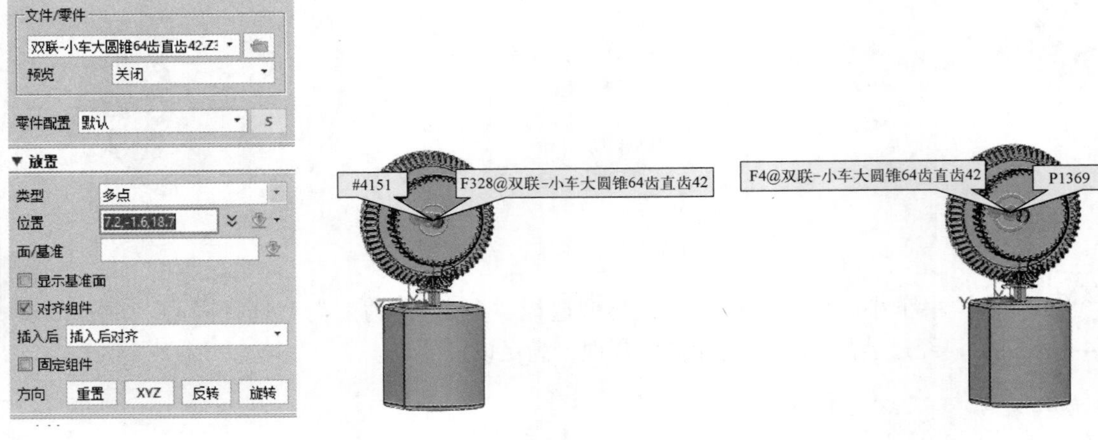

底板（电机槽和齿轮槽）造型设计

图 4-188　装配双联 - 小车大圆锥 64 齿直齿 42

⑤ 插入“直齿圆柱齿轮 42 齿”，放置类型选择“多点”，约束类型选择同心、重合，如图 4-189 所示。

创新思路：“直齿圆柱齿轮 42 齿”端面与“双联 - 小车大圆锥 64 齿直齿 42”端面重合，“直齿圆柱齿轮 42 齿”与直线同心。

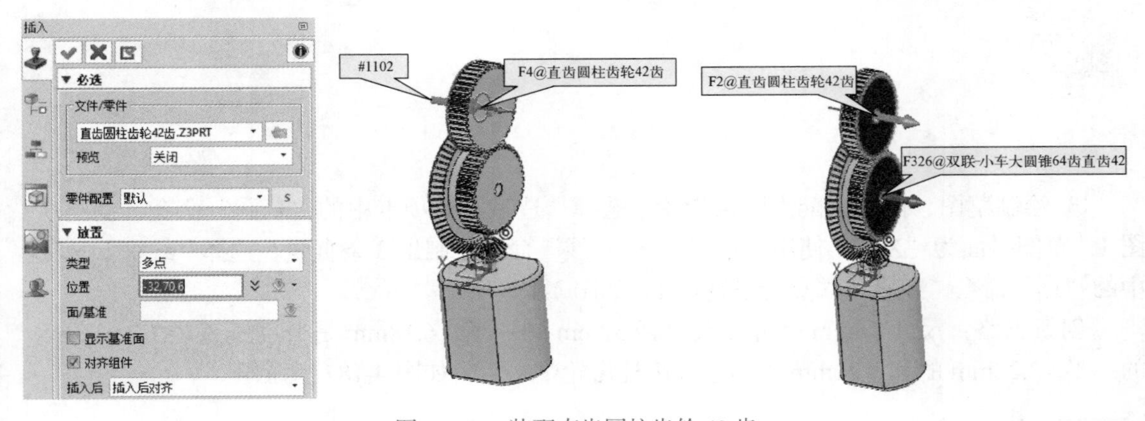

图 4-189　装配直齿圆柱齿轮 42 齿

⑥ 选择“造型”选项卡中的“草图”命令，在“XY”平面上创建草图 2，使用“草图”→“直线”命令绘制草图轮廓。选择“造型”选项卡中的“拉伸”命令，选择草图 2，拉伸基体，拉伸距离 80mm，参数设置及结果如图 4-190 所示。

⑦ 选择“造型”选项卡中的“草图”命令，在“XY”平面上创建草图 3，使用“草图”→“直线”和“草图”→“圆”命令绘制草图轮廓。选择“造型”选项卡中的“拉伸”命令，选择草图 3，拉伸切除，拉伸距离 15mm，参数设置及结果如图 4-191 所示。

提示：绘制草图轮廓时，隐藏步骤⑥创建的实体，草图轮廓相对齿轮齿顶圆偏移 1.5mm。

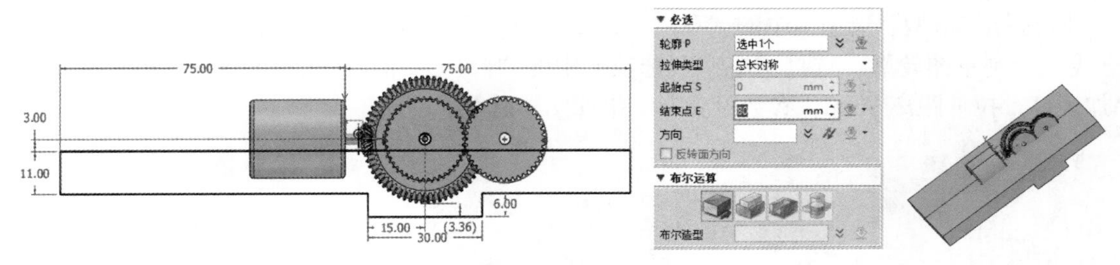

图 4-190　绘制拉伸特征

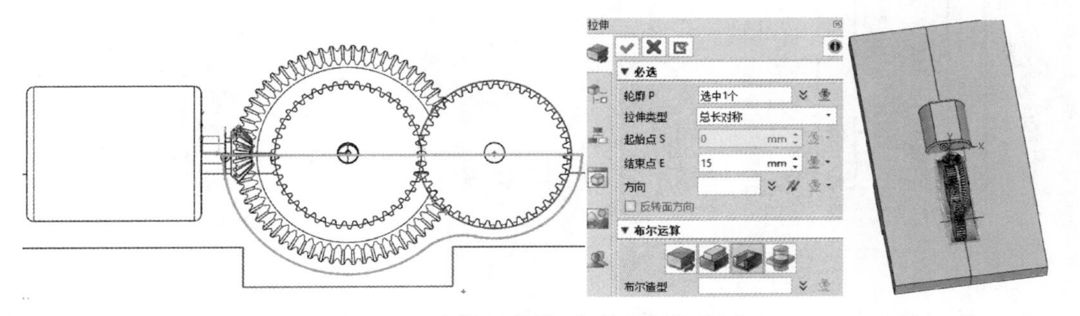

图 4-191　创建“草图 3”拉伸切除特征

⑧ 选择“造型”选项卡中的“草图”命令，在“XY”平面上创建草图 4，使用“草图”→“偏移”绘制草图轮廓，偏移距离为 0mm。选择“造型”选项卡中的“拉伸”命令，选择草图 4，拉伸切除，拉伸距离 25mm，参数设置及结果如图 4-192 所示。

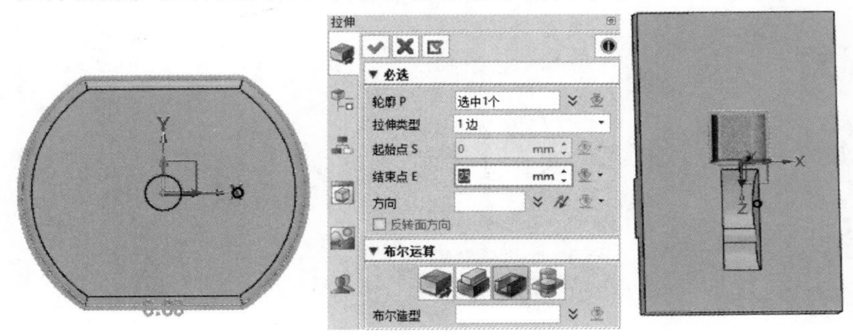

图 4-192　绘制“草图 4”拉伸切除特征

⑨ 选择“造型”选项卡中的“草图”命令，在底板平面上创建草图 5，使用“草图”→“偏移”绘制草图轮廓。选择“造型”选项卡中的“拉伸”命令，选择草图 5，拉伸切除，拉伸距离 6mm，参数设置及结果如图 4-193 所示。

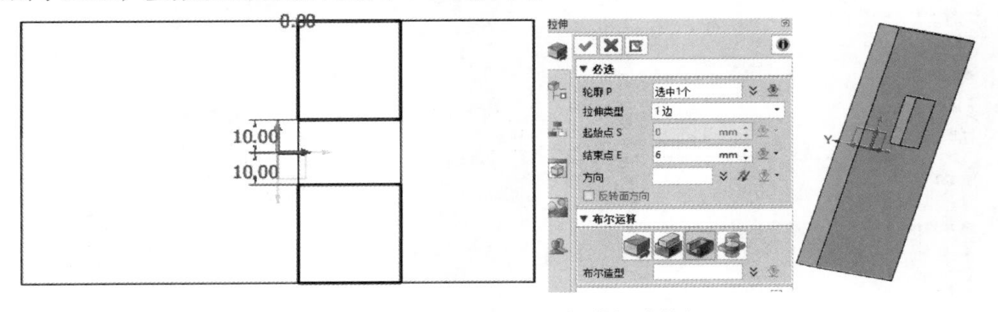

图 4-193　绘制“草图 5”拉伸切除特征

⑩ 选择“造型”选项卡中的“草图”命令，在底板平面上创建草图 6，使用“草图”→“直线”绘制草图轮廓。选择“造型”选项卡中的“拉伸”命令，选择草图 6，布尔运算选择加运算，拉伸距离 3mm，参数设置及结果如图 4-194 所示。

底板（小车轮槽）造型设计

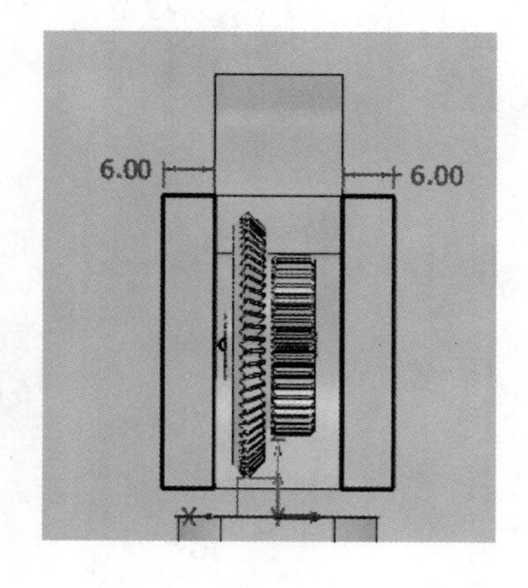

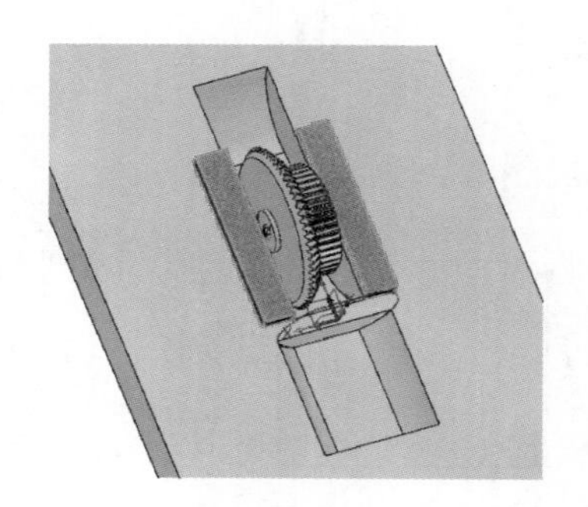

图 4-194　绘制拉伸加运算特征

⑪ 选择“造型”选项卡中的“草图”命令，在“ZY”平面上创建草图 7，使用“草图”→“圆”命令绘制草图轮廓。选择“造型”选项卡中的“拉伸”命令，选择草图 7，拉伸切除，拉伸距离 21mm，参数设置及结果如图 4-195 所示。

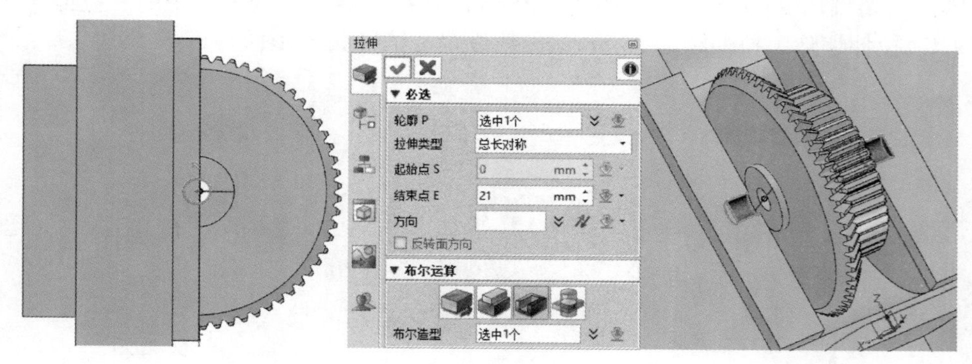

图 4-195　绘制“草图 7”拉伸切除特征

⑫ 插入小车轮，放置类型选择“多点”，约束类型选择同心、重合，如图 4-196 所示，经过装配，发现设计结构合理，满足设计要求。

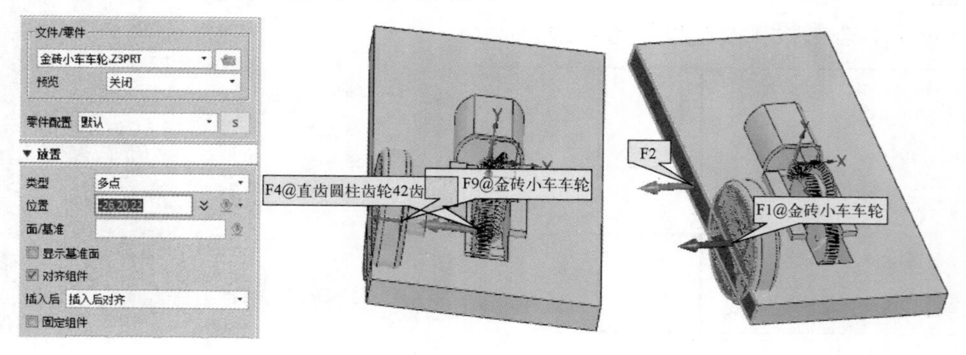

图 4-196　装配小车轮

⑬ 创建底板轮槽。选择“造型”选项卡中的“草图”命令，在“ZY”平面上创建草图 8，使用“草图”→“圆”命令绘制草图轮廓。选择“造型”选项卡中的“拉伸”命令，选择草图 8，拉伸切除，拉伸距离 10mm，参数设置及结果如图 4-197 所示。

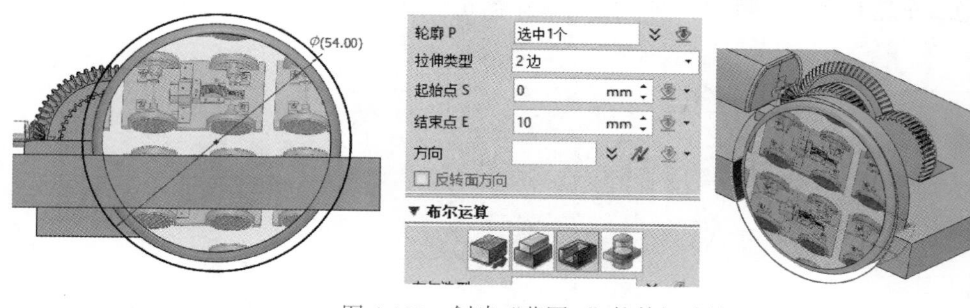

图 4-197　创建“草图 8”拉伸切除特征

底板（减震器槽）造型设计

⑭ 装配减振器。插入小车轮，放置类型选择“多点”，约束类型选择同心、重合、平行，如图 4-198 所示，经过装配，发现设计结构合理，满足设计要求。

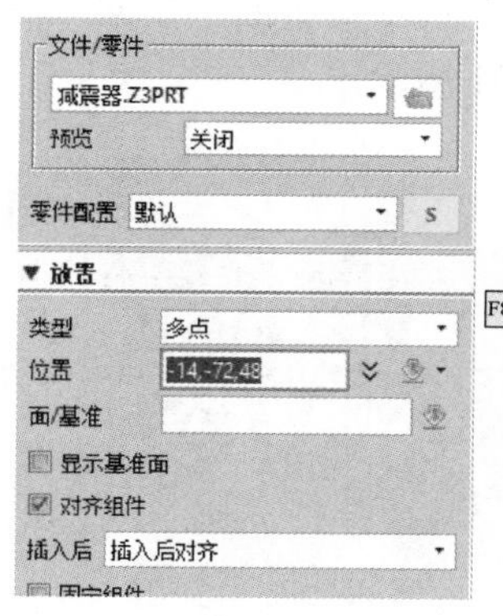

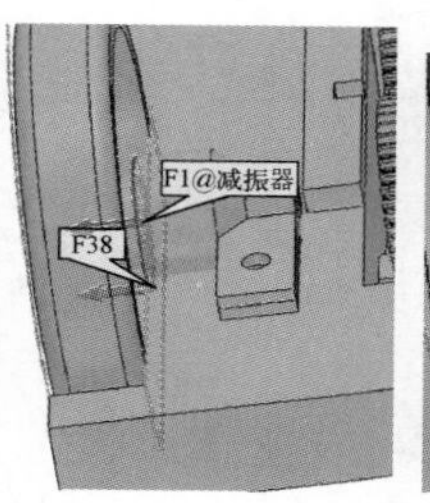

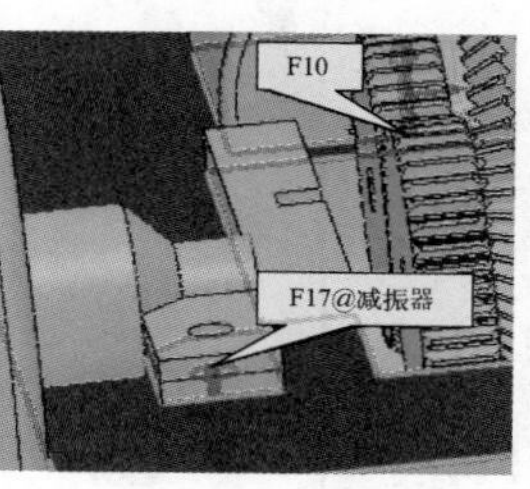

图 4-198　装配减振器

⑮ 创建减振器用凹槽。

a. 新建平面 1，选择草图 1 中的直齿轮中心线，与底面垂直，参数设置及结果如图 4-199 所示。

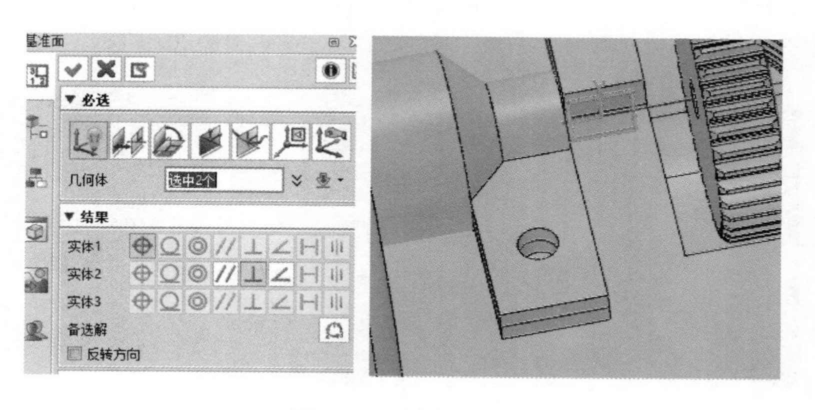

图 4-199　创建平面 1

b. 选择“造型”选项卡中的“草图”命令，在“平面 1”上创建草图 9，使用“草图”→“偏移”命令绘制草图轮廓，偏移距离为 0mm。选择“造型”选项卡中的“旋转”命令，选择草图 9，旋转基体，参数设置及结果如图 4-200 所示。

提示：隐藏车轮和底板的目的是便于绘制减振器轮廓。

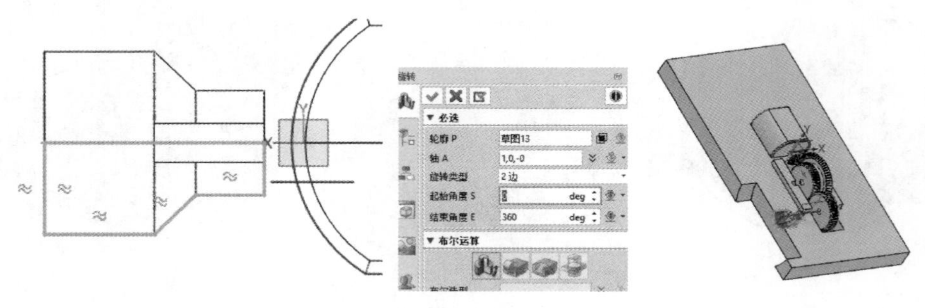

图 4-200　创建“草图 9”旋转特征

⑯ 创建减振器支撑凸台。选择“造型”选项卡中的“草图”命令，在底板上表面创建草图 10，使用“草图”→“直线”命令绘制草图轮廓。选择“造型”选项卡中的“拉伸”命令，选择草图 10，布尔运算选择加运算，参数设置及结果如图 4-201 所示。

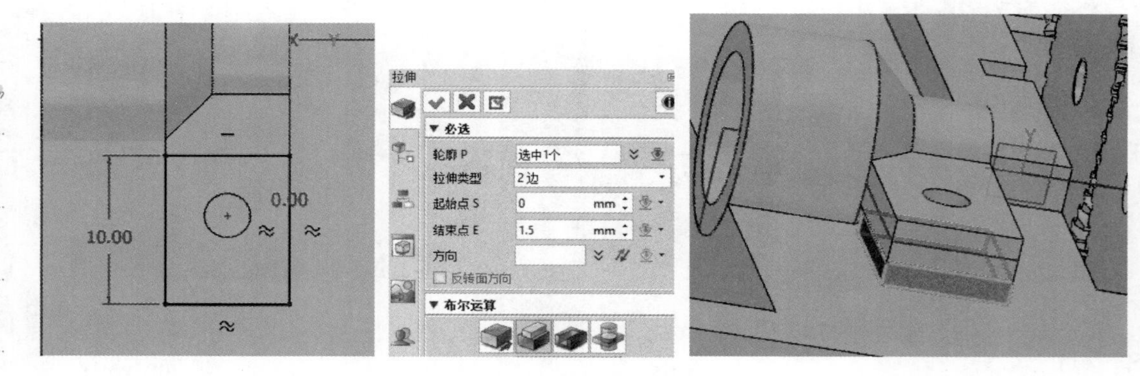

图 4-201　创建减振器支撑凸台

⑰ 创建减振器定位凸台。选择“造型”选项卡中的“草图”命令，在底板上表面创建草图 11，使用“草图”→“直线”命令绘制草图轮廓。选择“造型”选项卡中的“拉伸”命令，选择草图 11，布尔运算选择加运算，参数设置及结果如图 4-202 所示。

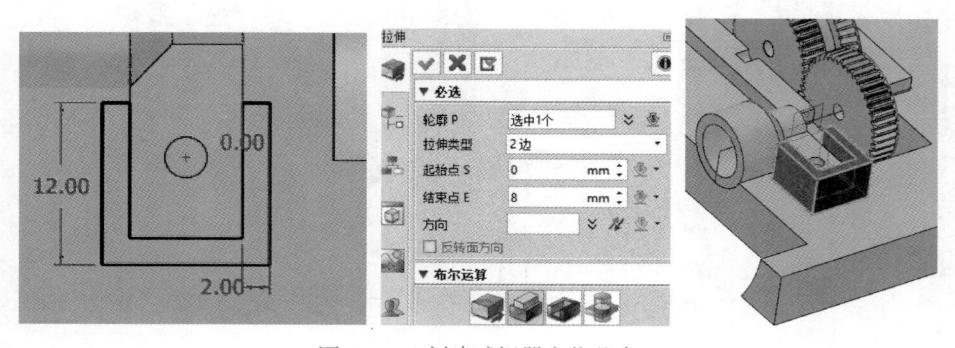

图 4-202　创建减振器定位凸台

⑱ 创建底板通孔。在底板上表面上创建草图 12，使用“草图”→“圆”命令绘制草图轮廓，圆孔直径 3mm。选择“造型”选项卡下的“拉伸”命令，选择草图 12，拉伸切除，参数设置及结果如图 4-203 所示。

底板（孔和滑动开关槽）造型设计

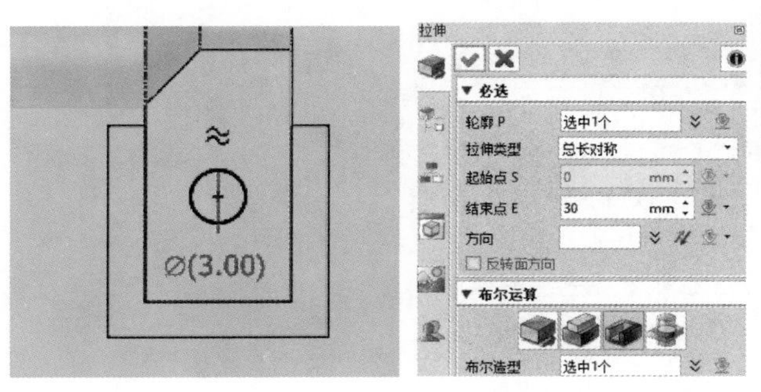

图 4-203　创建与支撑起配合底板通孔

⑲ 创建镜像特征。镜像步骤⑬创建的底板轮槽、步骤⑮创建的减振器用凹槽、步骤⑰创建的减振器支撑凸台、步骤⑱创建的与支撑起配合底板通孔。分别以 YZ 面和 XY 面为镜像平面，参数设置及结果如图 4-204 所示。

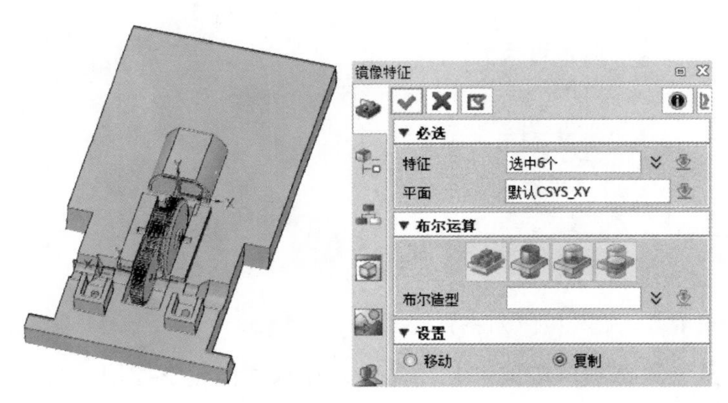

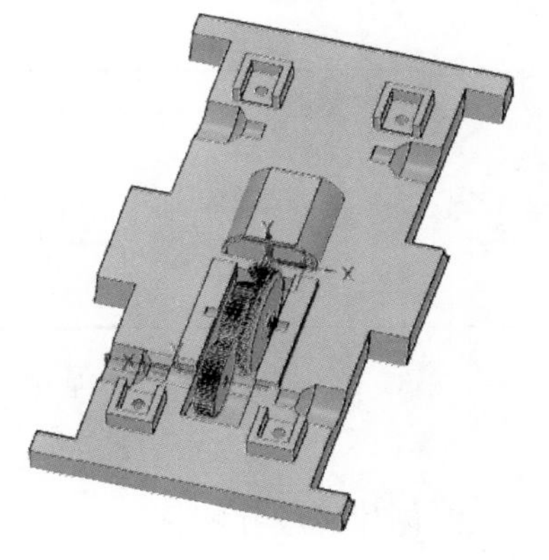

图 4-204　创建镜像特征

⑳ 创建螺纹孔特征。选择“造型”选项卡中的“孔”命令，在双联齿轮支撑用凸台上创建 4 个孔特征，参数设置及结果如图 4-205 所示。

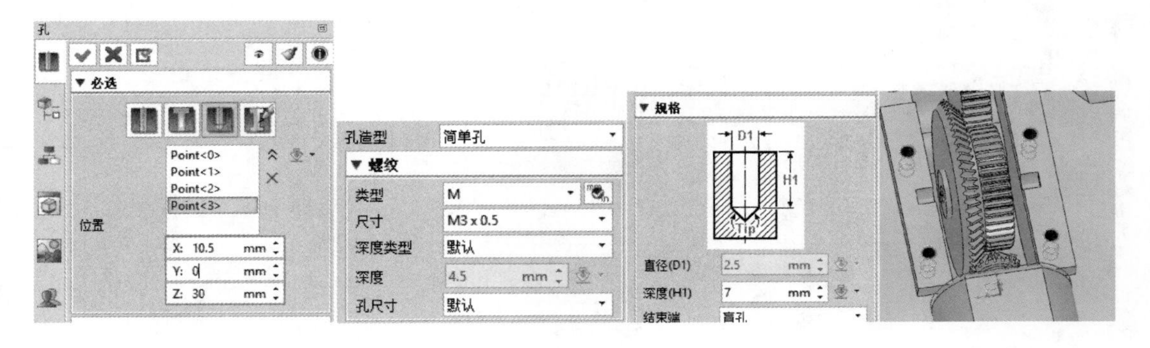

图 4-205　创建螺纹孔特征

㉑ 创建滑槽开关装配结构。

a. 选择“造型”选项卡中的“基准面”命令，创建平面 2 关于 XY 平面偏移 11.5mm，参数设置及结果如图 4-206 所示。

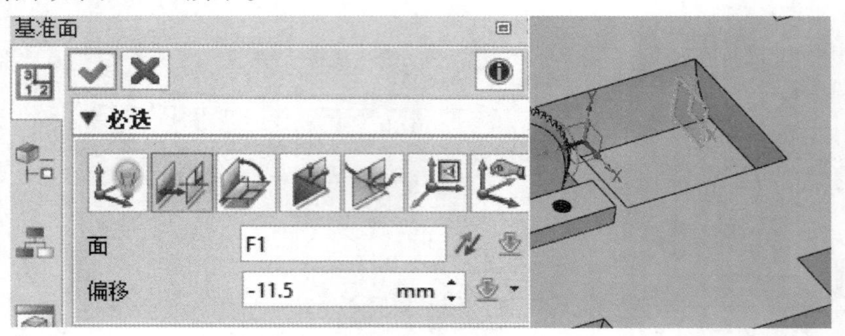

图 4-206　创建平面 2

b. 选择“造型”选项卡中的“草图”命令，在平面 2 创建草图 13，使用“草图”→“直线”命令绘制草图轮廓。选择“造型”选项卡中的“拉伸”命令，选择草图 13，拉伸切除，参数设置及结果如图 4-207 所示。

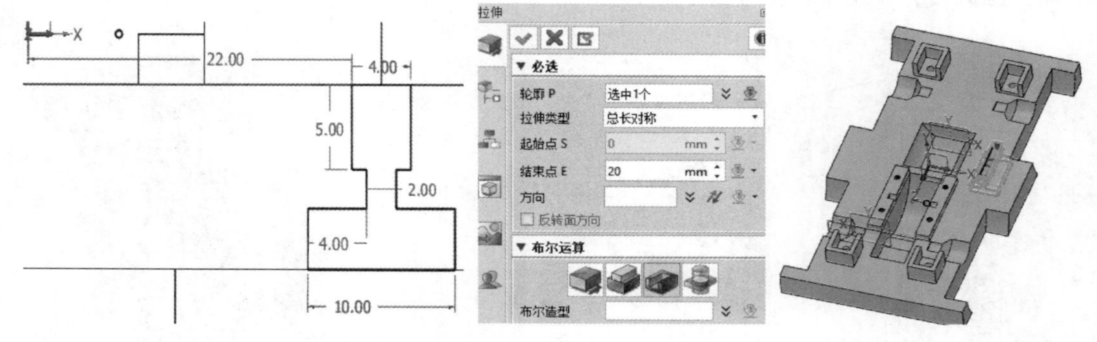

图 4-207　创建拉伸切除特征

㉒ 创建螺纹孔特征。选择“造型”选项卡中的“孔”命令，在双联齿轮支撑用凸台上创建 4 个孔特征，参数设置及结果如图 4-208 所示。

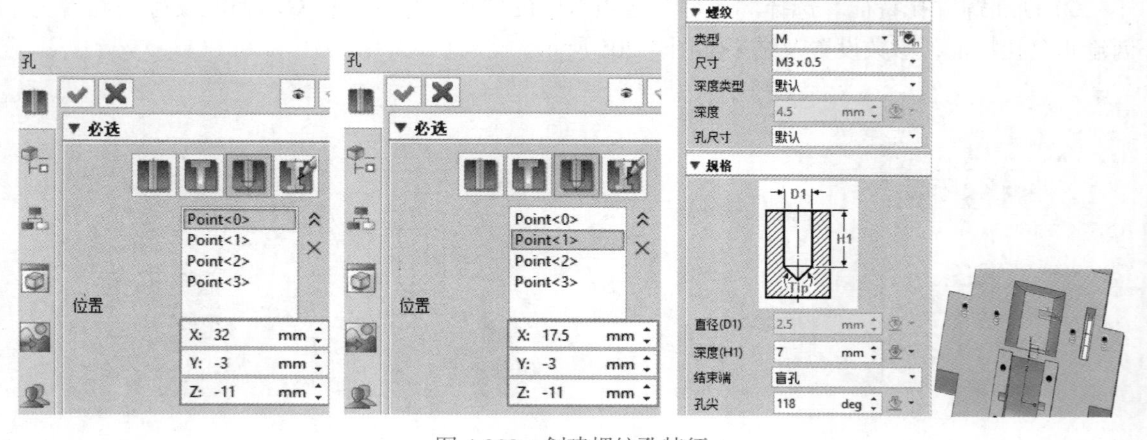

图 4-208　创建螺纹孔特征

㉓ 完成模型创建，导出创建的底板三维模型。新建零件，命名为“底板”。复制子装配中特征树所有操作，一共选中 33 个实体，参数设置及结果如图 4-209 所示。

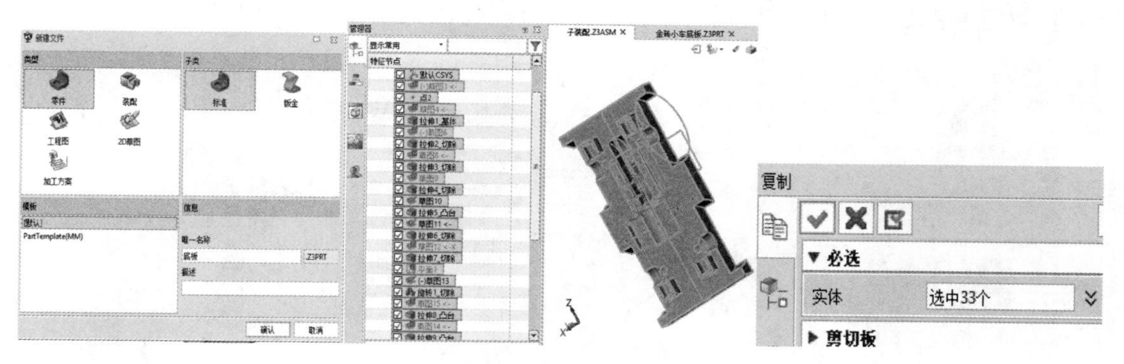

图 4-209　复制子装配中所有新建的实体

粘贴子装配中特征树所有操作，一共选中 33 个实体，参数设置及结果如图 4-210 所示。

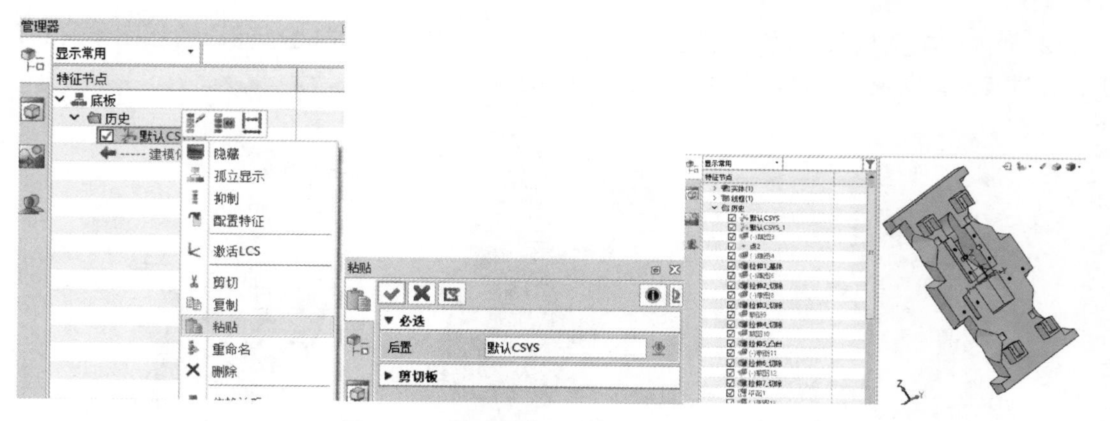

图 4-210　粘贴子装配中所有新建的实体

㉔ 保存，完成底板三维建模设计，如图 4-211 所示。

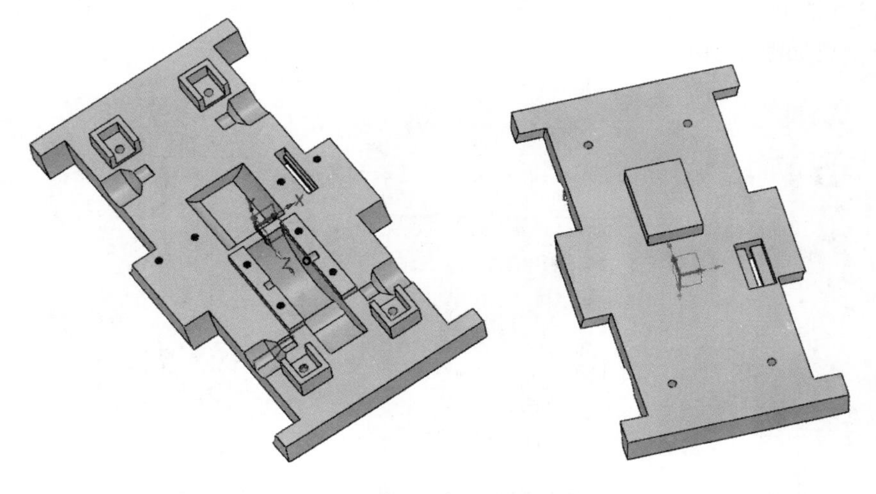

图 4-211　完成底板三维模型创建

电机固定架造型设计

11. 创建电动机固定架三维模型

根据已经创建的底板和电动机装配件设计电动机固定架，设计步骤如下。

① 新建子装配 2，插入“底板”，放置类型选择默认坐标，如图 4-212 所示。

图 4-212　装配底板

② 插入“电动机”，放置类型选择“多点”，约束类型选择同心、重合，如图 4-213 所示，经过装配，发现设计结构合理，满足设计要求。

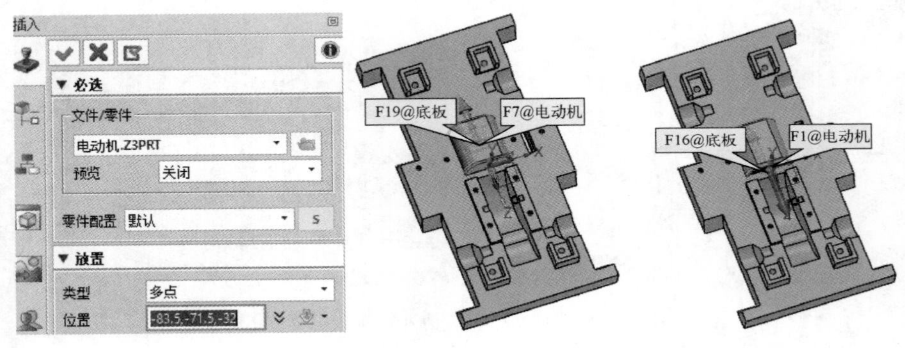

图 4-213　装配电动机

③ 选择“造型”选项卡中的“基准面”命令，创建平面 1，关于 XY 面偏移 11.5mm，参数设置及结果如图 4-214 所示。

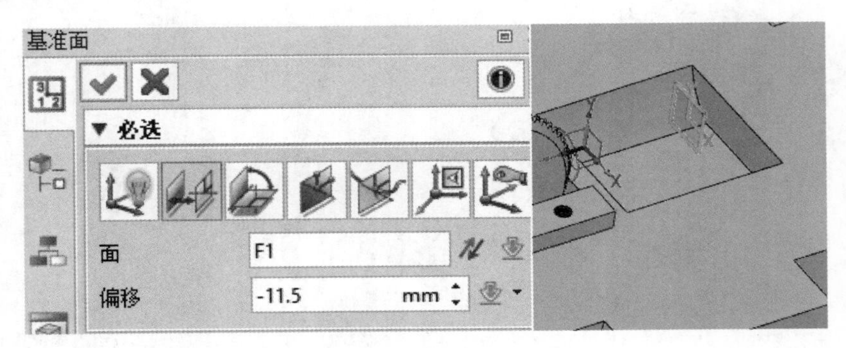

图 4-214　创建平面 1

④ 选择“造型”选项卡中的“草图”命令，在平面 1 上创建草图 1，使用“草图”→

“直线”命令绘制草图轮廓。选择“造型”选项卡中的“拉伸”命令，选择草图 1，拉伸基体，参数设置及结果如图 4-215 所示。

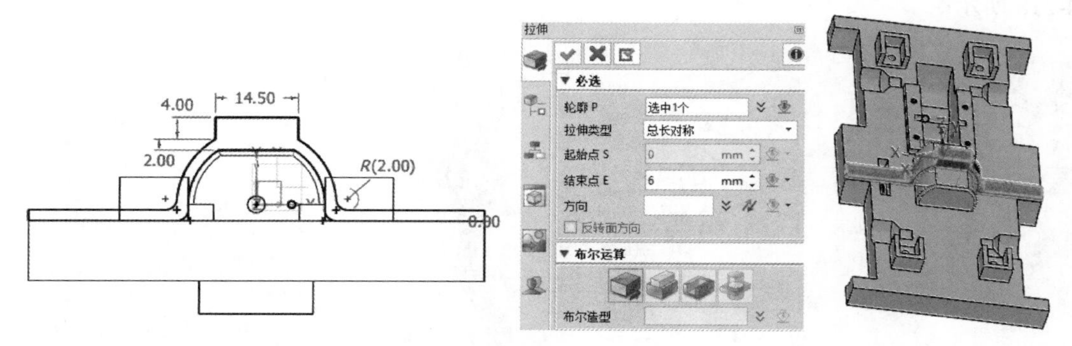

图 4-215　创建固定架基本轮廓

⑤ 选择“造型”选项卡中的“草图”命令，在平面上创建草图 2，使用“草图”→“偏移”命令绘制 4 个圆，偏移距离为 0mm。选择“造型”选项卡中的“拉伸”命令，选择草图 2，拉伸切除，参数设置及结果如图 4-216 所示。

创新思路：4 个圆的偏移依据底板设计的 4 个螺钉孔，偏移时可以采用线框显示，以便于找到 4 个螺钉孔。

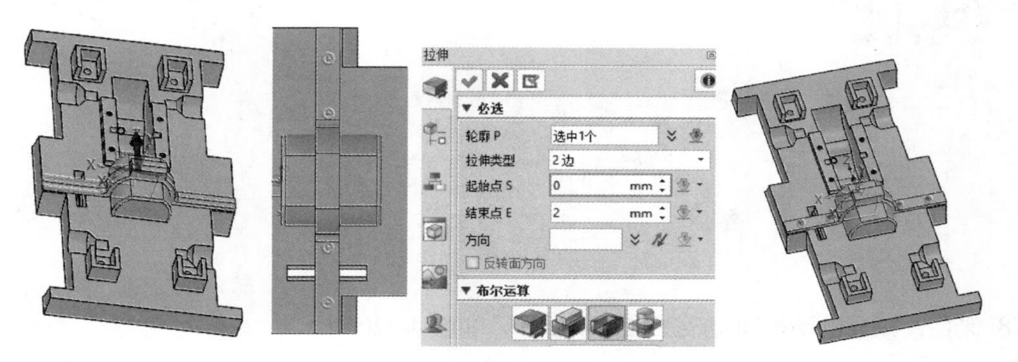

图 4-216　创建 4 个圆孔

⑥ 创建螺纹孔特征。选择“造型”选项卡中的“孔”命令，在电动机固定架上表面处创建 1 个螺纹孔特征，参数设置及结果如图 4-217 所示。

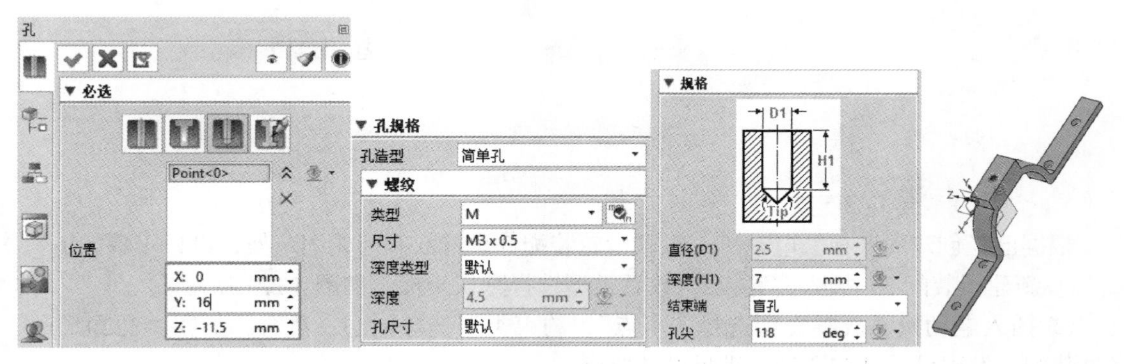

图 4-217　创建螺纹孔特征

⑦ 完成电动机固定架的三维建模创建，导出电动机固定架三维模型。新建零件，命名为电动机固定架。复制子装配2中特征树所有操作，一共选中7个实体，参数设置及结果如图4-218所示。

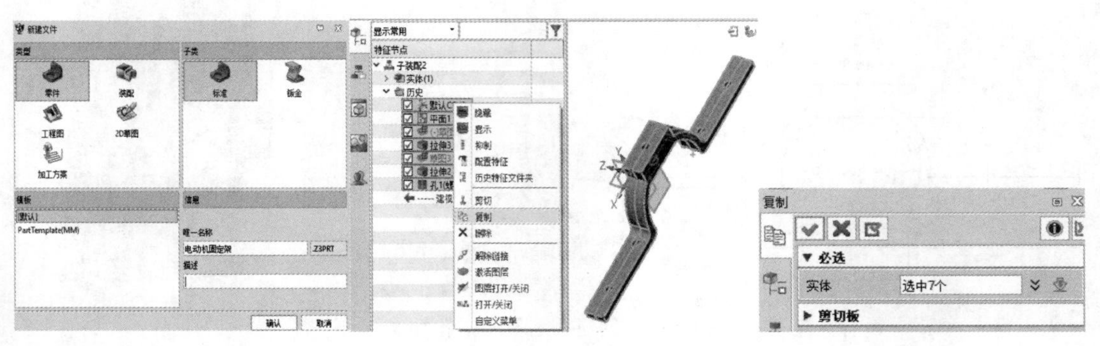

图 4-218　复制子装配中所有新建的实体

齿轮固定架造型设计

粘贴子装配中特征树所有操作，一共选中7个实体，参数设置及结果如图4-219所示。

图 4-219　粘贴子装配中所有新建的实体

⑧ 保存，完成电动机固定架三维建模设计，如图4-220所示。

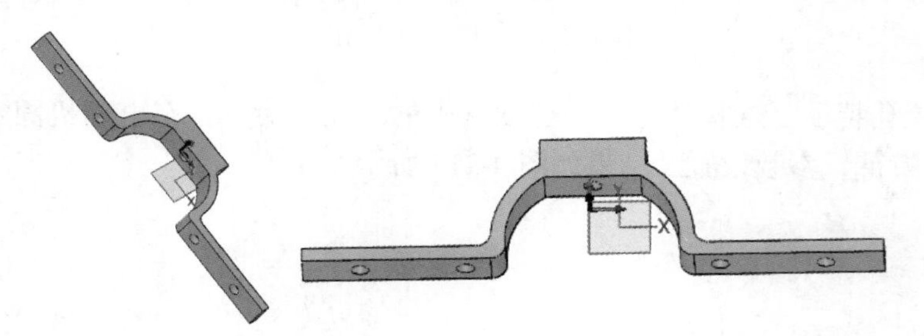

图 4-220　完成电动机固定架三维模型创建

12. 创建双联齿轮固定架

根据已经创建的底板、电动机、双联齿轮装配件设计双联齿轮固定架，设计步骤如下。

① 新建子装配3，插入“底板”，放置类型选择默认坐标，如图4-221所示。

② 插入电动机，放置类型选择“多点”，约束类型选择同心、重合，如图4-222所示，经过装配，发现设计结构合理，满足设计要求。

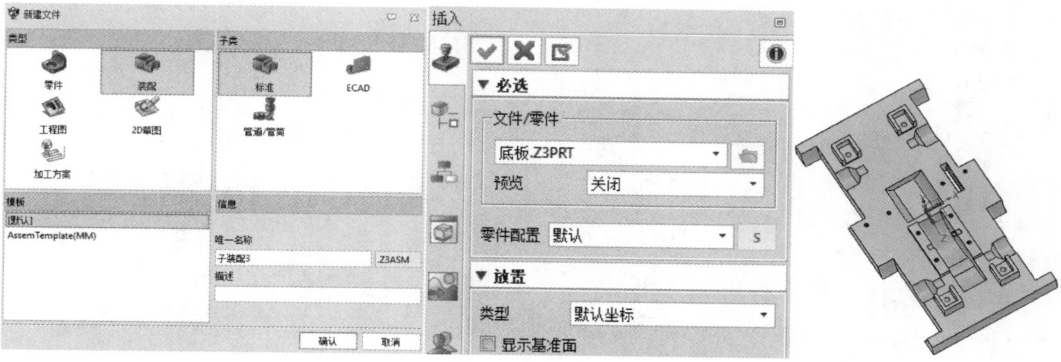

图 4-221　装配底板

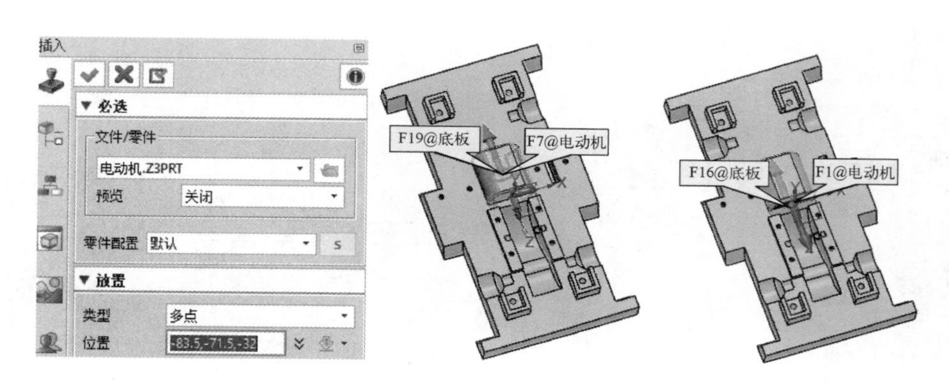

图 4-222　装配电动机

③ 插入小圆锥齿轮，放置类型选择“多点”，约束类型选择同心、重合，如图 4-223 所示，经过装配，发现设计结构合理，满足设计要求。

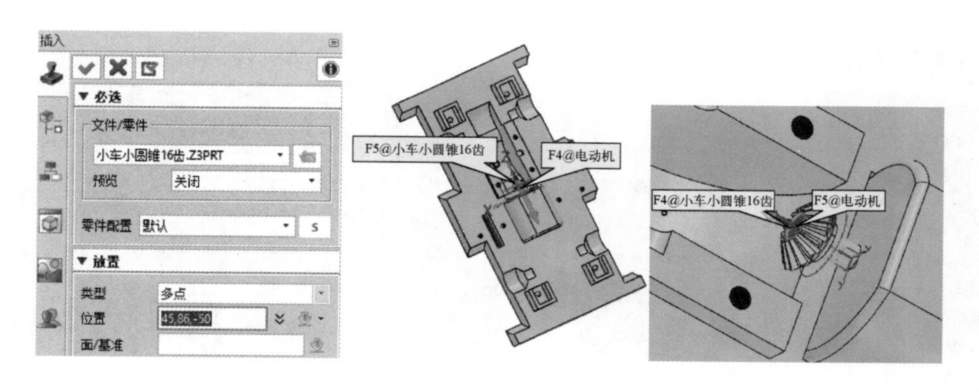

图 4-223　装配小圆锥齿轮

④ 装配双联齿轮。插入双联齿轮，放置类型选择“多点”，约束类型选择同心、距离，其中距离为 1.325mm，如图 4-224 所示，经过装配，发现设计结构合理，满足设计要求。

⑤ 装配滑槽开关。插入金砖小车滑槽开关，放置类型选择“多点”，约束类型选择重合、重合、重合，如图 4-225 所示，经过装配，发现设计结构合理，满足设计要求。

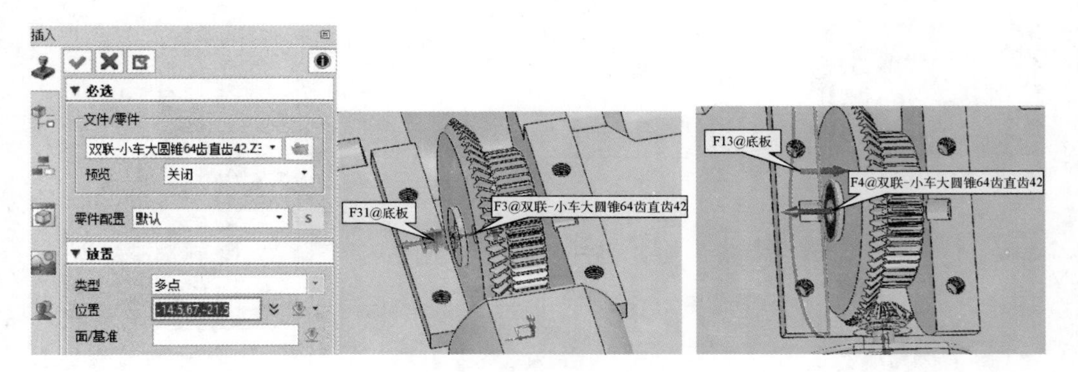

图 4-224　装配双联齿轮

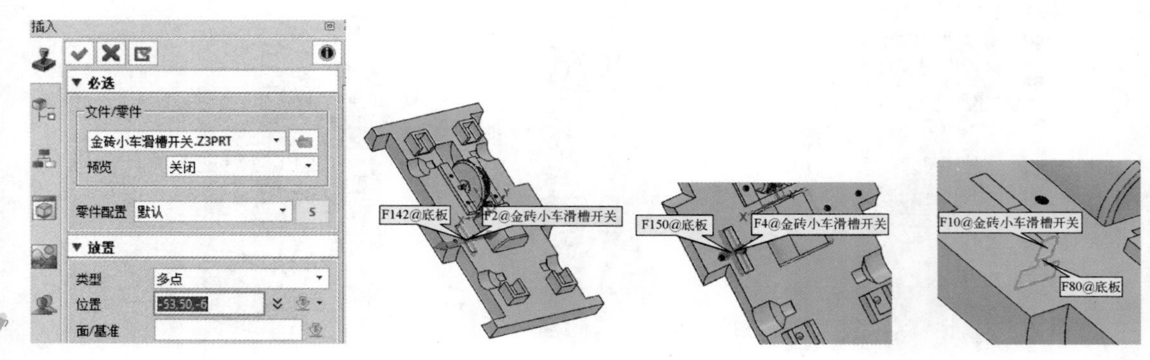

图 4-225　装配滑槽开关

⑥ 装配电动机固定架。插入“电动机固定架”，放置类型选择“多点”，约束类型选择同心，同心，如图 4-226 所示，经过装配，发现设计结构合理，满足设计要求。

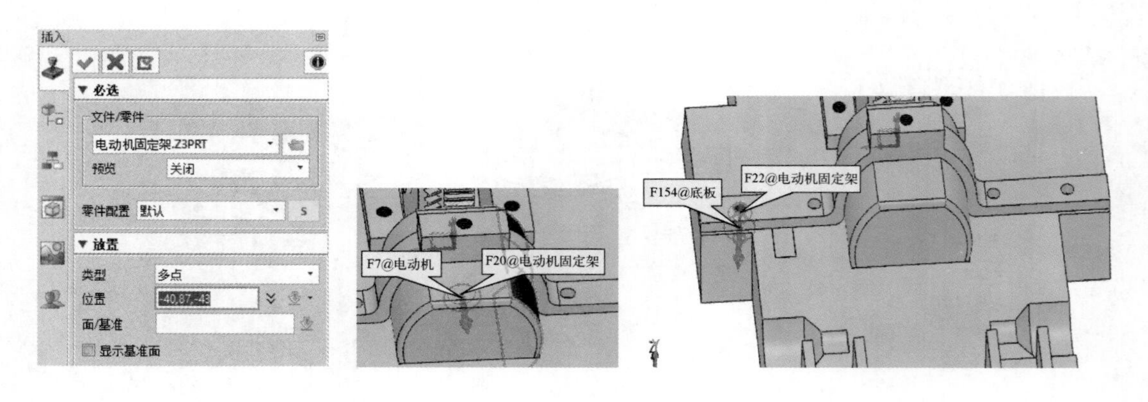

图 4-226　装配电动机固定架

⑦ 创建拉伸 1 特征。选择“造型”选项卡中的“草图”命令，在图 4-227（a）所示平面上创建草图 1，使用“草图”→“偏移”命令绘制草图轮廓，其中偏移距离为 0mm。选择“造型”选项卡中的“拉伸”命令，选择草图 1，拉伸基体，距离为 3mm，参数设置及结果如图 4-227 所示。

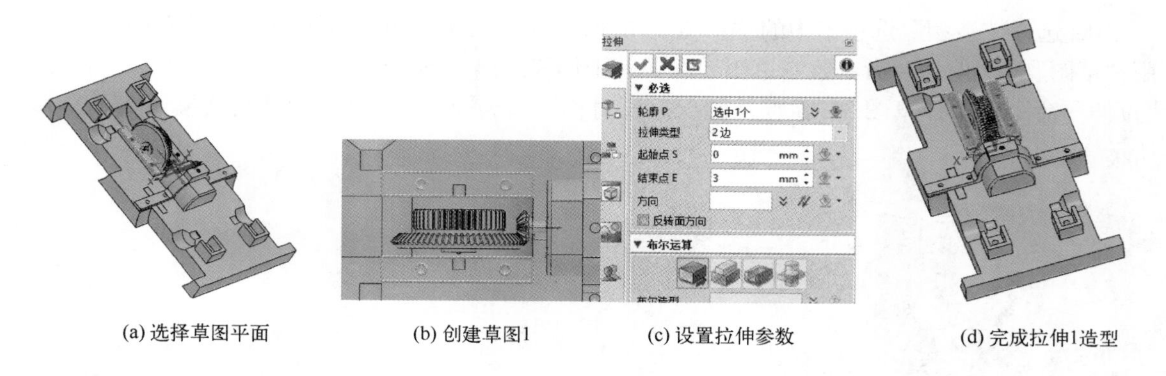

图 4-227 创建拉伸 1 特征

⑧ 创建拉伸 2 特征。选择“造型”选项卡中的“草图”命令，在图 4-228（a）所示平面上创建草图 2，使用“草图”→“偏移”命令绘制草图轮廓，其中偏移距离为 0mm。选择“造型”选项卡中的“拉伸”命令，选择草图 2，布尔运算选择加运算，总长对称距离为 6mm，参数设置及结果如图 4-228 所示。

创新思路：创建拉伸 2 的目的是为电池架支撑定位。

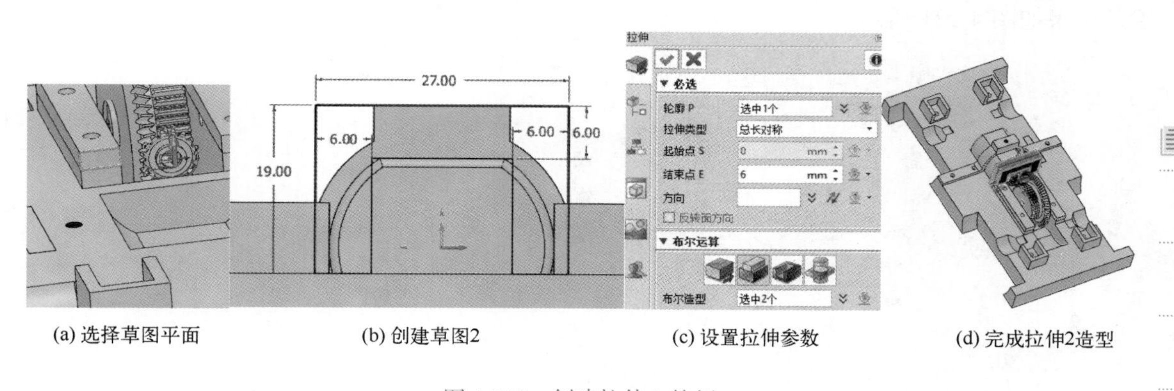

图 4-228 创建拉伸 2 特征

⑨ 创建螺纹孔特征。选择“造型”选项卡中的“孔”命令，在双联齿轮固定架上表面创建 1 个螺纹孔特征，参数设置及结果如图 4-229 所示。

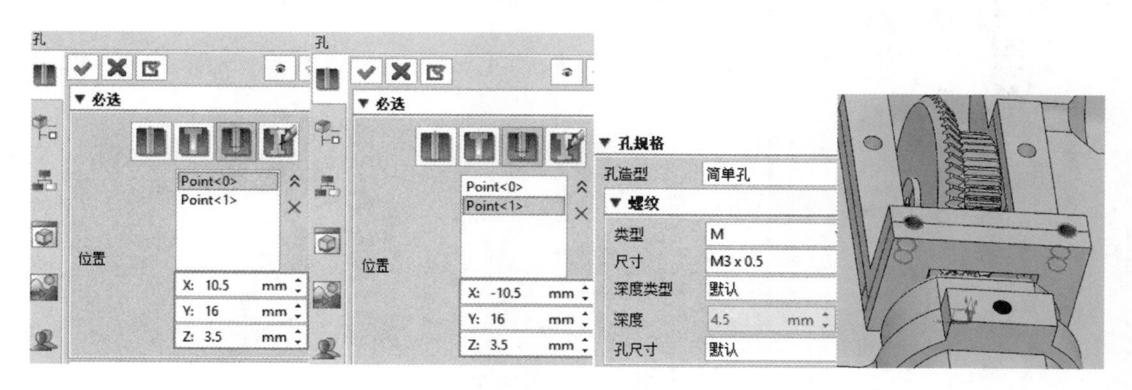

图 4-229 创建螺纹孔特征

⑩ 选择“造型”选项卡中的“草图”命令，在图 4-230（a）所示平面上创建草图 3，使用“草图”→“偏移”命令绘制草图轮廓，其中偏移距离为 0mm。选择“造型”选项卡中的“拉伸”命令，选择草图 3，拉伸切除，总长对称距离为 30mm，参数设置及结果如图 4-230 所示。

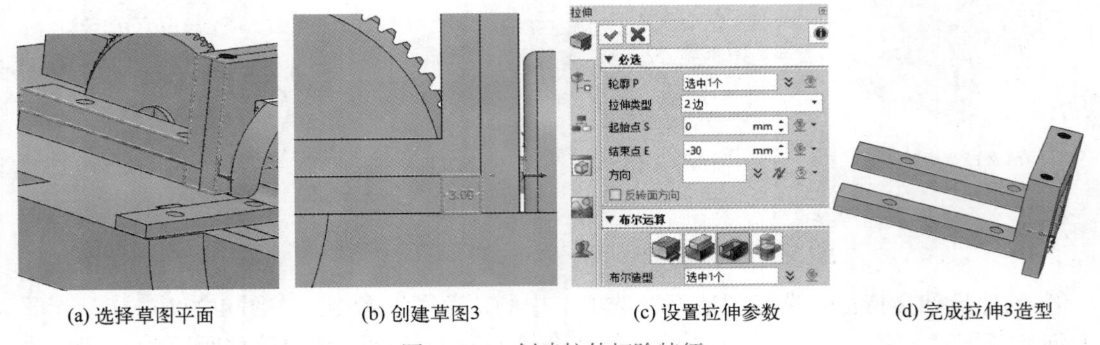

(a) 选择草图平面　(b) 创建草图3　(c) 设置拉伸参数　(d) 完成拉伸3造型

图 4-230　创建拉伸切除特征

⑪ 完成双联齿轮固定架的三维建模创建，导出双联齿轮固定架三维模型。新建零件，命名为“双联齿轮固定架”。复制子装配 3 中特征树所有操作，一共选中 8 个实体，参数设置及结果如图 4-231 所示。

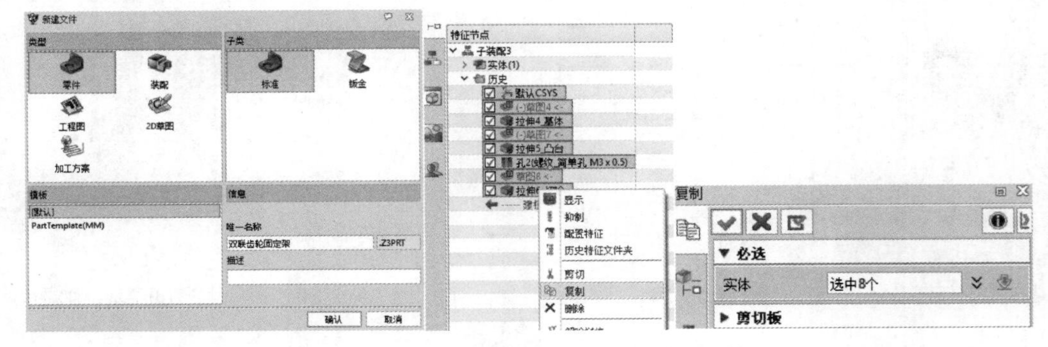

图 4-231　复制子装配 3 中所有新建的实体

粘贴子装配中特征树所有操作，一共选中 8 个实体，参数设置及结果如图 4-232 所示，保存，完成双联齿轮固定架三维建模设计。

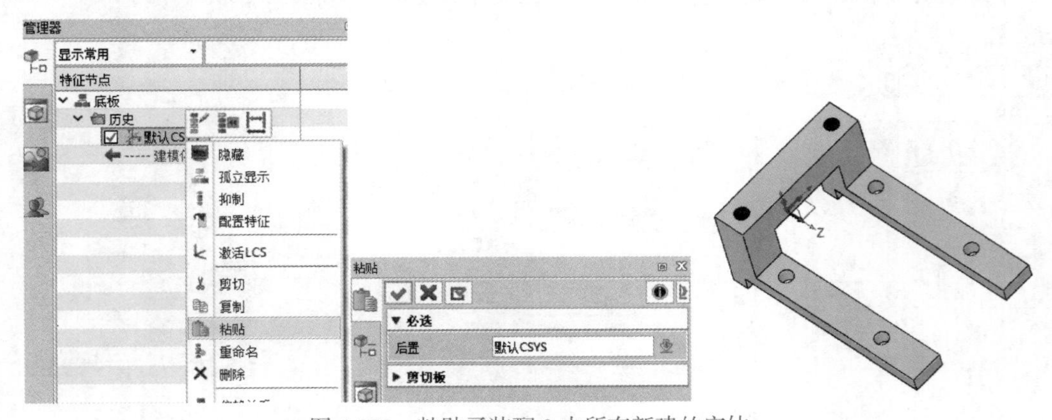

图 4-232　粘贴子装配 3 中所有新建的实体

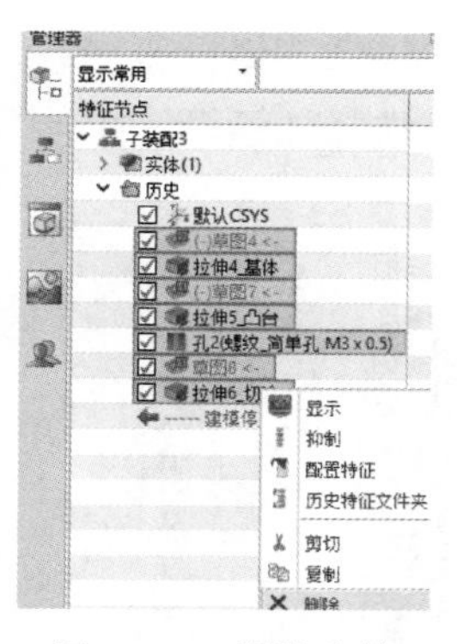
图 4-233　删除实体

⑫ 删除子装配 3 中特征树所有操作，一共选中 7 个实体，如图 4-233 所示。

⑬ 装配双联齿轮固定架。插入双联齿轮固定架，放置类型选择“多点”，约束类型选择同心、同心、重合，如图 4-234 所示，经过装配，发现设计结构合理，满足设计要求。

13. 创建电池架三维模型

电池架造型设计

① 创建电池架底板。选择“造型”选项卡中的“草图”命令，在双联齿轮固定架上表面创建草图 1，绘制草图轮廓。选择“造型”选项卡中的“拉伸”命令，选择草图 1，拉伸基体，拉伸距离为 2mm，创建拉伸 1，参数设置及结果如图 4-235 所示。

创新思路：3 个圆孔分别与双联齿轮固定架 2 个螺钉孔、电动机固定架 1 个螺钉孔重合。

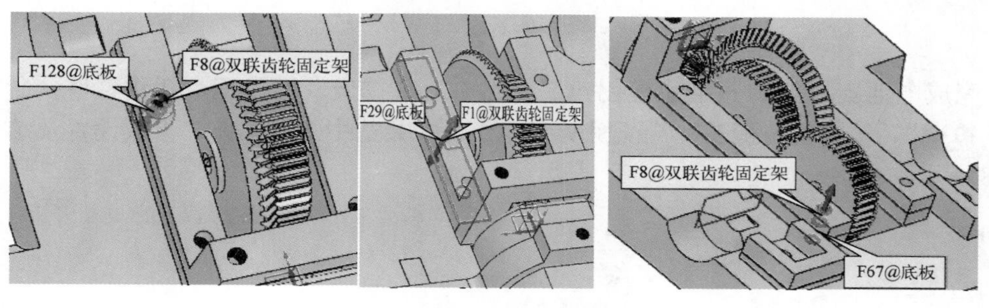

图 4-234　装配双联齿轮固定架

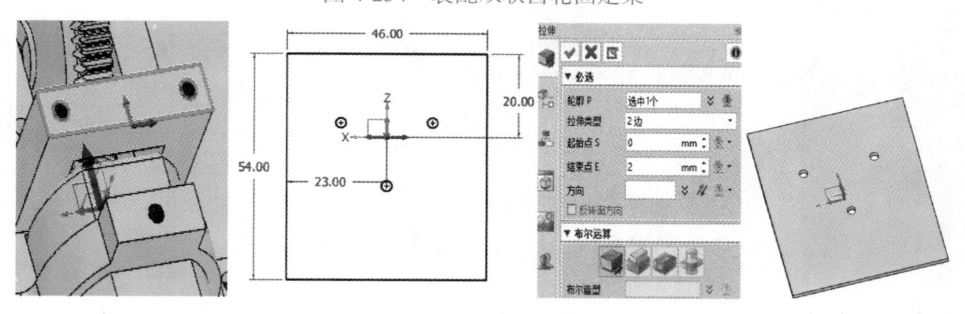

图 4-235　创建电池架底板

② 选择“造型”选项卡中的“草图”命令，在电池架底板上表面创建草图 2，绘制草图轮廓。选择“造型”选项卡中的“拉伸”命令，选择草图 2，布尔运算选择加运算，拉伸距离为 14mm，创建拉伸 2，参数设置及结果如图 4-236 所示。

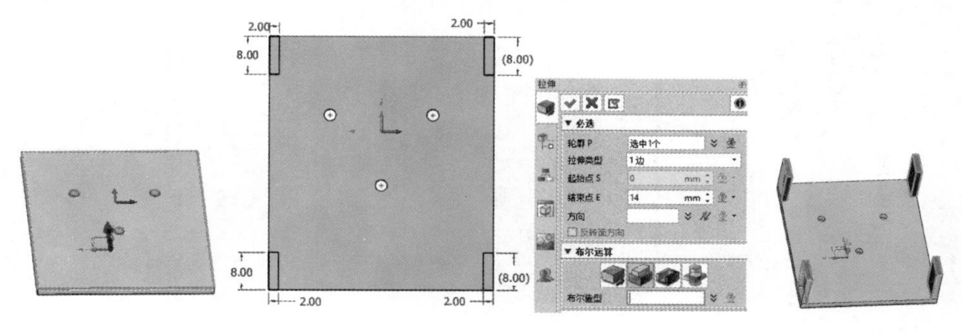

图 4-236　创建拉伸 2 特征

③ 选择“造型”选项卡中的“草图”命令，在图 4-237 所示上表面创建草图 3，绘制草图轮廓。选择“造型”选项卡中的“拉伸”命令，选择草图 3，布尔运算选择加运算，拉伸距离为 2mm，创建拉伸 3，参数设置及结果如图 4-237 所示。

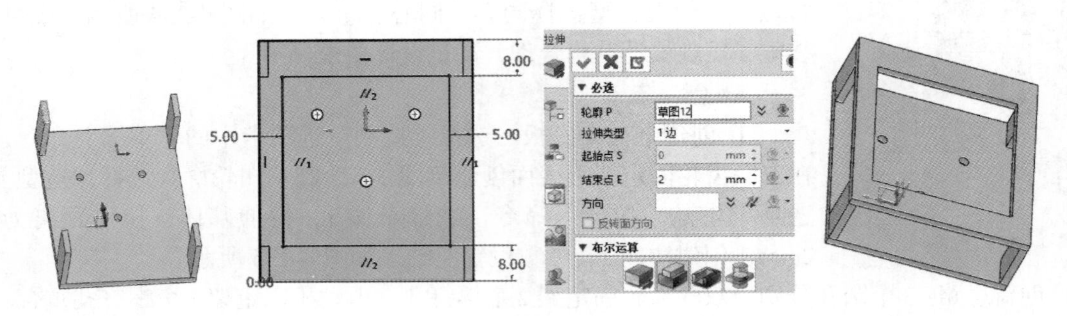

图 4-237　创建拉伸 3 特征

④ 完成电池支撑架的三维建模创建，导出电池支撑架三维模型。新建零件，命名为“电池支撑架”。复制子装配 3 中特征树所有操作，一共选中 7 个实体，参数设置及结果如图 4-238 所示。

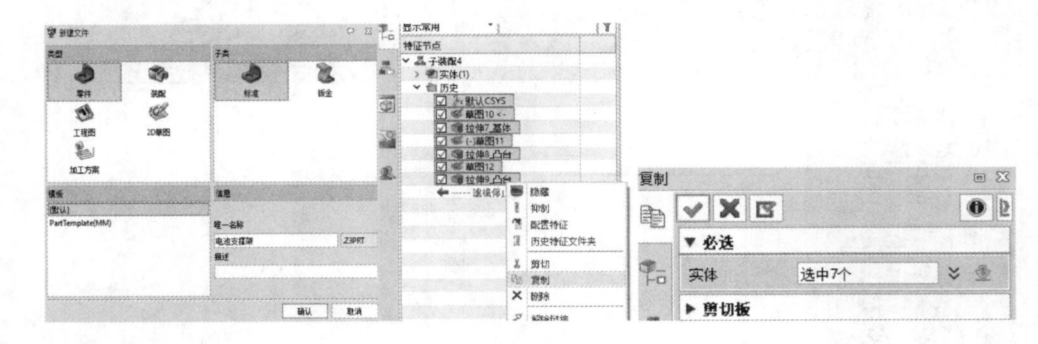

图 4-238　复制子装配 3 中所有新建的实体

粘贴子装配中特征树所有操作，一共选中 7 个实体，参数设置及结果如图 4-239 所示，保存，完成电池支撑架三维建模设计。

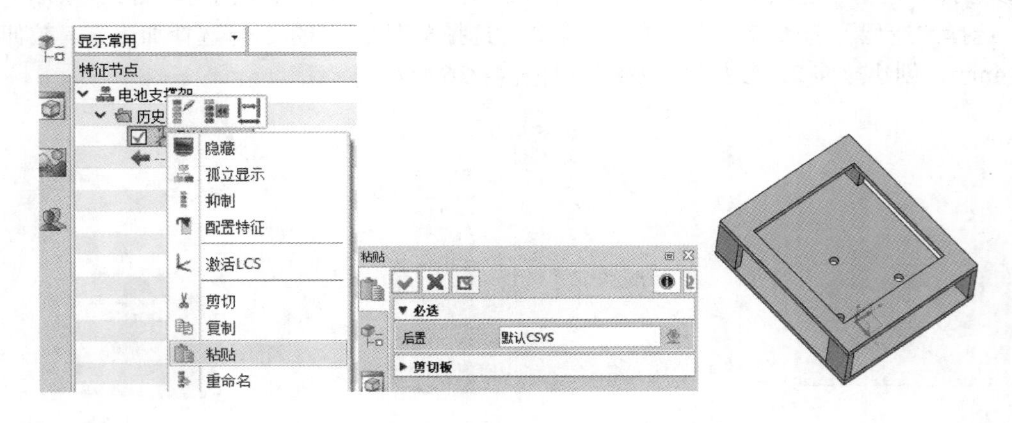

图 4-239　粘贴子装配 3 中所有新建的实体

⑤ 删除子装配 3 中特征树所有操作，一共选中 6 个实体，如图 4-240 所示。

⑥ 装配电池架。插入电池架，放置类型选择“多点”，约束类型选择同心、同心、重合，如图 4-241 所示，经过装配，发现设计结构合理，满足设计要求。

14. 装配其他零部件

① 装配减振器。插入减振器，放置类型选择“多点”，约束类型选择同心、同心，如图 4-242 所示，经过装配，发现设计结构合理，满足设计要求。

创新思路：一次装完 4 个减振器，只能镜像特征，不能镜像约束关系，因此每个减振器需要单独约束。

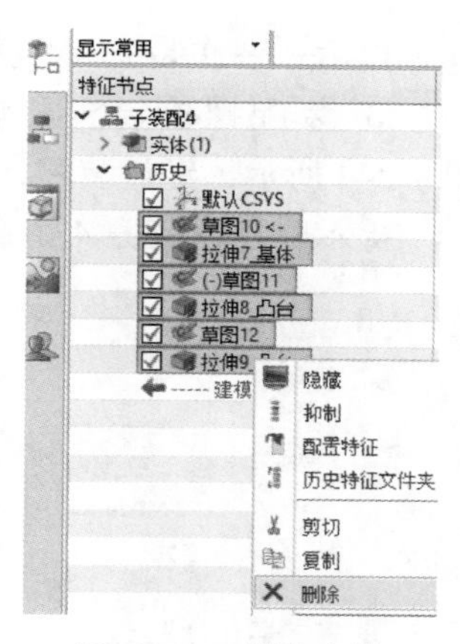

图 4-240　删除实体

后驱减振小车总装配验证

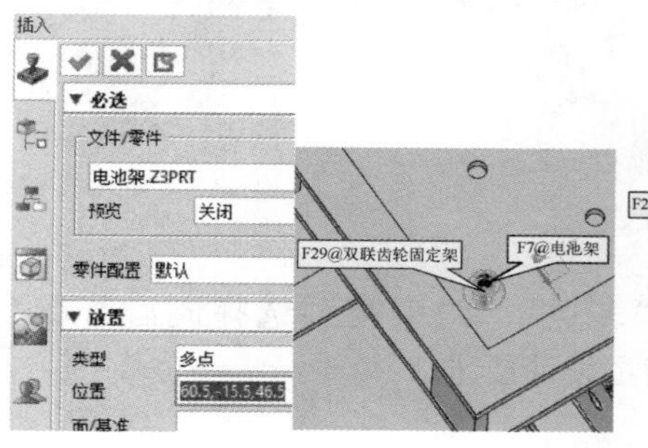

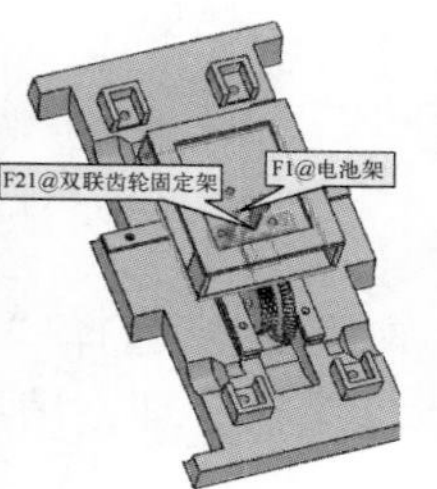

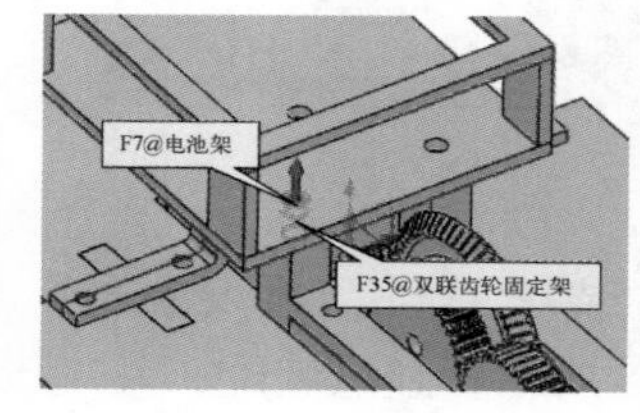

图 4-241　装配电池架

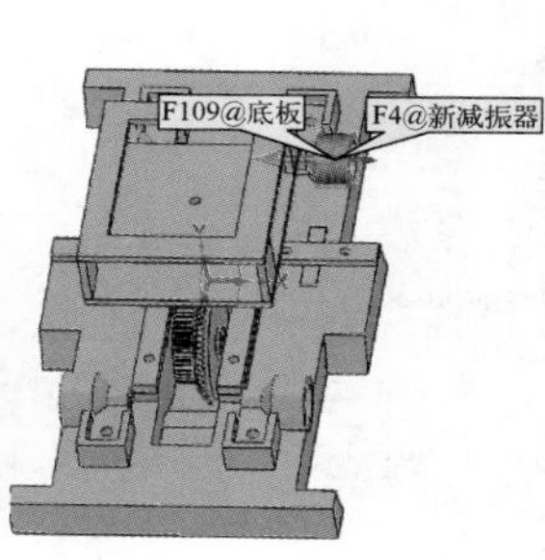

图 4-242　装配减振器

② 装配弹簧。插入弹簧，放置类型选择“多点”，约束类型选择同心、重合，如图 4-243 所示，经过装配，发现设计结构合理，满足设计要求。

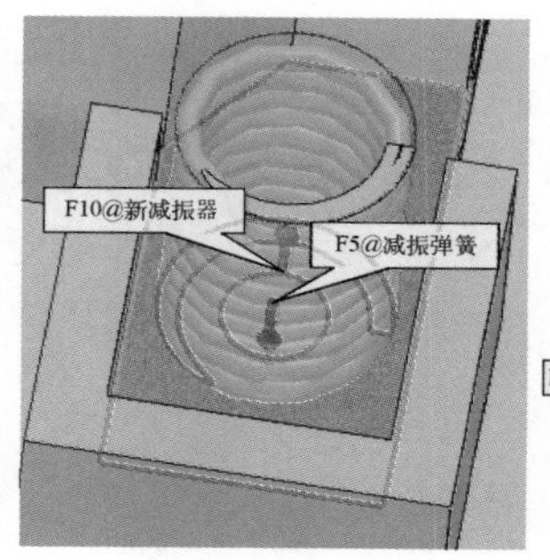

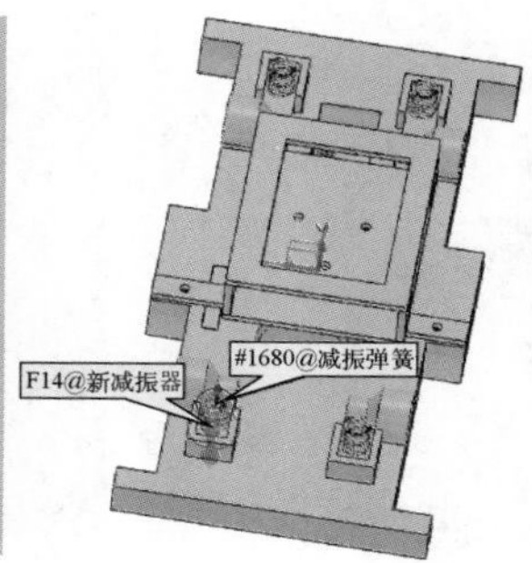

图 4-243　装配弹簧

提示：一次装完 4 个弹簧，利用弹簧圆线进行定心。

③ 装配螺栓。插入螺栓，放置类型选择“多点”，约束类型选择同心、重合，如图 4-244 所示，经过装配，发现设计结构合理，满足设计要求。

提示：一次装完 4 个螺栓。

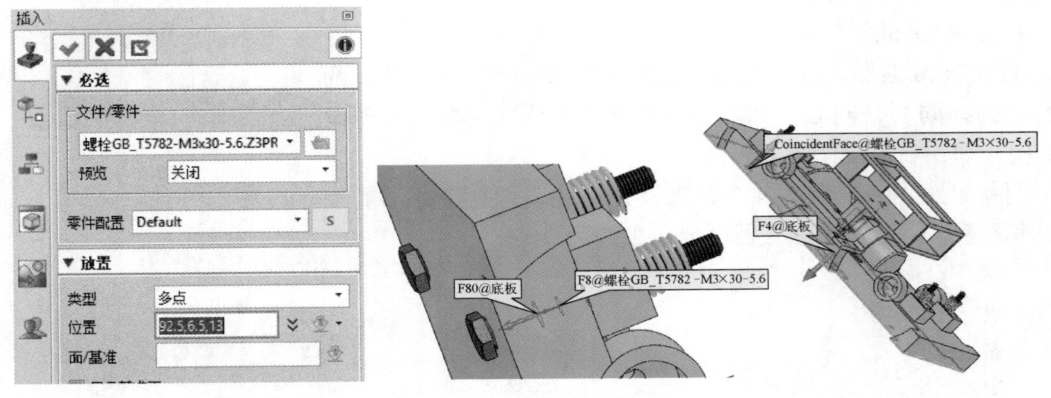

图 4-244 装配螺栓

④ 装配螺母。插入螺母，放置类型选择“多点”，约束类型选择同心、重合，如图 4-245 所示，经过装配，发现设计结构合理，满足设计要求。

提示：一次装完 4 个螺母。

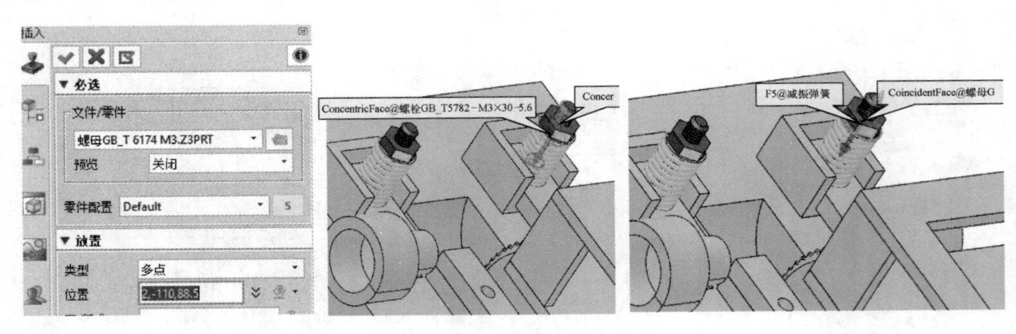

图 4-245 装配螺母

⑤ 装配直齿轮。插入直齿轮，放置类型选择“多点”，约束类型选择同心、重合，如图 4-246 所示，经过装配，发现设计结构合理，满足设计要求。

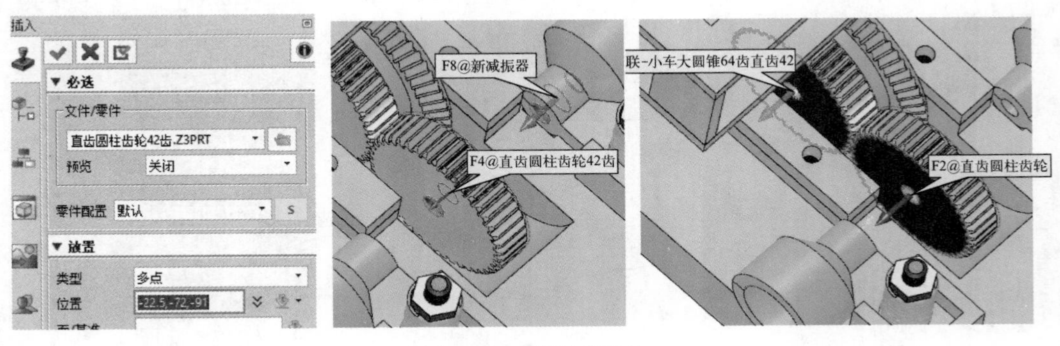

图 4-246 装配直齿轮

⑥ 装配车轮。插入车轮，放置类型选择“多点”，约束类型选择同心、距离，距离为 -8mm，如图 4-247 所示，经过装配，发现设计结构合理，满足设计要求。

提示：一次装完 4 个车轮。

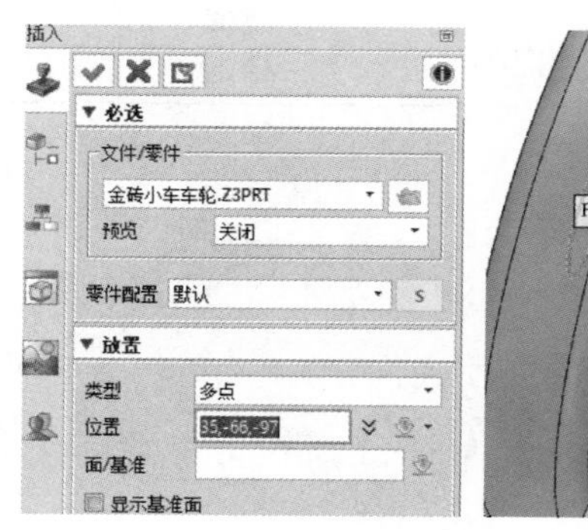

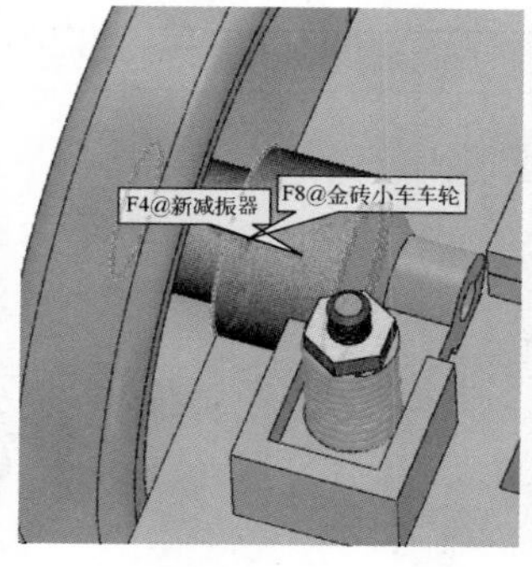

图 4-247　装配车轮

⑦ 创建轴零件。根据题意需要创建 2 根同尺寸短轴、2 根同尺寸长轴，经测量短轴长度需要 18mm，长轴需要 76mm，直径均为 3mm，创建结果如图 4-248 所示。

图 4-248　创建长、短轴

⑧ 装配长轴和短轴。插入长轴和短轴，放置类型选择“多点”，约束类型选择同心、重合，如图 4-249 所示，经过装配，发现设计结构合理，满足设计要求。至此完成后驱减振小车装配。

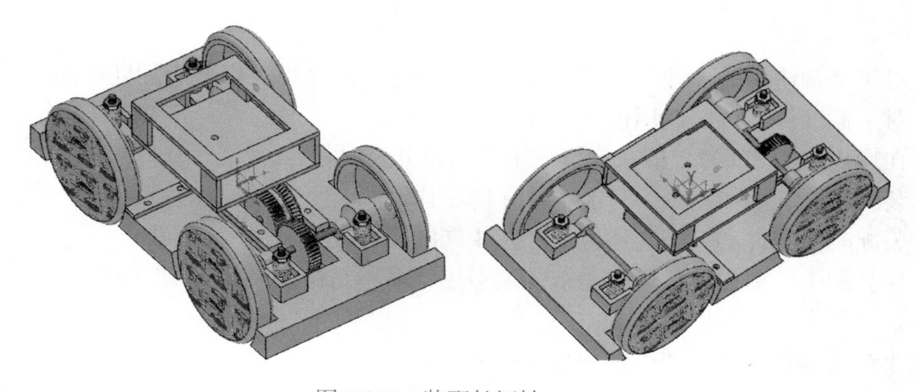

图 4-249　装配长短轴

【填写“课程任务报告”】

课程任务报告

班级		姓名		学号		成绩	
组别		任务名称	后驱减振小车的创新设计			参考课时	8 学时
任务图样							
任务要求	①观察三维模型图，从设计、加工、使用、美观等角度，写出后驱减振小车的创新思路 ②根据制定的总体布置方案及选定的配件，结合产品结构、机械制图、数控加工、人体工程学、3D 打印等相关知识，使用提供的电动机，进行结构和功能方面的设计，完成设计零件的三维造型，并进行三维虚拟装配 ③设计电动机固定装置，设计齿轮固定装置、设计电池固定装置，结构合理，轴与齿轮定位准确、传动可靠。电动机安装壳体与传动支撑架连接要可靠 ④将传动系统、行走系统等合理定位安装在车身上连接成一个整体						
任务完成过程记录	按照任务的要求进行总结，如果空间不足，可加附页（可根据实际情况，适当安排拓展任务，以供学生分组讨论学习，记录拓展任务的完成过程）						

【任务拓展】

一、知识考核

1. 对于经常使用的零件，可以在建模后，保存为库文件，以便于后期调用。(　　)
2. 对于标准件，可以选用标准件库。(　　)
3. 在操作中望 3D 时，应首先设置工作目录并及时保存。(　　)
4. 装配体不能制作动画，只能零件才能制作动画。(　　)
5. 装配时，零件和装配文件应保存在相同的文件夹中。(　　)
6. 在装配中，部件的几何体是被装配引用，而不是被复制到装配中。(　　)

二、技能考核

以小组为单位，每组选以下项目之一完成：

走廊扫地机的设计、新概念小车的设计、水果自动采摘器的设计、小型机械起重机的设计（50kg 级）、自动停车装置的设计、智能垃圾桶（机械结构）的设计、小型农用机械的设计。

要求：在互联网上搜索，根据照片设计产品的零部件，装配、制作动画、生成视频，并展示分享。

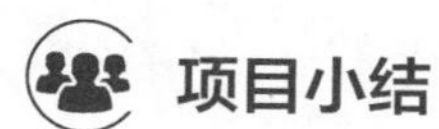

项目小结

本项目主要介绍利用中望 3D 2023 软件设计三款玩具车，其中儿童越野车要求 4 台电动机分别驱动 4 个车轮，要求独立悬挂能够具备优良的减振性能；玩具特技车要求精确设计传动机构，2 台电动机借助齿轮传动实现 4 驱，要求玩具车在任何状态（翻转）都能够正常运动；后驱减振小车，1 台电动机实现后驱，要求电动机轴线与车轴垂直，兼顾减振要求。

本项目完成后，学生应该具备以下知识和技能：掌握玩具车零部件创新设计的方法及技巧，能根据已知零部件信息，独立规划设计方案，能独立装配零部件，并对装配时出现的设计问题进行二次设计。

通过本项目的学习，可以使学生关注工业设计、关注儿童健康成长，建立工程意识和爱国情怀；锻炼学生的创新精神，做到敢闯、敢创；培养学生独立思考的能力与团队协作精神；培养学生分析与解决问题的能力，提升专业素质；引导学生处理好装配整体与零部件局部特征的关系，以及零部件相互配合、相互影响的关系，培养学生专业、严谨的工匠精神。

项目五 ▶▶

零部件工程图设计

【项目教学导航】

<table>
<tr><td>学习目标</td><td colspan="4">培养学生利用中望 3D 2023 软件将创建的零件模型或装配模型创建为工程图的能力</td></tr>
<tr><td>项目要点</td><td colspan="4">※ 建立和编辑图纸
※ 在图纸中添加模型视图和其他视图，调整视图布局，修改视图显示
※ 视图标注功能</td></tr>
<tr><td>重点难点</td><td colspan="4">工程图的设置、编辑及标注</td></tr>
<tr><td>学习指导</td><td colspan="4">学习本项目时要注意：在实际生产中用来指导生产的主要技术文件并不是前面介绍的三维零件模型和装配体模型，而是工程图。那么，如何对工程图进行设置、编辑及标注才能使生成的工程图符合我国的国家标准及视图表达习惯呢？需要在学习中结合工程制图相关知识不断练习，才能达到要求</td></tr>
<tr><td rowspan="4">教学安排</td><td>任务</td><td>教学内容</td><td>学时</td><td>考核内容</td></tr>
<tr><td>任务一</td><td>工程图模板设计</td><td>2</td><td>随堂技能考核</td></tr>
<tr><td>任务二</td><td>中心轴零件工程图设计</td><td>4</td><td>随堂技能考核</td></tr>
<tr><td>任务三</td><td>定滑轮装配工程图设计</td><td>4</td><td>随堂技能考核</td></tr>
</table>

【项目简介】

在实际中用来指导生产的主要技术文件并不是前面介绍的三维零件图和装配体图，而是二维工程图。中望 3D 2023 可以通过二维几何绘制生成工程图，也可将三维的零件图或装配体图转换成二维的工程图。零件图、装配体图和工程图是互相关联的文件。对零件图或装配体图所做的任何更改均会导致工程图文件的相应变更。

中望 3D 2023 平面工程图与三维实体模型完全相关，实体模型的尺寸、形状及位置的任何变化都会引起平面工程图的相应更新，更新过程可由用户控制；支持设计员与绘图员的协同工作。本项目主要介绍三维零件图直接生成工程图的方法。

任务一 工程图模板设计

【知识目标】

◎ 掌握工程图模板的创建方法及使用。

◎ 掌握工程图中图框和标题栏的修改和编辑。

【技能目标】

◎ 能根据要求创建工程图模板。

◎ 能根据要求修改和编辑工程图图框和标题栏等。

【素养目标】

◎ 将机械制图与计算机绘图相关知识融入工程图模板创建过程，结合实际生产工程图模板，让学生感受工程图模板创建的重要性。

◎ 通过工程图教学和生产实际工程图案例培养学生使用工程图的意识。

◎ 本任务为启发式教学，学生通过小组完成任务，培养学生团队协作意识。

【任务描述】

本任务要完成的工程图如图 5-1 所示。

要求：

① 创建 A4 标准工程图模板，设置模板背景为纯白色，关闭栅格。

② 修改并完善标题栏信息。

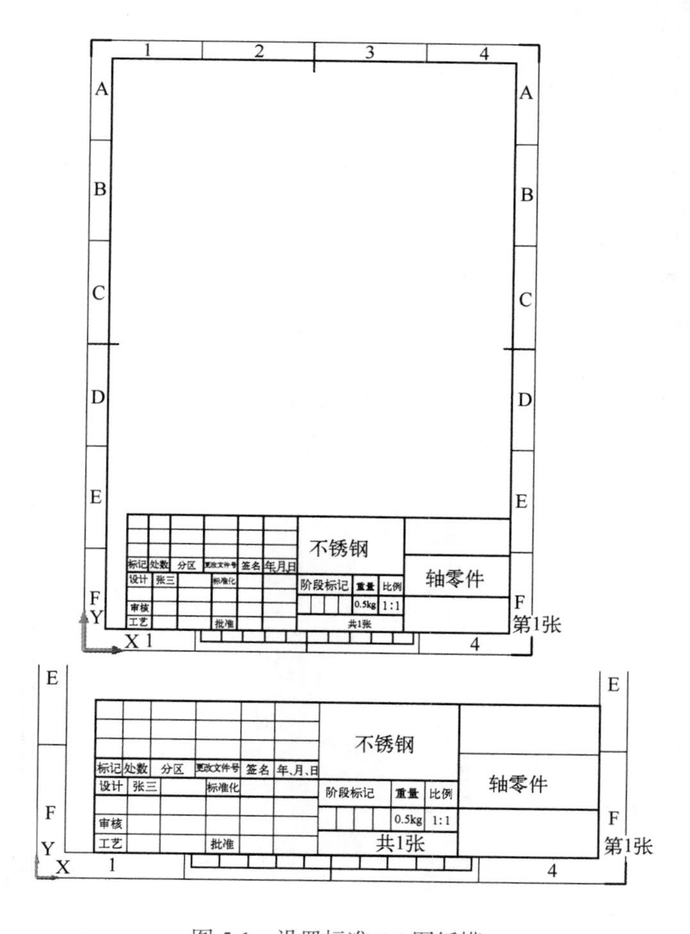

图 5-1　设置标准 A4 图纸模

【任务实施】

一、任务方案设计

打开制图模块，设置制图背景、图框、文字等。具体造型方案见表 5-1。

表 5-1　模板工程图方案设计

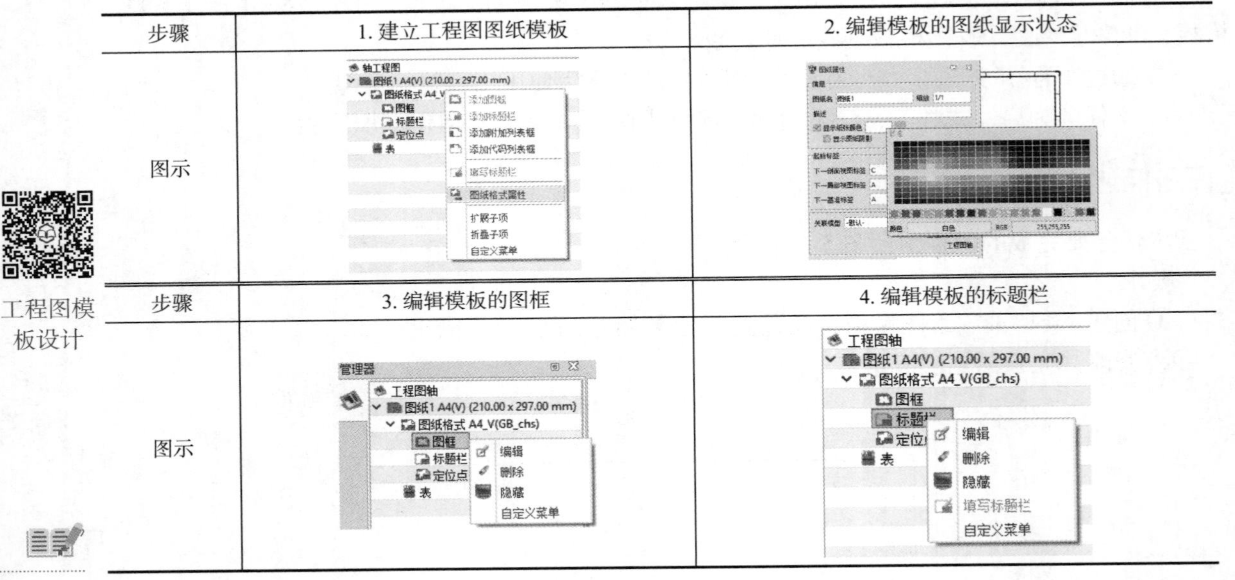

步骤	1. 建立工程图图纸模板	2. 编辑模板的图纸显示状态
图示		
步骤	3. 编辑模板的图框	4. 编辑模板的标题栏
图示		

工程图模板设计

二、参考操作步骤

1. 建立工程图图纸模板

单击“新建文件”按钮，弹出“新建文件”对话框，选择“工程图”按钮，根据所需图纸尺寸选择模板，命名为“轴工程图”，单击“确认”按钮，建立工程图文档，如图 5-2 所示。

在新建的“轴工程图”界面中，选择管理器中的“图纸格式”选项，单击右键，选择“图纸格式属性”选项，弹出“图纸格式属性”对话框，可以编辑图纸模板，如图 5-3 所示。

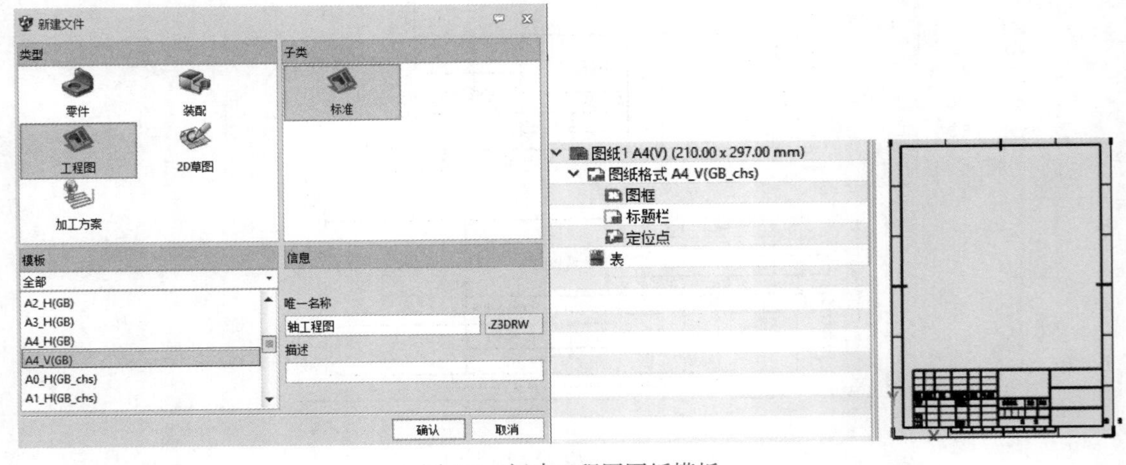

图 5-2　新建工程图图纸模板

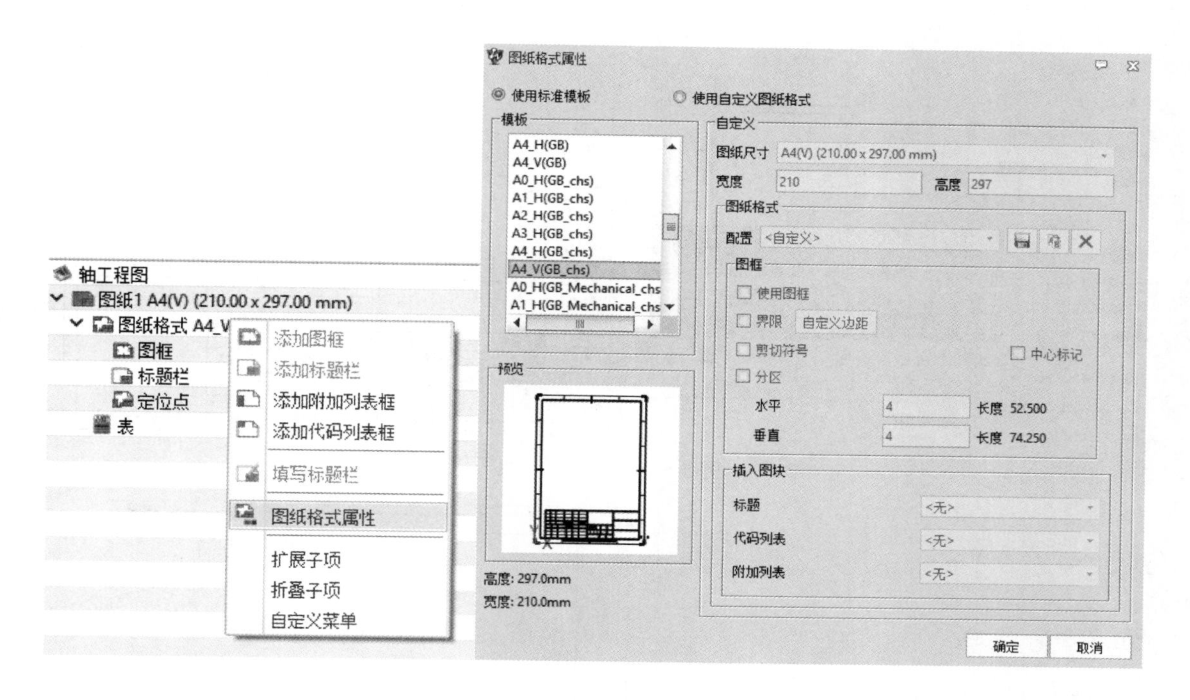

图 5-3　编辑图纸模板

2. 编辑模板的图纸显示状态

若需关闭栅格，在“管理器”中选择“工程图轴”选项，单击右键，在弹出的快捷菜单中取消选择“栅格”复选框，或在快捷工具栏单击“栅格关”按钮即可，如图 5-4 所示。

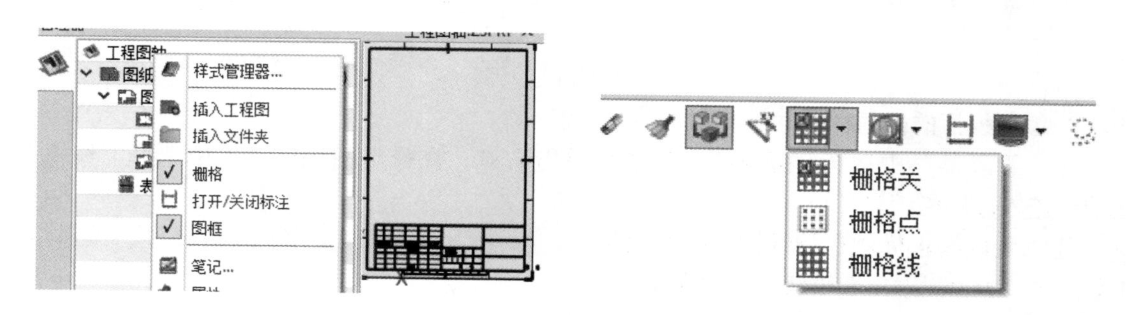

图 5-4　编辑栅格显示状态

编辑图纸背景。在“管理器”中选择“图纸 1”选项，单击右键，在弹出的快捷菜单中选择“属性”选项，选择图纸背景颜色为白色，如图 5-5 所示。

注意：右键单击位置不同，弹出的快捷菜单的内容也不相同。如要编辑图纸背景，则必须在“图纸 1”上单击右键。

3. 编辑模板的图框

在“管理器”中选择“图框”选项，单击右键，在弹出的快捷菜单中选择“编辑”选项，进入图框编辑环境。

此时可以删除图框上的所有数字、字母、短线和箭头。编辑结果如图 5-6 所示。退出编辑状态，保存文件。

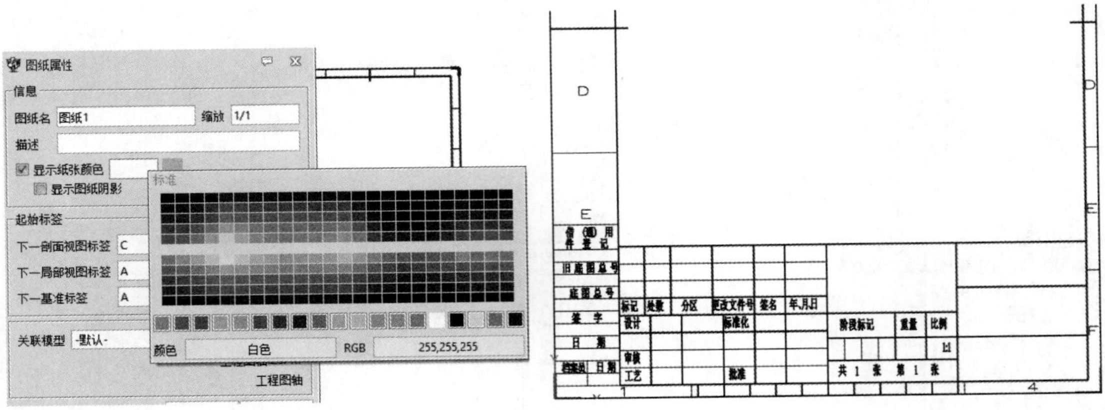

图 5-5　编辑图纸背景

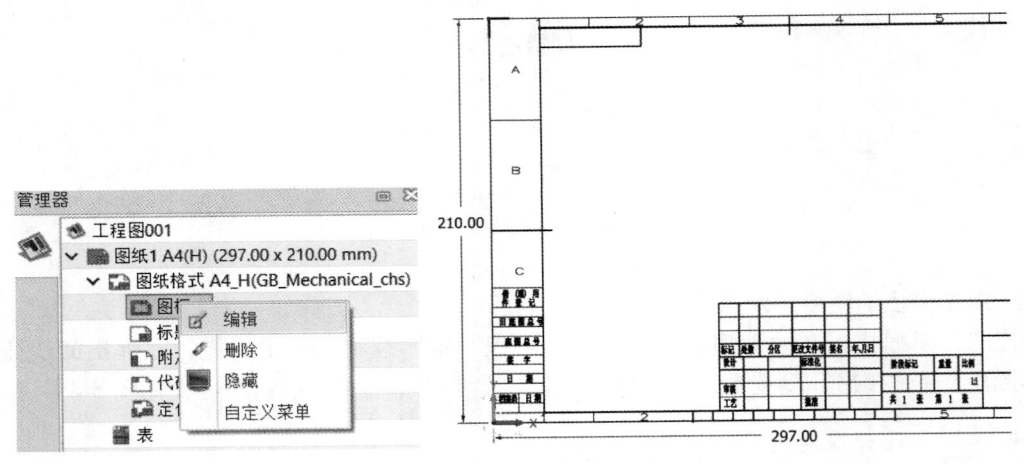

图 5-6　编辑模板图框

4. 编辑模板的标题栏

在“管理器”中选择“标题栏”选项，单击右键，在弹出的快捷菜单中选择“编辑”选项，进入标题栏编辑环境。

此时可以编辑标题栏的线段、标题栏位置，标注尺寸，添加文字，修改属性，编辑结果如图 5-7 所示。退出编辑状态，保存文件。

注意：标题栏的编辑是在草绘环境中进行的。

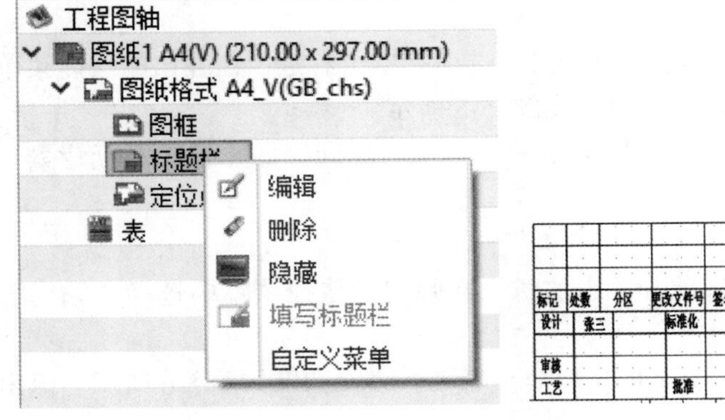

图 5-7　编辑标题栏

【填写“课程任务报告”】

课程任务报告

班级		姓名		学号		成绩	
组别		任务名称	工程图模板设计			参考课时	1学时
任务图样	1 2 3 4 A B C D E F 不锈钢 轴零件 标记 处数 分区 更改文件号 签名 年月日 设计 张三 标准化 阶段标记 重量 比例 0.5kg 1:1 审核 工艺 批准 共1张 第1张 Y X						
任务要求	①创建A4标准工程图模板，设置模板背景为纯白色，关闭栅格 ②修改并完善标题栏信息						
任务完成过程记录	按照任务的要求进行总结，如果空间不足，可加附页（可根据实际情况，适当安排拓展任务，以供学生分组讨论学习，记录拓展任务的完成过程）						

【任务拓展】

一、知识考核

1. 模型建好后，转换到2D工程图，若采用1 ∶ 2显示，标注的是什么尺寸？（　　）

A. 尺寸为设计模型的一半　　　　　　B. 尺寸为设计模型的 2 倍

C. 尺寸和设计模型的一样　　　　　　D. 尺寸与设计模型没有关系

2. 零件模型转化为二维工程图后，如发现视图布局不合理，该如何协调？（　　）

A. 删除，重新布局　　　　　　　　　B. 可以直接移动，视图中有对齐的约束

C. 不能移动，调整图纸　　　　　　　D. 通过剖视图协助表达

3. 2D 出图时，发现零件显示位置不合适，下列采用的方法最合理的是（　　）。

A. 回到建模中，通过移动命令，旋转一定角度

B. 调整视图，实在不行，再回到建模中修改

C. 先出图，在 CAD 里调整

D. 调整显示比例，采用爆炸视图

二、技能考核

分别创建 A0、A1、A2、A3、A4 标准工程图，保存并展示分享。

任务二　中心轴零件工程图设计

【知识目标】

◎ 掌握常用视图工具投影、全剖视图、局部剖视图等的使用方法。

◎ 掌握创建尺寸的标注、几何公差、粗糙度的方法。

◎ 掌握尺寸的编辑和文字属性的应用。

【技能目标】

◎ 能根据设计要求创建零件工程图的布局、全剖视图、局部剖视图等。

◎ 能创建尺寸的标注、几何公差、粗糙度、技术要求等。

◎ 能进行尺寸编辑、文字属性修改等。

【素养目标】

◎ 在将机械工程制图融入轴工程图的过程中，培养学生理论联系实际的意识。

◎ 通过文字设置、尺寸标注、公差标注等培养学生遵守国家标准、国家规范的意识和严谨的工作态度。

◎ 在学习过程中，启发学生创新应用软件命令完成零件工程图纸设计，培养学生创新精神。

◎ 在学习过程中，以小组形式完成学习任务，培养学生的团队协作意识。

【任务描述】

本任务要完成的工程图如图 5-8 所示。通过本任务的学习，使学生能够熟练掌握创建工程视图、视图布局、尺寸标注、剖视图、几何公差、实用符号等相关命令，能够掌握工程图的创建方法及技巧。

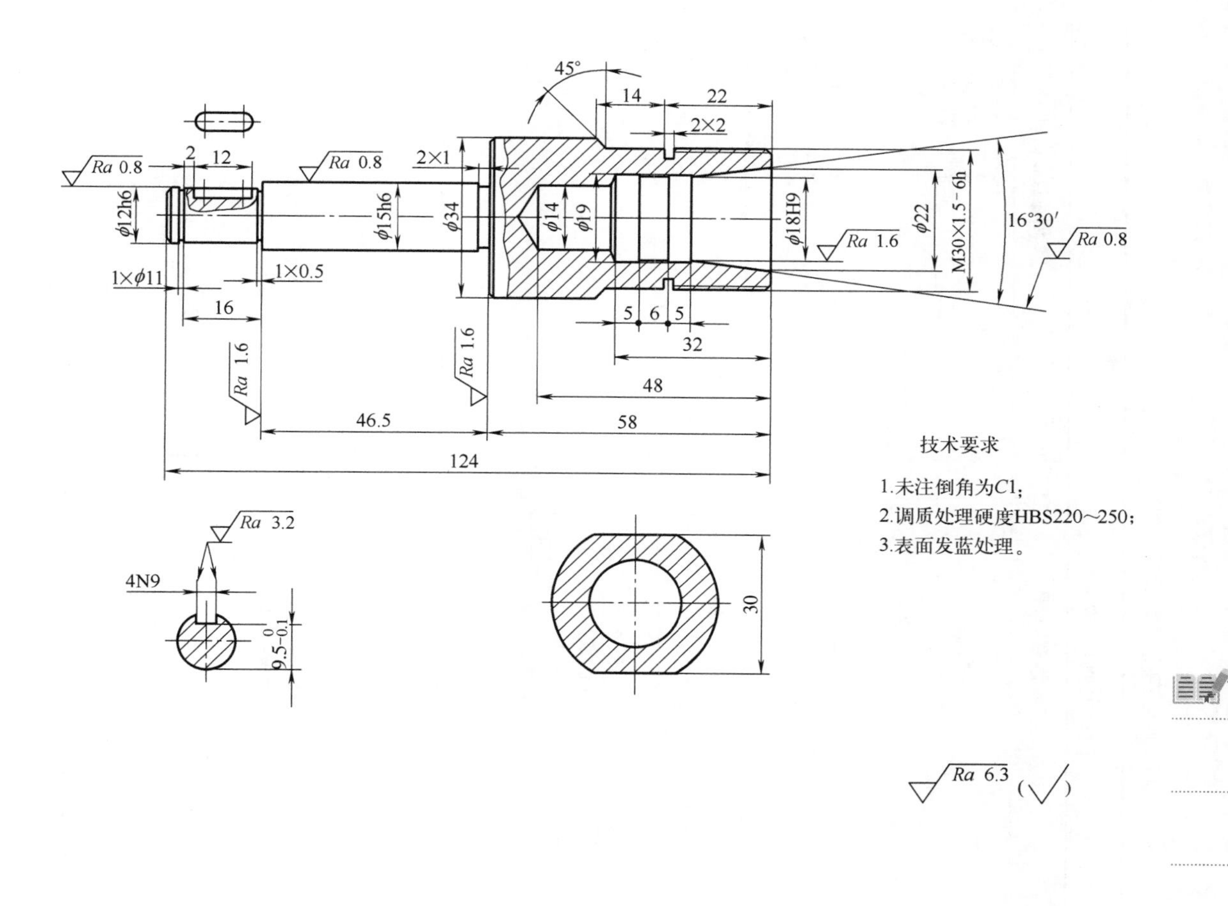

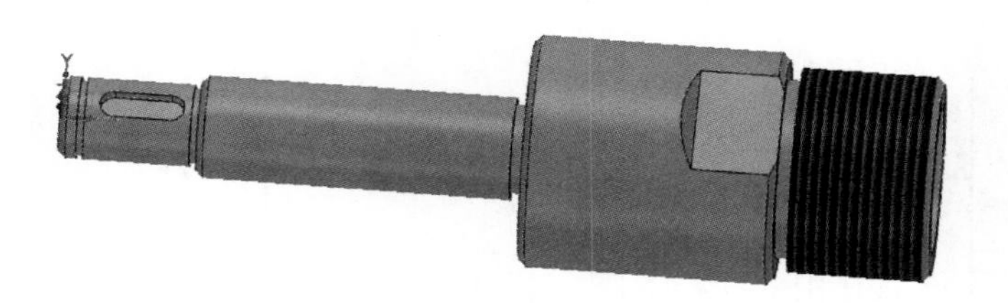

图 5-8　中心轴件

【任务实施】

一、任务方案设计

打开制图模块，设置制图背景、图框、文字等。具体造型方案见表 5-2。

表 5-2　中心轴件工程图方案设计

<table>
<tr><td rowspan="2">步骤</td><td colspan="3">一、创建四个视图布局</td></tr>
<tr><td>1. 打开任务一创建的工程图模板</td><td>2. 加载零件及视图布局</td><td>3. 创建投影视图</td></tr>
<tr><td>图示</td><td>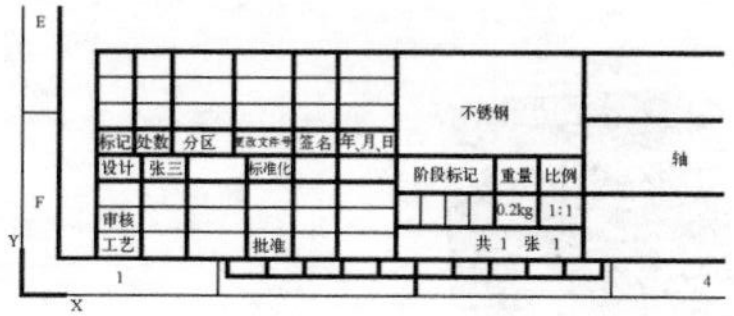
</td><td>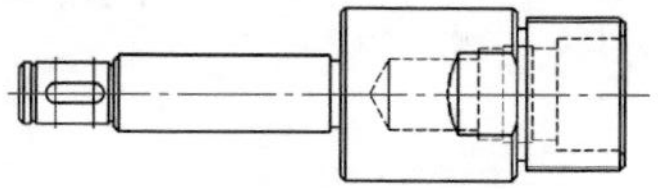</td><td>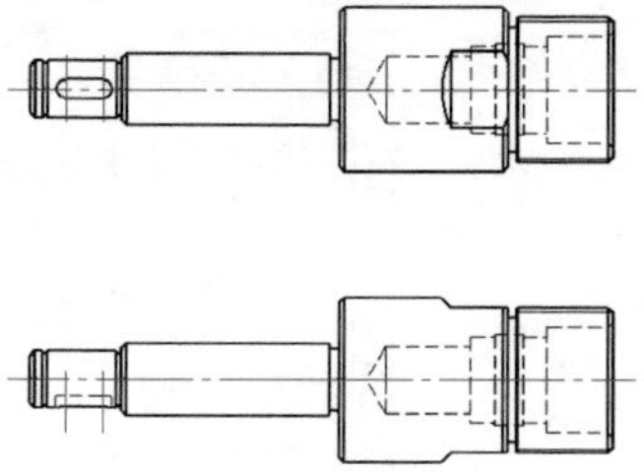</td></tr>
<tr><td>步骤</td><td>4. 创建断面视图</td><td>5. 创建局部剖切视图</td><td></td></tr>
<tr><td>图示</td><td>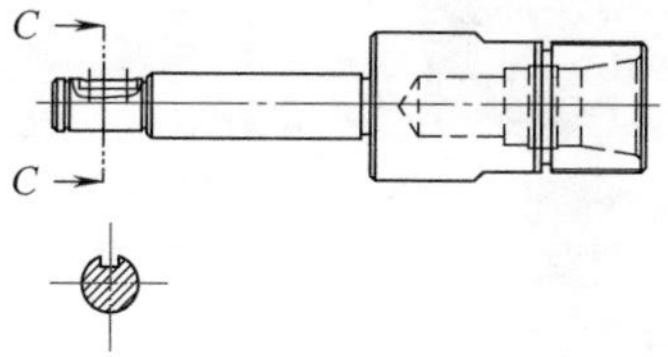

C—C
1:1</td><td>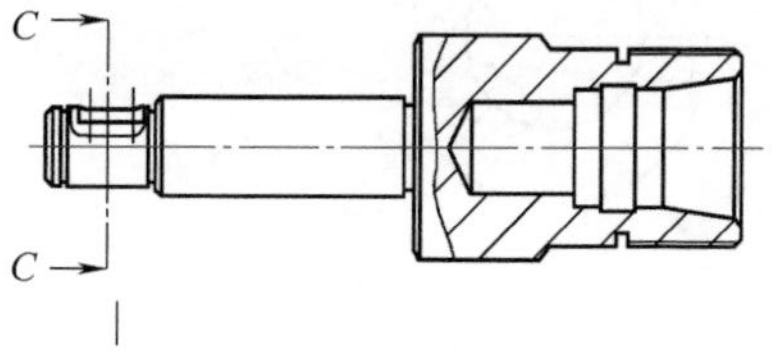
</td><td></td></tr>
<tr><td rowspan="2">步骤</td><td colspan="3">二、编辑视图</td></tr>
<tr><td>1. 编辑主视图</td><td>2. 编辑剖视图</td><td>3. 编辑显示文字属性</td></tr>
<tr><td>图示</td><td>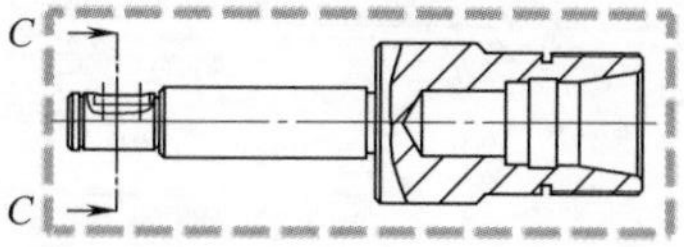
</td><td>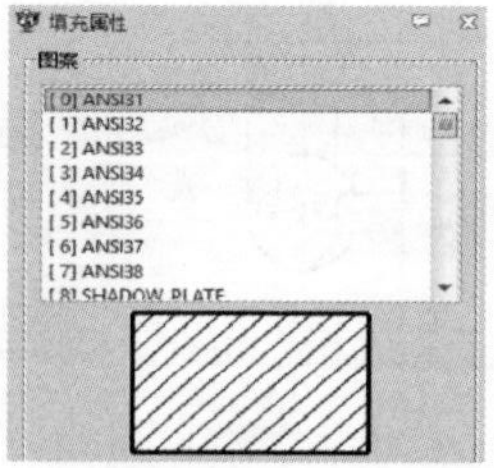
</td><td>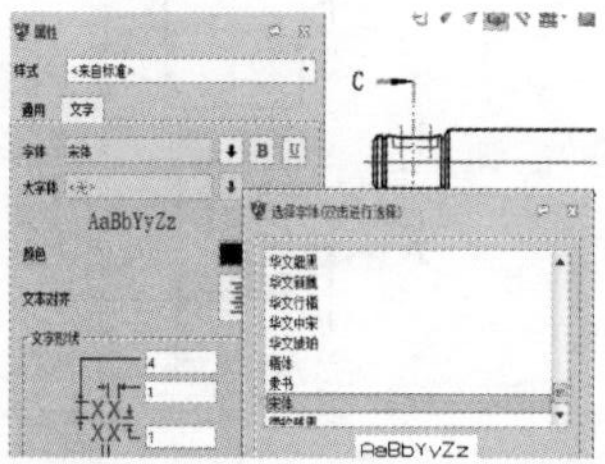
</td></tr>
</table>

续表

步骤	4. 编辑图线显示的颜色		
图示	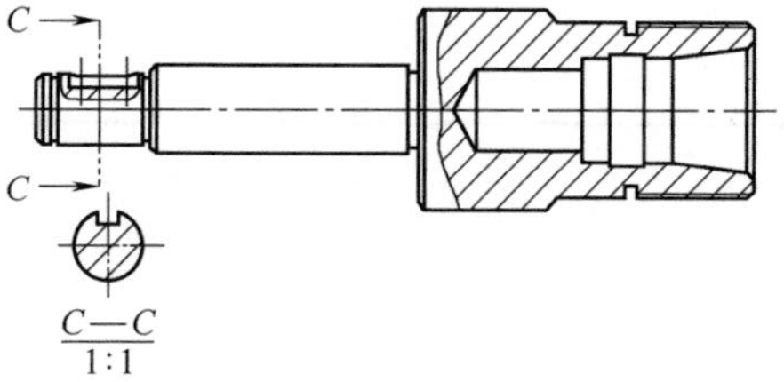 C C C—C 1:1		
步骤	三、编辑零件文件		
	1. 切换零件设计环境	2. 修改草图使右侧的锥孔改成圆柱孔	3. 切换工程图环境
图示	 重画 整图缩放 拉伸 单击修剪 关联/反关联实体 3D视图 打开零件... 圆角	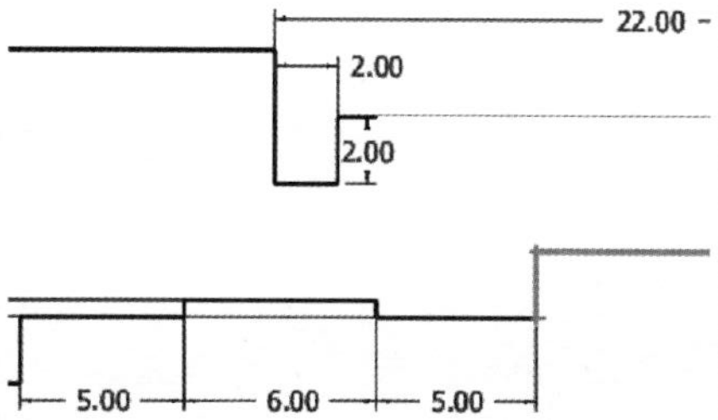 22.00 2.00 2.00 5.00 6.00 5.00	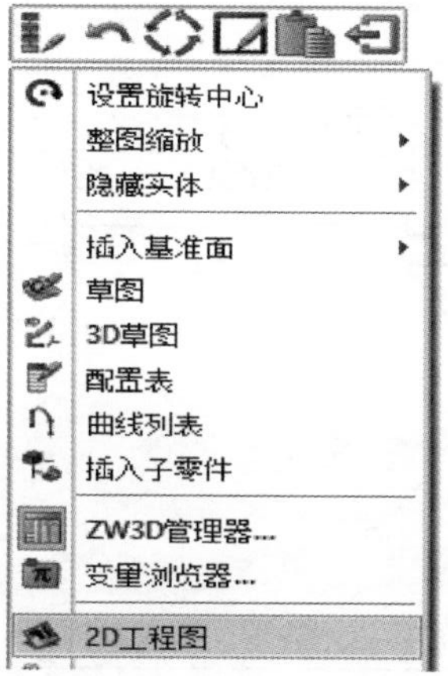 设置旋转中心 整图缩放 隐藏实体 插入基准面 草图 3D草图 配置表 曲线列表 插入子零件 ZW3D管理器... 变量浏览器... 2D工程图

续表

步骤	四、标注尺寸	五、完善标注	六、完成轴零件工程图创建
图示	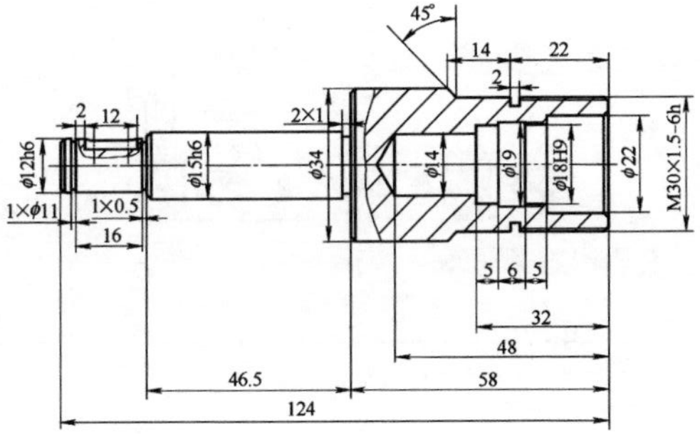	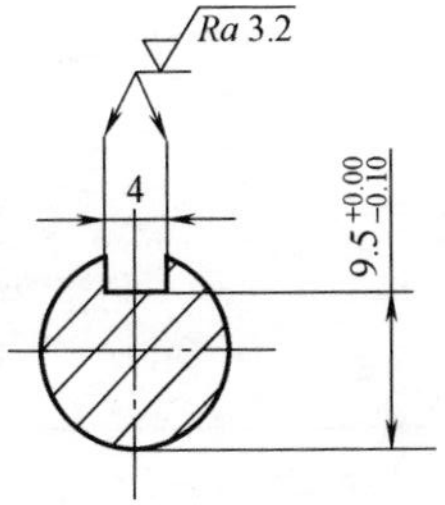	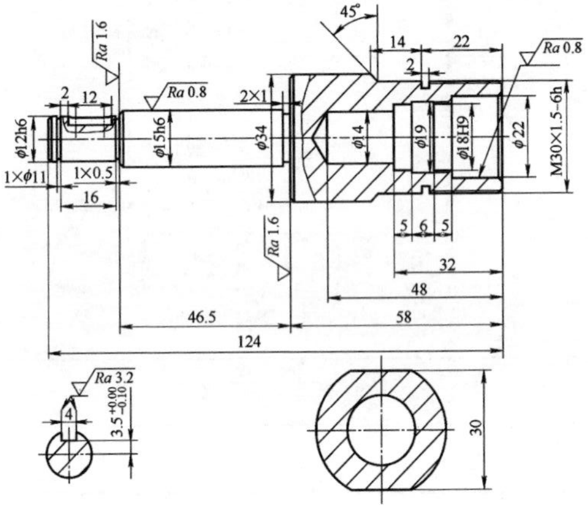

二、参考操作步骤

创建轴零件工程视图

（一）创建四个视图布局

① 打开工程图，打开任务一创建的工程图模板，根据零件尺寸，选择“A4-V（GB-chs）”选项。

② 加载零件及视图布局。选择“布局”选项卡中的“布局”命令，弹出“布局”对话框，选择“工程图轴 .Z3PRT”文件，激活零件，如图 5-9 所示。在“布局”命令栏中选择默认视图为“前视图”，只显示“前视图”，关闭其他视图，在图框中出现零件主视图，视图比例 1 ：1，如图 5-10 所示。

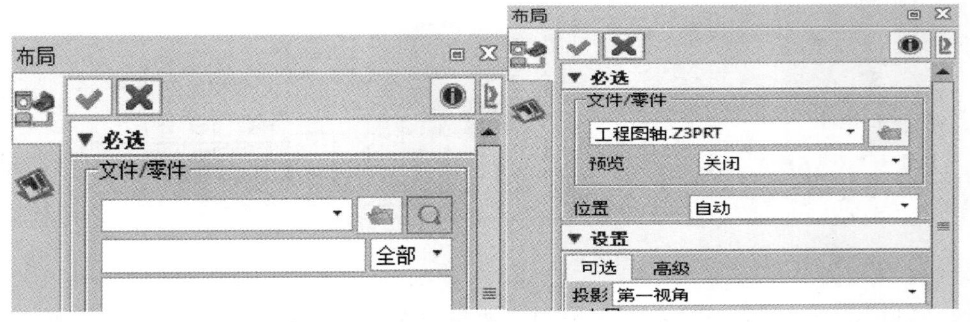

图 5-9　加载零件

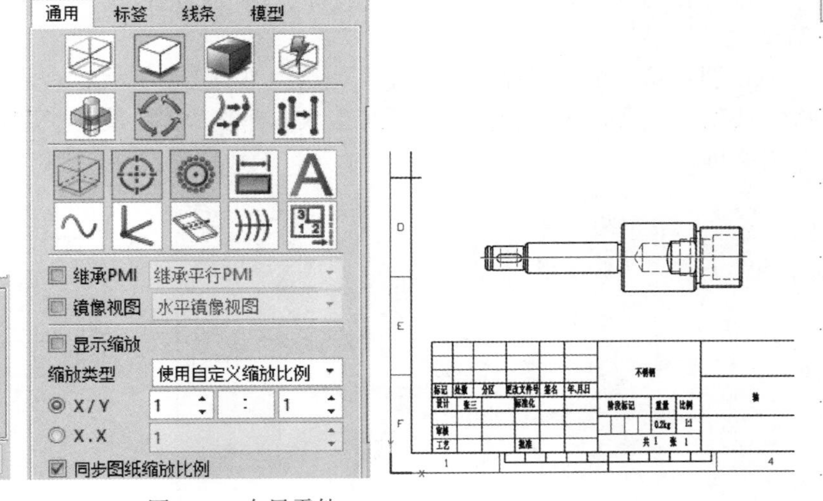

图 5-10　布局零件

③ 创建投影视图。放置好第一个视图后，选择“布局”选项卡中的“投影”命令，弹出“投影”对话框，将鼠标指针移动到前视图正下方合适位置，单击即为第二个视图的放置位置，如图 5-11 所示，单击“确定”按钮，退出投影。

为提高二维工程图的可读性，世界各国都采用正投影法绘制技术图样。国际标准 ISO 128：1982 中规定，第一视角和第三视角画法在国际技术交流和贸易中都可以采用。例如，中国、俄罗斯、英国、德国、法国等国家采用第一视角画法，美国、日本、澳大利亚、加拿大等国家采用第三视角画法。

“样式”是指选择一个配置好的样式。“投影”对话框中的所有视图属性都会显示为该样式设置好的默认值，中望 3D 软件默认提供了 5 种工程图视图样式。

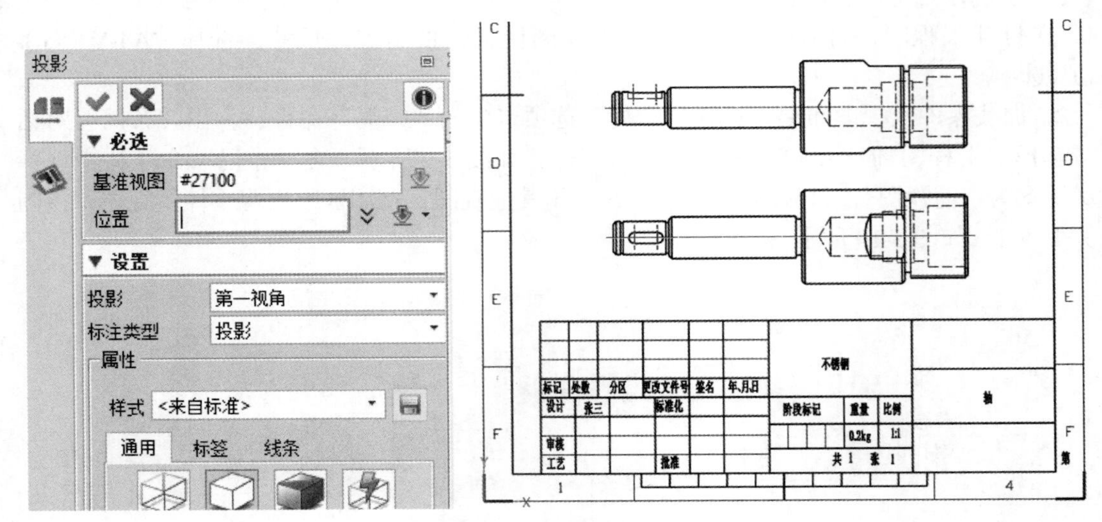

图 5-11　创建投影视图

④ 创建断面视图。创建键槽断面视图。选择“布局”选项卡中的“全剖视图”命令，选择主视图，在“点”选择框中选择竖直方向 2 点，如图 5-12 所示。

注意：当剖视方向与要求方向相反时，可以通过勾选“反转箭头”复选框来反转剖视箭头。

说明：系统生成的标签从字母 A 开始，忽略字母 I、O、Q。字母 Z 使用后，标签转到 AA、BB、CC 等。如果接受一个系统生成的标签，将会使用字母表中存在的下一个没有用过的字母。

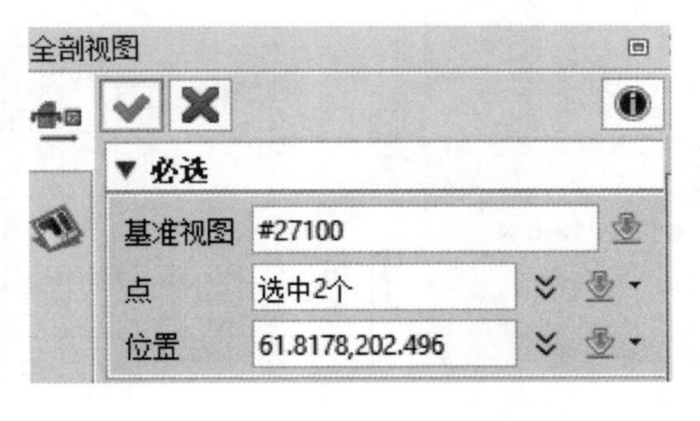

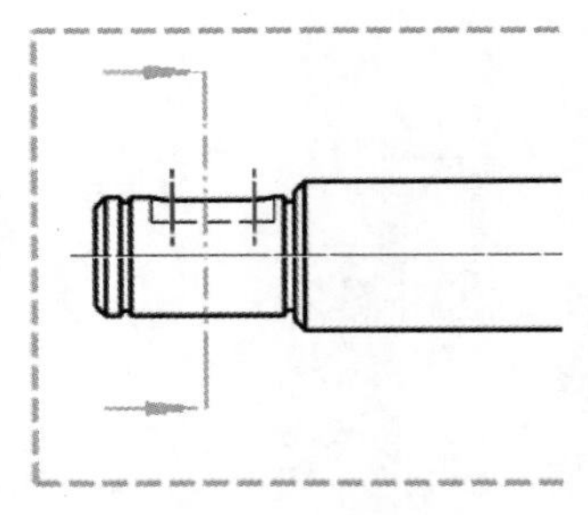

图 5-12　设置全剖视图的位置

因为要生成断面图，在“剖面方法”中，“方式”选择“剖面曲线”，“位置”选择“无”；在“剖面线”中，“视图标签”选择“C”，生成剖切视图。如图 5-13 所示。

⑤ 创建局部剖切视图。创建轴右侧孔的局部视图。选择“布局”选项卡中的“局部剖”命令，选择主视图，采用“多段线边界”命令绘制局部剖区域，“深度点”选择投影视图的中心线，如图 5-14 所示。单击“确定”按钮，退出局部剖切视图，完成局部剖切视图的创建，如图 5-15 所示。

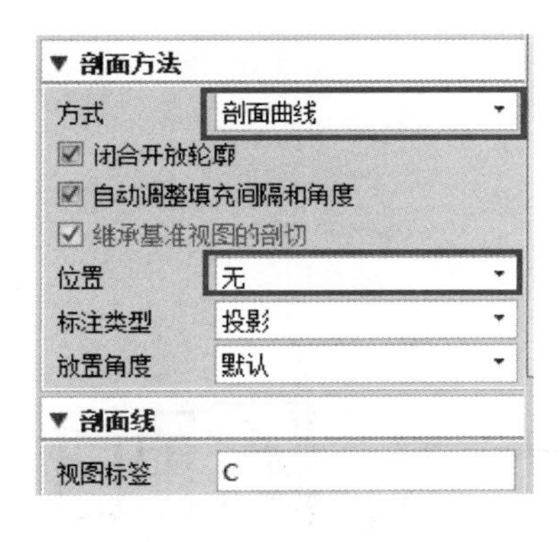

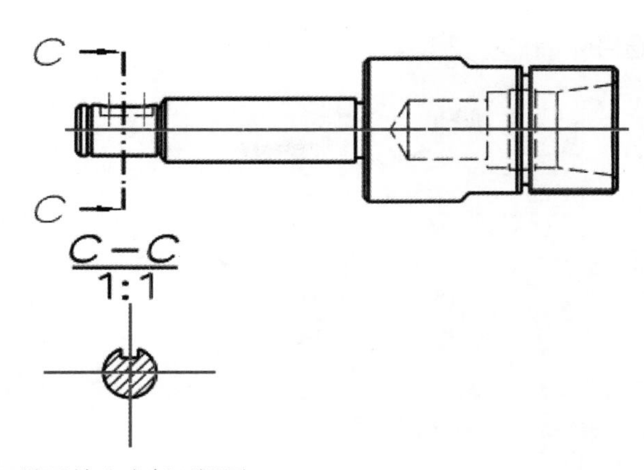

图 5-13　设置并生成断面视图

编辑轴零件工程图

注意：视图的位置可以根据实际情况进行调整，选中需要移动的视图直接拖动即可，只是由于视图之间的对齐关系可能会导致其他视图的移动。

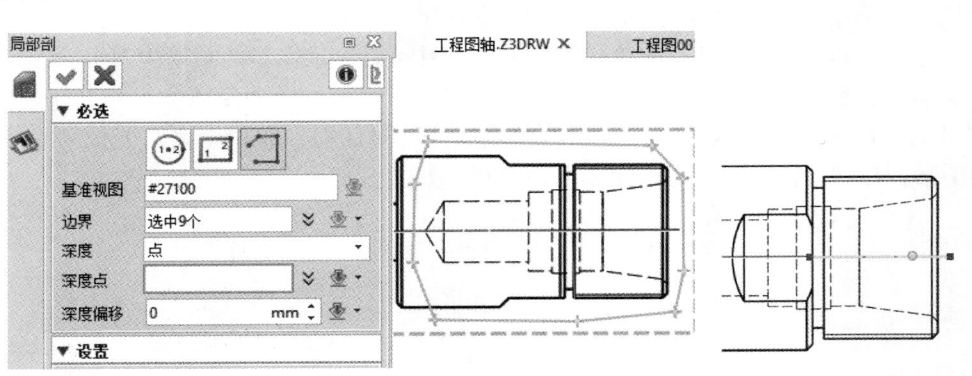

图 5-14　绘制局部剖切区域

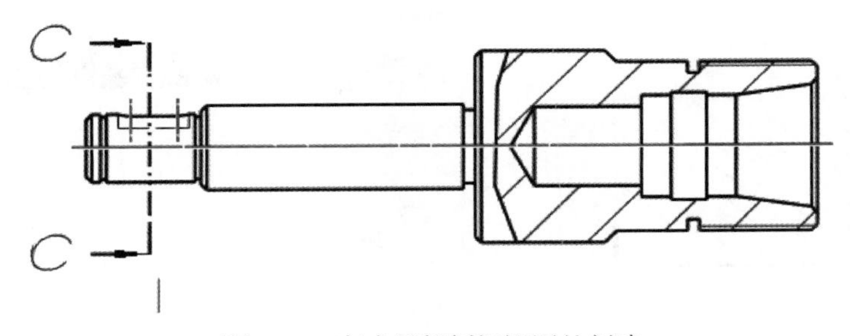

图 5-15　完成局部剖切视图的创建

（二）编辑视图

1. 编辑主视图

此时 4 个基本视图布局完成，但是视图中的图线显示的效果等不够理想，需要编辑。编辑方式是双击视图（或在左侧管理器视图对应位置单击右键，选择“属性”选项），弹出“视图属性”对话框，如图 5-16 所示。

说明：“通用”选项卡中的“线框”“消隐”“着色”“快速消隐”等可以设置线框、消隐

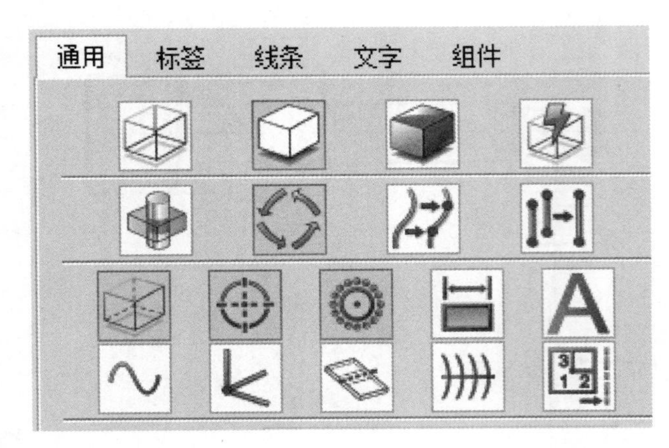

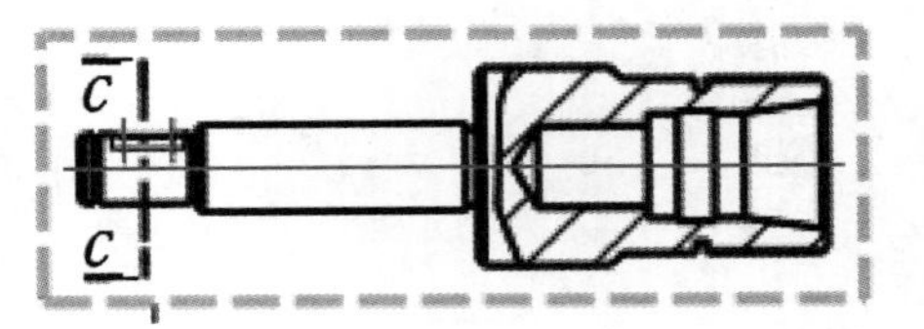

图 5-16　编辑主视图

线、着色或快速消隐等显示模式。三维零件的曲线显示在工程图中之前要先进行消隐处理。如果曲线或部分曲线被零件隐藏起来，可以通过“消隐”模式来显示。

使用“显示中心线”命令可自动显示孔、圆柱面和圆锥面等回转体的中心线。“显示螺纹”命令可实现如果零件在孔上有附加螺纹属性，其可以显示在新的布局视图中。

2. 编辑剖视图

双击剖视图中的剖面线，系统弹出“填充属性”对话框，在“图案”下拉列表中选择合适的图案，在“属性”下将“间距”改为“3”，如图 5-17 所示。

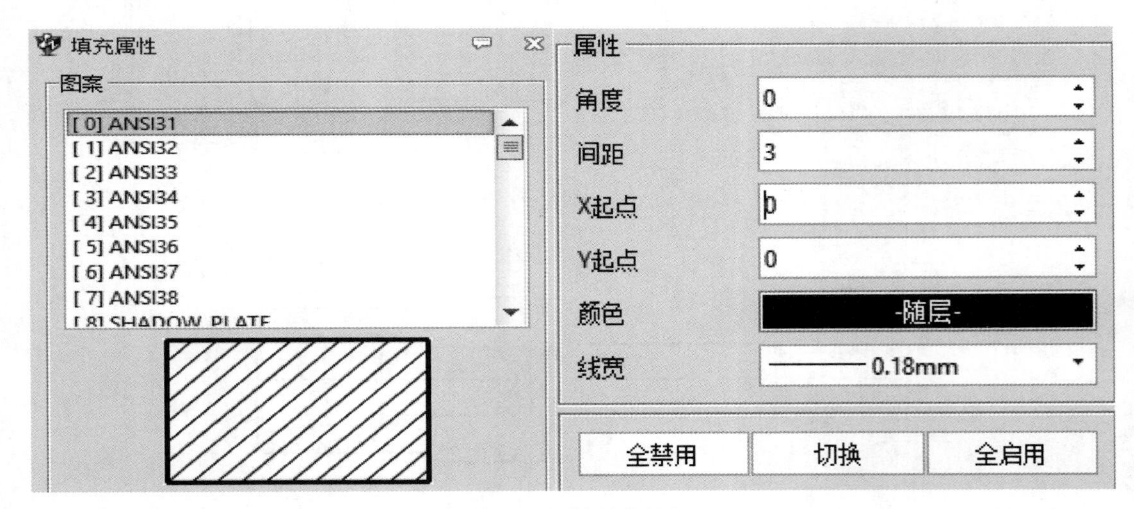

图 5-17　编辑剖视图

注意：同一个零件，剖面线的图案、填充线间距均应一致。

说明：在“图案”下拉列表中显示了 69 种标准的填充图案。“角度”用于输入角度，以定义填充图案按逆时针方向旋转的角度。“间距”用于设置填充之间的距离。“X 起点”和“Y 起点”用于改变创建填充图案的原点的 X、Y 的坐标，编辑原点将改变该图案，使其符合所选边界。“颜色”和“线宽”用于设置填充的颜色和线宽。

3. 编辑显示文字属性

编辑显示文字属性主要编辑文字的字体和大小。双击视图中文字，系统弹出“属性”

对话框，在“通用”选项卡中可以设置标签的字母、颜色、线型、线宽等属性；在“文字”选项卡中可以设置文字显示的字体和文字的大小，设置文字字体为“宋体”，文字大小为“4”，如图 5-18 所示。

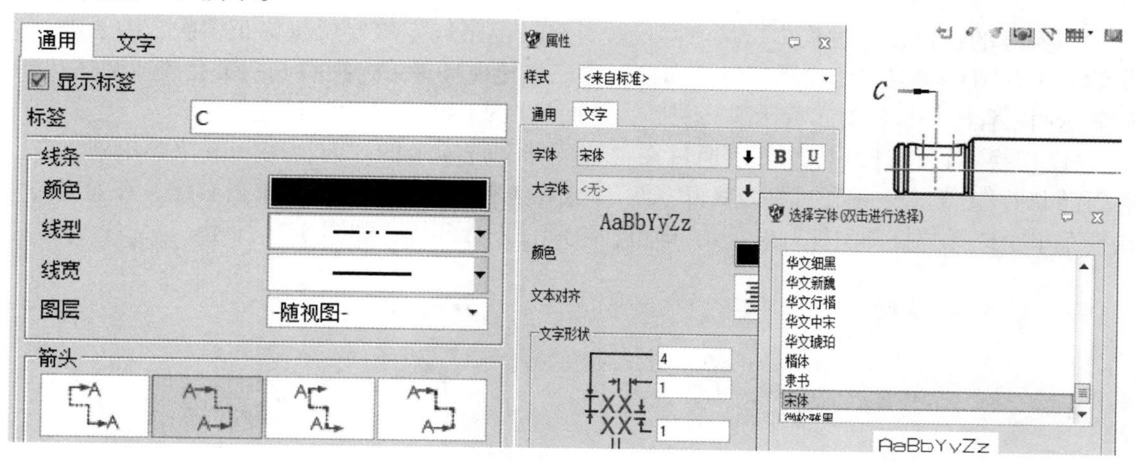

图 5-18　编辑显示文字属性

4. 编辑图线显示的颜色

编辑图线显示属性主要用于编辑图线的颜色。右键单击图线，选择“属性”选项，弹出“属性”对话框，可以设置线宽、颜色等属性，设置选中的直线颜色为“黑色”，如图 5-19 所示。其他位置的颜色设置步骤相同，设置完毕后，图线如图 5-20 所示。

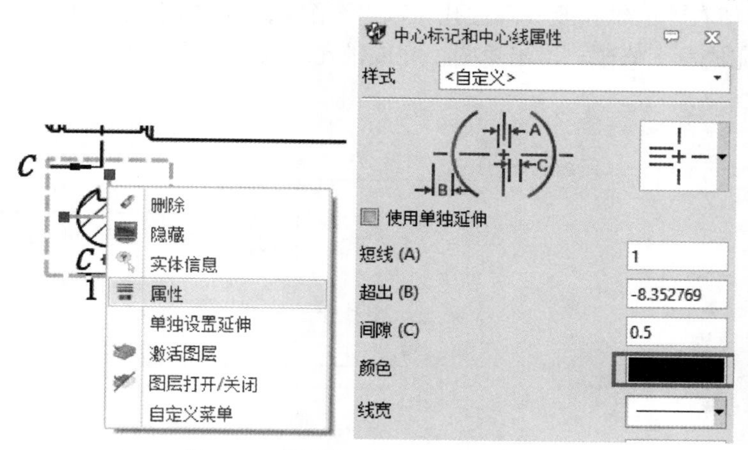

图 5-19　设置中心标记和中心线属性

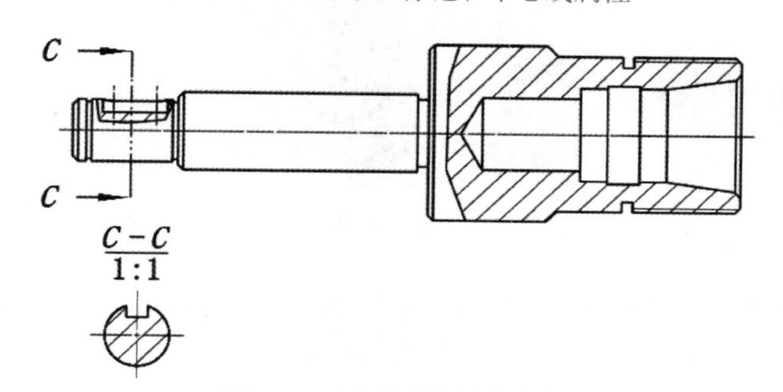

图 5-20　完成图线属性编辑

说明：图线的长短也可用鼠标左键选中直接拖拽，这时需要删除投影视图，因为主视图和截断图已经表达清楚零件的信息了。

（三）编辑零件文件

在实际的建模设计过程中，从产品的设计到产品最终定稿要反复修正多次，为了进一步学习工程图环境与三维建模环境的切换，在三维建模环境下，把右侧的锥孔改成圆柱孔，然后返回工程图环境，对工程图进行更新，从而模拟实际的创新设计过程。

① 切换零件设计环境。可以通过在“管理器”选项卡的“前视图”下拉菜单中，在“工程图轴”上单击右键，选择“编辑零件”（或在工程图桌面空白区域单击右键，在弹出的快捷菜单中选择“打开零件”选项），即可切换零件设计环境，如图 5-21 所示。

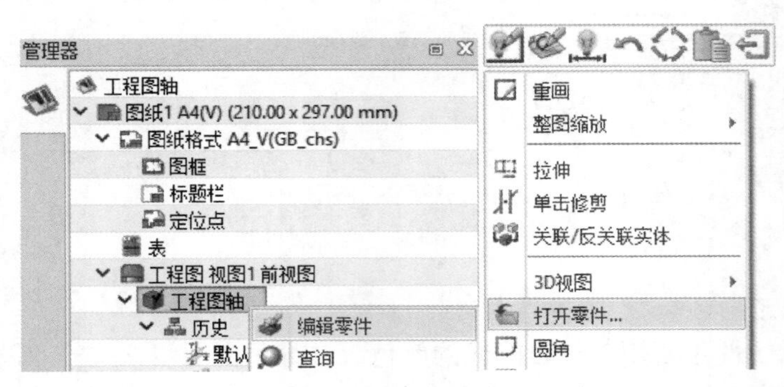

图 5-21　切换零件设计环境

② 修改草图使右侧的锥孔改成圆柱孔。双击草图 1，修改草图 1，删除原斜线，变为水平线和竖直线，完成草图修改，退出草图，完成锥孔改成圆柱孔操作，如图 5-22 所示。

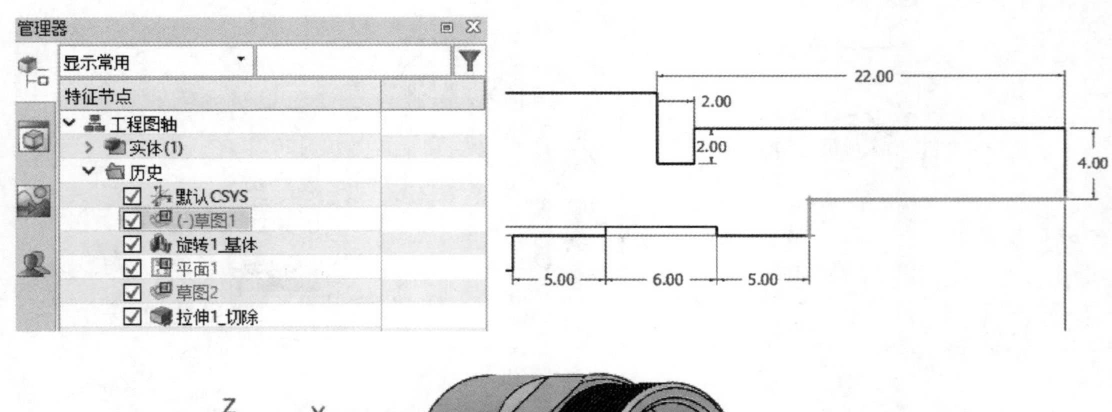

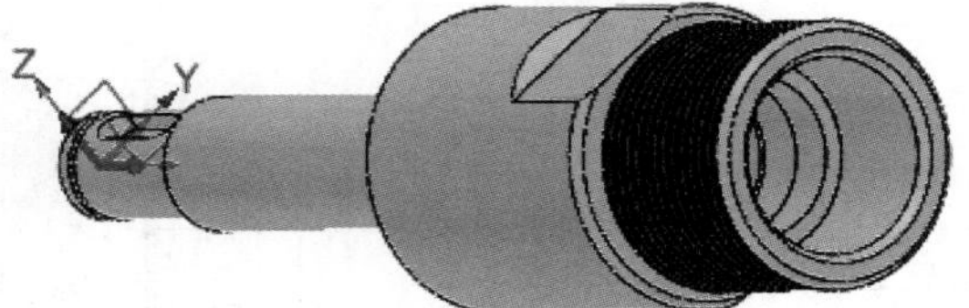

图 5-22　修改零件结构

③ 切换工程图环境。在建模界面空白区域单击右键，选择“2D 工程图”选项，进入工程图环境，这时系统会弹出警告框，提示工程图需要重新生成，单击“是（Y）”按钮进入工程图层，确认工程图是否已经修改，如图 5-23 所示。

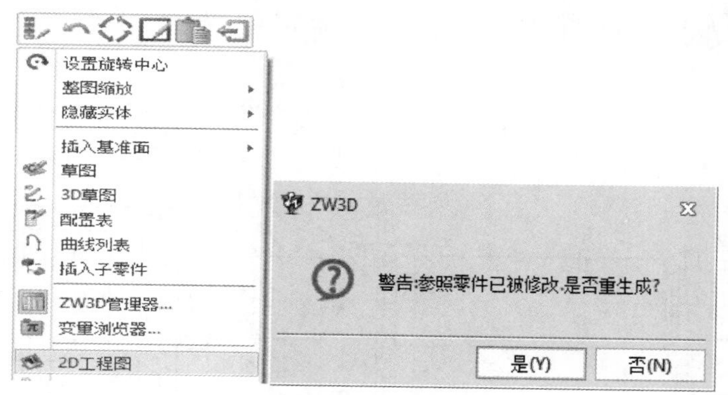

图 5-23　切换工程图层

（四）标注尺寸

① 主视图的标注。双击主视图将它激活（不能双击在前视图的模型线条上），在弹出的“视图属性”对话框的“通用”选项卡中，选择“显示零件标注”按钮，如图 5-24 所示。确定选择后在前视图的相应位置上应该出现尺寸标注。但是，自动标注的尺寸不全，一般也不合理，因此应改为手动标注主视图。

说明：“标注”是在草图 / 工程图层级，使用此命令，通过选择一个实体或选定标注点进行标注。根据选中的实体、点和命令选项，此命令可创建多种不同的标注类型。

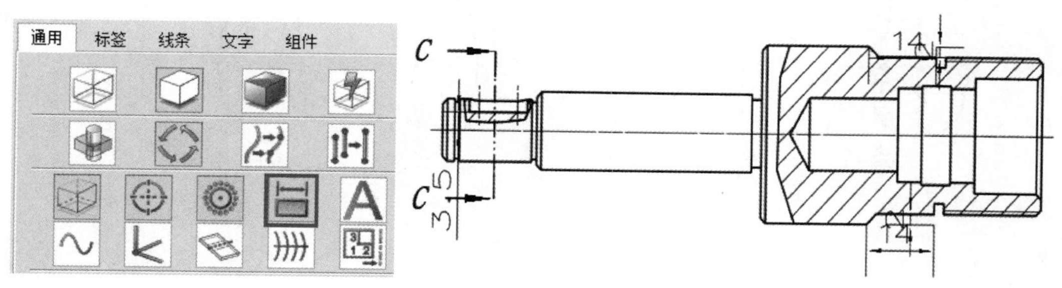

图 5-24　显示并标注线性尺寸

注意：标注尺寸时，首先要制定标注尺寸的标准，这样后面的标注均按照标准进行标注。本次尺寸编辑中，标注样式采用“123”（自定义），字体为宋体，文字高度为 2，如图 5-25 所示。

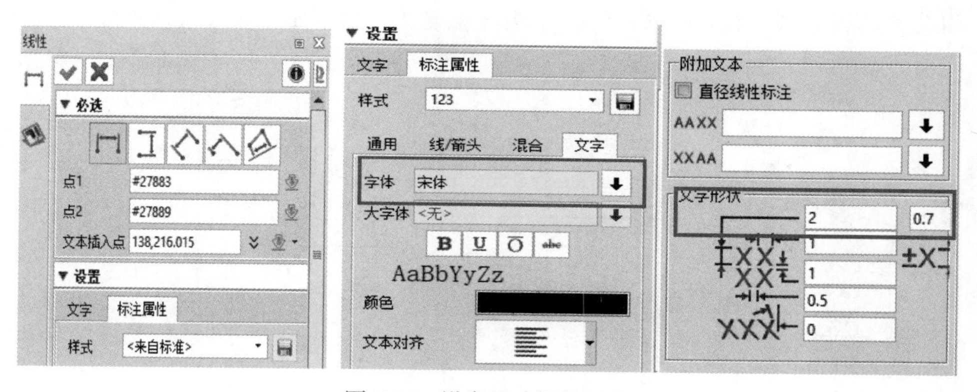

图 5-25　设定尺寸标注标准

② 按照图纸要求，标注基本尺寸，如图 5-26 所示。

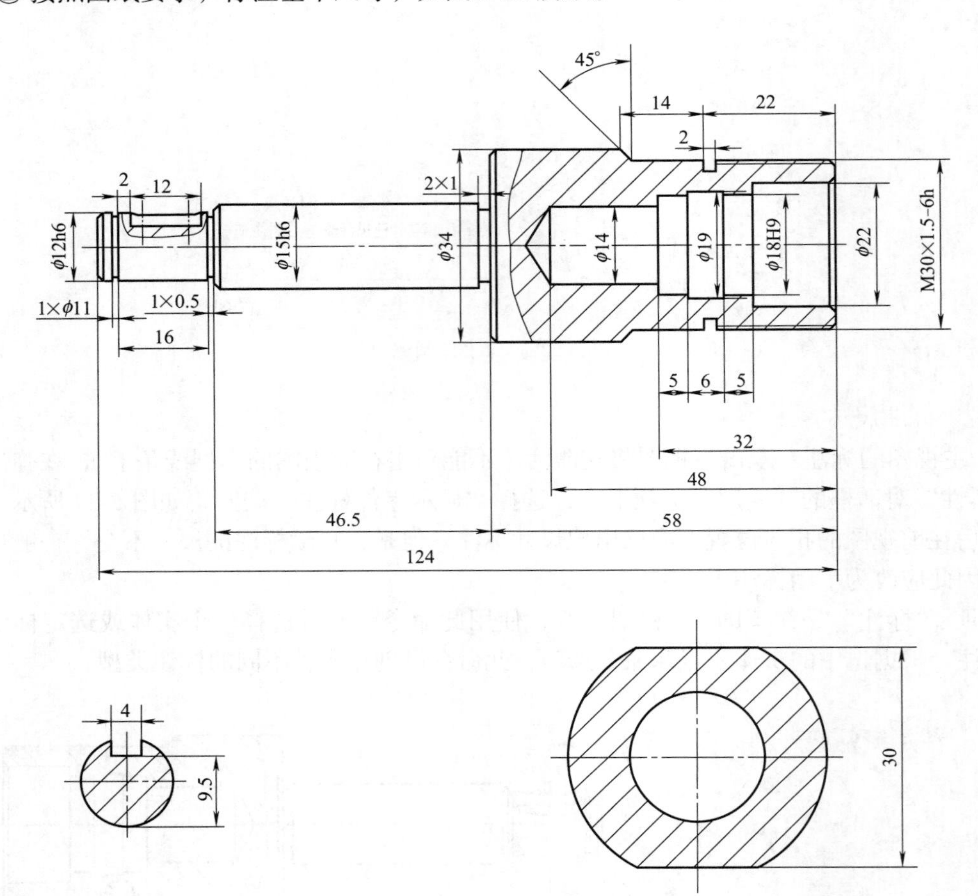

图 5-26　完成基本尺寸标注

（五）完善标注

1. 添加公差

选择“标注”选项卡中的“编辑标注 - 修改公差”命令，弹出“修改公差”对话框，在“实体”框中选择 9.5mm 尺寸，单击中键结束选择，修改“设置”中的公差形式为“不等公差”，并将公差值设定成上极限偏差为 0、下极限偏差为 -0.1mm，如图 5-27 所示。

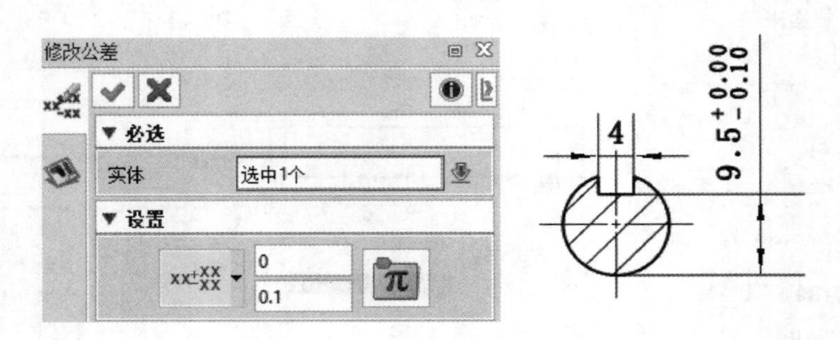

图 5-27　添加公差

说明："修改公差"是工程图级命令，它可以修改图样中的尺寸公差。首先选择要改的尺寸标注，然后选择公差形式的图标，并输入公差值。公差的形式在可选输入项中有9项。

① "无公差"。

② "公差极限"。将上极限偏差输入上公差字段，将下极限偏差输入下公差字段。

③ "不等公差"。将上极限偏差输入上公差字段，将下极限偏差输入下公差字段。

④ "等公差"。将等公差值输入上公差字段。

⑤ "基本公差"。它没有上下公差字段。

⑥ "参考公差"。它指公差包含在括号中。

⑦ "不缩放公差"。即公差在线上。

⑧ "公差带"。

⑨ "配合公差"。

2. 插入粗糙度

表面粗糙度代表零件表面的加工质量。在2D视图中需要用户选择边并定义表面粗糙度符号。

设置粗糙度值。选择"标注"选项卡中的"表面粗糙度"命令，在"表面粗糙度"对话框中，"符号类型"选择"去除材料"，粗糙度值为"Ra3.2"，"定向"选择"对齐"，"字体"选择"宋体"，字体高度选择"2"，字体间距选择"0.2"，如图5-28所示。

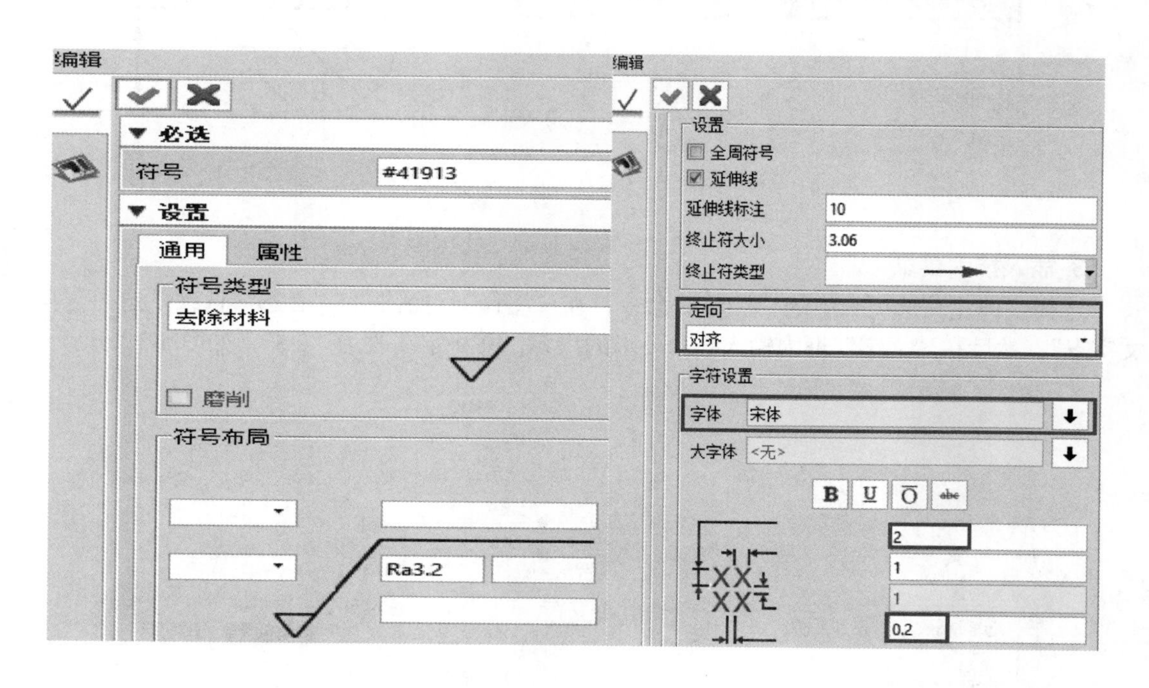

图5-28　设置粗糙度标注值

选择要标注表面粗糙度的边，对竖直边进行标注时，定向角度选择"90°"，按回车键，如图5-29所示。

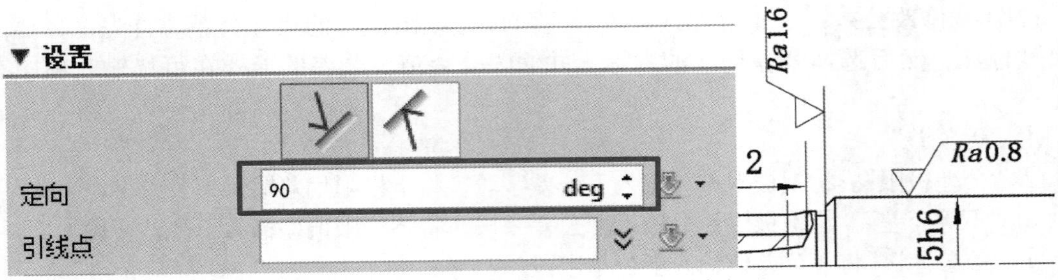

图 5-29　竖直方向粗糙度标注方法

针对集中标注表面粗糙度的边，如标注键槽的内侧面的表面粗糙度，应借助“标注”选项卡中的“气泡”命令，创建两条带箭头引线，绘制结果如图 5-30 所示。

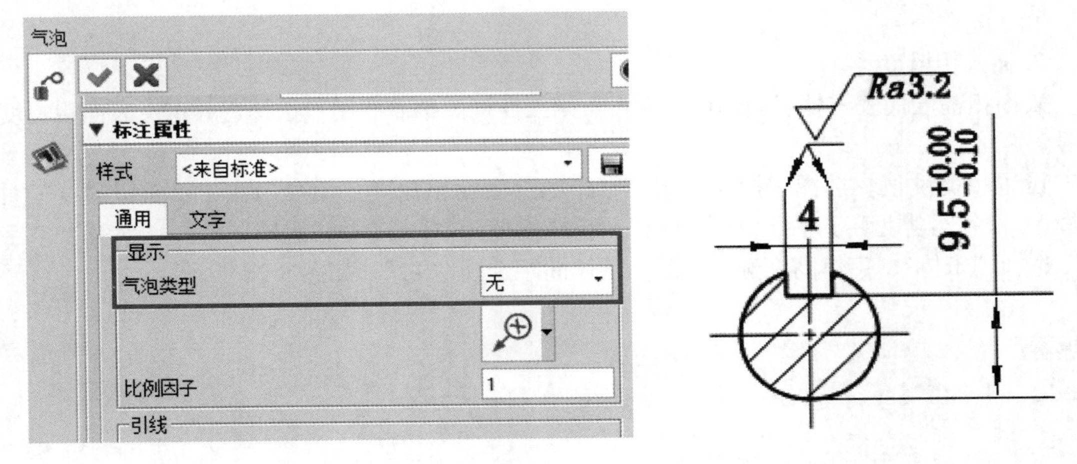

图 5-30　特殊情况表面粗糙度标注

3. 插入技术要求

选择“标注”选项卡中的“注释”命令，在“注释”对话框的“必选”选项下选择“在文字点”，然后在“文字”框内输入技术要求的内容，并将字高改为“2.5”，如图 5-31 所示。

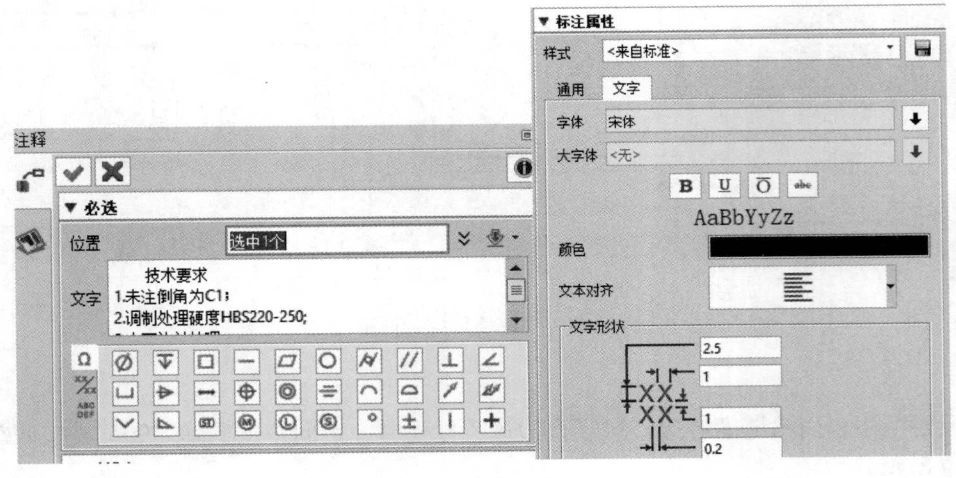

图 5-31　插入技术要求

注意：将技术要求在记事本或 Word 文档中写好后再复制较为方便。如果技术要求的内容为中文，应选用“宋体”。

（六）完成轴零件工程图创建

轴零件工程图创建结果如图 5-32 所示。

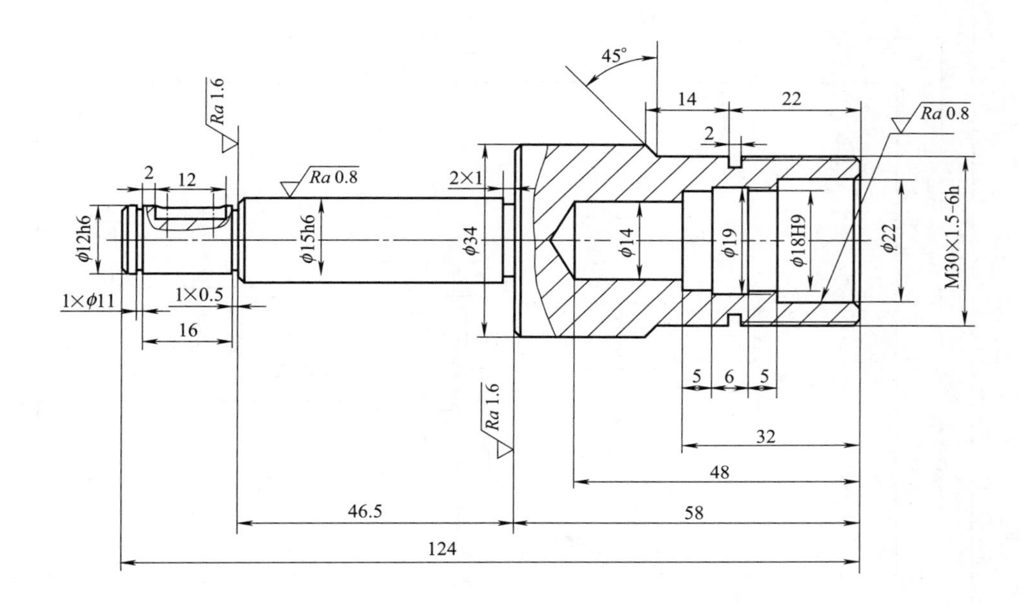

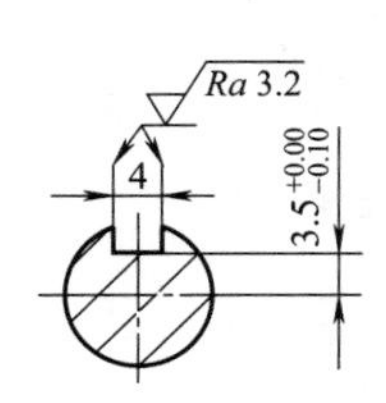

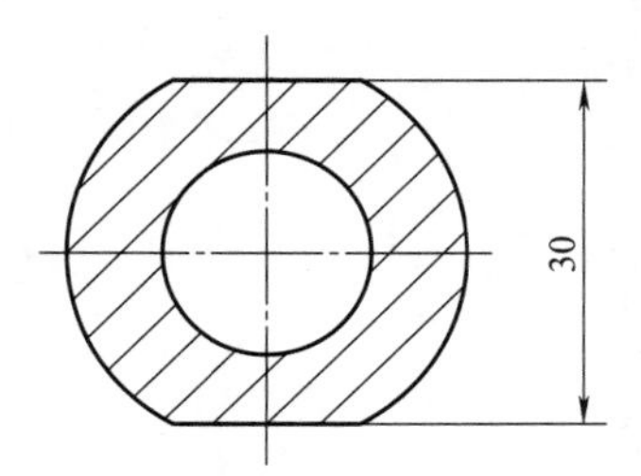

技术要求

1.未注倒角为$C1$；

2.调质处理硬度220～250HBS；

3.表面发蓝处理。

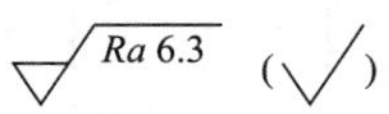

图 5-32 轴零件工程图创建结果

【填写“课程任务报告”】

课程任务报告

班级		姓名		学号		成绩	
组别		任务名称	中心轴零件工程图设计			参考课时	4学时
任务图样							

1 2 3 4

A B C D E F

Ra 1.6

2 12

Ra 0.8

2×1

45°

14 22

2

Ra 0.8

φ12h6 φ15h6 φ34 φ14 φ19 φ18H9 φ22 M30×1.5-6h

1×φ11 1×0.5

16

Ra 1.6

5 6 5

32

48

46.5 58

124

Ra 3.2

4

$3.5^{+0.00}_{-0.10}$

30

技术要求

1.未注倒角为C1；

2.调质处理硬度220～250HBS；

3.表面发蓝处理。

Ra 6.3 (√)

标记	处数	分区	更改文件号	签名	年、月、日	不锈钢	轴
设计	张三		标准化			阶段标记 / 重量 / 比例	
						0.2kg / 1:1	
审核							
工艺			批准			共 1 张 1	第

Y X 1 4

续表

任务要求	①参照任务参考过程、知识介绍，完成中心轴零件工程图设计 ②熟练使用工程视图、视图布局、尺寸标注、剖视图等完成工程图方案设计 ③能标注表面粗糙度、注释以及设置系统选项 ④掌握工程图设计的操作步骤
任务完成过程记录	按照任务的要求进行总结，如果空间不足，可加附页（可根据实际情况，适当安排拓展任务，以供学生分组讨论学习，记录拓展任务的完成过程）

【任务拓展】

一、知识考核

1. 零件图中应该有配合尺寸。（　　）
2. 零件工程图和装配工程图自动生成时，应设置图线为消隐显示。（　　）
3. 中望 3D 工程图里有技术要求库。（　　）
4. 中望 3D 工程图里可以自动标注，但自动标注的尺寸不全，一般也不合理。（　　）
5. 表面粗糙度代表零件表面的加工质量。（　　）

二、技能考核

按照图 5-33 所示尺寸进行 3D 建模，然后创建 2D 工程图。

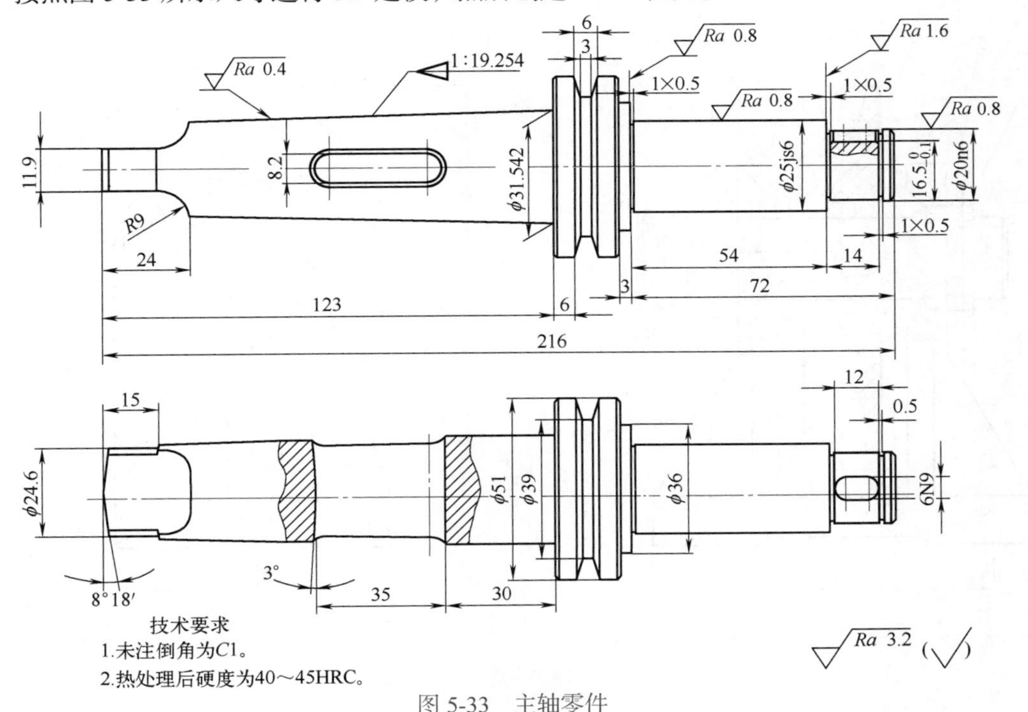

图 5-33　主轴零件

任务三　定滑轮装配工程图设计

【知识目标】

◎ 掌握装配工程图的生成和布局方法。
◎ 掌握剖面线和 BOM 表的编辑。
◎ 掌握辅助视图的使用。

【技能目标】

◎ 能根据设计要求创建装配工程图。
◎ 能合理布局装配工程图。
◎ 能进行剖面线、技术要求、BOM 表的编辑。

【素养目标】

◎ 在将机械工程制图融入装配工程图的过程中，培养学生理论联系实际的意识。

◎ 通过文字设置、尺寸标注、配合标注等培养学生遵守国家标准、国家规范的意识和严谨的工作态度。

◎ 在学习过程中，启发学生创新应用软件命令完成装配图纸设计，培养学生创新精神。

◎ 在学习过程中，以小组形式完成学习任务，培养学生的团队协作意识。

【任务描述】

本任务要完成的工程图如图 5-34 所示。通过本任务的学习，使学生能够熟练掌握创建

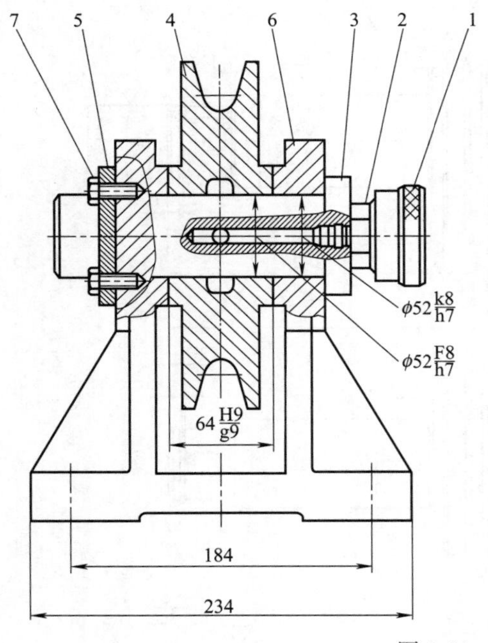

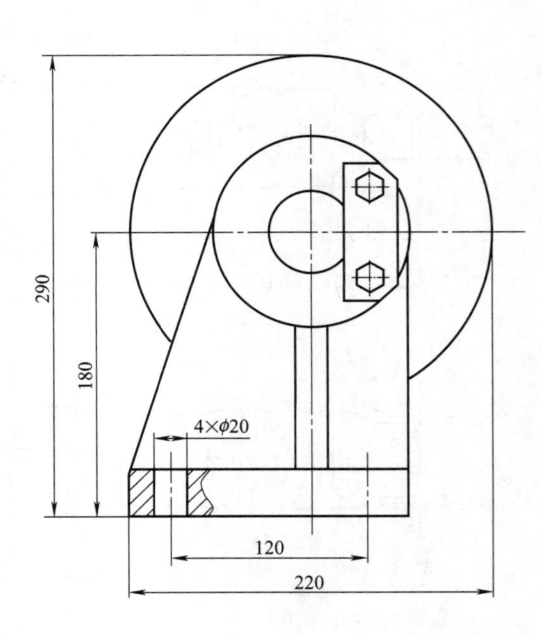

图 5-34　定滑轮装配工程图

工程视图、视图布局、尺寸标注、剖视图、零件序号、明细栏等相关命令，能够掌握工程图的创建方法及技巧。

【任务实施】

一、造型方案设计

打开制图模块，设置制图参数，生成视图，制作剖视图和局部视图，标注尺寸、注释、标记、实用符号、零件序号、明细栏等。定滑轮装配工程图方案设计见表 5-3。

表 5-3　定滑轮装配工程图方案设计

步骤	一、创建视图布局		
	1. 加载定滑轮装配体	2. 选择模板	3. 视图布局
图示	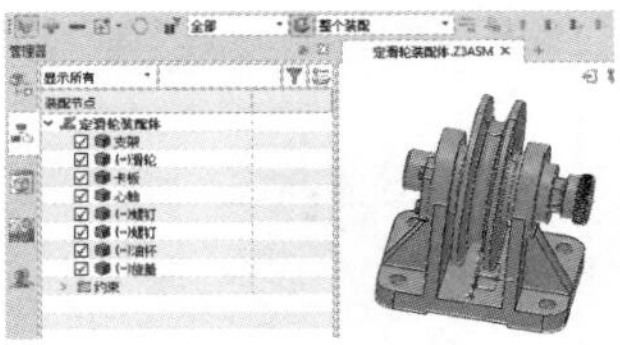 全部 整个装配 管理器 定滑轮装配体.Z3ASM 显示所有 装配节点 定滑轮装配体 支架 (一)滑轮 卡板 心轴 (一)螺钉 (一)螺钉 (一)油杯 (一)垫圈 约束	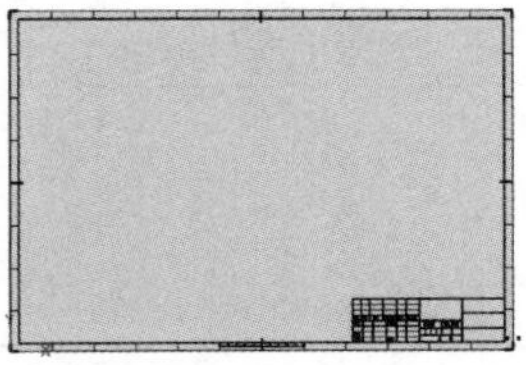	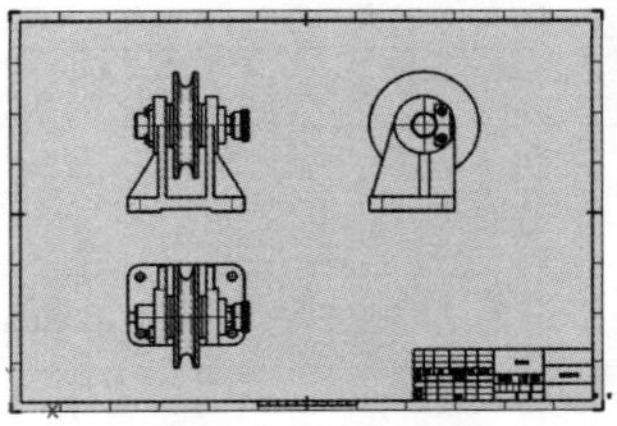
步骤	二、编辑视图曲线		
	1. 编辑视图背景	2. 栅格关	3. 编辑主视图剖视图
图示	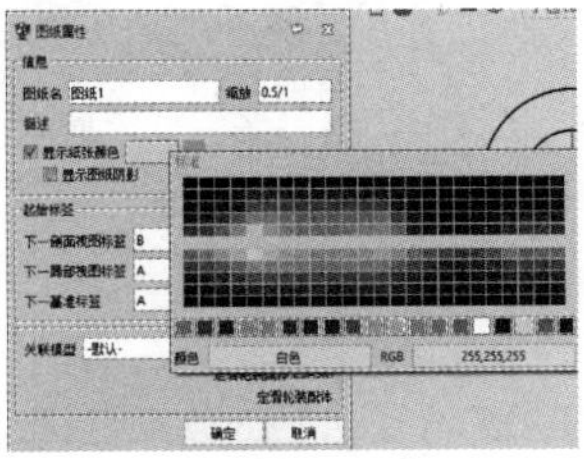 图纸属性 信息 图纸名 图纸1 缩放 0.5/1 描述 显示纸张颜色 显示图纸阴影 起始标签 下一剖面视图标签 B 下一局部视图标签 A 下一基准标签 A 关联模型 -默认- 定滑轮装配体 颜色 白色 RGB 255,255,255 确定 取消	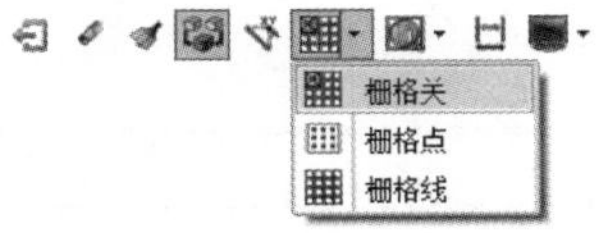 栅格关 栅格点 栅格线	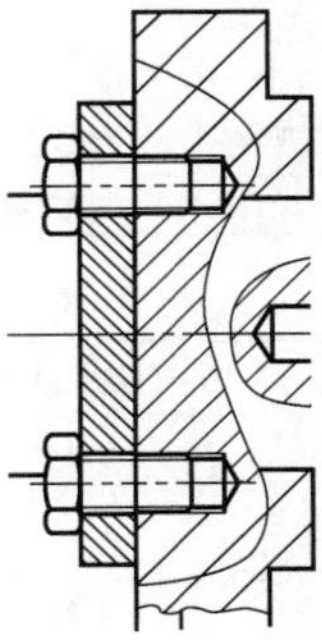
步骤	4. 编辑左视图剖视图	5. 编辑主视图、左视图图线颜色	6. 完成视图图线编辑
图示	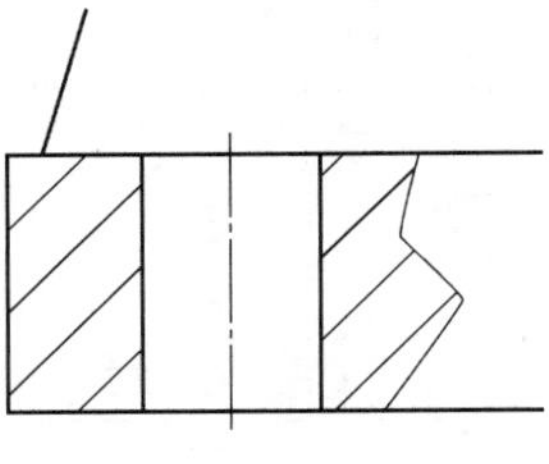	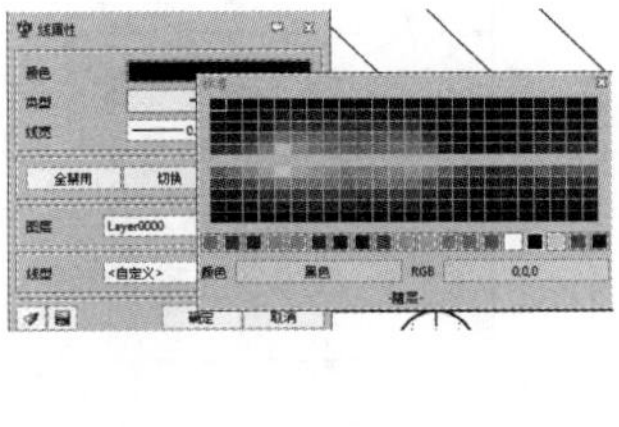 线属性 颜色 类型 线宽 全禁用 切换 图层 Layer0000 线型 <自定义> 颜色 黑色 RGB 0,0,0 -随层- 确定 取消	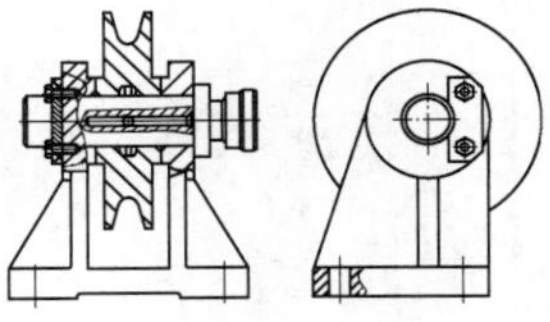

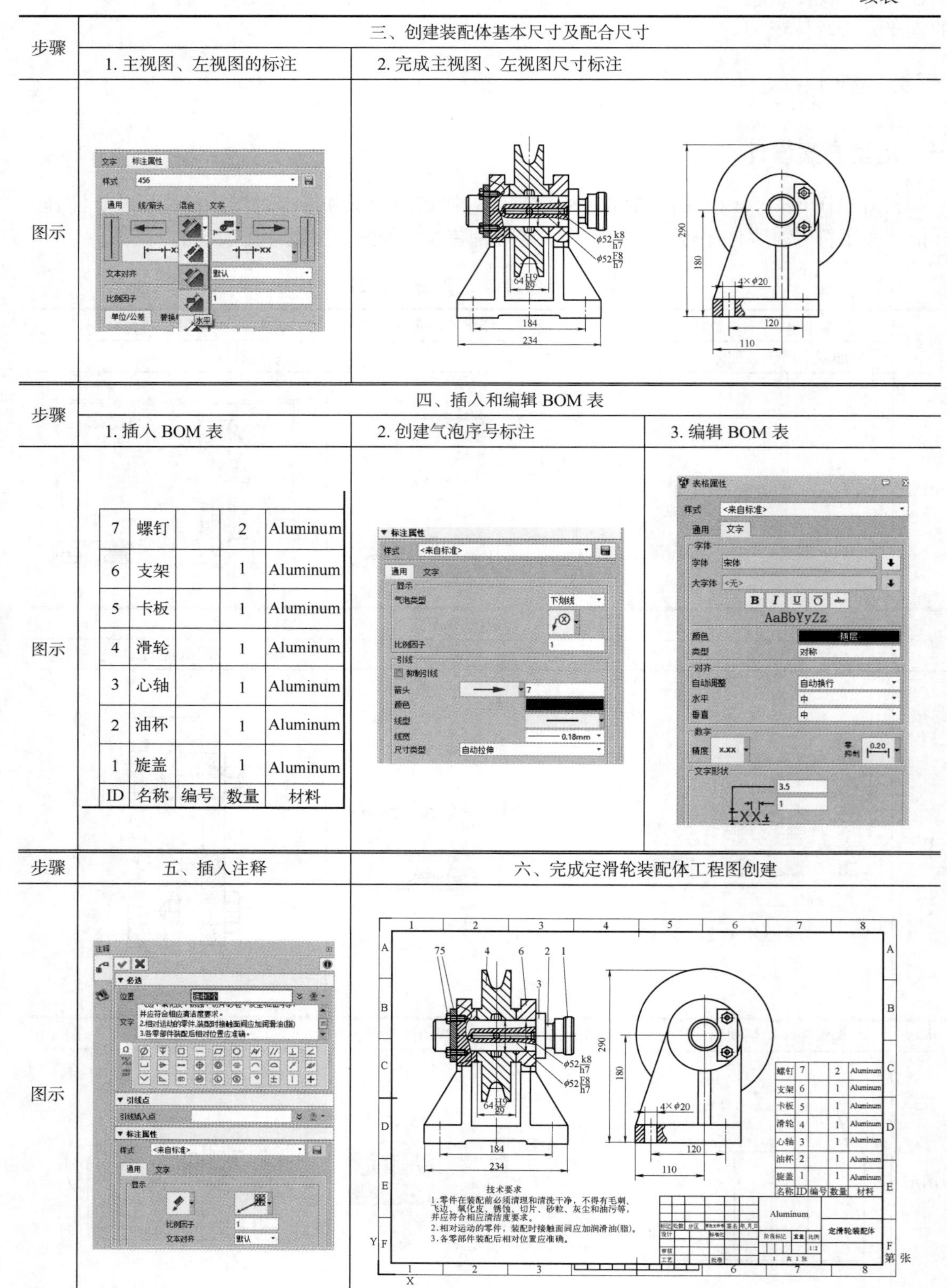

步骤	三、创建装配体基本尺寸及配合尺寸	
	1. 主视图、左视图的标注	2. 完成主视图、左视图尺寸标注
图示		

步骤	四、插入和编辑 BOM 表		
	1. 插入 BOM 表	2. 创建气泡序号标注	3. 编辑 BOM 表
图示			

7	螺钉		2	Aluminum
6	支架		1	Aluminum
5	卡板		1	Aluminum
4	滑轮		1	Aluminum
3	心轴		1	Aluminum
2	油杯		1	Aluminum
1	旋盖		1	Aluminum
ID	名称	编号	数量	材料

步骤	五、插入注释	六、完成定滑轮装配体工程图创建
图示		

二、参考操作步骤

1. 创建视图布局

① 加载定滑轮装配体。双击桌面“中望 3D 2023 教育版”快捷方式，打开“定滑轮装配体”文件，如图 5-35 所示。

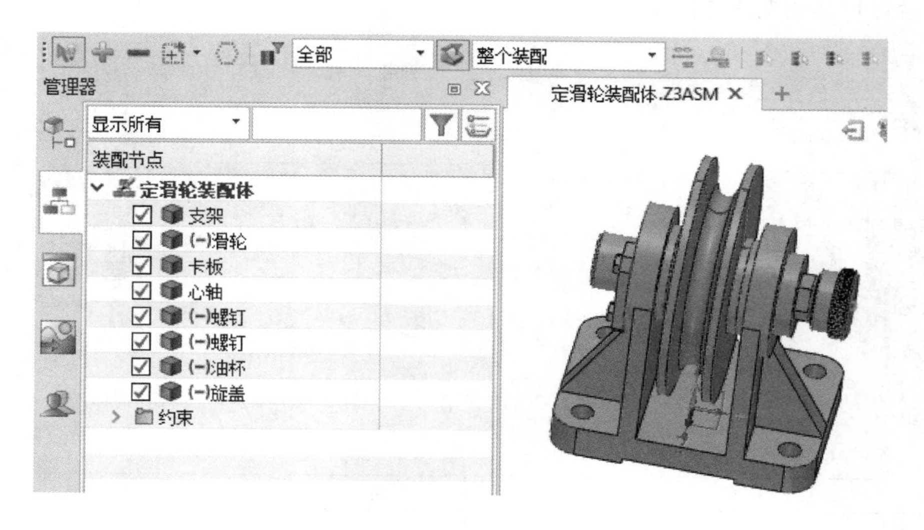

图 5-35　定滑轮装配体

② 选择模板。在软件窗口空白处单击右键，在弹出的快捷菜单中选择“2D 工程图”选项，在弹出的“图纸格式属性”对话框中根据定滑轮装配体的大小选择合适的模板，这里选用自定义模板 A2_H（GB_Mechanical_chs），如图 5-36 所示，单击“确定”按钮，进入工程图环境。

注意：软件窗口空白处和电脑桌面不一样。

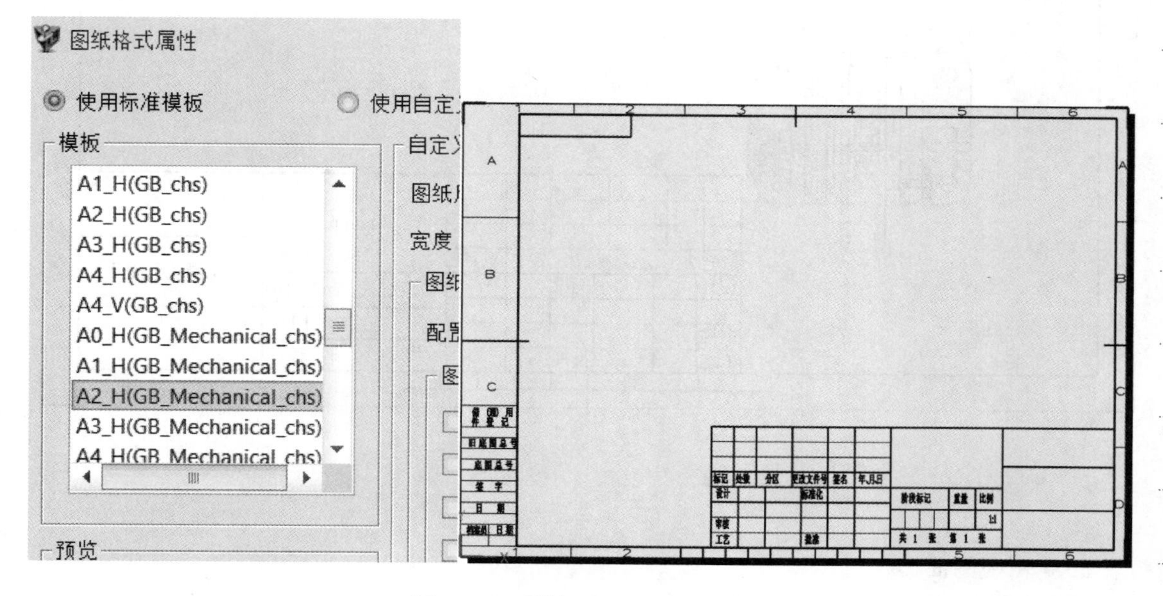

图 5-36　选模板进入工程图环境

③ 视图布局。选择好工程图模板后，系统自动调用模板，比例为 1 ：2，视图基本设置如图 5-37 所示。用鼠标指针在屏幕上合适位置单击，放置装配体的三视图，如图 5-38 所示。

注意：调整视图时，选中需要移动的视图，然后直接拖动即可，只是由于视图之间的对齐关系会导致其他视图的移动。

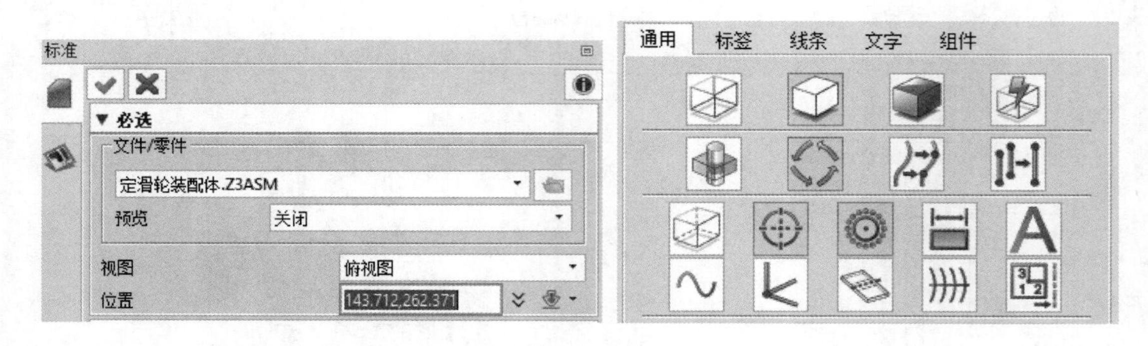

图 5-37　放置第一个视图

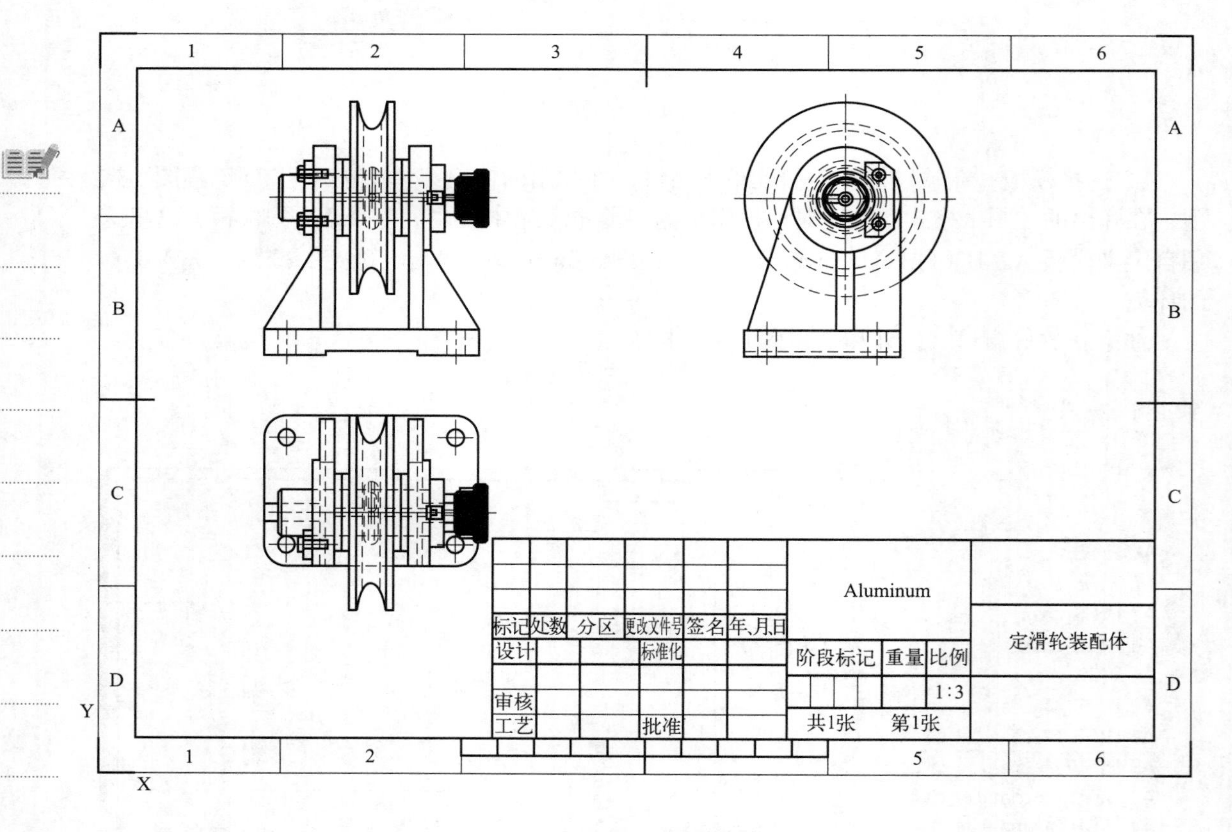

图 5-38　布局滑轮装配体的三视图

2. 编辑视图曲线

① 编辑视图背景。在“管理器”中，右键单击图纸 1，在弹出的快捷菜单中选择“属

性”选项，弹出“图纸属性”对话框，在“图纸属性”对话框中选择“显示纸张颜色”复选框，设置纸张颜色为白色，如图 5-39 所示。

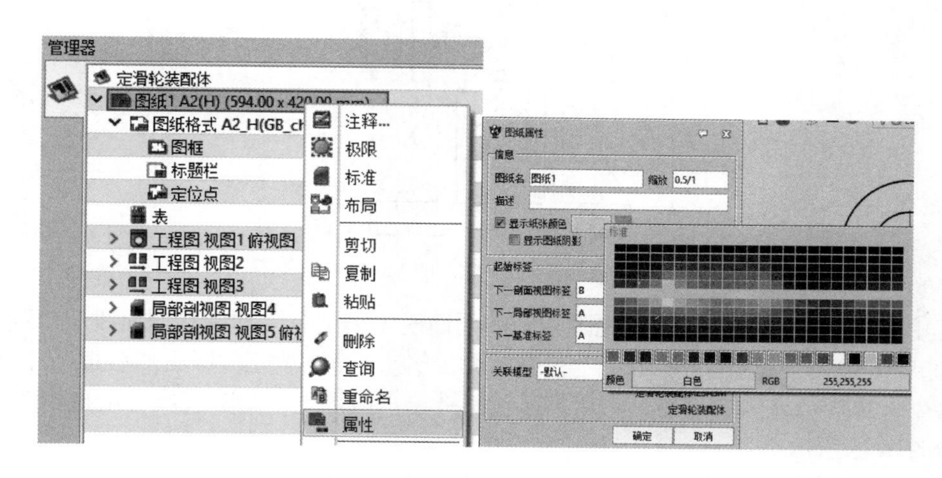

图 5-39　设置图纸背景颜色

② 栅格关。在顶部工具栏中，单击“栅格”按钮，弹出“栅格”下拉菜单，单击“栅格关”按钮，如图 5-40 所示。

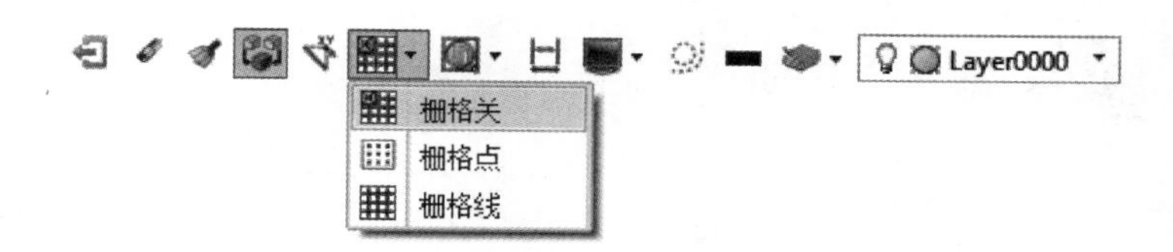

图 5-40　关闭栅格

③ 编辑主视图剖视图。

建立滑轮等局部剖：选择“布局”选项卡中的“局部剖”命令，选择主视图，使用“多段线边界”命令将需要局部剖的区域选在多段线边界内，“深度点”选择俯视图的中心线，深度点不偏移，如图 5-41 所示。确定后退出局部剖视图，完成滑轮等局部剖，如图 5-42 所示。

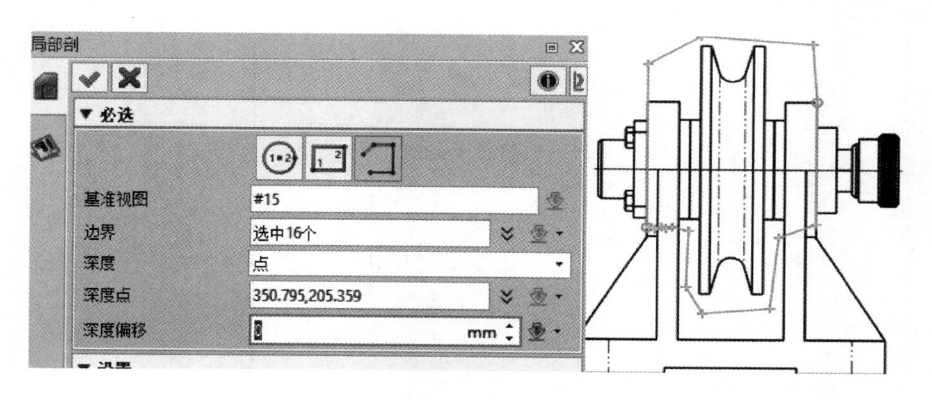

图 5-41　设置滑轮等局部剖

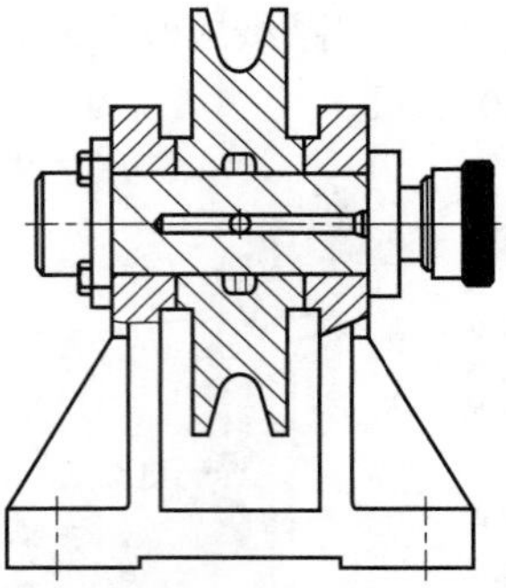

图 5-42　完成滑轮等局部剖

创建中心输油管道局部剖：首先隐藏轴的剖面线（全剖时，轴没有剖面线），然后选择“绘图”选项卡中的“样条曲线”和“直线”命令绘制剖面线填充范围，然后选择“剖面线填充”命令，选择填充区域边界，然后用鼠标指针单击内部点，图案选择“ANSI31”，局部剖效果如图 5-43 所示。

注意：在 2D 工程图环境，可以采用绘图命令直接绘制各种曲线，或进入草图创建曲线，也可进行剖面线填充、阵列、镜像等操作。

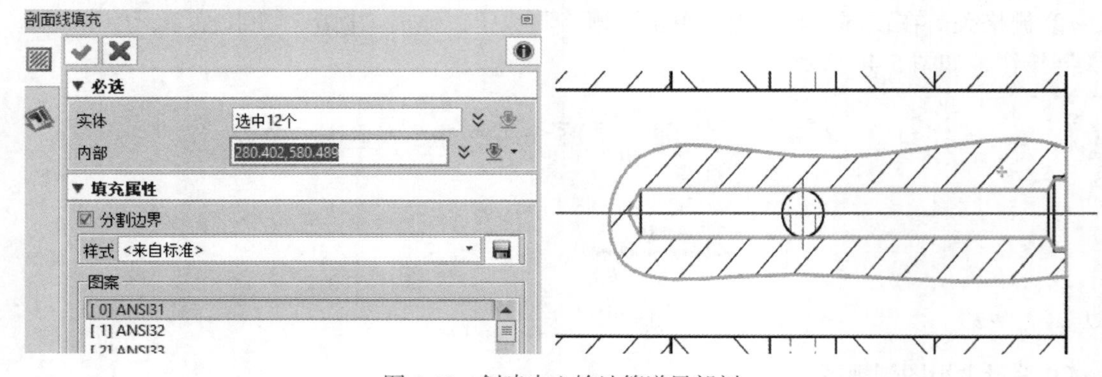

图 5-43　创建中心输油管道局部剖

创建挡板局部剖：选择“布局”选项卡中的“局部剖”命令，选择主视图，使用“多段线边界”命令将需要局部剖的区域选在多段线边界内，“深度点”选择俯视图的螺钉中心线，深度点不偏移，如图 5-44 所示。确定后退出局部剖视图，完成挡板局部剖，如图 5-45（a）所示。

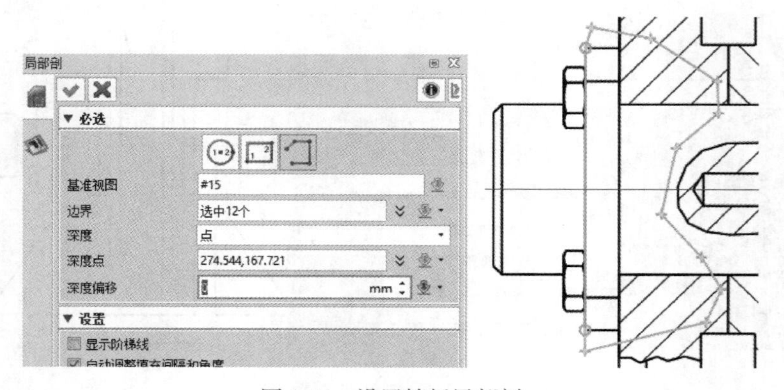

图 5-44　设置挡板局部剖

由图 5-45（a）可知，局部剖后的剖面线并不理想，因此需要修正。首先隐藏不需要的剖面线，右键单击需要隐藏的剖面线，在弹出的快捷菜单里选择“隐藏”选项，即隐藏不需要显示的曲线，如图 5-45（b）所示。

隐藏剖面线后，需要重新划分剖分区域，选择“绘图”选项卡中的“样条曲线”命令，绘制样条曲线，如图 5-45（c）所示。

选择“绘图”选项卡中的“剖面线填充”命令，对不同零件添加间距不同或方向不同的剖面线，如图 5-45（d）所示。

通过图 5-45（d）可以看出，螺钉处多了两条粗实线，因此应隐藏这两条粗实线，并选择“绘图”选项卡中的“直线”命令绘制两条新直线，如图 5-45（e）所示。

完成挡板局部视图的创建，如图 5-45（f）所示。

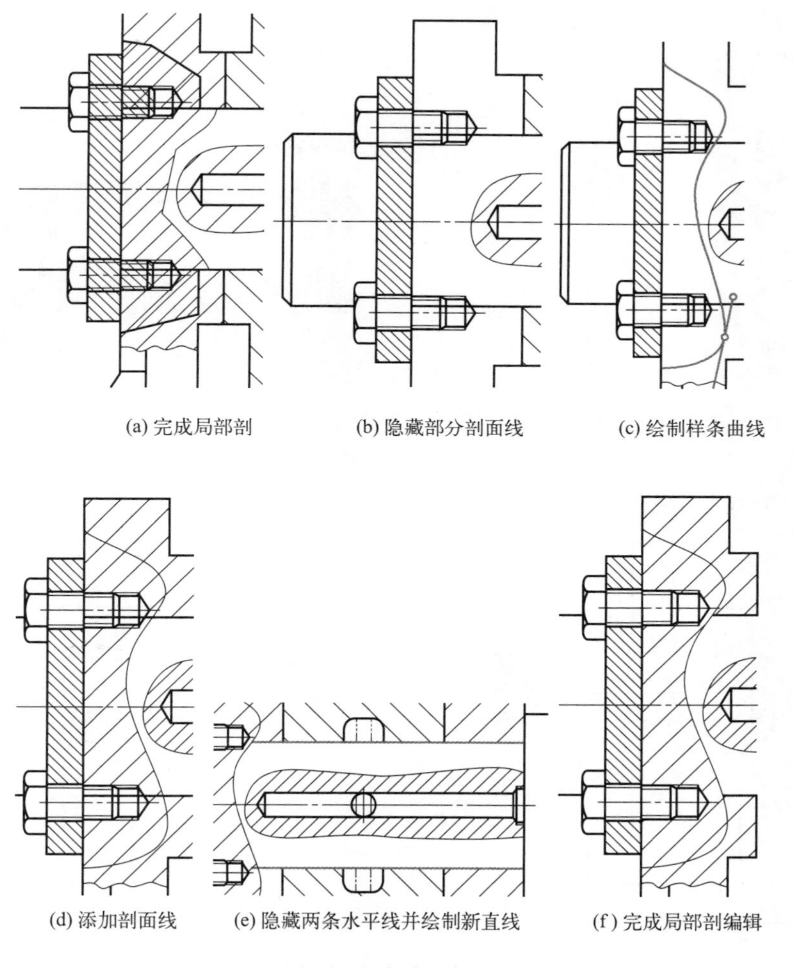

(a) 完成局部剖　(b) 隐藏部分剖面线　(c) 绘制样条曲线

(d) 添加剖面线　(e) 隐藏两条水平线并绘制新直线　(f) 完成局部剖编辑

图 5-45　完成局部剖

④ 编辑左视图剖视图。选择“布局”选项卡中的“局部剖”命令，选择左视图，使用“多段线边界”命令将需要局部剖的区域选在多段线边界内，“深度点”选择俯视图的螺钉孔中心线，深度点不偏移。确定后退出局部剖视图，完成左视图局部剖，如图 5-46 所示。

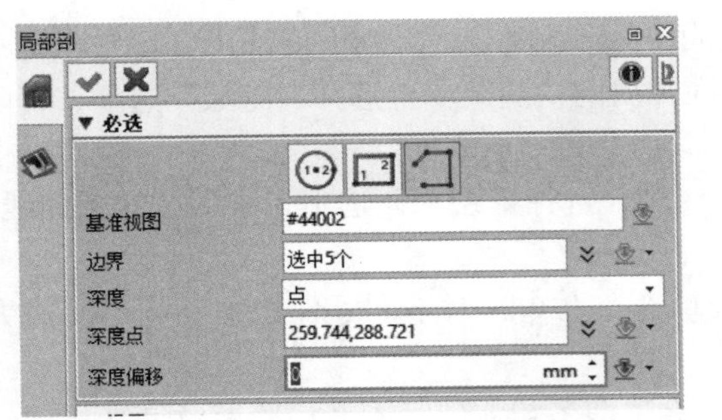

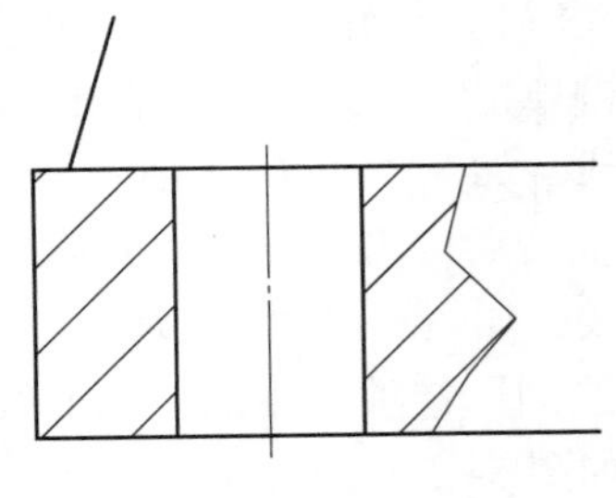

图 5-46　完成左视图局部剖

编辑装配体工程图

⑤ 编辑主视图、左视图图线颜色。单击右键选择要进行颜色编辑的线条，弹出“线属性”对话框，选择“颜色”为黑色，如图 5-47 所示。

注意：此种方法也可编辑线条的类型、宽度、图层等。

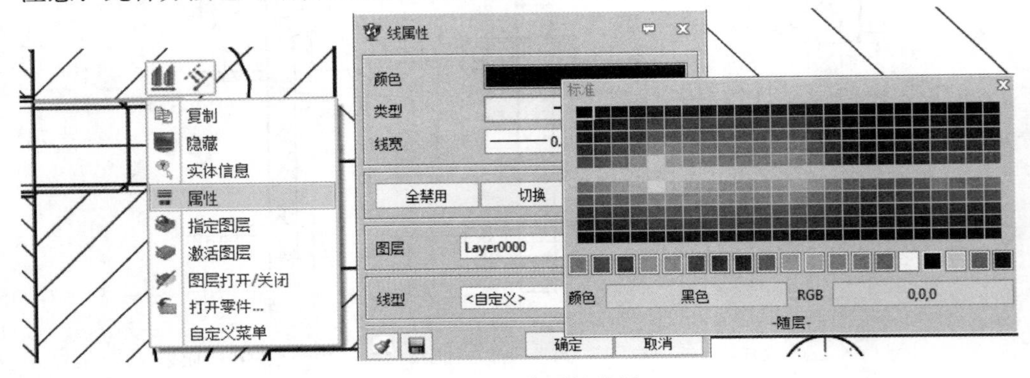

图 5-47　图线属性编辑

⑥ 完成视图图线编辑，如图 5-48 所示。

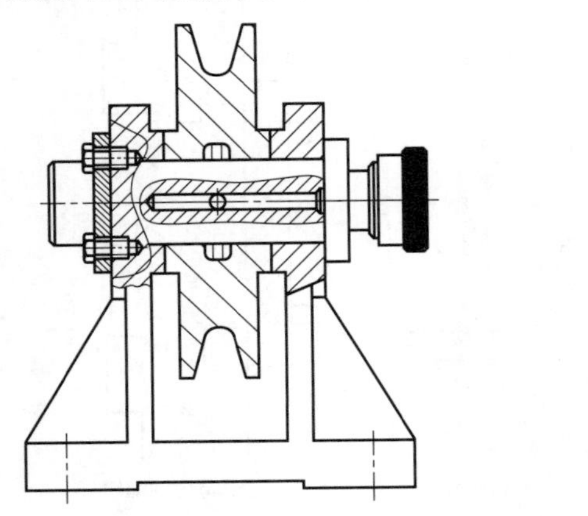

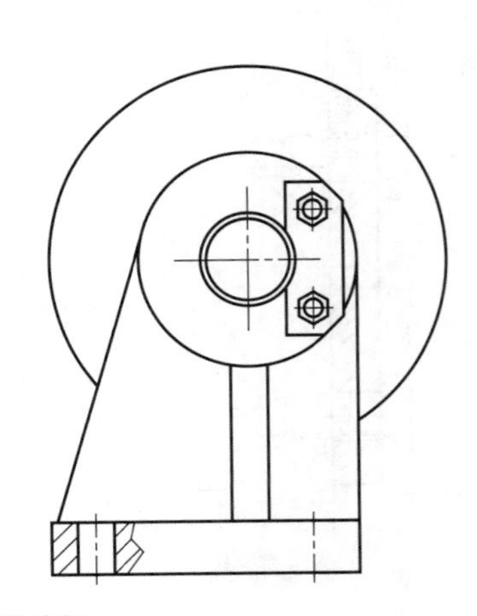

图 5-48　完成视图图线编辑

3. 创建装配体基本尺寸及配合尺寸

① 主视图、左视图的标注。选择“标注”选项卡中的“线性”命令，选择主视图，进行线性标注，标注配合尺寸时，选择“标注属性”选项中的“单位 / 公差”选项卡，选择“配合公差”按钮，如图 5-49（a）所示。选择文字为“宋体”，大小为“5”，需要标注直径，选中“直径线性标注”复选框，如图 5-49（b）所示。设置尺寸文字处于水平状态，如

图 5-49（c）所示。设置尺寸文字在折弯引线上，如图 5-49（d）所示。

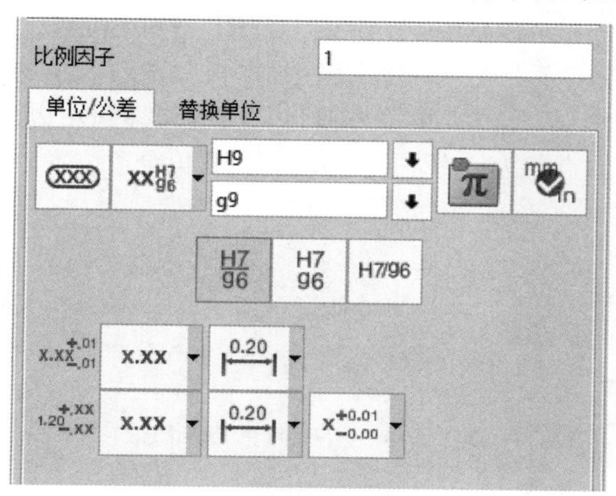

(a) 设置配合公差

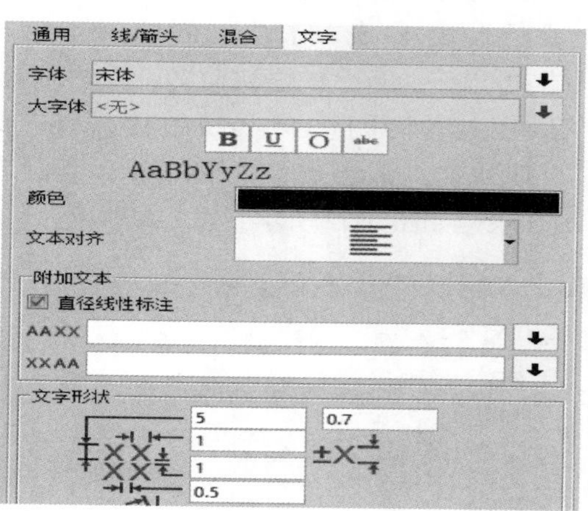

(b) 设置字体属性

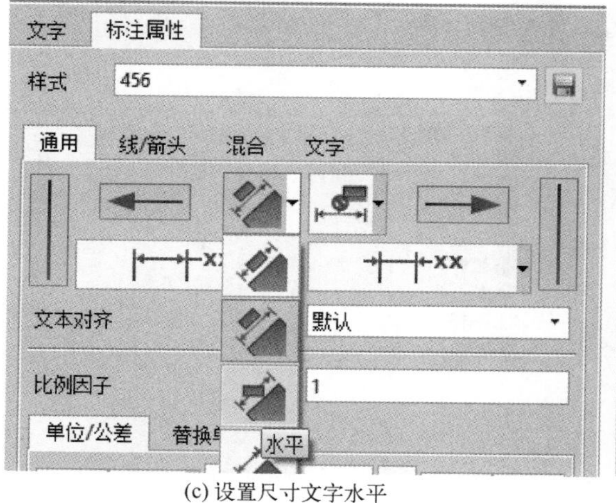

(c) 设置尺寸文字水平

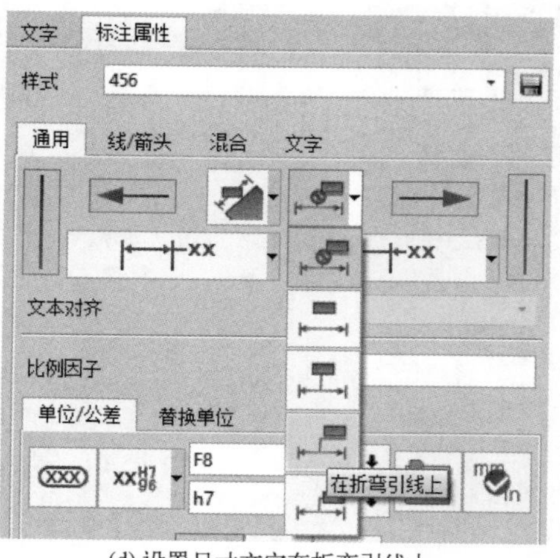

(d) 设置尺寸文字在折弯引线上

图 5-49　编辑标注属性

② 完成主视图、左视图尺寸标注，如图 5-50 所示。

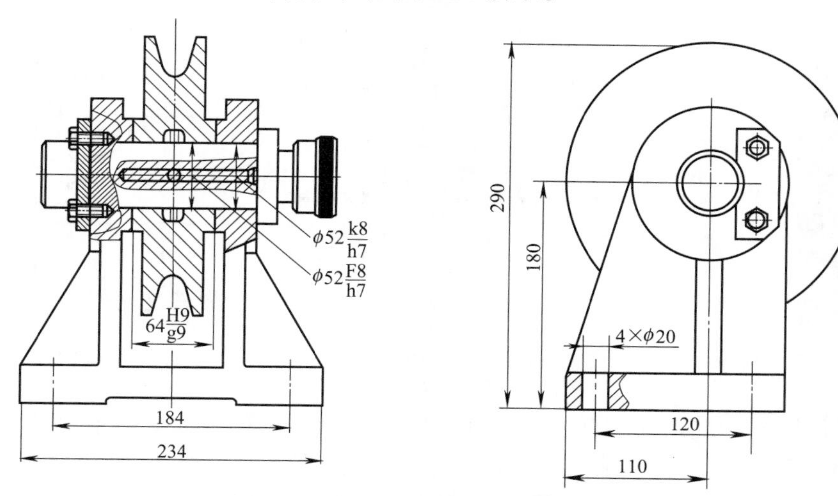

图 5-50　完成主视图、左视图尺寸标注

4. 插入和编辑 BOM 表

① 插入 BOM 表。在“布局”选项卡中，选择“BOM 表”命令，“视图”选择主视图，“名称”可以按照自己的需要命名，本例命名为“定滑轮装配体”，在“模板”选项卡中的“表格式”选项卡中选择不需要的 ID，如“成本”，单击三角符号◀将“成本”移到左边，如图 5-51 所示。确定设置后，选择插入表的“原点”为“右下”，移动至右下角合适位置放置 BOM 表，如图 5-52 所示。

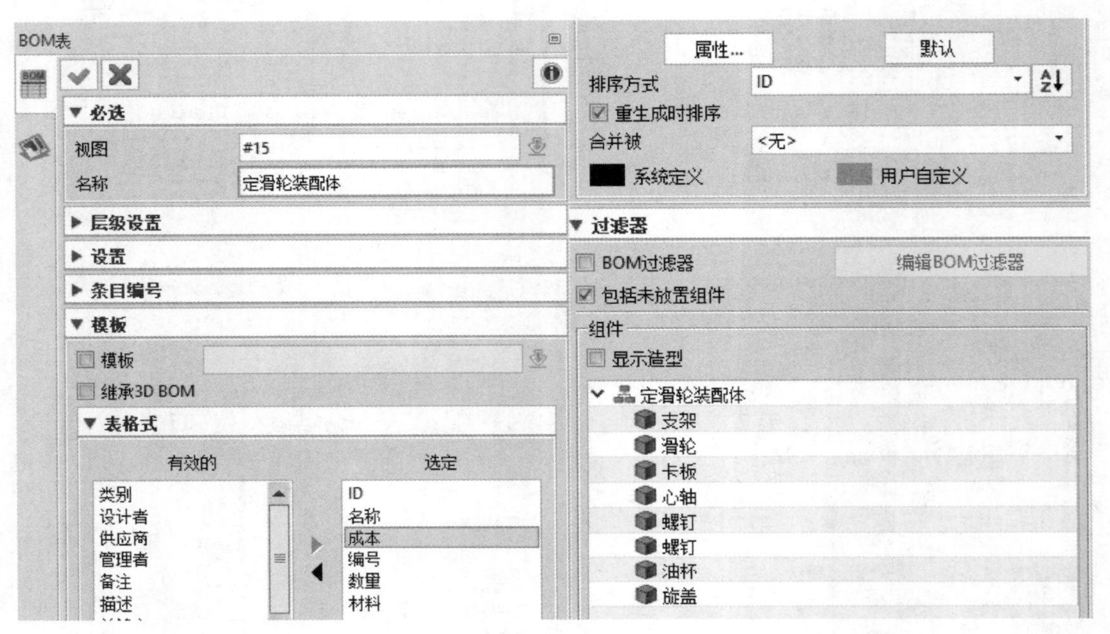

图 5-51　插入 BOM 表的设置

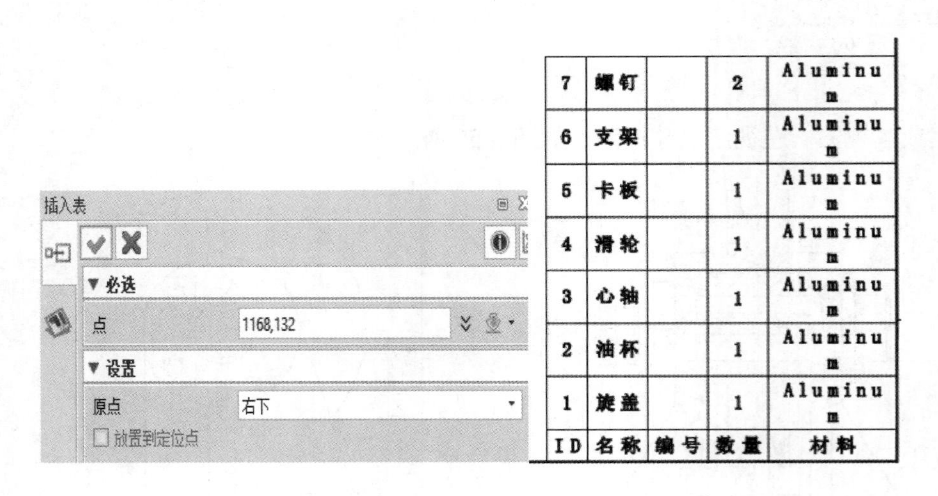

图 5-52　放置 BOM 表

② 创建气泡序号标注。在“标注”选项卡中，选择“气泡”命令，“位置”选择主视图，根据 BOM 表零件信息，选择气泡“ID”，在“标注属性”选项中选择“通用”选项卡下的“气泡类型”为“下划线”，箭头尺寸为“7”，设置如图 5-53 所示。

图 5-53　创建气泡序号标注

③ 编辑 BOM 表。插入 BOM 表后，可以根据实际需要调整 BOM 表的设置，如 ID 序列、表格文字字体和大小等，如图 5-54 所示。

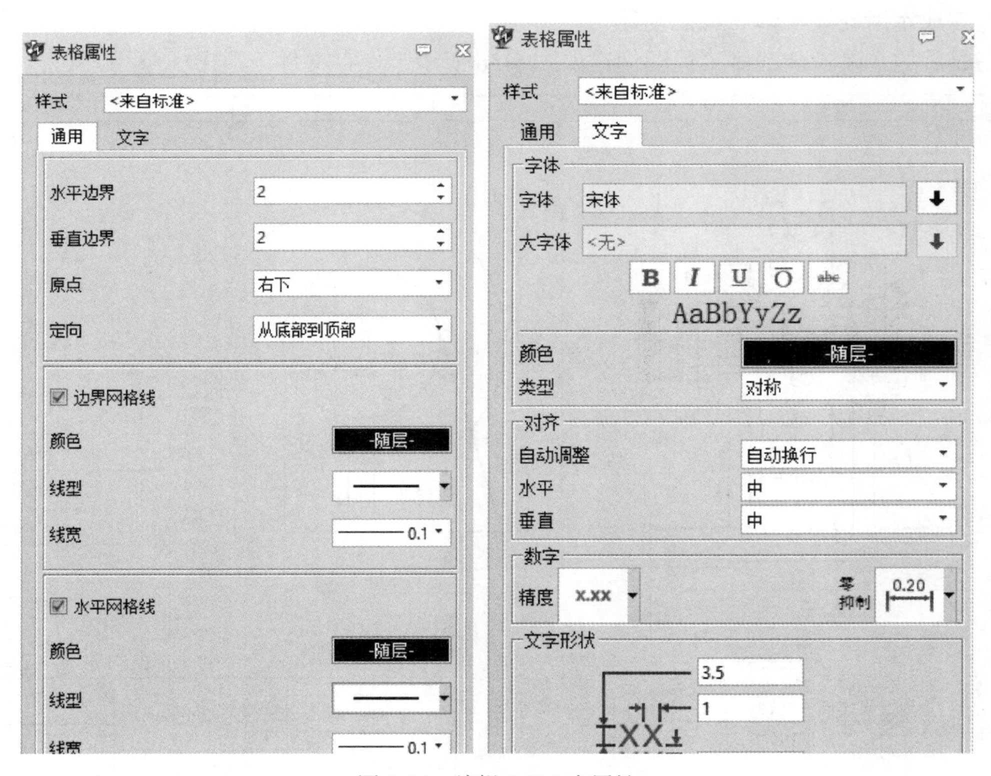

图 5-54　编辑 BOM 表属性

5. 插入注释

注释一般用来书写技术要求等，本例中采用注释进行装配体技术要求书写，选择“标注”选项卡中的“注释”命令，在“注释”对话框的“必选”项下选择“在文字点”，然后在“文字”框内输入技术要求的内容，并将字高改为“5”，在文字属性中应使用“宋体”，如图 5-55 所示。

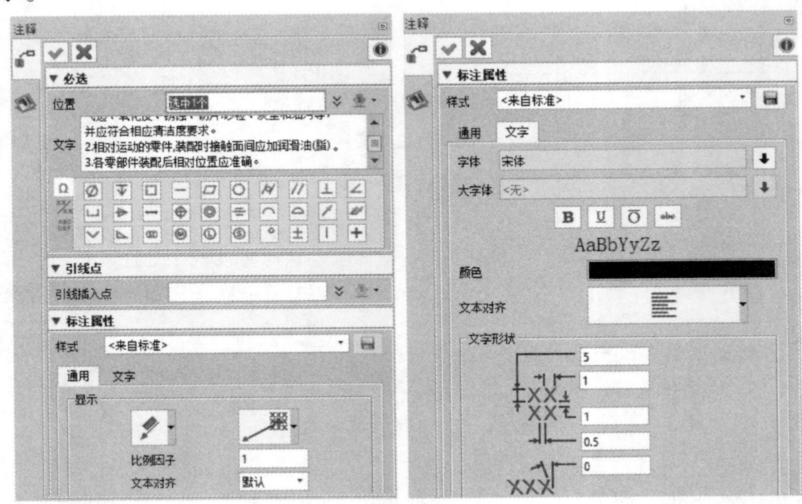

图 5-55 设置注释

6. 完成定滑轮装配体工程图创建

完成后的定滑轮装配体工程图创建如图 5-56 所示，保存文件，退出中望 3D 2023。

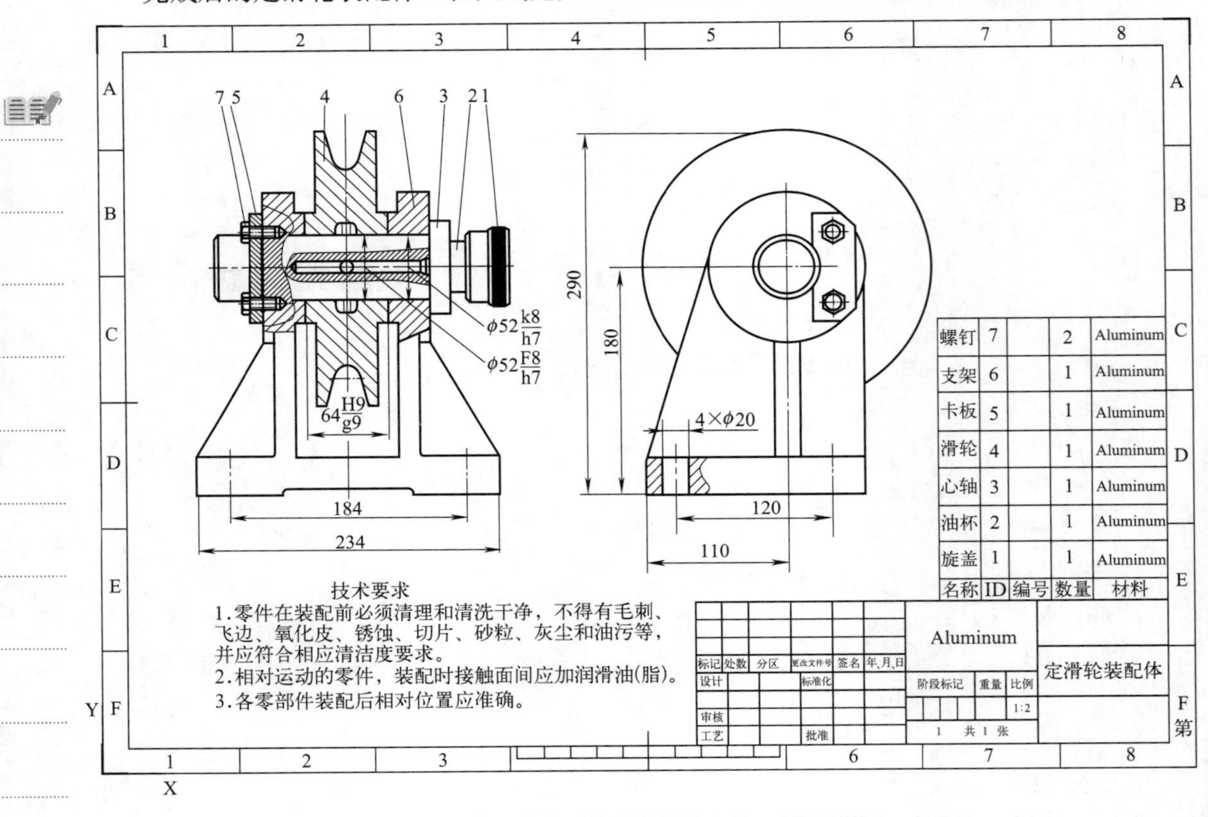

图 5-56 完成后的定滑轮装配体工程图创建

提示：本项目对各步骤的操作只给出简要提示，具体操作过程可参看二维码视频或在线开放课程。

【填写“课程任务报告”】

课程任务报告

班级		姓名		学号		成绩	
组别		任务名称	定滑轮装配工程图设计			参考课时	4学时
任务图样	技术要求 1.零件在装配前必须清理和清洗干净，不得有毛刺、飞边、氧化皮、锈蚀、切片、砂粒、灰尘和油污等，并应符合相应清洁度要求。 2.相对运动的零件，装配时接触面间应加润滑油(脂)。 3.各零部件装配后相对位置应准确。 名称 ID 编号 数量 材料：螺钉 7 2 Aluminum；支架 6 1 Aluminum；卡板 5 1 Aluminum；滑轮 4 1 Aluminum；心轴 3 1 Aluminum；油杯 2 1 Aluminum；旋盖 1 1 Aluminum Aluminum 定滑轮装配体 1:2 1 共1张						
任务要求	①参照任务参考过程、知识介绍，完成定滑轮装配工程图设计 ②熟练使用工程视图、视图布局、尺寸标注、剖视图等完成工程图方案设计 ③能标注零件序号、明细栏以及设置系统选项 ④掌握工程图设计的操作步骤						
任务完成过程记录	按照任务的要求进行总结，如果空间不足，可加附页（可根据实际情况，适当安排拓展任务，以供学生分组讨论学习，记录拓展任务的完成过程）						

【任务拓展】

一、知识考核

1. 简述装配体工程图与零件工程图的区别。

2. 爆炸工程图与装配工程图的区别是什么？（　　）

A. 爆炸工程图只有一个视图　　　　B. 爆炸工程图不需要技术要求

C. 爆炸工程图有 BOM 表　　　　D. 爆炸工程图不需要零件序号

3. 装配模型时，若约束不完整，不会出现的现象是什么？（　　）。

A. 移动装配体，零件无法整体移动

B. 转化工程图时，工程图不显示约束不完整的零件

C. 无法进行运动分析

D. 导出，再导入时，零件位置发生偏移

4. 作完爆炸视图，想生成爆炸工程图，如发现不能生成，最可能的原因是（　　）。

A. 爆炸体做得不规范　　　　B. 爆炸图比例不合适

C. 图纸尺寸不合适　　　　D. 未设置视图为爆炸视图

二、技能考核

根据图 5-57 ～图 5-68 提供的图纸，完成零件的建模、装配，然后生成相应的零件图和装配图、爆炸图。

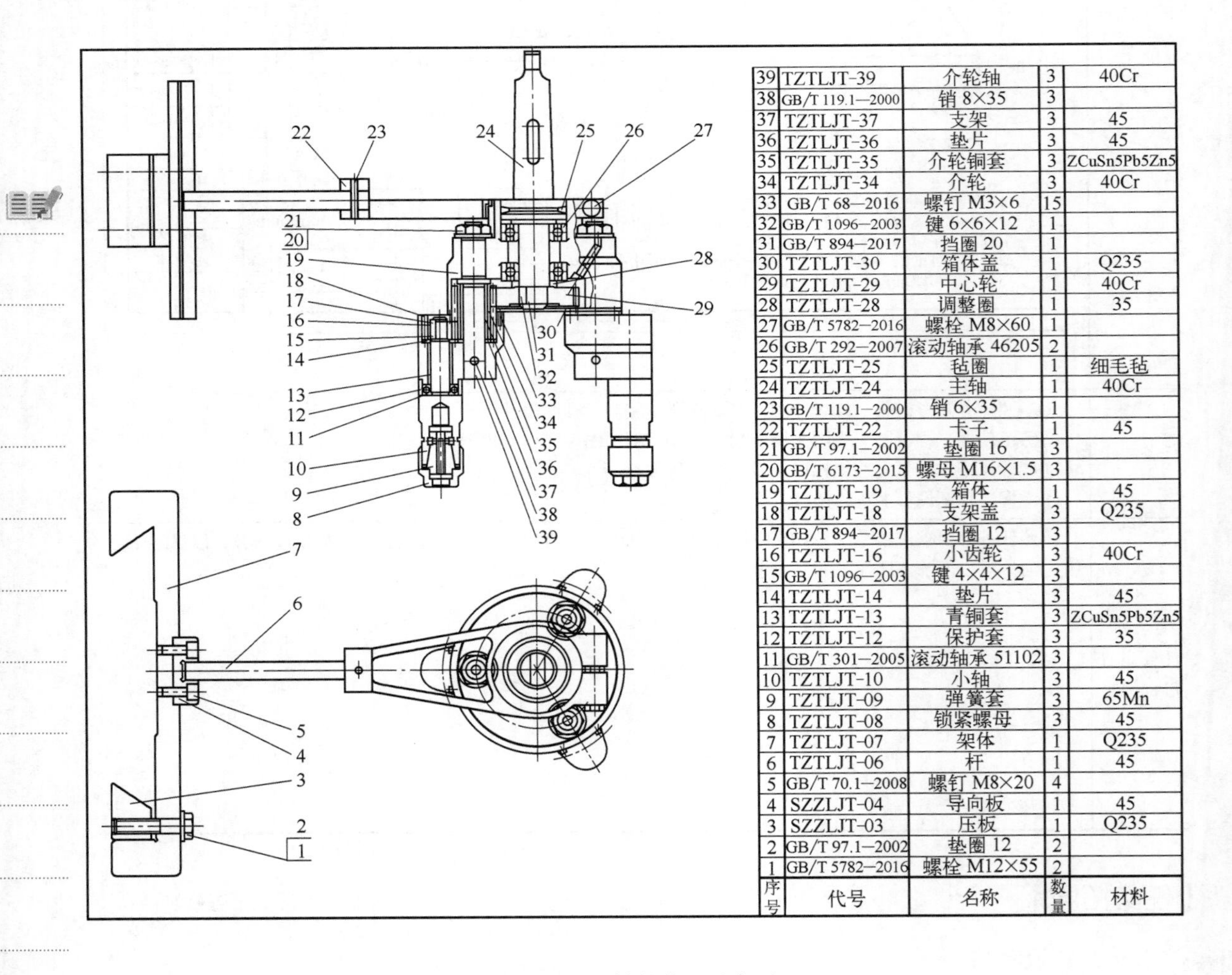

序号	代号	名称	数量	材料
39	TZTLJT-39	介轮轴	3	40Cr
38	GB/T 119.1—2000	销 8×35	3	
37	TZTLJT-37	支架	3	45
36	TZTLJT-36	垫片	3	45
35	TZTLJT-35	介轮铜套	3	ZCuSn5Pb5Zn5
34	TZTLJT-34	介轮	3	40Cr
33	GB/T 68—2016	螺钉 M3×6	15	
32	GB/T 1096—2003	键 6×6×12	1	
31	GB/T 894—2017	挡圈 20	1	
30	TZTLJT-30	箱体盖	1	Q235
29	TZTLJT-29	中心轮	1	40Cr
28	TZTLJT-28	调整圈	1	35
27	GB/T 5782—2016	螺栓 M8×60	1	
26	GB/T 292—2007	滚动轴承 46205	2	
25	TZTLJT-25	毡圈	1	细毛毡
24	TZTLJT-24	主轴	1	40Cr
23	GB/T 119.1—2000	销 6×35	1	
22	TZTLJT-22	卡子	1	45
21	GB/T 97.1—2002	垫圈 16	3	
20	GB/T 6173—2015	螺母 M16×1.5	3	
19	TZTLJT-19	箱体	1	45
18	TZTLJT-18	支架盖	3	Q235
17	GB/T 894—2017	挡圈 12	3	
16	TZTLJT-16	小齿轮	3	40Cr
15	GB/T 1096—2003	键 4×4×12	3	
14	TZTLJT-14	垫片	3	45
13	TZTLJT-13	青铜套	3	ZCuSn5Pb5Zn5
12	TZTLJT-12	保护套	3	35
11	GB/T 301—2005	滚动轴承 51102	3	
10	TZTLJT-10	小轴	3	45
9	TZTLJT-09	弹簧套	3	65Mn
8	TZTLJT-08	锁紧螺母	3	45
7	TZTLJT-07	架体	1	Q235
6	TZTLJT-06	杆	1	45
5	GB/T 70.1—2008	螺钉 M8×20	4	
4	SZZLJT-04	导向板	1	45
3	SZZLJT-03	压板	1	Q235
2	GB/T 97.1—2002	垫圈 12	2	
1	GB/T 5782—2016	螺栓 M12×55	2	

图 5-57　三轴钻装配示意图

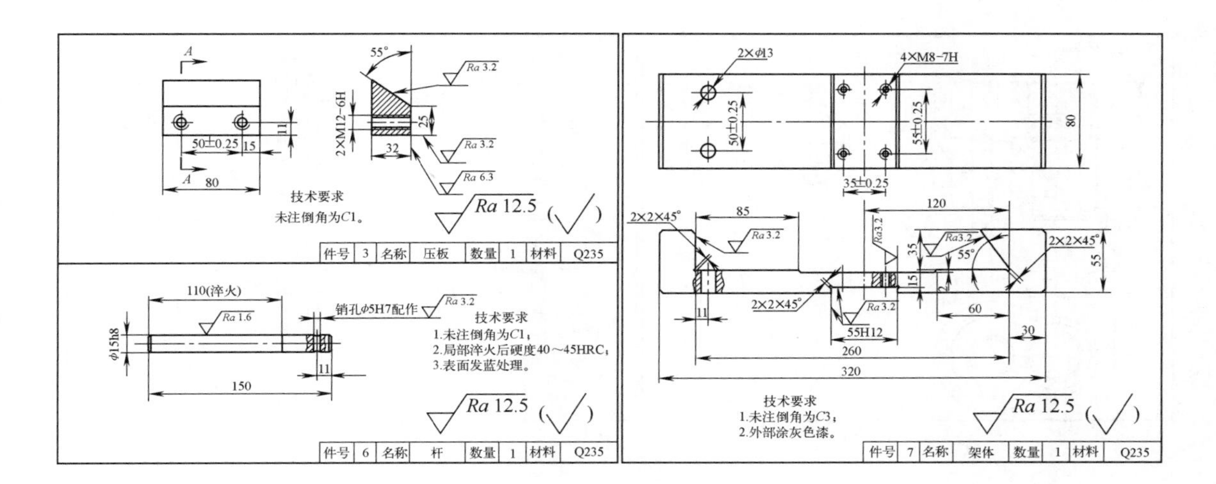

图 5-58　压板、杆、架体零件图

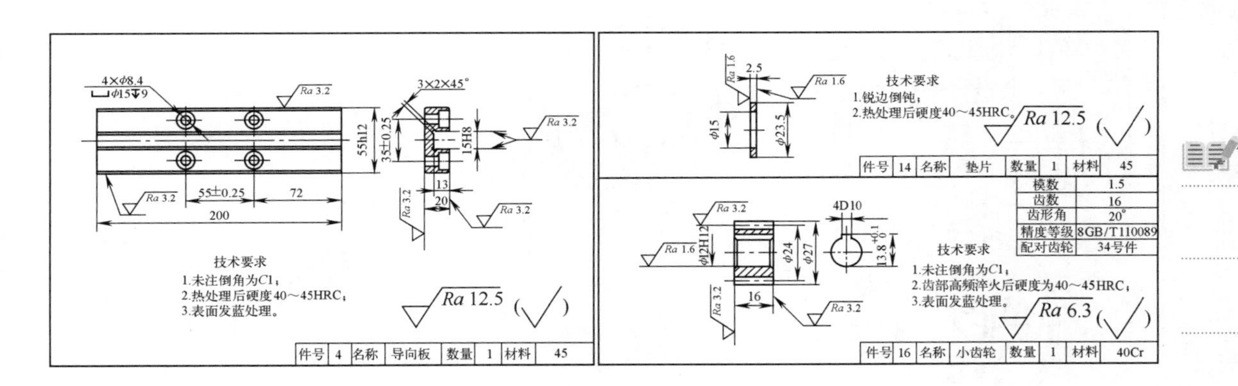

图 5-59　导向板、垫片、小齿轮零件图

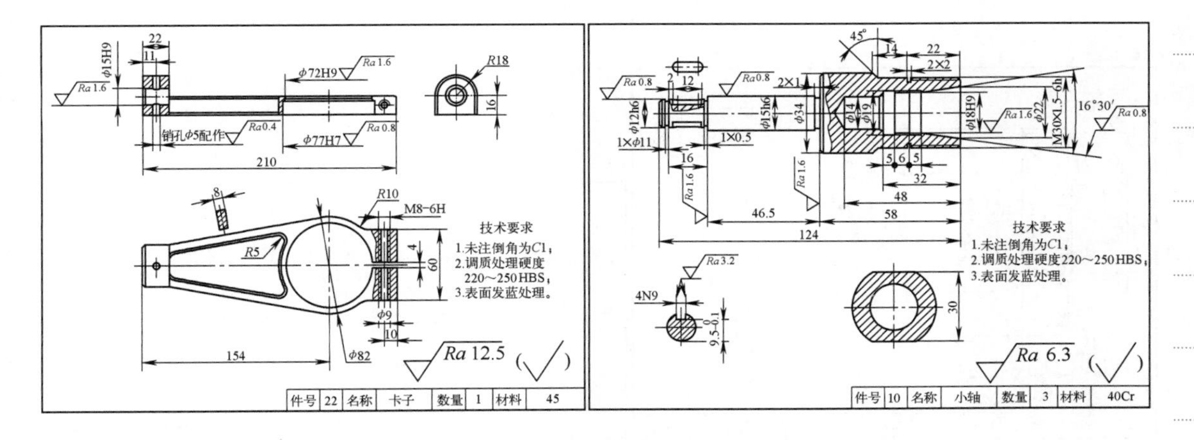

图 5-60　卡子、小轴零件图

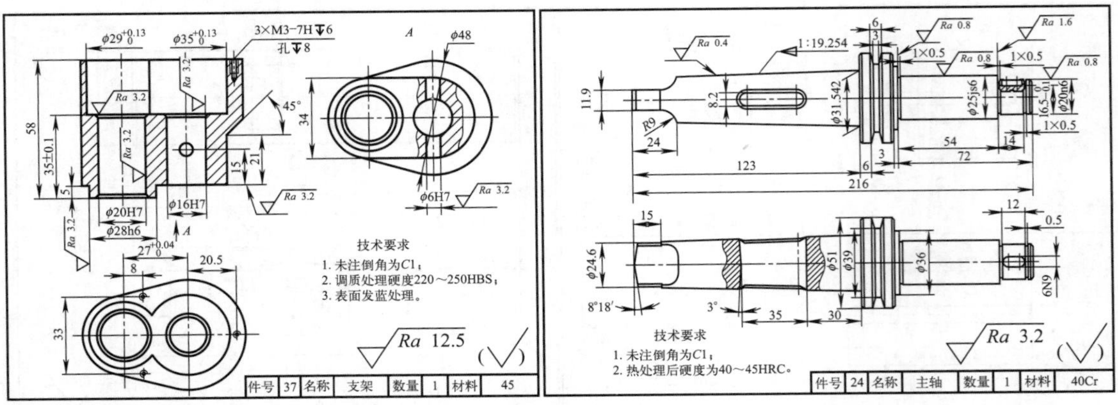

图 5-61　支架、主轴零件图

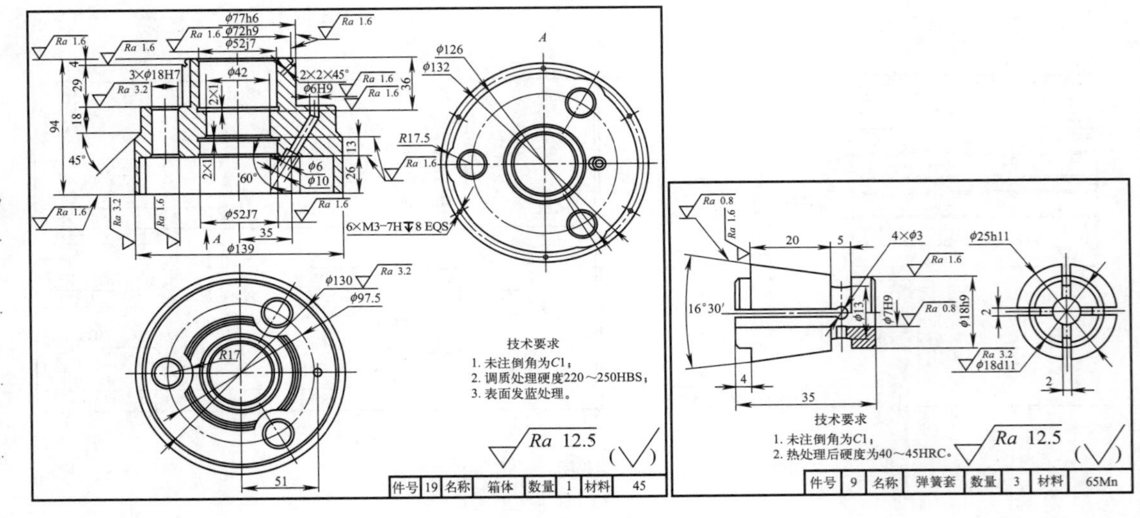

图 5-62　箱体、弹簧套零件图

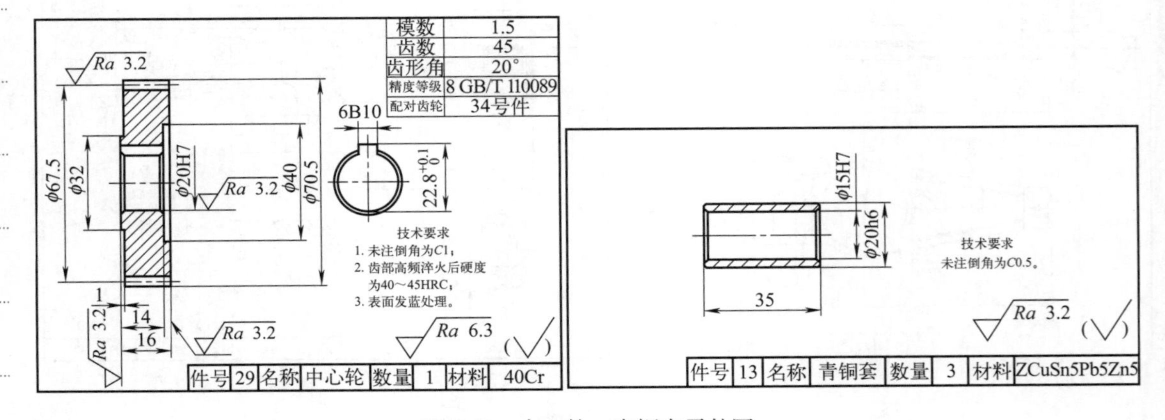

图 5-63　中心轮、青铜套零件图

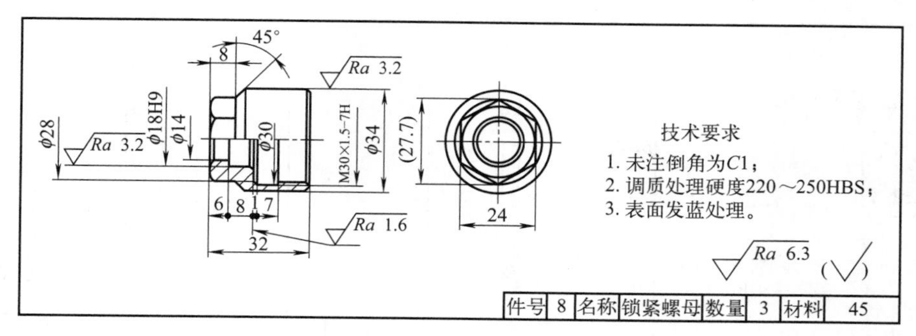

图 5-64　锁紧螺母零件图

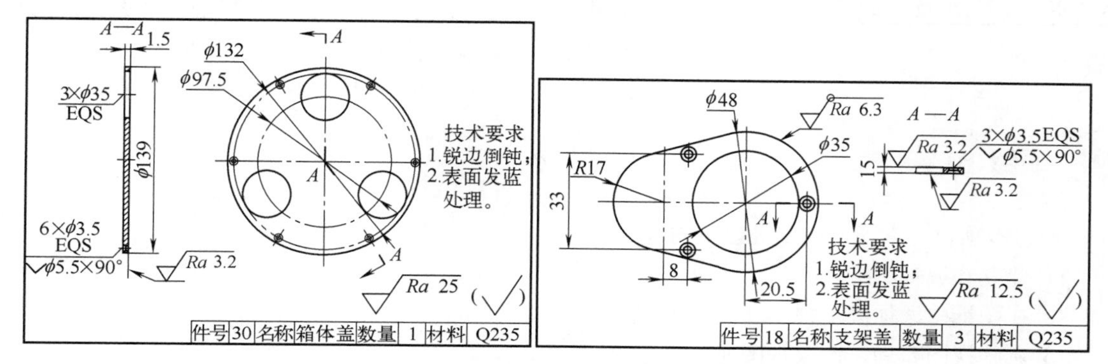

图 5-65　箱体盖、支架盖零件图

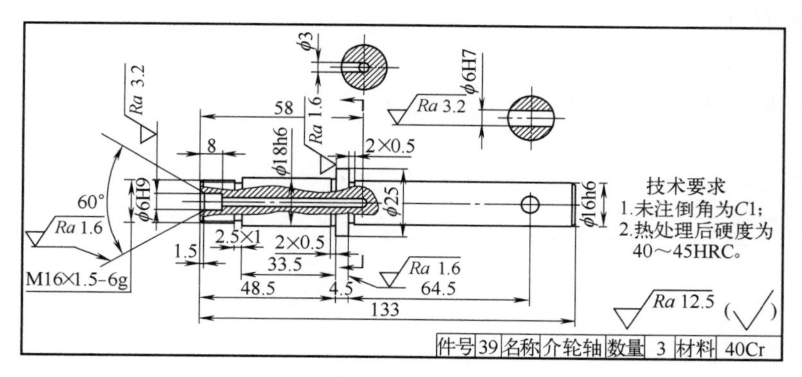

图 5-66　介轮轴零件图

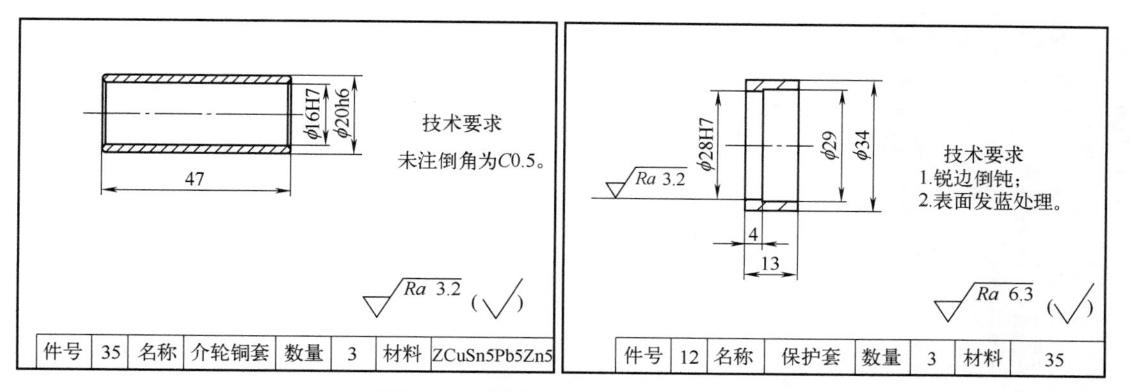

图 5-67　介轮铜套、保护套零件图

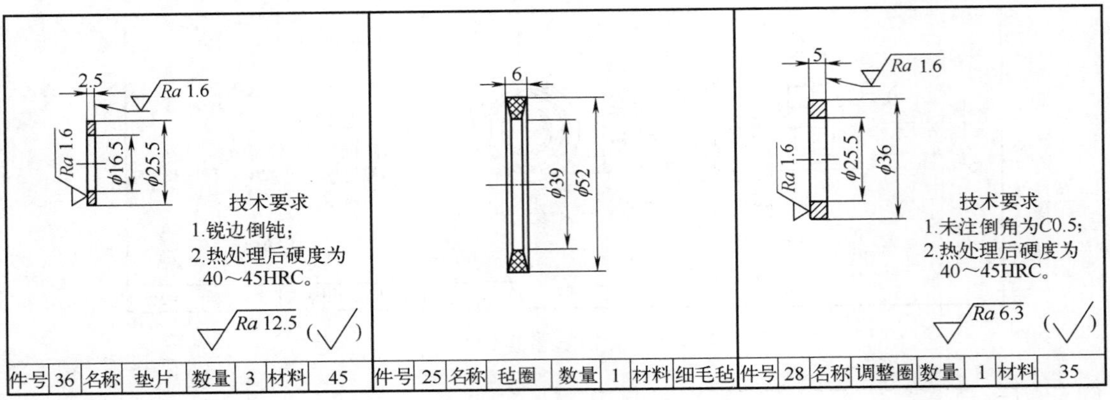

2.5 $\sqrt{Ra\ 1.6}$ Ra 1.6 $\phi16.5$ $\phi25.5$

技术要求
1.锐边倒钝；
2.热处理后硬度为40～45HRC。

$\sqrt{Ra\ 12.5}$ ($\sqrt{}$)

件号	36	名称	垫片	数量	3	材料	45

6 $\phi39$ $\phi52$

件号	25	名称	毡圈	数量	1	材料	细毛毡

5 $\sqrt{Ra\ 1.6}$ Ra 1.6 $\phi25.5$ $\phi36$

技术要求
1.未注倒角为C0.5；
2.热处理后硬度为40～45HRC。

$\sqrt{Ra\ 6.3}$ ($\sqrt{}$)

件号	28	名称	调整圈	数量	1	材料	35

图 5-68　垫片、毡圈、调整圈零件图

项目小结

通过本项目的学习，应掌握以下内容：

① 建立和编辑图纸。

② 在图纸中添加模型视图和其他视图。

③ 调整视图布局，修改视图显示。

④ 剖视图的应用。

⑤ 视图标注的功能。

⑥ 建立标题栏和明细栏。

学会综合应用命令完成产品的工程图，熟练掌握工程图的制作过程与软件的应用。

项目六

零部件数控加工方案设计

【项目教学导航】

<table>
<tr><td>学习目标</td><td colspan="4">本项目通过三个任务的实施，让学生掌握中望 3D 数控车铣模块的使用，掌握加工参数的含义，会设置加工参数，会使用中望 3D 加工策略编制合理的加工参数，掌握数控车削的内外轮廓、螺纹及内孔的加工工艺及编程，数控铣削的 2D 加工、3D 加工的加工工艺和编程</td></tr>
<tr><td>项目要点</td><td colspan="4">※ 规划车铣削加工方案，制定加工参数，填写工序卡
※ 添加毛坯、刀具、加工工序及设置加工工序相应参数
※ 进行加工仿真，选择加工设备，输出加工程序</td></tr>
<tr><td>重点难点</td><td colspan="4">在不同坐标系下，设置加工工序相应参数</td></tr>
<tr><td>学习指导</td><td colspan="4">学习本项目时要注意：进行零部件的加工需要熟悉机械加工工艺，熟悉机床基本参数。学习本项目时，建议结合实训机床，进行相应零件的设计和加工。项目中提到的机械加工参数是通用参数，不是最佳参数，学生学习时，应结合加工实际调整相应加工参数，从而达到设计和加工的融会贯通</td></tr>
<tr><td rowspan="4">教学安排</td><td>任务</td><td>教学内容</td><td>建议学时</td><td>考核内容</td></tr>
<tr><td>任务一</td><td>外轮廓与螺纹的数控车削</td><td>4</td><td>随堂技能考核</td></tr>
<tr><td>任务二</td><td>内、外轮廓与内螺纹的数控车削</td><td>4</td><td>随堂技能考核</td></tr>
<tr><td>任务三</td><td>小车轮铣削加工</td><td>4</td><td>随堂技能考核</td></tr>
</table>

【项目简介】

中望 3D 加工模块中分为车削模块和铣削模块，两个模块具有操作简单、方便快捷的特点。本项目主要通过三个任务的实施，让学生掌握中望 3D 加工模块的使用，理解参数的含义，会设置加工参数，会使用中望 3D 加工策略编制合理的加工参数，掌握数控车削的内外轮廓、螺纹及内孔的加工工艺及编程，掌握数控铣削的 2D 加工、3D 加工的加工工艺和编程。

任务一　外轮廓与螺纹的数控车削

【知识目标】

◎ 掌握数控车刀的型号、种类、选择要领及加工注意事项。

◎ 掌握中望 3D 车削加工策略中的外轮廓粗加工、外轮廓精加工、切槽、螺纹切削的应用。

【技能目标】

◎ 能根据要求创建数控车削加工方案。

◎ 能根据要求制定外轮廓粗加工、外轮廓精加工、切槽、螺纹切削加工参数等。

【素养目标】

◎ 将机械加工与计算机绘图相关知识融入数控车削加工方案中，结合企业生产工艺方案，让学生感受数控车削加工的重要性。

◎ 通过零部件加工教学和企业生产数控车削加工案例培养学生遵守劳动规范、强化精益求精意识。

◎ 本任务为启发式教学，通过小组完成任务，培养学生团队协作意识。

【任务描述】

任务一和任务二主要完成轴和轴套的装配加工，如图 6-1 所示。两个加工件的毛坯均为精坯，任务一主要完成轴的加工，如图 6-2 所示。

要求：

① 根据提供的工程图和零件源文件完成零件左右侧加工工序设计。

② 制定每个工序的加工参数并进行仿真验证。

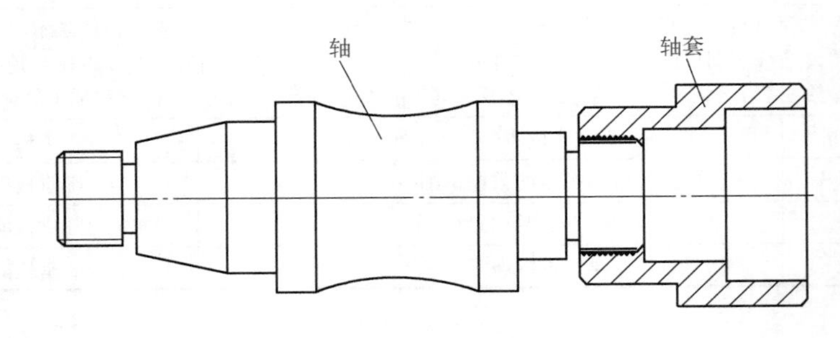

图 6-1　轴和轴套装配图

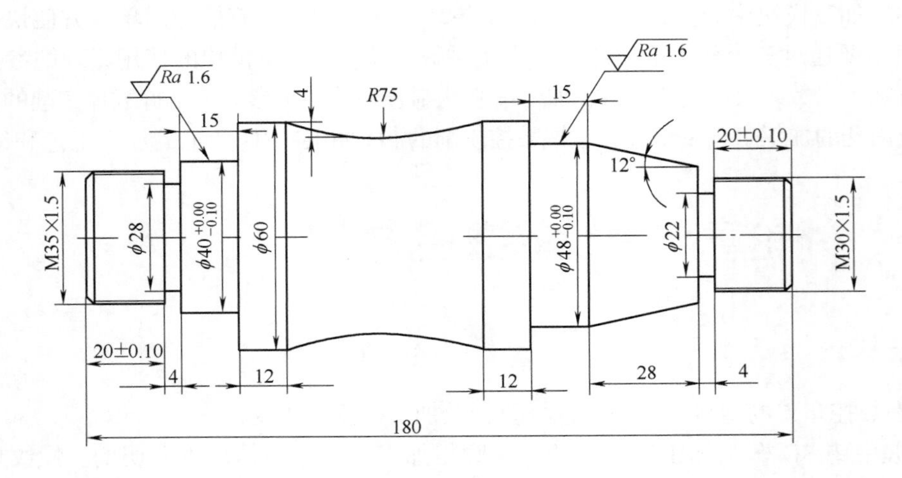

图 6-2　轴零件工程图

【任务实施】

一、任务方案设计

从图 6-2 可以看出，这是一个包含圆弧、倒角、切槽和螺纹的轴类零件，基本涵盖了数控车床外常见的轮廓加工内容，有一定的加工难度。从加工工艺的角度出发，针对加工尺寸精度要求及形位公差要求，合理安排加工工艺，重点要考虑圆弧加工时刀具的后角干涉、螺纹退刀槽与圆弧的接刀、螺纹外圆的加工尺寸计算及螺纹的加工深度，还要合理设置加工参数及切削用量，改善加工过程中的断屑与冷却，提高刀具寿命。综合以上考虑，拟定如表 6-1 所示的加工工序表。

表 6-1　加工工序

工序	工序内容	*s*/(r/min)	*F*/(mm/r)	*T*	余量 /mm	说明
1	粗车右侧轮廓	800	0.25	35°外圆刀(1 号刀)	径向 0.2 轴向 0.1	至 *R*75 右端点处
2	精车右侧轮廓	1100	0.12	35°外圆刀(1 号刀)	0	至 *R*75 右端点处
3	粗车圆弧轮廓	800	0.25	35°外圆刀(1 号刀)	0	
4	右侧切槽	400	0.06	0.15mm(粗加工)(2 号刀)	0	$\phi 22 \times 4$ 槽
5	右侧切螺纹	150	1.5mm(螺距)	60°螺纹刀(3 号刀)		
6	掉头粗车左侧轮廓	800	0.25	35°外圆刀(1 号刀)	径向 0.2 轴向 0.1	至 *R*75 右端点处
7	精车左侧轮廓	1100	0.12	35°外圆刀(1 号刀)	0	至 *R*75 右端点处
8	左侧切槽	400	0.06	0.15mm(粗加工)(2 号刀)	螺纹退刀槽	$\phi 28 \times 4$ 槽
9	左侧切螺纹	150	1.5mm(螺距)	60°螺纹刀(3 号刀)		

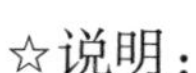

☆说明：

本加工工艺以单件小批量生产为纲领，加工工艺是随着零件的生产纲领而变化的，对于中间的圆弧曲面轮廓，如果从加工效率的角度出发，也可以选用能够正反切削的刀片，只要注意选用刀片的角度，不干涉就行；本加工案例在实际企业生产时也经常两头打中心孔，用两顶尖进行加工，这样加工效率和精度均会有所提高；螺纹的加工工艺也有很多种。

根据轴零件加工工序表制定具体加工步骤，见表 6-2。

表 6-2　轴加工步骤设计

步骤	1. 建立加工零件模板	2. 添加坯料	3. 设置坐标系	4. 设置刀具
图示				

续表

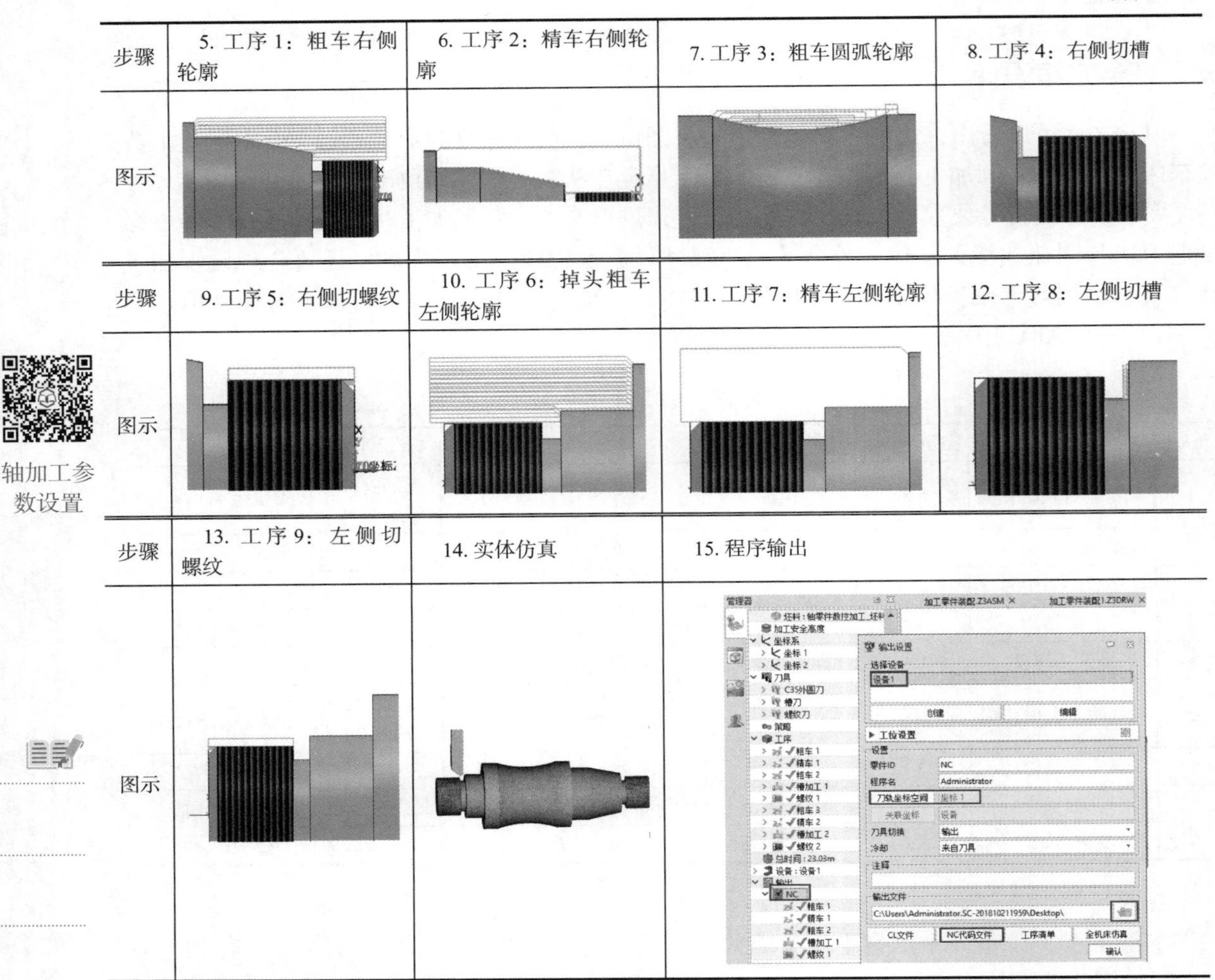

步骤	5. 工序 1：粗车右侧轮廓	6. 工序 2：精车右侧轮廓	7. 工序 3：粗车圆弧轮廓	8. 工序 4：右侧切槽
图示				
步骤	9. 工序 5：右侧切螺纹	10. 工序 6：掉头粗车左侧轮廓	11. 工序 7：精车左侧轮廓	12. 工序 8：左侧切槽
图示				
步骤	13. 工序 9：左侧切螺纹	14. 实体仿真	15. 程序输出	
图示				

轴加工参数设置

二、参考操作步骤

1. 建立加工零件模板

单击“新建文件”按钮，弹出“新建文件”对话框，“类型”选择“加工方案”，“模板”选择“默认”，命名为“轴零件加工方案”，并单击“确认”按钮。

注意：命名文件的后缀为 .Z3CAM，进入加工界面，如图 6-3、图 6-4 所示。

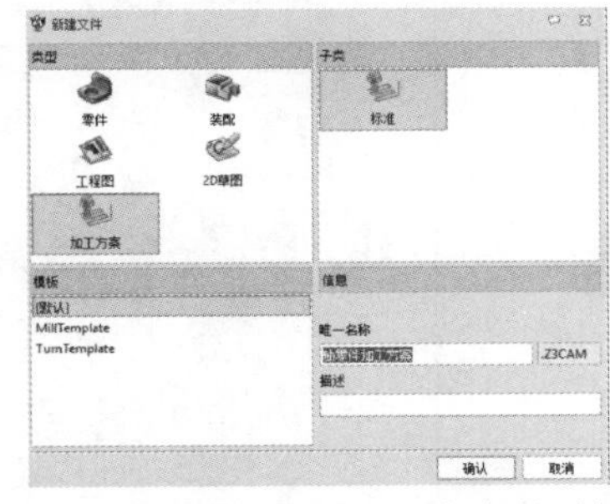

图 6-3　新建中望 3D 加工方案对话框

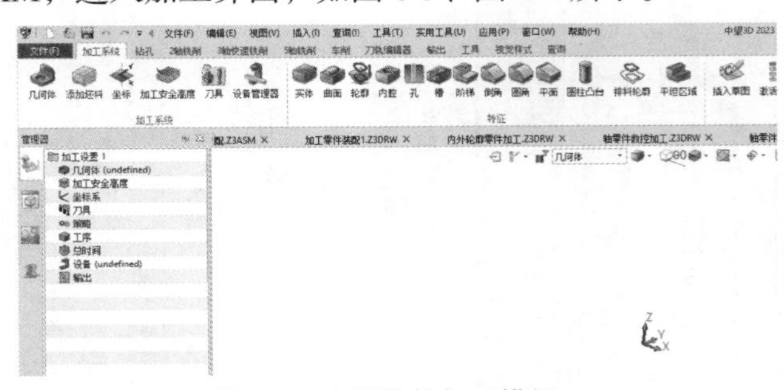

图 6-4　中望数控加工模板

选择“几何体”选项卡（图 6-5），再选择“打开”命令，从相应的目录中打开文件（图 6-6），并选择轴零件数控加工件，单击“确认”按钮调入几何体（图 6-7）。

图 6-5 调入“几何体”

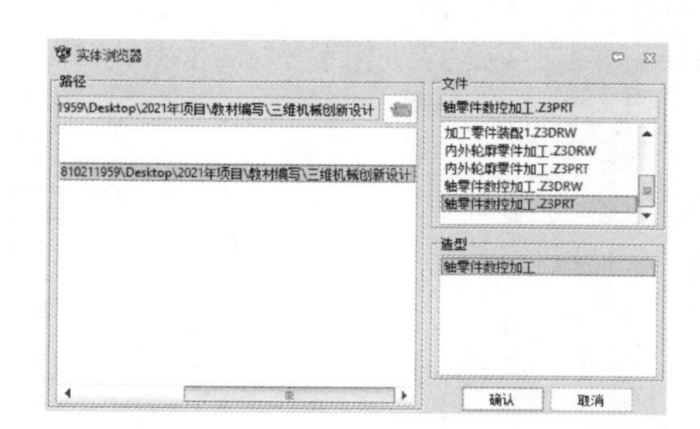

图 6-6 选择目录

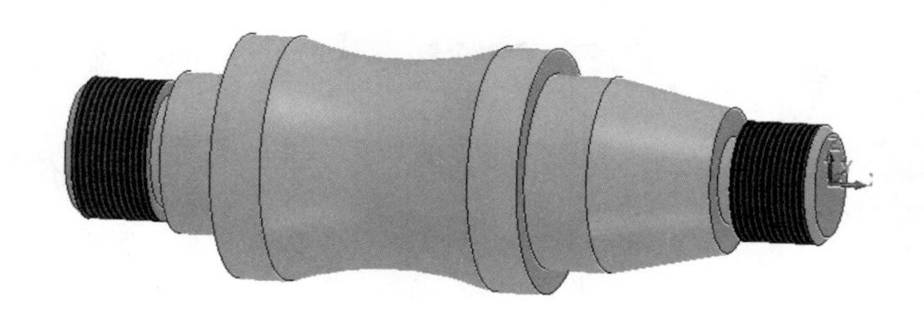

图 6-7 调入几何体

2. 添加坯料

选择“添加坯料”选项卡（图 6-8）的“圆柱体”命令，坐标轴选择 X 轴正半轴，参数设置如图 6-9 所示，单击“确定”按钮，弹出是否隐藏坯料提示框，单击“是”（图 6-10）按钮。

注意：尽量按照实际毛坯设置尺寸，这可以避免加工过程中由于毛坯造成的很多问题。中望 3D 支持已经绘制的毛坯，导入是 *.stl。

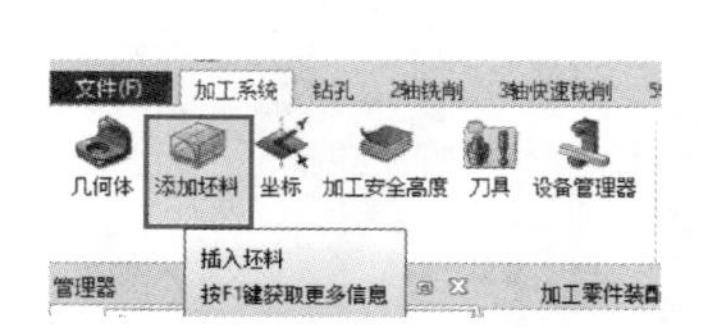

图 6-8 添加坯料

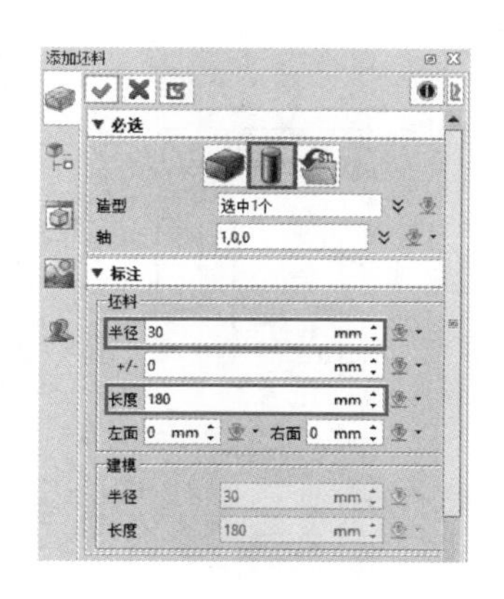

图 6-9 设置坯料参数

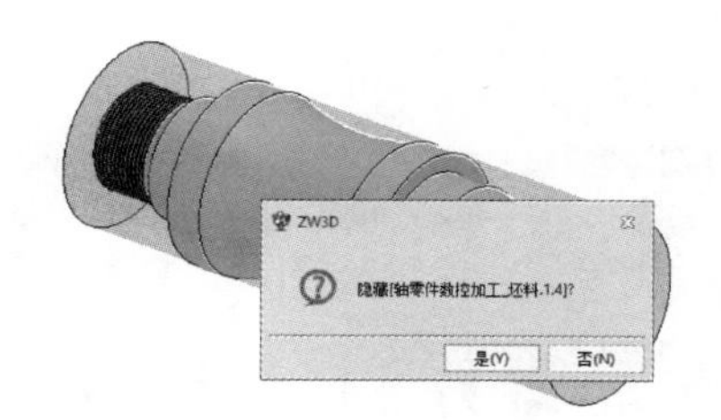

图 6-10 隐藏坯料

3. 设置坐标系

选择“坐标”选项卡（图 6-11），依据加工工序表的安排，先加工右端，设置右端坐标系坐标 1（图 6-12、图 6-13），生成右端坐标系坐标 1（图 6-14），然后加工左端，设置方式与右端一样，生成左端坐标系坐标 2（图 6-15）。

图 6-11　设置坐标系

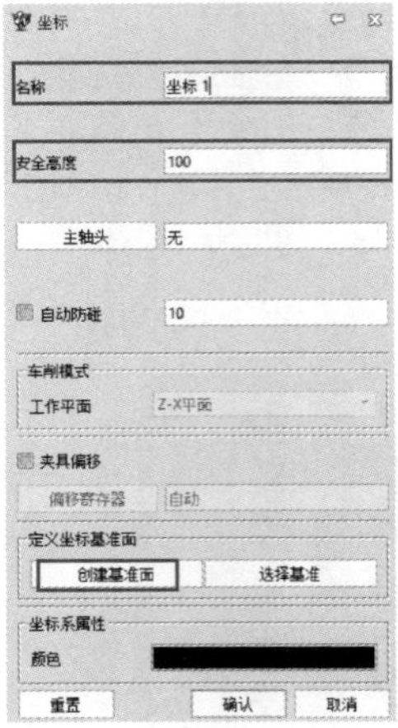

图 6-12　定义坐标系

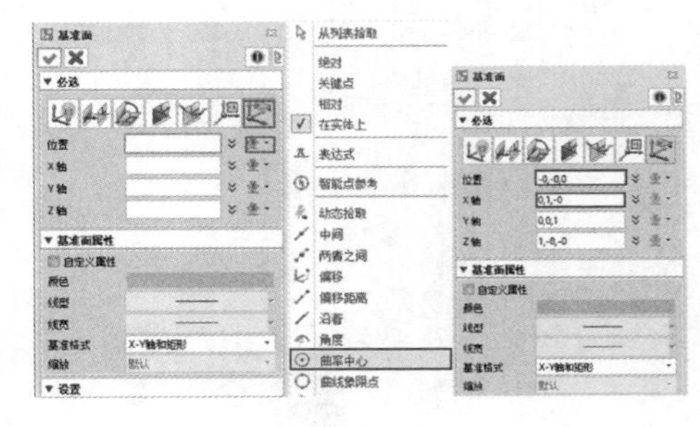

图 6-13　选择右端面圆曲线

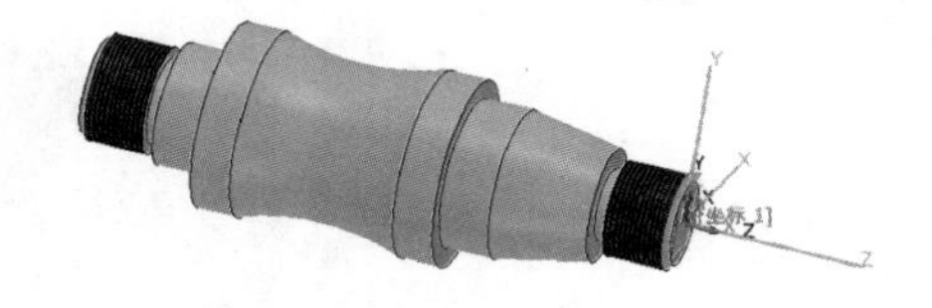

图 6-14　右端坐标系坐标 1

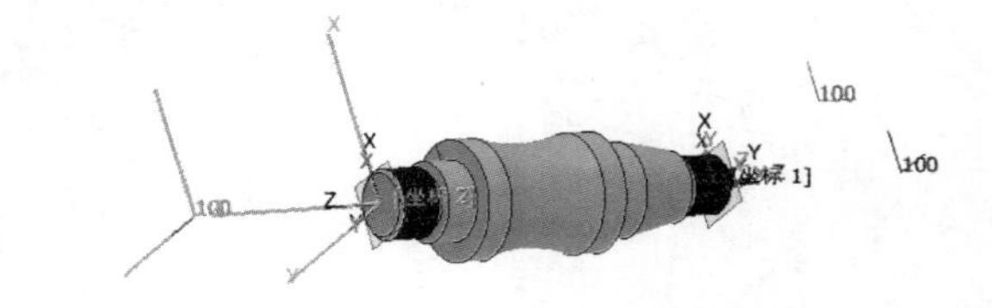

图 6-15　左端坐标系坐标 2

4. 设置刀具

选择“刀具”选项卡（图 6-16），依据加工工序表的安排，需设置 3 把刀具，分别是 C35 外圆刀（图 6-17 ～图 6-19）、槽刀（图 6-20、图 6-21）和 螺纹刀（图 6-22、图 6-23），后续也可根据实际要求设置刀具。

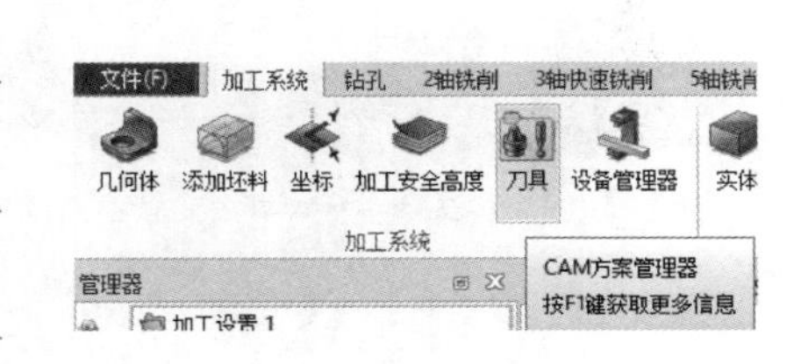

图 6-16　创建刀具

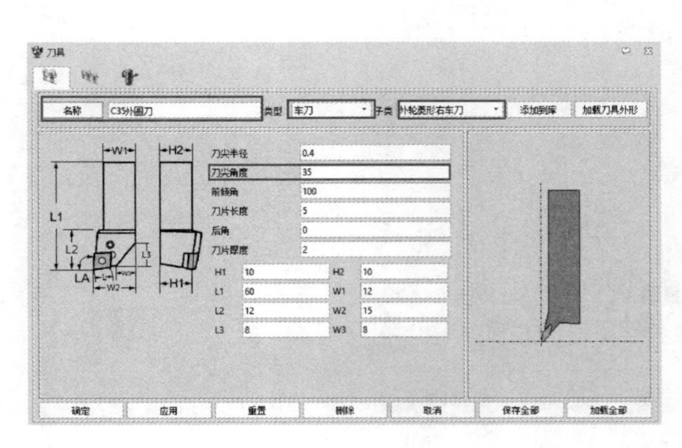

图 6-17　创建 C35 外圆刀

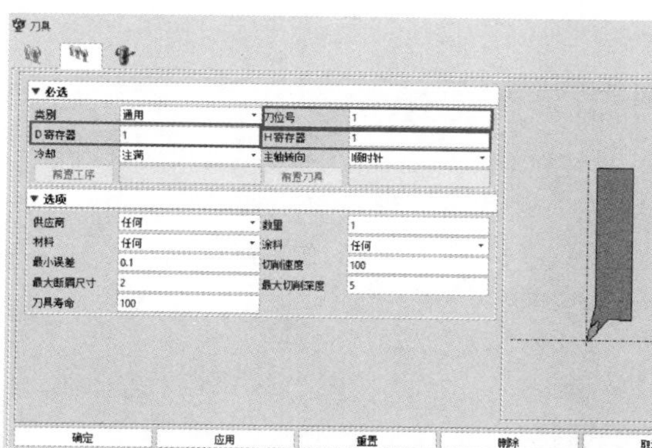

图 6-18 设置 C35 外圆刀为 1# 刀

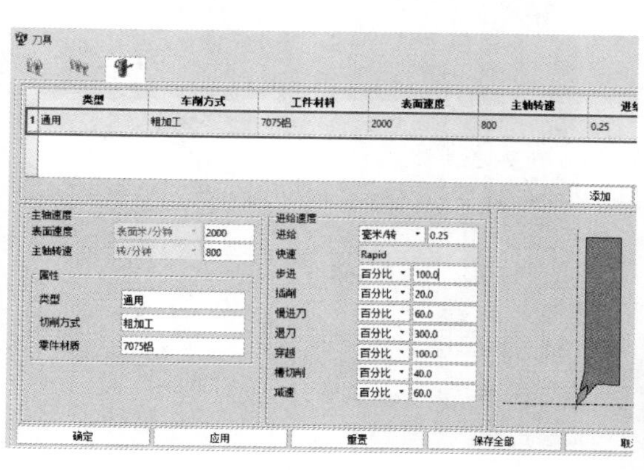

图 6-19 设置 C35 外圆刀参数

右端外轮廓及 R75 圆弧轮廓加工

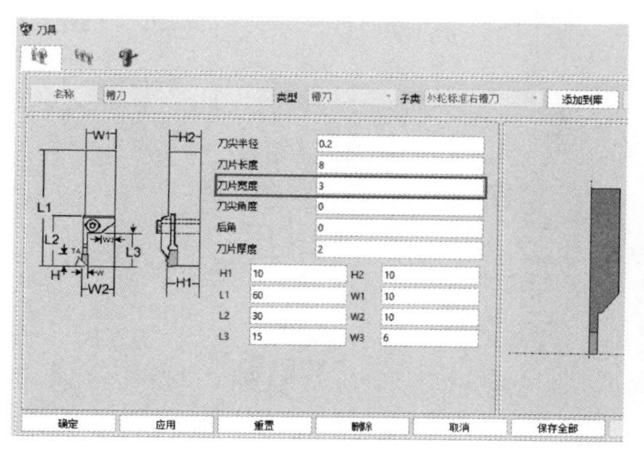

图 6-20 创建槽刀（2# 刀）

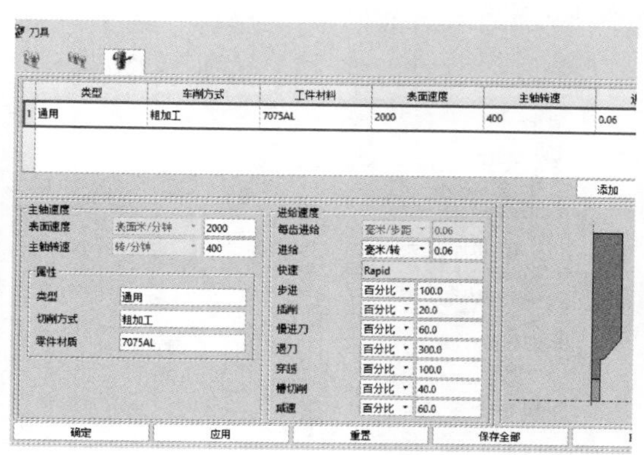

图 6-21 设置槽刀参数

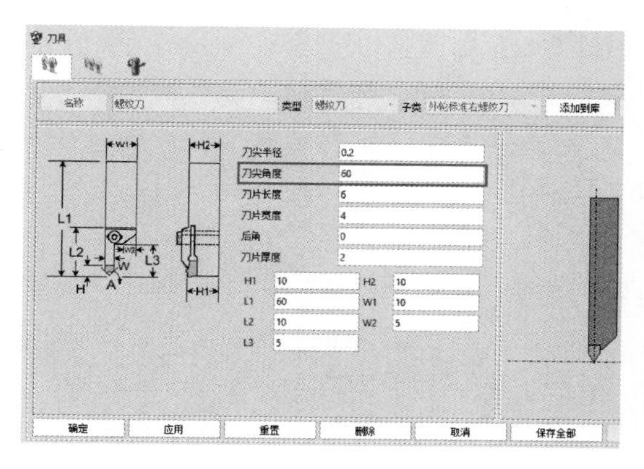

图 6-22 创建螺纹刀（3# 刀）

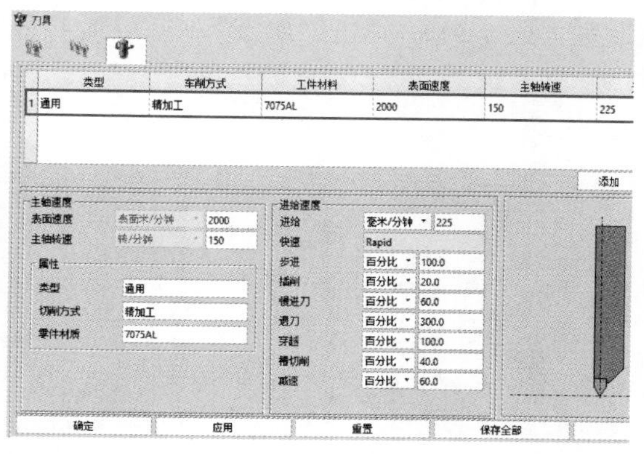

图 6-23 设置螺纹刀参数

5. 工序 1：粗车右侧轮廓

① 在“管理器”中选择“工序”（图 6-24），单击右键，在弹出的快捷菜单中选择“插入工序”（图 6-25）选项。在“工序类型”中选择“粗车”（图 6-26）。

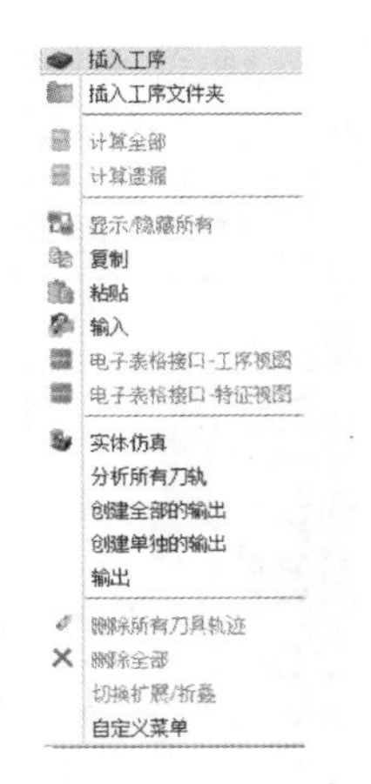

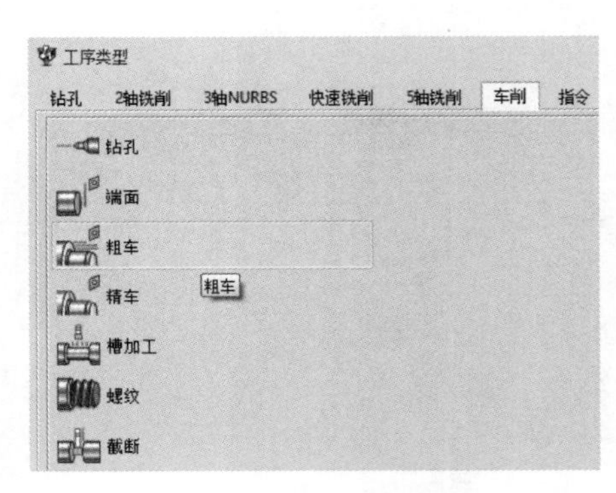

图 6-24　操作管理器　　图 6-25　插入工序　　图 6-26　选择粗车

② 在“管理器”的“工序”下拉菜单中出现了“粗车 1”工序。双击“粗车 1”，在弹出的“粗车 1”对话框中，“坐标”选择“坐标 1”（图 6-27），“特征”选择“添加”，弹出“选择特征”对话框，选择“轮廓”（图 6-28）。

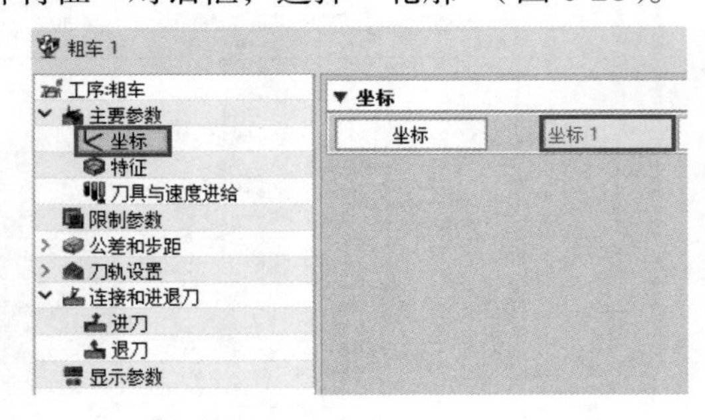

图 6-27　设置坐标　　图 6-28　添加轮廓

③ 在快捷命令中，选择零件显示状态为“线框”，视图为“俯视图”，选择“快速链接”复选框，左键选中轮廓（图 6-29），单击“确定”按钮，弹出“轮廓特征”对话框，应用默认设置（图 6-30），单击“确定”按钮，完成添加轮廓操作。

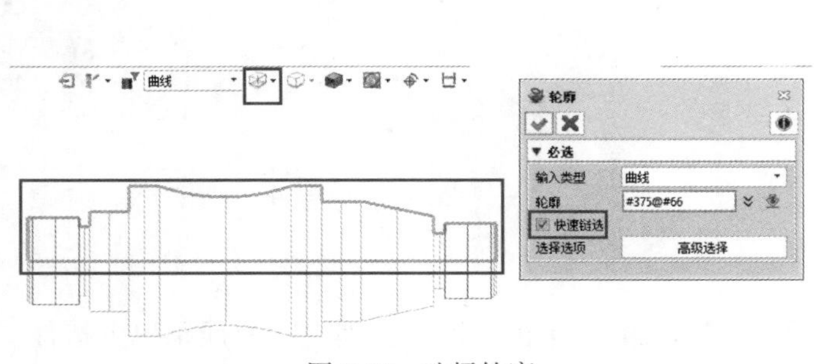

图 6-29　选择轮廓

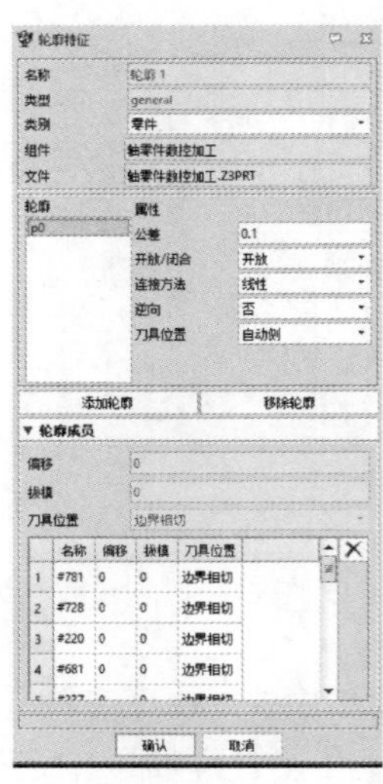

图 6-30　确认轮廓

④ 选择刀具为“C35 外圆刀”，“主轴速度”为 800r/min，“进给”为 0.25mm/r（图 6-31）。

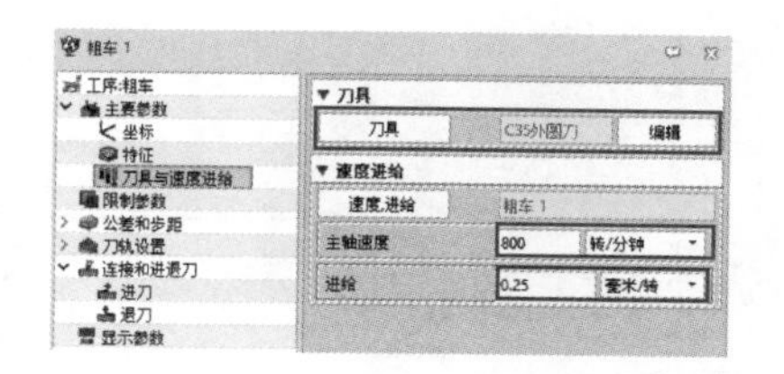

图 6-31　选择刀具

注意：

a. 选择主轴速度与进给速度的单位，主轴速度为转 / 分钟，进给速度为毫米 / 转。

b. 主轴速度、进给速度、背吃刀量是数控车床三个重要的切削参数，要依据实际情况进行合理设置。

⑤ 设置限制参数。左右裁剪点分别选中外轮廓加工的极限点，可以用鼠标指针分别单击选择，也可在输入框中直接输入坐标值（图 6-32）。

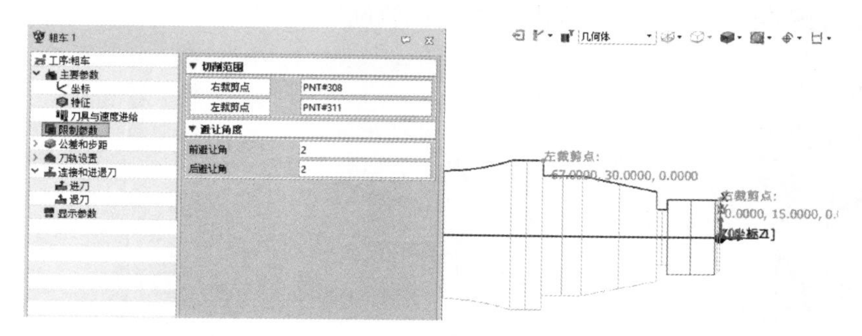

图 6-32　限制参数

注意：“限制参数”中的“左裁剪点”和“右裁剪点”其实就是限制加工的区域。“右裁剪点”选择右端面，“左裁剪点”选择直线与直线交点往左偏移 1.2mm 左右，以保证两端加工后可去除全部材料。

⑥ 设置公差和步距。设置“轴向余量”为 0.1mm，“径向余量”为 0.2mm，“切削步距”为 1.5mm（图 6-33）。

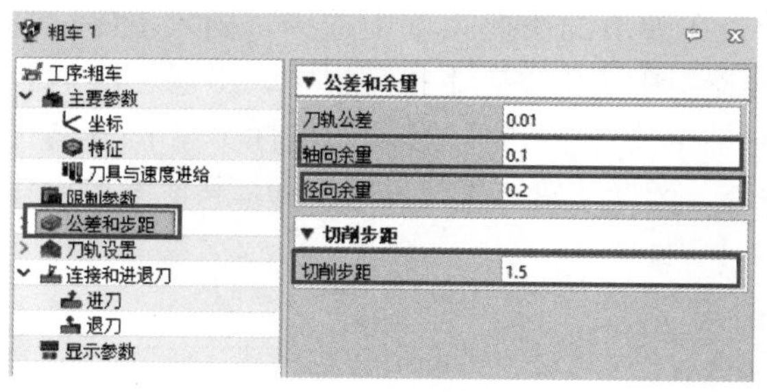

图 6-33　设置公差和步距

注意：

a. “刀轨公差”指的是加工过程中，插补拟合的公差值，一般情况下取 0.01mm 即可。但如果零件精度要求高，则机床精度高可以提高拟合精度。拟合精度越高，加工精度越高，同时要求机床、刀具系统的精度也要越高。刀轨公差的要求越高，编程计算量越大，计算速度越慢，所以要依据零件的要求及机床和刀具的具体情况设定，一般按 0.01mm 给定。

b. “轴向 / 径向余量”指的是粗加工的面留给精加工的余量。

c. “切削步距”指的是背吃刀量。

⑦ 刀轨设置。按照默认参数进行刀轨设置（图 6-34）。

注意：

a. “切削方向”有两种选择，分别是“从右到左”和“从左到右”，这个选择主要与实

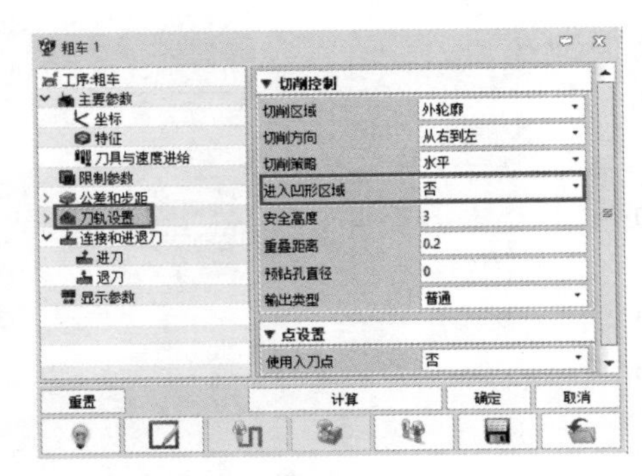

图 6-34 刀轨设置

际加工工艺和机床结构有关，一般数控车床的主轴在操作者的左手边，刀架在操作者的右手边，所以一般选择“从右到左”。如果主轴在操作者的右边，而刀架在左边，则选择“从左到右”。

b.“重叠距离”指的是 X 轴方向刀具超过主轴中心的值。该参数主要解决刀尖圆角、刀具中心高与主轴中心偏差等因素造成的加工端面凸台。

c. 入刀点指的是刀具进刀点。

⑧ 连接和进退刀设置。按照默认参数进行连接和进退刀设置（图 6-35）。生成的右侧粗车外轮廓轨迹如图 6-36 所示。

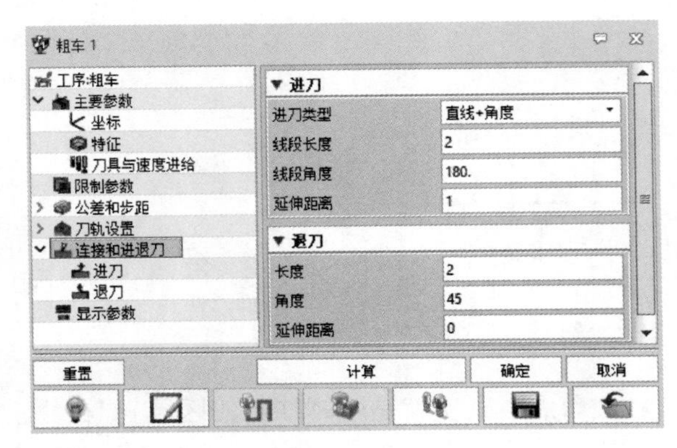

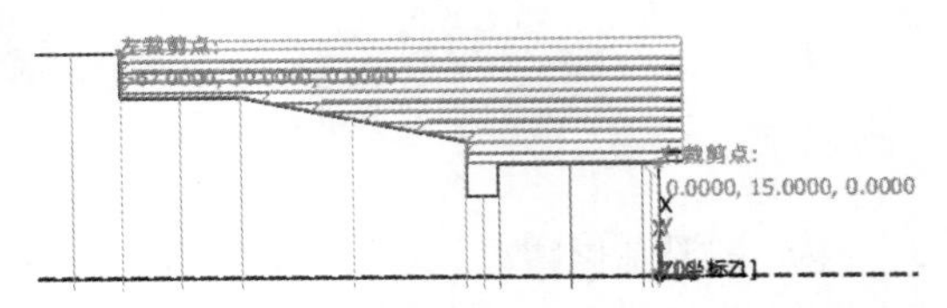

图 6-35 设置连接和进退刀

图 6-36 生成右侧粗车外轮廓轨迹

6. 工序 2：精车右侧轮廓

在“管理器”中选择“工序”，单击右键，在弹出的快捷菜单中选择“插入工序”选项。在“工序类型”中选择“精车”。在“管理器”中“工序”下拉菜单中，出现“精车 1”工序，双击“精车 1”，在弹出的“精车 1”对话框中，“坐标”选择“坐标 1”（图 6-37），“特征”选择“添加”，弹出“选择特征”对话框，选择“轮廓 1”（图 6-38），其他参数设置如图 6-39 ～图 6-43 所示，图 6-44 显示了结果。

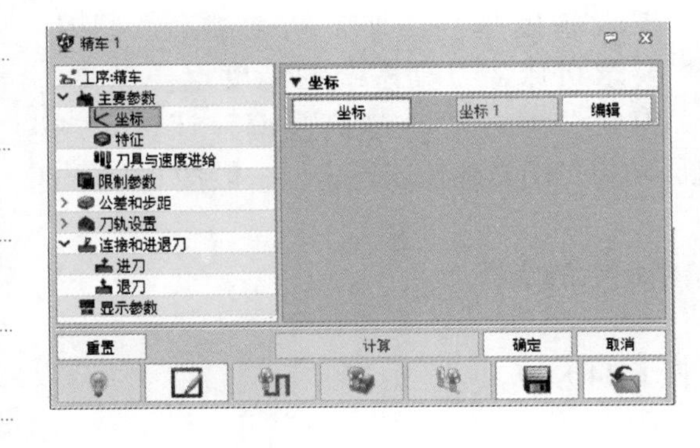

图 6-37 设置坐标

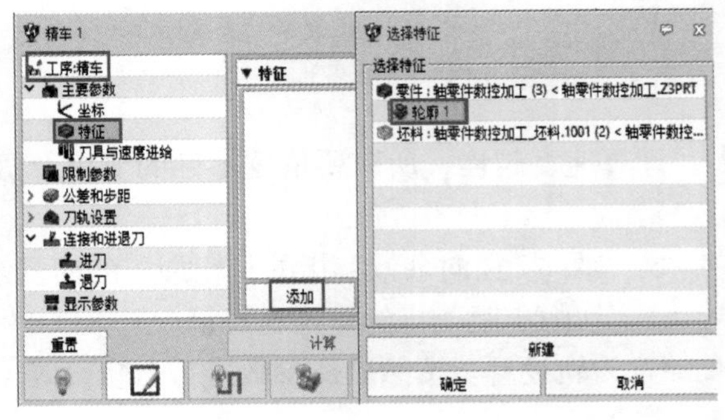

图 6-38 选择特征

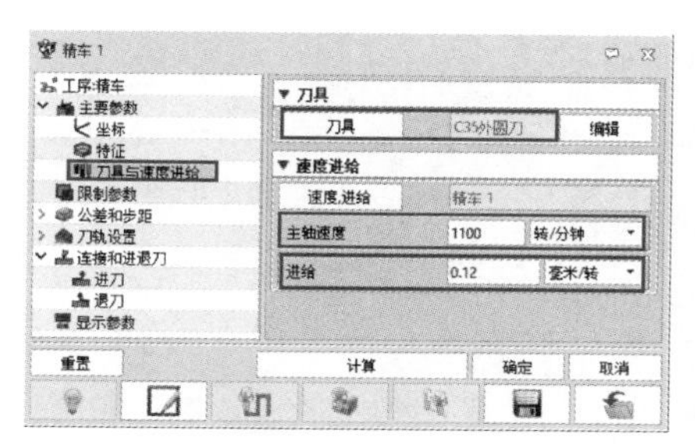

图 6-39　选择刀具

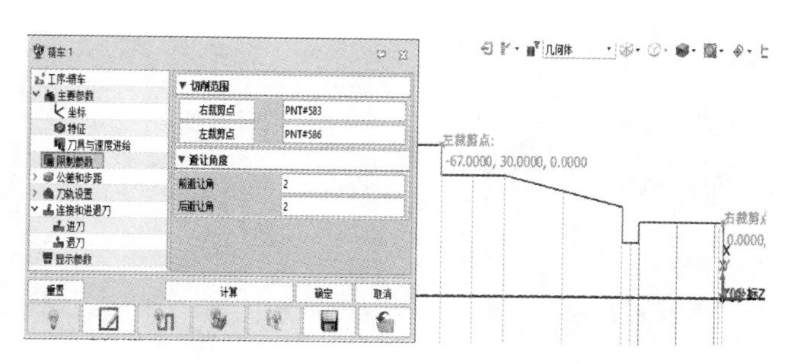

图 6-40　设置限制参数

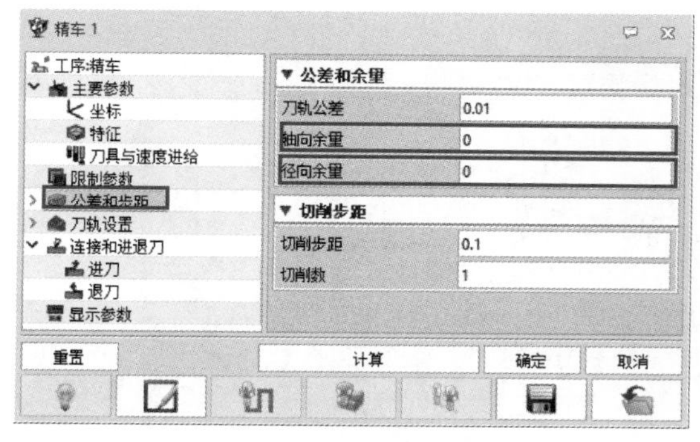

图 6-41　设置公差和步距

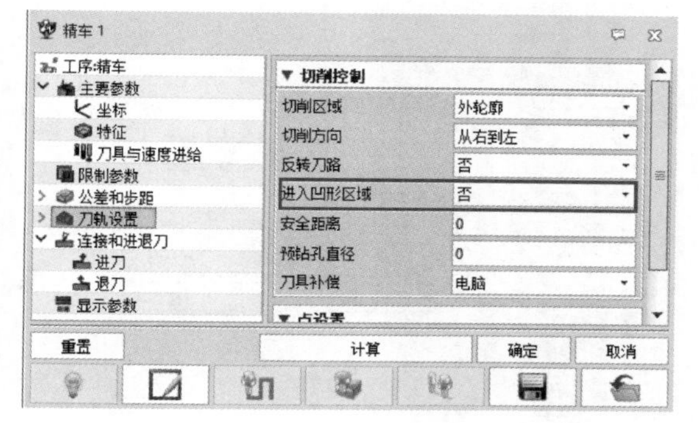

图 6-42　刀轨设置

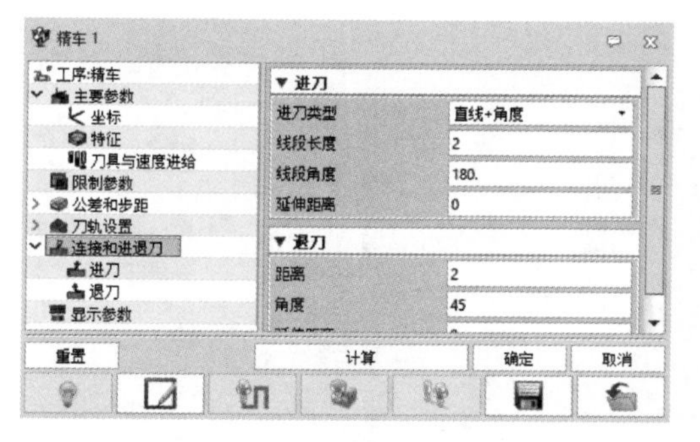

图 6-43　设置连接和进退刀

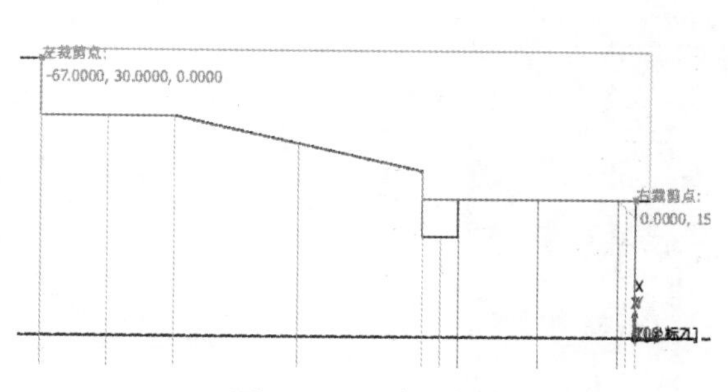

图 6-44　生成刀轨

注意：

①“基本设置”中，精加工要适度提高一些主轴速度，降低进给速度，这样能够提高表面质量。

② 在“主要参数”中，精加工将“轴向余量”和“径向余量”均设置为 0。

③ 在“限制参数”中，“左裁剪点”一定要位于粗加工左裁剪点的前面，否则会撞刀。

④ 在“刀轨设置”中，“进入凹形区域”要选择“否”，以免刀具切到槽里。

7. 工序 3：粗车圆弧轮廓

在“管理器”中选择“工序”，单击右键，在弹出的快捷菜单中选择“插入工序”选项。在“工序类型”中选择“粗车”。在“管理器”中“工序”下拉菜单中，出现“粗车 2”工序，双击“粗车 2”，在弹出的“粗车 2”对话框中，“坐标”选择“坐标 1”（图 6-45），“特征”选择“添加”，弹出“选择特征”对话框，选择“轮廓 1”（图 6-46），其他参数设置如图 6-47 ～图 6-50 所示，图 6-51 显示了结果。

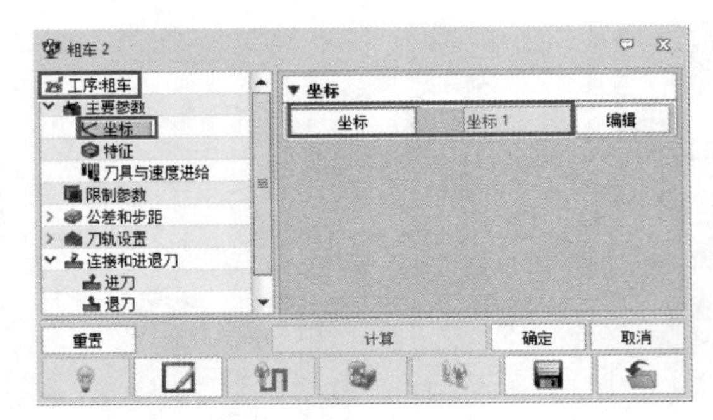

图 6-45　设置坐标

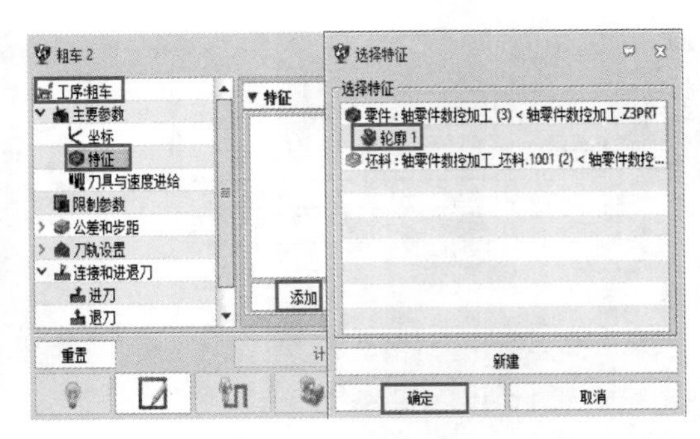

图 6-46　选择特征

右端螺纹退刀槽及外螺纹加工

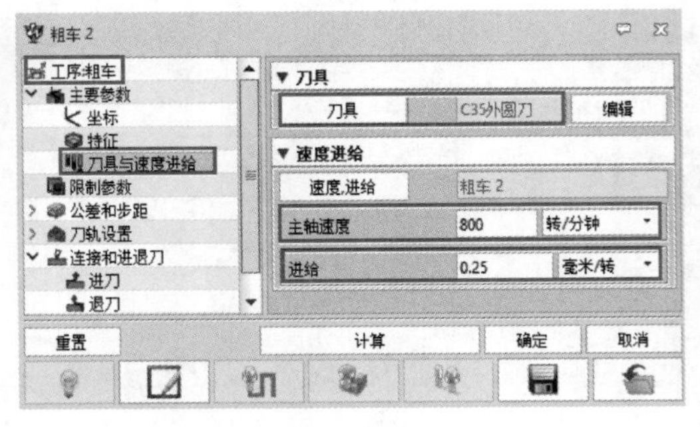

图 6-47　选择刀具

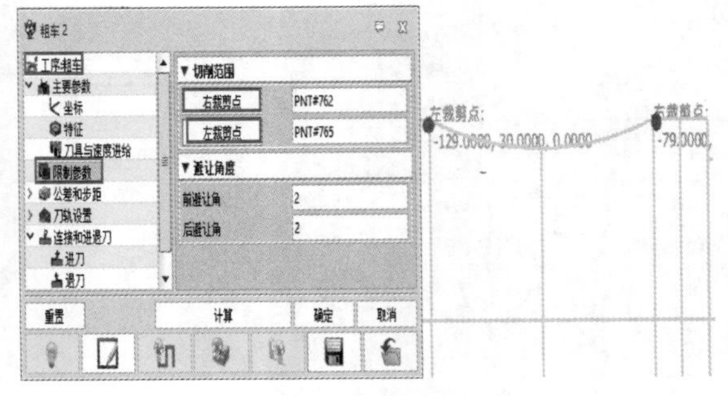

图 6-48　设置限制参数

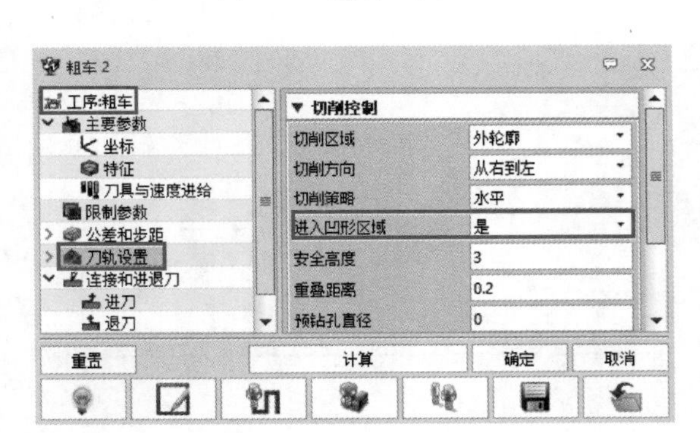

图 6-49　刀轨设置

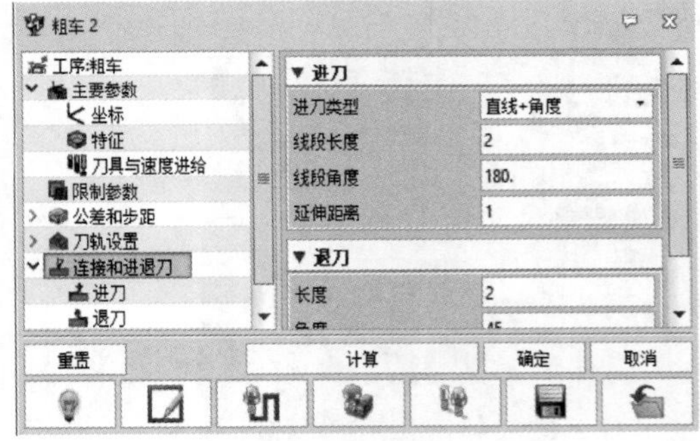

图 6-50　设置连接和进退刀

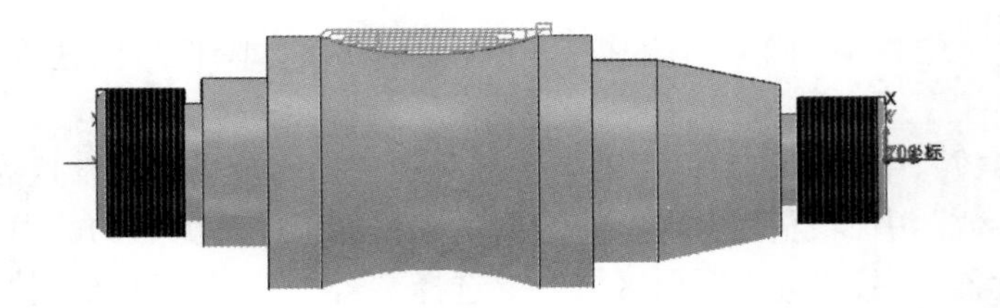

图 6-51　生成刀具轨迹

8. 工序 4：右侧切槽

在“管理器”中选择“工序”，单击右键，在弹出的快捷菜单中选择“插入工序”选项。在“工序类型”中选择“槽加工”。在“管理器”中“工序”下拉菜单中，出现“槽加工 1”工序，双击“槽加工 1”，在弹出的“槽加工 1”对话框中，“坐标”选择“坐标 1”

(图 6-52),“特征”选择“添加”,弹出“选择特征”对话框,选择“轮廓 1”(图 6-53),其他参数设置如图 6-54 ~ 图 6-57 所示,图 6-58 显示了结果。

注意:

①“粗加工厚度”指的是粗加工留给精加工的余量。

②“切削区域”有“内轮廓”和“外轮廓”,这里选择“外轮廓”。

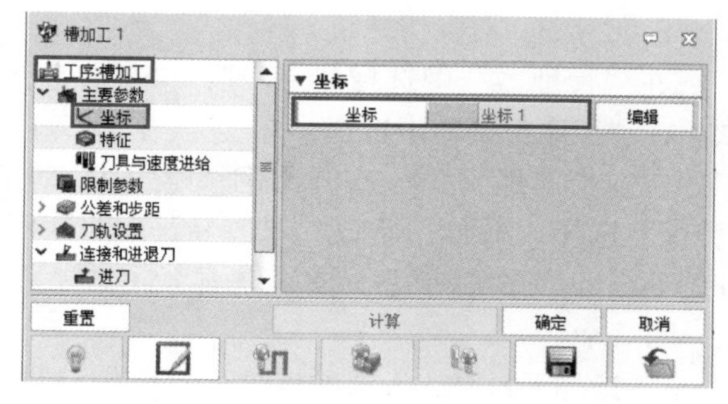

图 6-52 选择坐标

③“精加工槽”设置为“是”,粗加工完毕后,用槽刀对槽的表面进行精加工。

④“退刀位置”指的是精加工槽时两端进刀的中间分界点。

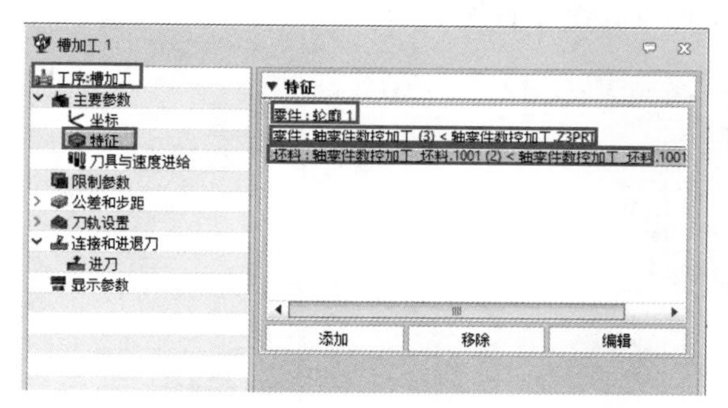

图 6-53 选择特征

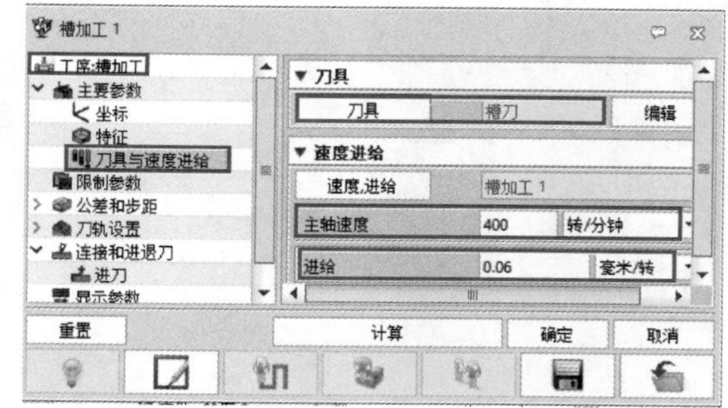

图 6-54 选择刀具

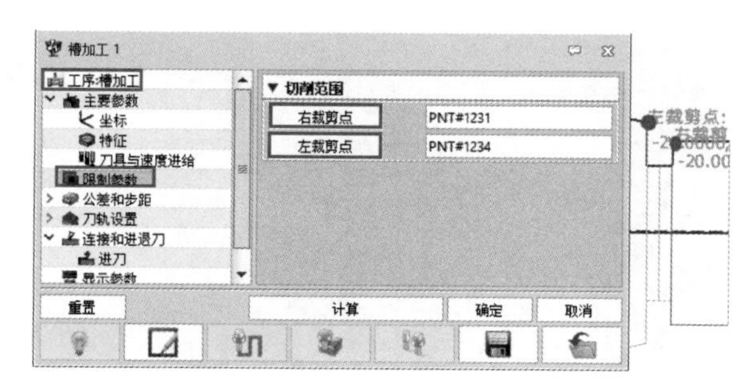

图 6-55 设置限制参数

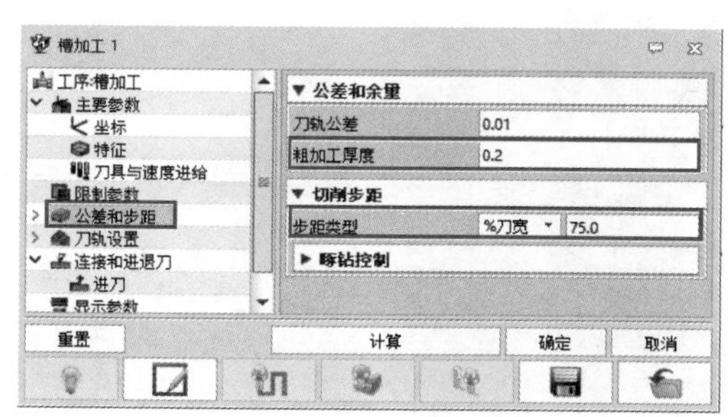

图 6-56 设置公差和步距

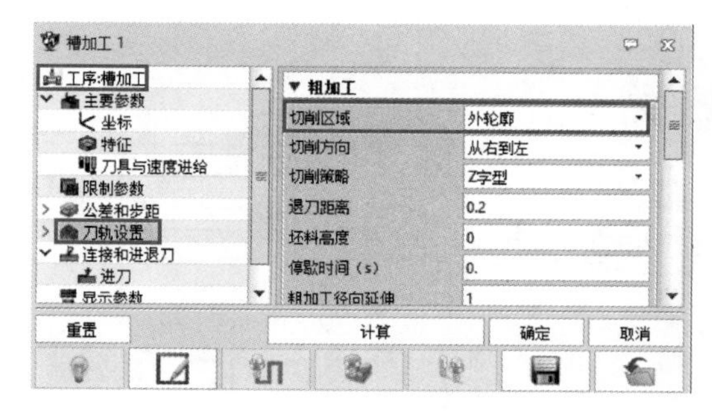

图 6-57 刀轨设置

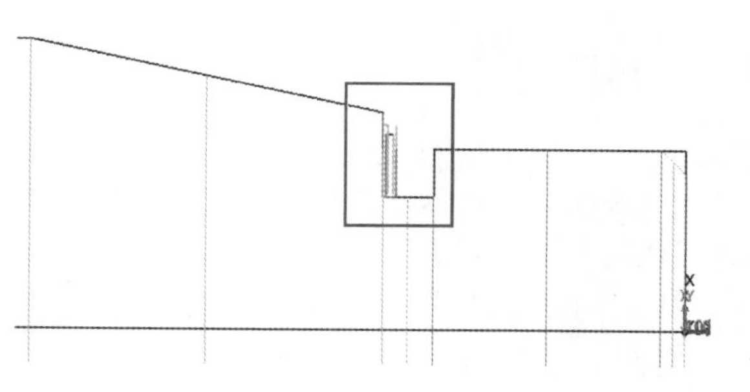

图 6-58 生成刀轨

9. 工序 5：右侧切螺纹

在“管理器”中选择“工序”，单击右键，在弹出的快捷菜单中选择“插入工序”选项。在“工序类型”中选择“螺纹”。在“管理器”中“工序”下拉菜单中，出现“螺纹 1”工序，双击“螺纹 1”，在弹出的“螺纹 1”对话框中，“坐标”选择“坐标 1”（图 6-59），“特征”选择“添加”，弹出“选择特征”对话框，选择“轮廓 1”（图 6-60），其他参数设置如图 6-61 ～图 6-64 所示，图 6-65 显示了结果。

注意：

① 选择刀具时，一般的螺纹车刀片有 55° 和 60° 之分，55° 用于车英制螺纹，60° 用于车米制螺纹，要根据实际螺纹需求进行刀片的选择和参数的设定。

② 螺纹的转速计算，一般的螺纹转速按 $n \leqslant 1200/P-K$ 来计算。式中，P 为螺距；K 为安全系数（一般取 80）。按以上公式计算出 $n \leqslant 720\text{r/min}$。但若取 720r/min，螺距为 1.5mm，则进给速度高达 1080mm/min。综合刀具与进给速度，给定转速 150r/min。

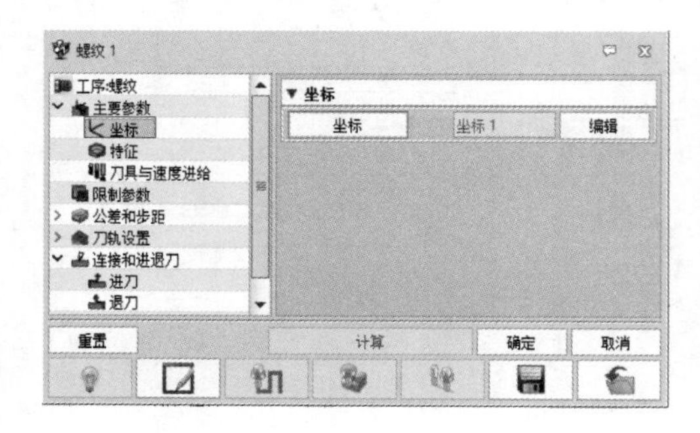

图 6-59　选择坐标

图 6-60　选择特征

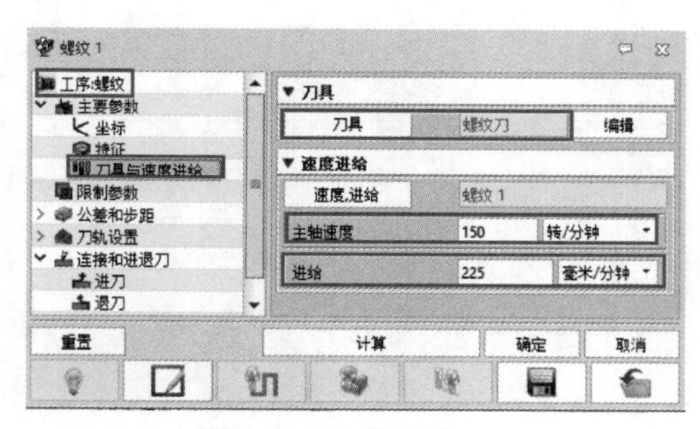

图 6-61　选择刀具

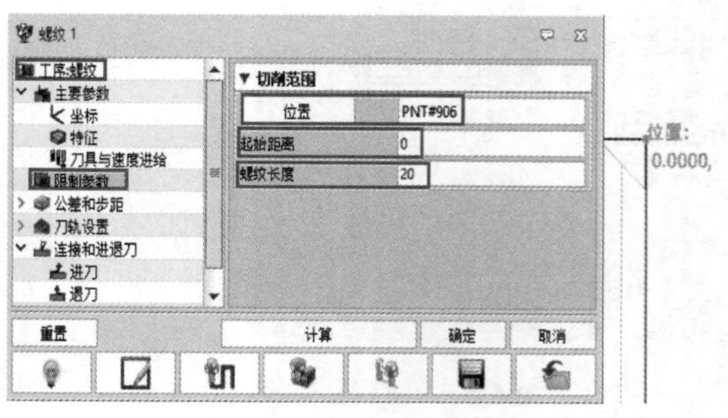

图 6-62　设置限制参数

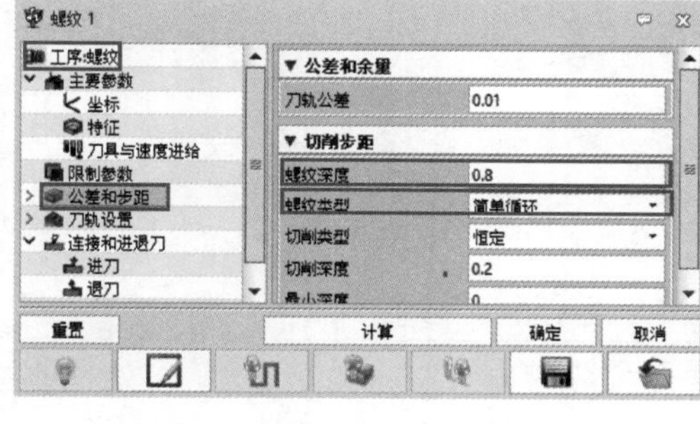

图 6-63　设置公差和步距

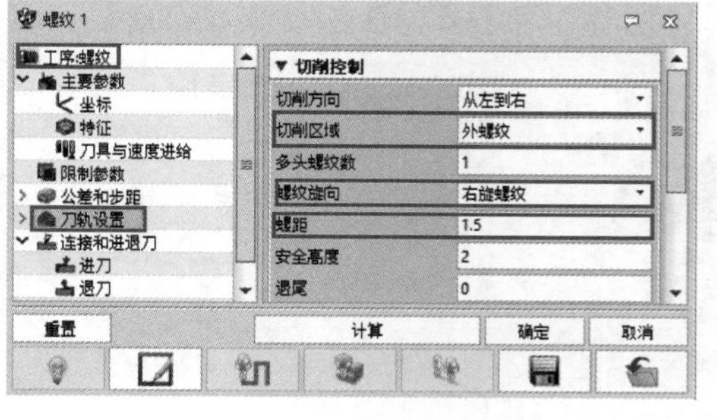

图 6-64　刀轨设置

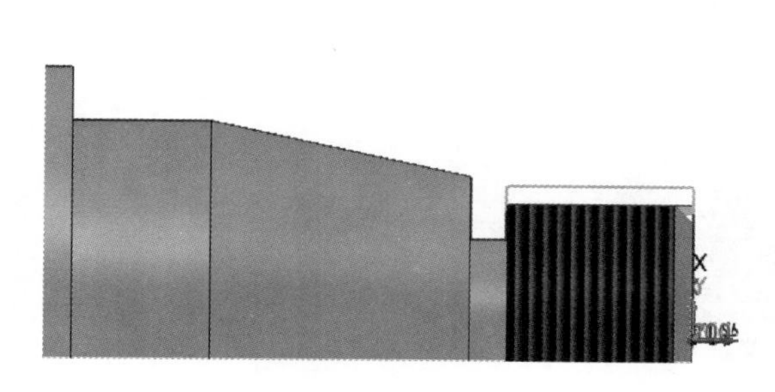

图 6-65　生成刀具轨迹

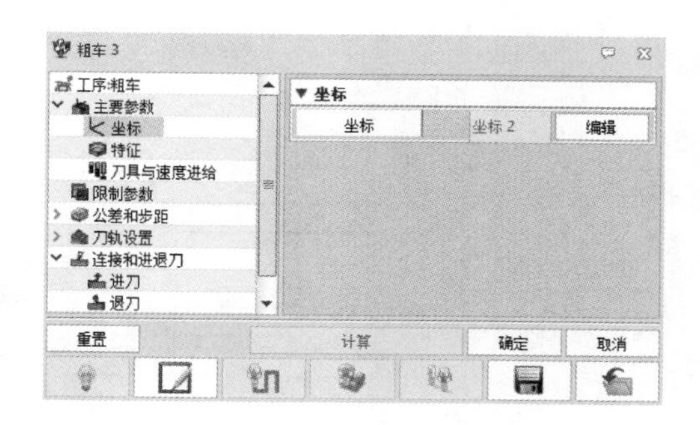

图 6-66　“粗车 3”对话框

③ 由于螺纹为 M35×1.5mm 的小螺距螺纹，加工方式采用直进式，即“螺纹类型”为“简单循环”。车螺纹时，光轴的外圆受到挤压，尺寸会增大，按经验公式，外圆尺寸 $=D-0.1P$，螺纹牙底尺寸 $=D-1.08P$。式中，D 为螺纹公称直径；P 为螺距。

左端外轮廓、螺纹退刀槽及螺纹加工

④“公差和步距”设置中，“螺纹深度”一般设为 0.75 ～ 0.8，为半径值。“螺纹类型”中，如果选择“简单循环”，后处理代码为 G92，进刀为直进式；如果选择“复合循环”，后处理代码为 G76，进刀为斜进式（FANUC）。

⑤“切削深度”为螺纹粗加工时每一刀进给的深度，为半径值。“限制参数”中的“位置”选择光轴外轮廓中要加工螺纹线段上的任意点即可。

⑥“螺纹长度”指的是螺纹的有效长度，通过指定长度，可以限定加工范围。

⑦ 要合理设置螺纹的进刀和退刀长度。一般进刀长度选择 1.5mm 左右，退刀长度选择进刀长度的 1/5 ～ 1/2。在螺纹加工过程中，要使转速与进给同步，即主轴每转一周，刀具进给一个导程或螺距。单线螺纹是螺距，多线螺纹是导程。适当的进刀长度可保证转速与进给速度的匹配精度。

10. 工序 6：掉头粗车左侧轮廓

在“管理器”中选择“工序”，单击右键，在弹出的快捷菜单中选择“插入工序”选项。在“工序类型”中选择“粗车”。在“管理器”中“工序”下拉菜单中，出现“粗车 3”工序，双击“粗车 3”，弹出“粗车 3”对话框（图 6-66），在“粗车 3”对话框中，“坐标”选择“坐标 2”（图 6-67），“特征”选择“添加”，弹出“选择特征”对话框，选择“轮廓 1”（图 6-68），其他参数设置如图 6-69 ～图 6-73 所示，图 6-74 显示了结果。

注意：采用两头加工方式，图 6-70 中的圆圈显示了“限制参数”的左、右裁剪点。

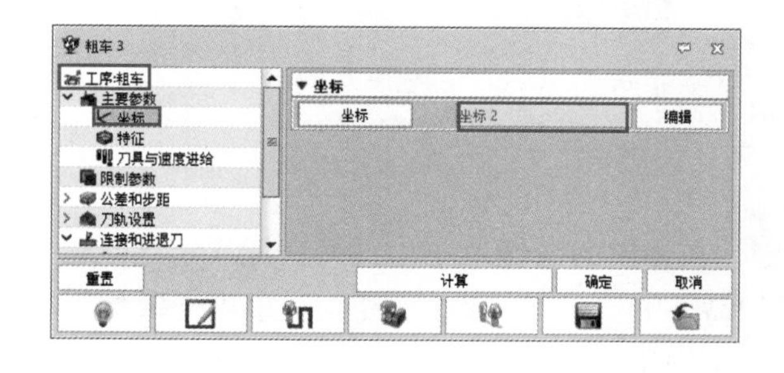

图 6-67　选择坐标

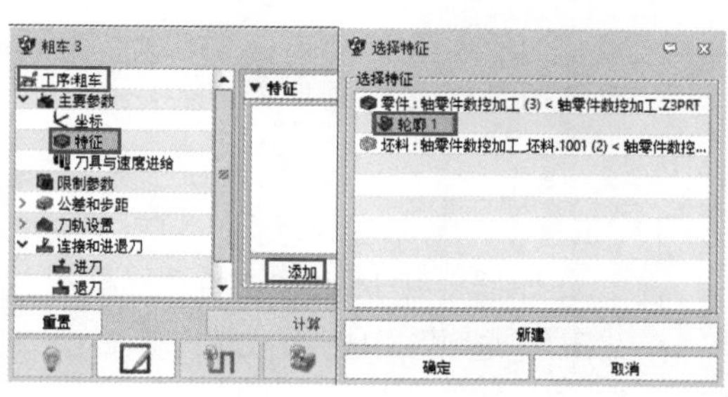

图 6-68　选择特征

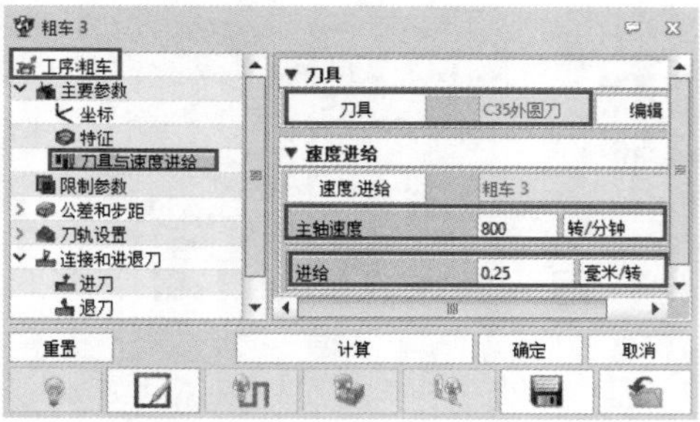

图 6-69　选择刀具

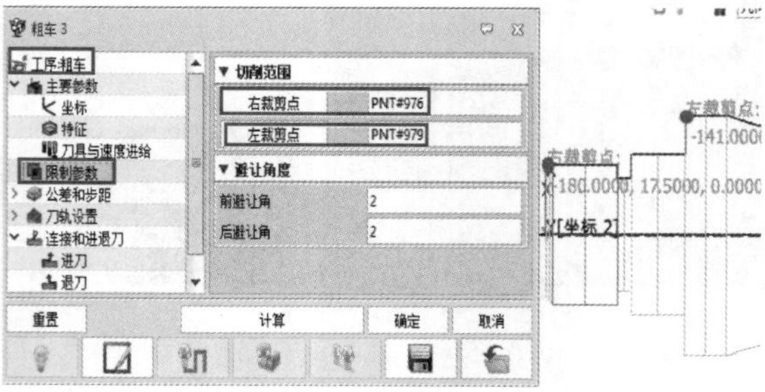

图 6-70　设置限制参数

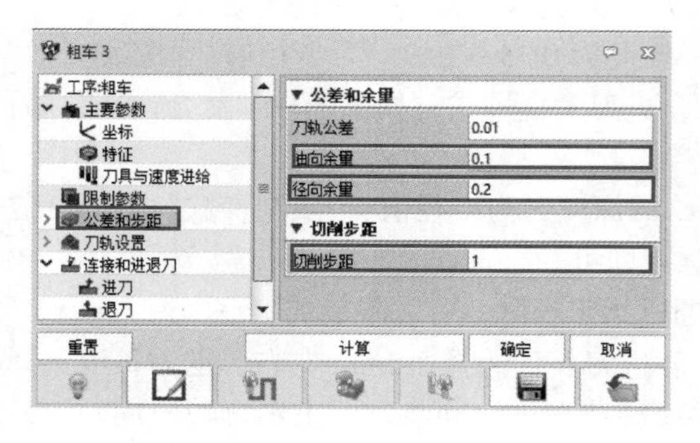

图 6-71　设置公差和步距

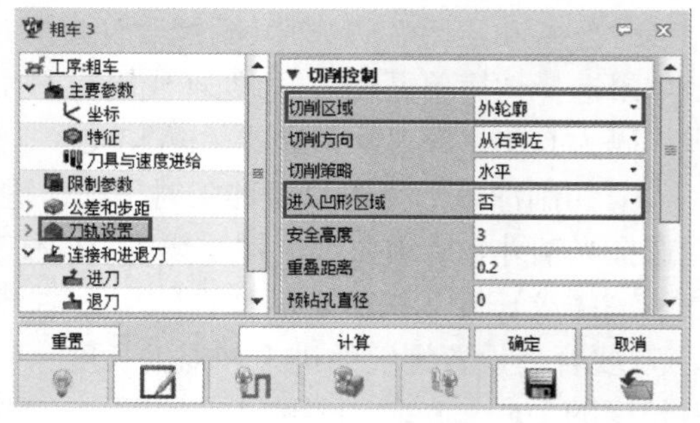

图 6-72　刀轨设置

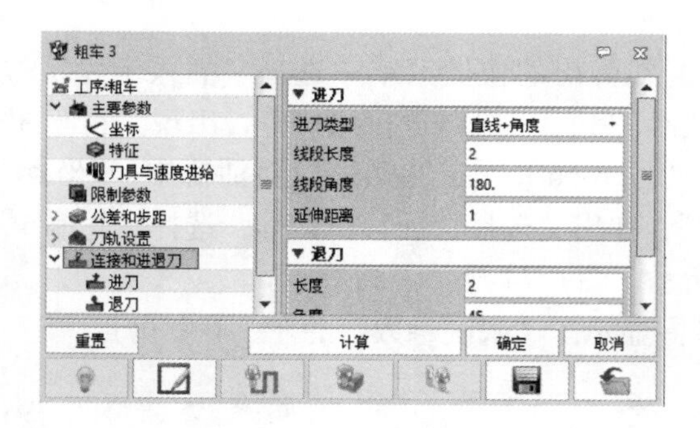

图 6-73　设置连接和进退刀

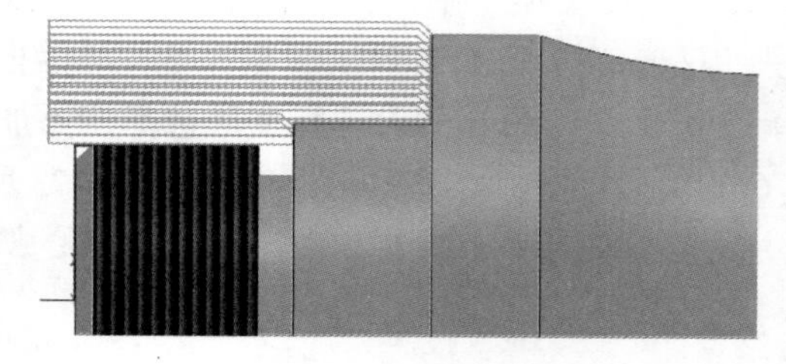

图 6-74　生成刀具轨迹

11. 工序 7：精车左侧轮廓

在“管理器”中选择“工序”，单击右键，在弹出的快捷菜单中选择“插入工序”选项。在“工序类型”中选择“精车”。在“管理器”中“工序”下拉菜单中，出现“精车 2”工序，双击“精车 2”，在弹出的“精车 2”对话框中，“坐标”选择“坐标 2”（图 6-75），“特征”选择“添加”，弹出“选择特征”对话框，选择“轮廓 1、零件、坯料”（图 6-76），其他参数设置如图 6-77 ～图 6-81 所示，图 6-82 显示了结果。

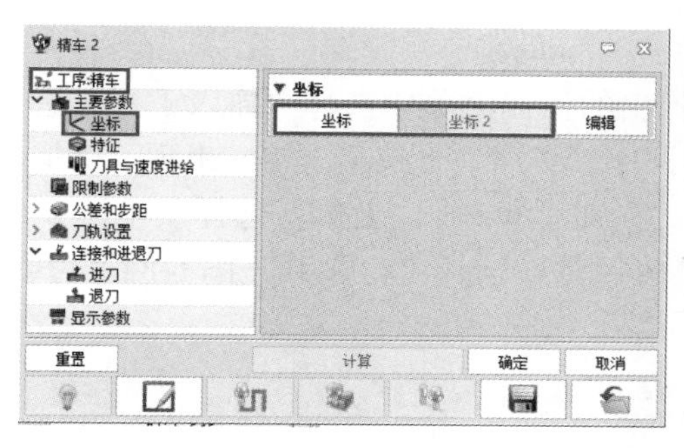

图 6-75　选择坐标

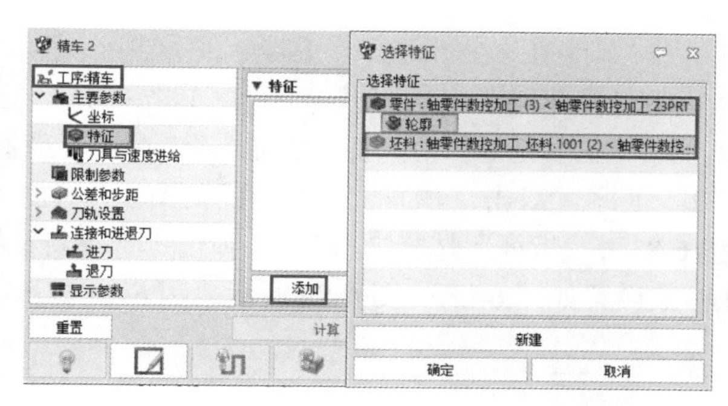

图 6-76　选择特征

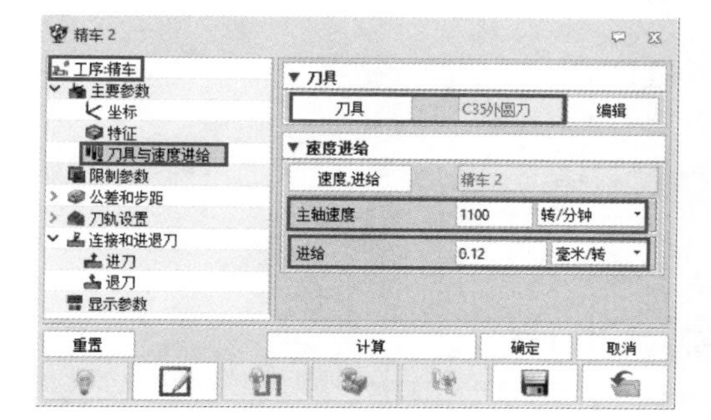

图 6-77　选择刀具

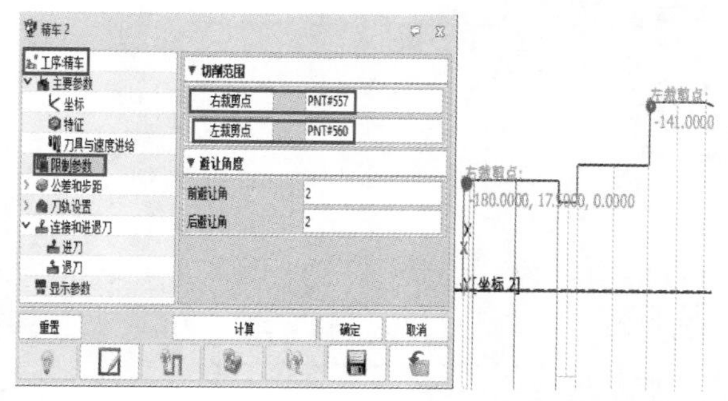

图 6-78　设置限制参数

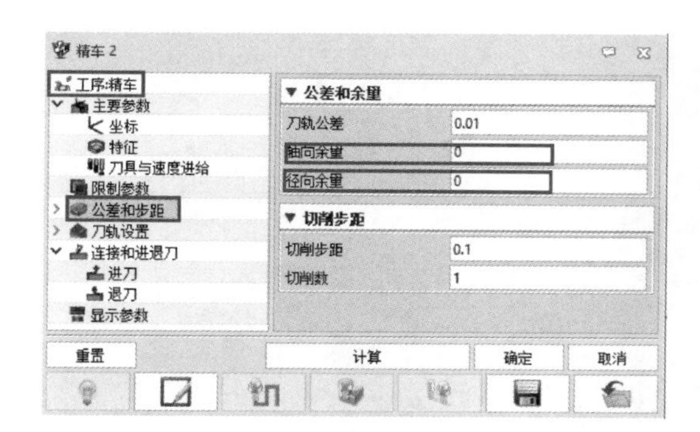

图 6-79　设置公差和步距

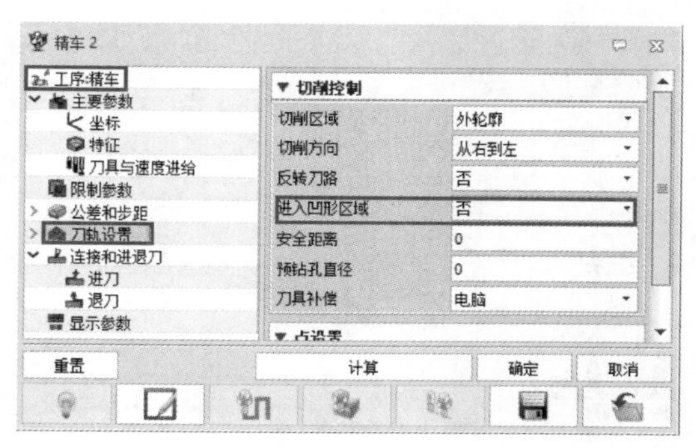

图 6-80　刀轨设置

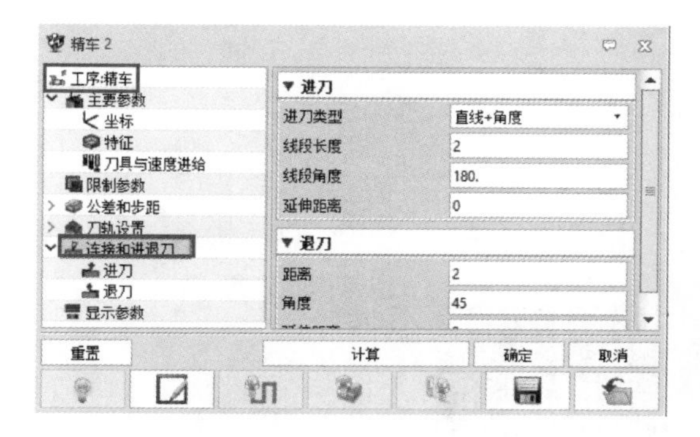

图 6-81　设置连接和进退刀

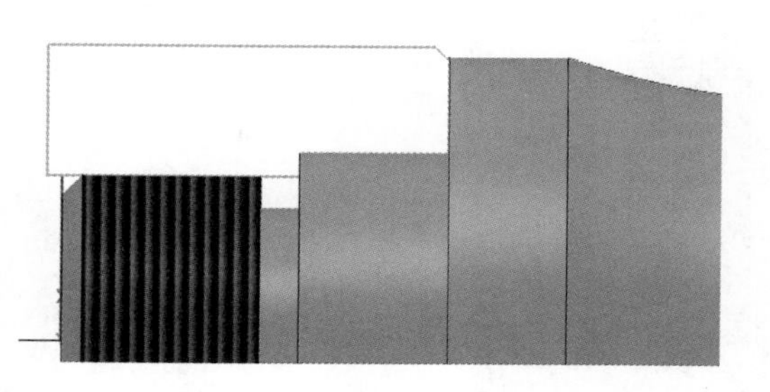

图 6-82　生成刀具轨迹

12. 工序 8：左侧切槽

在“管理器”中选择“工序”，单击右键，在弹出的快捷菜单中选择“插入工序”选项。在“工序类型”中选择“槽加工”。在“管理器”中“工序”下拉菜单中，出现“槽加工 2”工序，双击“槽加工 2”，在弹出的“槽加工 2”对话框中，“坐标”选择“坐标 2”（图 6-83），“特征”选择“添加”，弹出“选择特征”对话框，选择“轮廓 1”（图 6-84），其他参数设置如图 6-85 ～图 6-89 所示，图 6-90 显示了结果。

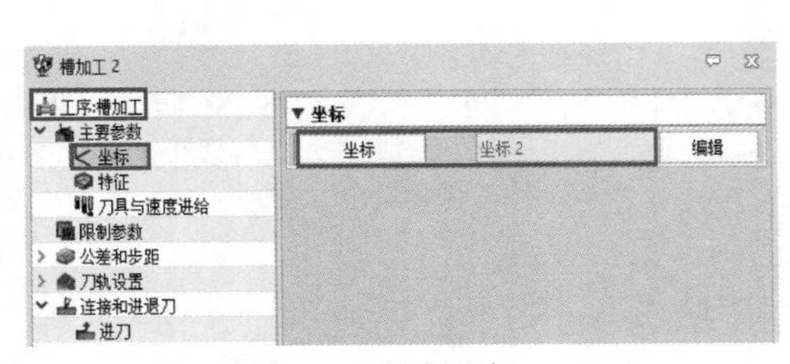

图 6-83　选择坐标

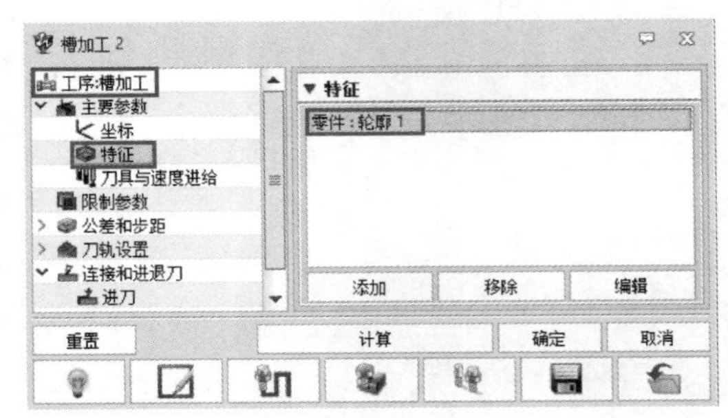

图 6-84　选择特征

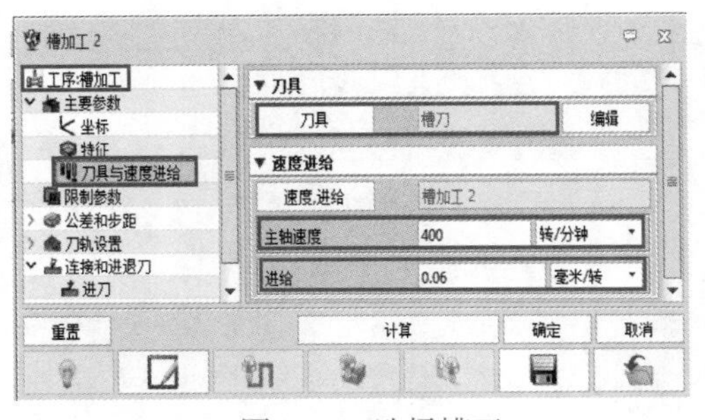

图 6-85　选择槽刀

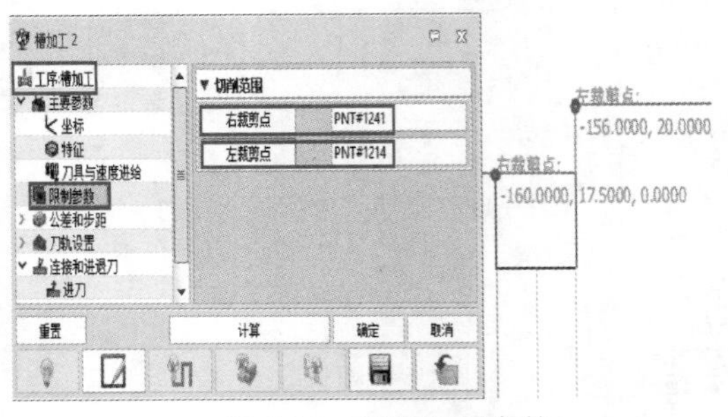

图 6-86　设置限制参数

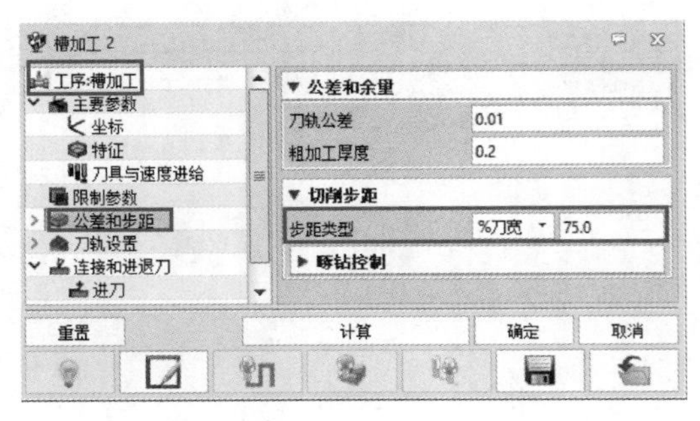

图 6-87　设置公差和步距

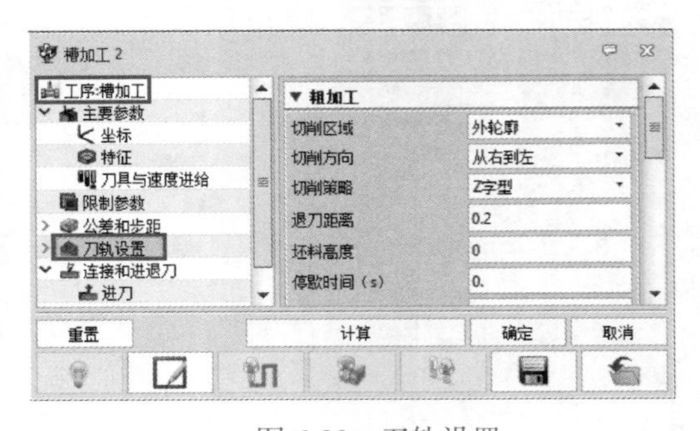

图 6-88　刀轨设置

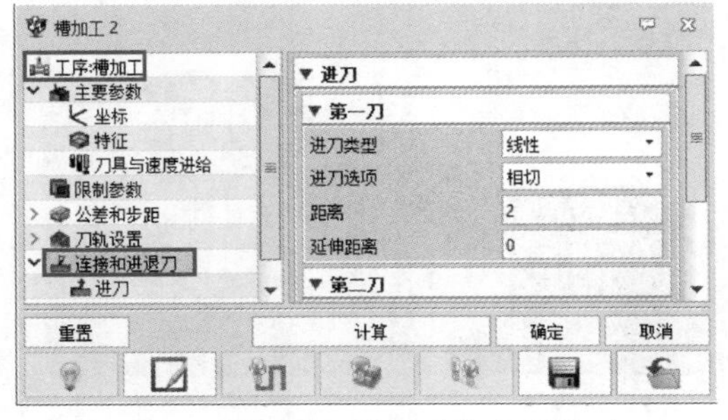

图 6-89　设置连接和进退刀

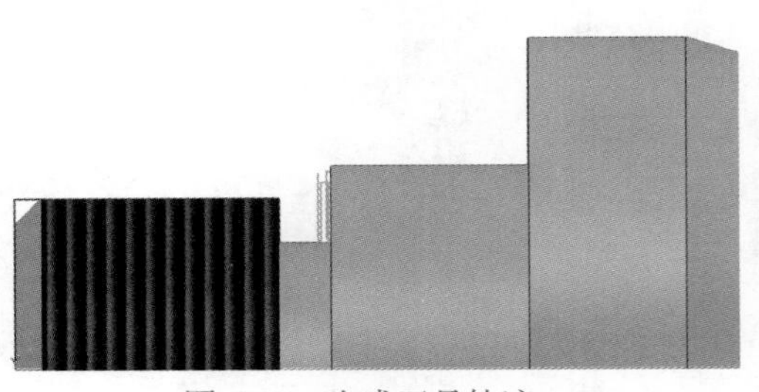

图 6-90　生成刀具轨迹

13. 工序 9：左侧切螺纹

在“管理器”中选择“工序”，单击右键，在弹出的快捷菜单中选择“插入工序”选项。在“工序类型”中选择“螺纹”。在“管理器”中“工序”下拉菜单中，出现“螺纹 2”工序，双击“螺纹 2”，在弹出的“螺纹 2”对话框中，“坐标”选择“坐标 2”（图 6-91），“特征”选择“添加”，弹出“选择特征”对话框，选择“轮廓 1”（图 6-92），其他参数设置如图 6-93 ～图 6-97 所示，图 6-98 显示了结果。

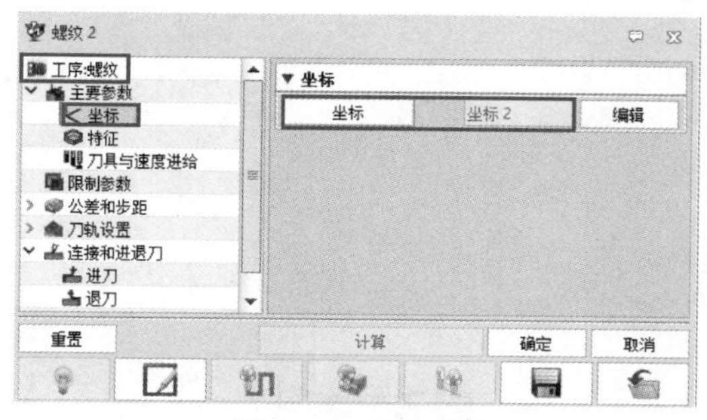

图 6-91　选择坐标

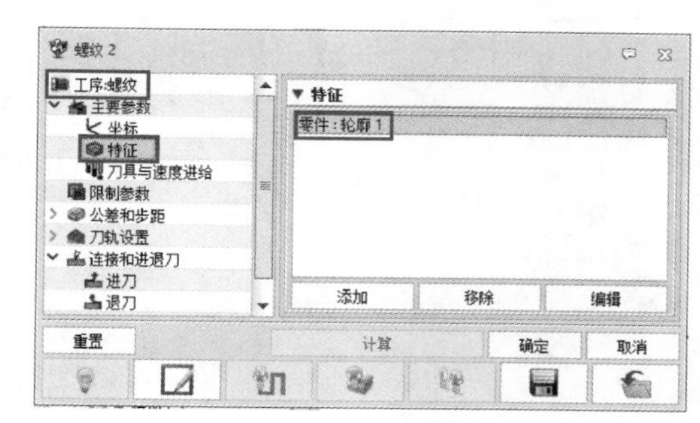

图 6-92　选择特征

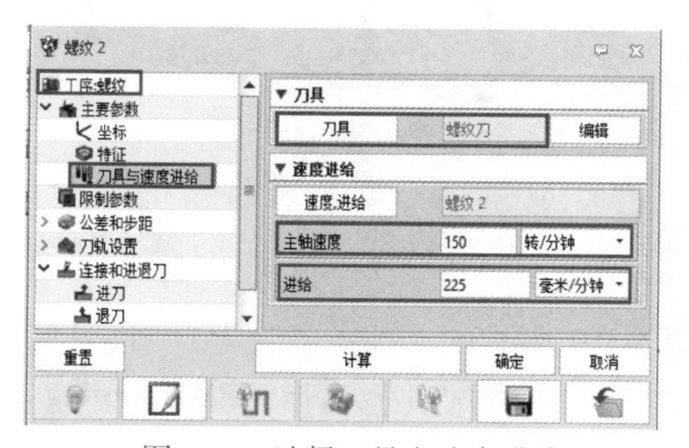

图 6-93　选择刀具和速度进给

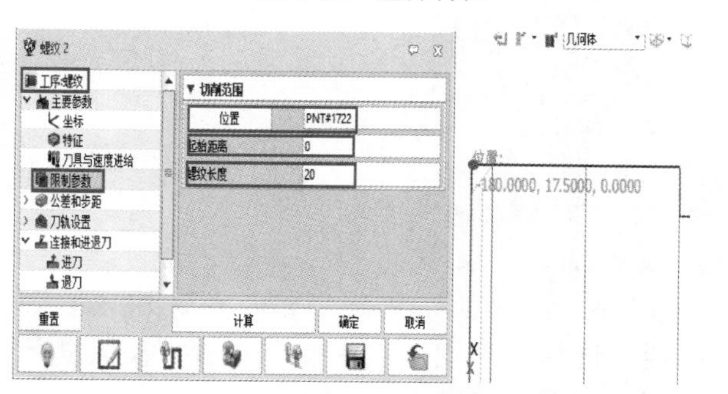

图 6-94　设置限制参数

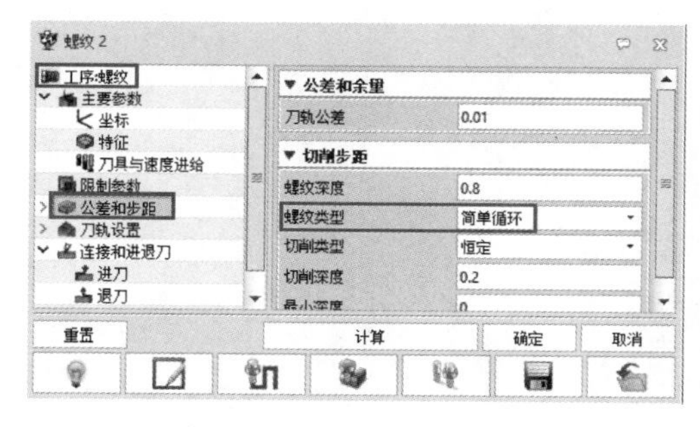

图 6-95　设置公差和步距

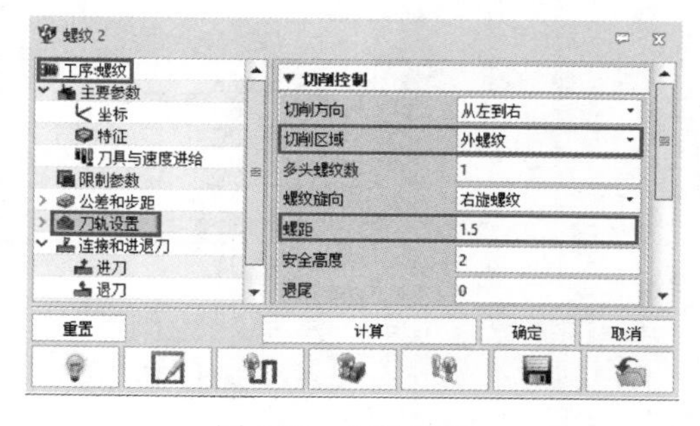

图 6-96　刀轨设置

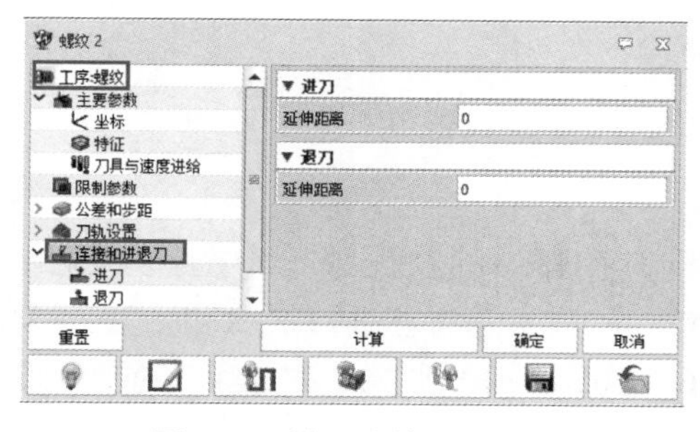

图 6-97　设置连接和进退刀

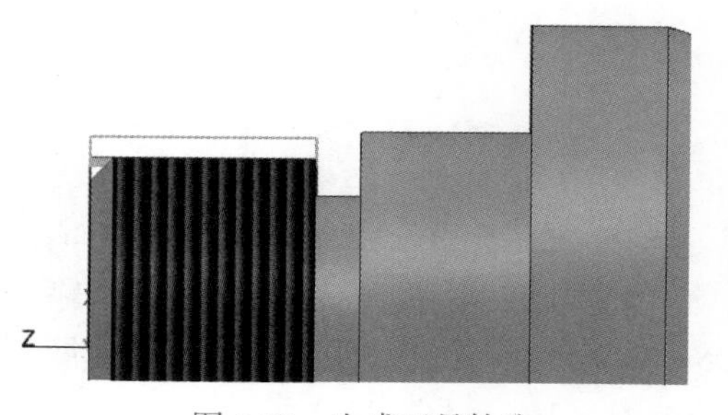

图 6-98　生成刀具轨迹

14. 实体仿真

仿真及后处理

选择“管理器”中的“工序”，单击右键，选择“实体仿真”选项，进入“实体仿真进程”对话框，如图 6-99 所示，仿真结果如图 6-100 所示。

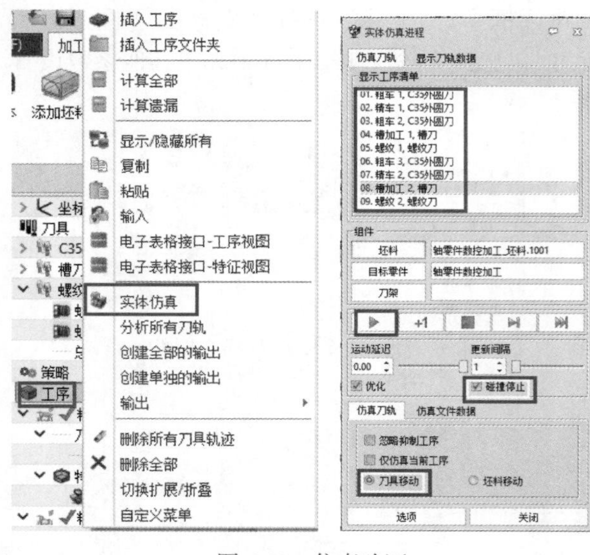

图 6-99　仿真验证

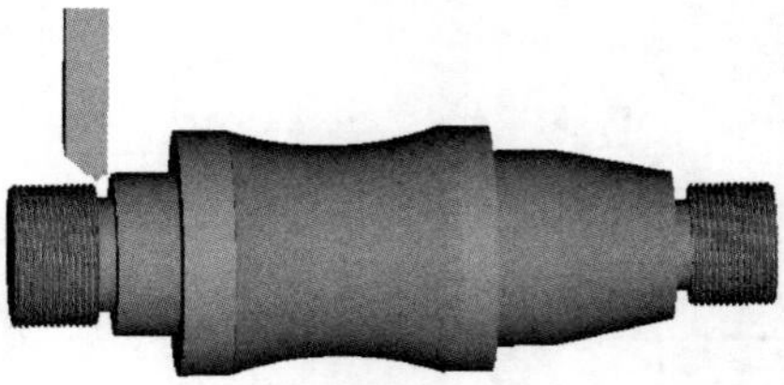

图 6-100　验证结果

15. 程序输出

① 设置加工设备。

选择“管理器”中的“设备”，双击，进入如图 6-101 所示的“设备管理器”对话框，“类别”选择“车削”，“子类”选择“旋转头”，“后置处理器配置”选择“ZW_Turning_Fanuc”，最后单击“确定”按钮。

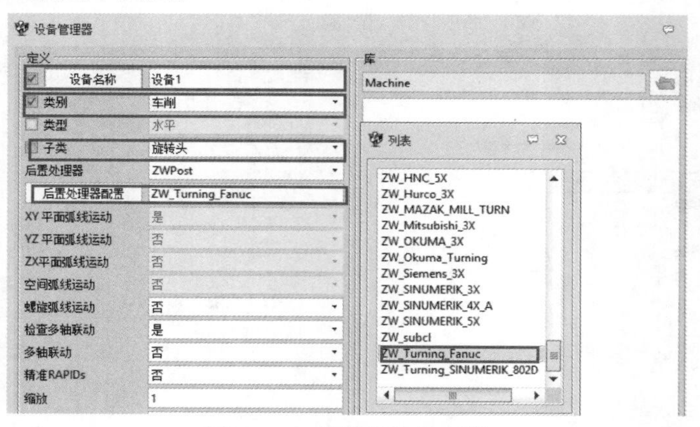

图 6-101　设置设备管理器

② 后置处理。

选择“管理器”中的“工序”选项，单击右键，在弹出的快捷菜单中选择“输出”选项。在“输出”的子菜单中选择“输出所有 NC”选项，选择坐标 1 的加工工序，如图 6-102 所示。后置处理及输出程序如图 6-103 ～图 6-105 所示。坐标 2 的加工工序及后置处理如图 6-106 ～图 6-109 所示。

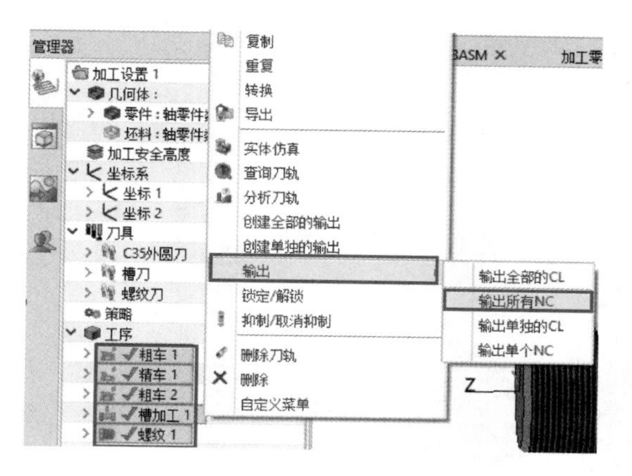

图 6-102　设置输出 NC 代码（坐标 1）

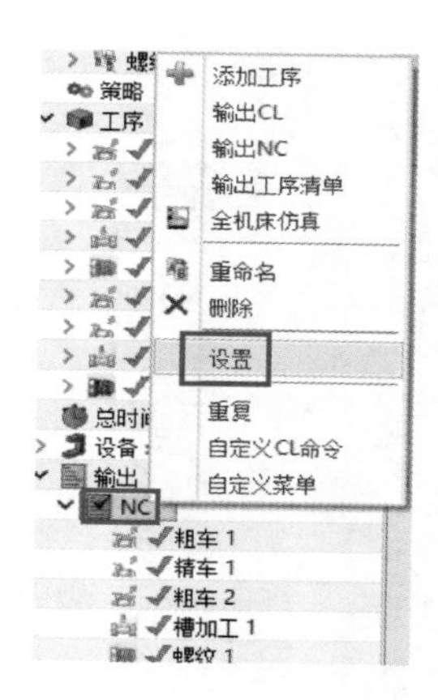

图 6-103　设置 NC

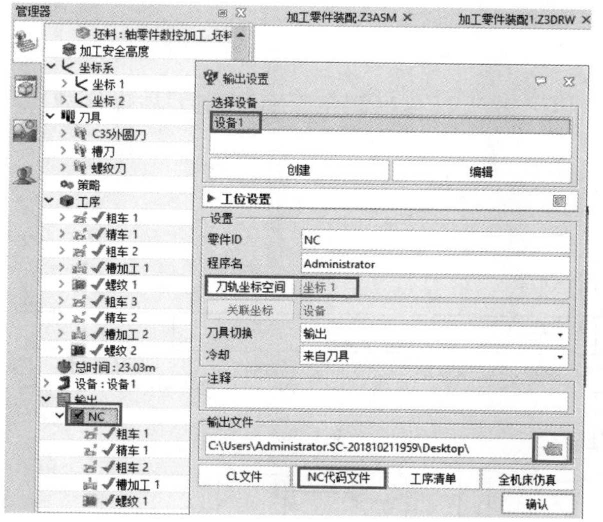

图 6-104　输出设置

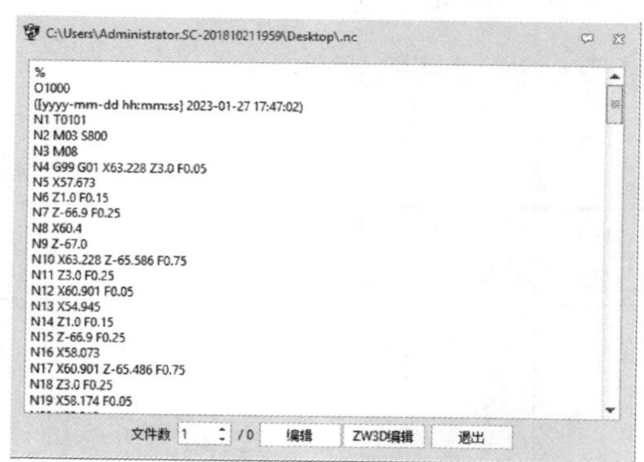

图 6-105　NC 代码

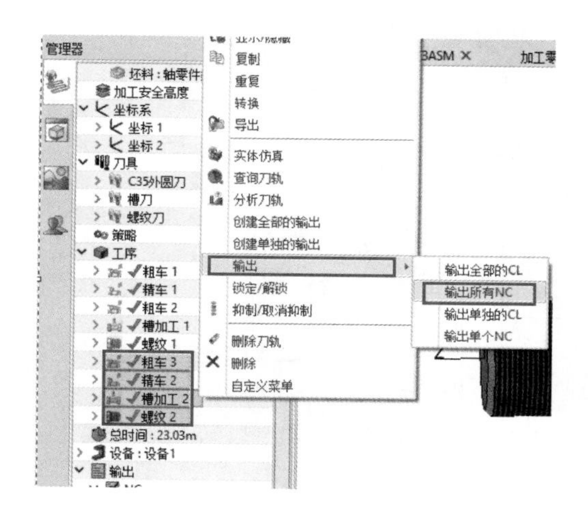

图 6-106　设置输出 NC 代码（坐标 2）

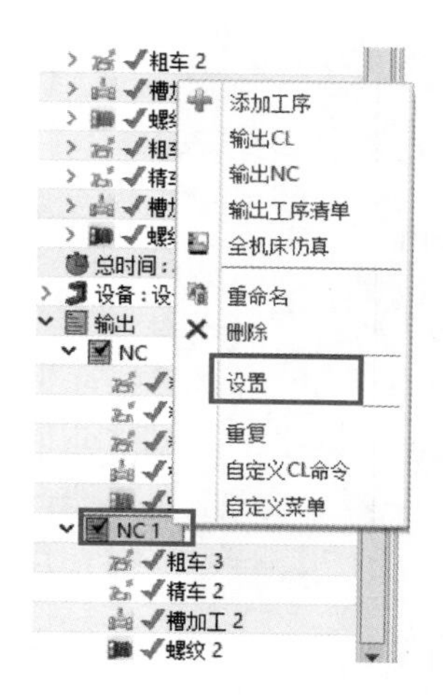

图 6-107　设置 NC1

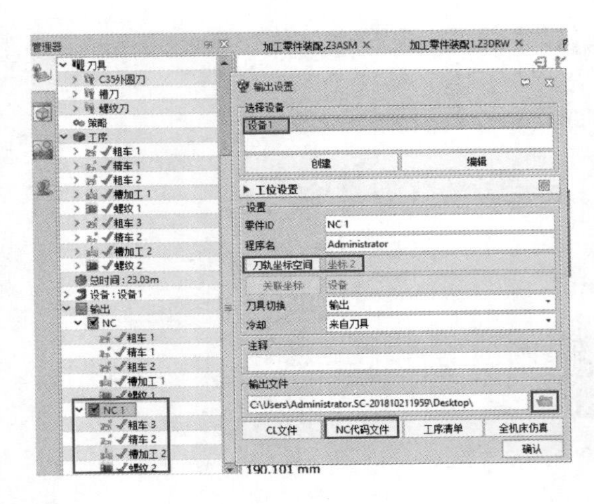

图 6-108　输出设置

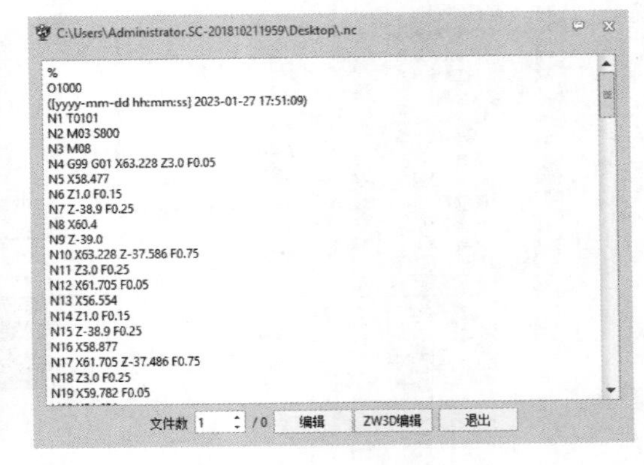

图 6-109　NC1 代码

③ 程序传输至数控车床并加工。

后置处理完毕后，将程序通过传输软件或 CF 卡或 U 盘复制至 CNC，对刀后操作数控车床，就可以加工出对应的零件了。

【填写“课程任务报告”】

课程任务报告

班级		姓名		学号		成绩	
组别		任务名称	外轮廓与螺纹的数控车削			参考课时	4 学时
任务图样	轴和轴套装配图 轴零件工程图						

续表

任务要求	①根据提供的工程图和零件源文件完成零件左右侧加工工序设计 ②制定每个工序的加工参数并进行仿真验证
任务完成过程记录	按照任务的要求进行总结，如果空间不足，可加附页（可根据实际情况，适当安排拓展任务，以供学生分组讨论学习，记录拓展任务的完成过程） 本任务主要通过一个包含外螺纹、外圆弧面、槽为特征的轴类零件，分析其加工工艺，通过中望 3D 的车削模块设置加工参数、设置加工刀具、选择加工设备种类，接着进行后置处理并完成加工。通过对该案例的工艺分析，阐明了切削参数和螺纹加工计算问题，充分体现中望 3D 加工模块中“车削”是如何进行编程的。特别是外轮廓轴类零件的编程，让学生理解加工参数的含义，懂得加工工艺，并能够应用中望 3D 的车削功能，编制轴类外轮廓零件的加工程序。特别要指出的是，加工工艺是依据生产纲领来设定的，同时又受到生产企业现有设备情况及工艺人员经验的影响，因此本案例主要通过该加工工艺来说明中望 3D 的“车削”功能的使用

【任务拓展】

一、知识考核

1. 相比单面加工，零件需要正反面加工时，必须设置（　　）。

A. 毛坯　　B. 坐标系　　C. 工序　　D. 刀具

2. 零件设置加工工序时，对加工精度要求较高时，应设置（　　）。

A. 粗加工、精加工　　B. 只有粗加工

C. 只有精加工　　D. 2 次粗加工，1 次精加工

3. 加工零件时，考虑时间因素，加工应考虑（　　）。

A. 若非重要面，应优先考虑粗加工　　B. 只进行粗加工，不进行精加工

C. 只进行精加工，不进行粗加工　　D. 对重要面只进行粗加工

4. 车削加工时，可以采用哪些工序？不包括（　　）。

A. 端面　　B. 粗加工　　C. 精加工　　D. 分层

5. 中望 3D 数控加工流程不包括手动编程。（　　）

6. 中望 3D 加工模块不包括车削。（　　）

二、技能考核

按照图 5-62 绘制的箱体三维模型设置数控车削工序，仿真运行，生成加工程序，保存并展示分享。

任务二　内、外轮廓与内螺纹的数控车削

【知识目标】

◎ 掌握数控车削加工工序中的粗加工、精加工、钻孔、切螺纹。

◎ 掌握中望 3D 数控车削内轮廓编程的流程及对应参数的含义和使用。

◎ 掌握数控车削内孔刀的型号、种类、选择要领及加工注意事项。

【技能目标】

◎ 能根据要求创建数控车削加工方案。

◎ 能根据要求制定数控车削轮廓粗加工、内外轮廓精加工、钻孔、内螺纹切削加工等工艺参数。

【素养目标】

◎ 将机械加工与计算机绘图相关知识融入数控车床加工方案中，结合企业生产工艺方案，让学生感受到数控车削加工的重要性。

◎ 通过零部件加工设计教学和生产实际数控车削加工案例培养学生遵守劳动规范、强化精益求精意识。

◎ 本任务为启发式教学，通过小组完成任务，培养学生团队协作意识。

【任务描述】

任务二主要完成轴套零件加工，如图 6-110 所示。

要求：

① 根据提供的工程图和零件源文件完成零件左右侧加工工序设计。

② 制定每个工序的加工参数并进行仿真验证。

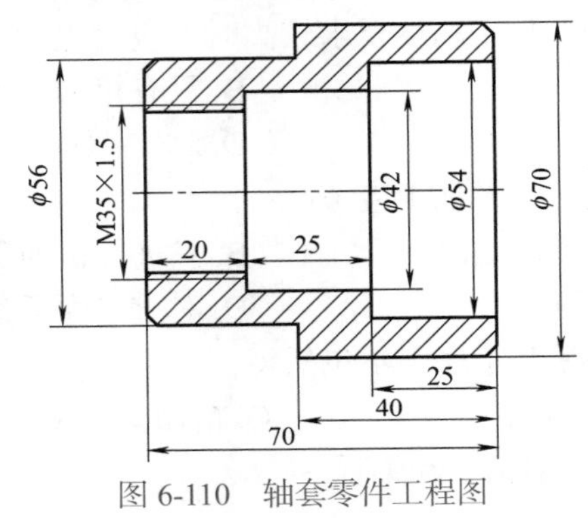

图 6-110　轴套零件工程图

【任务实施】

一、任务方案设计

从图 6-110 可以看出，这是一个包含外轮廓、孔、内轮廓、内螺纹的轴套零件，基本涵盖了数控车床内外轮廓的常见加工内容，有一定的加工难度。从加工工艺的角度出发，合理安排加工工艺，重点要考虑内轮廓加工、内螺纹加工，还要合理设置加工参数及切削用量。综合以上考虑，拟定如表 6-3 所示的加工工序表。

表 6-3　加工工序

工序	工序内容	s/（r/min）	F/（mm/r）	T	余量 /mm	说明
1	粗车左侧外轮廓	800	0.25	75°外圆刀（1# 刀）	径向 0.2 轴向 0.1	至 ϕ70mm 左端点处
2	精车左侧外轮廓	1100	0.12	75°外圆刀（1# 刀）	0	至 ϕ70mm 左端点处
3	钻孔	600	0.25	ϕ20 麻花钻	0	通孔

续表

工序	工序内容	s/（r/min）	F/（mm/r）	T	余量 /mm	说明
4	粗车右侧内轮廓	1200	0.2	75°外圆刀（1# 刀）	径向 0.2 轴向 0.1	退刀延长 1mm
5	精车右侧内轮廓	1600	0.1	75°外圆刀（1# 刀）	0	退刀延长 1mm
6	车内螺纹	150	1.5	60°内螺纹刀（3# 刀）	0	至 *R*75 右端点处

注意：本加工工艺以单件小批量生产为纲领，加工工艺是随着零件的生产纲领而变化的，对于中间孔，正常工艺是中心钻、小钻头钻、大钻头钻、扩孔等工序。精度要求高的表面还需铰孔等工序。本案例采用 ϕ20mm 钻头直接钻孔，实际加工时需要采用正常工艺进行加工，特此说明。

内外轮廓加工参数设置

根据轴零件加工工序表制定具体加工步骤见表 6-4。

表 6-4　内、外轮廓零件加工步骤设计

步骤	1. 建立加工零件模板	2. 添加坯料	3. 设置坐标系	4. 设置刀具
图示				
步骤	5. 工序 1：粗车左侧外轮廓	6. 工序 2：精车左侧外轮廓	7. 工序 3：钻孔	8. 工序 4：粗车右侧内轮廓
图示				
步骤	9. 工序 5：精车右侧内轮廓	10. 工序 6：车内螺纹	11. 实体仿真	
图示				

二、参考操作步骤

1. 建立加工零件模板

① 单击“打开”按钮，弹出“打开”对话框，选择“内外轮廓零件加工 1.Z3PRT”文件，单击“打开”按钮，进入零件界面。注意：打开文件的后缀为 .Z3PRT，如图 6-111、图 6-112 所示。

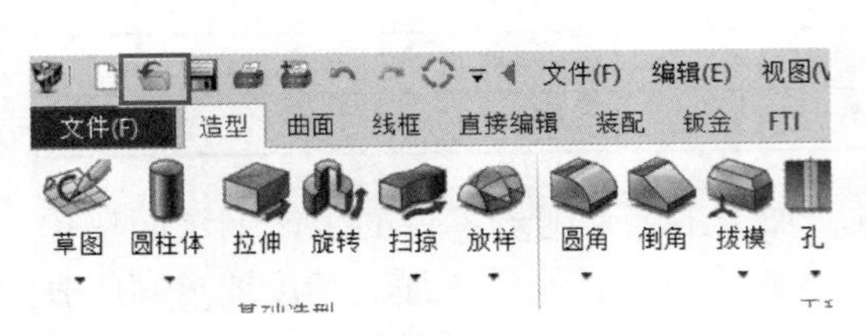

图 6-111 单击“打开”按钮

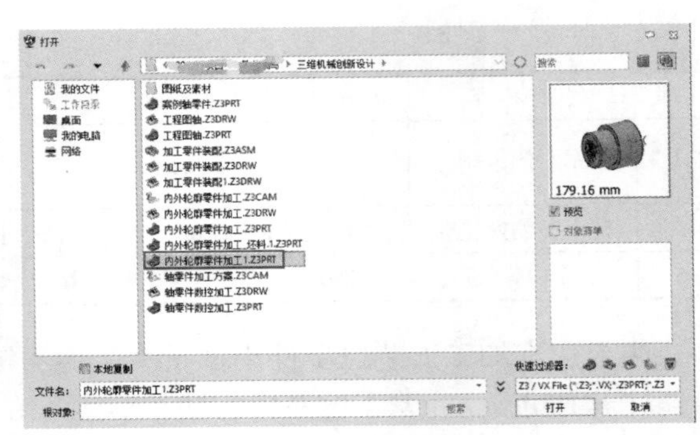

图 6-112 打开零件

② 进入加工方案。打开并进入零件界面（图 6-113），在绘图界面右击，在弹出的快捷菜单中选择“加工方案”选项，选择默认模板，如图 6-114 所示，进入零件加工方案，如图 6-115 所示。

2. 添加坯料

选择“添加坯料”选项卡的“圆柱体”命令，坐标轴选择 X 轴正半轴，参数设置如图 6-116 所示，单击“确定”按钮，弹出是否隐藏坯料提示框，单击“是”按钮（图 6-117）。

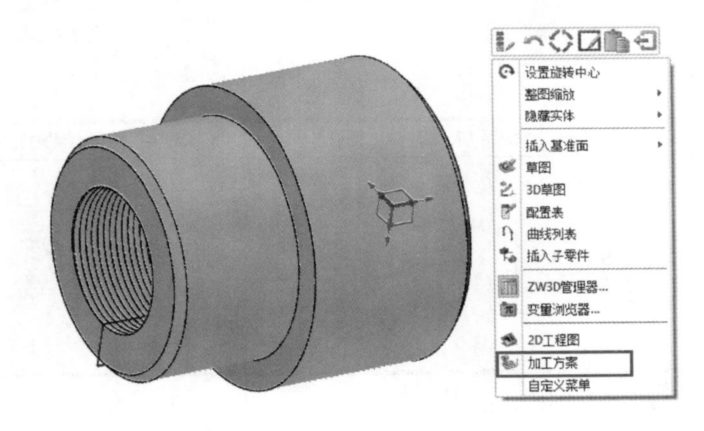

图 6-113 选择加工方案

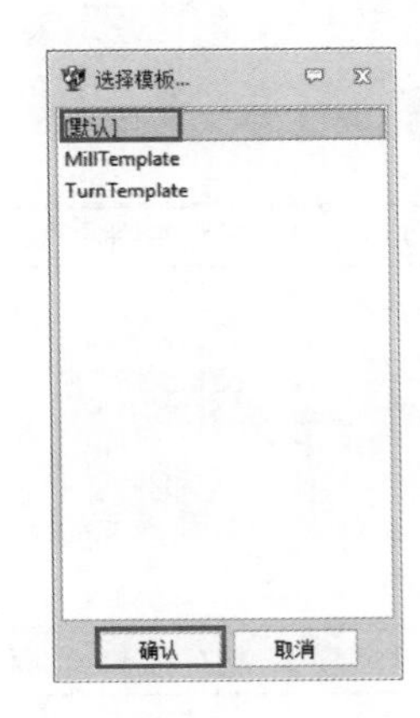

图 6-114 设置默认模板

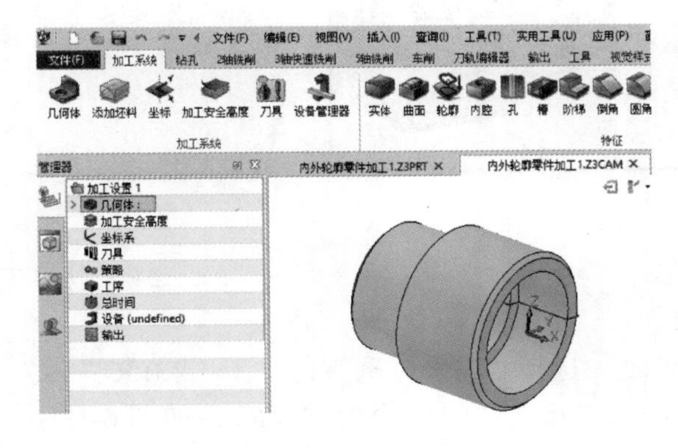

图 6-115 进入零件加工方案

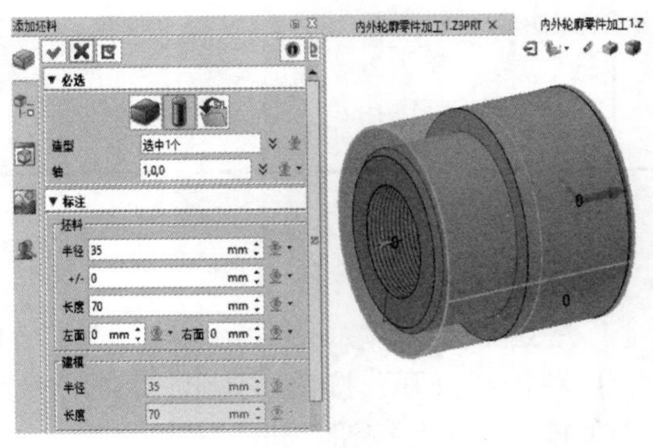

图 6-116 添加坯料

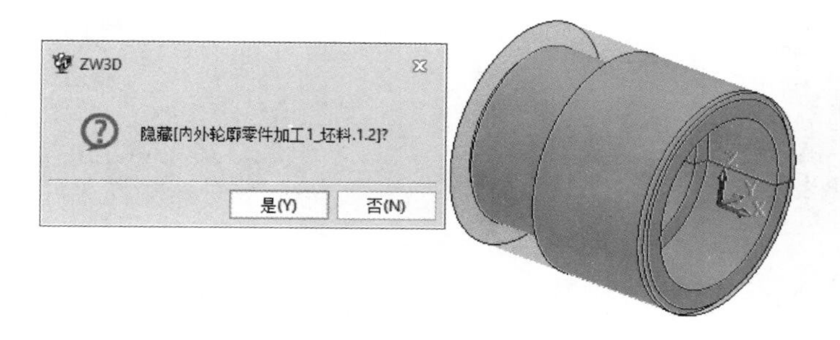

图 6-117　隐藏毛坯

3. 设置坐标系

选择“坐标”选项卡（图 6-118），依据加工工序表的安排，先加工左端，后加工右端，设置右端坐标系（图 6-119 ～图 6-121），生成右端坐标系坐标 1（图 6-122），左端坐标系坐标 2 设置方式与右端一样，生成左端坐标系坐标 2（图 6-123）。

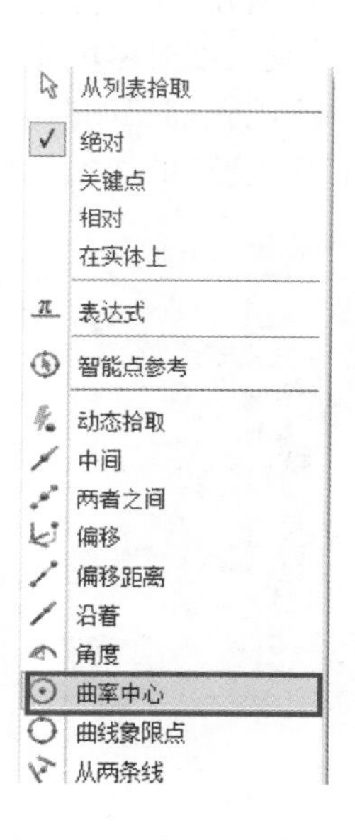

图 6-118　创建基准面　　图 6-119　选择曲率中心

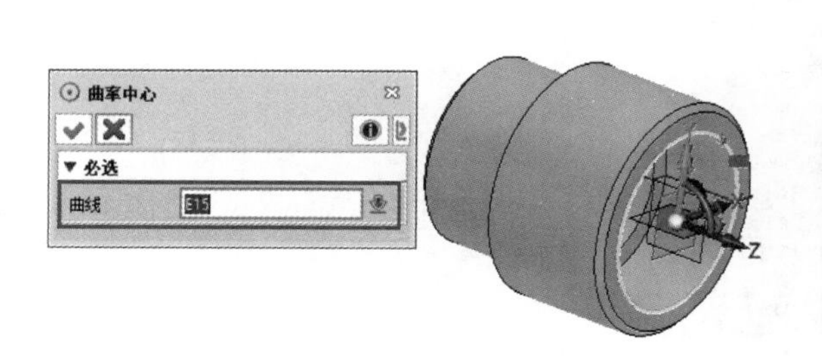

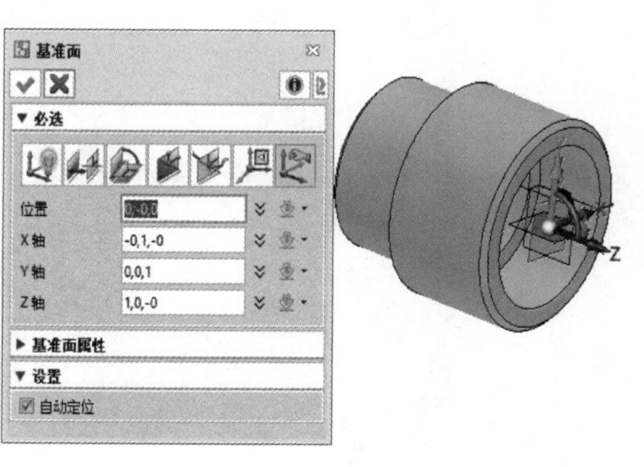

图 6-120　选中端面圆曲线　　图 6-121　完成基准面选择

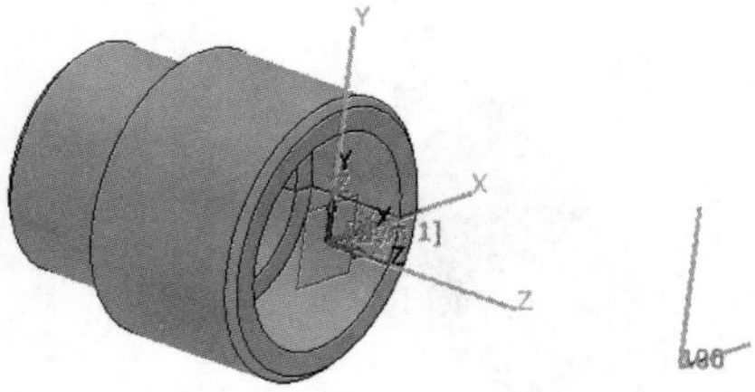

图 6-122 完成坐标 1 创建

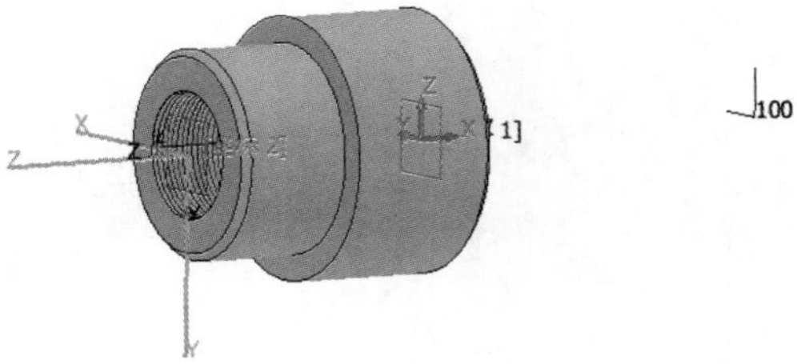

图 6-123 完成坐标 2 创建

4. 设置刀具

选择“刀具”选项卡，依据加工工序表的安排设置刀具，分别是 d20 钻头（图 6-124 ～图 6-126）、C75 外轮车刀（图 6-127 ～图 6-129）、C75 内轮车刀（图 6-130 ～图 6-132）和螺纹刀（图 6-133 ～图 6-135），后续也可根据实际要求设置刀具。

注意：

① 内孔刀的选择主要以刀具刚性为主，在不干涉的前提下，尽可能选择直径大的刀具，而且装夹长度要尽可能短，避免加工过程中由于振动造成振刀纹或尺寸误差。

② 内孔加工的时候，更要注意车削过程中刀具的断屑，除考虑刀具与加工零件本身的材料外，合理的切削参数也是断屑的另一重要因素。

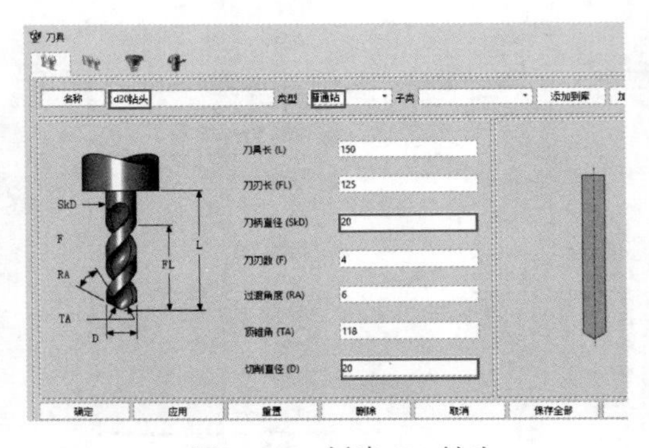

图 6-124 创建 d20 钻头

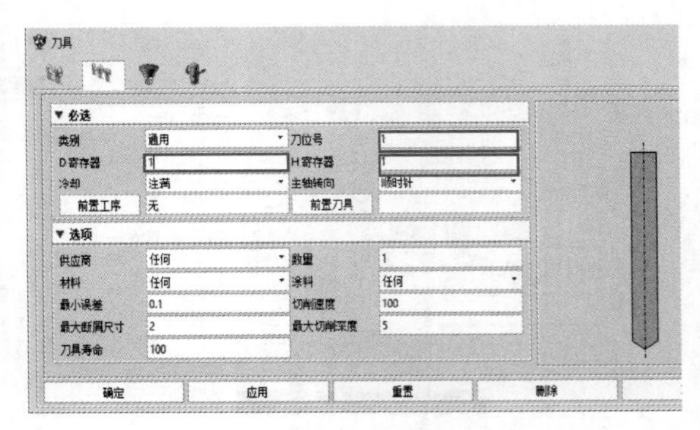

图 6-125 设置 1# 刀

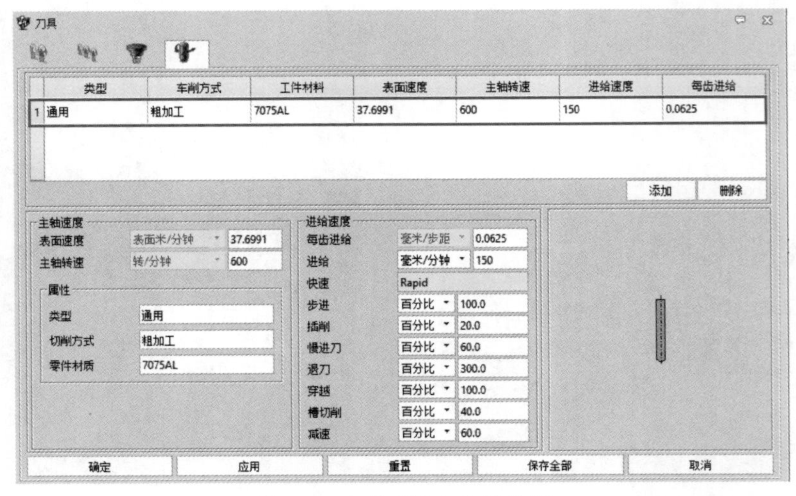

图 6-126 完成钻头参数设置

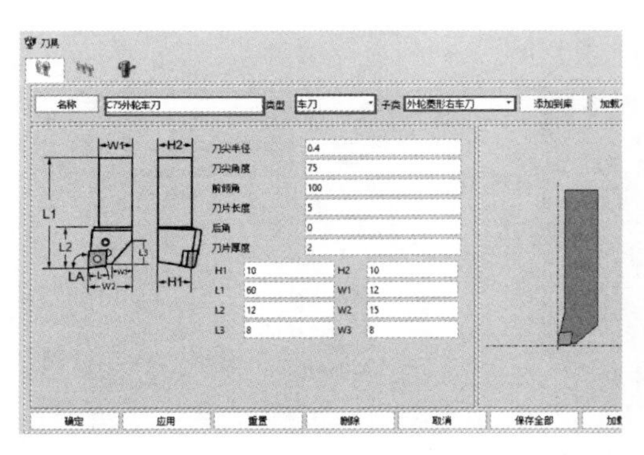

图 6-127　创建 C75 外轮车刀

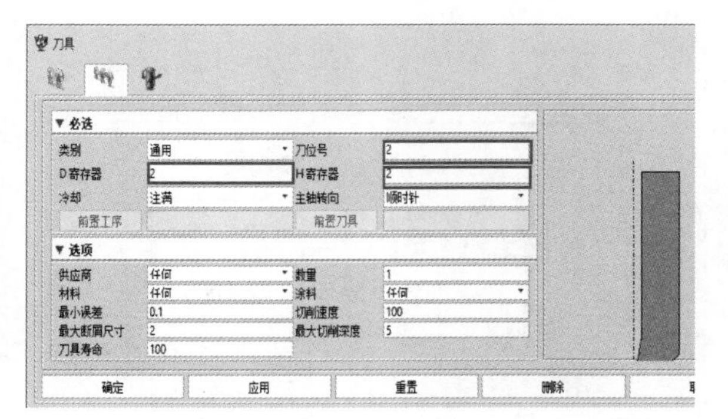

图 6-128　设置 2# 刀

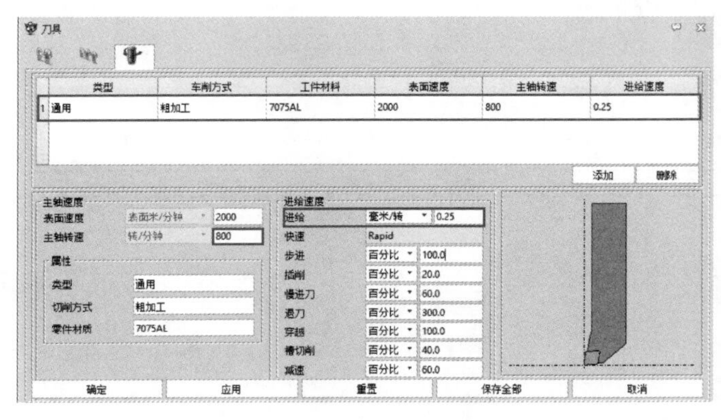

图 6-129　完成车刀参数设置

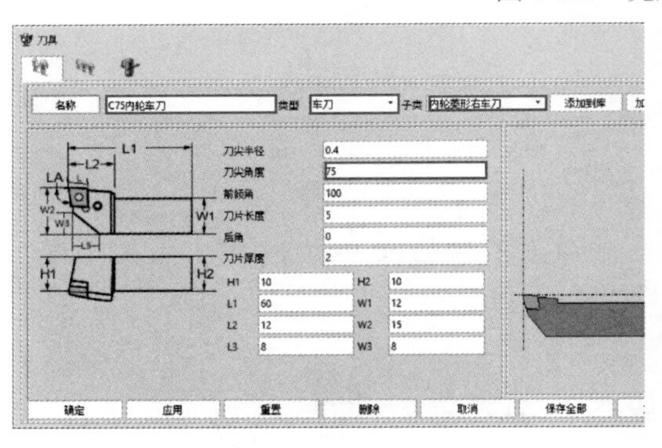

图 6-130　创建 C75 内轮车刀

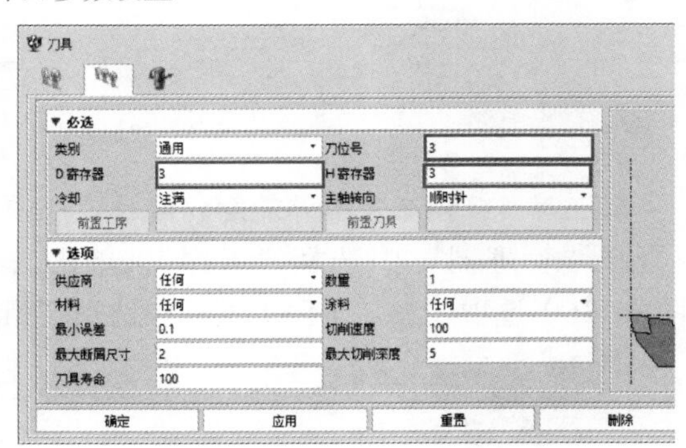

图 6-131　设置 3# 刀

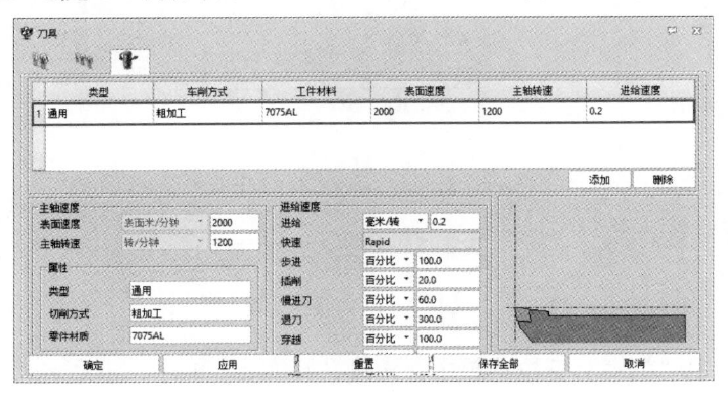

图 6-132　完成车刀参数设置

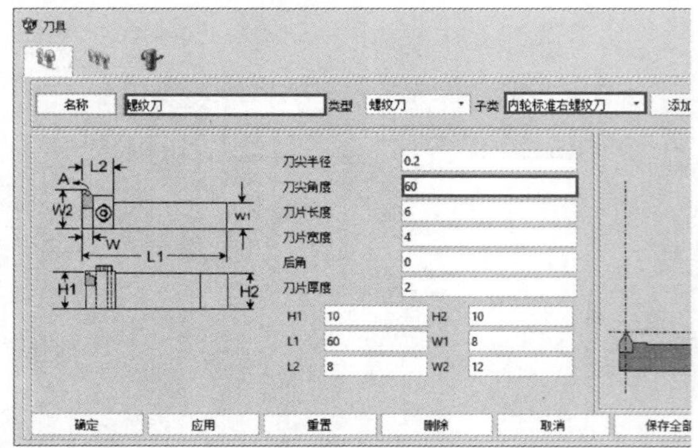

图 6-133 创建螺纹刀

图 6-134 设置 4# 刀

左端外轮廓及通孔加工

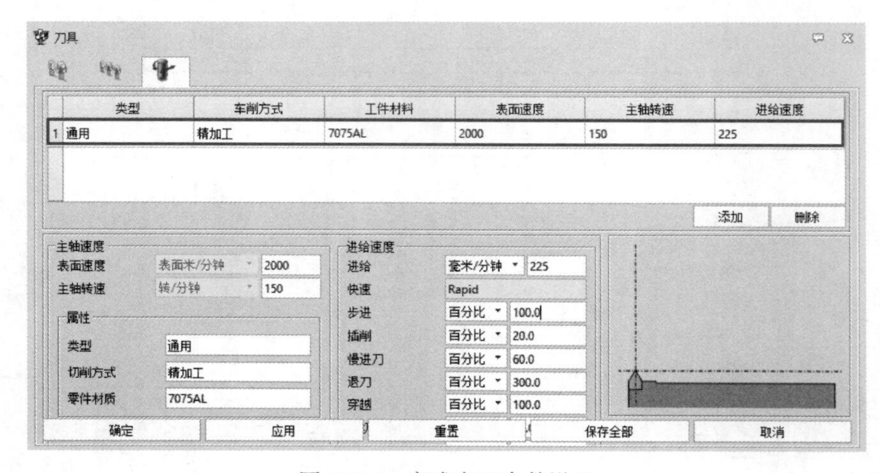

图 6-135 完成车刀参数设置

5. 工序 1：粗车左侧外轮廓

在“管理器”中选择“工序”，单击右键，在弹出的快捷菜单中选择“插入工序”（图 6-136）选项。在“工序类型”中选择“粗车”（图 6-137）。

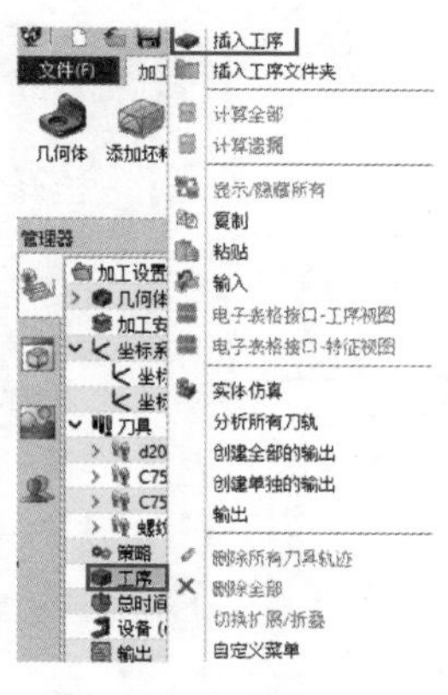

图 6-136 插入工序

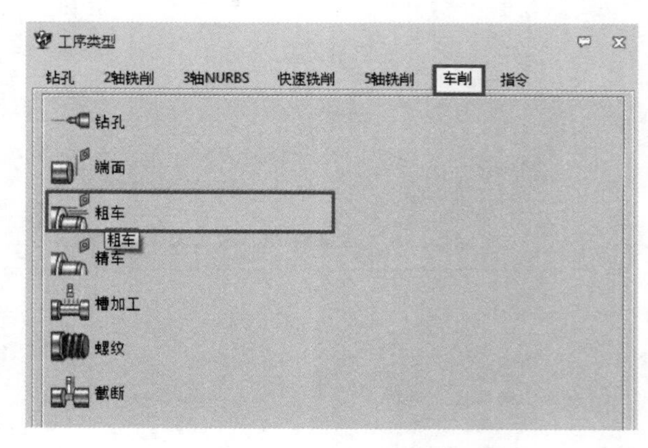

图 6-137 选择粗车

在“管理器”中“工序”下拉菜单中，出现“粗车 1”工序，重命名为“左侧外轮廓粗车”，双击“左侧外轮廓粗车”，在弹出的“左侧外轮廓粗车”对话框中，“坐标”选择“坐标 2”（图 6-138）。设置快捷命令，显示状态选择“线框显示”，视图选择“俯视图”，如图 6-139 所示。“特征”选择“添加”，弹出“选择特征”对话框，选择“轮廓”（图 6-140）选项，设置轮廓特征，如图 6-141 ～图 6-143 所示。

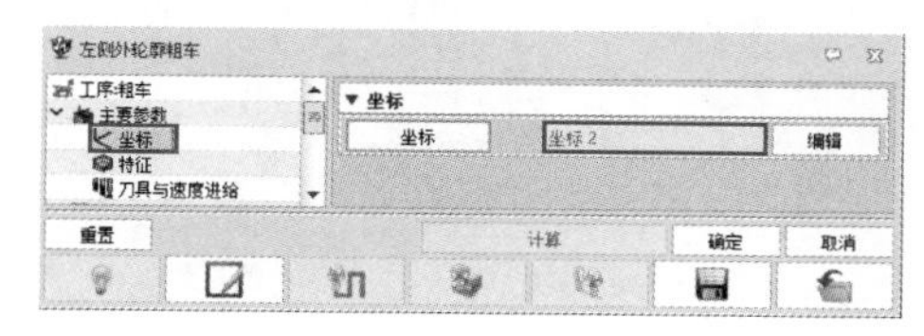

图 6-138　选择坐标

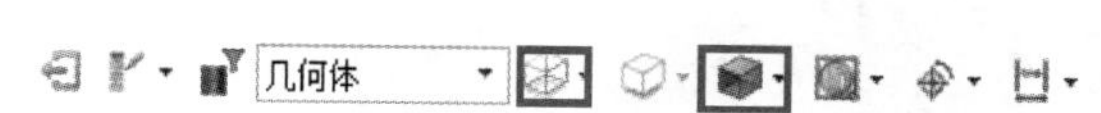

图 6-139　设置快捷命令

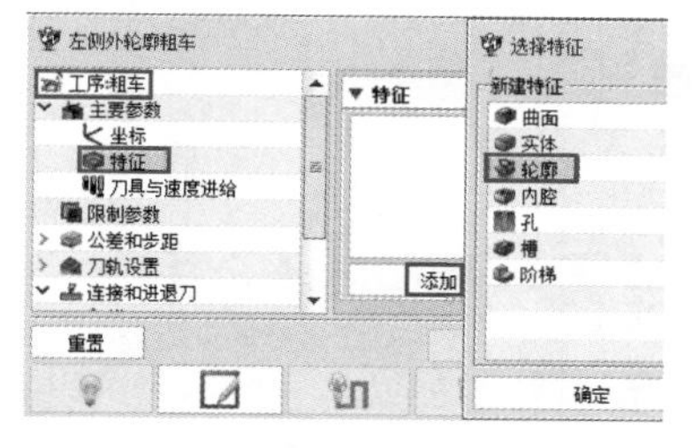

图 6-140　选择特征

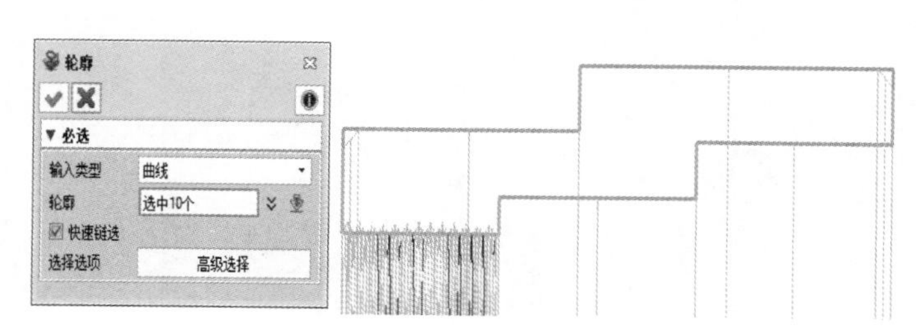

图 6-141　选择轮廓

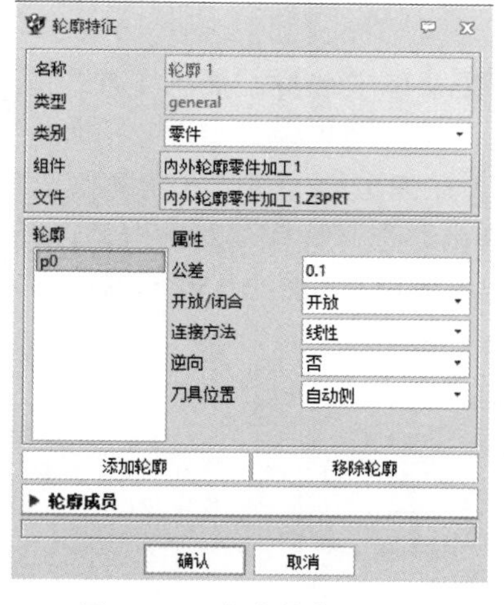

图 6-142　完成轮廓选取

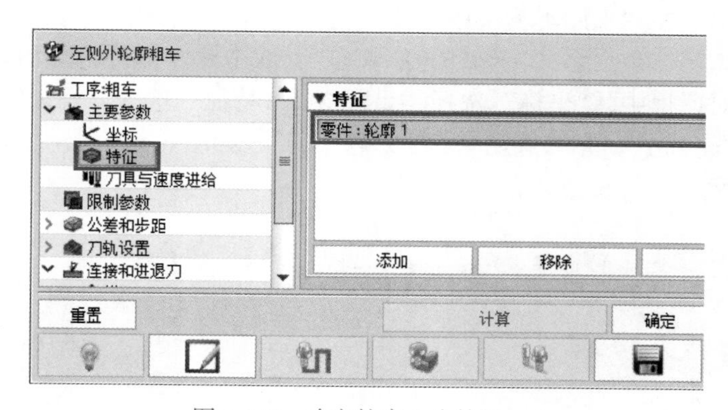

图 6-143　确定轮廓 1 为特征

选择刀具为“C75 外轮车刀”，“主轴速度”为 800r/min，“进给”为 0.25mm/r（图 6-144），其他参数设置如图 6-145 ～图 6-147 所示，图 6-148 显示了结果。

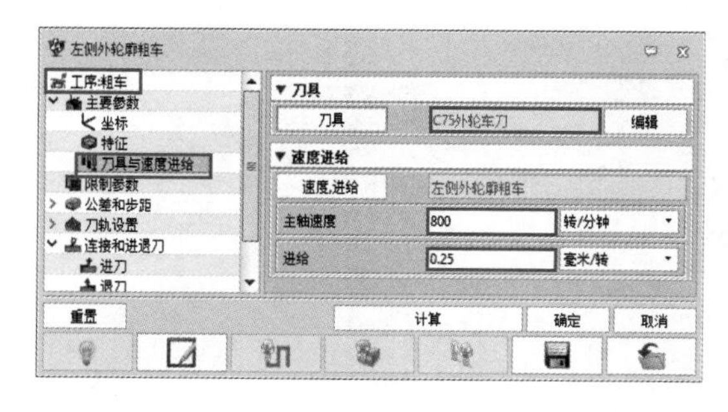

图 6-144　选择刀具

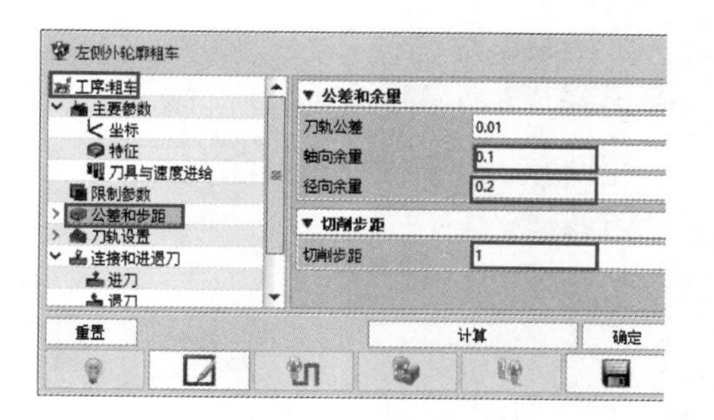

图 6-145　设置公差和步距

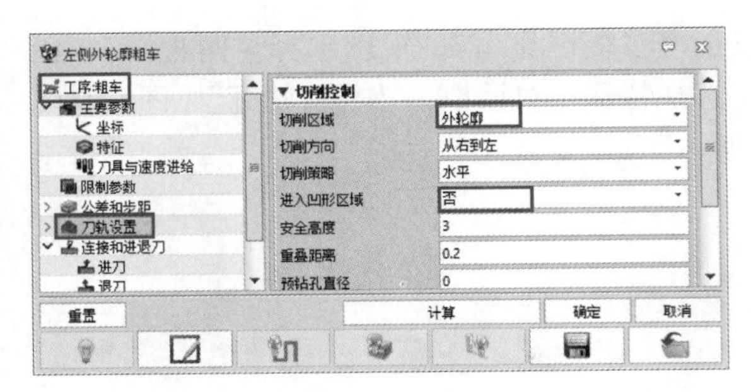

图 6-146　刀轨设置

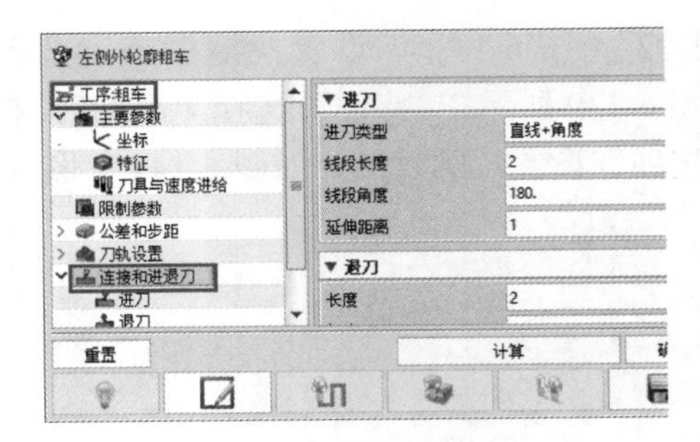

图 6-147　设置连接和进退刀

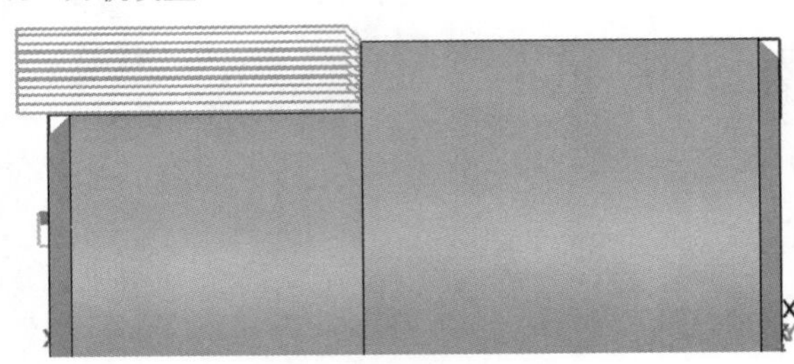

图 6-148　生成刀具轨迹

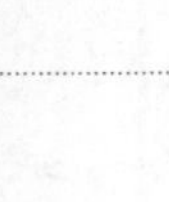

内轮廓、钻孔加工

6. 工序 2：精车左侧外轮廓

在“管理器”中选择“工序”，单击右键，在弹出的快捷菜单中选择“插入工序”选项。在“工序类型”中选择“精车”。在“管理器”中“工序”下拉菜单中，出现“精车 1”工序，重命名“左侧外轮廓精车”，双击“左侧外轮廓精车”，在弹出的“左侧外轮廓精车”对话框中，“坐标”选择“坐标 2”，“特征”选择“添加”，弹出“选择特征”对话框，选择“轮廓 1”，车刀选用“C75 外轮车刀”，如图 6-149 所示。其他参数设置如图 6-150 ～图 6-153 所示，图 6-154 显示了结果。

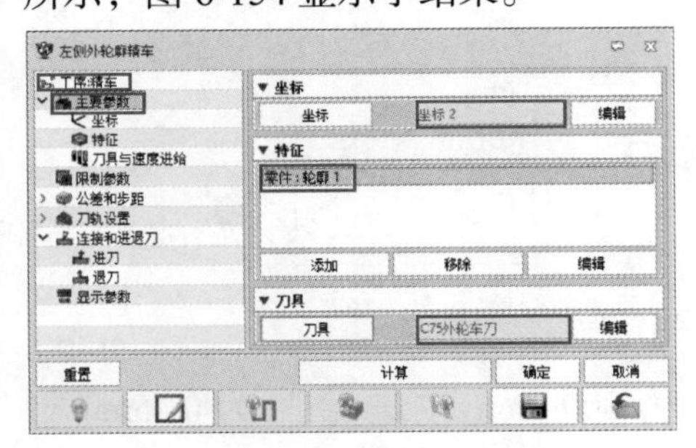

图 6-149　设置主要参数

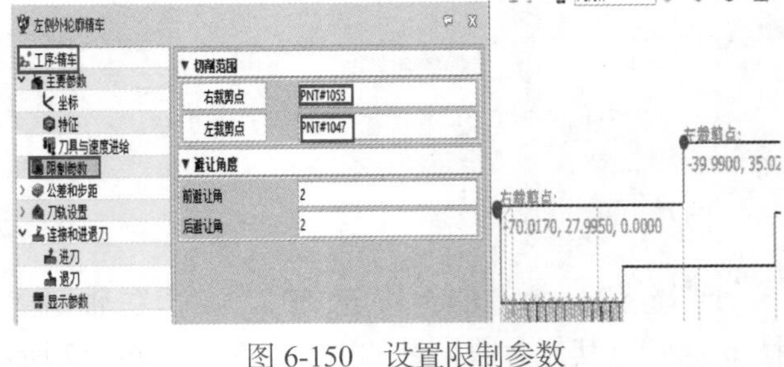

图 6-150　设置限制参数

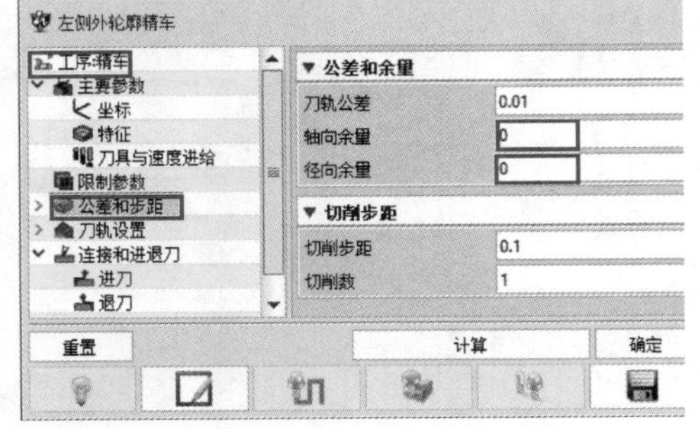

图 6-151　设置公差和步距

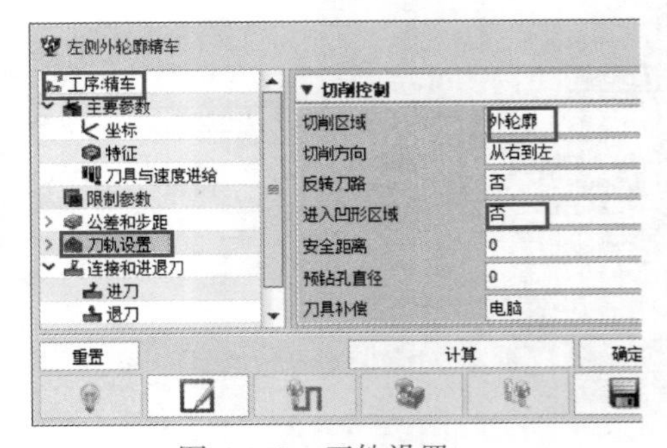

图 6-152　刀轨设置

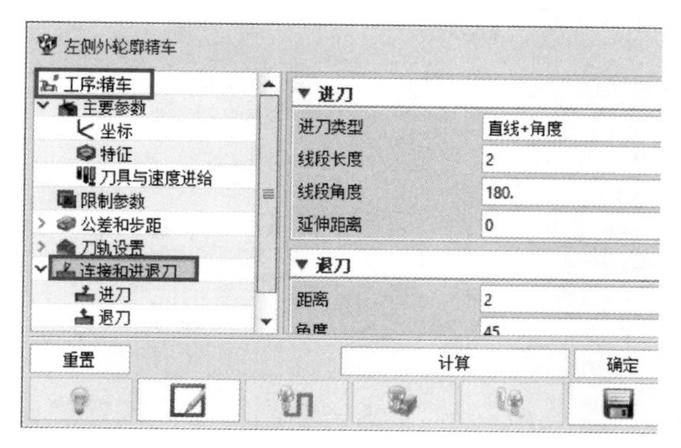

图 6-153　设置连接和进退刀

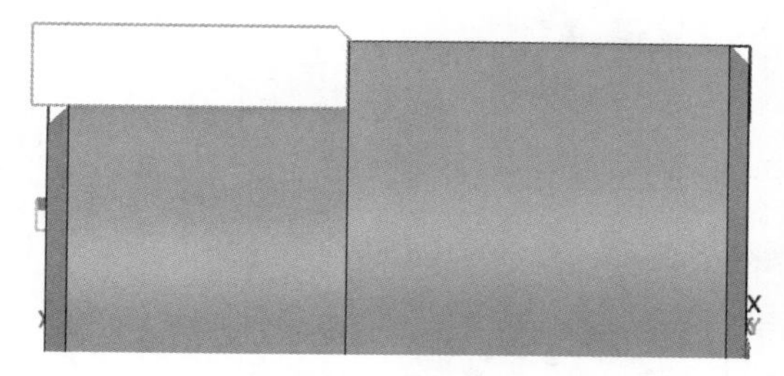

图 6-154　生成刀具轨迹

7. 工序 3：钻孔

在“管理器”中选择“工序”，单击右键，在弹出的快捷菜单中选择“插入工序”选项。在“工序类型”中选择“钻孔”。在“管理器”中“工序”下拉菜单中，出现“钻孔”工序，双击“钻孔”，在弹出的“钻孔”对话框中，“坐标”选择“坐标 2”，“特征”选择“添加”，弹出“选择特征”对话框，选择“零件、坯料”，钻头选用“d20 钻头”，如图 6-155 所示。其他参数设置如图 6-156 ～图 6-158 所示，图 6-159 显示了结果。

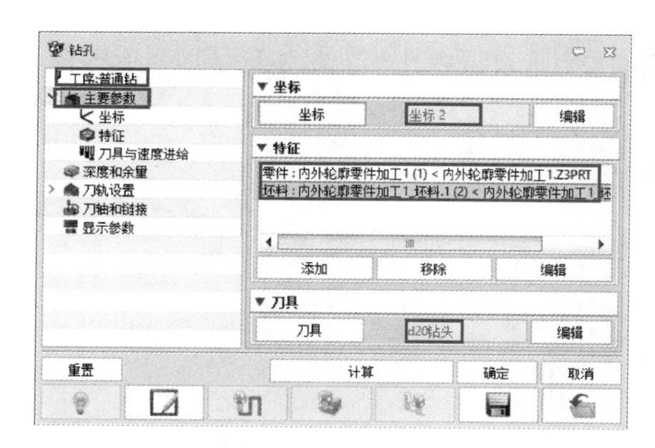

图 6-155　设置主要参数

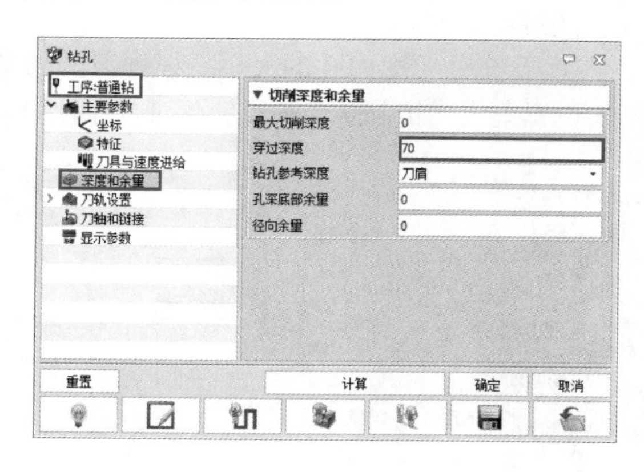

图 6-156　设置深度和余量

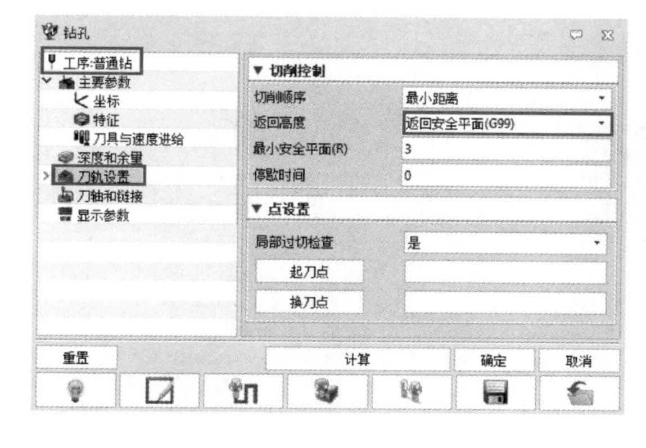

图 6-157　刀轨设置

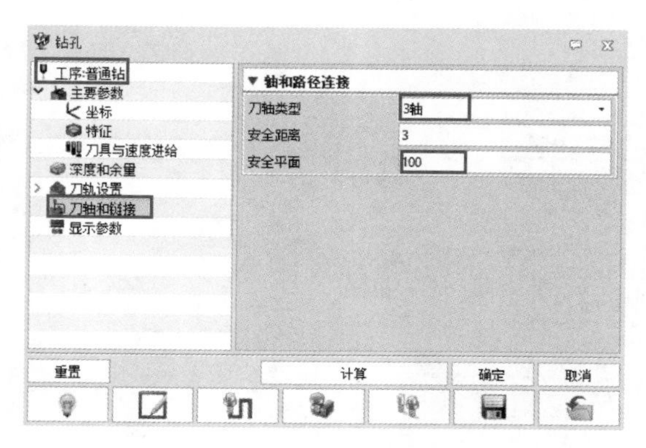

图 6-158　设置刀轴和链接

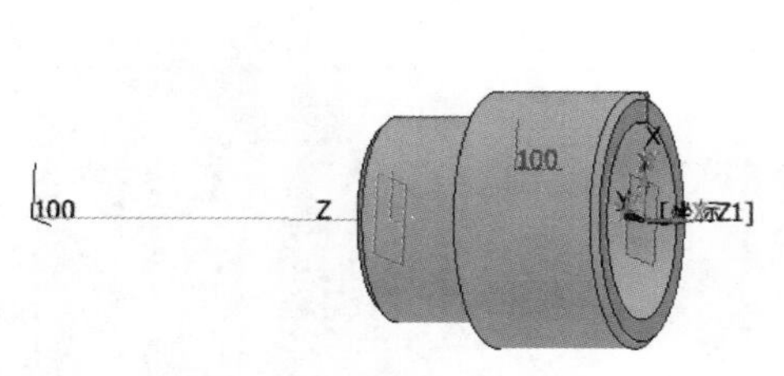

图 6-159　生成刀具轨迹

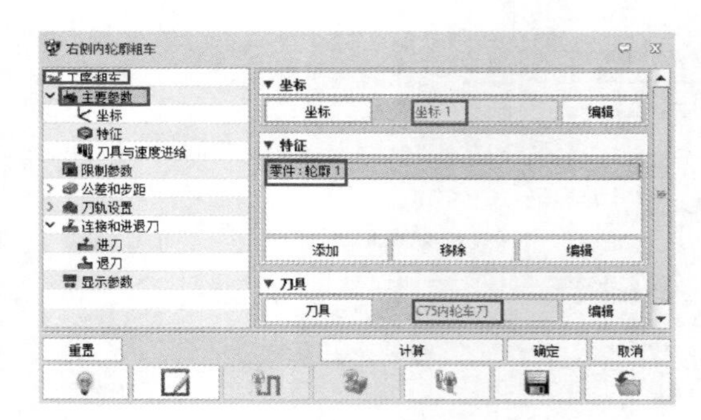

图 6-160　设置主要参数

8. 工序 4：粗车右侧内轮廓

在“管理器”中选择“工序”，单击右键，在弹出的快捷菜单中选择“插入工序”选项。在“工序类型”中选择“粗车”。在“管理器”中“工序”下拉菜单中，出现“粗车”工序，重命名为“右侧内轮廓粗车”，双击“右侧内轮廓粗车”，在弹出的“右侧内轮廓粗车”对话框中，“坐标”选择“坐标 1”，“特征”选择“添加”，弹出“选择特征”对话框，选择“轮廓 1”，车刀选择“C75 内轮车刀”，如图 6-160 所示。其他参数设置如图 6-161 ～图 6-164 所示，图 6-165 显示了结果。

注意：

① 要充分考虑内孔的大小，根据刀具的实际大小来设置内孔车刀，注意干涉、退刀值不能设置太大，控制悬身长度，保证切削刚性。

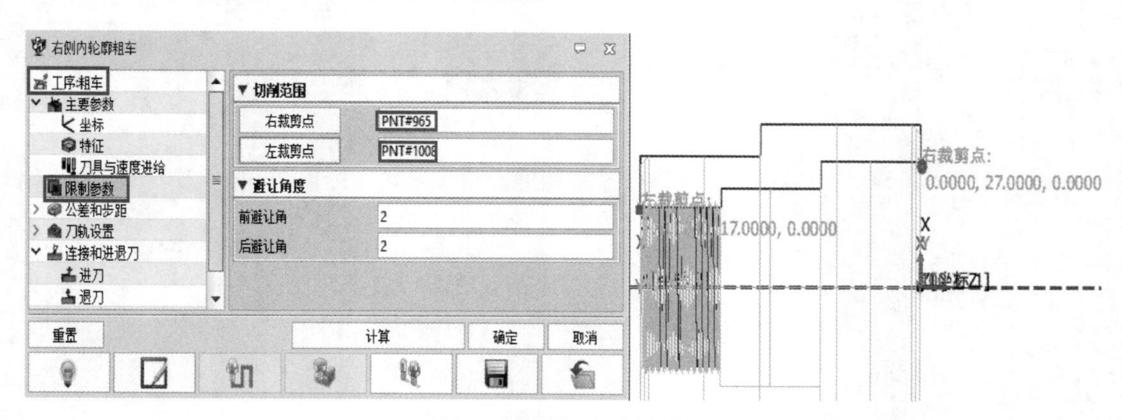

图 6-161　设置限制参数

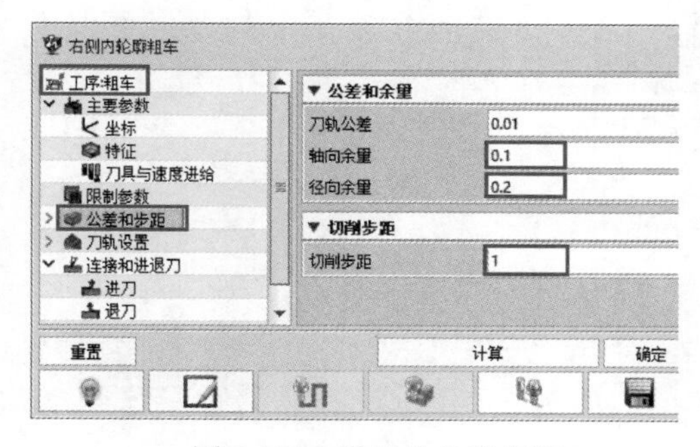

图 6-162　设置公差和步距

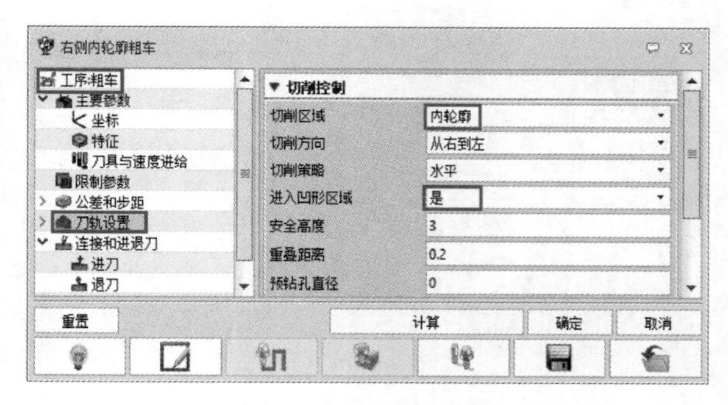

图 6-163　刀轨设置

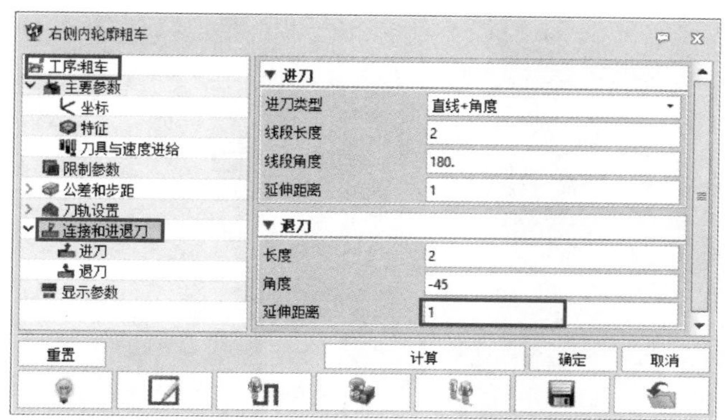

图 6-164　设置连接和进退刀

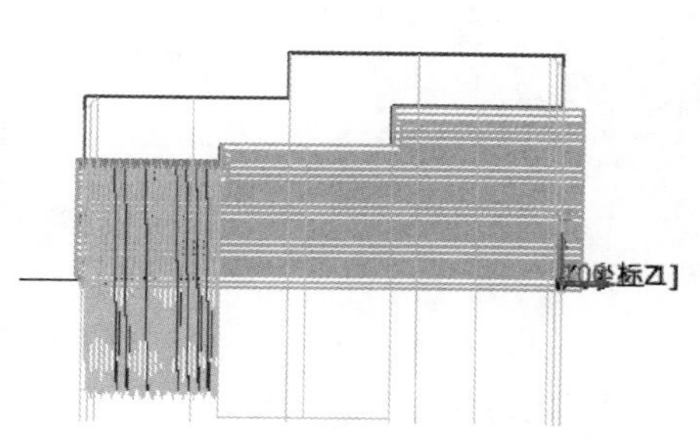

图 6-165　生成刀具轨迹

② 切削参数中，要充分考虑内孔的排屑问题，适当提高主轴速度，减少背吃刀量和进给速度。

③ “切削区域”要选择“内轮廓”，预钻孔直径设置为 22mm，与前面预钻孔的直径相同。

9. 工序 5：精车右侧内轮廓

在“管理器”中选择“工序”，单击右键，在弹出的快捷菜单中选择“插入工序”选项。在“工序类型”中选择“精车”。在“管理器”中“工序”下拉菜单中，出现“精车”工序，重命名为“右侧内轮廓精车”，双击“右侧内轮廓精车”，在弹出的“右侧内轮廓精车”对话框中，“坐标”选择“坐标 1”，“特征”选择“添加”，弹出“选择特征”对话框，选择“轮廓 1”，车刀选择“C75 内轮车刀”，如图 6-166 所示。其他参数设置如图 6-167 ～图 6-170 所示，图 6-171 显示了结果。

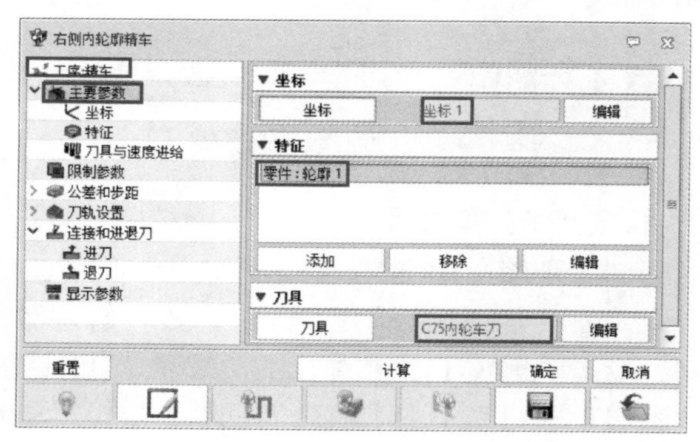

图 6-166　设置主要参数

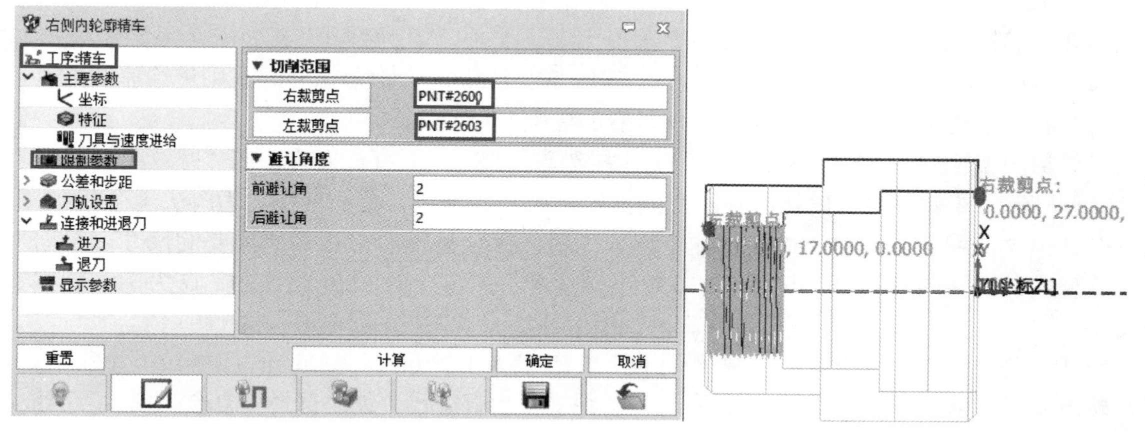

图 6-167　设置限制参数

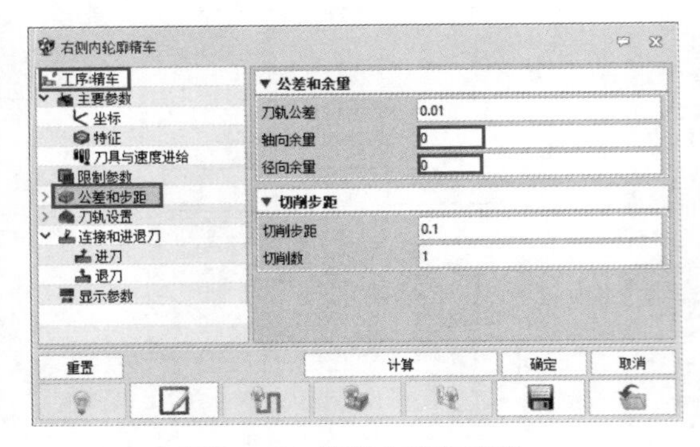

图 6-168　设置公差和步距

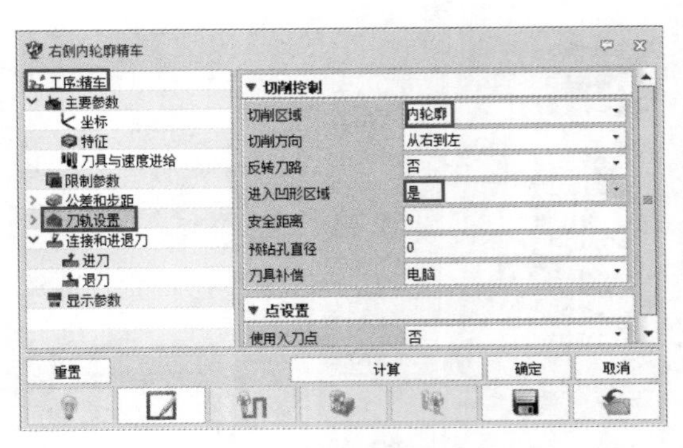

图 6-169　刀轨设置

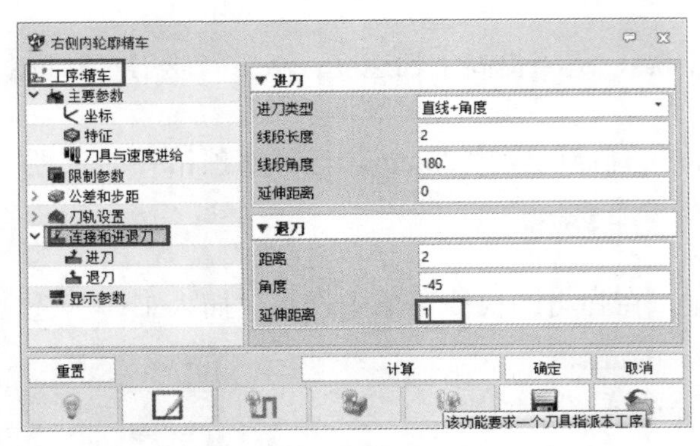

图 6-170　设置连接和进退刀

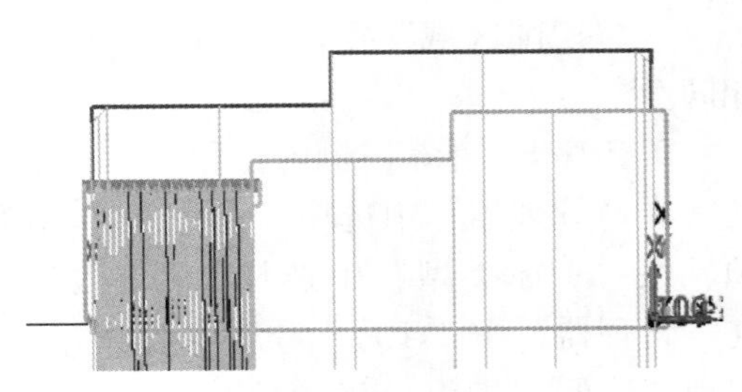

图 6-171　生成刀具轨迹

10. 工序 6：车内螺纹

在“管理器”中选择“工序”，单击右键，在弹出的快捷菜单中选择“插入工序”选项。在“工序类型”中选择“螺纹”。在“管理器”中“工序”下拉菜单中，出现“螺纹 1”工序，双击“螺纹 1”，在弹出的“螺纹 1”对话框中，“坐标”选择“坐标 1”，“特征”选择“添加”，弹出“选择特征”对话框，选择“轮廓 1”，刀具选择“螺纹刀”，如图 6-172 所示。其他参数设置如图 6-173 ～图 6-176 所示，图 6-177 显示了结果。

注意：

① 选择刀具时，要选择螺纹刀中的内孔标准右旋螺纹刀，刀尖角度为 60°。

② 一般的螺纹转速按 $n \leqslant 1200/P-K$ 来计算。式中，P 为螺距；K 为安全系数（一般取 80）。按以上公式计算出 $n \leqslant$ 720r/min。若取 720 r/min，螺距为 1.5mm，则进给速度高达 1080mm/min，综合刀具与进给速度，我们给定转速 150r/min。

③ 由于螺纹为 $M35 \times 1.5$mm 的小螺距内螺纹，加工采用直进刀式，即“螺纹类型”为“简单循环”。车螺纹时，内孔的外圆受到挤压，尺寸会增大，孔径变小。为解决这个问题，以保证螺纹的配合，先将内螺纹孔加工得大一些，保证挤压后可达到所需要的尺寸。根据经验公式，光轴内孔的加工尺寸 $=D+0.1P$，螺纹牙底尺寸 $=D+1.08P$。式中，D 为螺纹公称直径。

④“公差和点距”设置中，“螺纹深度”一般设为 1.25mm，为半径值；“螺纹类型”中，如果选择“简单循环”，后处理代码为 G92，则进刀为直进式；如果选择“复合循环”，后处理代码为 G76，则进刀为斜进式（FANUC）。

⑤“切削方向”选择“从左到右”。

⑥“切削区域”选择“内螺纹”。

⑦“多头螺纹数”设置为1。如果是多头螺纹，则要先车其中一条，接着进给一个导程后再车另一条螺纹。

⑧“螺纹旋向”根据实际螺纹的旋向给定，这里选择“右旋螺纹”。

⑨“螺距”根据实际需要的螺距给定，这里设置为1.5mm。

⑩“退尾”用来设置螺纹车刀退出长度，可用在没有退刀槽的螺纹加工中。

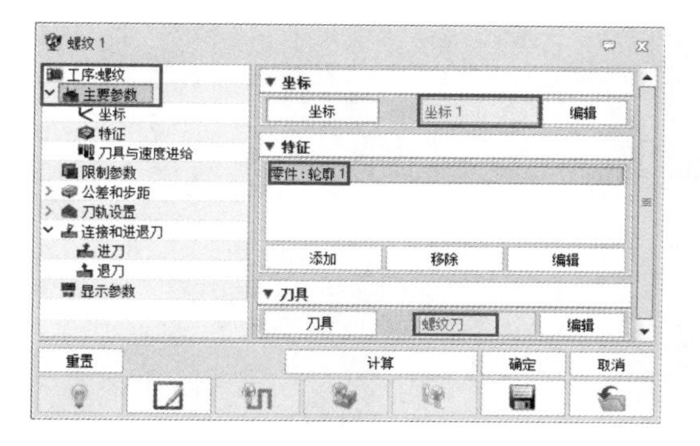

图 6-172　设置主要参数

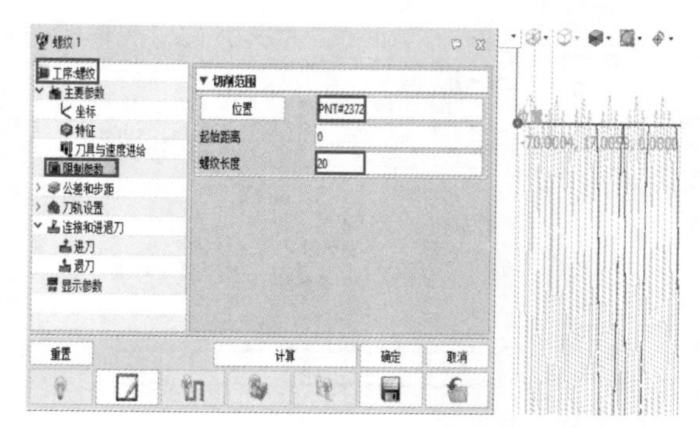

图 6-173　设置主要参数

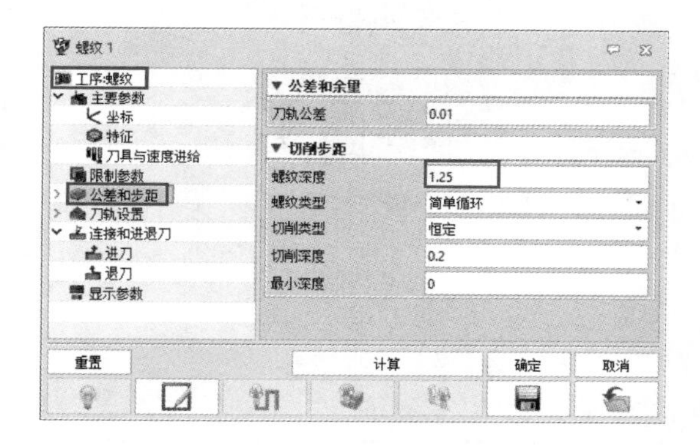

图 6-174　设置公差和步距

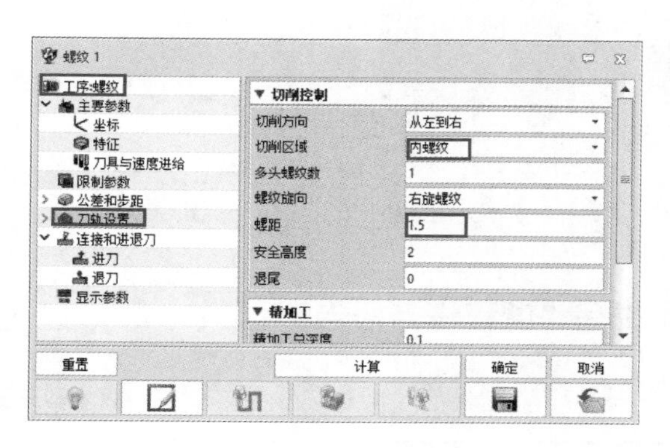

图 6-175　刀轨设置

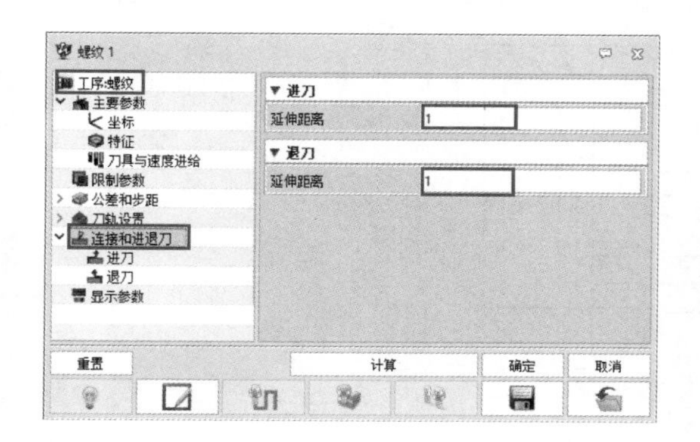

图 6-176　设置连接和进退刀

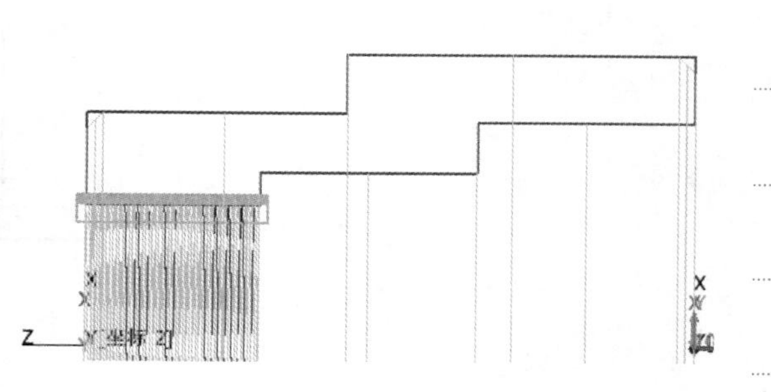

图 6-177　生成刀具轨迹

11. 实体仿真

选择“管理器”中的“工序”，选择所有加工工序，单击右键，选择“实体仿真”选项，进入参数设置界面，实体仿真进程和仿真结果如图 6-178、图 6-179 所示。

注意：中望 3D 的仿真在表达含内轮廓的车削过程时，为清楚表达内轮廓的加工情况，显示时以 1/4 剖切形式展示。

图 6-178　实体仿真进程

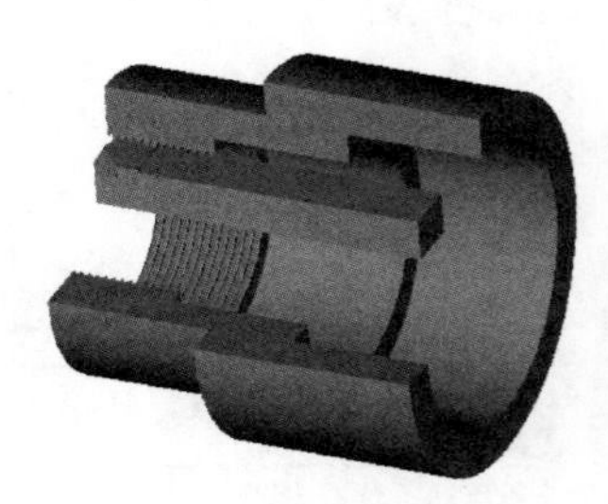

图 6-179　验证结果

【填写“课程任务报告”】

课程任务报告

<table>
<tr><td>班级</td><td></td><td>姓名</td><td colspan="2"></td><td>学号</td><td></td><td>成绩</td><td></td></tr>
<tr><td>组别</td><td></td><td>任务名称</td><td colspan="4">内、外轮廓与内螺纹的数控车削</td><td>参考课时</td><td>4 学时</td></tr>
<tr><td>任务图样</td><td colspan="8">φ56　M35×1.5　20　25　φ42　φ54　φ70　25　40　70
轴套零件工程图</td></tr>
</table>

续表

任务要求	①根据提供的工程图和零件源文件完成零件左右侧加工工序设计 ②制定每个工序的加工参数并进行仿真验证
任务完成过程记录	按照任务的要求进行总结，如果空间不足，可加附页（可根据实际情况，适当安排拓展任务，以供学生分组讨论学习，记录拓展任务的完成过程）。 本任务主要通过一个包含内轮廓、内螺纹、外轮廓、内孔为特征的轴套零件，分析其加工工艺；通过中望 3D 的“车削”模块设置加工刀具，给定加工参数，选择加工设备，执行后置处理并完成加工。通过对该案例的工艺分析，让学生理解内轮廓加工及内螺纹加工工艺，充分体现中望 3D 的“车削”是如何进行内轮廓编程的，特别是内、外轮廓同时加工的情况。通过该案例，让学生理解车内轮廓及内螺纹的加工参数含义，理解加工工艺，并能应用中望 3D 的“车削”模块编制包含这类内、外轮廓的轴套零件的加工程序

【任务拓展】

一、知识考核

1. 车削工序中，也有孔加工。(　　)
2. 车削加工特征应优先选择草图轮廓。(　　)
3. 安全平面是指工件的加工起点。(　　)
4. 安全平面设置的原因是保证人员的安全。(　　)
5. 对较大的孔加工时，用不到镗刀。(　　)
6. 导出数控加工程序时，不同的机床需要设置不同的后处理。(　　)

二、技能考核

按照图 5-60 绘制的小轴 3D 模型设置数控车削工序，仿真运行，生成加工程序，保存并展示分享。

任务三　小车轮铣削加工

【知识目标】

◎ 掌握数控铣床加工工序中的二维加工、三维加工。
◎ 掌握中望 3D 数控铣削内、外轮廓编程的流程及对应参数的含义和使用。
◎ 掌握数控铣床刀具的型号、种类、选择要领及加工注意事项。
◎ 掌握坐标系创建的流程及使用。

【技能目标】

◎ 能根据要求创建加工方案。
◎ 能够根据要求制定内外轮廓二维切削加工、三维切削加工参数等。

【素养目标】

◎ 将机械加工与计算机绘图相关知识融入数控铣床加工方案中，结合实际生产工艺方案，让学生感受数控铣床加工设计的重要性。

◎ 通过零部件加工设计教学和生产实际数控铣床加工案例培养学生规范劳动、精益求精的意识。

◎ 本任务为启发式教学，通过小组完成任务，培养学生团队协作意识。

【任务描述】

完成轮毂件的加工，如图 6-180 所示。加工件的毛坯为精坯。

要求：

① 根据提供的工程图和零件源文件完成零件上下轮廓加工工序设计。

② 制定每个工序的加工参数并进行仿真验证。

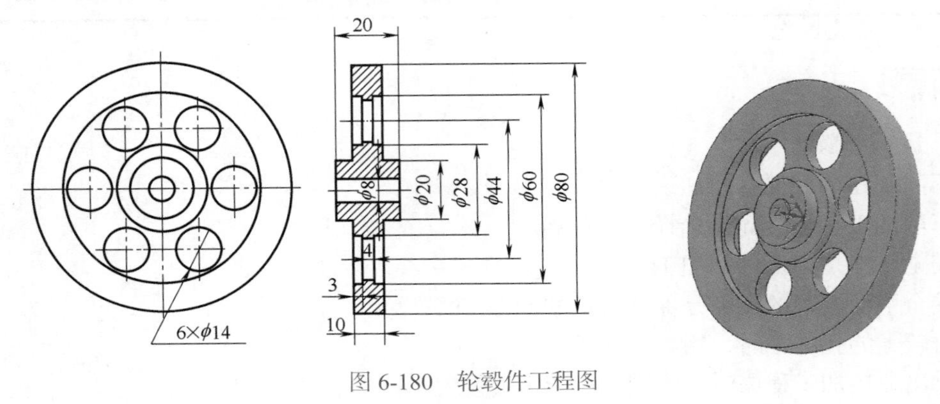

图 6-180　轮毂件工程图

【任务实施】

一、任务方案设计

从图 6-180 可以看出，这是一个包含上下表面的铣削零件，基本涵盖了数控铣床的常见加工内容，有一定的加工难度。从加工工艺的角度出发，合理安排加工工艺，重点要考虑采用多种加工工艺完成轮毂件上下表面的加工，还要合理设置加工参数及切削用量。综合以上考虑，拟定如表 6-5 所示的加工工序。

表 6-5　加工工序

工序	工序内容	s/（r/min）	F/（mm/min）	T	余量 /mm
1	上表面轮廓螺旋铣削	4000	2500	D6 铣刀（3# 刀）	0
2	上表面残料轮廓切削	4000	2500	D6 铣刀（3# 刀）	0
3	上表面内腔 Z 字型平行切削	4000	2500	D6 铣刀（3# 刀）	0
4	上表面外壁轮廓切削	4000	2500	D6 铣刀（3# 刀）	0
5	下表面轮廓二维偏移粗加工	4000	2500	D6 铣刀（3# 刀）	0
6	下表面孔中心钻	2000	60	中心钻（1# 刀）	0
7	下表面孔普通钻	480	60	普通钻（2# 刀）	0

注意：本加工工艺以单件小批量生产为纲领，加工工艺是随着零件的生产纲领而变化的，对于中间孔，正常工艺是中心钻、小钻头钻、大钻头钻、扩孔等工序。精度要求高的表面还需铰孔等工序。本案例采用二维偏移加工工序较少，采用多种工序主要使学生对各种工序参数进行学习。实际加工时，需采用正常工艺进行加工，特此说明。

根据轮毂件加工工序表制定具体加工步骤，见表 6-6。

表 6-6　轮毂件加工步骤设计

步骤	1. 建立加工零件模板	2. 添加坯料	3. 设置坐标系	4. 设置刀具
图示	文件(F) 加工系统 钻孔 2轴铣削 3轴铣削 几何体 添加坯料 坐标 加工安全高度 刀具 加工系统 管理器 加工设置 1 几何体： 零件：机加工零件1 (1) 坯料：机加工零件1_坯料 加工安全高度	是(Y) 否(N)	坐标 名称 坐标 1 安全高度 100 主轴头 无	刀具 名称 D6铣刀 类型 铣刀 刀具长 (L) 刀刃长 (FL) 角度 (A) 刀刃数 (F) 输入刀刃数
步骤	5. 插入草图	6. 工序 1：上表面轮廓螺旋铣削	7. 工序 2：上表面残料轮廓切削	8. 工序 3：上表面内腔 Z 字型平行切削
图示	φ98.00 φ100.00			
步骤	9. 工序 4：上表面外壁轮廓切削	10. 工序 5：下表面轮廓二维偏移粗加工	11. 工序 6：下表面孔中心钻	12. 工序 7：下表面孔普通钻
图示				

轮毂件加工参数设置

二、参考操作步骤

1. 建立加工零件模板

① 打开桌面“中望 3D”快捷方式，如图 6-181 所示，单击“打开”按钮，选择“机加工零件”，如图 6-182 所示，打开并进入建模界面，在绘图界面右击，在弹出的快捷菜单中选择“加工方案”选项，设置默认模板，进入零件加工方案。

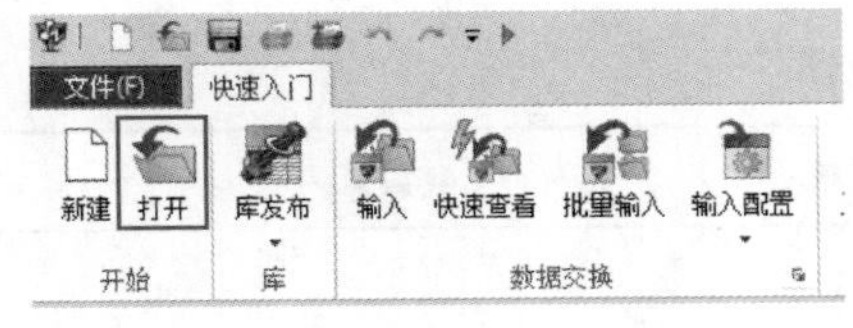

图 6-181　打开中望 3D

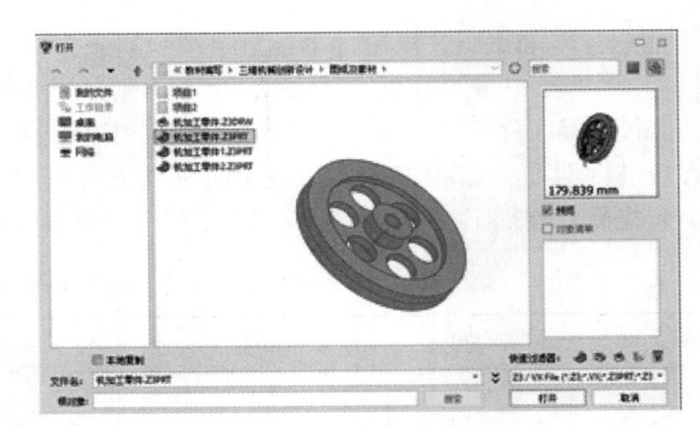

图 6-182　打开零件

② 设计工艺凸台。经分析，轮毂零件需要上下面加工，零件的结构特征反面无法装夹，需要设计工艺凸台完成工件的加工，工件加工完后，再去除工艺凸台。设计的工艺凸台如图 6-183、图 6-184 所示。

注意：工艺凸台一般设置在工件非重要部位，去除工艺凸台可以通过机加工完成，也可通过钳工完成。

工艺凸台的大小设定原则是满足装夹基本要求，设计尺寸应适中，避免影响零件加工质量。

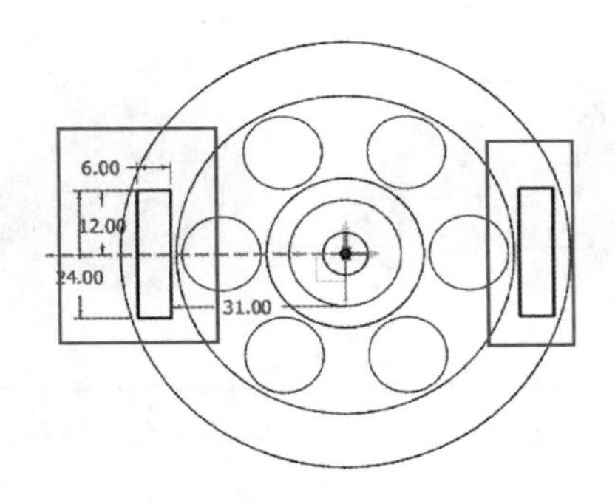

图 6-183　工艺凸台草图

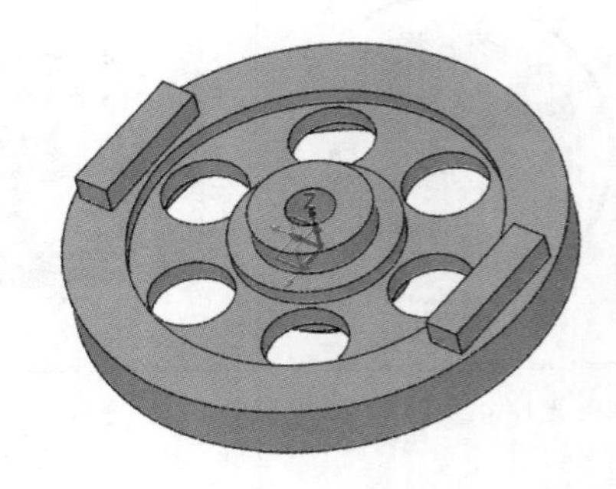

图 6-184　拉伸工艺凸台

③ 进入加工方案。在建模空白界面处右击，在弹出的快捷菜单中选择“加工方案”选项，选择默认模板，如图 6-185 所示，进入零件加工方案，如图 6-186 所示。

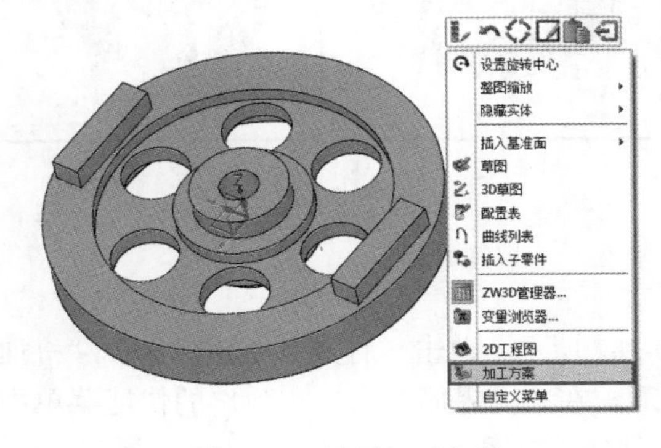

图 6-185　选择加工方案

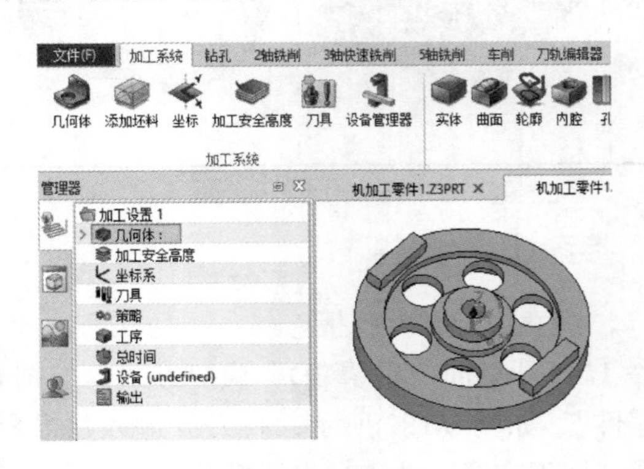

图 6-186　进入零件加工方案

2. 添加坯料

选择“添加坯料”选项卡的“立方体”命令，参数设置如图 6-187 所示，单击“确定”按钮，弹出是否隐藏坯料提示框，单击“是”(图 6-188)按钮。

注意：坯料的设置主要根据实际切削的坯料尺寸进行。一般虎钳常选用方块形毛坯，三角卡盘夹具常选用圆柱形毛坯。

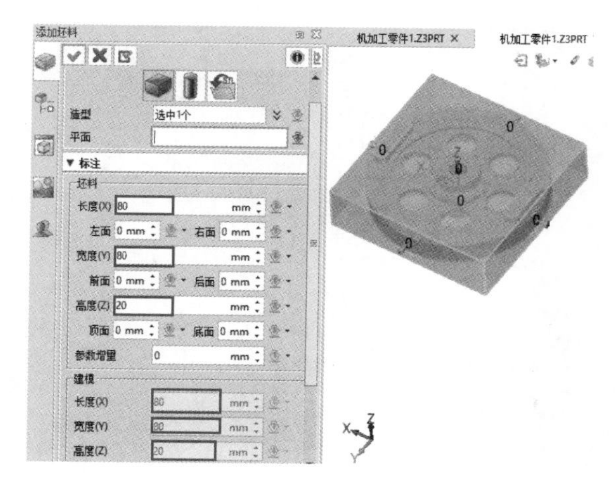

图 6-187　设置坯料参数

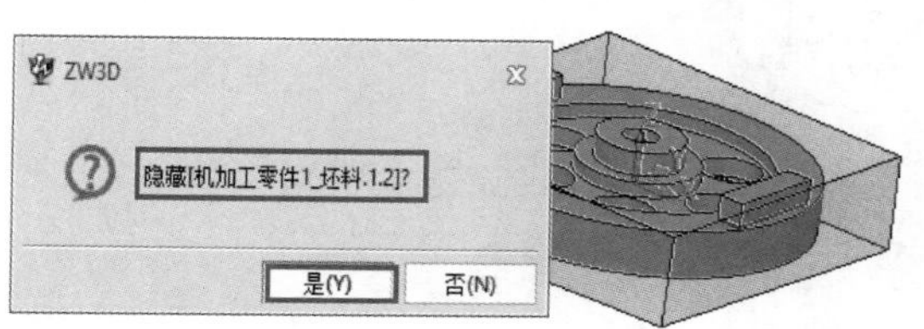

图 6-188　隐藏毛坯

3. 设置坐标系

选择“坐标系”选项卡，依据加工工序表的安排，先加工上表面，后加工下表面，设置并生成上表面坐标系坐标 1(图 6-189)和下表面坐标系坐标 2(图 6-190)。

注意：设置上下表面 2 个坐标系，能完成零件整体加工。实际应用时，根据零件特征需要可以设置多个坐标系。

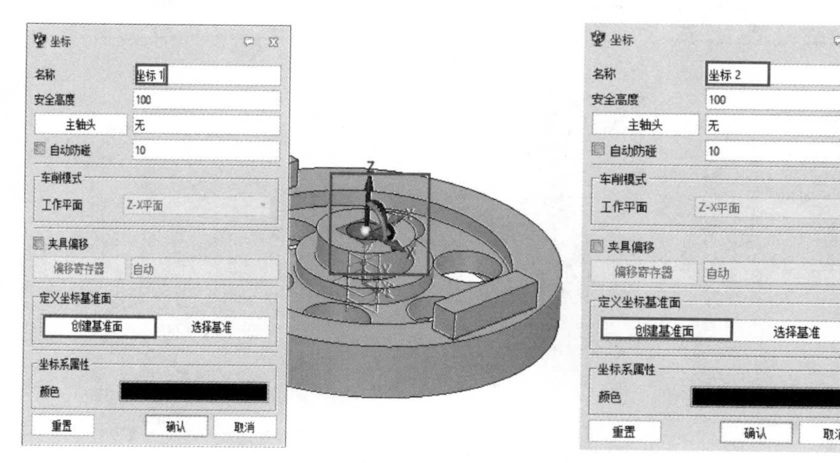

图 6-189　生成坐标系坐标 1

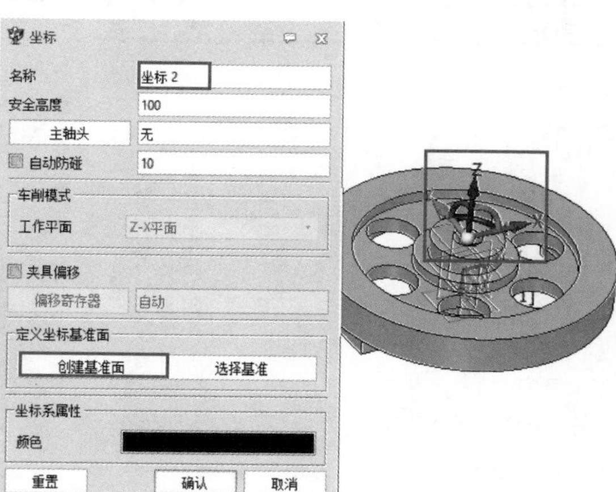

图 6-190　生成坐标系坐标 2

4. 设置刀具

选择“刀具”选项卡，依据加工工序表的安排，需设置 3 把刀具，分别是中心钻（图 6-191 ～图 6-193）、普通钻（图 6-194 ～图 6-196）、D6 铣刀内圆刀（图 6-197 ～图 6-199），后续也可根据实际要求设置刀具。

注意：依据原则选择刀具，还要根据实际企业的情况，尽量选择现有的、通用的刀具。

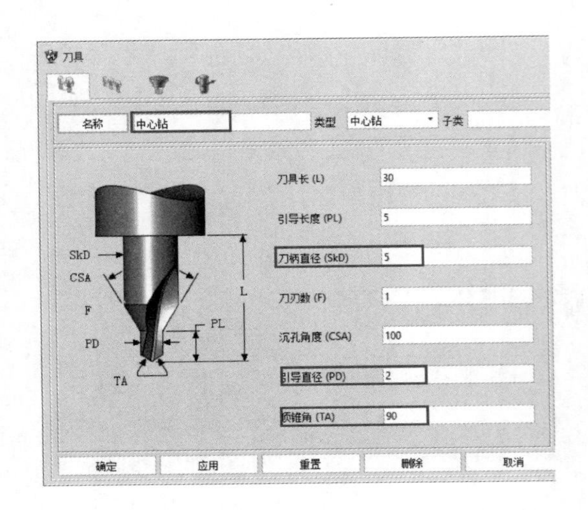

图 6-191　设置中心钻参数

图 6-192　设置中心钻为 1# 刀

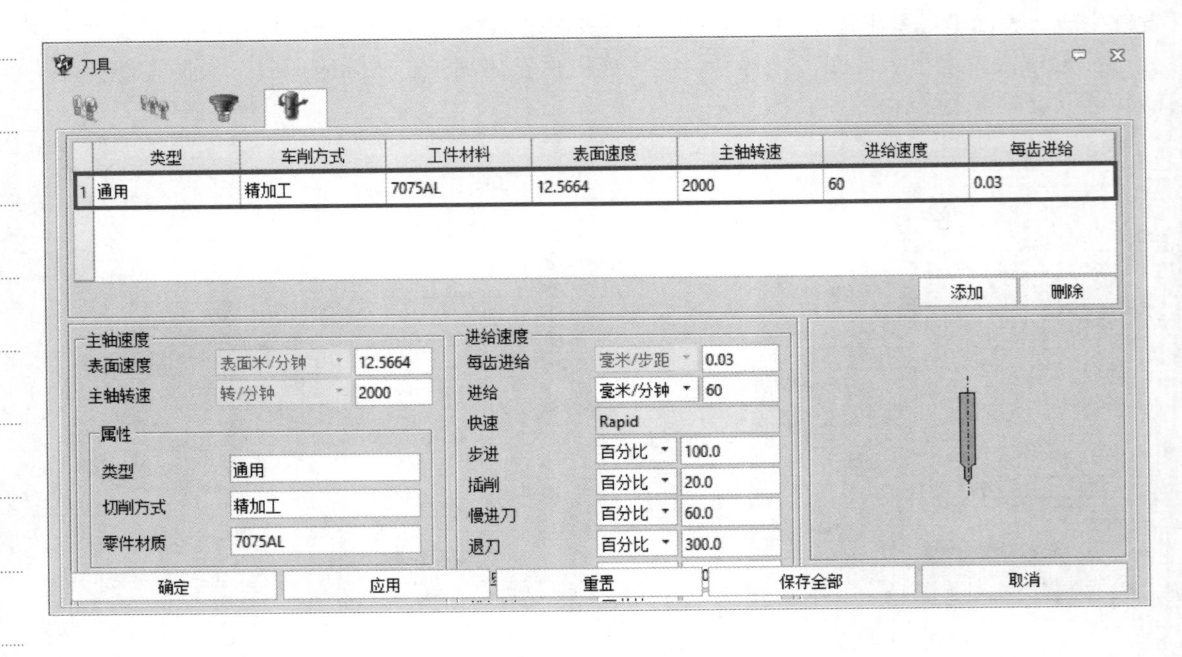

图 6-193　速度参数设置

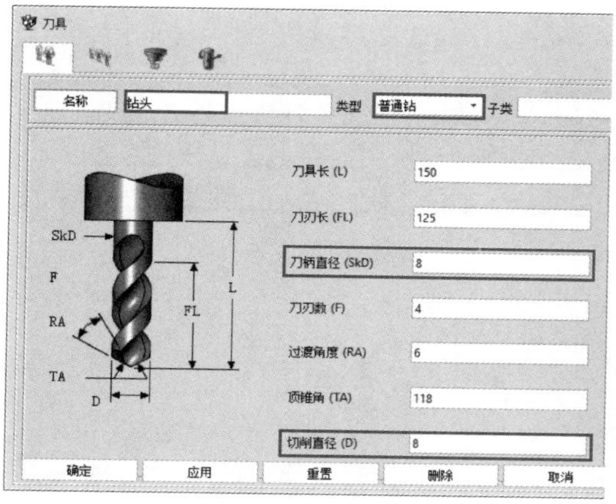

图 6-194　设置普通钻参数

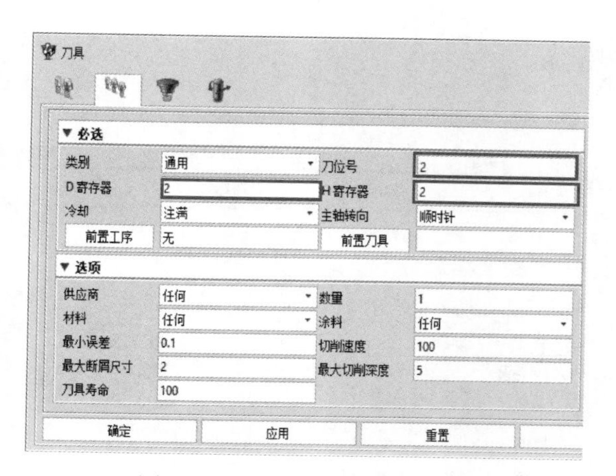

图 6-195　设置普通钻为 2# 刀

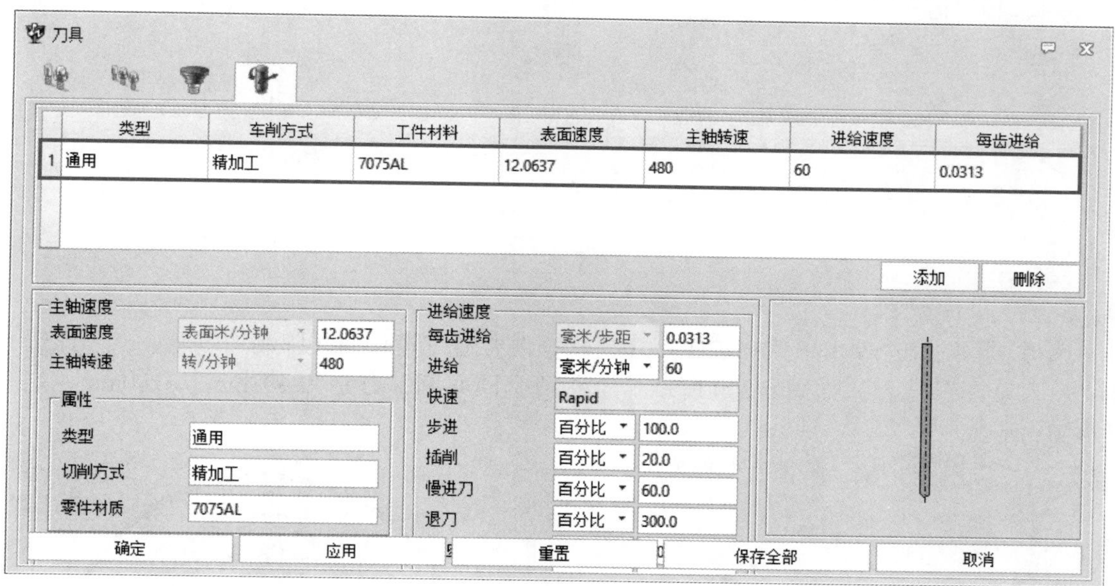

图 6-196　速度参数设置

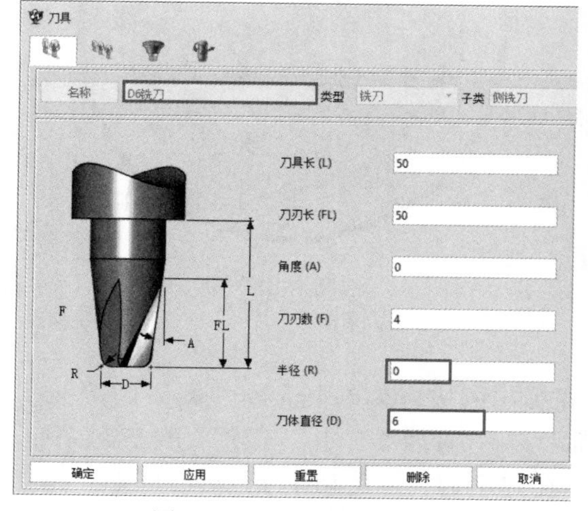

图 6-197　设置 D6 铣刀参数

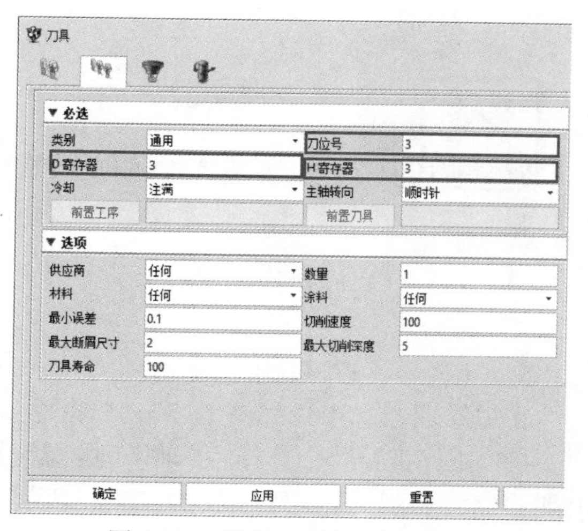

图 6-198　设置 D6 铣刀为 3# 刀

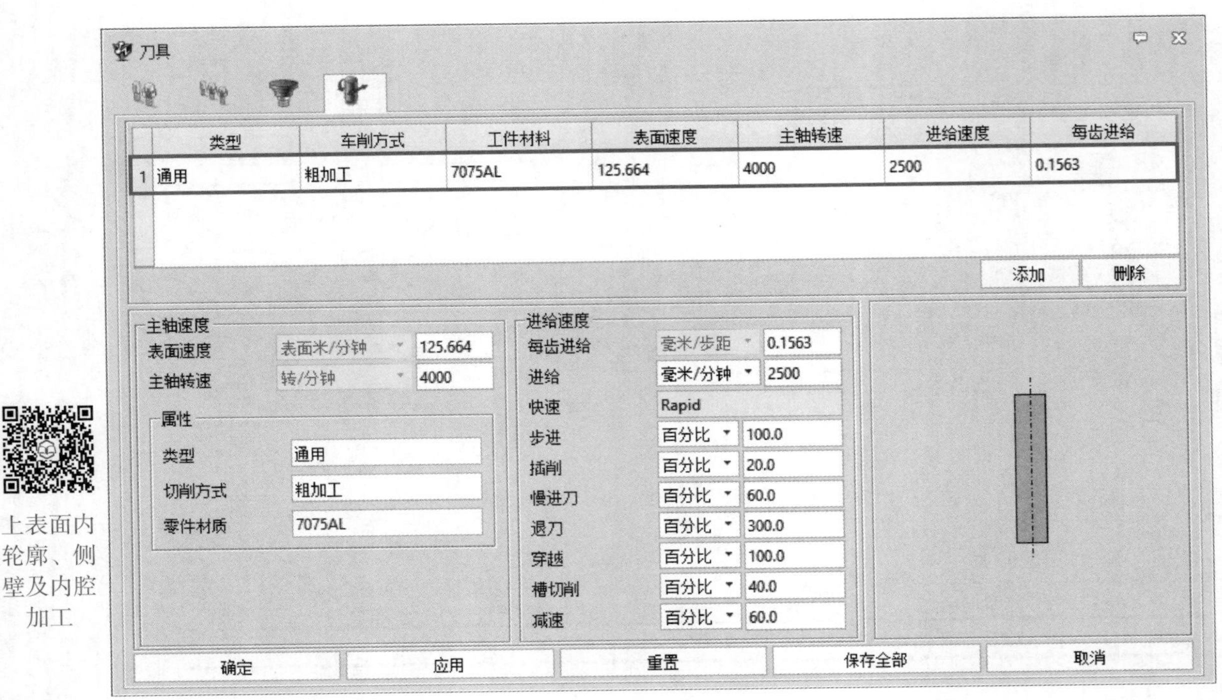

图 6-199　速度参数设置

上表面内轮廓、侧壁及内腔加工

5. 插入草图

选择“草图”选项卡，依据加工工序要求，需要通过设计曲线限制加工轮廓，因此选择“插入草图”选项，如图 6-200 所示，绘制两个同心圆，分别为 ϕ98mm、ϕ100mm，如图 6-201 所示。

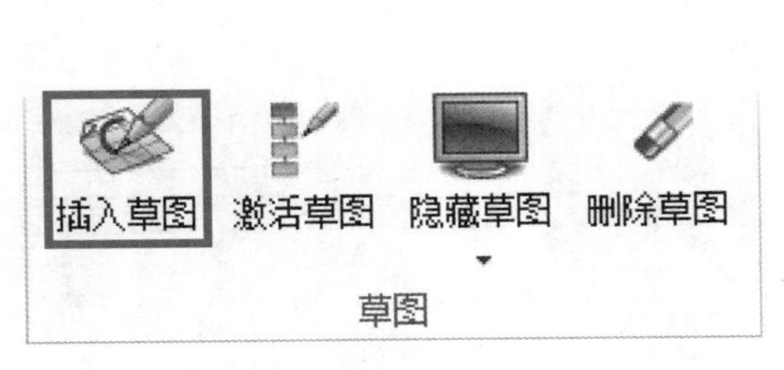

图 6-200　“插入草图”选项

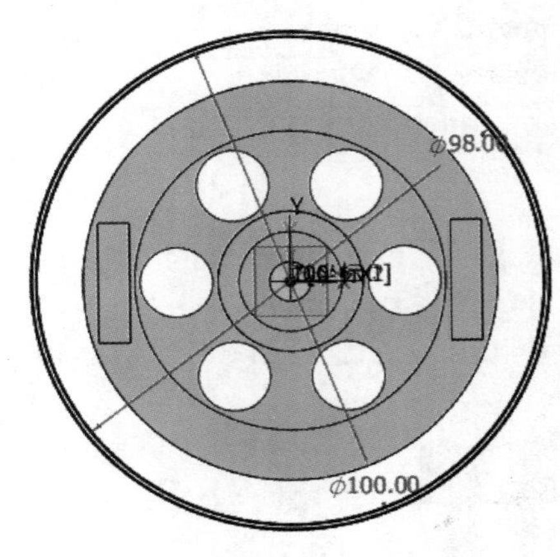

图 6-201　绘制 ϕ98、ϕ100 两个圆

6. 工序 1：上表面轮廓螺旋铣削

在“管理器”中选择“工序”，单击右键，在弹出的快捷菜单中选择“插入工序”选项。在“工序类型”中选择“2 轴铣削 - 螺旋切削”。在“管理器”中“工序”下拉菜单中，出现“螺旋切削 1”工序，双击“螺旋切削 1”，在弹出的“螺旋切削 1”对话框中，“坐标”选择“坐标 1”，“特征”选择“添加”，弹出“选择特征”对话框，选择“轮廓 1”，如

图 6-202 所示。其他参数设置如图 6-203 ～图 6-207 所示，图 6-208 显示了刀轨，图 6-209 显示实体仿真验证。

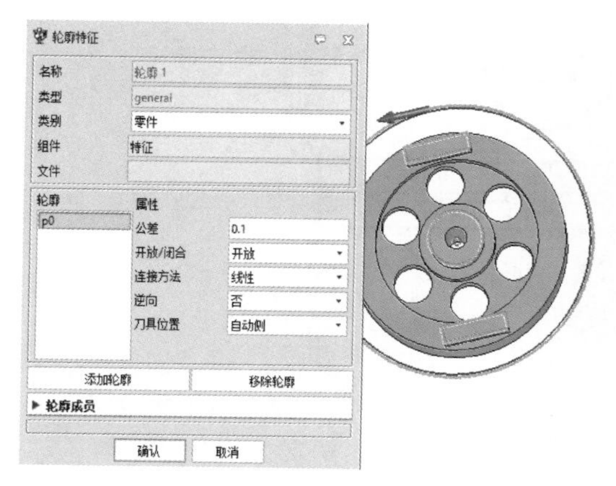

图 6-202　添加轮廓 1

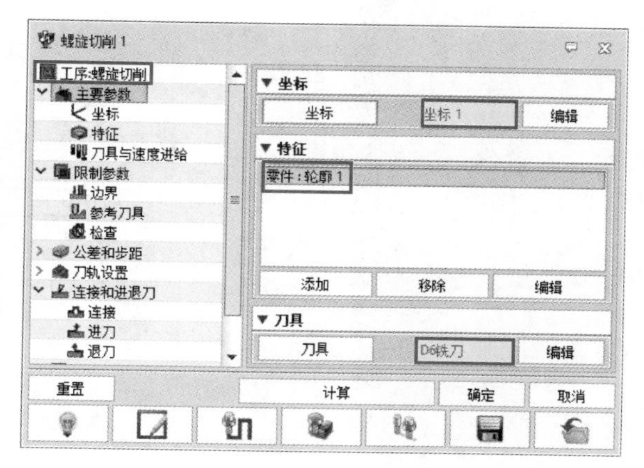

图 6-203　设置主要参数

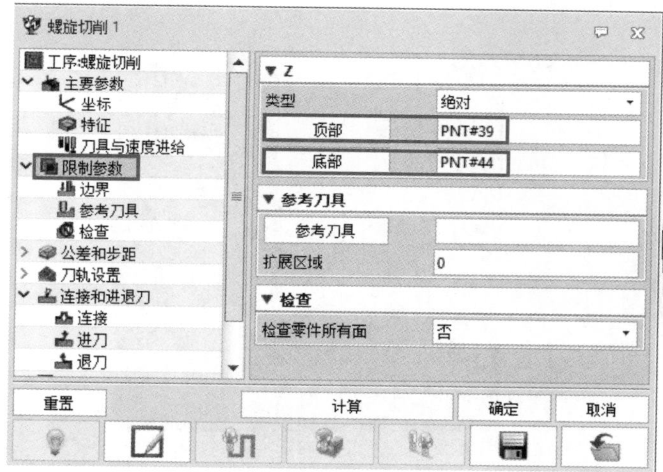

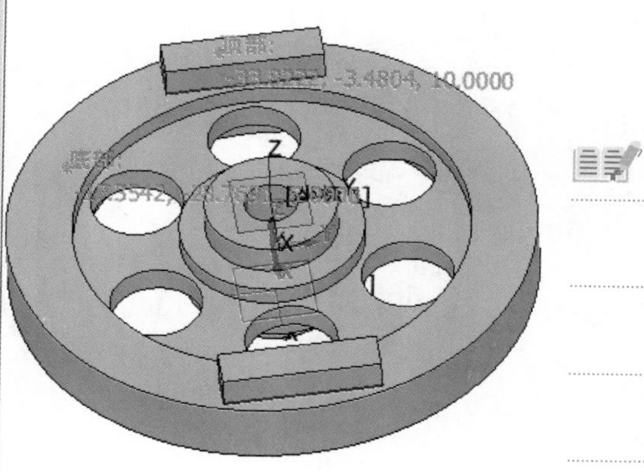

图 6-204　设置限制参数

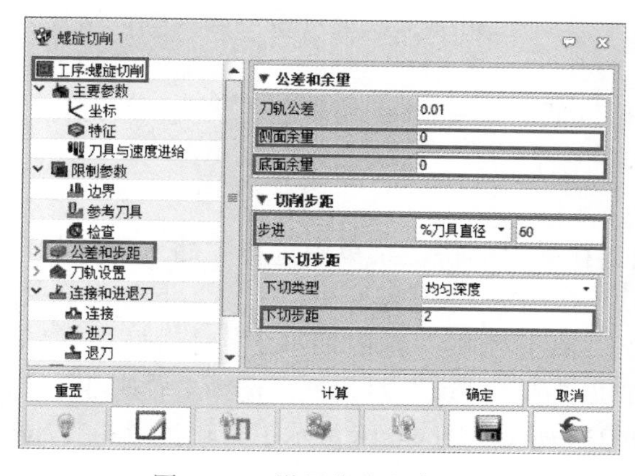

图 6-205　设置公差和步距

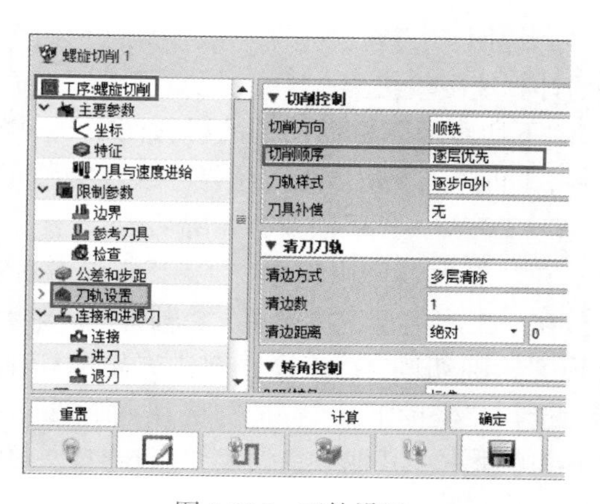

图 6-206　刀轨设置

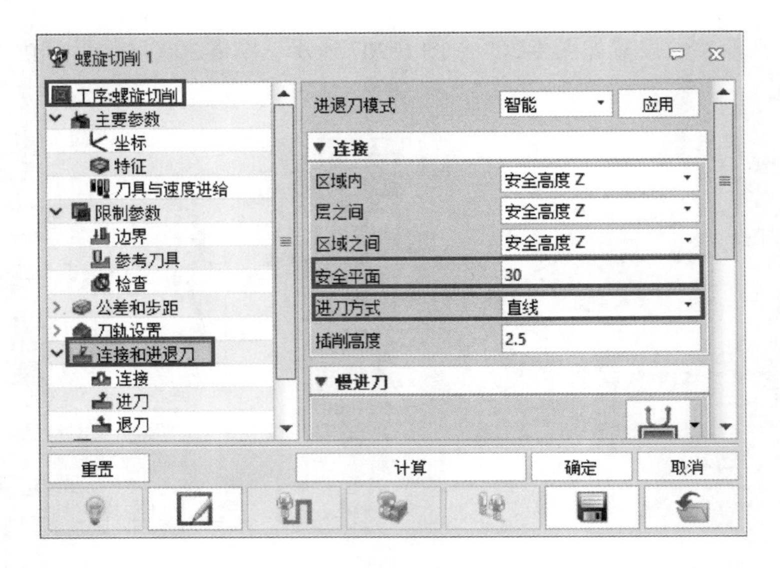

图 6-207　设置连接和进退刀

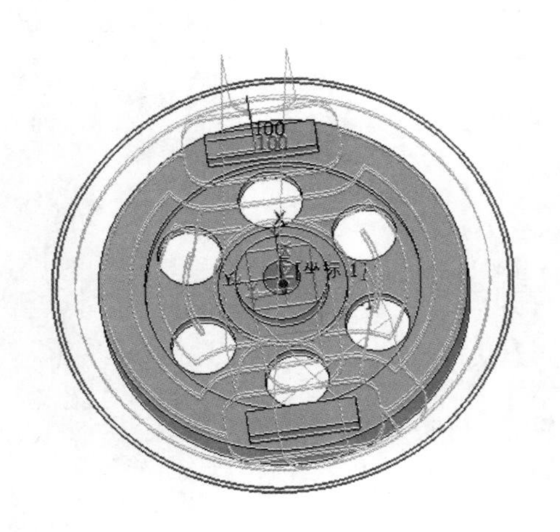

图 6-208　生成刀轨

图 6-209　实体仿真验证

☆说明:“刀轨公差”一般按默认值设置，但如果是粗加工，也可适当调大些，这样刀路的计算速度较快。

“下切步距”根据加工的材料而定，一般硬度低的材料，“下切步距”大些，反之则小一些。同时，“下切步距”还要考虑刀具和机床的刚性。

7. 工序 2：上表面残料轮廓切削

在“管理器”中选择“工序”，单击右键，在弹出的快捷菜单中选择“插入工序”选项。在“工序类型”中选择“2 轴铣削 - 轮廓切削”。在“管理器”中“工序”下拉菜单中，出现“轮廓切削 1”工序，双击“轮廓切削 1”，在弹出的“轮廓切削 1”对话框中，“坐标”选择“坐标 1”，“特征”选择“添加”，弹出“选择特征”对话框，选择“轮廓 2”，如图 6-210 所示。其他参数设置如图 6-211 ～图 6-215 所示，图 6-216 显示了刀轨，图 6-217 显示实体仿真验证。

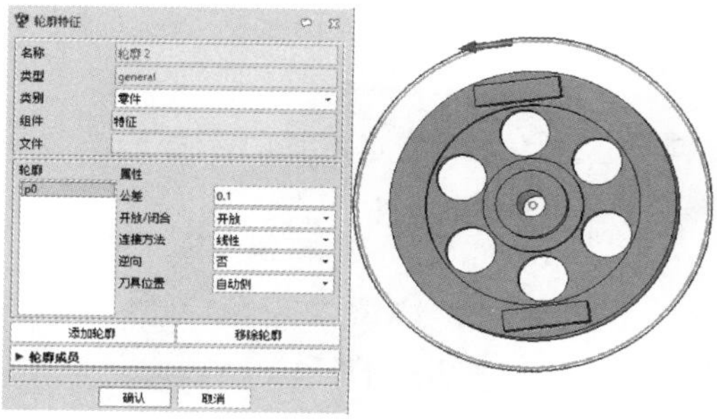

图 6-210　添加轮廓 2

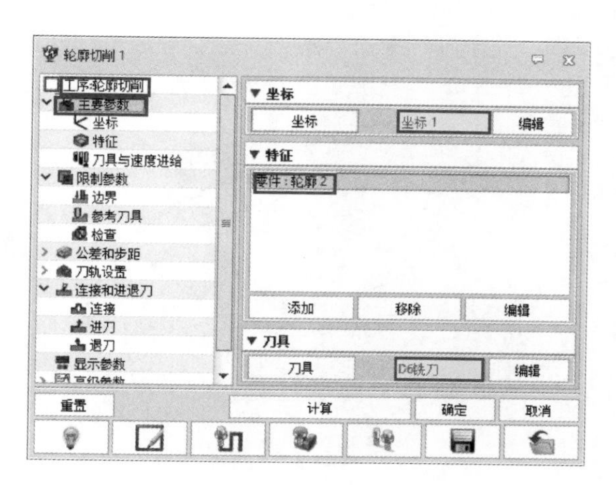

图 6-211　设置主要参数

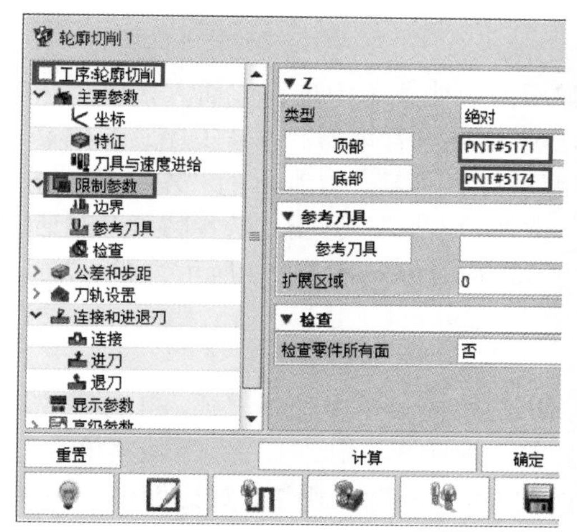

图 6-212　设置限制参数

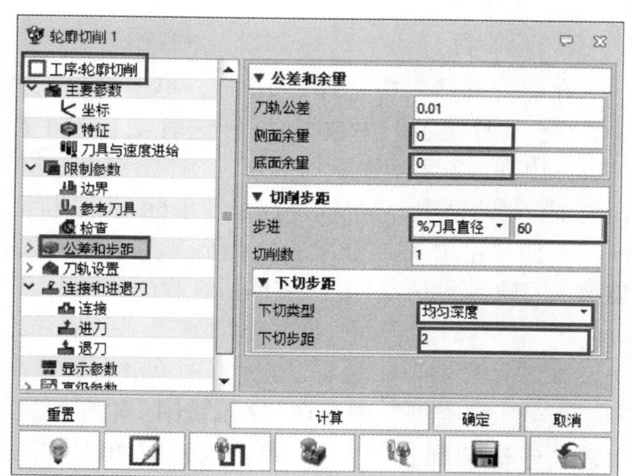

图 6-213　设置公差和步距

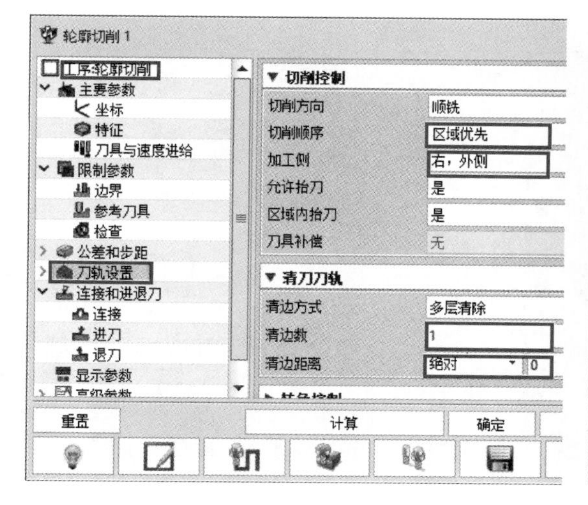

图 6-214　刀轨设置

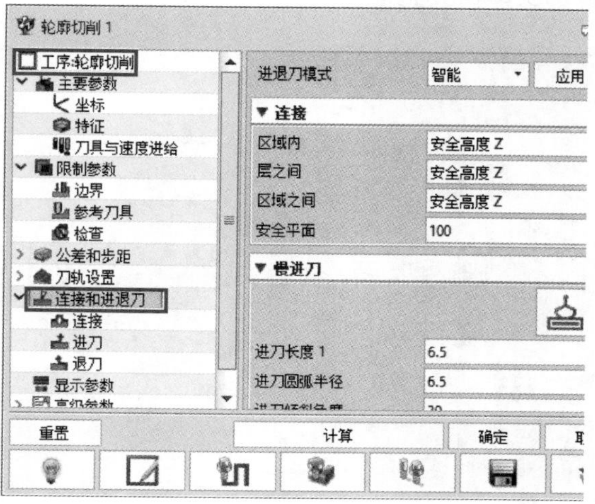

图 6-215　设置连接和进退刀

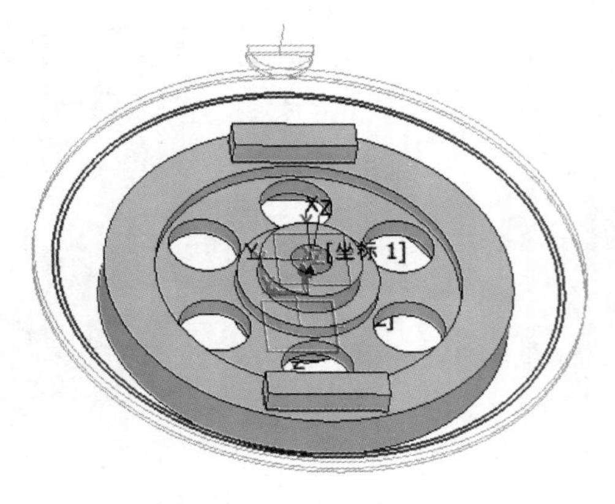

图 6-216　生成刀轨

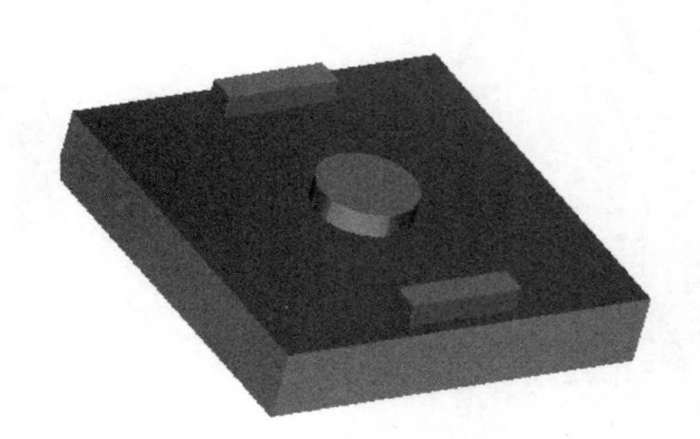
图 6-217　实体仿真验证

8. 工序 3：上表面内腔 Z 字型平行切削

在“管理器”中选择“工序”，单击右键，在弹出的快捷菜单中选择“插入工序”选项。在“工序类型”中选择“2 轴铣削 -Z 字型平行切削”。在“管理器”中“工序”下拉菜单中，出现“Z 字型平行切削 1”工序，双击“Z 字型平行切削 1”，在弹出的“Z 字型平行切削 1”对话框中，“坐标”选择“坐标 1”，“特征”选择“添加”，弹出“选择特征”对话框，选择“轮廓 3”，如图 6-218 所示。其他参数设置如图 6-219 ～图 6-222 所示，图 6-223 显示了刀轨，图 6-224 显示实体仿真验证。

9. 工序 4：上表面外壁轮廓切削

在“管理器”中选择“工序”，单击右键，在弹出的快捷菜单中选择“插入工序”选项。在“工序类型”中选择“2 轴铣削 - 轮廓切削”。在“管理器”中“工序”下拉菜单中，出现“轮廓切削 2”工序，双击“轮廓切削 2”，在弹出的“轮廓切削 2”对话框中，“坐标”选择“坐标 1”，“特征”选择“添加”，弹出“选择特征”对话框，选择“轮廓 4”，如图 6-225 所示。其他参数设置如图 6-226 ～图 6-230 所示，图 6-231 显示了刀具轨迹，图 6-232 显示实体仿真验证。

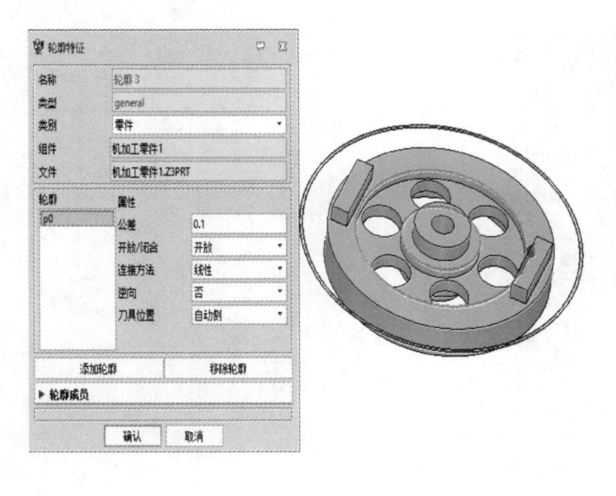

图 6-218　添加轮廓 3

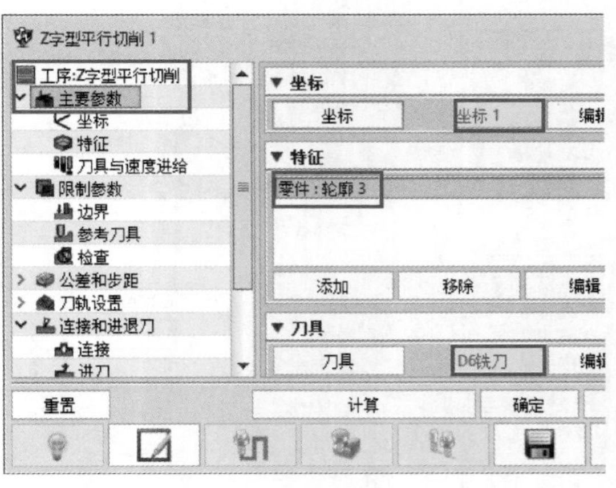

图 6-219　设置主要参数

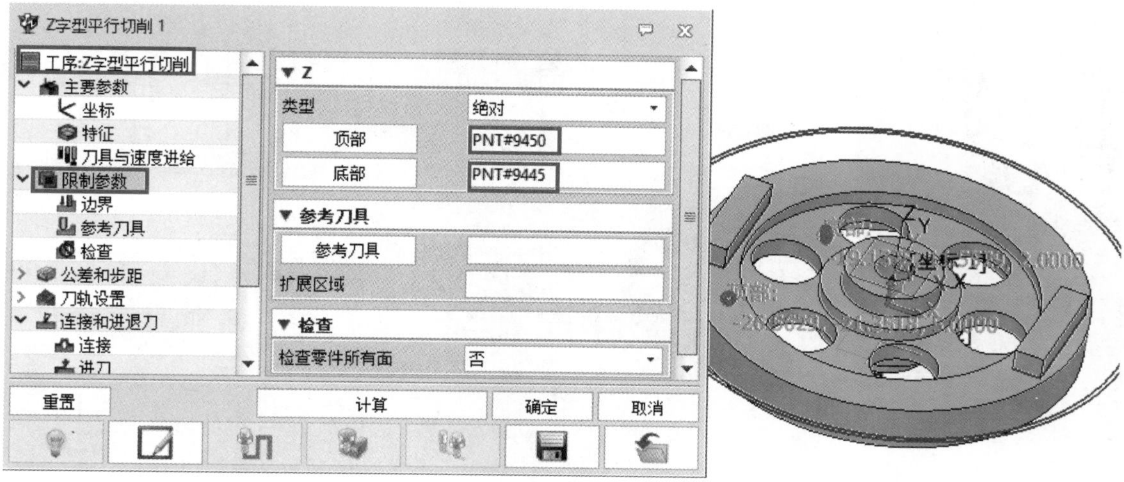

图 6-220　设置限制参数

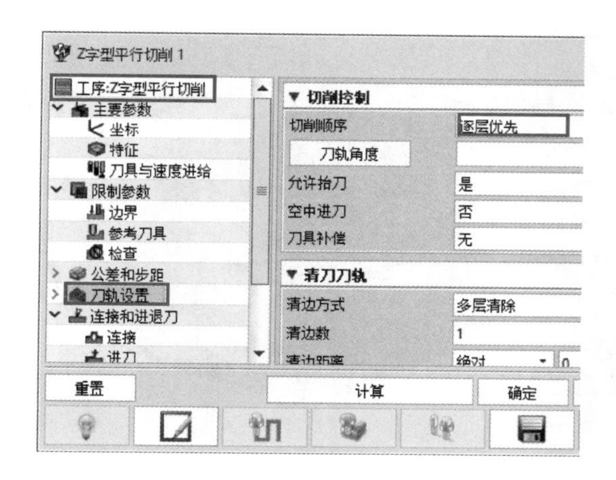

图 6-221　刀轨设置

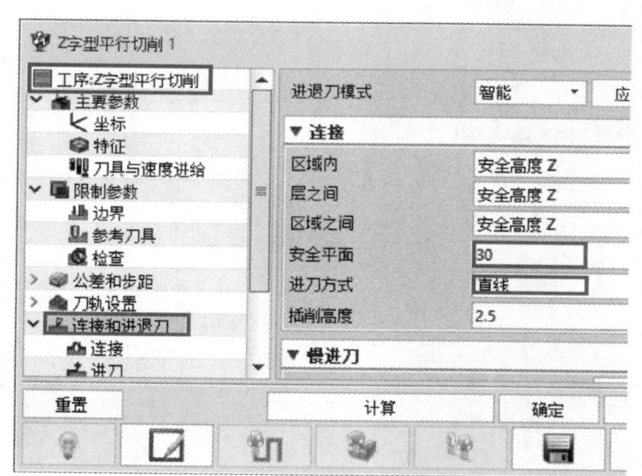

图 6-222　设置连接和进退刀

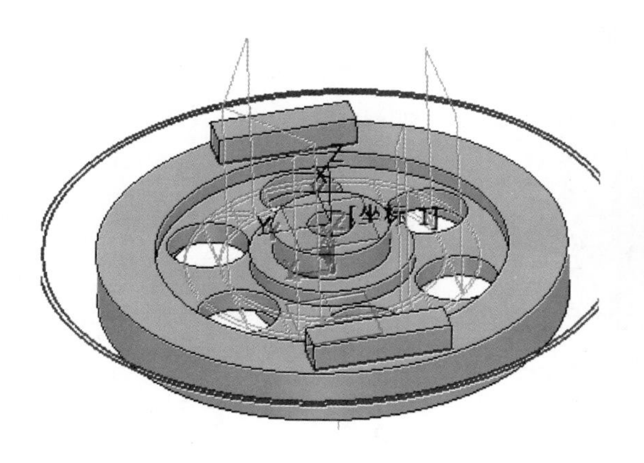

图 6-223　生成刀轨

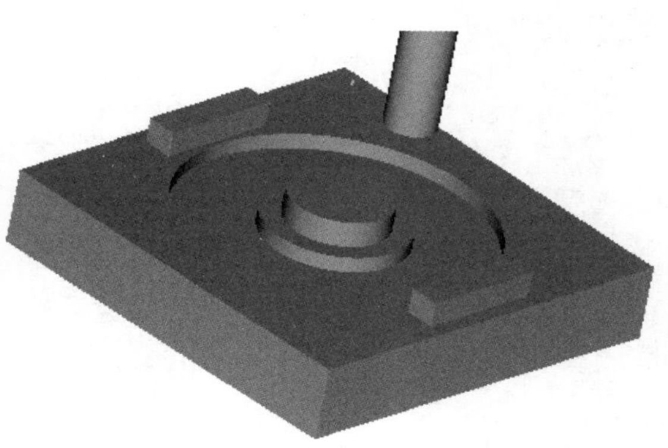

图 6-224　实体仿真验证

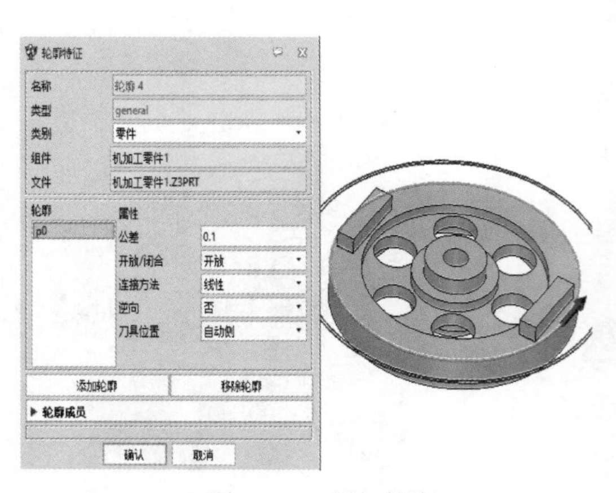

图 6-225　添加轮廓 4

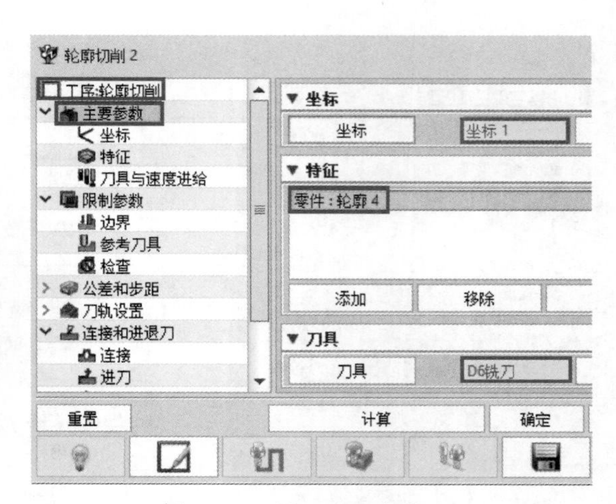

图 6-226　设置主要参数

图 6-227　设置限制参数

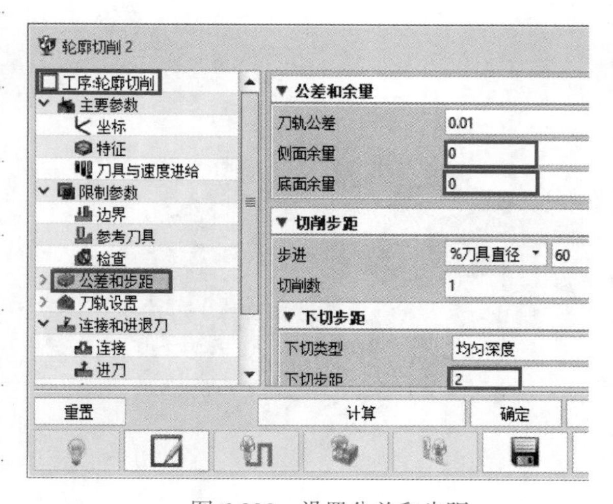

图 6-228　设置公差和步距

图 6-229　刀轨设置

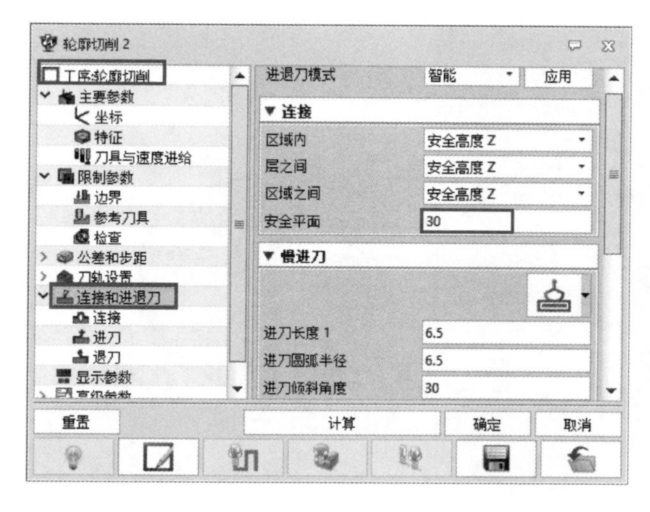

图 6-230　设置连接和进退刀

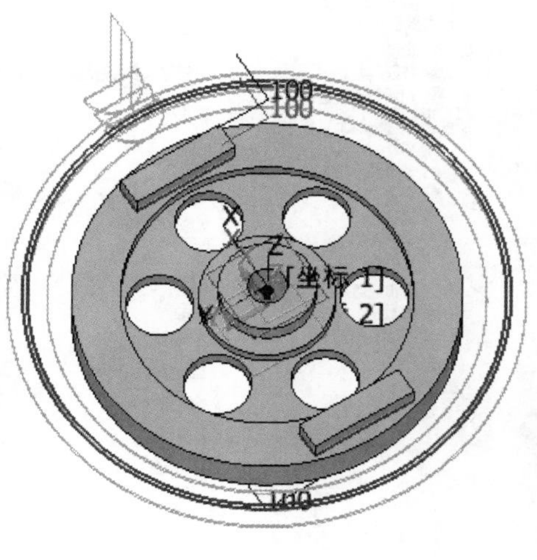

图 6-231　生成刀轨

轮毂件下表面轮廓及钻孔加工

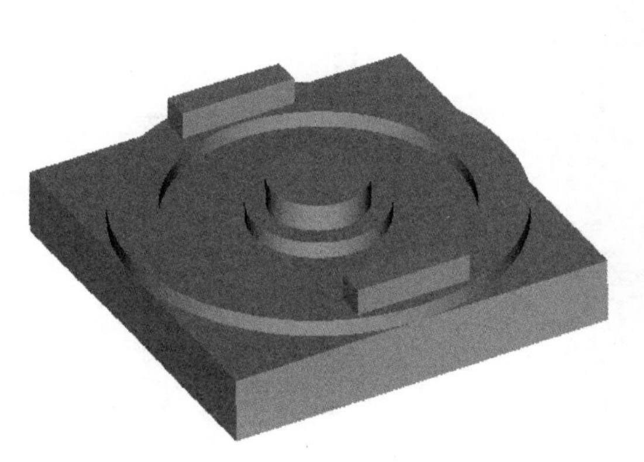

图 6-232　实体仿真验证

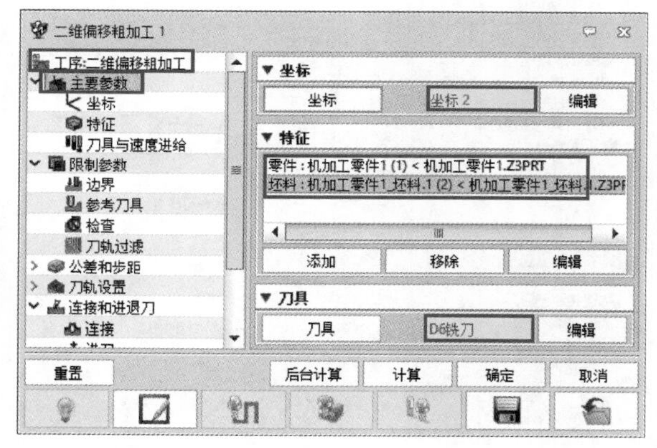

图 6-233　设置主要参数

10. 工序 5：下表面轮廓二维偏移粗加工

在“管理器”中选择“工序”，单击右键，在弹出的快捷菜单中选择“插入工序”选项。在“工序类型”中选择“快速铣削 - 二维偏移粗加工”。在“管理器”中“工序”下拉菜单中，出现“二维偏移粗加工 1”工序，双击“二维偏移粗加工 1”，在弹出的“二维偏移粗加工 1”对话框中，“坐标”选择“坐标 2”，“特征”选择“添加”，弹出“选择特征”对话框，选择“零件、坯料”，如图 6-233 所示。其他参数设置如图 6-234 ～图 6-237 所示，图 6-238 显示了刀具轨迹，图 6-239 显示实体仿真验证，在“孔”设置面板中可添加孔特征，如图 6-240 所示。

☆说明：二维偏移粗加工用于坯料的二维区域清理。先计算刀具轨迹，然后投影到加工几何体中。“特征”直接选择“零件”，编程时可以自动识别加工区域，如果结构复杂，可以将“坯料”一起选择为“特征”。

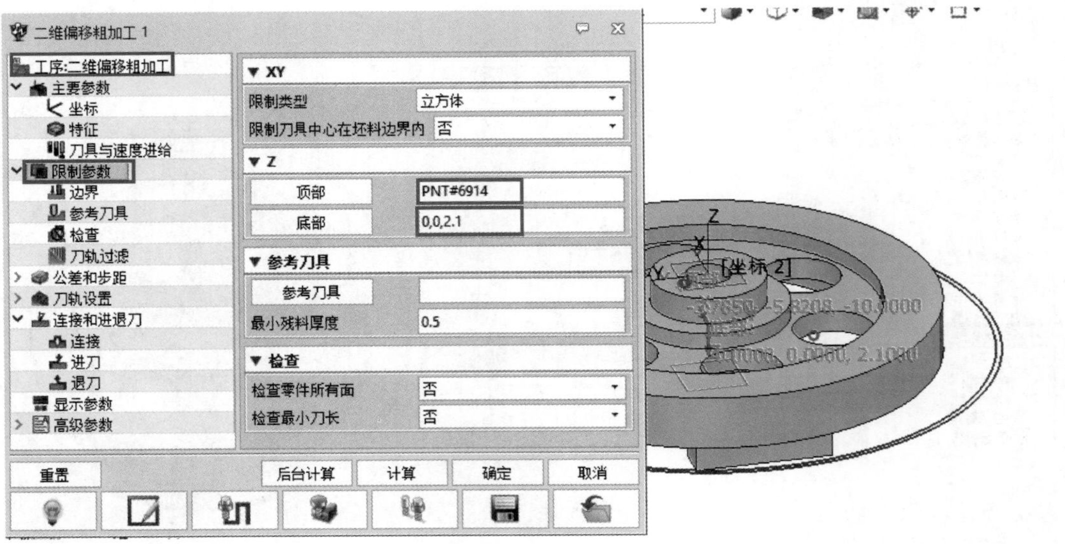

图 6-234　设置限制参数

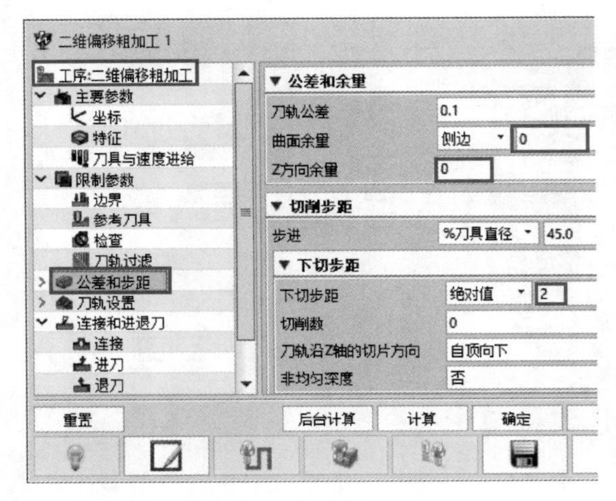

图 6-235　设置公差和步距

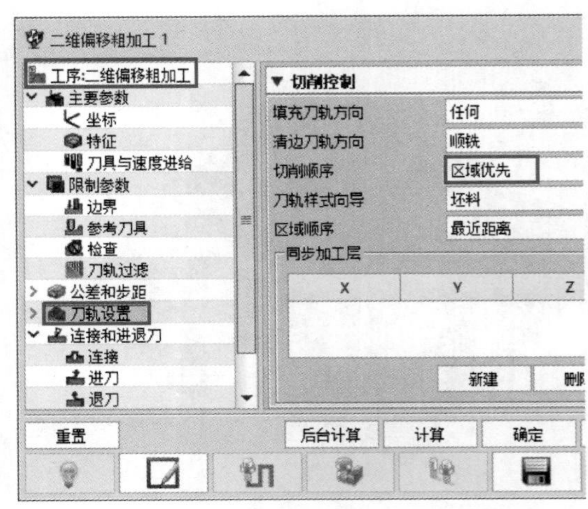

图 6-236　刀轨设置

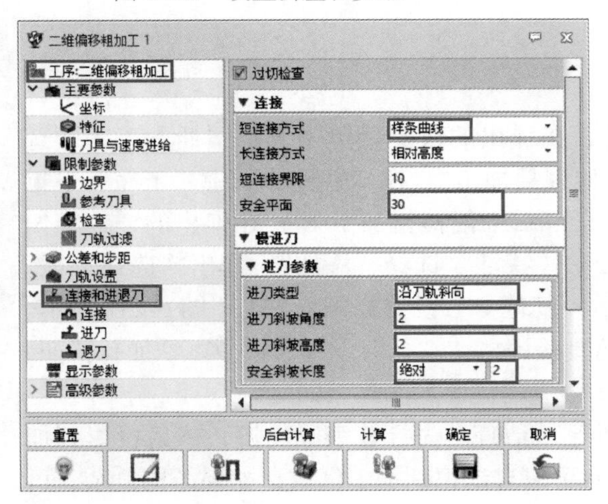

图 6-237　设置连接和进退刀

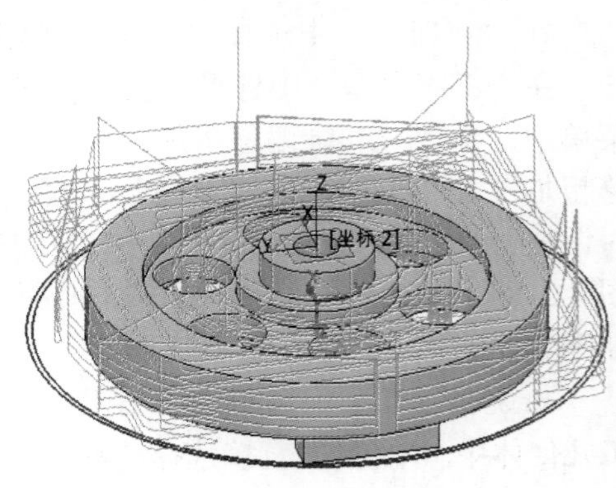

图 6-238　生成刀具轨迹

图 6-239　实体仿真验证

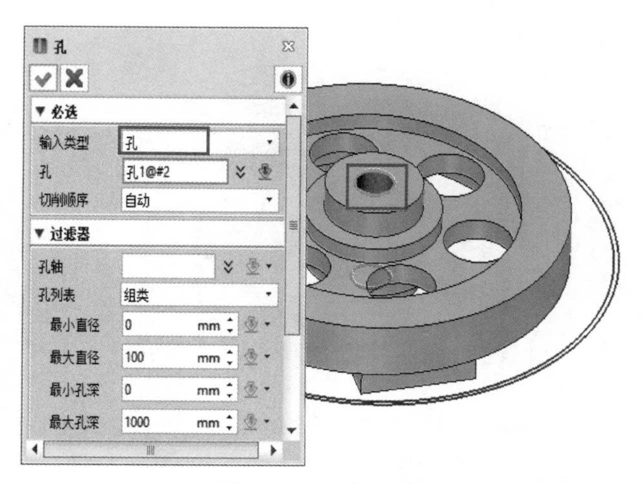

图 6-240　添加孔特征

11. 工序 6：下表面孔中心钻

在“管理器”中选择“工序”，单击右键，在弹出的快捷菜单中选择“插入工序”选项。在“工序类型”中选择“钻孔 - 中心钻”。在“管理器”中“工序”下拉菜单中，出现“中心钻 1”工序，双击“中心钻 1”，在弹出的“中心钻 1”对话框中，“坐标”选择“坐标 2”，“特征”选择“添加”，弹出“选择特征”对话框，选择“孔 1”，如图 6-241 所示。其他参数设置如图 6-242 ～图 6-244 所示，图 6-245 显示了刀具轨迹，图 6-246 显示实体仿真验证。

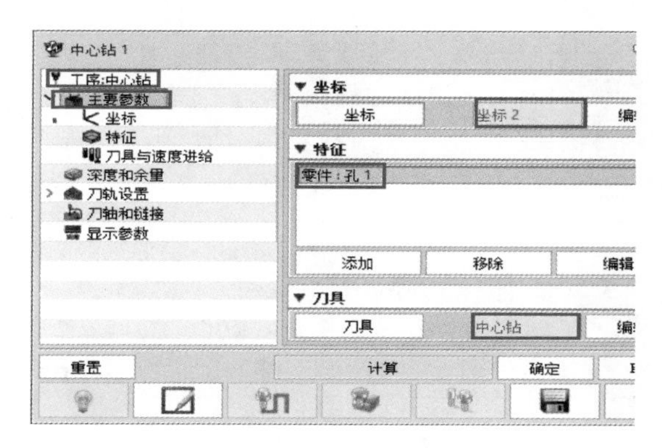

图 6-241　设置主要参数

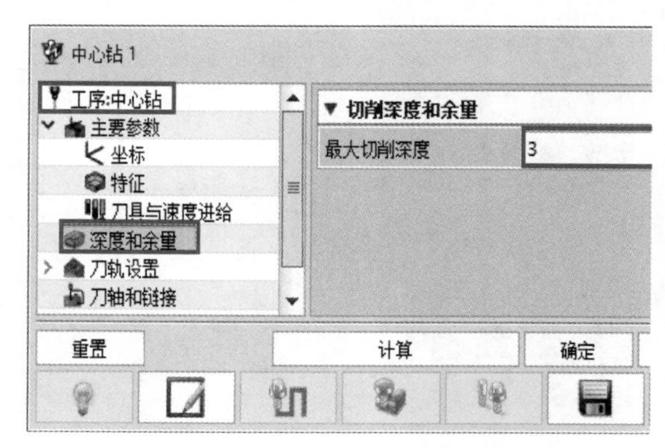

图 6-242　设置深度和余量

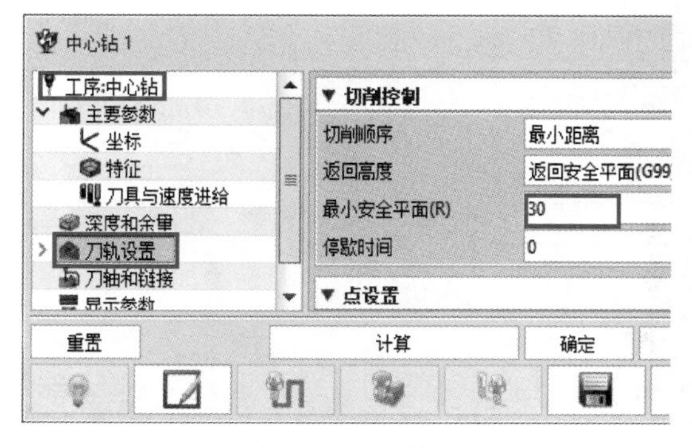

图 6-243　刀轨设置

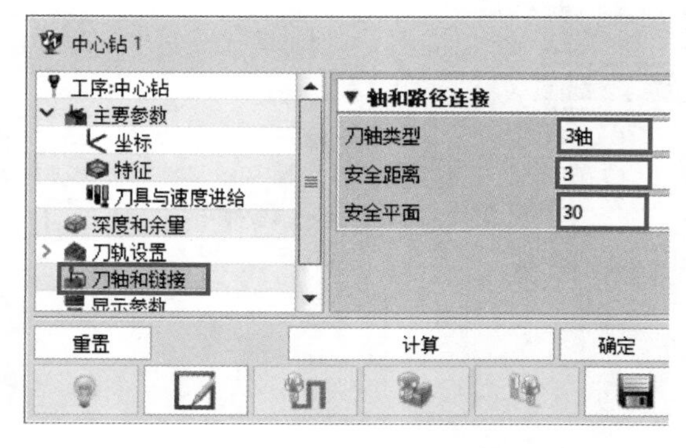

图 6-244　设置刀轴和链接

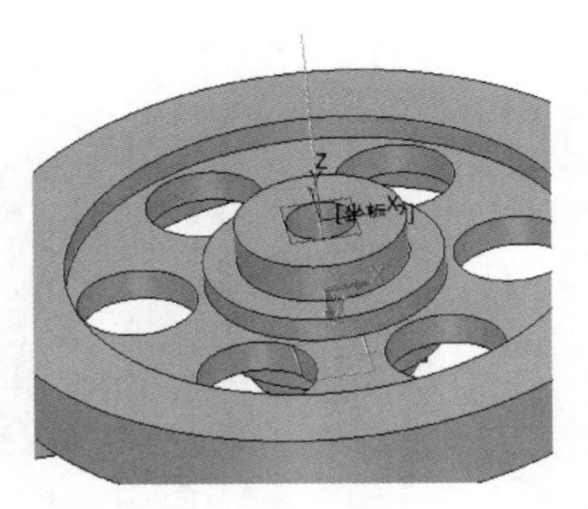

图 6-245　生成刀具轨迹

图 6-246　实体仿真验证

12. 工序 7：下表面孔普通钻

在“管理器”中，选择“工序”，单击右键，在弹出的快捷菜单中选择“插入工序”选项。在“工序类型”中选择“钻孔 - 钻孔”。在“管理器”中“工序”下拉菜单中，出现“普通钻 1”工序，双击“普通钻 1”，在弹出的“普通钻 1”对话框中，“坐标”选择“坐标 2”，“特征”选择“添加”，弹出“选择特征”对话框，选择“孔 1”，如图 6-247 所示。其他参数设置如图 6-248 ～图 6-250 所示，图 6-251 显示了刀具轨迹，图 6-252 显示实体仿真验证。

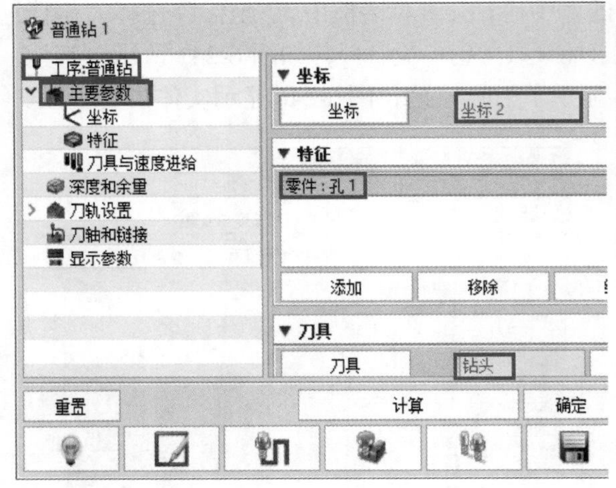

图 6-247　设置主要参数

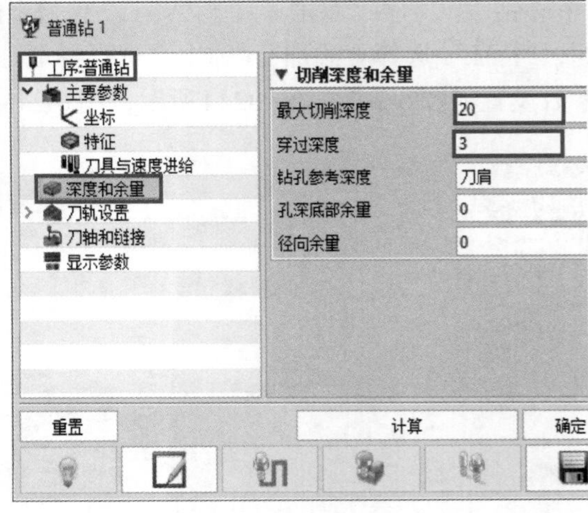

图 6-248　设置深度和余量

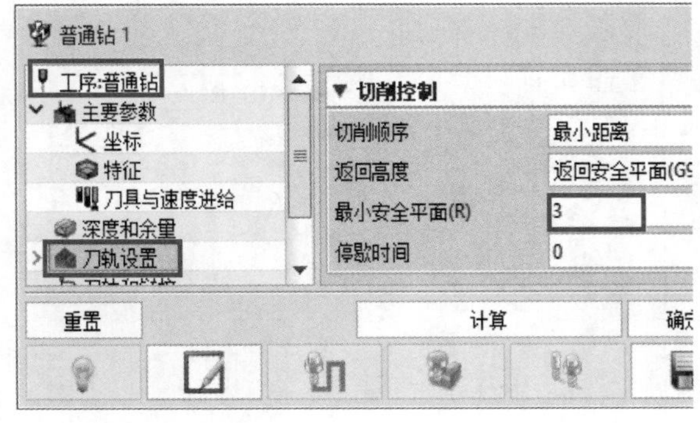

图 6-249　刀轨设置

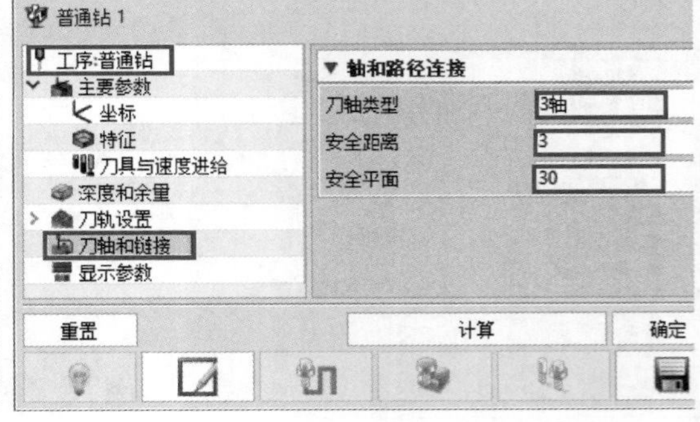

图 6-250　设置刀轴和链接

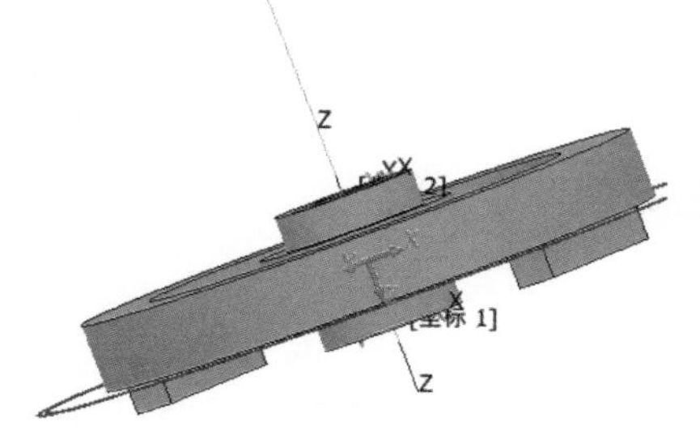

图 6-251　生成刀具轨迹

图 6-252　实体仿真验证

【填写“课程任务报告”】

课程任务报告

班级		姓名		学号		成绩	
组别		任务名称	小车轮铣削加工			参考课时	4 学时
任务图样	轮毂件工程图						
任务要求	①根据提供的工程图和零件源文件完成零件上下轮廓加工工序设计 ②制定每个工序的加工参数并进行仿真验证						
任务完成过程记录	按照任务的要求进行总结，如果空间不足，可加附页（可根据实际情况，适当安排拓展任务，以供学生分组讨论学习，记录拓展任务的完成过程进行记录）。 本任务主要通过一个包含内外轮廓、台阶面、钻孔为特征的轮毂类零件，分析其加工工艺；通过中望 3D 的铣削模块，设置加工刀具，给定加工参数，选择加工设备，执行后置处理并完成加工。通过对该案例的工艺分析，让学生理解内轮廓加工及内螺纹加工工艺，充分体现中望 3D 的“铣削”是如何进行编程的，特别是零件特征特别多的情况。通过该案例，让学生理解加工参数的含义，理解加工工艺，并能应用中望 3D 的“铣削”模块编制包含这类具有相对复杂特征零件的加工程序						

【任务拓展】

一、知识考核

1. 片体可以加工。(　　)
2. 在中望 3D 中，平面铣只能用来粗加工。(　　)
3. 铣削加工时，优先选择毛坯和零件。(　　)
4. 铣削时，正反两面加工，需要设置两个毛坯。(　　)
5. 铣削时，正反两面加工，需要设置两个坐标系。(　　)

二、技能考核

按照图 5-60 绘制的卡子三维模型设置数控铣削工序，仿真运行，生成加工程序，保存并展示分享。

项目小结

本项目主要介绍了外轮廓与螺纹的数控车削任务，内、外轮廓与内螺纹的数控车削任务，小车轮铣削加工任务三个案例。通过外轮廓与螺纹的数控车削任务，学生学习了外螺纹、外圆弧面、槽加工工艺，通过中望 3D 的车削模块，设置加工参数、设置加工刀具、选择加工设备种类，让学生理解加工参数的含义，懂得加工工艺，并能够应用中望 3D 的车削模块编制轴类外轮廓零件的加工程序。内、外轮廓与内螺纹的数控车削任务主要通过一个包含内轮廓、内螺纹、外轮廓、孔为特征的轴类零件，分析其加工工艺。小车轮铣削加工任务让学生理解内轮廓加工及内螺纹加工工艺，充分体现中望软件的“铣削”是如何进行编程的，特别是零件特征特别多的情况。通过本项目的三个案例，让学生理解加工参数的含义，理解加工工艺，并能应用中望 3D 的“车削”“铣削”模块编制包含这类具有相对复杂特征零件的加工程序。

参考文献

[1] 郜海超 . 工业机器人应用系统三维建模 [M]. 北京：化学工业出版社，2018.

[2] 赵玉奇，车世明，郜海超 . 机械零件与典型机构 [M].3 版 . 北京：高等教育出版社，2023.

[3] 高平生 . 中望 3D 建模基础 [M].2 版 . 北京：机械工业出版社，2022.

[4] 洪斯玮，张国强，高平生 . 数控编程基础（中望 3D）. 北京：清华大学出版社，2019.